U0291656

全国优秀教材二等奖

住房城乡建设部土建类学科专业"十三五"规划教材
"十二五"普通高等教育本科国家级规划教材
高校建筑学专业指导委员会规划推荐教材

中国建筑史

（第七版）

A HISTORY OF CHINESE
ARCHITECTURE

东南大学　潘谷西　主编

中国建筑工业出版社

图书在版编目（CIP）数据

中国建筑史/潘谷西主编. —7 版 . —北京：中国建筑
工业出版社，2014.12（2023.4 重印）
"十二五"普通高等教育本科国家级规划教材. 高校
建筑学专业指导委员会规划推荐教材
ISBN 978-7-112-17589-5

Ⅰ.①中…　Ⅱ.①潘…　Ⅲ.①建筑史–中国–高等
学校–教材　Ⅳ.①TU-092

中国版本图书馆 CIP 数据核字（2014）第 290194 号

责任编辑：王　跃　陈　桦
责任校对：姜小莲　陈晶晶

为了更好地支持相应课程的教学，我们向采用本书
作为教材的教师提供课件，有需要者可与出版社联系。
建工书院：https://edu.cabplink.com
邮箱：jckj@cabp.com.cn　电话：（010）58337285

住房城乡建设部土建类学科专业"十三五"规划教材
"十二五"普通高等教育本科国家级规划教材
高校建筑学专业指导委员会规划推荐教材

中国建筑史
（第七版）
东南大学　潘谷西　主编

*

中国建筑工业出版社出版、发行（北京海淀三里河路 9 号）
各地新华书店、建筑书店经销
北京鸿文瀚海文化传媒有限公司制版
天津安泰印刷有限公司印刷

*

开本：787×1092 毫米　1/16　印张：35½　字数：790 千字
2015 年 4 月第七版　　2023 年 4 月第六十四次印刷
定价：**62.00** 元（含光盘、赠教师课件）
ISBN 978-7-112-17589-5
　　（26797）

第七版前言

编写这本高校建筑学专业的教学参考书，我们是在"文化大革命"后不久的 1978 年接受的国家分配任务。1982 年七月第一版出版发行，从那时起，迄今已出了六版，发行总量约 50 万册。

第一版至第三版是本书的基本形成阶段，内容限于古代建筑和近代建筑，对 1949 年以后的建筑发展情况虽然写成了书稿，但后来被出版社取消了。所以这三个版本只有古代建筑和近代建筑两部分。

2000 年 2 月，我们在南京召开了八校任课教师会议，对教材提了许多改进意见，据此，我们对第三版作了一次较为全面、深入的修订和补充，这就形成了第四版的书稿（详情见附于后面的第四版前言）。第五、第六版是在第四版的基础上的局部修订和补充。在一段时间里我们还吸取了互联网广大读者对本教材所提的意见作为教材修改的参考。

第七版在以下几方面作了修订：古代部分新增或更换一些图片，吸收新的考古成就和学术研究成果；近代建筑部分增加了第十三章第三节："13.3 中国近代建筑师"一节。其他部分作了文字校订。

经过 30 多年反复使用、修订、再使用、再修订，本书虽被全国多数高校接受成为建筑学专业教学参考书，但时代在发展，书中仍将有不少不适应发展需求的地方，今后仍将努力改进。希望读者提出宝贵意见。

潘谷西

2015 年 1 月

第四版前言

根据国家教委及建设部"九五"高校教材规划的要求，对本书第三版进行了一次较为全面的修订与增补，主要有以下各个方面：

1. 第一篇：古代建筑

根据近年来学术研究新成就，调整、充实各章内容；为了开展对古代建筑的理论探讨，增加了"建筑意匠"一章，以适应建筑学专业人才培养的需求；将"古代建筑基本特征"的内容移于篇首作为"绪论"，使学生对古建筑的概貌及重要术语有所了解，以便后续章节的学习。

2. 第二篇：近代建筑

以新的学术研究成果充实各章；着重更新了对历史事实的评价；并调整了章节关系及内容安排。

3. 第三篇：现代建筑

全篇共五章，均属此次新增内容。

2000年2月，由主审在南京召开了八校（清华大学、哈尔滨建筑大学、天津大学、东南大学、西安建筑科技大学、重庆建筑大学、华南理工大学、武汉工业大学）中国建筑史教师会议，对书稿进行了一次认真讨论，提出了许多宝贵的意见。会后，我们根据大家的建议对各章作了补充与修改。

此外，根据会议意见，这次还增编了一份中国古代建筑实例图录的光盘，附于书后，作为本教材的辅助材料，供广大师生使用。光盘共收录古代建筑图片1300余幅。

本书插图凡沿用前三版者不再注明出处，新增插图凡引用他书者均注明出处。

关于"现代中国建筑"部分（第三篇），这里还要作一些说明。

早在第一版的书稿中（1979 年），已撰写了现代中国建筑部分，但是由于当时的外部环境不具备刊出的条件，所以临时把这一部分删掉了。而时至 20 世纪末，新中国的建筑发展历程已经走过了半个世纪，50 年来的建筑成就与经验教训大有可书之处，书籍出版的外部环境又比当年宽松了许多，因此我们决定在这一版中弥补这个缺陷，希望能用有限的篇幅展示出 50 年来中国建筑发展历程的梗概。

这是本书三个篇中最敏感、也是最易产生歧见的一篇。特别是对当代建筑作品与建筑师创作思想的评价，更是仁智所见各有千秋，因此，书中提出的一些见解，只是作为一家之说推荐给大家，同时希望读者能把不同的意见反馈给我们，以便再版时补充、修改，求得教材质量的进一步提高。

潘谷西
2000 年 2 月

本书作者

潘谷西（东南大学）	绪论、第 1、2、6 章、附录及光盘
陈　薇（东南大学）	第 3、4 章
刘叙杰（东南大学）	第 5、8、9 章
朱光亚（东南大学）	第 7、15、17、18、19 章
侯幼彬（哈尔滨工业大学）	第 10、11、12、13、14 章
李百浩（武汉工业大学）	第 16 章

本书主审

陆元鼎（华南理工大学）

第一版说明

本书是为我国高等学校建筑学专业中国建筑史课程的教学需要而编写的。

本书主编单位为南京工学院，参加编写的单位为华南工学院、哈尔滨建筑工程学院。

编写工作分工如下：

潘谷西　　第1、2、6章

郭湖生　　第3、5章

刘叙杰　　第4、7、8章

侯幼彬　　第9、12、13、14章

乐卫忠　　第10、11章

本书的体裁及分量经教材大纲会议讨论，初稿经审稿会审定。全书最后由潘谷西汇总。

本书图片除引自公开出版的书刊外，还采用了刘敦桢主编的《中国古代建筑史纲要》（未刊稿）以及有关单位提供的资料。书中一部分插图系乐卫忠、潘谷西、杜顺宝、杨道明、李婉贞、刘叙杰、朱光亚、项秉仁、黎志涛、仲德崑、何建中所绘。部分照片由朱家宝加工。

本书主审单位为重庆建筑工程学院。

编写组

1979 年 7 月

目　录

第2篇　近代中国建筑（1840～1949年）

第3篇　现代中国建筑

附　录

第1篇
中国古代建筑

Part 1
Chinese Architecture in Ancient Time

绪论　中国古代建筑的特征

0.1　建筑的多样性与主流

建筑特征总是在一定的自然环境和社会条件的影响和支配下形成的。

中国是一个地域辽阔的多民族国家，从北到南，从东到西，地质、地貌、气候、水文条件变化很大，各民族的历史背景、文化传统、生活习惯各有不同，因而形成许多各具特色的建筑风格。古代社会的发展迟缓和交通闭塞，又使这些特色得以长期保持下来。其中较为突出的如：南方气候炎热而潮湿的山区有架空的竹、木建筑——"干阑"[①]；北方游牧民族有便于迁徙的轻木骨架覆以毛毡的毡包式居室；西北及新疆维吾尔族居住的干旱少雨地区有土墙平顶或土坯拱顶的房屋，清真寺则用穹窿顶；黄河中上游利用黄土断崖挖出横穴作居室，称之为窑洞；东北与西南森林中有利用原木垒成墙体的"井干"式建筑；而全国大部分地区则使用木构架承重的建筑，这种建筑广泛分布于汉、满、朝鲜、回、侗、白等民族的地区，是中国使用面最广、数量最多的一种建筑类型。数千年来，帝王的宫殿、坛庙、陵墓以及官署、佛寺、道观、祠庙等都普遍采用，也是我国古代建筑成就的主要代表。由于它的覆盖面广，各地的地理、气候、生活习惯不同，又使之产生许多变化，在平面组成、外观造型等方面呈现出多姿多彩的繁盛景象。

木架建筑如此长期、广泛地被作为一种主流建筑类型加以使用，必然有其内在优势。这些优势大致是：

1）取材方便

在古代，我国广袤的土地上散布着大量茂密的森林，包括黄河流域，也曾是气候温润、林木森郁的地区。加之木材易于加工，利用石器即可完成砍伐、开料、平整、作榫卯等工序（虽然加工非常粗糙）。随着青铜工具以及后来的铁制斧、斤、锯、凿、钻、刨等工具的使用，木结构的技术水平得到迅速提高，并由此形成我国独特的、成熟的建筑技术和艺术体系。

2）适应性强

木架建筑是由柱、梁、檩、枋等构件形成框架来承受屋面、楼面的荷载以及风力、地震力的，墙并不承重，只起围蔽、分隔和稳定柱子的作用，因此民间有"墙倒屋不塌"之谚。房屋内部可较自由地分隔空间，门窗也可任意开设。使用的灵活性大，适应性强，无论是水乡、山区、寒带、热带，都能满足使用要求。

---

①　干阑建筑下层用柱子架空，上层作居住用，西南山区少数民族仍多采用这种建筑。有人认为这种建筑由原始社会的巢居发展而来。

3）有较强的抗震性能

木构架的组成采用榫卯结合，木材本身具有的柔性加上榫卯节点有一定程度的可活动性，使整个木构架在消减地震力的破坏方面具备很大的潜力，许多经受过大地震的著名木架建筑如天津蓟县独乐寺观音阁、山西应县佛宫寺塔（二者均为辽代建筑，建成已千年左右）都能完好地保存至今，就是有力的证明。

4）施工速度快

木材加工远比石料快，加上唐宋以后使用了类似今天的建筑模数制的方法（宋代用"材"，清代用"斗口"，参见第 8、9 章斗栱部分），各种木构件的式样也已定型化，因此可对各种木构件同时加工，制成后再组合拼装。所以欧洲古代一些教堂往往要花上百余年才能建成，而明成祖兴建北京宫殿和十王府等大规模建筑群，从备料到竣工只有十几年。嘉靖时重建紫禁城三大殿也只花了 3 年，而西苑永寿宫被焚后仅"十旬"（百日）就重建完成。

5）便于修缮、搬迁

榫卯节点有可卸性，替换某种构件或整座房屋拆卸搬迁，都比较容易做到。历史上也有宫殿、庙宇拆迁异地重建的例子，如山西永济县永乐宫，是一座有代表性的元代道观，整组建筑群已于 20 世纪 50 年代被拆卸迁移至芮城县境内。

由于木架建筑所具有的上述优势，也由于古代社会对建筑的需求没有质的飞跃，木材尚能继续供应，加上传统观念的束缚以及没有强有力的外来因素的冲击，因此木架建筑一直到 19 世纪末、20 世纪初仍然牢牢地占据着我国建筑的主流地位。

但是，木架建筑也存在着一些根本性缺陷：

首先，木材越来越稀少。到宋代，建造宫殿所需的大木料已感紧缺，因此《营造法式》用法规形式规定了大料不能小用，长料不能短用，边脚料用作板材，柱子可用小料拼成等一系列节约木材的措施。明永乐时造北京宫殿，不得不从远处西南和江南的四川、湖南、湖北、江西等地采办木材。清代营造宫殿木料主要来自东北。森林的大量砍伐，使我国的生态环境日益恶化，也使木架建筑失去了发展的前提。

其次，木架建筑易遭火灾。如明永乐时兴建的北京紫禁城三大殿，在迁都后的第二年即遭雷击而焚毁，以后又屡建屡焚。各地城镇因火灾而烧毁大片房屋的记载不绝于书。在南方，还有白蚁对木架建筑的严重威胁。木材受潮后易于朽坏也是一大缺点。

再次，无论是抬梁式还是穿斗式结构，都难以满足更大、更复杂的空间需求，木材的消耗量也很大，从而限制了它继续发展的前景。

因此，进入 20 世纪后，当新的建筑需求、新的建筑材料、新的结构理论出现时，传统的木架建筑终于成为一种被逐步取代的构筑方式。

0.2　木构架的特色

我国木构建筑的结构体系主要有穿斗式与抬梁式两种。除此以外还有不少变体和局部利用斜杆组成三角形稳定构架的做法。

穿斗式（或称"串逗"式）木构架（图 0-1）的特点是：用穿枋把柱子串联起来，形成一榀榀的房架；檩条直接搁置在柱头上；在沿檩条方向，再用斗枋把柱子串联起来。由此形成了一个整体框架。这种木构架广泛用于江西、湖南、四川等南方地区。

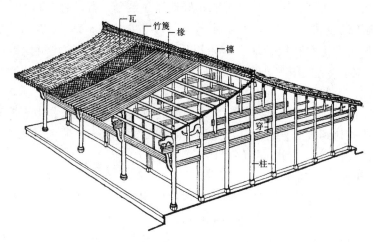

图 0-1　穿斗式木构架示意图
（刘敦桢《中国古代建筑史》）

抬梁式木构架（图 0-2）的特点是：柱上搁置梁头，梁头上搁置檩条，梁上再用矮柱支起较短的梁，如此层叠而上，梁的总数可达 3～5 根。当柱上采用斗栱时，则梁头搁置于斗栱上。这种木构架多用于北方地区及宫殿、庙宇等规模较大的建筑物。

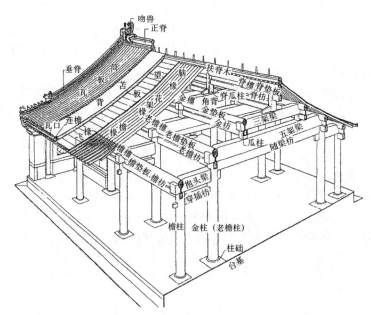

图 0-2　清式抬梁式木构架示意图
（刘敦桢《中国古代建筑史》）

相比之下，穿斗式木构架用料小，取材较易，整体性强，但柱子排列密，只有当室内空间尺度不大时（如居室、杂屋）才能使用；而抬梁式木构架可采用跨度较大的梁，以减少柱子的数量，取得室内较大的空间，所以适用于宫殿、庙宇等建筑。因此，南方的一些庙宇、厅堂也多混合使用这二者。

我国北方地区气候寒冷，为了防寒保温，建筑物的墙体较厚，屋面设保温层（一般用土加石灰构成），再加上对雪荷载的考虑，建筑物的椽檩枋的用料粗大，建筑外观也显得浑厚凝重；反之，南方气候炎热，雨量丰沛，房屋通风、防雨、遮阳等问题更为重要，墙体薄（或仅用木板、竹笆墙），屋面轻，出檐大，用料细，建筑外观也显得轻巧。

斗栱是中国木架建筑特有的结构部件，其作用是在柱子上伸出悬臂梁承托出檐部分的重量（图0－3）。古代的殿堂出檐可达3米左右，如无斗栱支撑，屋檐将难以保持稳定。唐宋以前，斗栱的结构作用十分明显，布置疏朗，用料硕大；明清以后，斗栱的装饰作用加强，排列丛密，用料变小，远看檐下斗栱犹如密布一排雕饰品，但其结构作用（承托屋檐）仍未丧失。

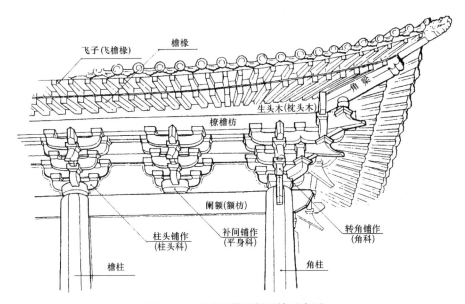

图0－3　宋式斗栱承托屋檐示意图
（据《营造法式注释》图改作）

斗栱在宋代也称"铺作"，因为是层层相叠铺设而成；在清代称"斗科"或"斗栱"；在江南则称"牌科"。

檐下斗栱因其位置不同，所起作用也有差异：在柱头上的斗栱称为柱头铺作（清称柱头科），是承托屋檐重量的主体；在两柱之间置于阑额（清称额枋）上的斗栱，称为补间铺作（清称平身科），起辅助支撑作用；在角柱上的斗栱称为转角铺作（清称角科），起承托角梁及屋角的作用，也是主要结构部件。室内斗栱通常只支持天花板的重量或作为梁头节点的联系构件，其结构作用显然不及檐下斗栱明显（参见图8－3、图9－5）。

斗栱的主要构件是：栱、斗、昂。向外悬挑的华栱是短悬臂梁，是斗栱的主干部件；"斗"是栱与昂的支座垫块；"昂"是斜的悬臂梁，和华栱的作用相同。还有一些和上述栱昂横向相交的栱和斗只起联系作用而不起承重作用（或承重作用较小）。

当建筑物非常高大而屋檐伸出相应加大时，斗栱挑出距离也必须增加，其方法是增加栱和昂的叠加层数（即出跳数），每增加一层华栱或昂，斗栱即多出一跳，最多可加至出五跳。如果是重檐建筑，一般是上檐斗栱比下檐斗栱多一跳，以增加出檐深度。

利用斜杆组成三角形稳定构架的实例主要见之于唐宋殿宇的脊部用作叉手（参见图5-3、图5-4、图5-10、图8-9）；楼阁上下层之间的暗层和壁间的斜撑；上下内额间的斜撑和脊槫下与叉手成90°角的斜撑等（参见图5-10）。可惜这种合理的做法并未得到发展，最后连叉手和斜杆也在木构架中消失了。

一座木架建筑的建造，必须首先做好台基，使室内地面高出于室外地面，以求达到防水、防潮和保持室内干燥洁净的目的。台基上则按柱网（柱子的分布状况）安置石质柱础，其作用是保护柱子不受地下水上升侵蚀而导致腐烂。木架立起后，即可铺盖瓦屋面、砌墙、安装门窗、油漆粉刷，最后铺设砖地面（或石地面）。

0.3 单体建筑的构成

中国古代单体建筑的特点是简明、真实、有机。"简明"是指平面以"间"为单位，由间构成单座建筑，而"间"则由相邻两榀房架构成，因此建筑物的平面轮廓与结构布置都十分简洁明确，人们只需观察柱网布置，就可大体知道建筑室内空间及其上部结构的基本情况。这为设计和施工也带来了方便。单座建筑最常见的平面是由3、5、7、9等单数的间组成的长方形（图0-4）。在园林及风景区则有方形、圆形、三角形、六角形、八角形、花瓣形等平面以及种种别出心裁的形式。"真实"是指对结构的真实性显示。在各类建筑物中，除了最高等级一类的殿堂建筑需要表现庄严华丽的气氛，用天花板遮住梁架外，一般建筑都是无保留地暴露梁架、斗栱、柱子等全部木构架部件。这种暴露正好展示了中国建筑的结构美，尤其是歇山顶、攒尖顶的木构架，其屋顶内部结构是非常丰富多姿的。对所暴露的木构件进行艺术的再加工时，也以表现木材力学性能的内在品质为前提，

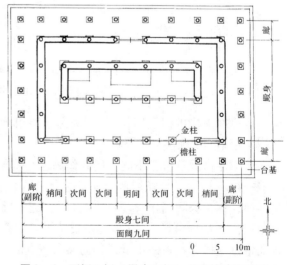

图0-4　面阔9间（殿身7间）的重檐建筑平面

如对柱身作"收分"（即柱身向上逐渐收小）、"梭柱"（即柱子上下两端均有收缩，略如梭形）处理，对栱端的"卷杀"（即将栱端切削成柔美而有弹性的外形，其轮廓由折线或曲线组成）以及对各种梁枋端部的再加工等。暴露结构还对保护木构架有利，一则可改善木材的通风条件，二则便于发现受害、受损情况，及时加以修缮。"有机"是指室内空间可以灵活分隔，以满足各种不同功能的要求；并易于和环境融为一体，室内外空间可相互流通渗透。这种现象在园林及南方气候温暖地区表现得最为淋漓尽致：室内外庭院空间及花木景物和室内相互交融。这种空间处理上的优势，完全得益于木框架结构体系的应用。

单体建筑的另一个特点是平面、结构、造型三者的不可分割性。例如在决定一座房屋的进深时，必须同时考虑它的屋架用什么长度的梁和用几根檩条；而在画立面时必须首先确定剖面梁架，否则难以在立面上得出屋顶的高度。所以可以说，中国古典建筑是没有独立的立面设计的，也就是说建筑物的外观必须和它的平面、结构同时考虑。

屋顶对建筑立面起着特别重要的作用。它那远远伸出的屋檐、富有弹性的檐口曲线、由举架形成的稍有反曲的屋面、微微起翘的屋角（仰视屋角，角椽展开犹如鸟翅，故称"翼角"）以及硬山、悬山、歇山、庑殿、攒尖、十字脊、盝顶、重檐等众多屋顶形式的变化，加上灿烂夺目的琉璃瓦，使建筑物产生独特而强烈的视觉效果和艺术感染力。通过对屋顶进行种种组合，又使建筑物的体形和轮廓线变得愈加丰富（图0-5、图0-6）。而从高空俯视，屋顶的效果就更好，也就是说中国建筑的"第五立面"是最具魅力的。

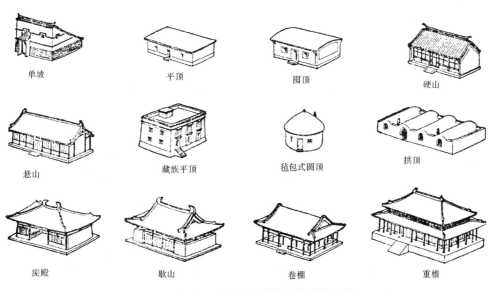

单坡　平顶　囤顶　硬山

悬山　藏族平顶　毡包式圆顶　拱顶

庑殿　歇山　卷棚　重檐

图0-5（a） 中国古代单体建筑屋顶式样
（刘敦桢《中国古代建筑史》）

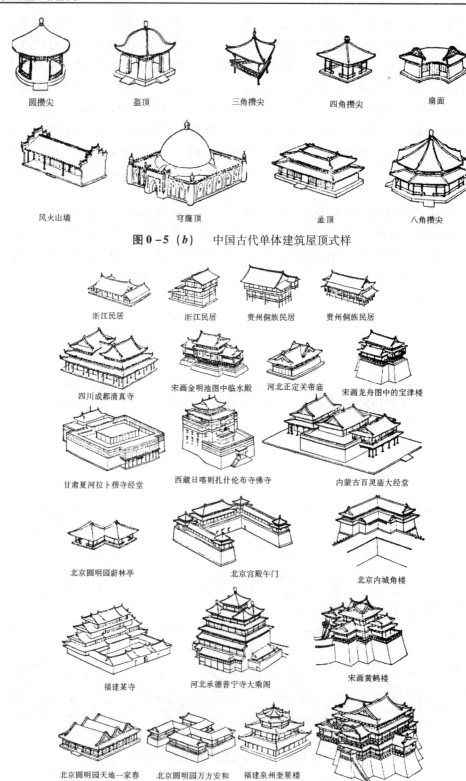

圆攒尖　　　盔顶　　　三角攒尖　　　四角攒尖　　　扇面

风火山墙　　　穹隆顶　　　盝顶　　　八角攒尖

图0-5（b）　中国古代单体建筑屋顶式样

浙江民居　　浙江民居　　贵州侗族民居　　贵州侗族民居

四川成都清真寺　　宋画金明池图中临水殿　　河北正定关帝庙　　宋画龙舟图中的宝津楼

甘肃夏河拉卜楞寺经堂　　西藏日喀则扎什伦布寺佛寺　　内蒙古百灵庙大经堂

北京圆明园蔚林亭　　北京宫殿午门　　北京内城角楼

福建某寺　　河北承德普宁寺大乘阁　　宋画黄鹤楼

北京圆明园天地一家春　　北京圆明园万方安和　　福建泉州奎星楼　　宋画滕王阁

图0-6　中国古代建筑屋顶组合举例
（刘敦桢《中国古代建筑史》）

0.4　建筑群的组合

中国古代建筑以群体组合见长。宫殿、陵墓、坛庙、衙署、邸宅、佛寺、道观等都是众多单体建筑组合起来的建筑群。其中特别擅长于运用院落的组合手法来达到各类建筑的不同使用要求和精神目标。人们对所在建筑群的生活体验和艺术感受也只有进入到各个院落才能真正得到。庭院是中国古代建筑群体布局的灵魂。

庭院是由屋宇、围墙、走廊围合而成的内向性封闭空间，它能营造出宁静、安全、洁净的生活环境。在易受自然灾害袭击和社会不安因素侵犯的社会里，这种封闭的庭院是最合适的建筑布局方案之一。庭院是房屋采光、通风、排泄雨水的必需，也是进行室外活动和种植花木以美化生活的理想解决办法。

由于气候和地形条件的不同，庭院的大小、形式也有差异：例如北方的住宅有开阔的前院，以求冬天有充足的阳光；南方为了减少夏天烈日曝晒之苦，庭院常做得很小，形象地称之为"天井"，这样还可增强室内的通风效果；而山地的建筑，限于基地狭窄，往往不能采用规整、开阔的庭院布置；公共性的建筑，则因大规模的活动场面而要求宽宏的院落。

庭院的围合方式大致有三种：一是在主房与院门之间用墙围合；二是主房与院门之间用廊围合，通常称之为"廊院"；三是主房前两侧东西相对各建厢房一座，前设墙与院门，通常称之为"三合院"；如将前面的院墙改建为房屋（"门屋"或"倒座"），则称"四合院"。在园林中也常采用庭院来组成小景区，形成园中安静的一隅，这种庭院和围合方式就非常自由、灵活，不拘一格，可任意设计（图0-7）。

沿着一条纵深的路线，对称或不对称地布置一连串形状与大小不同的院落和建筑物，烘托出种种不同的环境氛围，使人们在经受了这些院落与建筑物的空间艺术感染后，最终能达到某种精神境界——或崇敬、或肃穆、或悠然有出世之想，这是中国古代建筑群所特有的艺术手法。有人以之比作中国山水画的长卷，能产生步移景异、引人入胜的效果。

例一，北京故宫（参见图4-7、图4-8）。中轴线上自南而北由大清门（低、小）——T形狭长庭院——天安门（高、大）——长方形庭院——端门（高、大）——纵长形庭院——午门（高、大）——横长宽阔庭院——太和门（低）——方形宽大庭院——太和殿（高、大）。在达到主殿太和殿前需经过1600余米长的轴线及高低大小不同的五门五院，以衬托皇帝的至高无上的威严。其他内廷和外朝两侧的附属建筑与庭院相对降低减小，以突出三殿为中心的皇权象征。

例二，曲阜孔庙（参见图4-29）。在460余米长的中轴线上经历6个院落、3座牌坊、7座门殿才达到主殿大成殿。和故宫不同的是前面的5个院落遍植柏树，都是郁郁葱葱的绿色环境，大成殿前主庭院内也是古柏参天，因此形成一种清静肃穆的氛围，这和尊崇孔子"先师"地位的要求相符。和故宫很不一样。

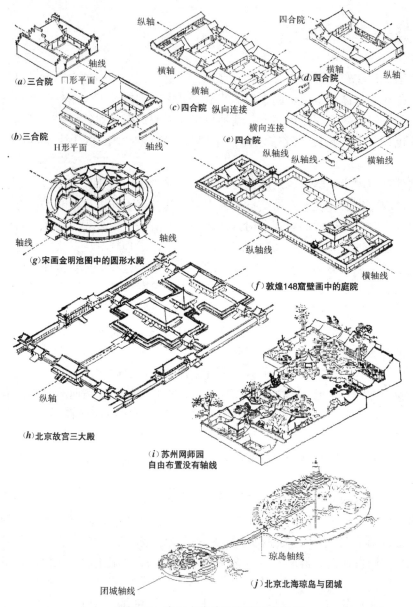

图 0-7　中国古代建筑庭院组合举例

（刘敦桢《中国古代建筑史》）

例三，苏州留园（参见图 6-12）。从城市街道进入园门后，须经过 60 余米长的曲折、狭小、时明时暗的走廊与庭院，才到达主景所在的"涵碧山房"，成功地运用了以小衬大、以暗衬明、以少衬多的对比手法，使园林空间与景色收到豁然开朗、山明水秀的效果。这一段 60 余米的路程也把城市的尘嚣隔绝在外，使人们的情绪得到净化而进入悠游山水的境界。

在中国古代，当一座大建筑群的功能多样、内容复杂时，通常的处理方式是将轴线延伸，并向两侧展开，组成三条或五条轴线并列的组合群体（图 0-8上）。但其基本单元仍是各种形式的庭院。

另一种总平面形式是纵横轴线方向都作对称布置，常用于最庄重严肃的场所，如礼制建筑中的明堂、辟雍、天坛、社稷坛、地坛以及汉代的陵墓等（图0－8下）。

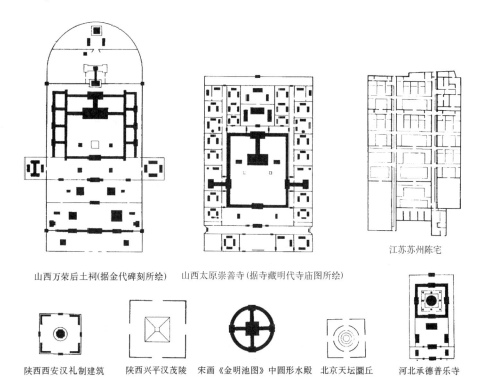

山西万荣后土祠(据金代碑刻所绘)　　山西太原崇善寺(据寺藏明代寺庙图所绘)

江苏苏州陈宅

陕西西安汉礼制建筑　　陕西兴平汉茂陵　　宋画《金明池图》中圆形水殿　　北京天坛圜丘　　河北承德普乐寺

图 0 - 8　中国古代建筑群总平面举例

（刘敦桢《中国古代建筑史》）

0.5　建筑与环境

中国古代两大主流哲学派别——儒家与道家都主张"天人合一"的思想。在长期的历史发展过程中，这种思想促进了建筑与自然的相互协调与融合，从而使中国建筑有一种和环境融为一体的、如同从地中生出一般的气质。历史上，建设者们主要从以下几个方面来处理建筑与环境的关系：

1）善择基址

无论城镇、村落、第宅、祠宇，都通过"卜宅"、"相地"来对地形、地貌、植被、水文、小气候、环境容量等方面进行勘查，究其利弊而后作出抉择。春秋时，吴王阖闾派伍子胥"相土尝水"选择城址（今苏州）及明初朱元璋命刘基为新宫觅址于钟山之阳（今南京）都属这类工作。历代风水师的职业活动主要也是这个内容。

2）因地制宜

即随地势高下、基址广狭以及河流、山丘、道路的形势，随宜布置建筑与村落城镇。因此，我国山地多错落有致的村落佳作，水乡饶俯水临流的民居妙品，而佛道名山则有无数依山就势建筑群的神来之笔。唐代柳宗元在论述景观建筑时提出了"逸其人、因其地、全其天"的主张，就是提倡因地制宜、节省人力、保存自然天趣。而三者之中，"因其地"是关键。

3）整治环境

即对环境的不足之处作补充与调整，以保障居住者的生活质量。如开池引流、修堤筑堰、植林造桥、兴建楼馆，以满足供水、排水、交通、防卫、消防、祭祀、娱乐等方面的需求。也就是说，人们对环境不是完全被动的因顺，而要作适当加工。

4）心理补偿

除了上述环境整治外，还采用文学的和风水的手段进行补偿。例如许多村镇城市都有"八景"、"十二景"、"二十景"……每景都冠有诗情画意的名称，并用各种匾联、题刻和诗文加以颂扬，以增强本乡本土的吸引力和凝聚力；又如人们受趋吉避凶心理的驱使，听任风水师的摆布，或确定房屋、道路的布置方式，或添置"泰山石敢当"碑和八卦镜之类的镇物，以求化解凶患。这一雅一俗的两种举措，都是为了满足心理平衡的需求。

"风水"是中国特有的一种古代建筑文化现象，从两汉到明清曾长期流行于南北各地。它以阴阳、五行、八卦、"气"等中国古代自然观为理论依据，以罗盘为操作工具，掺以大量禁忌、厌禳、命卦、星象等内容，以之进行建筑选址，并参与建筑布局的工作。它既有符合客观规律的经验性知识，如基址应选"汭"位（即可免受冲蚀的河湾内侧地），应具背山面水向阳、气势环抱、卉物丰茂，以及水源、泄洪、朝向、通风的环境优势等；也有大量迷信内容，如五花八门的避凶趋吉、化祸为福的"形法"、"理法"处置招式。本来，通过对环境的处理，达到人、建筑、自然三者的和谐统一，是人类自我完善的一种美好追求，并无神秘之处。但是由于我国古代建筑选址工作从一开始就和卜筮结合在一起，其后经过历代风水师的推演，巫术成分增多。当然，风水也确实在历史上造就了许多优秀的建筑，北京十三陵和皖南众多村落是其突出范例。因此可以这样认为：风水在古代特定条件下创造出来的许多实绩，今天仍可作为历史经验供我们借鉴；而它所依据的理论和手段缺乏现实意义，即使合乎科学原理的成分，也因远远落后于现代地质学、水文学、气象学、规划学和建筑学而无须再去应用（例如，今天通常不会弃经纬仪而用风水罗盘去为建筑物确定方位）。

0.6　建筑类型

建筑类型是因其特定的社会需要而产生的。随着社会的发展，一些旧的类型消失，一些新的类型产生。古代如此，近现代也如此，只是由于古代社会发展缓慢，因此这种变化不很明显。

中国古代最早出现的建筑是先民们为谋求基本生存空间而构筑的穴居和巢居。其后产生了供集体活动使用的大房子（图 0－9、图 0－10），进而又有了为氏族祭祀而设立的祭坛和神庙（图 0－11、图 0－12）。随着社会生活的日益复杂，建筑类型也越来越丰富，综合起来主要有以下各项内容：

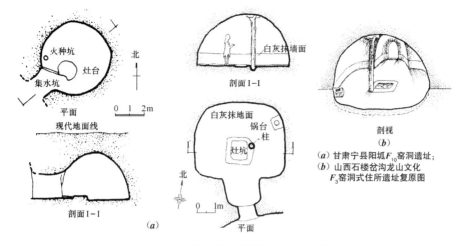

图 0 - 9　原始社会窑洞住宅遗址二例

（1）居住建筑——各地区、各民族、各阶层的城市与乡村住宅。在所有建筑中占的数量最多。

（2）政权建筑及其附属设施——帝王宫殿、中央政府各部门及府县衙署、贡院（科举考场）、邮铺、驿站（官员接待站，备马、船迎送）、公馆（官办宾馆）、军营、仓库等。

（3）礼制建筑——以天地、鬼神为崇拜核心而设立的祭祀性建筑，是巩固政权的重要手段之一，因而被历朝统治者所重视，成为中国古代特有的一种重要建筑类型。其内容包括：以天神为首的坛殿，如天坛、大享殿、日月星辰之坛等；以地神为

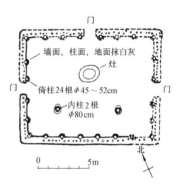

图 0 - 10　甘肃秦安大地湾 F_{405} 仰韶文化晚期房屋遗址平面

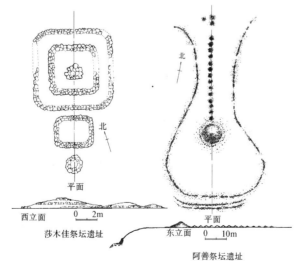

图 0 - 11　内蒙古大青山地区原始社会祭坛遗址二座

首的坛庙，如地坛、社稷坛、山川坛、先农坛、岳镇海
渎以及各种山川神庙；以祖先为核心的建筑，如太庙、
官员家庙（即"祠堂"）、帝王品官的陵墓以及各种圣贤
庙（如孔庙）等。

（4）宗教建筑——佛教寺院、道教宫观、基督教教
堂、摩尼教（明教）寺庙等。

（5）商业与手工业建筑——商铺、会馆（商贾集会
场所）、旅店、酒楼、作坊、塌坊（供出租用的货栈）、
水磨房、造船厂等。

（6）教育、文化、娱乐建筑——官办学校有国子监
（太学）、府县儒学、医学、阴阳学，私学则有各地的书
院；观象台供观测天文、气象之用（早期称灵台），是古
代的科研建筑；此外有藏书楼（皇家藏书楼如文渊阁，
官办藏书楼如府县学的尊经阁，私人藏书楼如宁波天一
阁）、文会馆（文人集会之所）、戏台、戏场等。

（7）园林与风景建筑——皇家园林、衙署园圃、寺
庙园林、私家宅园，以及风景区、风景点内的楼、馆、
亭、台类建筑。

（8）市政建筑——为全城报时的鼓楼（或称谯楼，
一般设于城中心地区或府县衙署之前，上置铜壶滴漏等
计时报时设备）与钟楼、望火楼（消防瞭望塔）、路亭、
桥梁，以及官办慈善机构如惠民药局、养济院（孤儿院、
养老院）、漏泽园（公墓）等。

（9）标志建筑——风水塔、航标塔、牌坊、华表等。
门楼、钟鼓楼以及其他高耸的建筑常兼具标志性。

（10）防御建筑——城垣、城楼（门楼、箭楼、角楼）、窝铺（亦称更铺、
冷铺，设于城墙上供军士值夜之用，一城设铺多至数十座，最多达 200 座）、串
楼（南方城墙上设长廊周匝，以避烈日霪雨）、墩台等。

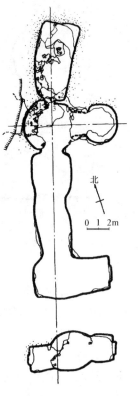

图 0 - 12
辽宁建平县牛河梁
女神庙遗址平面
女神像残件：1—头；2、
3—手；4—肩；5—肩臂

0.7　工官制度

工官制度是中国古代中央集权与官本位体制的产物。工官是城市建设和建筑
营造的具体掌管者和实施者，对古代建筑的发展有着重要影响。

自周至汉，国家的最高工官称为"司空"。据东汉马融的解释，司空"主司
空土以居民"[①]，因此可以认为是因主管人居空间而得名的。汉代以后，司空成
了一个不做实际工作的高位空衔，代之而起的是"将作"，由他"掌修作宗庙、

①《后汉书》三四，百官志。

路寝、宫室、陵园土木之工"①。秦至西汉，称为"将作少府"，东汉以后改称"将作大匠"，唐宋则称"将作监"。大匠和监的副手称为"少匠"、"少监"。

隋代开始在中央政府设立"工部"，用以掌管全国的土木建筑工程和屯田、水利、山泽、舟车、仪仗、军械等各种工务，其职务范围比"将作"广泛得多。但遇有皇室工程和京城官府衙署的建造，仍下达于"将作监"或"少府"承担。明清两朝均不设"将作监"，而在工部设"营缮司"，负责朝廷各项工程的营建。清康熙以后，则在内务府另设"内工部"（后改称"营造司"），承担清代特有的大规模行宫和苑囿的建造。

"工官"集制订法令法规、规划设计、征集工匠、采办材料、组织施工于一身，实行一揽子领导与管理。

历史上曾出现过不少有作为的"工官"，较为突出的如：

隋代宇文恺——曾任营宗庙副监、营新都（隋都大兴城，后即唐之长安城）副监、仁寿宫（后即唐之九成宫）监、营东都（洛阳城）副监、将作少匠、将作大匠、工部尚书等职。从他所任职务可看出：隋代东西两大都城的规划与营造，宫室、宗庙的兴建，几乎都出自他之手。而大兴城的规划是古代城市建设史上最有代表性的成功范例之一。他还用1/100比例制作"明堂"的图样和木模型送朝廷审议，当时隋炀帝已批准其方案，后因征伐高丽而停建。有趣的是，他设计的"观风行殿"（隋炀帝为了北征时夸耀于戎狄，令宇文恺设计了一座可坐千人的大帐，又设计了一座有轮子可推行的"行殿"，殿上可容数百侍卫），结果是"戎狄见之，莫不惊骇，帝弥悦焉"②。

宋代李诫——以父荫进入仕途后，长期在将作监任职，由主簿做起，提升至丞（中层官员），再升至少监及监（副首长及首长），毕生16次提升，多是由于工程实绩，所以富有实践经验。他经手的工程有五王府、辟雍、尚书省署、太庙、龙德宫、朱雀门、景龙门、开封府署、钦慈太后佛寺、棣华宅、军营等。他的突出贡献在于编修了《营造法式》一书，详细记录了当时的官式建筑做法共3272条，都是可以操作的实际经验总结，并附有大量精致的图样，使后人得以全面了解宋代官式建筑的技术与艺术状况。

明代蒯祥、徐杲等——明初迁都北京，嘉靖大兴土木，都曾造就了一批工匠出身的工官，蒯祥和徐杲是其中较为突出的二位。蒯祥是苏州吴县人，随其父为木匠，永乐时参与宫殿、长陵的兴建，后又负责宫中前三殿、献陵、裕陵、隆福寺等的工程。因工程实绩而被提升为工部侍郎（三品官）。徐杲也是木匠，嘉靖年间，参加北京前三殿和西苑永寿宫的重建，大显身手，得到明世宗的赏识而直接提升为工部尚书（二品官），是明代匠人中提升官位最高的一员。

中国古代建筑实际上存在两种发展模式：一种是在工官掌管下建造的官式建筑；另一种是各地自主建造的民间建筑。前者的设计、预算、施工都由将作、内府或工部统一掌握，不论建筑物造于何地，都有图纸、法式和条例加以约束，还

---

① 《后汉书》三七，百官志。
② 《隋书》六八，宇文恺传。

可派工官和工匠去外地施工，所以建筑式样统一，无地区的差别性。由于人力、财力和技术的集中，这些建筑能反映当时全国的最高技术和艺术水平。后者则由各地工匠参与设计并承担施工，因地制宜，建筑式样变化多端，地方特色鲜明。两者之间虽然也有某些联系与影响，但基本上是沿着各自的轨迹前进。正由于此，才成就了我国古代建筑丰富多彩的总体面貌。

　　除了上述各项基本特征之外，关于古代城市建设、风景园林、大木做法、小木装修、建筑色彩等方面，将在本篇后续章节中加以论述。

第1章 古代建筑发展概况

我国古代建筑经历了原始社会、奴隶社会和封建社会三个历史阶段，其中封建社会是形成我国古典建筑的主要阶段。

原始社会，建筑的发展是极缓慢的，在漫长的岁月里，我们的祖先从艰难地建造穴居和巢居开始，逐步地掌握了营建地面房屋的技术，创造了原始的木架建筑，满足了最基本的居住和公共活动要求。在奴隶社会里，大量奴隶劳动和青铜工具的使用，使建筑有了巨大发展，出现了宏伟的都城、宫殿、宗庙、陵墓等建筑。这时，以夯土墙和木构架为主体的建筑已初步形成，但前期在技术上和艺术上仍未脱离原始状态，后期出现了瓦屋彩绘的豪华宫殿。经过长期的封建社会，中国古代建筑逐步形成了一种成熟的、独特的体系，不论在城市规划、建筑群、园林、民居等方面，还是在建筑空间处理、建筑艺术与材料结构的和谐统一、设计方法、施工技术等方面，都有卓越的创造与贡献。直至今天，许多方面仍可为我们在建筑创作中提供有益的借鉴。

1.1 原始社会建筑（六七千年前～公元前21世纪）

我国境内已知的最早人类住所是天然的岩洞。旧石器时代，原始人居住的岩洞在北京、辽宁、贵州、广东、湖北、江西、江苏、浙江等地都有发现，可见天然洞穴是当时用作住所的一种较普遍的方式。

在我国古代文献中，曾记载有巢居的传说，如《韩非子·五蠹》："上古之世，人民少而禽兽众，人民不胜禽兽虫蛇，有圣人作，构木为巢，以避群害。"《孟子·滕文公》："下者为巢，上者为营窟。"因此有人推测，巢居也可能是地势低洼潮湿而多虫蛇的地区采用过的一种原始居住方式。地势高亢地区则营造穴居。

大约六七千年前，我国广大地区都已进入氏族社会，已经发现的遗址数以千计。房屋遗址也大量出现。由于各地气候、地理、材料等条件的不同，营建方式也多种多样，其中具有代表性的房屋遗址主要有两种：一种是长江流域多水地区由巢居发展而来的干阑式建筑；另一种是黄河流域由穴居发展而来的木骨泥墙房屋。

浙江余姚河姆渡村发现的建筑遗址距今约六七千年，这是我国已知的最早采用榫卯技术构筑木结构房屋的一个实例。已发掘的部分是长约23m、进深约8m的木构架建筑遗址，推测是一座长条形的、体量相当大的干阑式建筑。木构件遗物有柱、梁、枋、板等，许多构件上都带有榫卯，有的构件还有多处榫卯（图1-1）。根据出土的工具来推测，这些榫卯是用石器加工的。这一实例说明，当

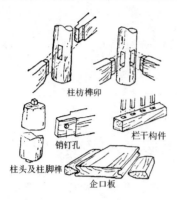

图1-1 浙江余姚河姆渡村
遗址房屋榫卯

时长江下游一带木结构建筑的技术水平高于黄河流域。

黄河流域有广阔而丰厚的黄土层，土质均匀，含有石灰质，有壁立不易倒塌的特点，便于挖作洞穴。因此原始社会晚期，竖穴上覆盖草顶的穴居成为这一区域氏族部落广泛采用的一种居住方式。同时，在黄土沟壁上开挖横穴而成的窑洞式住宅，也在山西、甘肃、宁夏等地广泛出现，其平面多作圆形，和一般竖穴式穴居并无差别（图0-9a），也有作圆角方形平面的，如山西石楼县岔沟村十余座窑洞遗址绝大多数是圆角方形平面，其室内地面及墙裙都用白灰抹成光洁的表面（图0-9b）。山西襄汾陶寺村还发现了"地坑式"窑洞遗址，这种窑洞是先在地面上挖出下沉式天井院，再在院壁上横向挖出窑洞，这是至今在河南等地仍被使用的一种窑洞。随着原始人营建经验的不断积累和技术提高，穴居从竖穴逐步发展到半穴居，最后又被地面建筑所代替（图0-10、图1-2、图1-3）。可能是由于不同文化系统所属部落间的不平衡，在同一地区，竖穴、半穴居和地面建筑有先后交替出现的现象，但地面建筑毕竟是进步的，因此竖穴和半穴居终于被淘汰。虽然，奴隶们居住的穴居、半穴居窝棚甚至在商、周遗址中还很普遍，不过这不是技术的倒退，而是奴隶社会中阶级对立所造成的现象。

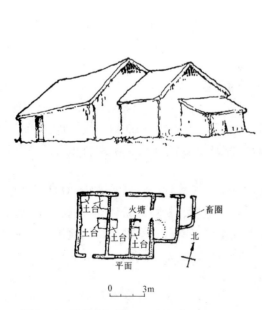

图1-2 郑州大河村 F_{1-4} 遗址平面
及想像复原外观

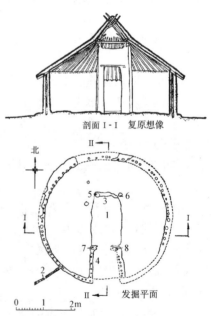

图1-3 西安半坡村 F_{22} 遗址平面及
复原想像剖面
1—灶坑；2—墙壁支柱炭痕；
3、4—隔墙；5~8—屋内支柱

黄河中游原始社会晚期的文化先后是仰韶文化和龙山文化[①]。紧接着母系氏族社会的仰韶文化之后就是父系氏族社会的龙山文化。

仰韶时期的氏族已过着以农业为主的定居生活，当时的原始村落多选择河流两岸的台地作为基址，这里地势高亢，水土肥美，有利于耕牧与交通，适宜于定居生活。这种村落已有初步的区划布局，陕西临潼姜寨发现的仰韶村落遗址：居住区的住房共分五组，每组都以一栋大房子为核心，其他较小的房屋环绕中间空地与大房子作环形布置，反映了氏族公社生活的情况（图1-4）。陕西西安半坡村遗址，已发掘面积南北300余米，东西200余米，

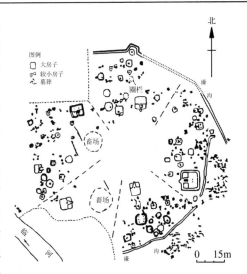

图1-4 陕西临潼姜寨仰韶文化村落遗址平面

分为三个区域：南面是居住区，有46座房屋；北端是墓葬区；东面是制陶窑场。居住区和窑场、墓地之间有一道壕沟隔开。从营造技术上看，使用石器工具的仰韶人，后期的建筑已从半穴居进展到地面建筑，并已有了分隔成几个房间的房屋（图1-2）。仰韶房屋的平面有长方形和圆形两种，墙体多采用木骨架上扎结枝条后再涂泥的做法，屋顶往往也是在树枝扎结的骨架上涂泥而成（图1-2、图1-3）。为了承托屋顶中部的重量，常在室内用木柱作支撑，柱数由一根至三四根不等，说明木架结构尚未规律化。柱子与屋顶承重构件的连接，推测是采用绑扎法。室内地面、墙面往往有细泥抹面或烧烤表面，使之陶化，以避潮湿，也有铺设木材、芦苇等作为地面防水层的。室内备有烧火的坑穴，屋顶设有排烟口。到仰韶末期，出现了柱子排列整齐、木构架和外墙分工明确、建筑面积达150m²的实例（图0-10），表明木架建筑技术水平达到了一个新的高度。

龙山文化的住房遗址已有家庭私有的痕迹，出现了双室相连的套间式半穴居，平面成"吕"字形（图1-5）。内室与外室均有烧火面，是煮食与烤火的地方。外室设有窖穴，供家庭贮藏之用。这与仰韶时期窖穴设在室外的布置方式不同。套间的布置也反映了以家庭为单位的生活。在建筑技术方面，广泛地在室内地面上涂抹光洁坚硬的白灰面层，使地面收到防潮、清洁和明亮的效果。在仰韶中期及

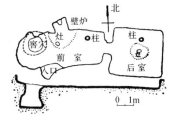

图1-5 西安客省庄龙山文化房屋遗址平面及剖面

某些仰韶晚期的遗址中已有在室内地面和墙上采用白灰抹面（见图0-9b及甘肃秦安大地湾F405，见图0-10），但普遍采用是在龙山时期。经C14测定证明，

[①] 因最早分别于河南渑池仰韶村及山东历城龙山镇发现此两种文化，故以之命名。至今考古界仍采用此法命名新发现的史前文化遗存。

许多龙山时期遗址中的白灰面，是用人工烧制的石灰作原料的。在龙山文化的遗址中还发现了土坯砖。如河南安阳后岗龙山文化遗址中的一批房址，均为地面建筑，房基用夯土筑成，墙体用土坯或木骨泥墙，室内地面和墙面用白灰抹面，柱子下垫石础。在山西襄汾陶寺村龙山文化遗址中已出现了白灰墙面上刻画的图案，这是我国已知最古老的居室装饰。

随着近年考古工作的进展，祭坛和神庙这两种祭祀建筑也在各地原始社会文化遗存中被发现。浙江余杭县的两座祭坛遗址分别位于瑶山和汇观山，都是用土筑成的长方坛；内蒙古大青山和辽宁喀左县东山嘴的三座祭坛则是用石块堆成的方坛和圆坛（图 0 - 11）。这些祭坛都位于远离居住区的山丘上，说明对它们的使用不限于某个小范围的居民点，而可能是一些部落群所共用。所祭的对象应是天地之神或农神。中国最古老的神庙遗址发现于辽宁西部的建平县境内。这是一座建于山丘顶部的、有多重空间组合的神庙（图 0 - 12）。庙内设有成组的女神像，根据残留的像块推测，主像的尺度比真人大一两倍，其中一个非主像的完整头部和真人相当。塑像形态逼真，手法写实，有相当高的技艺水平。神庙的房屋，是在基址上开挖成平坦的室内地面后再用木骨泥墙的构筑方法建造壁体和屋盖的。特别引人注目的是，神庙的室内已用彩画和线脚来装饰墙面，彩画是在压平后经过烧烤的泥面上用赭红和白色描绘的几何图案（图 1 - 6），线脚的做法是在泥面上做成凸出的扁平线或半圆线（图 1 - 7）。

图 1 - 6　辽宁建平牛河梁女神庙
内墙面彩绘图案残片

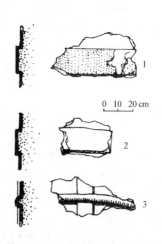

图 1 - 7　辽宁建平牛河梁女神庙
内墙面线脚三种
1—带状线脚表面带点状圆窝；
2—带状线脚；3—半混线脚

这一批原始社会公共建筑遗址的发现，使人们对五千多年前的神州大地上先民们的建筑水平有了新的了解，他们为了表示对神的祗敬之心，开始创造出一种超常的建筑形式，从而出现了沿轴展开的多重空间组合和建筑装饰艺术。这是建筑发展史上的一次飞跃，从此，建筑不再仅仅是物质生活手段，同时也成了社会思想观念的一种表征方式和物化形态。这一变化，促进了建筑技术和艺术向更高的层次发展。

另一方面，随着私有制和阶级对立的出现，城市也逐步孕育萌生。从全国各地原始社会遗址可以看出，许多聚落在居住区的周围都环以壕沟，以提高防卫能力。到龙山文化时期，在聚落外围构筑土城墙的现象已较普遍，把挖壕沟与筑城墙结合起来，构成壕与城的双重防御结构，显然比单有壕沟进了一步。这种有城墙的聚落规模也日益扩大，最大的已达到 1.2km^2（如湖北天门县石家河古城）。

1.2　奴隶社会建筑（公元前 2070 年～前 476 年）

公元前 21 世纪时夏朝的建立标志着我国奴隶社会的开始。从夏朝起经商朝、西周而达到奴隶社会的鼎盛时期，春秋开始向封建社会过渡。

1.2.1　夏　公元前 2070～前 1600 年

我国古代文献记载了夏朝的史实，但考古学上对夏文化尚在探索之中，由于在已发现的文化遗址中，未出现过有关夏朝的文字证据，因此，究竟何者属于夏文化，往往引发意见分歧，例如河南登封王城岗古城址、河南淮阳平粮台古城址、山西夏县古城址等，都曾被认为可能是夏代所遗，但后来又判定为原始社会后期之物。许多考古学家认为，河南偃师二里头遗址是夏末都城——斟鄩。在这遗址中发现了大型宫殿和中小型建筑数十座。其中一号宫殿规模最大（图 1-8），其夯土台残高约 80cm，东西约 108m，南北约 100m。夯土台上有面阔 8 间的殿堂一座，周围有回廊环绕，南面有门的遗址，反映了我国早期封闭庭院（廊院）的面貌。殿堂的建筑面积约 350m^2，柱径达 40cm。从殿堂柱列整齐、前后左右相对应、各间面阔统一等方面来看，木构架技术已有了较大提高。殿堂的每根檐柱前两侧留有较小的柱洞，推测是廊下支承木地板的永定柱遗迹[①]。这所建筑遗址是至今发现的我国最早的规模较大的木架夯土建筑和庭院的实例。

在随后发现的二里头另一座殿堂遗址中，可以看到更为规整的廊院式建筑群（图 1-9）。这些例子说明，在夏代至商代早期，中国传统的院落式建筑群组合已经开始走向定型。

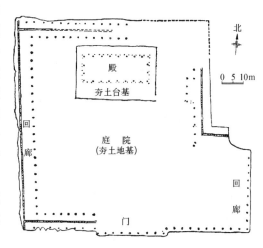

图 1-8　河南偃师二里头一号宫殿遗址平面

---

①　也有认为是承托屋檐的擎檐柱。

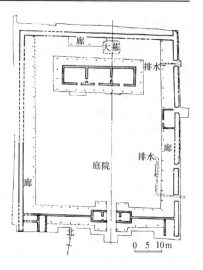

图 1 - 9　河南偃师二里头二号宫
殿遗址平面

1.2.2　商　公元前1600～前1046年

公元前16世纪建立的商朝是我国奴隶社会的大发展时期，商朝的统治以河南中部黄河两岸为中心，东至大海，西至陕西，南抵安徽、湖北，北达河北、山西、辽宁。在商朝，我国开始有了文字记载的历史，已经发现的记载当时史实的商朝甲骨卜辞已有10余万片。大量的商朝青铜礼器、生活用具、兵器和生产工具（包括斧、刀、锯、凿、钻、铲等），反映了青铜工艺已达到了相当纯熟的程度，手工业专业化分工已很明显。手工业的发展、生产工具的进步以及大量奴隶劳动的集中，使建筑技术水平有了明显的提高。商代前期的城址已发现了多座。一座是郑州商城，考古学家认为这是仲丁时的隞都[①]。城墙遗址的周长为7km。城内中部偏北高地上有不少大面积的夯台基，可能是宫殿、宗庙遗址。城外散布着制造陶器、骨器和冶铜、酿酒等作坊，还有许多奴隶们居住的半穴居窝棚。1983年在偃师二里头遗址以东五六公里处的尸沟乡，发现了另一座早商城址，考古学家认为这是商灭夏后所建的都城——亳，其规模较郑州商城略小，由宫城、内城、外城组成。宫城位于内城的南北轴线上，外城则是后来扩建的（图 1 - 10）。宫城中已发掘的宫殿遗址上下叠压3层，都是庭院式建筑，其中主殿长达90m，是迄今所知最宏大的早商单体建筑遗址。在湖北武汉附近黄陂县盘龙城，发现了另一座商城遗址，规模比郑州商城小得多，面积约290m×260m。城内东北隅有大面积的夯土台基，上列平行布置的建筑3座，推测可能是商朝某一诸侯国的宫殿遗址（图 1 - 11）。

商朝后期迁都于殷（在今河南

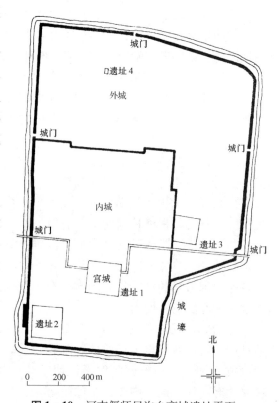

图 1 - 10　河南偃师尸沟乡商城遗址平面

---

① 也有考古学家认为这是商初成汤的都城——亳

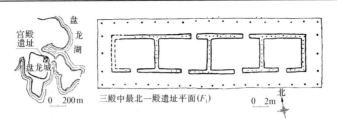

图1-11 湖北黄陂盘龙城商朝宫殿遗址

安阳西北2公里小屯村）（图1-12），它不仅是商王国的政治、军事、文化中心，也是当时的经济中心。遗址范围约30km²，中部紧靠洹水曲折处为宫殿，西面、南面有制骨、冶铜作坊区，北面、东面有墓葬区。居民则散布在西南、东南及洹水以东的地段，但墓葬区也散布着同时期的居民点和作坊遗址，宫殿区也有作坊和墓葬发现，似乎商的殷都对此并无严格的区划。

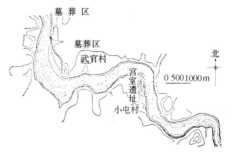

图1-12 河南安阳殷墟遗址

宫殿区东面、北面临洹水，由于洹水的冲蚀，遗址东侧已不完整。西、南两面有壕沟作防御，遗址本体分为北、中、南三区（图1-13）。北区（甲区）有基址15处，大体作东西向平行布置，基址下无人畜葬坑，推测是王室居住区。中区（乙区）基址作庭院布置，轴线上有门址三进，轴线最后有一座中心建筑，基础下往往有人畜葬坑，门址下则有持戈、持盾的跪葬侍卫五六人，推测这里是商王朝廷、宗庙部分。南区（丙区）规模较小，建造年代较晚，作轴线对称布置，殉葬人埋于西侧房基之下，殉葬牲畜埋于东侧，很像是王室的祭祀场所。中、南二区房基下的殉葬人，应是祭祀或房屋奠基时的杀殉奴隶，最多的一座31人，有的是成排的杀头葬，反映了奴隶主的残暴。这种人殉在奴隶主贵族住房地基、门旁、柱础下都有发现。至于宫室周围发现的奴隶住房，则仍是长方形与圆形的穴居。

1.2.3 西周 公元前1046～前771年

周灭商，以周公营洛邑为代表，建造了一系列奴隶主实行政治、军事统治的城市。根据宗法分封制度，奴隶主内部规定了严格的等级。在城市规模上，诸侯的城大的不超过王都的1/3，中等的1/5，小的1/9。城墙高度、道路宽度以及各种重要建筑物都必须按等级制造，否则就是"僭越"。但是随着奴隶制的急剧崩溃，这种建城制度也跟着被打破，代之而起的是战国时期大量新兴城市。目前西周都城丰、镐尚在探找中，洛阳东周王城已经被发现，春秋时期的诸侯城址则较多，如邯郸赵故城、山西侯马晋故城、苏州吴阖闾城等。

西周有代表性建筑遗址有陕西岐山凤雏村的早周遗址（图1-14）和湖北蕲春的干阑式木架建筑（图1-15）。岐山凤雏遗址是一座相当严整的四合院式建筑，由二进院落组成。中轴线上依次为影壁、大门、前堂、后室。前堂与后堂之间用廊子连接。门、堂、室的两侧为通长的厢房，将庭院围成封闭空间。院落四

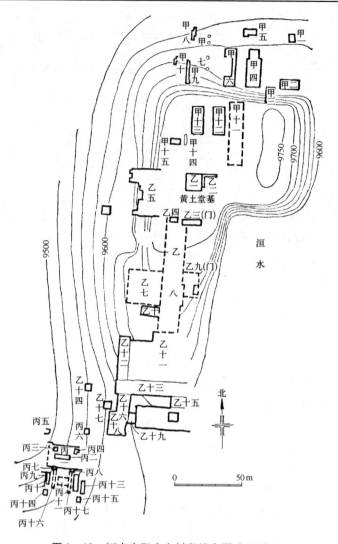

图 1-13　河南安阳小屯村殷墟宫殿遗址平面

周有檐廊环绕。房屋基址下设有排水陶管和卵石叠筑的暗沟，以排除院内雨水。屋顶已采用瓦。这组建筑规模并不大（南北通深 45.2m，东西通宽 32.5m），却是我国已知最早、最严整的四合院实例。根据西厢出土筮卜甲骨一万七千余片，推测此处是一座宗庙遗址。湖北蕲春西周木架建筑遗址散布在 5000m² 的范围内，建筑密度相当高。遗址留有大量木柱、木板及方木，并有木楼梯残迹，故推测是干阑式建筑。已判明为面阔 4 间、5 间的房屋有 4 幢。类似的建筑遗存在附近地区及荆门县也有发现，说明干阑式木构架建筑可能是西周时期长江中下游一种常见的居住建筑类型，对照浙江余姚河姆渡原始社会建筑，可以看出其渊源关系。

　　瓦的发明是西周在建筑上的突出成就，使西周建筑从"茅茨土阶"的简陋状态进入了比较高级的阶段。制瓦技术是从陶器制作发展而来的。在陕西岐山凤雏村西周早期的遗址中，发现的瓦还比较少，可能只用于屋脊、天沟和屋檐，瓦的铺设方式也较原始（图 1-16）。到西周中晚期，从陕西扶风召陈遗址中发现的

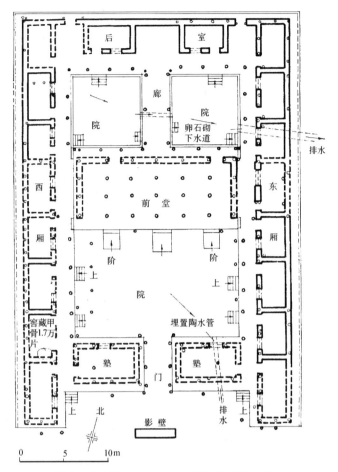

图 1－14 陕西岐山凤雏村西周建筑遗址平面

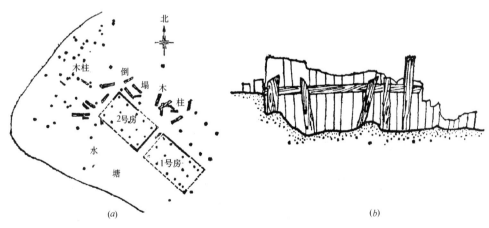

图 1－15 湖北蕲春西周干阑建筑遗址
（a）水塘中木架建筑遗存；（b）部分木外墙遗物

瓦的数量就比较多了，有的屋顶已全部铺瓦。瓦的质量也有所提高，并且出现了半瓦当。在这两处遗址中，还出土了铺地方砖。在凤雏的建筑遗址中还发现了在

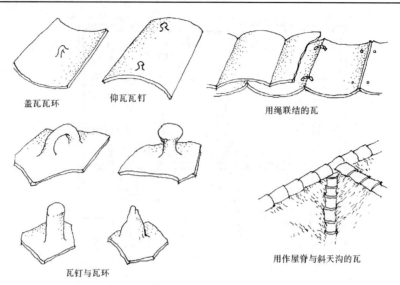

盖瓦瓦环　　仰瓦瓦钉　　　　　　用绳联结的瓦

瓦钉与瓦环　　　　　用作屋脊与斜天沟的瓦

图 1-16　陕西岐山凤雏村遗址出土西周瓦

（据《陕西古建筑》）

夯土墙或土坯墙上用三合土（白灰＋砂＋黄泥）抹面，表面平整光洁。

1.2.4　春秋　公元前 770～前 476 年

春秋时期，由于铁器和耕牛的使用，社会生产力水平有很大提高，贵族们的私田大量出现，奴隶社会的井田制日益崩解，封建生产关系开始出现，随之手工业和商业也相应发展，相传著名木匠公输般（鲁班），就是在春秋时期涌现的匠师。春秋时期，建筑上的重要发展是瓦的普遍使用和作为诸侯宫室用的高台建筑（或称台榭）的出现。从山西侯马晋故都、河南洛阳东周故城、陕西凤翔秦雍城、湖北江陵楚郢都等地的春秋时期遗址中，发现了大量板瓦、筒瓦以及一部分半瓦当和全瓦当（图 1-17）。在凤翔秦雍城遗址中，还出土了 36cm×14cm×6cm 的砖以及质地坚硬、表面有花纹的空心砖（两者均属青灰色砖），说明中国早在春秋时期已经开始了用砖的历史。春秋时期，各诸侯国出于政治、军事统治和生活享乐的需要，建造了大量高台宫室（一般是在城内夯筑高数米至 10 多米的土台若干座，上面建殿堂屋宇）。如侯马晋故都新田遗址中的夯土台，面积为 75m×75m，高 7m 多，高台上的木架建筑已不存在。随着诸侯日益追求宫室华丽，建筑装饰与色彩也更为发展，如《论语》描述的"山节藻棁"（斗上画山，梁上短柱画藻文），《左传》记载鲁庄公"丹楹"（红柱）、"刻桷"（刻椽），就是例证。

近年对春秋时期秦国都城雍城（遗址在今陕西凤翔县南郊）的考古工作取得了重大进展。雍城平面呈不规则方形，每边约长 3200m，宫殿与宗庙位于城中偏西。其中一座宗庙遗址是由门、堂组成的四合院（图 1-18），中庭地面下有许多密集排列的牺牲坑，是祭祀性建筑的识别标志。秦公的陵墓则分布在雍城南郊，经 3 次考古发掘，最新统计已钻探发现了 14 个陵园（图 1-19）。陵园不用围

图 1-17　东周瓦当及瓦钉

墙而用隍壕作防卫（城堑有水称为池，无水称为隍），可以说是秦陵的一种特色。类似的陵园区在陕西临潼骊山西麓，那是秦都东迁后战国时期诸秦公（王）的陵墓区，通常称为秦东陵（秦始皇的陵墓则在骊山北麓）。

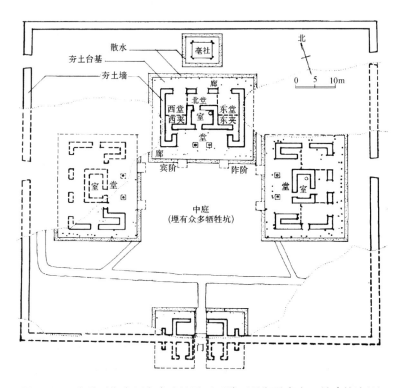

图 1－18　春秋时期秦国宗庙遗址平面（陕西凤翔马家庄一号建筑遗址）

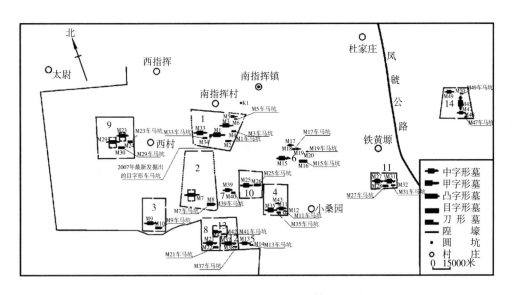

图 1－19　陕西凤翔春秋时期秦国陵园区第三次发掘平面图

（共发现陵园 14 座。出处：陕西省考古研究院秦汉考古研究部，陕西秦汉考古五十年综述，《考古与文物》，2008 年第 6 期）

1.3　封建社会前期建筑（战国至南北朝　公元前 475 年~公元 589 年）

1.3.1　战国　公元前 475~前 221 年

春秋时期社会生产力发展所引起的变革，到战国时，地主阶级在许多诸侯国内相继夺取政权，宣告了奴隶制时代的结束。地主阶级夺取政权后，进一步改变所有制，其中秦国经过商鞅变法，一跃成为强国，经 10 年战争，终于攻灭六国，统一全国，建立了我国历史上第一个中央集权的封建国家。

战国时期，社会生产力的进一步提高和生产关系的变革，促进了封建经济的发展。春秋以前，城市仅作为奴隶主诸侯的统治据点而存在，手工业主要为奴隶主贵族服务，商业不发达，城市规模比较小。战国时手工业商业发展，城市繁荣，规模日益扩大，出现了一个城市建设的高潮，如齐的临淄、赵的邯郸、楚的鄢郢、魏的大梁，都是工商业大城市，又是诸侯统治的据点。据记载，当时临淄居民达到 7 万户，街道上车轴相击，人肩相摩，热闹非凡（《史记·苏秦传》）。根据考古发掘得知，战国时齐故都临淄城南北长约 5km，东西宽约 4km，大城内散布着冶铁、铸铁、制骨等作坊以及纵横的街道。大城西南角有小城，其中夯土台高达 14m，周围也有作坊多处，推测是齐国宫殿所在地（图 1-20）。战国时另一大城市燕国的下都（在今河北易县），位于易水之滨，城址由东西两部分组成，南北约 4km，东西约 8km，东部城内有大小土台 50 余处，为宫室与陵墓所在。西部似经扩建而成。赵国的都城邯郸，布局和齐临淄很相似，工商业区在大城中，宫城在大城西南角，大城南北约 4.5km，东西约 3km，较临淄与燕下都略小。宫城内留有高台十余座，应是赵王宫室遗址。这三处的大量高台，说明战国时高台宫室仍很盛行。近年在咸阳市东郊发掘的一座高台建筑遗址，是战国时秦咸阳宫殿之一（图 1-21）。这座 60m×45m 的长方夯土台，高 6m，台上建筑物由殿堂、过厅、居室、浴室、回廊、仓库和地窖等组成，高低错落，形成一组复杂壮观的建筑群。这应是一座高台建筑的西半部，其东半部已被冲沟切断，遗存情况不明。其中殿堂为二层，寝室中设有火炕，居室和浴室都设有取暖的壁炉。地窖系冷藏食物之用，深 13~17m，由直径 60cm 的陶管用沉井法建成，窖底用陶盆盛物。遗址里还发现了具有陶漏斗和管道的排水系统。

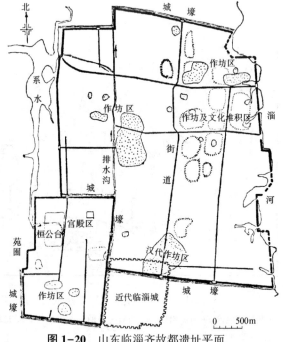

图 1-20　山东临淄齐故都遗址平面

这种具备取暖、排水、冷藏、浴洗等设施的建筑，显示了战国时的建筑水平。采用以夯土台为中心，周围用空间较小的木架建筑环抱，上下层选二三层、形成一组建筑群，这大概是在木架结构不发达条件下建造大体量建筑的一种解决办法。

农业和手工业进步的同时，建筑技术也有了巨大发展，特别是铁制工具——斧、锯、锥、凿等的应用，促使木架建筑施工质量和结构技术大为提高。筒瓦和板瓦在宫殿建筑上广泛使用，并有在瓦上涂上朱色的做法。装修用的砖也出现了。尤其突出的是在地下所筑墓室中，用长约1m，宽约三四十厘米的大块空心砖作墓壁与墓底，墓顶仍用木料作盖。可见当时制砖技术已达到相当高的水平。但统治阶级一般仍用木材作墓室（木椁），河南及长沙

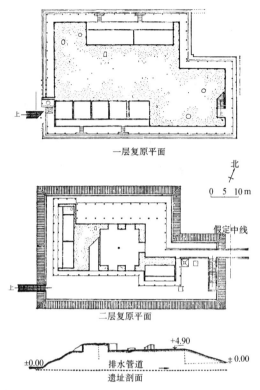

图 1-21 陕西咸阳秦国咸阳一号宫殿遗址

等地出土的战国木椁用厚木板组成内外数层棺椁，外填白土、沙土、木炭等构成防水层，有的还在墓底设置排水管，使棺椁及殉葬物得以长期保存下来。这些棺椁的榫卯制作精确，形式多样，反映了当时木工技术所达到的水平（图 1-22）。

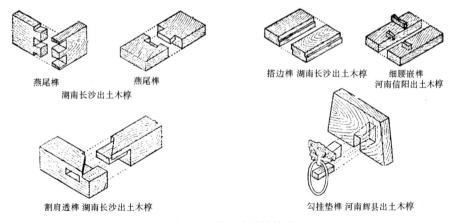

图 1-22 战国木结构榫卯

（刘敦桢《中国古代建筑史》）

1.3.2 秦 公元前221～前206年

秦始皇统一全国后，大力改革政治、经济、文化，统一法令，统一货币和度量衡，统一文字，修驰道通达全国，并筑长城以御匈奴。这些措施对巩固统一的

封建国家起了一定的积极作用。另一方面，又集中全国人力物力与六国技术成就，在咸阳修筑都城、宫殿、陵墓，历史上著名的阿房宫、秦始皇陵（骊山陵），至今遗址犹存。

秦都咸阳的布局是有独创性的，它摒弃了传统的城郭制度，在渭水南北范围广阔的地区建造了许多离宫，东至黄河，西至汧水、南至南山、北至九嵕，都是咸阳范围。"离宫别馆，弥山跨谷，辇道相属，木衣绨绣，土被朱紫，宫人不移，乐不改悬，穷年忘归，犹不能遍"（《三辅旧事》），反映了秦始皇穷奢极欲的情况。

阿房宫遗址和秦始皇陵目前尚未完成发掘，但其遗址规模之大，在我国历史上是空前的（图1-23、图1-24）。近年在秦始皇陵的东侧发现了大规模的兵马俑队列的埋坑。阿房宫留下的夯土台东西约1km，南北约0.5km，后部残高约8m。经多年来考古工作探掘，未发现台上有地面建筑遗存，故疑历史上所渲染的阿房宫可能是一座未完成的宫殿。

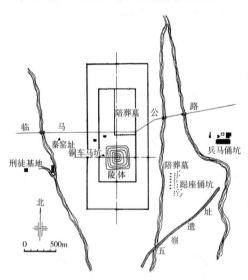

图1-23 陕西临潼秦始皇陵遗址平面　　　　　图1-24 陕西临潼秦始皇陵

近年在辽宁绥宁渤海湾西岸发现了秦始皇东巡"碣石"时所建的行宫遗址。宫殿建造在一座小丘上，南向正对海中的三块礁石——姜女石。占地约150亩，前殿面积最大，地势最高，可清晰望见海上礁石及开阔的海域，其余房屋形成大小院落，分布于前殿后侧，依山就势布置。殿区及各建筑的散水、排水管、涵洞等设施较为完备，表现了设计者对地面排水的重视。

长城起源于战国时诸侯间相互攻战自卫。地处北方的秦、燕、赵为了防御匈奴，还在北部修筑长城。秦统一全国后，西起临洮，东至辽宁遂城，扩建原有长城，联成3000余公里的防御线。秦时所筑长城至今犹存一部分遗址。以后，历经汉、北魏、北齐、隋、金等各朝修建。现在所留砖筑长城系明代遗物。

1.3.3　汉　公元前206～公元220年

整个汉代处于封建社会上升时期，社会生产力的发展促使建筑产生显著进步，形成我国古代建筑史上又一个繁荣时期。它的突出表现就是木架建筑渐趋成熟，砖石建筑和拱券结构有了很大发展。木架建筑虽无遗物，但根据当时的画像砖、画像石、明器陶屋等间接资料来看，后世常见的抬梁式和穿斗式两种主要木结构已经形成。在河南荥阳出土的陶屋和成都出土的画像砖住宅图案中，已有柱上架梁，梁上立短柱，柱上再架梁的抬梁式木构架形象。长沙和广州出土的东汉陶屋，则是柱头承檩，并有穿枋连接柱子的穿斗式木构架形象（图1-25）。可见这是南北地区劳动人民长期以来创造和发展的两种木结构，直至近代，仍被广泛应用。在甘肃武威和江苏句容出土的东汉陶屋上，则可看到高达五层的建筑形象，至于三四层楼的陶屋明器，则在各地汉墓中有更多的发现（图1-26、图1-27），可证多层木架建筑已较普遍，木架建筑的结构和施工技术有了巨大进步。但是西汉末年，长安南郊的明堂辟雍和宗庙遗址仍沿用春秋战国时的高台建筑方法，用小空间木架建筑环包夯土台，形成大体量。这也许反映了当时还没有解决大空间建筑的技术问题。作为中国古代木架建筑显著特点之一的斗栱，在汉代已普遍使用，在东汉的画像砖、明器和石阙上，都可以看到种种斗栱的形象。看来当时的斗栱形式很不统一，远未像唐、宋时期那样达到定型化程度，但其结构作用较为明显——即为了保护土墙、木构架和房屋的基础，而用向外挑出的斗栱承托屋檐，使屋檐伸出到足够的深度。随着木结构技术的进步，作为中国古代建筑特色之一的屋顶，形式也多样起来，从明器、画像砖等资料可知，当时以悬山顶和庑殿顶为最普遍，歇山（图1-28）与囤顶也已应用。

抬梁式结构(屋檐下用插栱)
四川成都画像砖

穿斗式结构
广东广州
汉墓明器

干阑式构造
广东广州汉墓明器

图1-25 东汉明器中所表示的房屋结构形式

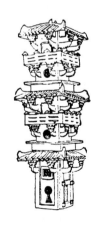

图1-26 河北望都出土望楼明器

图1-27 甘肃武威出土碉楼明器

在制砖技术和拱券结构方面，汉代有了巨大进步。战国时创造的大块空心砖，这时大量出现在河南一带的西汉墓中（图1-29）。西汉时还创造了楔形的和有榫的砖（图1-30），陕西兴平曾发现这种砖砌的下水道，在河南洛阳等地还发现用条砖与楔形砖砌拱作墓室，有时也采用企口砖以加强拱的整体性。当时的筒拱顶有纵联砌法与并列砌法两种（图1-31）。到了东汉，纵联拱成为主流，并已出现了在长方形和方形墓室上砌筑的砖穹窿顶。穹窿顶的矢高比较大，壳壁陡立，四角起棱，向上收结成盝顶状。采用这种陡立的方式，可能是为了便于作无支模施工，同时可使墓室比较高敞（图1-32）。

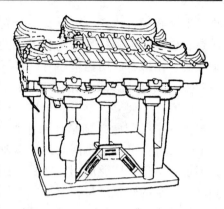

图1-28　四川成都牧马山出土东汉明器

（刘敦桢《中国古代建筑史》）

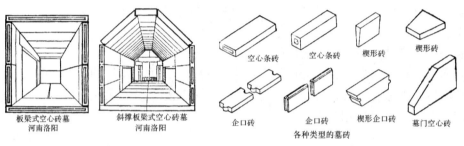

板梁式空心砖墓　　　　斜撑板梁式空心砖墓
河南洛阳　　　　　　　河南洛阳

图1-29　汉代空心砖墓

（刘敦桢《中国古代建筑史》）

空心条砖　　空心条砖　　楔形砖　　楔形砖

企口砖　　企口砖　　楔形企口砖　　墓门空心砖

各种类型的墓砖

图1-30　汉代各种墓砖

（刘敦桢《中国古代建筑史》）

图1-31　汉代筒拱墓

（刘敦桢《中国古代建筑史》）

石建筑的发展是和金属工具的进步分不开的。青铜器时代的殷，还只有少量建筑石雕品发现。随着铁工具的使用，到战国时，建筑物散水、柱础以及路面已开始用加工平整的石板。但是，我国的石建筑主要是在两汉——尤其是东汉得到了突飞猛进的发展。首先是石墓，为了葬品能在地下持久保存下来，贵族官僚们除了用砖拱作规模巨大的墓室以外，还在岩石上开凿岩墓，或利用石材砌筑梁板式墓或拱券式墓。河北满城西汉中山靖王刘胜夫妇墓是两座规模巨大的崖墓，估计开凿石方量为5700m³，墓穴空间最高达7.9m，进深达51.7m，所耗人力之多

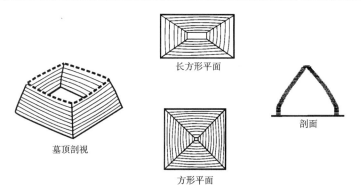

图 1-32 东汉穹窿顶墓室示意图

可以想见。在多山的四川，崖墓较为盛行，大多开于东汉，其中有许多石刻的建筑图像。石拱券墓及石梁板墓在各地都有发现，其中建于东汉末年至三国间的山东沂南石墓，系梁、柱和板构成，石面有精美的雕刻，是我国古代石墓中有代表性的一例（图 1-33）。从各地汉墓来看，东汉墓的石材加工水平比西汉更为精致，技术更高。至于地面的石建筑，主要也是贵族、官僚的墓阙、墓祠、墓表以及石兽、石碑等遗物。著名的有四川雅安东汉益州太守高颐墓石阙（图 1-34、图 1-35）和石辟邪、北京西郊东汉幽州书佐秦君墓表、山东肥城孝堂山郭巨墓祠等。这些雕刻精美的石建筑，是汉代石刻的代表。石阙除用于墓前外，还用于祠庙前，或作为旌表之用而建于里门之前，如四川梓潼的李业阙，就是因东汉"光武下诏，表其闾"而建造的。全国现存石阙近 30 处，川渝两地就有 20 余处。

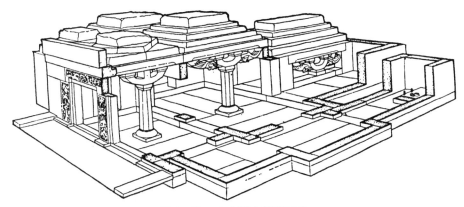

图 1-33 山东沂南汉代石墓
（刘敦桢《中国古代建筑史》）

西汉时都城长安建造了大规模的宫殿、坛庙、陵墓、苑囿。当时长安的面积约为公元 4 世纪罗马城的 2.5 倍。对长安的大量考古发掘工作已揭示城墙、城门、道路、武器库、长乐宫、未央宫、桂宫、北宫、东市、西市、西郊的建章宫和南郊的 13 座礼制建筑（明堂辟雍、宗庙、社稷坛等）的位置与范围（图 2-3），有助于了解西汉都城布局和建筑发展水平。分布在西安附近的 11 处西汉陵墓，其地上部分形制大体与秦始皇陵相似，为方形截锥体土阜。陵区仿宫殿的形式，四面设陵墙、陵门，陵旁有寝殿、便殿等设施。

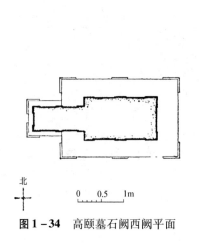

图 1－34 高颐墓石阙西阙平面

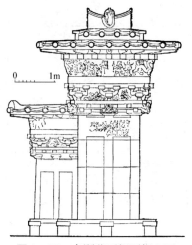

图 1－35 高颐墓石阙西阙立面
（刘敦桢《中国古代建筑史》）

1.3.4 三国、晋、南北朝 220～589 年

从东汉末年经三国、两晋到南北朝，是我国历史上政治不稳定、战争破坏严重、长期处于分裂状态的一个阶段。由于晋室南迁，中原人口大量涌入江南，带去了先进的生产技术与文化，加之江南战争破坏较少，因此东晋以后南方经济文化迅速发展。北方地区则由于连续不断的战争，经济遭到严重破坏，人口大减，直至北魏统一北方，才出现较为稳定的政治局面，使社会经济有了恢复。总之，在这 300 多年间，社会生产的发展比较缓慢，在建筑上也不及两汉期间有那样多生动的创造和革新，可以说主要是继承和运用汉代的成就。但是，由于佛教的传入引起了佛教建筑的发展，高层佛塔出现了，并带来了印度、中亚一带的雕刻、绘画艺术，不仅使我国的石窟、佛像、壁画等有了巨大发展，而且也影响到建筑艺术，使汉代比较质朴的建筑风格，变得更为成熟、圆淳。

这个时期最突出的建筑类型是佛寺、佛塔和石窟。佛教在东汉初就已传入中国，经魏、晋到南北朝，由于统治阶级需要利用佛教欺骗人民，予以大力提倡，兴建了大量寺院、佛塔和石窟。梁武帝时，建康佛寺达 500 多所，僧尼 10 万多人，各地郡县也都有佛寺，梁武帝还亲自三次到同泰寺舍身。现存的栖霞山千佛岩就是南朝齐、梁时的王公贵族们施舍所造。十六国时期，后赵石勒大崇佛教，兴立寺塔。北魏统治者更是不遗余力地崇佛，建都平城（山西大同）时，就大兴佛寺，开凿云冈石窟。迁都洛阳后，又在洛阳伊阙开凿龙门石窟。到北魏末年，北方佛寺达 3 万多所，其中洛阳有 1000 余所。可见当时北朝佛教比南朝更盛。

北魏佛寺以洛阳的永宁寺为最大，按《洛阳伽蓝记》所记，中间置塔，四面有门，塔后为佛殿。经近年发掘，其平面与记载是一致的。中国的佛教由印度经西域传入内地，初期佛寺布局与印度相仿佛，仍以塔为主要崇拜对象，置于佛寺中央，而以佛殿为辅，置于塔后。北魏洛阳有许多佛寺是由贵族官僚的邸宅改建的，所谓"舍宅为寺"，前堂改为大殿，后堂改为讲堂，于是佛寺进一步中国化，不仅把中国的庭院式木架建筑使用于佛寺，而且使原来的私家园林也成为佛寺的一部分，这些佛寺也往往是市民游览的活动场所。这些情况在《洛阳伽蓝记》中有较详细的记述。

佛塔是为埋藏舍利（释迦牟尼遗骨），供佛徒绕塔礼拜而作，具有圣墓性质。传到中国后，把它缩小变成塔刹，和中国东汉已有的多层木构楼阁相结合，形成了中国式的木塔。永宁寺塔是当时最宏伟的一座木塔，方形、9 层。南北朝时，木塔虽然盛行一时，但目前无一留存，只能从石窟中所雕的木塔形象中得到大致的印象。除了木塔以外，还发展了石塔和砖塔，北魏时所建造的河南登封嵩岳寺砖塔，是我国现存最早的佛塔（参见图 5 - 34 ~ 图 5 - 36）。这种密檐式塔与楼阁式木塔不同，仅作礼拜对象而不供登临游眺，其来源与印度 3 世纪时出现的高塔形佛殿（即后来玄奘《大唐西域记》中所记的"精舍"）有关。在上述两种塔以外，从壁画和石刻中看到当时还有第三种塔——单层塔（参见图 5 - 38 ~ 图 5 - 41 及图 1 - 46）。

石窟寺是在山崖上开凿出来的窟洞型佛寺。在我国，汉代已有大量岩墓，掌握了开凿岩洞的施工技术。从印度传入佛教后，开凿石窟寺的风气在全国迅速传播开来。最早是在新疆，如 3 世纪起开凿的库车附近的克孜尔石窟，其次是甘肃敦煌莫高窟，创于 366 年（秦苻坚建元二年）。以后就是甘肃、陕西、山西、河南、河北、山东、辽宁、江苏、四川、云南等地的石窟相继出现，其中著名的有山西大同云冈石窟、河南洛阳龙门石窟、山西太原天龙山石窟等（图 1 - 36 ~ 图 1 - 38）。这些石窟中规模最大的佛像都由皇室或贵族、官僚出资修建，窟外还往往建有木建筑加以

山西大同云冈石窟

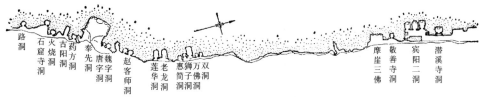

河南洛阳龙门石窟西峰

图 1 - 36　云冈、龙门、天龙山石窟总平面

（刘敦桢《中国古代建筑史》）

保护。石窟中所保存下来的历代雕刻与绘画是我国宝贵的古代艺术珍品。从建筑功能布局上看，石窟可以分为三种：一是塔院型，在印度称支提窟（Caitya），即以塔为窟的中心（将窟中支撑窟顶的中心柱刻成佛塔形象），和初期佛寺以塔为中心是同一概念，这种窟在大同云冈石窟中较多；二是佛殿型，窟中以佛像为主要内容，相当于一般寺庙中的佛殿，这类石窟较普遍；三是僧院型，在印度称毗诃罗（Vihara），主要供僧众打坐修行之用，其布置为窟中置佛像，周围凿小窟若干，每小窟供一僧打坐，这种石窟数量较少，敦煌第 285 窟即属此类。此外还有一种小窟，分布在一、二两类窟的周围，也属打坐用的禅窟。石窟的壁画、雕刻、前廊和窟檐等方面所表现的建筑形象，是我们研究南北朝时期建筑的重要资料。

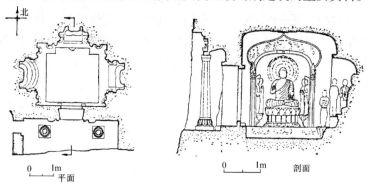

图 1 -37　山西太原天龙山第十六窟平面、剖面
（刘敦桢《中国古代建筑史》）

我国自然山水式风景园林在秦汉时开始兴起，到魏晋南北朝时期有重大的发展。一方面由于贵族豪门追求奢华生活，以园林为游宴享乐之所；另一方面，士大夫玄谈玩世，以寄情山水为高雅，从而促进了自然式山水园林兴盛。南北朝时，除帝王苑囿外，建康与洛阳都有不少官僚贵族的私园，园中开池引水，堆土为山，植林聚石，构筑楼观屋宇，或作重岩复岭，或构深溪洞壑，模仿自然山水风景，使之再现于有限空间内的造园手法已经普遍采用。

北方十六国时期，西北少数民族大量移入中原地区，带来了不同的生活习惯，在原来汉族席地而坐和使用低矮家具的传统中，又增加了垂足而坐的高坐具——方凳、圆凳、椅子等，在壁画、雕刻中可以看到这些家具的形象。这一新的家具虽然还未达到取而代之的程度，但为宋以后废弃席坐创造了条件。由于家具加高了，建筑物的内部也必然随之增高，这在以后唐代佛寺和宋代佛寺的对比中也可以得到证明。

在石刻方面，南京郊区一批南朝陵墓的石辟邪、石麒麟、石墓表可表示出技艺水平比汉代有了进一步提高。辟邪简洁威猛，概括力强，墓表比例精当，造型凝练优美，细部处理贴切（图 1 -39、图 1 -40），这和石窟中的雕刻艺术以及河北定兴北齐石柱，同是南北朝时期的艺术珍品。定兴石柱顶部的三开间石雕小屋，反映了当时许多建筑细部如柱、檐口、屋面瓦脊等的形象，是研究南北朝建筑的一件重要资料（图 1 -41）。

图1-38　山西太原天龙山第十六窟外观

图1-39　江苏南京梁萧景墓辟邪

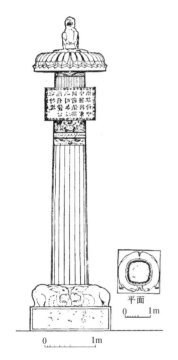

平面

0　　　　1m

图1-40　江苏南京梁萧景墓墓表

（刘敦桢《中国古代建筑史》）

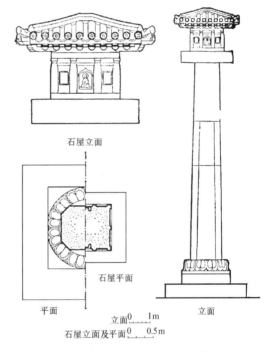

石屋立面

石屋平面

平面

立面　0　　1m

石屋立面及平面　0　　0.5m

立面

图1-41　河北定兴北齐石柱

（刘敦桢《中国古代建筑史》）

1.4　封建社会中期建筑（隋至宋　581~1279年）

隋、唐至宋是我国封建社会的鼎盛时期，也是我国古代建筑的成熟时期。无论在城市建设、木架建筑，砖石建筑、建筑装饰、设计和施工技术方面都有巨大发展。

1.4.1　隋　581~618年

隋朝统一中国，结束了长期战乱和南北分裂的局面，为封建社会经济、文化的进一步发展创造了条件。但由于隋炀帝的骄奢淫逸，穷兵黩武，隋朝很快就覆灭了。建筑上主要是兴建都城——大兴城和东都洛阳城，以及大规模的宫殿和苑囿，并开南北大运河、修长城等。大兴城是隋文帝时所建，洛阳城是隋炀帝时所建，这二座城都被唐朝所继承，进一步充实发展而成为东西二京，也是我国古代宏伟、严整的方格网道路系统城市规划的范例。其中大兴城又是我国古代规模最大的城市。隋代留下的建筑物有著名的河北赵县安济桥（图1-42）。它是世界上最早出现的敞肩拱桥（或称空腹拱桥），大拱由28道石券并列而成，跨度达37m。这种空腹拱桥不仅可减轻桥的自重，而且能减少山洪对桥身的冲击力，在技术上、在造型上都达到了很高的水平，是我国古代建筑的瑰宝。负责建造此桥的匠人是李春。除石桥外，还有大业七年所建的山东历城神通寺四门塔（参见图5-38、图5-39）。

图1-42　河北赵县安济桥

近年在陕西麟游发掘的仁寿宫是隋文帝命宇文恺等人兴建的一座离宫，唐太宗时改建为九成宫。此宫位于海拔1100m的山谷中，四面青山环绕，绿水穿流，风景极佳，夏季凉爽，是隋文帝、唐太宗等喜爱的避暑胜地。离宫占地约2.5km²，主体部分平面呈长方形，东西长约1km，南北宽约300m，各殿宇由西向东展开布置，格局规整，四周有内宫墙环绕。内宫墙外又有一道外宫墙，包围着数十座殿台亭榭。这些建筑物都是依山傍水，错落布置，纯属山地园林格局，其中已发掘的37号殿址，是隋唐两代都曾使用的9开间殿宇，周廊宽敞，表现出园林建筑特有的风貌。

1.4.2　唐　618~907年

唐朝前期百余年全国统一和相对稳定的局面，为社会经济文化的繁荣昌盛提供了条件。到唐中叶开元、天宝年间达到极盛时期。虽然"安史之乱"以后开始衰弱下去，但终唐之世，仍不愧为我国封建社会经济文化的发展高潮时期。建筑技术和艺术也有巨大发展和提高。唐代建筑主要有下列特点：

　　第一，规模宏大，规划严整。唐朝首都长安原是隋代规划兴建的，但唐继承后又加扩充，使之成为当时世界最宏大繁荣的城市。长安城的规划是我国古代都城中最为严整的（参见图 2-6），它不仅影响渤海国东京城，而且还影响了日本平城京（710~794 年，在今奈良市）和后来的平安京（794~　，在今京都市）等，这些城市的布局方式和唐长安城基本相同，只是规模较小，如平城京仅及长安城的 1/4。唐长安大明宫的规模也很大，如不计太液池以北的内苑地带，遗址范围即相当于明清故宫紫禁城总面积 3 倍多（参见图 4-3、图 4-7）。大明宫中的麟德殿面积约故宫太和殿的 3 倍（参见图 4-5、图 4-6）。其他府城、衙署等建筑的宏敞宽广，也为任何封建朝代所不及。所以清初顾炎武在《日知录》中说："予见天下州之为唐旧治者，其城郭必皆宽广，街道必皆正直，廨舍之为唐旧创者，其基址必皆宏敞，宋以下所置，时弥近者制弥陋。"

　　第二，建筑群处理愈趋成熟。战国的陵墓常采用 3 座、5 座建筑横向排列的方式（参见图 4-32），汉代的宗庙、明堂、辟雍、宫殿、陵墓、丞相府一类最隆重的建筑物，大都采用四面设门阙，用纵横轴线对称的办法，但长安南郊 13 座礼制建筑仅作简单的排列（参见图 2-3），各组建筑物之间缺乏有机的组合。到了隋唐，不仅加强了城市总体规划，宫殿、陵墓等建筑也加强了突出主体建筑的空间组合，强调了纵轴方向的陪衬手法。以大明宫的布局而言，从丹凤门经第二道门至龙尾道、含元殿，再经宣政殿、紫宸殿和太液池南岸的殿宇而达于蓬莱山，这条轴线长约 1600 余米，如不计入苑部分，从丹凤门到紫宸殿也约 1200m，这个长度略大于从北京天安门到保和殿的距离。含元殿利用突起的高地（龙首原）作为殿基，加上两侧双阁的陪衬和轴线上空间的变化，造成朝廷所需的威严气氛。再如乾陵的布局（参见图 4-41），不用秦汉堆土为陵的办法，而是利用地形，以梁山为坟，以墓前双峰为阙，再以二者之间依势而向上坡起的地段为神道，神道两侧列门阙及石柱、石兽、石人等，用以衬托主体建筑，花费少而收效大。这种善于利用地形和运用前导空间与建筑物来陪衬主体的手法，正是明清宫殿、陵墓布局的渊源所自。

　　第三，木建筑解决了大面积、大体量的技术问题，并已定型化。东汉至南北朝已解决了高层木建筑（如九层塔）的技术。到了隋唐，大体量建筑已不再像汉代以前那样依赖夯土高台外包小空间木建筑的办法来解决，如大明宫麟德殿（参见图 4-5），面积约 5000m²，采用了面阔 11 间、进深约为面阔一倍的柱网布置（隋炀帝在东都建乾阳殿，面阔 13 间，进深 29 架，自地面至鸱尾高 170 尺，可与此殿相匹敌）。从现存的唐代后期五台山南禅寺正殿和佛光寺大殿来看（参见图 5-1~图 5-4），当时木架结构——特别是斗栱部分，构件形式及用料都已规格化（从图 1-43 中也可看到这种迹象），说明当时可能已有了用材制度，即将木架部分的用料规格化，一律以木料的某一断面尺寸为基数计算，这是木构件分工生产和统一装配所必然要求的方法。用材制度的出现，反映了施工管理水平的进步，加速了施工速度，便于控制木材用料，掌握工程质量，对建筑设计也有促进作用。

　　第四，设计与施工水平提高。掌握设计与施工的民间技术人员"都料"，专业技术熟练，专门从事公私房屋的设计与现场施工指挥，并以此为生。一般房屋

图1-43　陕西西安大雁塔门楣石刻佛殿图

都在墙上画图后按图施工。房屋建成后还要在梁上记下他的名字（见柳宗元《梓人传》）。"都料"的名称直到元朝仍在沿用。

第五，砖石建筑进一步发展。主要是佛塔采用砖石构筑者增多。隋唐时期，虽然木楼阁式塔仍是塔的主要类型，在数量上占优势，但木塔易燃，常遭火灾，又不耐久，实践证明砖石塔更经得起时间考验。目前我国保存下来的唐塔全是砖石塔。唐时砖石塔有楼阁式、密檐式与单层塔三种，其中楼阁式砖塔系由楼阁式木塔演变而来，这种塔符合传统习惯的要求，可供登临远眺，又较耐久，西安大雁塔就是这种实例（该塔已经明代重修，增筑外层砖壁）。密檐塔平面多作方形，外轮廓柔和，与嵩岳寺塔相似。砖檐多用叠涩法砌成，如河南登封法王寺塔、西安小雁塔（图1-44、图1-45）等。单层塔多作为僧人墓塔，规模小，数量多，如河南登封会善寺净藏禅师、山西平顺海会院明惠大师塔（图1-46、图1-47）等。唐时砖石塔的外形，已开始朝仿木建筑的方向发展，如西安兴教寺玄奘塔、香积寺塔、登封净藏禅师塔，都部分地仿照木建筑的柱、枋、简单的斗栱、檐部、门窗等，反映对传统建筑式样的继承和对砖石材料的加工渐趋精致成熟。

图1-44　陕西西安小雁塔外观

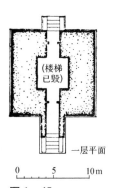

图 1-45
陕西西安小雁塔平面
（刘敦桢《中国古代建筑史》）

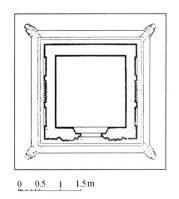

图 1-47
山西平顺海会院明惠塔平面
（刘敦桢《中国古代建筑史》）

图 1-46　山西平顺海会院明惠塔立面
（刘敦桢《中国古代建筑史》）

　　第六，建筑艺术加工的真实和成熟。唐代建筑风格的特点是气魄宏伟，严整而又开朗，从长安城、大明宫、含元殿等一系列的遗址可以想像出这一点。现存的木建筑遗物反映了唐代建筑艺术加工和结构的统一，在建筑物上没有纯粹为了装饰而加上去的构件，也没有歪曲建筑材料性能使之屈从于装饰要求的现象。这固然是我国古典建筑的传统特点，但在唐代建筑上表现得更为彻底。例如斗栱的结构职能极其鲜明，华栱是挑出的悬臂梁，昂是挑出的斜梁，都负有承托屋檐的责任。一般都只在柱头上设斗栱或在柱间只用一组简单的斗栱，以增加承托屋檐的支点。其他如柱子的形象、梁的加工等都令人感到构件本身受力状态与形象之间内在的联系，达到了力与美的统一；而色调简洁明快，屋顶舒展平远，门窗朴实无华，给以人庄重、大方的印象，这是在宋元明清建筑上不易找到的特色。唐时琉璃瓦也较北魏时增多了，长安宫殿出土的琉璃瓦以绿色居多，黄色、蓝色次之，其他如隋唐东都洛阳和隋唐榆林城遗址也出现了不少琉璃瓦片。但此时出土的琉璃瓦数量较灰瓦（素白瓦）、黑瓦（青掍瓦）为少①，可能还多半用于屋脊和檐口部分（即清式所谓"剪边"的做法）。

1.4.3 五代 907~960年

唐中叶经过"安史之乱"后，中原地带遭到严重破坏，以后又是藩镇割据，宦官专权，唐朝势力日益衰弱。唐末，爆发了黄巢农民起义，严重打击了唐朝的统治。最后政权落入军阀朱温之手，建立了后梁，迁都于汴，从此中国进入了分裂时期。在50余年的分裂中，黄河流域经历了后梁、后唐、后晋、后汉、后周5个朝代，而其他地区先后有10个地方割据的政权，史称"五代十国"。各个割据政权之间攻战频繁，破坏很大，只有吴越、南唐、前蜀等地区战争较少，经济文化在唐代基础上仍有发展。在建筑上，五代时期主要是继承唐代传统，很少新的创造，仅吴越、南唐石塔和砖木混合结构的塔比唐朝有所发展，石塔如南京栖霞山舍利塔、杭州闸口白塔与灵隐寺双石塔；砖木混合结构的塔如苏州虎丘云岩寺塔（参见图5-28~图5-30）、杭州保俶塔等，都是在唐代砖石塔的基础上进一步仿楼阁式木塔。建都于广州的南汉，还铸造了铁塔（光孝寺东、西铁塔）。由于江南一带建筑的发展，技术水平也较高，这一点可以以北宋初年浙东木工喻皓入京主持重大工程一事得到佐证。

1.4.4 宋 960~1279年

五代十国分裂与战乱的局面以北宋统一黄河流域以南地区而告终，北方地区则有契丹族的辽朝政权与北宋相对峙。北宋末年，起源于东北长白山一带的女真族强大起来，建立金朝，向南攻灭了辽和北宋，又形成南宋与金相对峙的局面，直至蒙古灭金与南宋建立元朝为止。

北宋对辽、金一贯采取妥协、退让的政策，对内则极力强化对人民的控制，在政治上和军事上是我国古代史上较为衰弱的朝代。但在经济上，农业、手工业和商业都有发展，有不少手工业部门超过了唐代的水平，科学技术有很大进步，产生了伟大的发明创造。南宋时，中原人口大量南移，南方手工业、商业发展起来，但南宋统治集团极其荒淫腐朽，国力更弱。由于两宋手工业与商业的发达，使建筑水平也达到了新的高度，具体有以下几方面的发展：

第一，城市结构和布局起了根本变化。唐以前的封建都城实行夜禁和里坊制度，晚上把广大居民关闭在里坊中，并有吏卒看守，以保证统治者的安全。但是日益发展的手工业和商业必然要求突破这种封建统治的桎梏。到了宋朝，都城汴梁也无法再采取里坊制度和夜禁，虽仍保留"坊"的名称，但实际内容已经改变。汴京已完全是一座商业城市的面貌（图1-48），和唐以前的都城截然不同。

① 青掍瓦是灰瓦外表有一层很薄的黑色皮层的瓦，烧窑时掺有油料，详见《营造法式》卷十五。

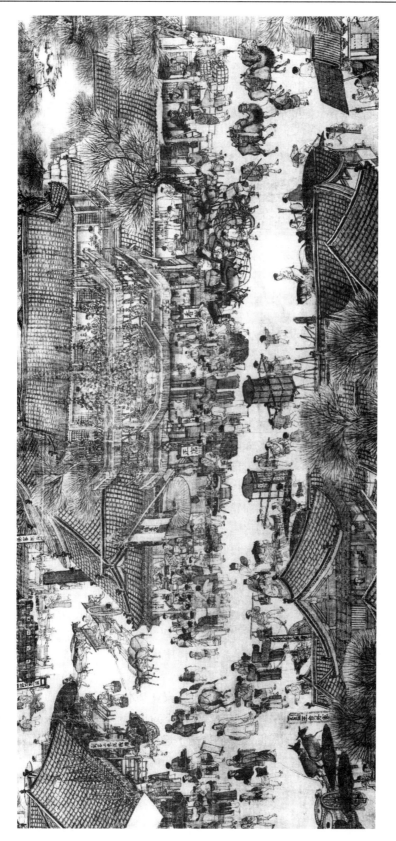

图 1-48　宋张择端《清明上河图》(局部)所表现的汴京街景

城市消防、交通运输、商店、桥梁等都有了新的发展。

第二，木架建筑采用了古典的模数制。北宋时，在政府颁布的建筑预算定额——《营造法式》中规定，把"材"作为造屋的尺度标准，即将木架建筑的用料尺寸分成八等，按屋宇的大小、主次量屋用"材"，"材"一经选定，木构架部件的尺寸都整套按规定而来，不仅设计可以省时，工料估算有统一标准，施工也方便。这种方法在唐代实物中可能已实际运用，但用文字确定下来作为政府的规定予以颁布则是首次，以后历朝的木架建筑都沿用相当于以"材"为模数的办法，直到清代。

《营造法式》是王安石推行政治改革的产物，目的是为了掌握设计与施工标准，节制国家财政开支，保证工程质量。当时朝廷曾下令制定各种财政、经济条例，《营造法式》是其中之一。这是我国古代最完整的建筑技术书籍，著书人是将作监李诫，书中资料主要采自历来工匠相传经久可行之法。这本书不仅对北宋末年京城的宫廷建筑有直接影响，南宋时，还因在苏州重刊而影响江南一带。在《营造法式》之前，还有都料喻皓所著的《木经》。但原书已佚，仅在沈括《梦溪笔谈》中看到一些梗概。

第三，建筑组合方面，在总平面上加强了进深方向的空间层次，以便衬托出主体建筑。正定隆兴寺（参见图5-5）和石刻汾阴后土祠图都表示了这一点。从宋画滕王阁（图1-49）和黄鹤楼图中，可以看出建筑体量与屋顶的组合很复杂，要求在设计与施工上有很高的水平。

第四，建筑装修与色彩有很大发展。这和宋代手工业水平的提高及统治阶级追求豪华绚丽是分不开的。如唐代多采用板门与直棂窗，宋代则大量使用格子门、格子窗。门窗格子除方格外还有球文、古钱文等，改进了采光条件，增加了装饰效果，明清时门窗式样基本上是承袭宋代做法，但在清中叶玻璃应用后，又出现了门窗格子式样的一次大变化。唐代以前建筑色彩以朱、白两色为主，佛光寺大殿木架部分刷土朱色，敦煌唐代壁画中的房屋，也是木架部分一律用朱色，墙面部分一律用白色，门窗上用一部分青绿色和金角叶、金钉等作点缀，屋顶以灰色和黑色筒板瓦为主，或配以黄绿剪边。因此唐代建筑色彩明快端庄。到了宋代，木架部分采用各种华丽的彩画：包括遍画五彩花纹的"五彩遍装"；以青绿两色为主的"碾玉装"和"青绿迭晕棱间装"（明清的青绿彩画即源于此）；以及由唐以前朱、白两色发展而来的"解绿装"和"丹粉刷饰"等。加上屋顶部分大量使用琉璃瓦，于是建筑外貌变得华丽了。在室内布置上，如果说唐代以前的室内空间分隔主要依靠织物来完成，那么，宋代已主要采用木装修了。《营造法式》列出的42种小木作制品充分说明宋代木装修的发达与成熟。在宋代，家具基本上废弃了唐以前席坐时代的低矮尺度，普遍因垂足坐而采用高桌椅，室内空间也相应提高。从宋画《清明上河图》中可以看出京城汴梁的民间家具也采用了这种新的方式。所以宋代建筑从外貌到室内，都和唐代有显著的不同，这和装修的变化是有密切关联的。

第五，砖石建筑的水平达到新的高度。这时的砖石建筑主要仍是佛塔，其次是桥梁。目前留下的宋塔数量很多，遍于黄河流域以南各省。宋塔的特点是：木塔已经较少采用，绝大多数是砖石塔。其中最高的是河北定县开元寺料敌塔（图1-

50、图1－51），高达84m。河南开封祐国寺塔，则是在砖砌塔身外面加砌了一层褐色琉璃面砖作外皮，是我国现存最早的琉璃塔（图1－52）。福建泉州开元寺东西两座石塔，用石料仿木建筑形式，高度均为40余米（参见图5－31～图5－33），是我国规模最大的石塔。宋代砖石塔的特点是发展八角形平面（少数用方形、六角形）的可供登临远眺的楼阁式塔，塔身多作筒体结构，墙面及檐部多仿木建筑形式或采用木构屋檐。四川地区则多方形密檐塔。宋代所建石桥数量很多，有拱式桥，也有梁式样。泉州万安桥，长达540m，石梁有11m长，抛大石于江底作桥墩基础。这些砖石建筑反映了当时砖石加工与施工技术所达到的水平。

图1－49 宋画中的滕王阁

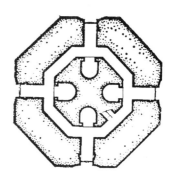

图1－50 河北定县开元寺料
敌塔平面

图1－51 河北定县开元寺料敌塔

图1－52 河南开封祐国寺塔详部

第六，园林兴盛。北宋、南宋时，社会经济得到一定程度发展，统治集团对人民横征暴敛，生活奢靡，建造了大量宫殿园林，北宋都城有许多苑囿和私家园林，西京洛阳是贵族官僚退休养老之地，唐时已有不少园林，宋时续有增添，数量更多。北宋末年宋徽宗在宫城东北营建奢华的苑囿"艮岳"，备"花石纲"，调用漕运纲船（10船为一纲）采运江南名花异石，成为历史上有名的荒唐事件。南宋苟安江南，统治集团更为昏庸，他们在临安、湖州、平江等地，建造了大量园林别墅。

1.4.5　辽　907～1125年
　　　　金　1115～1234年
　　　　西夏　1032～1227年

契丹原是游牧民族，唐末吸收汉族先进文化，逐渐强盛，不断向南扩张，五代时得燕云十六州，进入河北、山西北部地区，形成与北宋对峙的局面。由于辽代建筑是吸取唐代北方的传统做法而来，工匠也多来自汉族，因此较多地保留唐代建筑的手法，从留下来的辽代建筑看，不论大木、装修、彩画以至佛像，都反映出这一点。但辽代墓室除方形、六角形、八角形外，还常用圆形平面，这是它的特色，可能和游牧民族居住的"穹庐"毡包有关。佛塔则多数采用砖砌的密檐塔，楼阁式塔较少。不少密檐塔的外观极力仿木建筑，已达到了登峰造极的地步，柱、梁、斗栱、门窗、檐口等都用砖仿木构件，与宋楼阁式砖石塔的仿木化可谓异曲同工，其中著名的有北京天宁寺塔、山西灵丘觉山寺塔、河北易县泰宁寺塔等。辽代留下的山西应县佛宫寺释迦塔，是我国唯一的木塔，是古代木构高层建筑的实例（参见图5-26、图5-27）。

女真贵族统治的金朝占领中国北部地区之后，吸收宋、辽的文化，逐渐汉化，建造京城（中都，在今北京市），仿照宋东京的制度，征用大量汉族工匠，因此金朝建筑既沿袭了辽代传统，又受到宋朝建筑的影响；现存的一些金代建筑有些方面和辽代建筑相似，有些方面则和宋代建筑接近。由于金朝统治者追求奢侈，建筑装饰与色彩比宋更富丽，金中都的宫殿连南宋的使臣看了也说："工巧无遗力，所谓穷奢极侈者。"（范成大《揽辔录》）。一些殿宇用绿琉璃瓦结盖，华表和栏杆用汉白玉制作，雕镂精丽，是明清宫殿建筑色彩的前驱。在金墓中可以看到砖雕花饰的细密工巧，已走向繁琐堆砌了。

西夏是我国西北地区以党羌族为主体的政权，北宋初开始强盛，拓展疆土，"东尽黄河，西界玉门，南接萧关，北控大漠，地方万里，倚贺兰山为固"。建都于大兴府（今宁夏银川市），吸收汉族先进文化，建立典章制度，并仿汉字创西夏文。立国190年，后被成吉思汗所灭。从遗存下来的众多佛塔来看，西夏佛教盛行，建筑受宋影响，同时又受吐蕃影响，具有汉藏文化双重内涵。

1.5　封建社会后期建筑（元、明、清　1279～1911年）

元、明、清是我国封建社会晚期，政治、经济、文化的发展都处于迟缓状态，有时还出现倒退现象，因此建筑的发展也是缓慢的，其中尤以元代和清末为甚。

1.5.1　元　1279～1368 年

蒙古贵族统治者先后攻占了金、西夏、吐蕃、大理和南宋的领土，建立了一个疆域广大的军事帝国。他们来自落后的游牧民族，除了在战争中大规模进行屠杀外，又圈耕地为牧场，大量掳掠农业人口与手工业工人，严重破坏农业与工商业，致使两宋以来高度发展的封建经济和文化遭到极大摧残，对中国社会的发展起了明显的阻碍作用，建筑发展也处于凋敝状态，直到元世祖忽必烈采取鼓励农桑的政策，社会生产力才逐渐恢复。忽必烈时，在金中都的北侧建造了规模宏大的都城（参见图 2-10），并由于统治者崇信宗教，佛教、道教、伊斯兰教、基督教等都有所发展，使宗教建筑异常兴盛。尤其是藏传佛教（俗称喇嘛教）得到元朝的提倡后，不仅在西藏发展，内地也出现了喇嘛教寺院，如北京西四的妙应寺白塔（参见图 5-42、图 5-43），就是位于元朝都城（大都）内的一座喇嘛塔，系由尼泊尔工匠阿尼哥设计建造的。此后藏传佛塔成了我国佛塔的重要类型之一。木架建筑方面，仍是继承宋、金的传统，但在规模与质量上都逊于两宋，尤其在北方地区，一般寺庙建筑加工粗糙，用料草率，常用弯曲的木料作梁架构件，许多构件被简化了。例如在祠庙殿宇中大胆抽去若干柱子（即所谓"减柱法"），或取消室内斗栱，使柱与梁直接连接；斗栱用料减小；不用梭柱、月梁，而用直柱、直梁；即使用草栿做法或弯料做梁架也不加天花等等，都反映了社会经济凋零和木材短缺而不得不采用了种种节约措施。这种变化所产生的后果当然不完全是消极的，因为两宋建筑已趋向细密华丽，装饰繁多，元代的简化措施除了节省木材外，还使木构架进一步加强了本身的整体性和稳定性（加强梁、檩与柱子之间直接的联系）。减柱法虽然由于没有科学根据而失败，但也是一种革新的尝试。目前保存的元代木建筑有数十处，可以山西洪洞的广胜下寺和山西永济永乐宫（因原址建水库，已迁至芮城）为代表。广胜下寺正殿是元朝重要佛教建筑遗迹，正殿柱列布置采用减柱法（图 1-53～图 1-55），去了 6 根柱

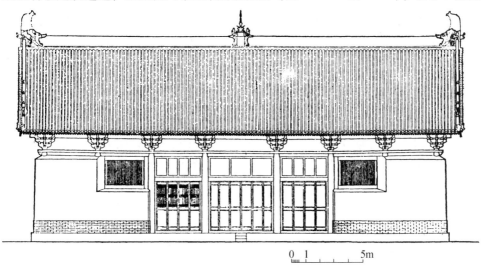

0　1　　　　　　5m

图 1-53　山西洪洞广胜下寺大殿立面

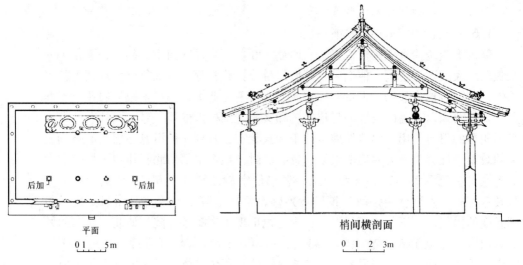

平面

0 1   5m

图1-54 广胜下寺大殿平面

梢间横剖面

0 1 2   3m

图1-55 广胜下寺大殿剖面

（图1-53~图1-55均来自刘敦桢《中国古代建筑史》）

子，有4椽梁架搁置在内额上，但因内额跨度大，后来不得不于内额下补加柱子作为支撑，说明了减柱法是失败的。檐口屋面由斜梁挑出承托，斜梁后尾压在殿中的内额上，上面再搁梁架，斜梁是用弯曲的木料作成的。永乐宫则是当时的一所重要道观，现存中轴线上一组建筑全为元代遗物，正殿三清殿大木做法规整，较多地保存了宋代建筑传统，不同于广胜下寺正殿的革新做法（参见图5-21、图5-22）。永乐宫3座殿内都有壁画，艺术水平很高，是我国元代壁画的典范。

1.5.2 明 1368~1644年

明朝是在元末农民大起义的基础上建立起来的汉族地主阶级政权。明初为了巩固其统治，采用了各种发展生产的措施，如解放奴隶、奖励垦荒、扶植工商业、减轻赋税等，使社会经济得到迅速恢复和发展。到了明晚期，在封建社会内部已孕育着资本主义的萌芽，许多城市成为手工业生产的中心，如苏州是丝织业中心，松江是棉织业中心，景德镇是瓷器制造中心，芜湖是染业中心，遵化是冶铁中心等。每个城市都有大批出卖劳动力的手工业工人，有的城市已经进行罢市、暴动的斗争。自明中叶后，腐朽的封建统治已成为社会发展的枷锁。在农业与工商业发展和郑和7次下西洋（今东南亚及印度洋沿岸）的基础上，对外贸易也十分繁荣，和日本、朝鲜、南洋各国以及欧洲的葡萄牙、荷兰等国开展了贸易。广州成为中国最大的对外贸易港口。由于金、元时期北方遭到的严重破坏和南宋以来南方经济发展相对比较稳定，使明代社会经济和文化呈现南北不平衡。

随着经济文化的发展，建筑也有了进步，主要表现为：

第一，砖已普遍用于民居砌墙。元代之前，虽有砖塔、砖墓、水道砖拱等，但木架建筑均以土墙为主，砖仅用于铺地、砌筑台基与墙基等处。明以后才普遍采用砖墙。由于明代大量应用空斗墙，从而节省了用砖量，推动了砖墙的普及。砖墙的普及又为硬山建筑的发展创造了条件。明代砖的质量和加工的技术都有提高。从江南一带住宅、祠堂等建筑可以看出，"砖细"（砖作细做的简称，即用刨子加工砖面及线条，可得到极为平直的效果）和砖雕加工已很娴熟。各地的城墙和北疆的边墙——长城也都用砖包砌筑。这些都说明制砖工业规模的扩大和生产效率的提高。随着砖的发展，出现了全部用砖拱砌成的建筑物——无梁殿，多用作防火建筑，如佛寺的藏经楼、皇室的档案库等，重要实例有明前期所建南京灵谷寺无梁殿（原称无量殿）、北京皇史宬及山西太原永祚寺、苏州开元寺等处的无梁殿。其中以南京灵谷寺无梁殿的建造年代最早，拱跨最大（11.25m）。由于石灰用煤来烧制，产量大增，成本降低，大大促进了它在砌筑胶泥及墙面粉刷方面的使用。

第二，琉璃面砖、琉璃瓦的质量提高了，应用面更加广泛。早期琉璃瓦用黏土制坯，明代琉璃砖瓦采用白泥（或称高岭土、瓷土）制坯，烧成后质地细密坚硬，强度较高，不易吸水。琉璃面砖广泛用于塔、门、照壁等建筑物。如明成祖时建造的南京报恩寺塔，高约80m，是一座9层的楼阁式砖塔，外表全用琉璃砖镶面，使用了白色、浅黄色、深黄色、深红色、棕色、绿色、蓝色、黑色等釉色，全部制成表面有浮塑的带榫卯的预制构件，镶砌于塔的外表，组成五彩缤纷的各种图案和仿木建筑的构件。此外还有山西洪洞广胜寺飞虹塔，也用琉璃砖贴面，但规模小得多。山西大同的九龙壁，北京的琉璃门、琉璃牌坊，都表明了明代琉璃工艺水平的提高，不但坯体质量高，而且预制拼装技术、色彩质量与品种等方面都达到了前所未有的水平。

第三，木结构方面，经过元代的简化，到明代形成了新的定型的木构架：斗栱的结构作用减小，梁柱构架的整体性加强，构件卷杀简化。这些趋向虽已在某些元代建筑中出现，但没能像明代那样普遍化与定型化。明代宫殿、庙宇建筑的墙用砖砌，屋顶出檐就可以减小，斗栱的作用也相应减少，并充分利用梁头向外挑出的作用来承托屋檐重量，挑檐檩直接搁在梁头上，这是宋以前的建筑未予充分利用的。这样，柱头上的斗栱不再起宋代建筑上那样重要的结构作用，原来作为斜梁用的昂，也成为纯装饰的构件。但是由于宫殿、庙宇要求豪华、富丽的外观，因此失去了原来意义的斗栱不但没有消失，反而更加繁密，甚至某些方面还成了木构架上的累赘物。另外，为了简化施工，在官式建筑中，宋代那种向四角逐柱升高形成"生起"以及檐柱柱头向内倾斜形成"侧脚"的程度有所减弱，亦无金、元时期的大胆减柱法，梭柱、月梁等也被直柱、直梁所代替。因此，明代官式建筑形成一种与宋代不同的特色，形象较为严谨稳重，但不及唐宋的舒展开朗。由于各地民间建筑普遍发展，技术水平相应提高，从而出现了木工行业的术书《鲁班营造正式》，记录了明代民间房舍、家具等方面一些有价值的资料。

第四，建筑群的布置更为成熟。南京明孝陵和北京明十三陵（参见图4-43、图4-44），是善于利用地形和环境来形成陵墓肃穆气氛的杰出实例。明孝陵和十三陵总体布置的形制是基本相同的，但孝陵结合地形，采用了弯曲的神道，陵墓周围数十里内有松柏包围。而十三陵则用较直的神道，山势环抱，气势更为宏伟。明代建成的北京天坛是我国封建社会末期建筑群处理的优秀实例，它在烘托最高封建统治者祭天时的神圣、崇高气氛方面，达到了非常成功的地步（参见图4-21～图4-23）。明清北京故宫的布局也是明代形成的，清代仅作重修与补充。它严格对称的布置、层层门阙殿宇和庭院空间相联结组成的庞大建筑群，把封建"君权"抬高到无以复加的地步，这种极端严肃的布局是中国封建社会末期君主专制制度的典型产物（参见图4-7～图4-9）。各地的佛寺、清真寺也有不少成功的建筑群布置实例。

第五，官僚地主私园发达。尤其是江南一带，由于经济文化水平较高，官僚地主麇集，因此园林也特别兴盛。南京、杭州、苏州及太湖周围许多城镇都有不少私园。当时的园林风格已经明显地趋于建筑物增多，用石增多，假山追求奇峰阴洞。

第六，官式建筑的装修、彩画、装饰日趋定型化。如门窗、槅扇、天花等都已基本定型。彩画以旋子彩画为主要类型，但其花纹构图仍较清代活泼。砖石雕刻也吸取了宋以来的手法，比较圆和纯熟，花纹趋向于图案化、程式化。例如须弥座和栏杆的做法，明代200余年间，前后很少变化。这种定型化有利于成批建造，加速施工进度，但使建筑形象趋于单调。建筑色彩因运用了琉璃瓦、红墙、汉白玉台基、青绿点金彩画等鲜明色调而产生了强烈对比和极为富丽的效果，这正是宫殿、庙宇等建筑所要求的气氛。

明代的家具是闻名于世界的。由于明代海外贸易的发展，东南亚地区所产的花梨、紫檀等优良木材不断输入中国。这些热带硬木质地坚实、木纹美观、色泽光润，适于制成各种精致的家具，当时家具产地以苏州最著名。苏州的明代家具体形秀美简洁，雕饰线脚不多，构件断面细小，多作圆形，榫卯严密坚牢，能与造型和谐统一，油漆能发挥木材本身的纹理和色泽的美丽，直到清乾隆时广州家具兴起为止，这种明式家具一直是我国家具的代表。

风水术到明代已达极盛期。无论是民间村落、住宅、墓地、佛寺或帝王陵墓，都受到风水的深刻影响。特别是在建筑选址上，影响尤为突出。例如明成祖在北京对长陵的选址，就是由江西的风水师来参与选定的。这一中国建筑史上特有的古代文化现象，其影响一直延续到近代。

1.5.3　清　1636～1911 年

清朝是少数满洲贵族对各族广大人民的统治，封建专制比明朝更严厉，政治上、经济上的控制与压迫极为残酷。但是为了巩固其统治，清初也采取了某些安定社会、恢复生产的措施，经过了100多年才大体恢复了社会经济，较之历代开国后恢复时间延长了两三倍。乾隆时，农业、手工业和商业达到了清朝的极盛期，人口大量增加，但统治者的掠夺也随之增加。清朝统治的另一个特点是采取思想上、文化上的高压政策，大兴文字狱，压制自由思想，阻碍学术进步，同时又提倡八股取士，鼓励奴才思想，窒息了我国古代科学文化的发展，出现了落后于欧洲国家的局面。

从 1840 年前的清朝来看，建筑上大体是因袭明代传统，但在下列几方面有所发展：

第一，园林达到了极盛期。清代帝王苑囿规模之大，数量之多，建筑量之巨，是任何朝代不能比拟的。清代前期除了利用并扩建明代所遗西苑三海外，从康熙起即在北京西北郊兴建畅春园，在承德兴建避暑山庄，其后经雍正、乾隆两朝，又在北京西北郊大事兴筑，苑囿迭增。清朝各帝大部分时间都在园中居住，苑囿实际是宫廷所在地。在清帝的影响下，各地官僚、富商也竞建园林，如乾隆下江南时，扬州盐商曾在瘦西湖两岸竞相建园，江南其他地方也争饰池馆亭园，以期得到乾隆的宠幸，形成了一个造园高潮。其后终清之世，造园风气未见衰落。

第二，藏传佛教建筑兴盛。由于蒙藏民族的崇信和清朝的提倡，兴建了大批藏传佛教建筑。仅内蒙古地区就有喇嘛庙 1000 余所，加上西藏、甘肃、青海等地，总数更多。顺治二年开始建造的西藏拉萨布达拉宫，既是达赖喇嘛的宫殿，又是一所巨大的佛寺，这所依山而建的高层建筑，表现了藏族工匠的非凡建筑才能。各地藏传佛教建筑的做法大体都采取平顶房与坡顶房相结合的办法，也就是藏族建筑与汉族建筑相结合的形式。康熙、乾隆两朝，还在承德避暑山庄东侧与北面山坡上建造了 12 座喇嘛庙，作为蒙、藏等少数民族贵族朝觐之用，俗称"外八庙"。其中有的是仿西藏布达拉宫，有的是仿西藏扎什伦布寺，还有的是仿某地区寺院的风格而建成。这些佛寺造型多样，打破了我国佛寺传统的、单一的程式化处理，创造了丰富多彩的建筑形式。它们各以其主体建筑的不同体量与形象而显示其特色，是清代建筑中难得的上品（参见图 5 - 15、图 5 - 16 及图 6 - 4）。

第三，住宅建筑百花齐放、丰富多彩（参阅第 3 章）。由于清朝的版图大，境内少数民族多，居住建筑类型特别丰富，遗物也最多。各地区各民族由于生活习惯、文化背景、建筑材料、构造方式、地理气候条件的不同，形成居住建筑的千变万化。同一地区和民族的各阶级的不同经济地位，又使居住建筑产生明显的差别。在住宅建筑方面的历史经验是一份极为浩瀚的宝贵遗产，还需要进一步加以研究总结。

第四，简化单体设计，提高群体与装修设计水平。清朝官式建筑在明代定型化的基础上，用官方规范的形式固定下来，雍正十二年颁行的工部《工程做法》一书，列举了 27 种单体建筑的大木做法，并对斗栱、装修、石作、瓦作、铜作、画作、雕銮作等做法和用工、用料都作了规定。有斗栱的大式木作一律以斗口为标准确定其他大木构件的尺寸。这样，只要选定了一种斗口尺寸，建筑物的尺寸都有了，这对加快设计与施工进度及掌握工料都有很大帮助，而设计工作可集中精力于提高总体布置和装修大样的质量。在清代建筑群实例中可以看到，群体布置手法十分成熟，这是和设计工作专业化分不开的。清代宫廷建筑的设计和预算是由"样式房"和"算房"承担：由于苑囿、陵寝等皇室工程规模巨大，技术复杂，故设有多重机构进行管理，其中"样式房"与"算房"是负责设计和预算的基层单位。工程开始前，即挑选若干"样子匠"及"算手"分别进入上述两单位供役。在样式房供役时间最长的当推雷氏家族，人称"样式雷"。至今仍留有大量雷氏所作圆明园及清代帝后陵墓的工程图纸、模型及工程说明书（图书称"画样"，模型称"烫样"，工程说明书称"工程做法"，这是一份非常珍贵的研究清代建筑的档案资料）。

第五，建筑技艺仍有所创新。例如采用水湿压弯法，可使木料弯成弧形檩枋，供小型圆顶建筑使用；采用对接与包镶法，用较小较短的木料制成长大的木柱，供楼阁作通柱之用（其方法是用 2 根以上的圆木对接，外面再用若干长条木楞镶包起来，并用铁钉、铁箍固结，形成大直径的长柱）。这种的办法在宋代、明代虽已使用，但不如清代普遍与成熟。乾隆年间从国外引进了玻璃，使门窗格子的式样发生了巨大变化，过去那种繁密的方格子、长条格子窗一变而为疏朗明亮的种种窗式。砖石建筑虽然没有突破性的发展，但北京钟楼和西藏布达拉宫等一批高水平的建筑，显示了清代砖石建筑的成就（图 1 - 56、图 1 - 57 及参见图 5 - 11、图 5 - 12）。

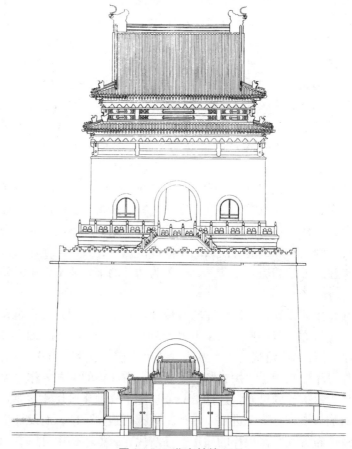

图 1 - 56　北京钟楼立面

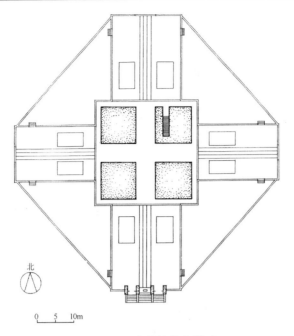

北

0　5　10m

图 1 - 57　北京钟楼总平面

第2章 城市建设

2.1 概说

在古代，城市是奴隶主和封建主进行统治的据点，同时也集中表现了古代经济、文化、科学、技术等多方面的成就。由于劳动人民的艰辛劳动和血汗代价，在我国历史上，曾出现过不少宏伟壮丽的城市，有过卓越的城市建设成就和经验。

2.1.1 城市结构形态的演变

中国古代城市有三个基本要素：统治机构（宫廷、官署）、手工业和商业区、居民区。各时期的城市形态也随这三者的发展而不断变化，其间大致可以分为四个阶段：

第一阶段是城市初生期，相当于原始社会晚期和夏、商、周三代。原始社会后期生产力的提高使社会贫富分化加剧，阶级对立开始出现，氏族间的暴力斗争促使以集体防御为目的的筑城活动兴盛起来。目前我国境内已发现的原始社会城址已有 30 余座。这些城垣都用夯土筑成，技术比较原始。城的面积最大约 2.5km²，最小约 1hm² 左右。许多城内除众多居住遗址外，还有大面积的夯土台，推测是统治者的居住地和活动场所。这些迹象似可表明城市处于萌芽状态中。而近年在河南偃师二里头发现的大规模宫殿遗址，占地达 12 万 m²，周围分布着青铜冶铸、陶器骨器制作的作坊和居民区，总占地面积约 9km²，其间还出土了众多玉器、漆器、酒器等，表明这里曾有过相对较为发达的手工业和商品交换，虽然还没有发现城墙遗址，但被认为是一座具有相当规模的城市，有人则认为这里就是夏朝的都城之一——斟鄩；商代的几座城市遗址——郑州商城、偃师商城、湖北盘龙商城、安阳殷墟也有成片的宫殿区、手工业作坊区和居民区。上述城市中各种要素的分布还处于散漫而无序的状态，中间并有大片空白地段相隔，说明此时的城市还处于初始阶段。有人认为这些城市中的居民（包括平民与贵族）仍按氏族关系聚居，除了从事手工业，还从事农业，因此城市仍带有氏族聚落的色彩。

第二阶段是里坊制确立期，相当于春秋至汉。铁器时代的到来、封建制的建立、地方势力的崛起，促成了中国历史上第一个城市发展高潮，新兴城市如雨后春笋般出现，"千丈之城，万家之邑相望也"（《战国策·赵策》）。而城市规模的扩大、手工业商业的繁荣、人口的迅速增长以及日趋复杂的城市生活，必然要求采取有效的措施来保证全城的有序运作和统治集团的安全，于是新的城市管理和布置模式产生了：把全城分割为若干封闭的"里"作为居住区，商业与手工业则限制在一些定时开闭的"市"中，统治者们的宫殿、衙署占有全城最有利的地位，并用城墙保护起来。"里"和"市"都环以高墙，设里门与市门，由吏卒和市令管理，全城实行宵禁。到汉代，列侯封邑达到万户才允许单独向大街开门，不受里门的约束。这是封建专制主义在城市形态上的突出表现。不过，这一时期的城市总体布局还比较自由，形式较为多样：有的是大城（郭）包小城（宫城），如曲阜鲁故都及苏州吴王阖闾故城；有的是二城东西并列，如易县燕下都故城。西汉的长安和东汉的洛阳也是形态各异，不相因袭。战国时成书的《考工记》记载的"匠人营国，方九里，旁三门，国中九经九纬，经涂九轨，左祖右社，面朝后市，市朝一夫"，被认为是当时诸侯国都城规划的记录，也是中国最早的一种城市规划学说。但是，根据已知考古资料，目前尚未发现一处春秋战国时期的都城是完全符合这种布局模式的，只有曲阜鲁故都与之比较相近（图 2-1）。

图 2-1　曲阜鲁故都遗址平面（西周～西汉）

第三阶段是里坊制极盛期，相当于三国至唐。三国时的曹魏都城——邺（图2-2）开创了一种布局规则严整、功能分区明确的里坊制城市格局：平面呈长方形，宫殿位于城北居中，全城作棋盘式分割，居民与市场纳入这些棋盘格中组成"里"（"里"在北魏以后又称"坊"）。这是在前一阶段较自由的里坊制城市布局基础上进一步优化的结果。这样，不仅各种功能要素区划明确，城内交通方便，而且城市面貌也更为壮观，唐长安城堪称是这类城市的典范。这时的"里"与"市"虽然仍由高墙包围，按时启闭，和汉代并无本质区别，但到后期，管制已有所放松。如唐长安城中三品以上的官员府邸及佛寺、道观都可以向大街开门，一些里坊中甚至"昼夜喧呼，灯火不绝"，夜市屡禁不止。而江南一些商业发达的城市如扬州、苏州，夜市十分热闹。唐人笔下描述的扬州是："十里长街市井连"、"夜市千灯照碧云"、"每重城向夕（'重城'即指子城与大城），倡楼之上常有绛纱灯数万，辉罗耀列空中，九里三十步街中珠翠填咽"，已丝毫看不出都城长安那种夜禁森严和里市紧闭的阴沉景象，城市生活和经济的发展已向里坊制的桎梏发起猛烈冲击。

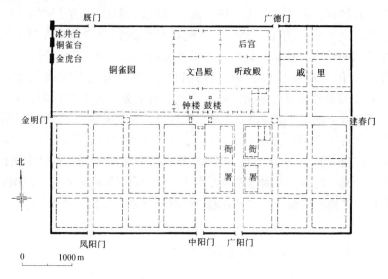

图 2-2　曹魏邺城平面推想图

（据刘敦桢《中国古代建筑史》）

第四阶段是开放式街市期，即宋代以后的城市模式。在唐末一些城市开始突破里坊制的基础上，北宋都城汴梁也取消了夜禁和里坊制。汴梁原是一个经济繁荣的水陆交通要冲，五代后周及宋朝建都于此后加以扩建。发达的交通运输和荟萃四方的商业，使京城也不得不取消阻碍城市生活和经济发展的里坊制，于是在中国历史上沿用了 1500 多年的这种城市模式正式宣告消亡，代之而起的是开放式的城市布局。一些城市的街区虽然仍有沿用"里"、"坊"旧称的现象，但其实质已和前一时期有了根本区别。

2.1.2　城市公共工程的发展

通过长期的实践，中国古代城市建设在选址、防御、规划、绿化、防洪、排水等方面都积累了丰富的经验：

对于都城的选址历朝都很重视，往往派遣亲信大臣，勘察地形与水文情况，主持营建。如春秋时吴王阖闾委派伍子胥"相土尝水"，建造阖闾大城（今苏州）。汉刘邦定都时，也经过反复争论，从政治上、军事上、经济上分析比较了洛阳和长安的利弊之后才定都长安，由丞相萧何主持建造。在选址时，历代都重视解决水源问题，因为城市用水对于一个几十万至 100 万以上人口的都城来说，是极为重要的。首先要保证饮用水，隋文帝曾因汉长安故城地下水咸卤不宜饮用而另建新城——大兴城；此外还要供应苑囿用水和漕运用水。所谓漕运是京城粮食和物资的供应线，每个朝代都视为生命线，如汉长安开郑渠（西自上林苑昆明湖，东至黄河），隋、唐修运渠（西自广运潭，东经广运渠、渭水、黄河、汴河而通江南），元疏凿通惠河与南北大运河相接，明永乐年间疏通大运河等，都是为了解决漕运。

　　古代都城为了保护统治者的安全，有城与郭的设置。从春秋一直到明清，各朝的都城都有城郭之制，连春秋时一个小小的淹君，也有三重城墙，三道城濠。所谓"筑城以卫君，造郭以守民"，二者的职能很明确：城，是保护国君的；郭，是看管人民的。齐临淄、赵邯郸和韩故都的郭，是附于城的一边，而吴阖闾城和曲阜鲁城的郭包于城之外，所谓："内之为城，城外为之郭"（《管子·度地》），就是这种办法。对于奴隶主和封建统治者来说，当然以后一种方式更为安全，所以从汉以后，只发展后者，而前者不再出现。各个朝代赋予城、郭的名称不一：或称子城、罗城；或称内城、外城；或称阙城、国城，名异而实一。一般京城有三道城墙：宫城（大内、紫禁城）；皇城或内城；外城（郭）。而明代南京与北京则有四道城墙。唐宋时府城通常也有两道城墙：子城、罗城。这是古代统治阶级层层设障来保护自己的办法。筑城的办法，夏商时期已出现了版筑夯土城墙，但夯土易受雨冲刷，东晋以后，渐有用砖包夯土墙的例子，例如东晋、南朝时期的建康，其宫城与军事要塞"石头城"都用青砖包砌于土墙外侧。明代砖的产量增加，这种方法才得到普及。城门门洞结构，早期多用木过梁，宋以后砖拱门洞始逐步推广。水乡城市依靠河道运输，均设水城门。为了加强城门的防御能力，许多城市设有二道以上城门，形成"瓮城"。城墙每隔一定间距，突出矩形墩台，以利防守者从侧面射击攻城的敌人，这种墩台称为敌台或"马面"。此外还有军士值宿的窝铺、指挥战争用的城楼、敌楼、抵御矢炮用的城垛（或称垛口、雉堞、女墙）、战棚（临时架设木棚或用生牛皮被覆，以避炮石）等防御设施。

　　城市道路系统绝大多数采取以南北向为主的方格网布置，这是由中国传统的方位观念和建筑物的南向布置延伸出来的。由于我国的地理位置与气候条件，从夏商起就总结并确立了这一条切合我国实际情况的建筑布置经验，一直沿用到今天。为了适应各地不同的条件，在处理方格网道路系统时也是因地制宜的。像隋大兴城那样严格均齐方整的布置方式，只用于地形平整和完全新建的城市，而其他改建或有山丘河流的城市，则根据地形随宜变通，不拘轮廓的方整和道路网的均齐。如汉长安城，是在秦离宫基础上逐步扩建的，因此道路系统和轮廓就不太规则；明南京城中有较多的水面和山丘，又包罗了南唐时沿用下来的旧城，所以布局更为自由。历史上城市道路的宽度最大达 150m，东晋建康城内已有砖铺路面遗存发现，但唐长安城仍是土路，没有路面，宋以后砖石路面在南方城市得到广泛应用。

　　城市居民的娱乐场所，从南北朝到唐代多依靠佛教寺院以及郊区的风景区。佛寺中的浮屠佛像、经变壁画、戏曲伎乐等都是市民游观的对象，唐时连公主也到庙中的戏场看戏，著名画家如吴道子等都在庙宇回廊墙上画佛教故事。汉以后，三月上巳去郊外水边修禊以及九月重阳登高的风俗逐渐盛行，市民出城踏青、春游、秋游的也渐多。唐长安城南的曲江、宋东京郊外的名胜和一些私家园林，都是春游的胜地。临安湖山秀丽，赏玩无虚日，还有钱塘江潮堪观，游览地点更多。著名的宋画《清明上河图》就是描绘北宋东京清明时节市民到郊外春游的盛况。两宋时都城的戏场单独成立"瓦肆"（或称瓦舍、瓦市、瓦子），包括各种技艺：小唱、杂剧、木偶戏、杂耍、讲史、小说、猜谜、散乐、影戏等，名目繁多。金元以后，戏台作为一种建筑类型，已被各地广泛采用。

我国古代对都城绿化很重视，西汉长安、晋洛阳、南朝建康、北魏平城、洛阳、隋唐长安、洛阳等历代帝都道路两侧都种植树木。北方以槐、榆为多，南方则柳、槐并用，由京兆尹（府）负责种植管理。唐长安街道两侧槐树是成行排列的，所以当时人称之为"槐衙"。对于都城中轴线上御街的绿化布置，更为讲究：路中设御沟，引水灌注，沿沟植树。隋东都洛阳中央御道宽 100 步（1 步为6 尺），两旁植樱花、石榴两行，人行其下，长达 9 里。宋东京在御沟中植荷花，近岸植桃李梨杏，杂花相间，春夏之间，望之如绣，可谓把城市道路绿化推进到"彩化"的地步了。

随着城市建筑密度的不断提高，城市防火问题也突出起来。宋东京是在唐末商业城市汴州的基础上建成的，它地处江南与中原之间的交通要冲，五代与北宋建都后，城市发展很快，房屋密集，接栋连檐，常有火烛之患，所以城内每隔 1里许设负责夜间巡逻的军巡铺，并在地势高处砖砌望火楼瞭望，屯兵百余人，备救火用具，一有警报，就率军队奔赴扑救。南宋临安地狭人多，防火措施比北宋东京更严，军巡铺更密。南北朝以后，都城及州县城设鼓楼、谯楼，供报时或报警之用。从元朝大都开始，在城市居中地区建造高大的钟楼与鼓楼，明南京、西安，明清北京等都有这种钟、鼓楼。

关于城市排水的处理，汉长安已采用陶管和砖砌下水道；唐长安城是在街道两侧挖土成明沟，但由于沟渠系统宣泄不畅，遇暴雨，城中低洼的里坊常有水淹之灾。宋东京有四条河道穿越而过，对用水、漕运、排水都有很大好处。苏州在春秋末年建城时，即考虑了城内的河道系统和水城门设置，所以虽称江南泽国，但未曾有水涝之患，且可以兼收运输与洗濯、灌注之利。明时，北京设有沟渠以供排泄雨水，并有街道厅专司疏浚挑挖之职。清代，设街道厅和值年沟渠河道大臣（一年一任），但主要是负责挑浚旗人住的内城沟渠，外城广大劳动人民居住区则根本不管。乾隆时一次修沟，即动款银 17 万两。清代北京沟渠疏浚由董姓包商世袭承揽，称为"沟董"，并绘有详尽的北京内城沟渠图。

我国古代都城规模宏大，面积与人口都居世界前列，其中唐长安城占地84km^2，占第一位，北魏洛阳约 73km^2，元大都约 50km^2，明清北京约 60km^2。北宋东京城遗址因深埋地下，目前尚难取得确切资料，但据记载，城周围长度50 里 165 步，按宋尺推算，面积约 50km^2（考古勘探所得数据与此相近），与元大都略同。在人口方面，由于古代史籍往往只载户数，而户数中又不包括庞大的宫廷和军队，同时官僚贵族家居都城，每户人口很多，如唐代郭子仪一家就有 3000 人，一般人民又为逃避赋税，少报隐瞒的现象很多，所以难以获得准确的人口资料。但秦始皇迁全国各地豪族富户至咸阳，一次就迁 12 万户，南朝萧梁的建康有 28 万户。南宋末年，临安约有 30 万户，如以每户四五口计算，则这些城市的人口都可达到或超过百万。

2.2 汉至明清的都城建设

中国古代都城的地域选择有一个由西向东推移的趋向（由关中和中原向沿海方向发展），其原因是经济重心的东移。以长安为中心的关中和以洛阳为中心的中原，地理位置适中，便于统治全中国，历来被视为建都的理想地区。但是，正由于政治中心长期落在这两个地区，而使它们遭到频繁的战争破坏和森林砍伐所带来的严重生态环境恶化，水土失持，农业衰退，昔日依托富饶之乡而建立起来的京城，不得不日益依赖江淮地区的供应来维持其政权的运作，这种形势到北宋已成为不可逆转的定局，元、明两朝则是最后完成了整个东移的过程。

中国古代都城建设的模式大致有三种类型：

第一类是新建城市。即原来没有基础，基本上是平地起城。这种情况主要在早期，如先秦时期许多诸侯城和王城，后期的明中都凤阳则是一个不成功的例子。

第二类是依靠旧城建设新城。汉以后的都城较多采用这种办法，如西汉初年旁倚秦咸阳旧城，并利用部分旧离宫建造长安新城；隋初紧靠西汉至后周的旧都在其东南建造大兴城；元代旁倚金中都旧城在其北侧建造新城大都等。这类都城又有二种情况：一种是新城建成后，旧城废弃不用，如隋大兴城；另一种是旧城继续使用，新城旧城长期共存，如元大都。

第三类是在旧城基础的扩建。如明初南京和北京，都属这一类型。其优点是能充分利用旧城的基础，为新都服务，投入少而收效快。

作为全国政治、文化中心的都城，都有数十万至百万以上的人口，占地面积大，功能复杂，同时又受到地形、气候、水陆交通以及社会经济、政治等各种条件的制约，因此不可能用一种固定的模式来规范都城的格局。也就是说，每个都城必须根据其特定的需要与客观条件来确定其建设模式，这就是为什么历史上会产生上述种种不同都城建设类型的原因。因此，《考工记·匠人营国》那一段著名的关于都城布局的文字记述，虽被历代循礼复古的儒者们所推崇，但事实上至今还未发现一处都城曾照章办事。

都城建设的特点是一切为封建统治服务，一切围绕皇帝和皇权所在的宫廷而展开。在建设程序上也是先宫城、皇城，然后才是都城和外郭城；在布局上，宫城居于首要位置，其次是各种政权职能机构和王府、大臣府邸以及相应的市政建设，最后才是一般庶民住处及手工业、商业地段。自汉至清，历代都城莫不如此。

2.2.1 汉长安的建设（图 2-3）

秦以前，西周曾在这一带建立都城——"丰"与"镐"。秦孝公十二年（公元前 350 年）秦由栎阳迁都于此后的 143 年间，咸阳始终是秦国的都城。到公元前 221 年秦始皇统一全国后，又在咸阳大事扩建，除了渭北原有的咸阳宫外，又把六国的宫殿写仿于渭水北岸的高地上，在渭水之南的上林苑中，建造了宗庙、

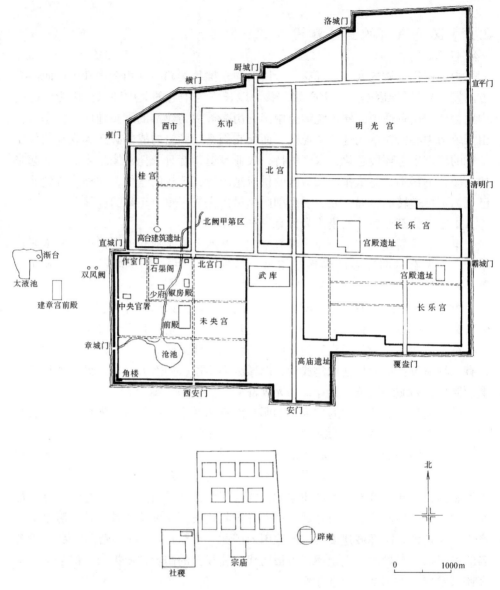

图2-3　汉长安城遗址平面

兴乐宫、信宫、甘泉前殿、阿房宫等。

　　汉长安是在秦咸阳原有的离宫——兴乐宫的基础上建立起来的。其后汉高祖又建造了未央宫，作为西汉长安的主要宫殿。惠帝以后，由兴乐宫改成的长乐宫供太后居住。长安的城墙则到汉惠帝五年才修筑起来。汉武帝时，在长安大兴土木，建桂宫、明光宫、建章宫及苑囿、明堂、坛庙等建筑，使长安的建设达到极盛时期。

　　由于长安是利用原有基础逐步扩建的，而且北面靠近渭水，因此城市布局不规则，主要宫殿未央宫偏于西南侧，正门向北，直对横门、横桥，形成一条轴线。大臣的甲第区以及衙署在北阙外；大街东西两侧还分布着9个市场；未央宫的东阙外是武库（藏兵器）和长乐宫。这两座宫殿都位于龙首原上，是长安城中地势最高之处，向北靠近渭水地势渐低，布置着北宫、桂宫、明光宫以及市场和居民的闾里。由于几座宫殿是陆续建造的，因此比较分散，每座宫殿都有宫城环绕，宫城内又是一组组的殿宇，是在大宫中有小宫和林木池沼的布局方式。考古发掘及文献记载表明，长安城内用地绝大部分被五座宫城所占，而记载有闾里160个，但宫殿以外所剩地面已有限，不可能容纳这么多居住闾里，所以多数闾里应在外郭中。

据记载，城内向北出横门有外郭，向东出3座门外也都有外郭，向东南去下杜城（汉宣帝的陵邑）则有大街，这几个方面都有可能是长安居民丛聚之处。按照汉以前内城外郭和"造郭以守民"的传统观点，长安城有外郭也是可以想象的，也只有这样，才能容纳160个闾里和8万户居民，但外郭墙遗址至今未探明。

长安城每面都有3座门，其中东面靠北的宣平门是通往东都洛阳的必经之口，所以这一带居民稠密。向北经横桥去渭北的横门，正对未央宫正门，又是去渭北各地的咽喉，所以这一带街市特别热闹。

汉长安城的另一个特点是在东南与北面郊区设置了7座城市——陵邑（长陵、安陵、霸陵、阳陵、茂陵、平陵、杜陵），这些陵邑都从各地强制迁移富豪之家来此居住，用以削弱地方豪强势力，加强中央政权的控制。陵邑的富户常勾结官吏，囤积居奇，飞扬跋扈。他们的子弟是些喜在长安闹事的纨绔子弟，被称为"五陵少年"。邑陵的规模也相当大，如长陵（汉高祖陵邑）有5万户（图2-4，并参见图2-8），茂陵（汉武帝陵邑）有6万户（一说

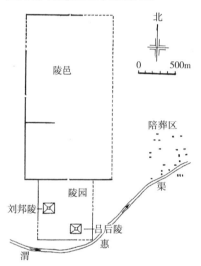

图2-4　西汉陵邑之一——长陵邑遗址平面示意图

为27万口）。而汉平帝时长安城人口有8万户。因此，这一组以长安为中心的城市群，其总人口数当不下于100万。

长安城西面有武帝建造的建章宫，遗址周围达7km多。据记载建章宫里有许多门阙、殿阁、楼台，还在其中开池堆山，号称千门万户，为了便于和未央宫联系，又跨城墙建造了阁道。城的南面安门外则有明堂辟雍和宗庙、社稷坛等礼制建筑。再南和建章宫以西，则是范围广阔的上林苑，原是秦始皇所建，汉武帝予以修复。苑中离宫30多处，武帝元狩四年，在长安西南上林苑中开挖了周围40里的昆明池，以蓄南山之水，作为城市供水和漕运用的水源，还可在池中训练水军船战。池水一方面由西南入城，经未央宫中的沧池后再经明渠屈曲向东出城；一方面分支注入沿城的漕渠而再向东注入郑渠，和黄河相通，既便漕运，又可供农业灌溉。这是一举数得的城市蓄水、引水工程。

长安城的街道有"八街"、"九陌"的记载，现在经考古探明，通向城门的8条主干道当即是"八街"，这些大街都分成3股道，用排水沟分隔开来，中间一

道是皇帝专用的御道——驰道，其他人即使是太子也不能使用。街两旁植槐、榆、松、柏等树木。街道都是土路，无路面，排水沟通至城门，有砖石砌筑的涵洞，以排泄雨水。

2.2.2 北魏洛阳的建设（图2-5）

洛阳是我国五大古都之一（五大古都是：西安、洛阳、开封、南京、北京。近年增加杭州、安阳，合称七大古都）。由于地理位置适中，在经济上、军事上都有重要地位，因此从东周起，东汉、魏、西晋、北魏等朝均建都于此。西周初年为了看管殷朝"顽民"，在此建成周城以居之，又在其西建王城作为东都，以监督这些遗民（这种设立陪都的两京制，一直被秦、汉、隋、唐所沿用）。周平王东迁，以王城为都城，是为东周。到春秋末年周敬王时，为了避乱，又从王城迁都至成周，并把成周扩大，奠定了以后各朝都城的基础。秦和西汉仍以洛阳为陪都。东汉时定都于此，长安降为陪都，此后洛阳成为全国或北方的政治中心达300余年之久。

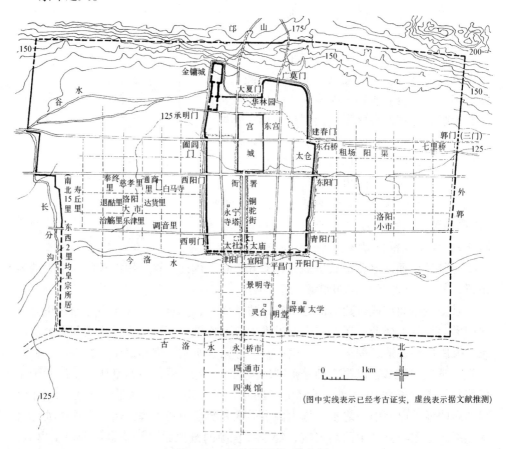

（图中实线表示已经考古证实，虚线表示据文献推测）

图2-5 北魏洛阳平面推想图

北魏洛阳是在西晋都城洛阳的废墟上重建的。北魏早期建都于平城（山西大同），到孝文帝元宏时为了便于统治北中国，并便于取得较发达地区的经济支撑，于太和十八年迁都于地点较适中的洛阳。这时距西晋洛阳废弃已 183 年，城市早已荒毁，建设工程参照西晋洛阳都城宫室遗迹，营造 1 年余，规模粗具。7 年后，才于京城四面筑居民里坊及外郭。

根据考古发掘，北魏洛阳位于洛水北岸，由于洛水北移，遗址南面已被冲毁。其余都城城墙、城门、宫城、城内街道和永宁寺址，都已探明，局部郭墙也已探出。据记载，北魏洛阳东西 20 里，南北 15 里，有 320 个里坊（或记作 323，《洛阳伽蓝记》作 220，此处据《魏书·广阳王嘉传》），有外郭、京城、宫城三重。

洛阳北倚邙山，南临洛水，地势较平坦，自北向南有坡度向下。宫城偏于京城之北，京城居于外郭的中轴线上。官署、太庙、太社太稷和灵太后所营建的永宁寺 9 层木塔，都在宫城前御道两侧。城南还设有灵台、明堂和太学。市场集中在城东的洛阳小市和城西的洛阳大市两处，外国商人则集中在南郭门外的四通市，靠近四通市有接待外国人的夷馆区。据《洛阳伽蓝记》记载，北魏洛阳的居民有 10 万 9000 余户，郭南还有 1 万户南朝人和夷人，加上皇室、军队、佛寺等，人口当在六七十万以上（《资治通鉴》载：北魏孝武帝永熙二年洛阳有 40 万户，恐有夸张，故以《洛阳伽蓝记》为准）。京城西面郭内多贵族第宅，靠近西郭墙的寿丘坊是皇子居住区，号称王子坊。靠近洛阳大市一带都是手工业者和商人所聚居。京城东面的太仓是皇室的粮库，租场是征收各地贡赋的地方，附近还有小市，所以这一带也很热闹，居民密集，有的里坊中，居民达二三千户。城东建春门外的郭门是通向东方各地的出入口，洛阳士人送迎亲朋都在此处。里坊的规模是 1 里（300 步）见方，但从考古勘察所得结果来看，则未必都很整齐划一。每里开 4 座门，每门有里正 2 人，吏 4 人，门士 8 人，管理里中的住户，可见当时对居民控制是很严的。

洛阳城中宫苑、御街、城濠、漕运等用水主要是依靠谷水，因为谷水地势较高，由西北穿外郭与都城而注入华林园天渊池和宫城前铜驼御道两侧的御沟，再曲折东流出城，注于阳渠、鸿池陂等以供漕运。

北魏洛阳城内的树木也是很多的，登高而望，可以看到"宫阙壮丽，列树成行"。谷水所经，两岸多植柳树。从内城已探明的道路布置来看，是不规则的方格网，这可能是北魏重建洛阳时沿用旧城原状较多的缘故。近年来经考古发掘，显示洛阳宫城正门形制为：中作城门，门楼七间，前列双阙，门与阙间有土墙联结。

2.2.3　南朝建康的建设（图 2－6）

从汉献帝建安十六年东吴孙权迁都建业起，历东晋、宋、齐、梁、陈，300 余年间，共有六朝建都于此。东吴时称建业，西晋末年，因避晋愍帝司马邺讳，改称建康。

建康位于秦淮河入江口地带，西临长江，北枕后湖（玄武湖），东依钟山，形势险要，风物秀丽，向有"龙蟠虎踞"之称。地形属于丘陵区，多起伏，有鸡笼山、覆舟山、龙广山、小仓山、五台山、清凉山、冶城山等布列于城北及城西一带。有秦淮河贯于城南，青溪流于东，玄武湖卫于北。城市布局，从东晋到

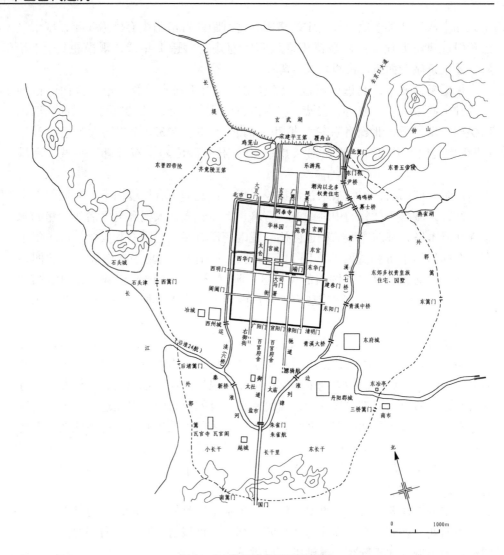

图 2-6 南朝建康平面推想图
(除长江、秦淮、玄武湖及诸山丘地形外，余均据唐《建康实录》、宋《景定建康志》等记载及近年考古资料推测)

陈，基本上相袭沿用。但由于隋初即遭人为平毁，至今只能根据文献记载及近年考古发掘所得知其大概：都城周围 20 里，先后曾有 6 至 12 座城门；宫城位于都城北侧，周围 8 里；官署多沿宫城前中间御街向南延伸；居民多集中于都城以南秦淮河两岸的广阔地区，大臣贵戚的第宅多分布在青溪以东、潮沟以北。在宫城南面两侧又各建小城两座，东面是常供宰相居住的东府城，西面是扬州刺史衙署所在的西州城，濒临长江的石头城则是保卫建康的重要军垒，每遇战事，双方必首先争夺此城。由于东晋营造建康时属于匆促草创，所以都城用竹篱围成，至齐高帝建元二年才筑城墙。外郭则始终是竹篱（其做法是在木柱上安装竹编篱，此种篱墙也用于南朝陵墓的外墙），郭门称为篱门，数量很多，共计 56 座，沿秦淮河两岸居民稠密，篱门尤多。

建康的居住区也有里的名称，如长干里，是秦淮河南岸最著名的吏民居住的里巷，有小长干、大长干、东长干等处。所谓"干"就是山陇间的平地。推测当时的里巷与北方里坊在布局方式上是不同的，因为建康山丘起伏，不便作方整的居住区，而只能是自由式的街巷布置。一般居民和市场，多在秦淮河两岸。这一带有谷市、牛马市、盐市、纱市、蚬市、小市等十市，其他地方还散布有北市、南市等。有的是专业性行市，有的因地点方位不同而命名，可见建康的市数远比北方诸京为多而分散，对居民是较方便的。

整个建康城按地形布置的结果形成了不规则的布局，而中间的御街砥直向南，可直望城南的牛首山，作为天然的阙，其他道路都是"纡余委曲，若不可测"，可见地形对城市布局起着明显的作用，也是建康城市规划的特色。

城中河道除秦淮河通长江可输四方贡赋以外，又由秦淮河引运渎直达宫城西侧的太仓，供应皇室各种物资。并在潮沟及青溪北源放玄武湖水入城注青溪和运渎，以保证漕运和城濠用水。又在湖侧作水窦，通水入华林园天渊池，引至殿内诸沟，因此殿内诸渠水常环回不息。在绿化方面，都城南御道 5 里多，两侧有高墙，夹道开御沟，沟旁植槐、柳；宫墙内侧种石榴，殿庭和三台三省都列种槐树，宫城外城濠边种橘树。城内击鼓报时，在宫城端门上置二大鼓，中午饭时和早晚开闭门击之司辰，夜间又击之报更。

近年考古发掘揭示，建康的宫城较之多年来推测的位置向南移了两个街区（约1000m）。而遗址所展示的砖路面、砖下水道、砖城墙和房屋的砖基础，表现了建康城的高水平城市建设。

这座曾有百万居民的大城市的宫室都城，在开皇九年陈朝覆灭时被隋军平荡成为耕田，仅留下城南秦淮河两岸的居民区。

2.2.4　隋大兴（唐长安）与洛阳的建设（图 2-7～图 2-9）

隋文帝杨坚夺得北周政权后，都城仍利用汉长安旧址，但汉城屡为战场，凋零日久，残破不堪，宫殿狭小，再加上地下水有盐碱，不宜饮用，所以开皇二年就在旧城东南龙首山南面选了一块"川原秀丽，卉物滋阜"的地方建造新都。先造宫城，次造皇城，最后筑外郭罗城。因杨坚在后周时曾封大兴公，故新都定名大兴城，门、殿、苑、寺、县等也多用"大兴"来命名。大兴城的建设是由高颍和宇文恺二人具体负责的，隋文帝总结以前各朝都城的经验，认为两汉以后至于晋、齐、梁、陈，皇城内都散居人家，宫阙、官府和居民杂处，很不方便，因此大兴城把官府集中于皇城中，与居民市场分开，功能分区明确，这是隋大兴城建设的革新之处。

大兴城的规划大体上仿照汉、晋至北魏时所遗留的洛阳城，故其规模尺度、城市轮廓、布局形式、坊市布置都和洛阳很相似。但大兴是新建城市，因此比洛阳更为规整，更为理想化。不过实际情况的发展并不与规划意图相符，例如城南四列里坊，经过隋唐两朝 300 多年的时间，始终很冷落，住户不多，存在"烟火不接，耕垦种植，阡陌相连"的现象。到了唐代，东城与西城居住密度也有很大差别，一般大臣贵戚争住东城，尤以城东北角最为热闹。因为靠近大明宫，上朝路近方便，而西城多半是下层居民，较为偏僻。

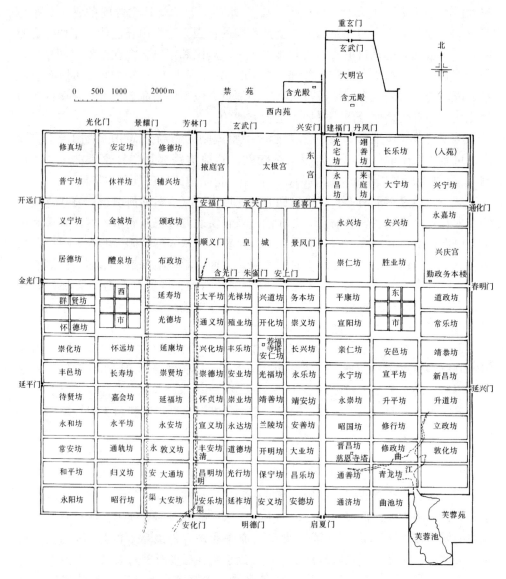

图2-7 唐长安城复原平面

据记载，大兴城东西18里115步，南北15里175步（实测东西9721m，南北8651m），城内除中轴线北端的皇城与宫城外，划分109个里坊和2个市，东为都会市（唐东市），西为利人市（唐西市），每个坊都有名称。城内道路宽而直，宫城与皇城间的横街宽200m，皇城前直街宽150m，其他街道最窄的也有25m。全城形成规整的棋盘式布局，所以白居易有"百千家似棋盘局，十二街如种菜畦"之句。隋文帝为了收邀人望，装点首都，大力提倡佛教和鼓励建造寺庙。迁都以后，在朝堂上陈列寺庙匾额120块，愿造庙者可以取走庙额，并在皇城前高地上轴线二侧左右相对建造大兴善寺和元都观，所以隋大兴城内佛寺很多。又因城南诸坊路远无人愿住，就命诸子在那里建宅（如蔡王杨智积宅、秦王杨浩宅、汉王杨谅宅、蜀王杨秀宅等）。城东南角原有曲江，地形复杂，宇文恺

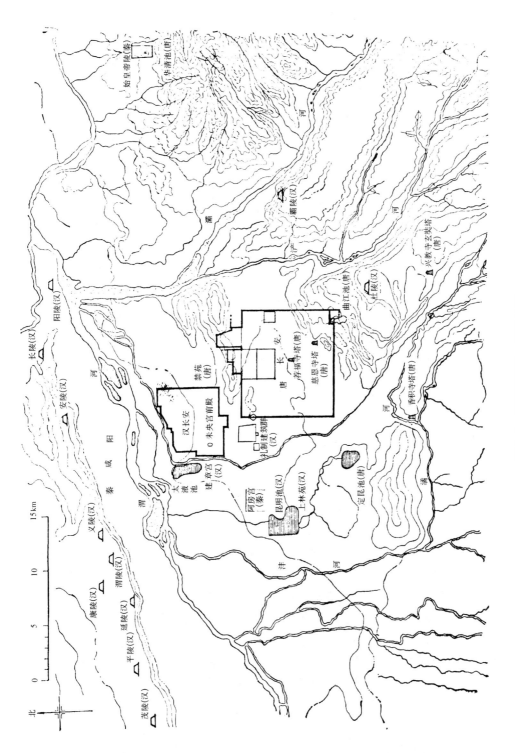

图 2-8　西安附近汉、唐遗址图

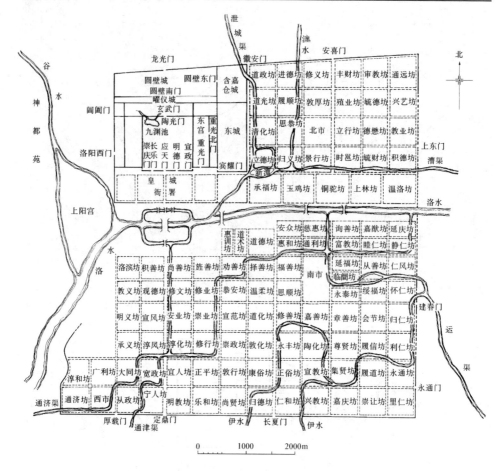

图2-9 隋、唐洛阳平面推想图

认为不便作居住里坊，改作芙蓉园，围入城内，引黄渠水注曲江池。城西南角地势低下，为使这里的形势和曲江一带高地相平衡，建造了规模巨大的庄严寺，寺内建330尺高的木塔1座。隋炀帝大业元年，又在其旁建总持寺，纪念他父亲隋文帝，寺的规模和寺中木塔高度和庄严寺相等。城外北侧，是隋文帝的禁苑大兴苑，包括汉长安旧城在内，直达渭水之滨。

为了都城各项物品的供应和满足宫苑用水，开皇三年在城西侧开挖永安渠和清明渠，直通宫城与禁苑，又开龙首渠引浐河水至苑内，并于开皇四年命宇文恺领水工由大兴城东凿渠300余里至潼关，引渭水注入渠中，使漕运通黄河而不经过渭水（因渭水深浅不常，漕者苦之），名为广通渠。

上述隋时大兴城是唐长安城发展的基础。唐代虽基本上沿用了隋的城市布局，但由于主要宫殿向东北移至大明宫，因此朝臣、权贵都集中到东城，使城市重心偏于一边，这是它的特点。

唐太宗于贞观八年，为其父李渊在长安城东北苑内龙首原高地上建造永安宫（后改称大明宫），仅作为夏天清暑之用。到唐高宗李治龙朔二年才大兴土木，造大明宫内门阙殿宇，第二年移居于此，将原来宫城太极宫改名为西内，成为次要的备用的清闲处所，唐代政治中心就此移到这里。自隋至唐初，长安的一般建筑还较简朴，据记载，唐太宗时名臣魏征的住房原是隋安平公宇文恺旧宅，连正堂也没有；卫国公李靖的府第和万年县的大门都很低矮。但贞观以后，逐渐奢靡，特别在唐玄宗时，兴作繁多。除了西内太极宫、东内大明宫外，又把他的藩邸所在的兴庆坊改建扩充成兴庆宫，筑有龙池、沉香亭和许多殿宇楼台，曾有一段时间这里成为唐朝的政治中心。此外玄宗时还建设了曲江名胜游览区和南苑，开挖了通西市的漕渠等。安史之乱后，大臣追求奢豪，亭馆第舍，力穷才止，当时称为"木妖"。但终唐之世，长安城的布局未有大的变化。

长安城的市集中于东西两市，西市有许多外国"胡商"和各种行店，是国际贸易的集中点；东市则有 120 行商店和作坊。唐高宗李治时，曾设立南市，但武后时即废除。这样大的城市，市场集中在两处，对市民生活很不方便，因此各处里坊中仍然散布有许多商店。晚上，虽然关闭坊门，但有的坊仍很热闹。贞观后，在通向 12 个城门的大街上，设置许多街鼓，用以掌握坊市启闭的时刻。

长安城的里坊大小不一，小坊约 1 里见方，和传统尺度相似，大坊则成倍于小坊。坊的四周筑高厚的坊墙，有的坊设 2 门，有的设 4 门。坊内有宽约 15m 的东西横街或十字街，再用宽约 2m 的十字小巷将全坊分成 16 个小地块，由此通向各住户。

长安城内庙宇很多，名家所作壁画也很多，但看戏场很少，见于记载的仅数处，其中以慈恩寺看戏场最为著名。风景区也只有曲江一处，城南杜曲、樊川一带风景优美之处又被官僚别墅所占，因此市民的娱乐生活是极为有限的。

长安街道虽宽，但全是土路，大雨后泥泞不堪，上朝都得停止，唯有从宰相府到大明宫前这一段路面铺沙子，称为"沙堤"。街旁植槐树，开排水沟，沟外就是高而厚的坊墙。因此长安城内的街道两边全是一望无际的槐树行列和夯土墙，虽有大臣府第的大门和寺观、里坊的门点缀其间，但街景仍十分单调。里市制也束缚着城市居民的生活和经济的发展。在解决城市排水和运输方面，也是不理想的，以致暴雨后常有坊墙倒塌、居民溺死的事故。或由于漕运不通，粮食缺乏，米价飞涨，甚至出现了天子六宫只有 10 天存粮的严重现象，而后者终于导致放弃长安和都城东迁。

隋唐东都洛阳建于隋炀帝大业元年，由杨素、宇文恺等人负责营建。唐初曾一度废除东都，但不久又恢复，并建造上阳宫，缩小苑囿，移动市场，其他基本上照旧。隋代洛阳在汉魏洛阳之西约 8km，是新建城市，地势平坦，所以布局很整齐。由于是陪都，规模比长安略小，皇城、宫城、里坊、街道都相应缩小。宫城也不居中而偏于西北隅，以别于首都的规制。大业二年把北周时留下的旧洛阳城居民迁入新城，还迁了各地富户数万充实洛阳。

洛阳北依邙山，洛水自西向东贯穿全城，宫城皇城位于西北高地上，占最有利的位置，宫城的轴线向南正对龙门伊阙。全城除皇城和宫城之外，共区划成 103 坊 3 市。坊比长安略小，恢复 1 里见方的旧制，坊内都是十字街，四边开门，三处市场分布在水运交通出入方便的地点。其中北市最为热闹，此市靠近唐朝的重要粮仓——含嘉仓，四方诸州的租船结集在仓前的新潭和附近的漕渠，旅馆、酒楼也大都开设在这里。洛阳城内有谷水、洛水、伊水入注，水源充沛，所以漕运比长安畅通，这是隋、唐重视洛阳和唐高宗与武后等长期在洛阳听政的重要原因。城东南隅，有伊水引入，贵官宦的别墅多设在此区。

洛阳皇城内城墙特别多，宫城北、东、西三面都有几重隔城环绕，皇城再从东、南、西三面包围宫城；地势又是居高临下，从防御上说，比长安作了更多考虑。唐高宗乾封二年，在皇城西侧苑内建造了上阳宫，门殿都东向和皇城连成一体。高宗、武后常居此宫，其作用和长安的大明宫相似。

2.2.5　宋东京的建设（图 2 – 10）

隋唐时江南经济日益发展，五代时又较少遭战争破坏，因此历朝政权都要依靠南方的粮食和物资供应。地处江南和洛阳之间水陆交通要冲的汴州，唐时逐渐成为繁华的商业都会，又是汴州治所和宣武军节度使驻地。五代时，后梁、后汉、后晋、后周都在此建都，商业更加繁荣。后周时，汴梁已是人多地窄，拥挤不堪，所谓"诸军营或多窄狭，百司公署无处兴修……而又屋宇交连，街衢湫隘，入夏有暑

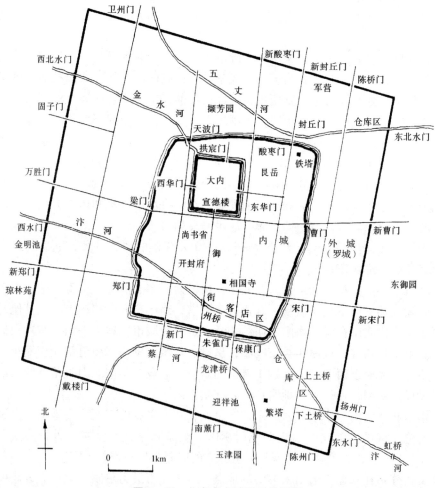

图 2 – 10　北宋东京城平面推想图

湿之苦，居常多烟火之忧"。很明显，要以一个州城的规模容纳国家政权机构和庞大的军队，以及由此而引起的手工业商业的兴起，确已无法办到。因此后周世宗显德二年，在原汴州城四周向外扩大数里，征发开封府和附近数州民工10余万，加筑外城。并将旧城内街道拓宽至50步（1步为6尺）、30步以下和25步以下数种。路两边5步内可以种树、掘井、修造凉棚。赵匡胤以兵变夺得后周政权建立宋朝后，仍利用后周的汴梁建都。宋神宗间重修外城（罗城），加筑瓮城和敌楼，宋徽宗政和六年，又将外城向南扩展里许，以添筑官府和军营。

宋东京既由一个州治扩建而来，州衙改为宫城，州城修成都城，又外包一圈罗城。因此宋初虽然拓宽了宫城东北隅，但宫城规模仍然很小，城周围仅5里，面积只有唐长安宫城的1/10左右；罗城面积也仅及长安城的1/2强。由于它是根据城市各阶段发展的实际情况逐步扩建的，所以建筑密度很大，土地利用率高，防火问题也特别突出，北宋时就设立了专门的消防队和瞭望台，街道也不像长安城那样砥直，反映出改建旧城的特色。宫城前御街很宽，两旁有御廊，街面用权子（木栅栏）分隔为三股道，中间一股为皇帝御道，御道二侧还有御沟。由于商业发达，城中到处临街设店，酒楼、饭店、浴室、医铺、瓦子布满各处，尤其州桥大街与相国寺一带以及东出曹门外和城东北封丘门内外最为繁华，夜市兴旺，通宵达旦，虽是风雪阴雨天，照常供应各种饮食。相国寺内还有每月开放五次的庙会集市。城内有五丈河、金水河、汴河、蔡河穿过，其中汴河是远通江南的漕运渠道，"东南方物，自此入京城，公私仰给焉"，张择端《清明上河图》中描绘了汴河中运输繁忙的景象。各地租船、商船都可直达城内停泊，水运比洛阳更为畅通。罗城内沿河有仓库区，都城内沿河有客店区，供南方官员、商贾住宿。在封丘内马行街二侧，还布满各种医铺、药铺，包括口齿咽喉、小儿、产科等。传统的里坊制在这里已被彻底废除，代之而起的是到处布满繁华街市的不夜之城，这是中国城市发展史上的一大进步。

官府衙署一部分在宫城内；一部分则在宫城外，和居民杂处，不如唐长安集中。城内还散有许多军营和各种仓库50余处。在都城东北酸枣门和封丘门间，有宋徽宗经营的艮岳，罗城西城外还有琼林苑、金明池，东城外有东御苑，南城外有玉津园，北城内有撷景园、撷芳园等苑囿。

东京的桥梁以东水门7里外汴河上的虹桥最为特出，是用木材做成的拱形桥身，桥下无柱，有利于舟船通行，宋张择端《清明上河图》即绘有此桥。这种虹桥在城内汴河上还有两座，表现了宋代木工在结构技术上的创造。

宋东京人口虽无准确记载，但当时人称："今天下甲卒数十万众，战马数十万匹，并萃京师，悉集七亡国之士民于辇下，比汉、唐京邑，民庶十倍"。而每年消耗粮食，都在600万石左右。由此可推算当时人口约在百万以上。

东京遗址被历代黄河洪水淤没于地下，所幸文献资料比较丰富，尚能了解它的概貌。近年对外郭的考古勘探，使罗城的轮廓与范围进一步明确。

2.2.6 元大都与明清北京的建设（图2-11~图2-13）

北京位于华北平原的北端，处于通向东北平原的要冲地带，战国时，这里已

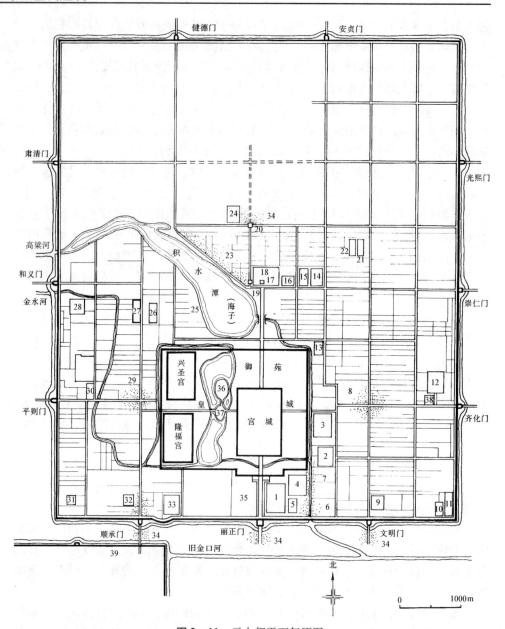

图2-11 元大都平面复原图

1—中书省；2—御史台；3—枢密院；4—太仓；5—光禄寺；6—省东市；7—角市；8—东市；9—哈达王府；10—礼部；11—太史院；12—太庙；13—天师府；14—都府（大都路总管府）；15—警巡院（左、右城警巡院）；16—崇仁倒钞库；17—中心阁；18—大天寿万宁寺；19—鼓楼；20—钟楼；21—孔庙；22—国子监；23—斜街市；24—翰林院、国史馆（旧中书省）；25—万春园；26—大崇国寺；27—大承华普庆寺；28—社稷坛；29—西市（羊角市）；30—大圣寿万安寺；31—都城隍庙；32—倒钞库；33—大庆寿寺；34—穷汉市；35—千步廊；36—琼华岛；37—圆坻；38—诸王昌童府；39—南城（即旧城）

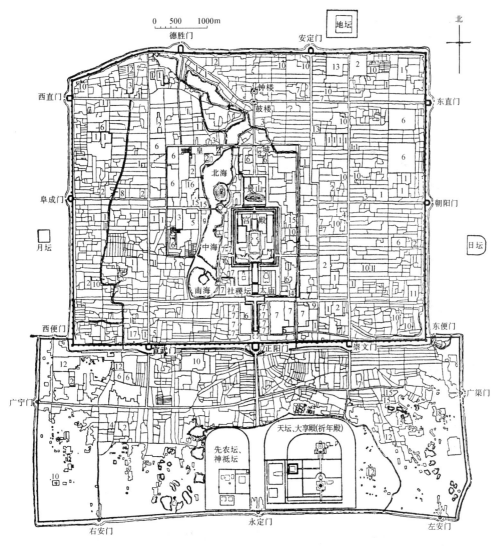

图 2-12　清乾隆年间北京城平面（刘敦桢《中国古代建筑史》）

1—亲王府；2—佛寺；3—道观；4—清真寺；5—天主教堂；6—仓库；7—衙署；8—历代帝王庙；9—满
洲堂子；10—官手工业局及作坊；11—贡院；12—八旗营房；13—文庙、学校；14—皇史宬；15—马圈；
16—牛圈；17—驯象所；18—义地、养育堂

形成城市，辽代在此建陪都。金时依辽城向东、向南扩大 3 里，建为都城，称为
中都。据记载，金中都的宫殿是仿汴京建造的，但豪华的程度超过汴京，主要的
门殿全用绿琉璃瓦覆盖，用汉白玉作华表、桥梁，许多门窗装修是攻破汴京后拆
运来的。当时金主曾役使民工 80 万、军工 40 万，历时 3 年才建成。元灭金，至
元世祖忽必烈时，利用中都东北郊琼华岛一带水面（今北海）为核心，建造了
新的宫殿，随后又建成了大都城。

　　元朝弃金旧城而将都城向北移后，迁官员及富户于新城，旧城成了一般平民
的居住区，这种南北二城并存的格局一直保持到元末。对于新城的建设，元世祖
忽必烈采取郭守敬的意见，用西山和昌平一带充沛的泉水注入漕渠——通惠河

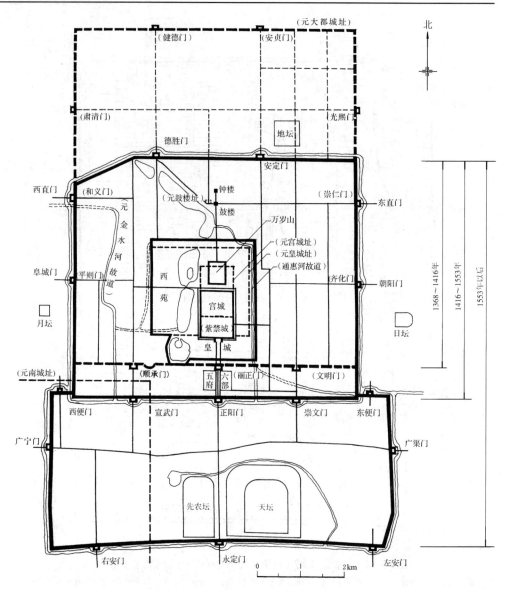

图 2-13 元明二代北京发展示意图

（通州与大都之间），由大运河与海上运来的粮食和物资可以从通州直达琼华岛北面的海子（今积水潭），所以元朝靠近海子建立皇城，漕运非常近便。

元大都是以大片水面和宫城、皇城为中心布置的。因为地势平坦，又是新建，所以道路系统规整砥直，成方格网，城的轮廓接近于方形。城市的中轴线就是宫城的中轴线，平面的几何中心在中心台（今北京鼓楼西侧，积水潭东岸）。全城道路分干道和"胡同"两类，干道宽约25m，胡同6～7m。胡同以东西向为主，在两胡同间的地段上再划分住宅基地。这种有规律的街巷布置，和唐以前的里坊，形成两种不同的居住区处理方式。城内市肆是分散的，而以漕运终点海子东北岸最为热闹，其次是皇城东西两侧的交叉路口，城北部分则比较荒凉。大都城内南北大道设有石砌沟渠排泄雨水。在全城的中心地带设立钟楼和鼓楼。

皇城偏于城南，包括宫城、太液池西岸的隆福宫、兴圣宫和御苑，环绕一片广阔的水面而展开，和传统的宫殿布置方式手法迥异，是元代的一种创新，可能和蒙古人逐水草而居的传统观念有关。由于皇城位置与南面的旧城靠近，所以新城区大部分在皇城之北。这是由当时的具体条件所决定的布局方式，而并非套用《考工记》面朝后市的古老概念。皇城东面设太庙，西面设社稷坛；城墙有宫城、皇城、都城三重；都城城门共 11 座；元末为了抵御农民起义军，门外又加瓮城。瓮城门洞用砖砌拱，以防火攻，一改之前用木构架支承城门楼的方式。

明灭元后，大都改称北平。明成祖朱棣为了迁都北京，从永乐四年起开始营建北京宫殿，十八年宫殿建成，遂正式迁都，之后南京就成为明朝的陪都。

明代北京是利用元大都原有城市改建的。明攻占元大都后，蒙古贵族虽已退走漠北，但仍伺机南侵，明朝驻军为了便于防守，将大都北面约 5 里宽较荒凉的地带放弃，缩小城框。明成祖建都时，为了仿南京的制度，在皇城前建立五府六部等政权机构的衙署，又将城墙向南移了 1 里余。到明中叶，蒙古骑兵多次南下，甚至迫近北京，兵临城下，遂于嘉靖三十二年加筑外城，由于当时财力不足，只把城南天坛、先农坛及稠密的居民区包围起来，而西、北、东三面的外城没有继续修筑，于是北京的城墙平面就成了凸字形。清朝北京城的规模没有再扩充，城的平面轮廓也不再改变，主要是营建苑囿和修建宫殿。

明北京外城东西 7950m，南北 3100m。南面 3 座门，东西各 1 座门，北面共 5 座门，中央 3 门就是内城的南门，东西两角门则通城外。内城东西 6650m，南北 5350m，南面 3 座门（即外城北面的 3 门），东、北、西各两座门。这些城门都有瓮城，建有城楼。内城的东南和西南两个城角并建有角楼。

北京城的布局以皇城为中心。皇城平面成不规则的方形，位于全城南北中轴线上，四向开门，南面的正门就是承天门（清改称天安门）。天安门之南还有一座皇城的前门，明称大明门（清改名大清门）。皇城之内建有内容庞杂、数量众多的各类建筑，包括宫殿、苑囿、坛庙、衙署、寺观、作坊、仓库等。

作为皇城核心部分的宫城（紫禁城）位居全城中心部位，四面都有高大的城门，城的四角建有华丽的角楼，城外围以护城河。从大明门起，经紫禁城直达北安门（清改称地安门），这一轴线完全被帝王宫廷建筑所占据。按照传统的宗法礼制思想，又于宫城前的左侧（东）建太庙，右侧（西）建社稷（祭土、谷之神）；并在内城外四面建造天坛（南）、地坛（北）、日坛（东）、月坛（西）。天安门前左右两翼为五府六部等衙署。明代紫禁城是在元大都宫城（大内）的旧址上重建的（稍向南移），但布局方式是仿照南京宫殿，只是规模比南京更为严整宏伟。

北京全城有一条全长约 7.5km 的中轴线贯穿南北，轴线以外城的南门永定门作为起点，经过内城的南门正阳门、皇城的天安门、端门以及紫禁城的午门，然后穿过大小 6 座门 7 座殿，出神武门越过景山中峰和地安门而止于北端的鼓楼和钟楼。轴线两旁布置了天坛、先农坛、太庙和社稷坛等建筑群，体量宏伟，色彩鲜明，与一般市民的青灰瓦顶住房形成强烈的对比。从城市规划和建筑设计上强调封建帝王的权威和至尊无上的地位。

内城的街道坊巷仍沿用元大都的规划系统。由于皇城梗立于城市中央，又有南北向的什刹海和西苑阻碍了东西直接的交通，故而内城干道以平行于城市中轴线的左右两条大街为主。这两条干道一自崇文门起，另一自宣武门起，一线引伸，直达北城墙，北京的街道系统都与这两条大干道联系在一起。但东西方向交通不便，反映了封建帝都为帝王服务的特色。与干道相垂直而通向居住区的胡同，平均间距约为70余米，这是元大都时留下的尺度，但达官显贵的王府官舍往往跨胡同而建，并不受此限制，占地广大的皇室署所官库也常阻塞胡同交通，数量可观的寺庙祠观散置于大小街巷，而城市平民的住房的和轮班入京服役的"匠户"房舍则被挤于街巷背后与大宅隙地。

北京的市肆共132行，相对集中在皇城四侧，并形成四个商业中心：城北鼓楼一带；城东、城西各以东、西四牌楼为中心；以及城南正阳门外的商业区。各行业有"行"的组织，通常集中在以该行业为名的坊巷里。如羊市、马市、果子市、巾帽胡同、罐儿胡同、盆儿胡同、豆瓣胡同之类，其中很多是纯粹为统治阶级生活服务的，如珠宝市、银碗胡同、象牙胡同、金鱼胡同等。

2.2.7 明南京的建设 （图2-14、图2-15）

南京是明初洪武至永乐间53年间全国政治中心的所在地（洪武元年到永乐十八年），它以独特的不规则城市布局而在中国都城建设史上占有重要地位。

元末，朱元璋以集庆（宋建康府，元改集庆路，明改应天府）为根据地取得天下后，经过多方比较，决定以应天为京师。从至正二十六年（1366年）起至洪武末年，经过30年的建设，形成了规模宏伟的一代新都。

南京地处江湖山丘交汇之处，地形复杂。旧城居民稠密，商业繁荣，交通方便。朱元璋在选择宫城位置时，避开了整个旧城，而在它的东侧富贵山以南的一片空旷地上建造新宫，又把旧城西北广大地区围入城内，供20万军队建营驻扎之用，这样就自然形成了南京城内三大区域的功能划分：城东是皇城区；城南是居民和商业区；城西北是军事区。城墙也就沿着这三大区的周边曲折环绕，围合成极其自然的形态。可见从实际情况出发，充分考虑对旧城的利用和对地形的顺应，是南京城市布局的指导原则，也是形成其特色的根本原因。

作为宫城基址的东城区，地势平坦，中间横亘着一个面积不大的燕雀湖，因此局部地段的排水条件不太理想，但是这里北倚富贵山，南有秦淮河，是一片背山面水的吉地，而且西边紧靠市区，便于利用旧城的原有设施，所以精通堪舆术的刘基等人卜地于此后，不惜以填平半个燕雀湖为代价取得一个完整的宫城基地。

新宫的布局以富贵山作为中轴线的基准点向南展开。宫城东西宽约800m，南北深约700m，前列太庙和社稷坛，是标准的"左祖右社"格局。宫城之外环以皇城，皇城南面御街两侧是文武官署，一直延伸到洪武门。正阳门外还设有祭祀天地的大祀殿、山川坛和先农坛等礼制建筑，明清两代都城布局的范式于是形成。明成祖迁都北京，所建宫城就是按照南京的形制，只是在进深方向增加了200余米，史书所称"规制悉如南京，壮丽过之"，就是指此而言。

旧城区的街道仍沿袭元集庆路，但城市居民结构已有很大变化，房屋也经过改造。原有居民被大批迁往云南、江北等地，又从全国调集工匠与富户来京居

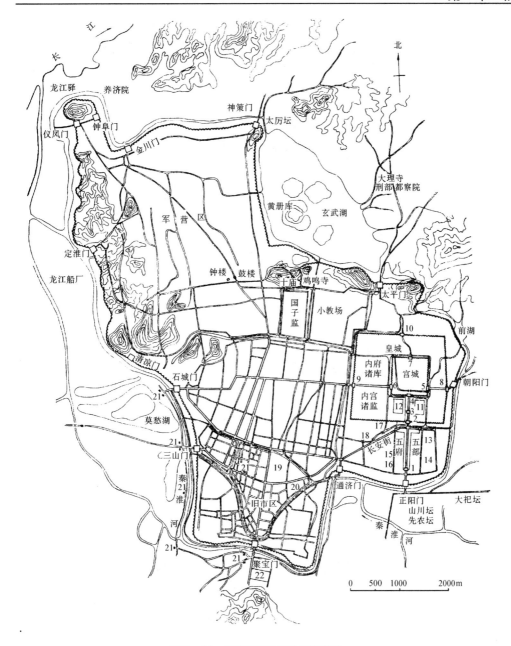

图 2 - 14　明南京都城平面复原图

1—洪武门；2—承天门；3—端门；4—午门；5—东华门；6—西华门；7—玄武门；8—东安门；9—西安门；10—北安门；11—太庙；12—社稷坛；13—翰林院；14—太医院；15—通政司；16—钦天监；17—鸿胪寺；18—会同馆、乌蛮驿；19—原吴王府；20—应天府学；21—酒楼；22—大报恩寺

住。匠户按行业分编于各街坊，商人的铺行沿官街起盖，官府还成批建造"廊房"（铺面）和"塌房"（货仓）出租给商人，又在城外秦淮河一线水陆码头附近的商贾结集地段起造酒楼 15 座，成为南京繁华兴盛的一个标志。大臣与富民的住宅多集中于旧城内秦淮河一带，这里离宫城较近，又有商市和交通之便，是理想的居住区地段。

　　南京城墙是一项伟大的工程。城的周长为 33.68km，城墙高达 14～21m，顶宽 4～10m，全部用条石与大块城砖砌成。其中环绕皇城东、北两面约 5km 长的一段城墙是用砖实砌而成（其他的区段是土墙外包砖石），其用砖量大得惊人。所用城砖是沿长江各省 118 个县烧造供给的，每块砖上都印有承制工匠和官员的姓名，严格的责任制使砖的质量得到了充分的保证。城墙上共设垛口 13000 余个，窝铺 200 余座。城门共 13 座，都设有瓮城，其中聚宝、三山、通济三门有三重瓮城（即四道城门），设防之坚，为历代仅见。在这座砖城的外围，还筑有一道土城，即外郭，长约 60km，郭门 16 座（图 2-15），从而使南京宫殿围有四重城墙——宫城、皇城、都城、外郭。

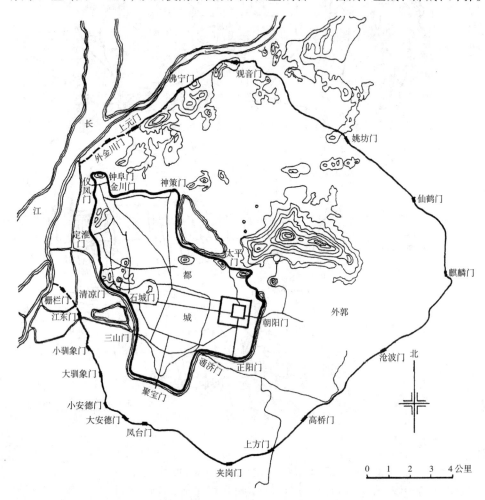

图 2-15　明南京外郭图（图中栅栏门与外金川门为清代增辟）

2.3　地方城市的建设

　　周朝分封大小诸侯，城市数量也应与之相当。春秋战国时各地大小城市迅速增加。秦以后各朝实行郡县制，郡、县所在地即是朝廷派驻各地的政治、军事统治据点，又往往是经济和文化的地方中心，其中有些是交通枢纽，有些是手工业中心,有些是对外贸易的港口,或兼而有之,也有的县是在原来自然形成的草市的基础上设置的。由表 2 - 1 中可以看出,从汉到清,各地府、县城市变化虽然很多,但县以上的城市始终在 1000 座以上。

汉至清郡、州、县数　　　　　　　　表 2 - 1

	汉	隋	唐	宋	元	明	清
郡（府）	103	190		30	33	140	309
州			360	254	359	193	205
县	1314	1255	1557	1234	1127	1138	1353

注:据《汉书》、《旧唐书》、《宋史》、《元史》、《明史》、《清史稿》统计。

作为府、县治所在的地方中心城市,都有一套相关机构与设施,以保障政权的有效运作。在明代,这些设施包括:府县衙署(行政首脑机构)、察院(即监察御史院的简称,检察机构)、税课司(局)(税收机构)、巡检司(警察机构)、仓储(官粮贮备处)、儒学(官办学校)、阴阳学与医学(掌管天文、气象、灾祥报告及医药的机构)、惠民药局(掌管医药施舍)、养济院(收养孤儿孤老)、漏泽园(掩埋无主尸殍)、山川坛(祭当地山川及风云雷雨之神)、社稷坛(祭五土五谷之神)、厉坛(祭无祀所鬼神)、城隍庙(祭当地保护神)、八蜡庙(祭八种农业神)及先贤庙(祭孔子等先圣、先贤)。

地方城市的其他基础设施主要包括以下四个方面:

1）防御工程

即城壕、城墙及其附属设施。这是关系到全城居民安危及政权存亡的大事,所以历代都很重视。早期城墙都为土筑,掘壕筑墙,土方平衡,顺理成章。到明代,绝大多数府县都修筑了砖包城墙。为了利于巡守,城上筑有城楼、角楼、窝铺等建筑物。南方多雨地区还往往在整个城墙上建有连廊,称为“串楼”,以避烈日风雨的侵袭,最长的串楼达到 1400 间左右(湖南永州城)。为了保卫城门口外发展起来的居民商业区,许多城市都陆续建造了“关城”,由 1 座至 4 座不等。

2）水利工程

这对城市的交通运输、供水、排涝等都起着重要作用。在城外筑堤堵水,形成水库湖泊,既可保证城市生活用水,又可增加城郊风景游览场所,所以全国各地城市称“西湖”、“东湖”、“南湖”者比比皆是,大都与水利建设有关。城墙既是防御工程,也是防洪工程,关键时刻紧闭城门,可以抵挡洪水于城外。随着黄患的加剧,黄河中下游的许多城市还在城墙外围再筑一圈土堤,以提高城市的抗洪能力。水网地区的城市则充分利用水利资源,在城内开凿纵横交叉的河道,既是水上运输网络,又是洪涝排泄系统。

3）道路与下水道

北方雨少,城内只作土路;南方则大都铺以砖石。城市桥梁在唐以前多用木构,宋以后渐被石桥代替。下水道是在街旁或街中设阴沟,一些城市较早具备了完整的下水道体系,例如江西赣州城,北宋时已形成由“福沟”与“寿沟”两个子系统组成的全城排水系统,福沟汇城市南部之水,寿沟汇城市北部之水,再通过12

个水窗（涵洞）分别排入城东的贡江和城西的章江。至今所存沟渠长达 12.6km，沟深约 2m，宽约 0.6~1m，对赣州旧城区的排水起着重要作用（图 2-16）。

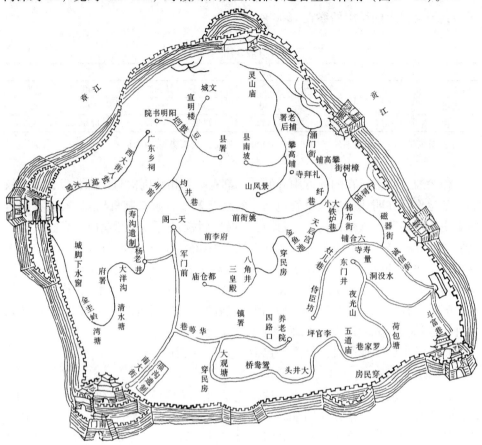

图 2-16 江西赣州宋代所建城市排水系统——"福寿沟"图（据清同治十一年县志）

4）邮驿设施

我国自秦汉时代起就建立了全国统一的邮驿制度，直到近代新式通信、交通兴起前，邮驿制度对中央与地方之间的沟通和政令的传递起着重要作用。驿站是官办接待站，凡持"驿关"的官员、使节都可免费提供食宿、船车、夫马。元朝全国有驿站 1400 处，驿马 4 万匹，驿船约 6000 艘。邮铺专司公文传递，自京师至各府县，每 10 里设 1 铺，昼夜接力递送，十分快速。府县衙门前则设总邮铺。

至于城市的布局，由于地理条件的不同而各有差异。处于平原地带的城市多力求方整规则，以长方形居多，道路宽敞平直，常作十字形或丁字形布置，城市中心常设有鼓楼、钟楼，从明清的西安城可以看到这些特点（图 2-17）。明西安的面积与唐长安皇城废址约略相等。城内十字街以钟楼为中心，四面通向城门，城门外又各有关城一座。这种布局在北方府县城中具有代表性，现存西安的钟、鼓楼均为明代遗物。清初在北大街以东、东大街以北筑为满城，供驻骑兵五千，专事镇压各族人民。又如明归德府城（今河南商丘），因黄河泛滥，城毁于水，正德六年迁建于原址以北的高地上（图 2-18）。城作长方形，周长

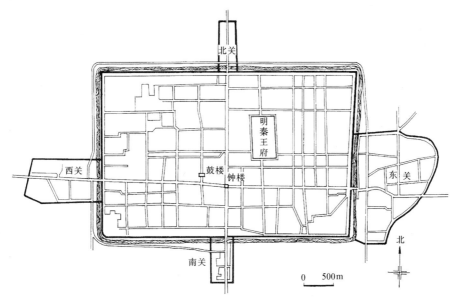

图 2-17　明清西安城平面

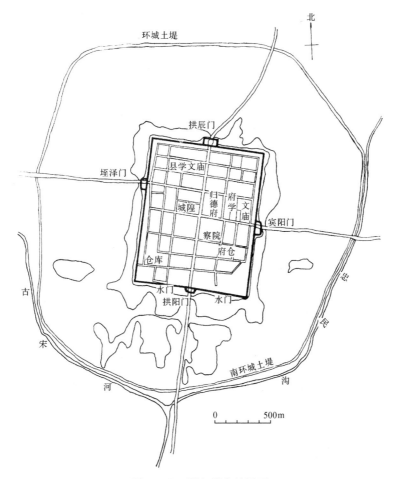

图 2-18　明归德府城平面

4.36km，占地 1.14km²，设四门，城墙上敌台（马面）16 座，窝铺 30 座，城内街道较整齐，府衙、察院等政权机构占据中心位置。为了防御黄河泛滥之灾，在城外约 500m 处加筑土堤一道。

有些城市出于防御要求或某种象征意义的考虑，常把平面作成圆形，例如黄河下游的宿迁县，在明代，为避黄河水患而在马陵山趾另筑新城时，知县把它规划成圆城是为了"取裁用圆，象太阳也"。长江口北岸的如皋县，则是因防御倭寇侵犯而在原来的市区外面加筑圆城，但城内道路布置仍保持原有的网格系统。

在多江河山丘的地区，地形复杂多变，城市布局多样，道路系统也往往成不规则状：依山筑城，则主要街道沿等高线展开；沿江建市，则往往形成带状城镇。如山城重庆，位于长江与嘉陵江交汇处山丘上，战国秦汉时，沿江已形成背山面水的城市，以后不断向山坡发展，但自宋至清，城的范围基本未变（图 2 - 19）。又如陕西的葭州，位于黄河与葭河交汇处的陡峭山岗上，下临滔滔河水，形势险要，是一处重要军事防御城市。城墙沿山巅而筑，平面极不规则。

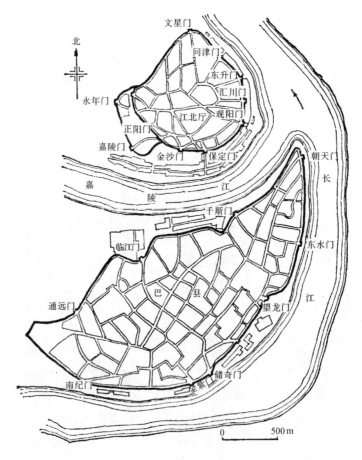

图 2 - 19　清代巴县（重庆）平面

　　江南水网地区以水运为主，街道房屋沿两岸布置，故小市镇常沿河展开成带状，大市镇因十字形、井字形交叉河道而成块状。如明代的松江府城，城内除街道系统外，还有河道系统，两者共同形成城市交通网络（图2-20）。著名的古城苏州，城内河道纵横，可称是水乡地区城市布局的典型。该城始建于春秋末年吴王阖闾时（公元前514年），秦汉以后，城址规模基本上保持沿用下来，根据考古发掘及文献记载，可知城墙位置和河道系统是唐以前就形成的。唐时，由于城内河道密布，桥也特别多，白居易和刘禹锡作苏州刺史时，苏州桥数在390座和370座之间。城门则有水陆各8座，每面各有2座，至今城西南角的盘门尚留水、陆城门遗址。白居易诗："远近高低寺间出，东西南北桥相望。水道脉分棹鳞次，里闾棋布城册方"。"处处楼前飘吹管，家家门外泊舟舫"。描述了唐时这座水乡城市的风貌。南宋时苏州称平江，是经济上和军事上都很重要的城市。现在还保存的绍定二年所刻平江图碑（图2-21），相当准确地表现了南宋时苏州城的平面布置：城内有主要河道组成通向城门的干河，由此分出许多支河，通向各居住街巷，傍河两岸是街道市肆与住房；环绕城墙内外各有一道城濠，既是交通环道，又是双层护城河（但西面内濠宋时已淤塞）。全城河道形成一个交通网和排水系统。城内中部偏南是府治和平江军所在的子城，城北部分是街市和居民区，其中以子城西北乐桥一带最为热闹。

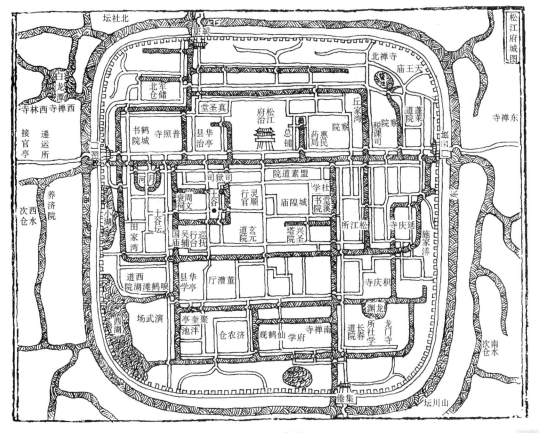

图2-20　明代松江府城平面示意图（摹自正德《松江府志》）

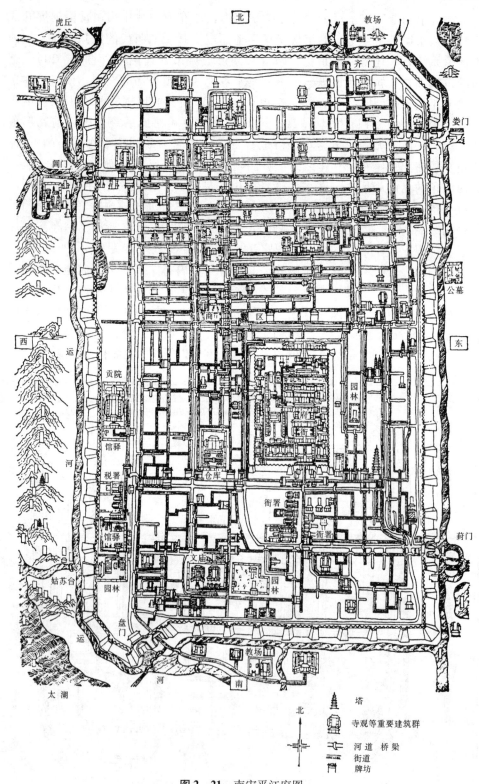

图 2-21　南宋平江府图
（刘敦桢《中国古代建筑史》）

唐时全城分为 60 个里坊，从布局形式来分析，这种坊和长安城是不同的，它没有坊墙，只是赋予街巷的一种名称。从平江图碑中就可看到宋代街巷仍以"坊"为名，并用牌坊加以标示。除苏州的平江图外，桂林还留有南宋时期的城市平面图石刻。

在明代，沿长城一线和沿海一带曾出现一个防御城的建设高潮，原因是已败退的元蒙势力仍不断南侵，而倭寇则频频进犯沿海各省，造成社会经济及人民生命财产的极大损失，也严重威胁着明朝的生存。因此明政权着力建设北面的 9 个边防重镇（辽阳辽东镇、蓟县蓟镇、宣化宣府镇、大同大同镇、山西偏关县太原镇、榆林榆林镇、银川宁夏镇、固原固原镇、张掖甘肃镇）和 150 个左右的卫城与所城，同时兴建南起广西钦州湾北抵辽宁金州湾的 156 座卫城、所城，组成明帝国北、东两面的边疆防御城体系。明代兵制，卫有兵 5600 人，千户所有兵 1120 人，百户所有兵 112 人。这些镇、卫、所城的建设首先必须满足防御及驻军的要求，例如：城址必选险要，城池必求坚深，周围的烽火台、关堡以及城内的卫所挥署、钟鼓楼等制高点、军营、演武场、军械库等都需周密布置，还设有一些与战事有关的神庙，如旗纛庙（供祭军旗、誓师等用）、关帝庙（武庙）、战争英雄人物庙（如戚继光庙等）、死难将士庙等等，是为抚慰将士、鼓舞士气的精神需要设立的。有些镇、卫、所的所在地原是地方重要城镇，或由于驻军而逐渐发展的城市，城内除了军队外都有大量居民，所以也具有地方城市的种种特征。

辽宁兴城是明宣德三年（1428 年）所建卫城，有两个千户所驻扎于此，称宁远卫。此城地处长城外的渤海之滨，是入关的前哨阵地，形势险要，明末这里曾有效地阻止过清兵大举南下。城的布局很有代表性：平面作方形，每边长约 800m，各开一门，城中以十字街面通向 4 座城门，十字街中心建鼓楼，其余街道均作东西向或南北向布置，卫署、各所署、各司署、军储仓、钱帛库等分布于城内，城隍庙、关帝庙、马神庙、火神庙、天宁寺等庙宇凡数十座分置于城内外。城内还有众多牌坊，如进士坊、大司寇坊、孝子坊以及表彰守将功业的牌坊等。南门大街上则有明末表彰守将祖氏兄弟的两座石坊。是一座典型的明代卫城（图 2-22）。

山东半岛上的蓬莱水城则是为防御倭寇而建的，水城位于登州城北侧，北临渤海，西倚山冈，东跨平滩，利用港湾凿为小海，供战舰停泊之用，小海上架活栈桥以通小海两岸。城内 1/3 为水面，2/3 为陆地，除军营之外，还有许多庙宇，如龙王庙、海神庙、三清殿、蓬莱阁等。城设水陆城门各 1 座，是通往大海和内陆的唯一出入口。水门两侧有东、西炮台各 1 座扼守，相距约 85m。为了减小海浪的冲击，水门外两侧筑有平浪台与防波堤（图 2-23、图 2-24）。

图 2-22　辽宁兴城平面

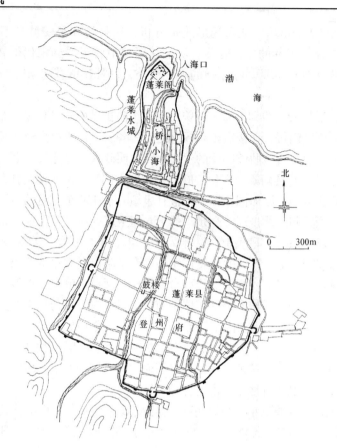

图 2-23　山东登州府城及蓬莱水城平面

图 2-24　山东蓬莱水城小海景色（选自《中国美术全集》）

第3章 住宅与聚落

3.1 概说

住宅是人类最早的一种建筑类型。旧石器时期的天然洞穴、构木为巢、冬窟夏庐均是远古人的住宅方式。考古发掘的穴居岩洞，著名的有旧石器早期的辽宁营口金牛山岩洞、湖北大冶石龙山岩洞、湖北郧县梅铺岩洞、贵州黔西观音洞，中期有辽宁喀左旗鸽子洞、贵州桐梓岩灰洞，晚期的有北京龙骨山周口店岩洞、河南安阳小南海岩洞、浙江建德乌龟洞岩洞。这些是目前所知中国最古的人类居住遗址。但当时住无定所，天然洞穴并非随处可遇，有些又由于自然采集和狩猎的生产能力不足，个体常需迁徙和分解，在没有天然洞穴的地方，发展为或"构木为巢，以避群害"（《韩非子·五蠹》）的巢居，或夏季用树枝、树叶、树皮等植物编制成遮蔽风雨的粗糙棚屋，冬季用泥土或树枝、茅草封盖地穴，即冬窟夏庐。这个时代约在 10000~6000 年以前。

也就在这个时期，人类才首次获得较为充足、稳定的食物，通过捕鱼和种植得到供给。这一方面满足了人之固定食物所需；另一方面，种植粮食、扦插果木，需要较长的时间，这本身就说明当时人类有了相对稳定的居民点，这就是最初的聚落。到新石器时期，中国大部分地区已从事农作，其中距今约9000~7000 年左右的湖南澧县彭头山遗址、河南郑州裴李岗遗址、河北武安磁山遗址、浙江桐乡罗家角遗址、余姚河姆渡遗址以及最近发现的河南舞阳贾湖遗址等，是目前中国境内所知最早和最具典型性的农耕遗址。新石器时期的陕西临潼姜寨村落遗址，是仰韶时期氏族以农业为主而定居生活的反映（见第1 章）。

人类第一次劳动大分工，即农业的出现而形成固定的居民点——聚落；人类第二次劳动大分工，即商业手工业从农业中分化出来，聚落分化成以农业为主的乡村和以非农业的商业手工业为主的城市。这是从原始社会向奴隶制社会过渡时期产生的。随之，由于生活方式和生活环境的不同，以城市中达官贵人的住宅和乡村中乡绅庶民的住宅为代表，在漫长的历史发展中也自成轨迹。总的来说，城市中的住宅随着社会的发展有较明显的形制变化，而乡村中的住宅则更多在适宜技术上不断演进。另一方面，由于人口迁徙、文化传播等，两者亦互有影响和交流。聚落则由于城市和乡村的分野而面貌各异，城市自成体系，乡村却由于中国古代农业社会发展的延续性，一直存有早期聚落的两大特征：第一，以适应地缘（如当地的地理、气候、风土等）展开生活方式，汉族以农业活动为主；第二，以家族（原始社会为氏族）的血缘关系为生存纽带。

3.1.1　住宅形制演变

根据《仪礼》记载，春秋时期士大夫住宅由庭院组成（图 3 - 1），入口有屋 3 间，明间为门，左右次间为塾；门内为庭院，上方为堂，既为生活起居之用，又是会见宾客、举行仪式的地方；堂左右为厢；堂后为寝。

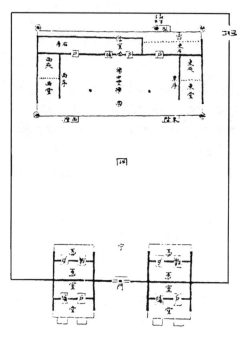

图 3 - 1　（清）张惠言《仪礼图》
中的士大夫住宅图
（刘敦桢《中国古代建筑史》图 24）

汉代住宅形制，一种是继承传统的庭院式，根据墓葬出土的画像石、画像砖、明器陶屋等实物可见，规模较小的住宅有三合院、L 形住房和围墙形成的"口"字形院及前后两院形成的"日"字形院（图 3 - 2）。中等规模的住宅如四川成都出土的画像砖（图 3 - 3），右侧有门、堂、院两重，是住宅的主要部分；左侧为附属建筑，院亦两重，后院中有方形高楼 1 座。这种类型均在庭院的基础上发展而成，有的是前后扩展院落增多，有的向两侧扩展。另一种是创建新制——坞壁，即平地建坞，围墙环绕，前后开门，坞内建望楼，四隅建角楼，略如城制（图 3 - 4）。坞主多为豪强地主，借助坞壁加强防御，组织私家武装。到黄巾大起义时，著名的坞壁有许褚壁、白超垒（坞）、合水坞、檀山坞、白马坞、百（柏）谷坞等等。

据河南洛阳宁懋石室石刻和河南沁阳造像碑石所示，北魏和东魏时期贵族住宅的大门，用庑殿式顶和鸱尾，围墙上有成排的直棂窗，内侧建有围绕着庭院的走廊，当时不少贵族官僚舍宅为寺，从《洛阳伽蓝记》描述中可知住宅由若干大型厅堂和庭院回廊所组成，供不同用途。

L 形住宅和围墙形成的"口"字形

三合院

日字形

图 3 - 2　广东广州汉墓明器的住宅形象
（刘敦桢《中国古代建筑史》图 32）

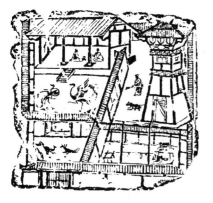

(坞壁内的房屋)

图 3－3　四川成都画像砖上表现的庭　　图 3－4　广东广州汉墓明器的坞壁及坞壁内的房屋
　　　　　院住宅

(刘敦桢《中国古代建筑史》图51)

　　隋唐五代，住宅仍常用直棂窗回廊绕成庭院，这可从敦煌壁画中得到佐证（图 3－5）。宅第大门有些采用乌头门形式，有些仍用庑殿顶；庭院有对称的，亦有非对称的。但自奴隶社会至封建社会中期的唐代，城市住宅在形制上的沿革脉络是较清晰的。它和宫室的门阙制、由前堂后室到前朝后寝的院落增加和变化及一些细部做法密切相关，规制虽不如宫室严格规范，但这种住宅和宫室的互通性，多少也和它们的基本功能需求及在里坊制度下的城市布局有关。

　　宋代里坊制解体，城市结构和布局起了根本变化，城市住宅形制亦呈多样化。以《清明上河图》所描绘的北宋汴梁为例，平面十分自由，有院子闭合、院前设门的，有沿街开店、后屋为宅的（图 3－6），有两座或三座横列的房屋中间联以穿堂呈工字形的（此和宋朝官署的居住部分采取同样布局方式）等。宋

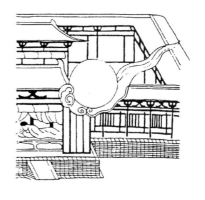

图 3－5　甘肃敦煌莫高窟唐代壁画中的住宅

(刘敦桢《中国古代建筑史》图82－1)

代院落周围为了增加居住面积，多以廊屋代替回廊，前大门进入后以照壁相隔，形成标准的四合院。一般有爵位的官宅大门用门屋形式，而"六品以上宅舍许作乌头门……凡民庶家，不得施重栱藻井及五色文采为饰，不得四铺飞檐，庶人舍屋许五架，门一间两厦而已"（《宋史·舆服志》）。南宋江南住宅庭院园林化，依山就水建宅筑园，对后世江南城市住宅和私家园林的建造有很大影响。

前门后院

前店后宅

图3-6　《清明上河图》描绘的北宋汴梁住宅

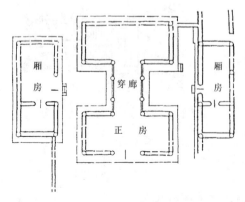

图3-7　北京元代后英房住宅局部平面示意图

北京元代后英房住宅遗址的考古发现，证明元代住宅还有用工字形平面构成主屋的（图3-7）。明、清两代，北方住宅以北京四合院为代表，按南北纵轴线对称地布置房屋和院落；江南地区的住宅，则以封闭式院落为单位，沿纵轴线布置，但方向并非一定的正南北。大型住宅有中、左、右三组纵列的院落组群，宅后或宅左或宅右建造花园，创造了一优美而适宜人居的城市住宅生活环境。

3.1.2　住宅构筑类型[①]

中国民族多，幅员广。古人于不同环境、气候、风土人情、文化习俗下，造就不同的生活居住环境，同时住宅由于因地制宜、因材致用、结构合理，为我们提供了一系列适宜技术。其构筑类型最具代表性，它既存线性的历史发展，又跨越地区的限定。以现存明、清住宅为实物依据，分述如下：

1）木构抬梁、穿斗与混合式（图 3–8～图 3–11）

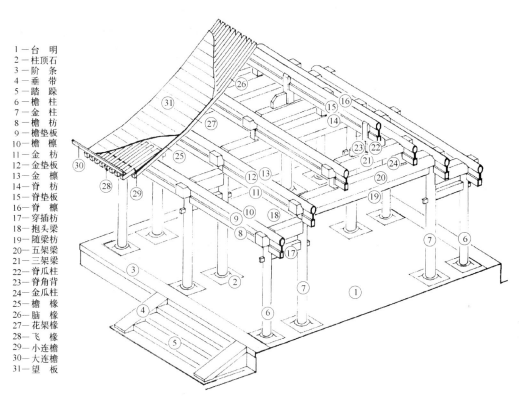

1—台　明
2—柱顶石
3—阶　条
4—垂　带
5—踏　跺
6—檐　柱
7—金　柱
8—檐　枋
9—檐垫板
10—檐　檩
11—金　枋
12—金垫板
13—金　檩
14—脊　枋
15—脊垫板
16—脊　檩
17—穿插枋
18—抱头梁
19—随梁枋
20—五架梁
21—三架梁
22—脊瓜柱
23—脊角背
24—金瓜柱
25—檐　椽
26—脑　椽
27—花架椽
28—飞　椽
29—小连檐
30—大连檐
31—望　板

图 3–8　北京四合院正房抬梁式

（马炳坚《北京四合院建筑》图 5–3–1）

主要分布地：北京、江浙、皖南、江西、湖北、云南、四川、湖南、贵州等。

抬梁和穿斗两种技术在汉代便已成熟，此后在住宅中运用普遍，范围甚广。

———————

① 住宅和民居概念在内容和外延上有所不同。住宅是指用于居住功能的建筑，而民居则包含住宅及由此而延伸的居住环境，民居较住宅更加宽泛。现在许多论文中常有混淆。本教材为给学生建立最基本的有关中国古代居住建筑的概念和知识，选用住宅的概念。住宅（或在大量著作和论文中称"民居"）有许多种分类法。第一种是平面分类法；第二种是外形分类法；第三种是结构分类法；第四种是气候地理分类法（陆元鼎"中国传统民居的类型与特征"，《民居史论与文化》，华南理工大学出版社，1995 年 6 月）；第五种是民系分类法。本教材提出构筑类型，是结合后三种而提出的，即它跨越地区，又因气候、地理、材料、生活方式等条件而存在。第一种分法是以不同生产生活方式决定的基本功能而展开的，第二种是外在表现，对此将在实例中综合介绍。

北方多用抬梁式，其中以北京四合院正房为代表。南方多用穿斗式，如云南白族住宅的主体部分；彝族住宅构架用穿斗而不落地，形成木拱架。在皖南、江浙、江西一带住宅中，山墙边贴用穿斗式，以较密集的柱梁横向穿插结合，辅以墙体，增强抗风性能；明间为使空间开敞、庄重，虽然柱梁交接还是横向榫卯关系，具穿斗特征，但已改用大梁联系前后柱，省去多根柱子，同时大梁上再抬上部梁架，为抬梁、穿斗混合式。

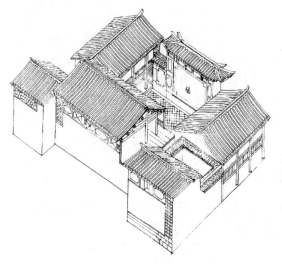

图3-9　云南白族住宅穿斗式

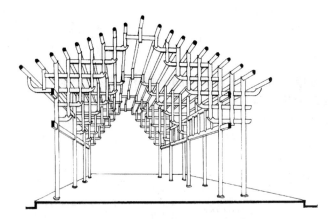

图3-10　四川彝族住宅的木拱架

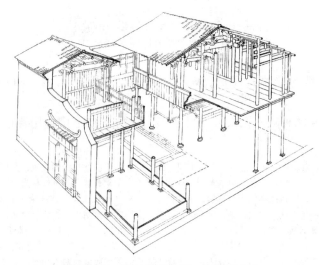

图3-11　皖南住宅抬梁、穿斗混合式

2）竹木构干阑式（图3-12）

主要分布地：广西、海南、贵州、四川等僮侗语族地区各少数民族。

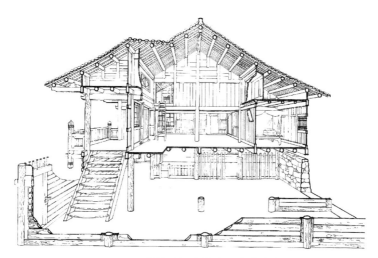

图3-12 壮族干阑式住宅（亦称麻阑）
（据刘致平、王其明《中国居住建筑简史》图版10 改画）

干阑在民间住宅中，以竹、木梁柱架起房屋为主要特征。分布广，主要用于潮湿的山区或水域。浙江余姚河姆渡的干阑式建筑，构件有榫卯和企口，是长江以南地区新石器时代的最早发现；以后在四川成都十二桥出土有商代干阑式建筑、湖北蕲春发现有西周的大型干阑住宅；在云南剑川海门口也有干阑式建筑遗址，但房屋一端搭在岸上，大部架于水上，是金石并用时代的干阑式建筑。广州出土的汉明器，证明汉代干阑已很盛行。《北史》、《魏书》、《旧唐书》均有干阑的记载。宋也叫"阁阑"、"麻阑"，元明时干阑在川地呼作"椰盘"，清称为"阑"。明清两代，南方僮侗语族地区少数民族一直大量使用这种悠久的干阑式建筑。北方自汉以后已较少使用，但东北清代仍有一种用作仓房的干阑建筑，距地较矮，是为隔潮之用。

3）木构井干式（图3-13）

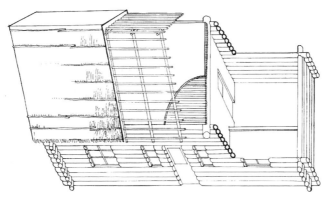

图3-13 东北木构井干式住宅
（据汪之力、张祖刚《中国传统民居建筑》第45页图改画）

主要分布地：东北、云南等林区。

用井干壁体作为承重结构墙，在我国原始社会便使用。汉武帝曾做"井干楼"，张衡《西京赋》有"井干叠而百层"的说法，其使用范围应不止于后来所见的东北、云南等林区。东北及云南等林区所见木垒墙壁的住宅，是民间的一种普通做法，端部开凹榫相叠。但因受木材长度限制之故，通常面阔和进深较小。

4）砖墙承重式（图 3 - 14）

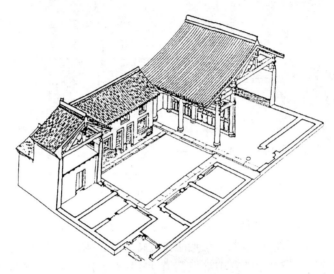

图 3 - 14　山西襄汾砖墙承重式住宅
（刘致平、王其明《中国居住建筑简史》图 6）

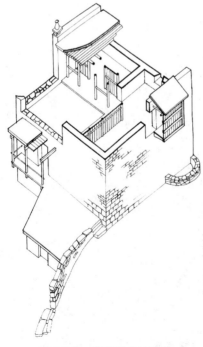

主要分布地：山西、河北、河南、陕西。

汉洛阳河南县出土的汉代仓房，以砖砌方室较多，证明当时砌砖技术已很发达，但在地面住宅中用砖不普及。砖普遍用于住宅砌墙并承重，是在明代，并因此在北方形成和普及了硬山式住宅。一般北方住宅多为四合院，每面各 3 间，但在前、左、右三面房屋正中间砌墙，除解决架檩传载外，火坑位置亦可合理安排，从而形成一间半式房屋。

5）碉楼（图 3 - 15）

主要分布地：西康、青藏高原、内蒙古。

在西南一带边疆，汉时或更早已有碉房，《后汉书·南蛮西南夷列传》曰："冉駹夷者武帝所开，元鼎六年（公元前 111 年）以为汶山郡……皆依山居止，累石为室，高者至十余丈，为邛笼。"（原注"邛笼"，"今彼土夷人呼为雕也"，似为"碉"的谐

图 3 - 15　藏碉楼做法示意

音最早出处)。《隋书·附国传》记载"垒石为碉而居"。汉代的冉駹,即隋唐的嘉良夷,亦即近代的嘉戎。此族由西藏琼都迁出,系藏族之一支。他们所居住宅明人曹学全《蜀中广记》中称其为"碉"。可见这种碉楼住宅与山地特殊的地理环境有关,这些地区多山,且石为板岩或片麻岩构造,易剥落加工,取石方便。碉楼外墙为厚实高大的收分石墙楼层(底层厚达 40cm,高可达数十米),内为密梁木楼层的楼房,楼层用土面层,即在木梁上密排楞木,再铺一层细树枝,其下再铺 20cm 的拍实土层(讲究的也有土层上再铺木楼板的),屋顶亦拍实土层,厚为 30cm。这种特殊做法均和当地属高原气候干燥又多风有关。

6)土楼(图3-16)

主要分布地:福建、广东、赣南等。

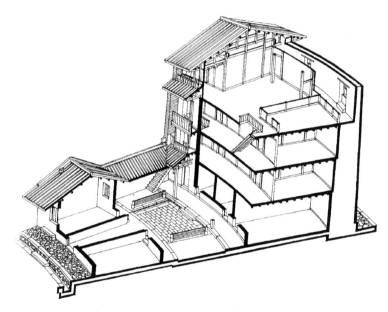

图 3-16 福建夯土而筑的客家土楼

(据汪之力、张祖刚《中国传统民居建筑》第 365 页图改画)

土楼是客家自三国两晋以来以唐宋和明清几个时期为主,为逃避北方战乱而迁移南方的中原移民的住宅。土楼的种类、分布与客家民系的分布形态是一致的(表3-1)。

客家大体上居住于广东、福建、江西三省接壤地区以及广西、台湾、海南等省区,这些地区的土质多属"红壤"或"砖红壤性土壤",质地黏重,有较大的韧性,不像中原的沙质土壤那样疏松,稍作加工便可以夯筑起高大的楼墙。该地区的山地又盛产硬木和竹林,硬木用于建房,竹片则提供了相当于建筑骨架的拉筋。同时,由于地理和气候的原因,客家由原来的麦作文化改为稻作文化,从而糯米、红糖是就地取材的最好凝固剂。这三种建筑材料和砂石、石灰一起,构筑成丰富多彩的各式土楼。

6 种土楼分布地简表　　　　　　　　　　　　　表 3 - 1

土楼类型	福　建	广　东	江　西	其他地区	客家民系	传播方向
五凤	闽西各县；闽北各县；闽南漳州各县	广东省	散见赣南	广西、贵州、云南、湖南、四川、台湾、香港	早期开发地区或处于客家文明腹地的纯客家	
凹字形	闽西各县；闽南平和、南靖、诏安、华安等	散见粤东	散见赣南	少见		
圆	闽西永定、龙岩、上杭、漳平；闽西南平和、诏安、南靖、漳浦、华安、云霄等	粤东梅县、大埔、蕉岭、丰顺、平远、兴宁、五华、广州、潮州、惠州等	散见赣南	罕见	客家边缘的或与其他民系交界的客家乡社	由北向南；由较闭塞的内陆山地向近海之丘陵；由江河之发源上游向中下游发展
方	闽西所有县；闽北各县，闽南诏安、平和、南靖、漳浦、华安、云霄、同安以及闽东闽清等	粤东嘉应（现称梅县）五属及潮州、惠州、南雄等县及至深圳	赣南南康、南安、宁都、瑞金等	香港		
半圆	平和、诏安、龙岩、南靖、永安	大埔、蕉岭等	少见	少见	清代及近代客家姓氏家族在大土楼之外的新发展	
八卦	永定、漳浦、华安、诏安、南靖	散见粤东	少见	少见		

注：本表参见《客家土楼与客家文化》，林嘉书、林浩合著，阎亚宁审定，博远出版有限公司，1992 年 2 月。

7）窑洞（图 3 - 17）

主要分布地：豫西、晋中、陇东、陕北、新疆吐鲁番一带。

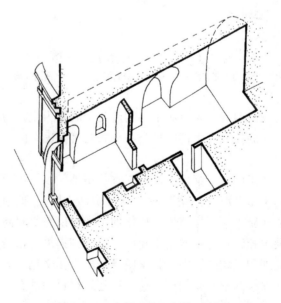

　　　　　　　　图 3 - 17　窑洞天然土起拱示意图

窑洞的前身是原始社会穴居中的横穴。河南洛阳挖掘出来的我国地下粮窑群，证明窑洞至少也有 4000 多年历史。晋西吕梁地区石楼县岔沟遗址发掘的 19 座居址，为凸字形穹窿顶窑洞，年代约在距今 4500～4300 年。窑洞住宅以天然土起拱为特征，主要流行于黄土高原和干旱少雨、气候炎热的吐鲁番一带。汉唐时期的交河、高昌故城遗址，仍可见半地下的顶上起拱的穴居情形。至今可见的陇东、陕北的窑洞拱线接近抛物线形，跨度为 3～4m；豫西窑洞则多为半圆拱。

8）阿以旺（图 3－18）

主要分布地：新疆南部。

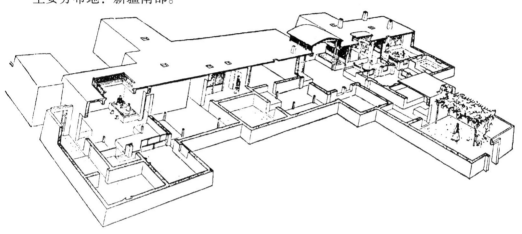

图 3－18　新疆"阿以旺"

"阿以旺"是新疆维吾尔族住宅常见之一种，有三四百年历史。土木结构，平屋顶，带外廊。所谓"阿以旺"，即是一种带有天窗的夏室（大厅），中留井孔采光，天窗高出屋面约 40～80cm，供起居、会客之用，后部做卧室，亦称冬室，各室也用井孔采光。"阿以旺"顶部以木梁上排木檩，厅内周边设土台，高40～50cm，用于日常起居。室内壁龛甚多，用石膏花纹作装饰，龛内可放被褥或杂物。墙面喜用织物装饰，并以此质地和大小、多少来标识主人身份与财富。屋侧有庭院，夏日葡萄架下，可作息生活。

9）毡包（图 3－19）

主要分布地：内蒙古、新疆。

毡包主要是以游牧生活为主的牧民居住的建筑方式。先秦即有此种建筑，汉时常见于记载，唐时牧民也喜用之，取其逐水而居、迁徙方便之利。元、清两代，因少数民族统治之故大量使用，且有定居式的毡包了。使用者除主要为蒙古族

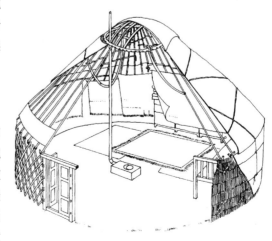

图 3－19　毡包

牧民外，还有哈萨克、维吾尔、塔吉克等族。

毡包搭建方便，构造简单。架设时，地面铲去草皮，略加平整，依毡包大小在地面浅挖槽线，然后将用皮条绑扎枝条的骨架围合竖立成壁，再将一伞状拱起网架置于上，节点与竖直骨架交接处，用皮条扎紧，于外被羊皮或毛毡，用绳索束紧即成。毡内地面为防潮湿，铺沙一寸或铺干羊粪一层，上再铺皮垫、毛毡。毡顶伞形骨架中心为一圆形孔洞，白天掀掉毛毡可采光。入口一般矮小，人需弯腰方能入内。

从支撑住宅主体的构筑方式看，上述为主要几种不同类型。但实际上一幢完整的住宅，往往是多重构筑方式共同完成的。如云南一颗印住宅，以地盘和外观方整如印为特征，分布以昆明为中心的西迄大理，南至普洱、墨江、建水，东至昭通、沾益一带。由于高原地区多风，故墙厚瓦重，住宅外围用厚实的土坯砖或夯土筑成，或用外砖内土，称为"金包银"。"印"内的房屋梁架则主要是穿斗式（图3-20）。又如徽州住宅主体是穿斗或抬梁、穿斗混合式，但由于建筑密集，又位于山区，防火、防风很重要，故除梁架为木构外，山墙为砖砌体，和柱、梁脱开而用铁件连接，使得山区的潮湿对木构不受影响。碉楼、土楼、"阿以旺"住宅也都是土木并用。

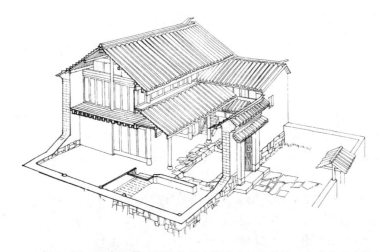

图3-20　云南昆明一颗印住宅土筑或土坯砖外墙，内为穿斗木构架
（据汪之力、张祖刚《中国传统民居建筑》第150页图改画）

3.2　实例

3.2.1　北京四合院

北京四合院是北方地区院落式住宅的典型。其平面布局以院为特征，根据主人的地位及基地情况（两胡同之间的隙地），有两进院、三进院、四进院或五进院几种（图3-21），大宅则除纵向院落多外，横向还增加平行的跨院，并设有后花园。

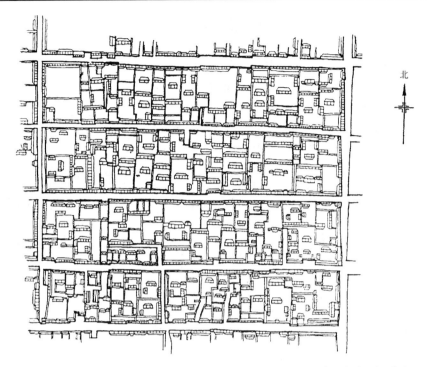

图 3 - 21 清代北京典型街坊及四合院排列局部之一（据《乾隆京师全图》摹绘）

（刘敦桢《中国古代建筑史》图 154 - 1）

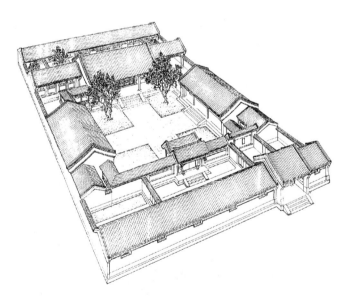

图 3 - 22 北京典型三进院四合院鸟瞰图

（马炳坚《北京四合院建筑》图 1 - 9）

　　以最常见的三进院的北京四合院为例（图 3 - 22 ~ 图 3 - 24）。前院较浅，以倒座为主，主要用作门房、客房、客厅；大门在倒座以东、宅之巽位（东南隅），靠近大门的一间多用于门房或男仆居室；大门以东的小院为塾；倒座西部小院内设厕所。前院属对外接待区，非请不得入内。

内院是家庭的主要活动场所。外院和内院之间以中轴线上的垂花门相隔，界分内外；内院正北是正房，也称上房、北房或主房，是全宅地位和规模最大者，为长辈起居处；内院两侧为东、西厢房，为晚辈起居处；正房两侧较为低矮的房屋叫耳房，由耳房、厢房山墙和院墙所组成的窄小空间称为"露地"，常被作为杂物院使用，也有于此布置假山、花木的；连接和包抄垂花门、厢房和正房的为抄手游廊，雨、雪天可方便行走。内庭院面积大，院内栽植花木，陈设鱼缸盆景，家人纳凉或劳作，为安静舒适的居住环境。

后院的后罩房居宅院的最北部，布置厨、贮藏、仆役住房等；如住宅有后门，后门的位置在后罩房西北角的一间；院内有井。后院是家庭服务用区。

整个四合院中轴对称，等级分明，秩序井然，宛如京城规制缩影。其中，门是分界内外、引导秩

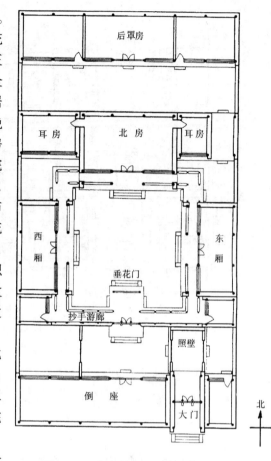

图3－23　北京标准三进院四合院平面
（马炳坚《北京四合院建筑》图2－9）

序、身份地位的体现。如大门，正对街一侧设影壁，入门仍为影壁，再左转才入前院，这组门的秩序成为内、外之间的很好转换。大门又分为屋宇式和墙垣式两种。前者等级高，其中又有王府大门和一般贵族的广亮大门、金柱大门（王府大门和广亮大门的门扇装在中柱缝上，金柱大门的门扇立于金柱的位置上）、蛮子

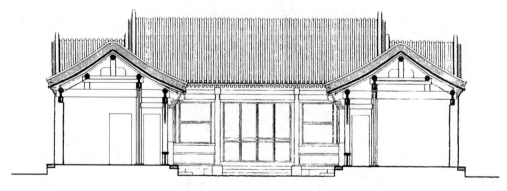

图3－24　北京四合院正房立面及厢房剖面
（马炳坚《北京四合院建筑》图8－1－2）

门（门扇立于外檐柱处）、如意门（一般原为广亮大门，后卖给一般平民，为不僭越，在檐下两侧砌砖，形成窄小洞口）的区别。如意门等级低，即在院墙上开门，在简陋的宅院中使用，或做成小门楼，或做成栅栏门。垂花门是内宅的门，位于轴线上，亦为内院的开始，其高度和华丽程度取决于主人社会地位。

北京四合院，经长期规制约束和建造技术的发展，做法比较规范化，且成熟。主要建筑为抬梁加硬山，次要房屋如耳房也有用平顶的。房屋墙垣厚重，对外不开放，靠朝向内庭院的一面采光，故院内噪声低、风沙少。室内常设炕床取暖；分隔有隔断墙（木框架钉板，外糊纸）、碧纱罩（槅扇轻巧，格心棂子多用灯笼框中镶裱字画，可摘下）和各种落地罩；顶棚由架子与面层组成，架子讲究的用木制方格，一般的用秫秸杆扎结，面层裱纸；地面常用砖墁地，有方砖和小砖两种，上等之宅，用砖规格大，磨砖对缝墁好后，再涂几道桐油，并打蜡。室外地面用普通条砖铺地，路心常用方砖。北京四合院素朴、实用，色彩亦以灰色屋顶和青砖为主，然在规制中，仍体现出它和京城相通的尊卑分明、秩序井然和雍容大度的气质。

3.2.2　江苏吴县东山天井式住宅

长江下游苏南地区的住宅，大致有以下几种等级：一、城市官式住宅，往往建筑纵深有若干进，横向平行有二三条轴线，从大门起，轴线上排列门厅、轿厅、门楼、大厅、正房，建筑之间为很小的院子相隔；两侧轴线排列花厅、书房、卧室、小花园、戏台等。二、乡镇天井式住宅，平面采用对称式，但只有一条轴线，轴线上有门屋、轿厅、仪门、大厅、楼房等建筑，有的还有库房。在水网地区，除轿厅外另设船厅。三、民间小型住宅，平面大多不规则，主体建筑仍成天井式围合，但大门顺应街道，出现斜入、侧入等和利用周边不规则地形作花园的情形。也有的建筑临水架设，临街和面水均有门道出入。江苏吴县东山秋官第尊让堂天井式住宅属于第二种类型。

吴县东山秋官第尊让堂为明代建筑，平面呈倒"凸"字形（图3－25）。第一个小"口"为三合院，楼层围合成一

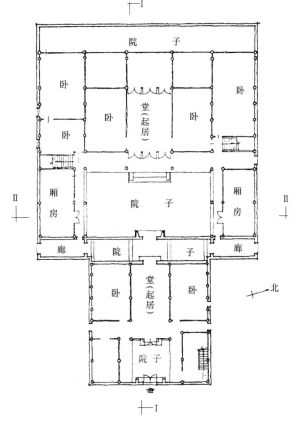

图3－25　江苏吴县东山尊让堂一层平面图

天井，上楼楼梯在入口右边侧，正对院子的建筑为三开间面阔，明间为大堂（相当于轿厅），两次间为卧室。倒"凸"字形的大"口"为五开间的楼层建筑和两厢房围合一天井而成。后楼进深和开间都很大，明间为起居的大堂，余均为卧室。两"口"之间有横向的院子和廊连接，成为"备弄"（即夹道），兼具巡逻和防火的作用。正中设内门，为内、外之分。后楼后面有一横长条形院子。两组建筑均为楼层，天井高深，通风量大，备弄和后院均为楼房建筑和高墙间隔隙地形成，拔风采光，效果很好。这种天井式住宅，减少了太阳辐射，又凉爽宜人，占地面积少，是明清时期经济富庶、人口众多的江南中下游地区的典型住宅形式。

这个建筑的楼层也很有地区特色（图3-26、图3-27）。其梁架正贴为抬梁式，次间和边贴为穿斗式，从而大堂室内空间开敞，而其他梁架由于有多柱落地和梁枋穿插，楼高但结构稳定。另一特点是楼上立柱和下层柱并不对齐，上层柱立于梁上，故底层梁较大。就梁架构件而言，梁采用月梁式，梁端砍杀成扁作，上承檩条，下和大斗交接。脊檩重量直接由两层斗栱通过大斗传递到梁上，为加强稳定性，两侧用三幅云（蝴蝶木）。厢房进深浅，楼层高，顶部用轩。

建筑门窗纤细空透，脊饰数种，简洁而线条流畅，为了打破后楼五间面阔的过于平直，将正脊分为3段，端部轻巧起翘，加之灰瓦白墙，江南地区的秀丽住宅风格尽显其中。

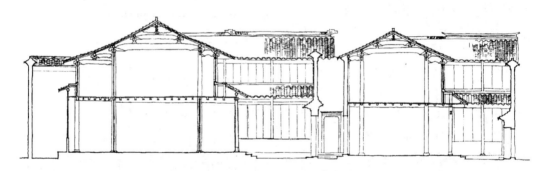

图3-26　尊让堂横剖面

图3-27　尊让堂纵剖面

3.2.3　福建永定客家土楼

客家的先民是黄河流域的汉人。东晋时，因避乱始迁至赣水中部，唐末至北宋再迁到广东路的韶、循、梅、惠诸州。南宋以后，客家人主要集居于岭南山区，也有部分客家人再后迁移到他处。客家人的住宅，由于移民之故，以群聚一楼为主要方式，楼高耸而墙厚实，用土夯筑而成，称为土楼。至今保存较好的最古者为明代土楼。

土楼虽分布于不同地区，形式和做法上也略有区别，但由于客家土楼是客家在"土客械斗"迁居后图存稳定和发展的历史条件下产生的，因此在形制上还是有许多共同之处。第一，土楼以祠堂为中心，是客家聚族而居生活的必需内容，供奉祖先的中堂位于建筑正中央；第二，无论是圆楼、方楼、弧形楼，均中轴对称，保持北方四合院的传统格局性质；第三，基本居住模式是单元式住宅。

永定客家土楼，堪称客家住宅的典型。永定土楼分为圆楼和方楼两种。圆楼以承启楼为例（图3-28、图3-29），在古竹乡高北村，建于清顺治元年（1644年）。布局上共有4环：中心为大厅，建祠堂；内一圈为平房；外一圈为2层；最外一环平面直径达72m，高12.4m，底层用作厨房、畜圈、杂用，二楼储藏，一、二楼层对外不开窗，三、四层为卧室，回廊相通各室。外环高大，但内环和

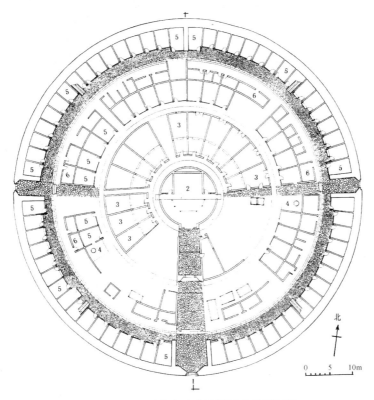

图3-28　福建永定客家圆楼承启楼平面图

（林嘉书、林浩、阎亚宁《客家土楼与客家文化》第31页图）

1—前门；2—祖堂、大厅；3—客厅；4—公井；5—厨房；6—畜舍

图3-29 福建永定客家圆楼承启楼剖面图

（林嘉书、林浩、阎亚宁《客家土楼与客家文化》第30页图）

祠堂低矮，故内院各卧室采光通风良好。全楼共392个房间，仅3个大门、2口井，各圈有巷门6个。方楼的杰出建筑为遗经楼（图3-30），位于高陂乡上洋村，始建于清道光年间。它以3座并列的5层正楼为主体，以正楼前大厅为中心，左右前方均为4层回廊式围楼，构成回字形楼群，楼群前有一个几十平方米的石坪，石坪左右两侧建学堂，供楼内本族子弟读书，石坪尽处是大门楼，高6m，宽4m，气势十分恢宏。

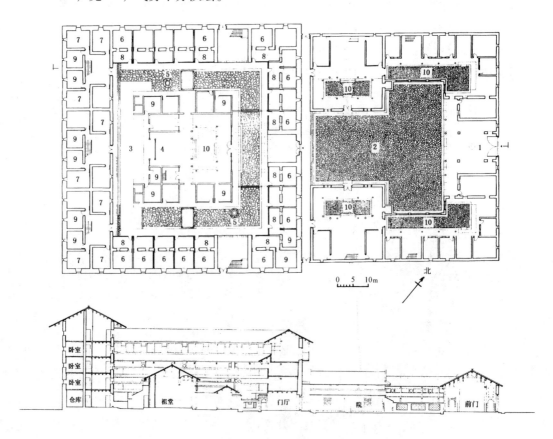

图3-30 福建永定客家方楼遗经楼平面、剖视图

（林嘉书、林浩、阎亚宁《客家土楼与客家文化》第55、第56页图）

1—前门；2—前院；3—院；4—祖堂；5—公井；6—饭堂；7—卧室；8—厨房；9—仓库；10—天井

客家土楼的技术是北人南迁后结合需求及当地气候条件创造出来的。首先，出于防卫需求，土筑外墙高大厚实，福建永定一带土楼墙一般厚达 1~1.5m。诏安"在田楼"厚达 2.4m，在做法上把竹筋、松枝放入生土墙，起加筋作用，再在土内配以块石混合，进行夯筑后十分牢固。其次，地处南方，注意防晒，在内墙、天井、走廊、窗口处及屋顶部分，将檐口伸出，利用建筑物的阴影，减少太阳辐射热。第三，在建筑物内部，采用活动式屏门、槅扇，空间开敞、通透，有利空气流通。第四，外环楼层开箭窗，呈梯形，外小内大，既利防卫，又宜人用。第五，选址注重风水，并保留北方住宅坐北朝南的习惯，宅基"负阴抱阳"，一些特殊情况如受禁忌、避煞等限制，可朝东或朝西，但不得朝北。靠近河流或水塘，但忌讳背水。背靠大山或丘陵，面对朝山，左右两侧有小丘陵。

客家土楼南北兼得，又因地制宜进行创造，是移民文化在住宅中的典型表现。

3.2.4 河南巩县窑洞

黄土高原是黄土窑洞的故乡，河南巩县处于黄土高原南缘，境内风成性黄土覆盖层面积大，占全县之60%，厚度由十米至百余米，又由于气候干燥，故适宜开挖窑洞居住。1978 年，在巩县铁生沟村发现的早于仰韶文化的"裴李岗文化遗址"，便发现有壁龛墓和圆形房基，这壁龛墓便是横穴；铁生沟还有一东西长 180m、南北宽 120m 的汉代冶铁遗址，冶炼炉中有拱形巷道建筑，为横穴内衬；铁生沟附近的夹津口乡、涉村乡的黄土层中均发现不少横穴汉墓。隋代时，巩县用于居住的窑洞已有文字记载，唐代杜甫即诞生于窑洞，宋时民间窑洞已普及。在后来的发展过程中，窑洞主要有三种：①开敞式靠崖窑；②下沉式窑院（地坑院）；③砖砌的锢窑。

位于巩县康店村中的明清"康百万庄园"窑群，是我国黄土高原地区规模最大的靠崖窑住宅群（图 3－31）。康百万庄园占地面积为 64300m²，它除砖砌锢窑 73 孔外，住宅区为 16 孔砖拱靠崖窑，整个窑群依黄土崖头呈折线布置，组成

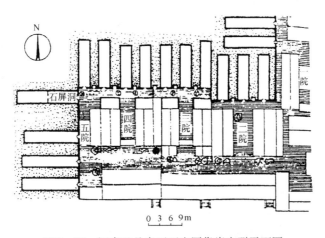

图 3－31　河南巩县康百万庄园靠崖窑群平面图
（陆元鼎《民居史论与文化》刘金钟、韩耀舞一文之图 4）

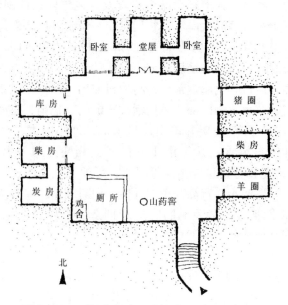

图3-32　下沉式窑院（地坑院）平面示意图

了五个并列的窑房混合四合院。八国联军入侵时，慈禧太后和光绪皇帝西逃返京途经巩县，康家献白银万两迎驾，太后称康家为"百万富翁"，后康家遂驰名。

下沉式窑院，是在没有天然崖面的情况下，于平地下挖竖穴成院，再由院内四壁开挖窑洞的方式（图3-32）。首先需解决的是由地面入窑院的交通问题，常见的有坡道、台阶、直通或坡道与台阶并列儿种（图3-33）；其次院内需排水，有对外挖涵洞或院内挖渗井两种；再则，窑洞之上方应有足够的土层以满足结构、冬暖夏凉的功能要求，一般在3m左右。巩县西村乡、康店乡、孝义镇多见此种窑院。

锢窑如巩县新中乡张诰庄园锢窑群，建于清末和民国年间，依山势呈三个台阶形布置砖砌锢窑。每孔窑宽4m，深12m，高3.5m。窑前两侧为明柱外廊歇山式厢房，形成独立庭院。各层窑洞设外梯上下贯通，形成高低错落、层次丰富的庄园。

但无论哪种窑洞，均以向土层方向求得空间、少占覆地为原则，以拱券为结构特征。需要多室时，可横向并联儿窑，也可向纵深发展（可达20多米），形成相串的"套窑"；也有大窑一端挖小窑

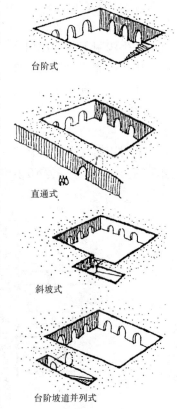

台阶式

直通式

斜坡式

台阶坡道并列式

图3-33　下沉式窑院的入口交通示意图

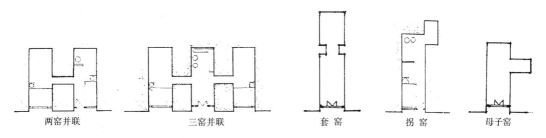

两窑并联   三窑并联   套窑   拐窑   母子窑

图 3－34 窑之组织几种示意图

的"拐窑";还有与大窑相垂直的"母子窑"等(图 3－34)。一般临窑口空气充足处,安排灶、炕及日常起居,深处用于贮藏;窑脸饰砖,或成圆券形,或仿木构雕以垂花门式。

巩县窑洞和其他地区窑洞一样,具有冬暖夏凉、防火隔声、经济适用、少占农田等优点,但也存在潮湿、阴暗、空气不流通、施工周期长等劣势。一方面,近几十年来,当地居民通过洞内增设排风孔,室外设风筒,增设偏窗,挖前后院等办法克服其缺点;另一方面,建筑师也在为"寒窑召唤春天",如根据热压和风压促使空气流通的原理,设计了太阳能通风、炉灶通风、吊顶通风、竖直风道通风等方法,同时,还将窑洞之生态建筑的合理性,广泛运用于公共建筑的设计中。

3.2.5 西藏囊色林主楼

囊色林是西藏地区一家古老的贵族,囊色林庄园位于西藏山南地区泽当西面30km 雅鲁藏布江的南岸,今属扎囊县。囊色林庄园主体建筑为碉楼形式,建于吐蕃王朝末期,迄今已有 1000 多年,囊色林贵族始封于五世达赖喇嘛时期,至今也有 300 多年。

主楼主要平面呈横长方形,东端前部又向东凸出一块。主体 6 层,局部 7 层(图 3－35)。建筑面积共约 $1440m^2$。底层层高很大,约 5m,内部由纵横的墙体分隔成 10 个空间,作贮存粮食用。东端凸出的前半部有一夹层,后半部是楼上厕所的粪坑。底层只有南面靠东的一个入口。开窗很窄,成通风口,位置较高,距地约 4m。从院内正面上较陡的石台阶到二层入口的门廊,面阔 4 柱 3 间,进门后有一个过道,即成为楼梯间。第 2 层分隔成多间,为供贮存加工后的粮食、油脂、盐、糖、茶等食品的库房,也是供农奴缴租纳税的场所,2 层地面上有小洞,平时用木板盖住,农奴交粮食时由此倒入底层库房。第三层分为东西两部分,西面部分是一间佛堂,南面有一较大窗户,中部有宽两间、深一间的空间直通顶层,它既是佛堂的通风口,也是上第 4、第 5 层建筑的内天井,用于通风采光。东面部分除东北角为厕所外,房间均为管家、佣人住所和手工操作间。第 4层西面部分为藏经室,东面功能同于第 3 层东部。第 5 层大部分是庄园主的起居生活用房,东面的北房为厨房,中央顶部开一天窗,以解决通风、排烟问题。厕所在东北角。第 6 层中央是敞廊,东端两间为居室,厕所应设在北部外作外挑式,余为屋顶平台,是庄园主的户外活动场所。

107

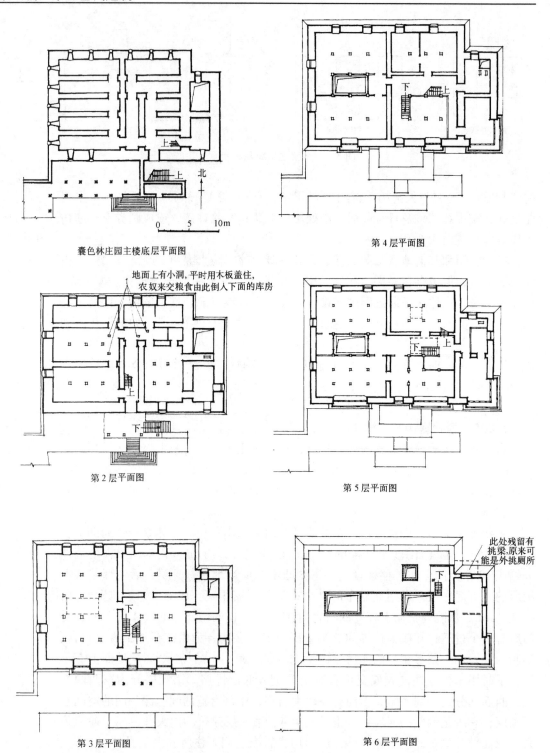

囊色林庄园主楼底层平面图

第4层平面图

地面上有小洞,平时用木板盖住,
农奴来交粮食由此倒入下面的库房

第2层平面图

第5层平面图

此处残留有
挑梁,原来可
能是外挑厕所

第3层平面图

第6层平面图

图 3–35　囊色林庄园主体建筑各层平面图
（陈耀东，西藏囊色林庄园，《考古》93.6 期）

　　整个建筑高大壮观，功能清晰，交通明确，采光合理巧妙（图 3 - 36）。在用材上，建筑为土木混合结构，主楼内外均为夯土墙，楼上内隔墙用土坯，建筑由木梁柱和墙体共同承重。东端凸出部分的外墙却用石块砌筑，前后的石墙和土墙分界明显，是沿着土墙转角的收分向上砌筑的（图 3 - 37），这说明土墙部分与石墙不是一次施工完成的。从一些现存的西藏古建筑用材分析，明代及以前的建筑外墙多为夯土或土坯，明清以后财力加大，外墙多用石块砌筑。囊色林主体建筑可能亦属此情况。主楼每层楼面的结构用材基本相同，即在梁上铺椽，在椽上铺半圆木或木板，其上铺一层卵石，再在卵石层上做阿嘎土地面，特别是经堂及 4 层以上住人的地面平整而光滑。屋面做法和楼层地面相同，仅阿嘎土层较厚。

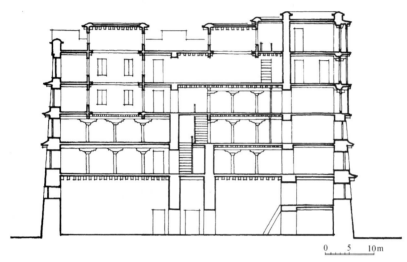

图 3 - 36　囊色林庄园主体建筑纵剖面图
（陈耀东，西藏囊色林庄园，《考古》93.6 期）

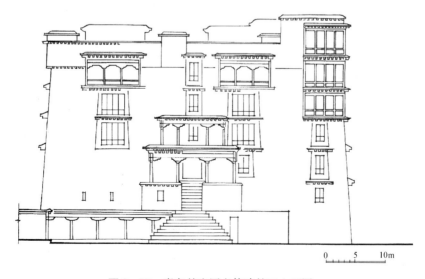

图 3 - 37　囊色林庄园主体建筑正立面图
（陈耀东，西藏囊色林庄园，《考古》93.6 期）

从结构上看，首先，主楼的内部主要是由纵向墙体或纵向的柱列与梁组成的纵架承重的。其次，底层全为纵向墙体，往上逐渐被纵向的柱列代替。再则，主楼和西藏其他大型建筑一样，在结构上要注重稳定性和刚度。它在外墙封闭、收分的稳定基础上，主楼从下至上都有意在中央部位设置一道横墙，东部设置一道纵墙，东部凸出部分的平台又是封闭的，这样，从底到顶每层的墙体呈⊞形，对建度的刚度、稳定性十分有利。

以囊色林主体建筑为代表的藏族碉楼式住宅，厕所设置十分讲究，因为藏族建筑内没有上下水设备，都使用旱厕，这就要求上下层厕所的蹲位处理办法是错位使用，让上一层的粪便直落到底层的粪坑。囊色林主楼内第 2 层的厕所蹲位在最南边，以上逐层北移，至第五层即靠北窗口，第 6 层东端的建筑已毁，室内也没有发现厕所痕迹，似在北墙外用外挑厕所。此为当地特殊做法的代表。

另外，主楼屋顶四周的女儿墙外皮，用"边玛草"垒砌成为边玛檐墙，这是藏族特有的一种高等建筑的表示。囊色林贵族曾用重金迎请佛经与佛像，在住宅里设置有供奉佛像的佛堂与贮藏佛经的经堂，这些却反映出囊色林这一世俗贵族与寺院集团的密切关系。

3.2.6　安徽歙县棠樾村

村是聚落的一种形态。村的形成和发展，有两大因素至为关键，一是地缘，二是血缘。前者决定生存条件和环境，后者关系村之凝聚力及子孙后代的发展，即古人注重追求人和自然关系的和谐以及社会环境的本身和谐。安徽歙县棠樾村为一典型实例。

棠樾是鲍氏家族发展起来的村落。这可追溯到南宋建炎年间（约 1130 年），其时徽州府邑（今歙县县城）西门一位以文著名的鲍荣，相中今棠樾之地，营建别墅，当为棠樾之始。至四世曾孙鲍居美时，自府邑西门携家定居棠樾。此后棠樾村落作为鲍氏族人聚居地，经久不衰。

棠樾选址，符合风水所谓"枕山、环水、面屏"的原则。它位于歙县城西南 15 华里，背枕龙山，前以富亭山为屏，南临沃野，源自黄山的丰乐河由西而东穿流而过，周围树木茂盛，族谱中有元代咏棠樾诗云："遥想棠阴清昼永。"（《玉篇》"楚谓两树交阴之下曰樾"）。又"察此处山川之胜，原田之宽，足以立子孙百世大业"，可见是一自然环境和宗族发展余地较大的村居理想之地。

费孝通先生说过，村不仅仅是聚落，同时在祭祀、共有水面管理方面等，具有很明确的村落共同体的性质，这确实也是棠樾村落的特征。

第一，水系的建立十分重要。它是保证农耕和日常生活的必要保证。棠樾村人进行大规模的水系改造活动时值元明之际。改造前，棠樾之水发源于灵山，分为两条：一股自东山槐塘而来，过村北流入横路塘；另一股在村西沿灵山山脉下至西沙溪。元至正年间，在鲍伯源倡导下，将这股河水距灵山五里之处截流筑石碣——大母碣，从而可灌溉良田 600 余亩，同时引水入村，沿村南

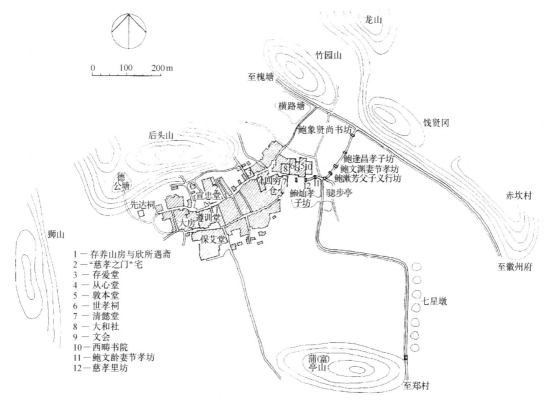

图 3 – 38　安徽歙县清代棠樾村复原平面图
（东南大学建筑学院，歙县文物管理所《棠樾》第 6 页图）

环绕如带，又引横路塘水绕村东，两股水在骢步亭附近汇合，流至七星墩处
（图 3 – 38）。明永乐十八年（1420 年）冬至十九年（1421 年）春，又对大母
碣重建，陆续挖掘了一系列塘作为调节水库。村中还有一条东西向的暗通流
水，埋设在主要街道下。这样，就有北、中、南自西向东三股水流经棠樾，满
足了农业和日常之需。

第二，祭祀建筑繁多，突出宗族礼仪。元时棠樾村内的建筑主要是围绕始祖
墓而建的，"鲍氏始祖墓"即为鲍荣昔建别墅处，在村之西北，附近有一慈孝
堂，是为纪念鲍氏八世孙鲍宗岩、鲍寿松父子而建的，这是棠樾村第一座祠堂。
明代，在村东口创建万四公支祠（敦本堂），作为鲍氏分支的祠堂。又增筑"世
孝祠"和"女祠"，将考妣分祠而祀。还建牌坊、社、亭和书院。至清代，棠樾
村口建筑又加建了四座石坊，形成按"忠"、"孝"、"节"、"义"排列的七座牌
坊群（图 3 – 39）。坊下以长堤相连，堤旁遍植古梅，间以紫荆，形成独具特色
的村口景观（图 3 – 40、图 3 – 41）。

除此之外，这两大方面也结合风水理念在村之结构中成为关键。棠樾水
口，设在村落"巽位"吉方的东南角，即七星墩处，七星墩水口以人工砌筑 7
个土墩，墩上植树以障风蓄水，墩尽处跨水建桥和义善亭，这组水口建筑，成
为棠樾村口地标。风水中的来水口和出水口（水口）实际上也是一村落地域范

图3-39 清代棠樾村全图（摹自嘉庆《宣忠堂家谱》）

（东南大学建筑系、歙县文物管理所《棠樾》第8页图）

围的标志。真正村口距水口还有一段距离。棠樾的村口是在聪步亭附近，即水汇合处。村西为来水口，也有少量祭祀建筑，一为先达祠，祭祀自始祖以下凡以文章行谊政绩见称于世者，二为坊东申明亭，悬书族民之善恶，以示劝惩。村落也因此逐步形成东西向的前、后街二横道路格局，两干道在村口汇合形成全村唯一的广场。两街之间有数条南北向的小巷相通。村内建筑主要为私宅和祠堂，宅前后或宅侧有不少私家园林。棠樾村的规模由小到大，水系逐步完善，公共建筑由少增多，宅与宅之间的位置经营及树木栽植等均是逐步发展起来的，起始并无统一规划，但在风水理念及实际情况下渐渐磨合，终成为一适宜人居的环境。同时棠樾村从开始建别墅及在后来的发展过程中一直注重文化建设，造祠堂，建园林，办书院等。从而棠樾村成为高于一般农人境界又脱离于市井奢侈的桃花源。

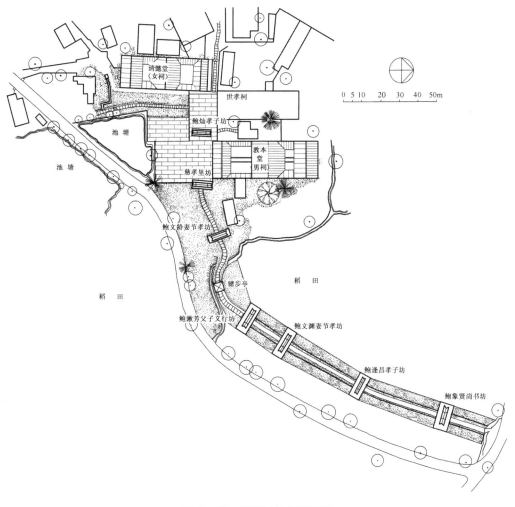

0　5　10　　20　　30　　40　　50m

图 3 - 40　棠樾村口总平面图

图 3 - 41　棠樾村口七坊相连

3.2.7 山西襄汾丁村

山西汾河边的丁村，早在原始社会便有人居。现丁村以明、清住宅众多而著名。

山西汾河发源于晋西北宁武县境内，流至太原盆地后，河谷宽广。再南至灵石，为两岸高山所限，成为峡谷。在华北地文史上，有一个"汾河浸蚀期"，就是指这个区域而言。襄汾县（为前洪洞和赵县两县合并后县名，现隶属于山西省临汾市）丁村，正当临汾宽谷的南端，东有高起的霍山山脉，西为乡宁黄土高原。汾河两岸的水从高处注入河中。从考古发掘资料来看，从东岸向东到霍山山脉，在高山的近处，差不多全是土质的堆积，包括风成的黄土和变成微红色的黄土，砂砾堆积少或没有，可知久远的年代前这里是一适于农耕的地方。又在1953年的考古发掘中，发现现在丁村建筑物所在的地面（高出河面20~30m左右）和另一台地（约高出河面100m）之间有大量旧石器、人牙和犀牛骨架、河蚌等。但也有一种说法，称这里在远古也许没有人居，因为石器遗存有可能是随河水及流沙冲刷而来。

不过，丁村发展依赖于自然地理条件，还是在现在可知的明清住宅分布上得到了验证。现存的明清住宅共有40余座，其分布大体为三大部分，俗称北院、中院、南院（图3-42）。北院位于村庄的东北部，以明代建筑为主；中院位于

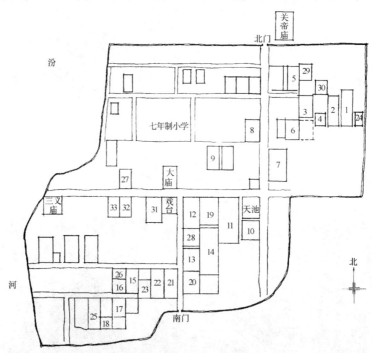

丁村民居保存至今有33处，从明万历二十一年到民国元年，较完整和典型的有以下四处（按上图编号）：

3 明万历二十一年。门楼、正厅、东西厢房、倒座共13间。

2 明万历四十年。门楼、正厅、东西厢房共12间。

8 清康熙二十一年。门楼、正厅、东西厢房共12间。

1 清乾隆五十四年。门楼、中厅、后楼、前后院、东西厢房共21间。

图3-42 山西襄汾丁村道路结构及明清民居分布示意图

村庄的中偏东部，以清代中早期建筑为主；南院踞村庄的西南部，以清代晚期的
建筑为主，即顺应汾河的流向进行扩充和发展。

　　丁村的道路横平竖直，虽为村中之路，却形同北方府城结构，和南方依水系
发展起来的道路网截然不同。但许多支路采用"丁"字形，以示"不泄风水"。
由北门向南的道路和东西向的道路交叉口，有"天池"一方，水池一侧大片面
积为广场，它们和一个下为门洞上为楼的建筑一起，构成丁村的活动中心（图
3－43）。在北院、中院、南院的交接处，隔道路南北为戏台和大庙，另在临汾河
的西门口内有三义庙，北门外有关帝庙，是百姓朝拜地方。对地方神的崇敬在北
方甚于南方，许因生存和发展更依赖于地缘之故。在民居的梁枋上生动的地方神
庙的刻画亦为写照（图 3－44）。

图 3－43　山西襄汾丁村道路交叉口"天池"附近

图 3－44　山西襄汾丁村民宅梁枋上雕刻的地方神庙形象
（《山西古建筑通览》第 278 页图）

丁村最著名的还是明清住宅,方整、严实、气派。明代住宅多以"口"字形的四合院为主,如万历二十一年(1593 年)建的 3 号院(图 3 - 45),由南房、东西厢房、北厅各 3 间组成。大门设在东南角,进门后迎面的东厢侧墙做成照壁,左拐进院,宽敞开阔。清代中早期住宅规模比明代普遍增大,布局多为"日"字形,庭院二进,由南房、过厅、北厅及东西厢房组成。大门设在南房中央,院窄而长,厢房 2 层,天井较深,北厅多为 3 层阁楼,房较明代的高峻。清代晚期住宅较中早期更为高大,布局趋于几个院的组合。追溯起来,由明而清的这种住宅风格发展,除受时代变化、材料限制的影响之外,也和丁村人口渐多、地盘渐小有关。

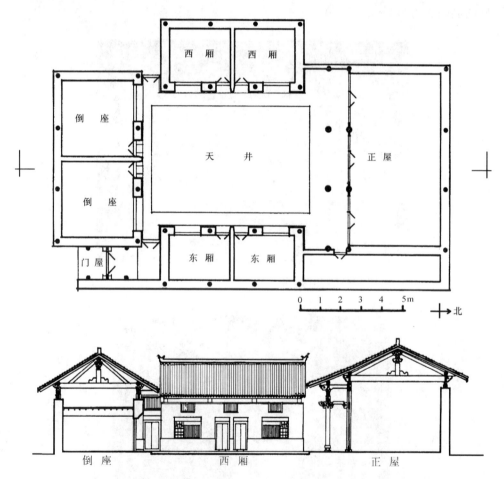

图 3 - 45　丁村万历二十一年(1593 年)建的 3 号院平、剖面图

第4章 宫殿、坛庙、陵墓

宫殿、坛庙、陵墓是我国古代最隆重的建筑物。历代朝廷都耗费大量人力物力，使用当时最成熟的技术和艺术来营建这些建筑。因此，这三者在一定程度上能反映一个时期的建筑成就。同时，宫殿、坛庙、陵墓又是帝王权威和统治的象征，具有明显的政治性，社会的统治思想和典章制度对它们的布局有着深刻的影响。

如果说，西方古代以其单体建筑的宏伟、典雅、豪华而给人以深刻的印象，那么中国古代这些具有纪念性的建筑物，则以群体布局的空间处理见长，在基址选择、因地制宜地塑造环境以及空间、尺度、色彩处理等方面都富有特色和创造性。

4.1 宫殿

中国古代宫殿建筑的发展大致有四个阶段：

第一，"茅茨土阶"的原始阶段。在瓦没有发明以前，即使最隆重的宗庙、宫室，也用茅草盖顶，夯土筑基。考古发掘的河南偃师二里头夏代宫殿遗址、湖北黄陂盘龙城商代中期宫殿遗址、河南安阳殷墟商代晚期宗庙、宫室遗址，都只发现了夯土台基却无瓦的遗存。其中于20世纪80年代末在殷墟小屯村东地发现的建造于武丁村的大型夯土基址，结构最完整，却仍无瓦的发现。证明夏商两代宫室仍处于"茅茨土阶"时期。其中二里头与殷墟中区都沿轴线作庭院布置，是中国三千余年院落式宫室布局的先驱。

第二，盛行高台宫室的阶段。陕西岐山凤雏西周早期的宫室遗址出土了瓦，但数量不多，可能还只用于檐部和脊部，春秋战国时瓦才广泛用于宫殿。与此同时，各诸侯国竞相建造高台宫室，如春秋时晋故都新田（山西侯马）、战国时齐故都临淄（山东临淄）、赵故都邯郸（河北邯郸）、燕下都（河北易县）、秦咸阳（陕西咸阳）等，都留有高四五米至十多米不等的高台宫室遗址。台上的建筑虽已不存，但从秦咸阳宫殿遗址的发掘来看，高台系夯土筑成，台上木架建筑是一种体型复杂的组合体，而不是庭院式建筑。加上春秋战国时的建筑色彩已很富丽，配以灰色的筒瓦屋面，使宫殿建筑彻底摆脱了"茅茨土阶"的简陋状态，而进入一个辉煌的新时期。直至秦阿房宫、汉未央宫、唐大明宫含元殿和明北京奉天殿，都有很高的台基。其台基或用人工堆砌，或因天然土阜裁切修筑。足见高台宫室的遗风延绵达2000多年之久。

第三，宏伟的前殿和宫苑相结合的阶段。秦统一中国后，在咸阳建造了规模空前的宫殿，分布在关中平原，广袤数百里，布局分散：渭水之北有旧咸阳宫、新咸阳宫和仿照六国式样的宫殿，渭水之南有信宫、兴乐宫和后期建造的朝宫——宏伟的阿房宫前殿，骊山有甘泉宫，此外还有许多离宫散布在渭南上林苑中。其中阿房宫所遗夯土基址东西约1km，南北约0.5km，后部残高约8m。西汉初期仅有长乐（太后所居）、未央（天子朝廷和正宫）两宫，文、景等朝又辟北宫（太子所居），武帝大兴土木建造桂宫、明光宫、建章宫。各宫都围以宫墙，形成宫城，宫城中又分布着许多自成一区的"宫"，这些"宫"与"宫"之间布置有池沼、台殿、树木等，格局较自由，富有园林气息。未央宫是汉帝的主要宫殿，有隆重的前殿，供大朝、婚丧、即位等大典之用（平日处理政务则在丞相府进行）。现存前殿台基残高达14m左右。

第四，纵向布置"三朝"的阶段。商周以降，天子宫室都有处理政务的前朝和生活居住的后寝两大部分。前朝以正殿为中心组成若干院落。但汉、晋、南北朝都在正殿两侧设东西厢或东西堂，备日常朝会及赐宴等用，三者横列。及至隋文帝营建新都大兴宫，追绍周礼制度，纵向布列"三朝"：广阳门（唐改称承天门）为大朝，元旦、冬至、万国朝贡在此行大朝仪；大兴殿（唐改称太极殿）则朔望视朝于此；中华殿（唐改称两仪殿）是每日听政之所。唐高宗迁居大明宫，仍沿轴线布置含元、宣政、紫宸三殿为"三朝"。北宋元丰后汴京宫殿以大庆、垂拱、紫宸三殿为"三朝"，但由于地形限制，三殿前后不在同一轴线上。元大都宫殿与周礼传统不同，中轴线前后建大明殿与延春阁两组庭院应是蒙古习俗的反映。明初，朱元璋刻意复古。南京宫殿仿照"三朝"作三殿（奉天殿、华盖殿、谨身殿），并在殿前作门五重（奉天门、午门、端门、承天门、洪武门）（图4-1）。其使用情况为：大朝及朔望常朝都在奉天殿举行；平日早朝则在华盖殿。明初宫殿比拟古制，除"三朝五门"之外，按周礼"左祖右社"，在宫城之前东西两侧置太庙及社稷坛。永乐迁都北京，宫殿布局虽一如南京，但殿宇使用随宜变通，明季朝会场所几乎遍及外朝各重要门殿，"三殿"与"三朝"已无多少对应关系（图4-2）。

纵观汉、唐、明三代宫室，其发展趋势是：一、规模渐小。汉长安长乐、未央两宫占地分别为6.6及4.6km^2；唐长安大明宫为3.3km^2；明北京紫禁城（宫城）仅0.73km^2。二、宫中前朝部分加强纵向的建筑和空间层次，门、殿增多。三、后寝居住部分由宫苑相结合的自由布置，演变为规则、对称、严肃的庭院组合，汉未央宫、唐大明宫台殿池沼错综布列，富有园林气氛，不似明清故宫森严、刻板。

4.1.1　唐长安大明宫

唐初利用隋代旧宫，改名为太极宫。唐高宗时，因太极宫地势卑湿，遂在其东北角御苑内龙首原高地上，将唐太宗时所建大明宫扩建而成新宫。太极宫从此降为闲散之所，大明宫成为唐朝政治中心所在地。

大明宫位处高地，居高临下，可以远眺城内街市。宫城占地面积约为明清北京紫禁城的4.5倍。全宫分为外朝、内廷两大部分，是传统的"前朝后寝"布局（图4-3）。外朝三殿：含元殿为大朝，宣政殿为治朝，紫宸殿为燕朝。宫前横列

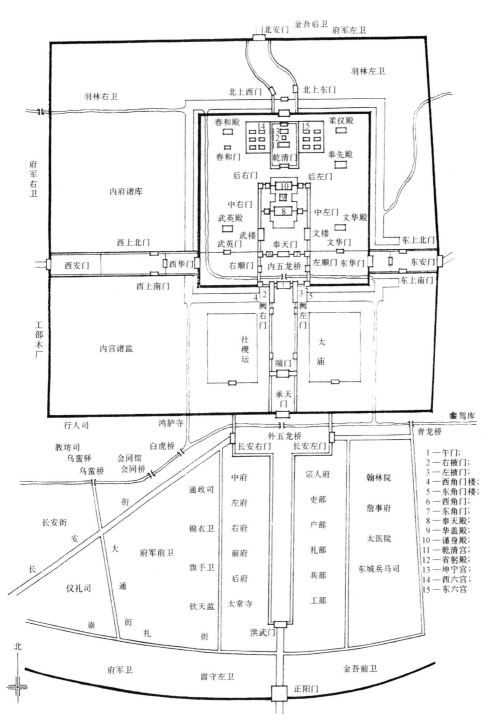

图4-1 明南京皇城宫城复原图

1—午门；
2—右掖门；
3—左掖门；
4—西角门楼；
5—东角门楼；
6—西角门；
7—东角门；
8—奉天殿；
9—华盖殿；
10—谨身殿；
11—乾清宫；
12—省躬殿；
13—坤宁宫；
14—西六宫；
15—东六宫

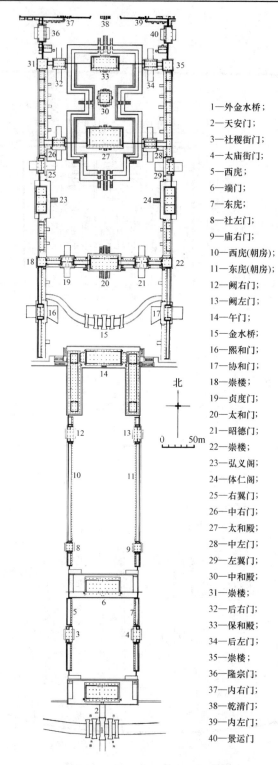

1—外金水桥；
2—天安门；
3—社稷街门；
4—太庙街门；
5—西庑；
6—端门；
7—东庑；
8—社左门；
9—庙右门；
10—西庑(朝房)；
11—东庑(朝房)；
12—阙右门；
13—阙左门；
14—午门；
15—金水桥；
16—熙和门；
17—协和门；
18—崇楼；
19—贞度门；
20—太和门；
21—昭德门；
22—崇楼；
23—弘义阁；
24—体仁阁；
25—右翼门；
26—中右门；
27—太和殿；
28—中左门；
29—左翼门；
30—中和殿；
31—崇楼；
32—后右门；
33—保和殿；
34—后左门；
35—崇楼；
36—隆宗门；
37—内右门；
38—乾清门；
39—内左门；
40—景运门

图4-2 清北京故宫三大殿平面图

五门，中间正门称丹凤门，从丹凤门到紫宸殿轴线长约 1.2km。含元殿前两侧则有钟、鼓楼和左右朝堂。经第一期考古发掘获知，含元殿高出地面 10 余米，殿基东西宽 76m，南北深 42m，是一座十三间的殿堂，殿阶用木平坐，殿前有长达 70 余米的坡道供登临朝见之用，坡道共 7 折，远望如龙尾，故称"龙尾道"。近年第二期考古发掘探明，龙尾道不是一直北上含元殿三台的，而是呈"S"形盘上。即正南龙尾道直达第一层大台；然后龙尾道由两侧北上，在二层台处各向中间转折坡上；到达二层台面后，恰可与三层台面的两阶相接应。如《含元殿赋》所云："象行龙之曲直，夹双壶（按：宫中道谓之'壶'）之鸿洞"而谓之"龙尾道"。坡道上铺设莲花砖，两侧为石栏杆。殿前左右有阙楼一对相向而立，有飞廊与殿身相连，形成环抱之势（图 4-4）。这组建筑造型雄伟、壮丽，表现了唐朝的兴盛与气魄。含元殿后为宣政门、宣政殿，殿前庭内遍植松树，殿东西两侧院内有门下省、中书省、御史台、待诏院、史馆等官署。宣政殿后有紫宸门、紫宸殿，是常朝所在的天子便殿，大臣赐对从宣政殿东侧阁门入此殿，称为入阁。

内廷部分以太液池为中心，布置殿阁楼台三四十处，形成宫与苑相结合的起居游宴区。太液池西侧的麟德殿，是天子赐宴群臣、宰臣奏事、蕃臣朝见、观看伎乐等活动的重要场所，据发掘，殿平面进深 17 间，面阔 11 间，面积约 5000m²，规模宏大（图 4-5）。殿两侧还有楼阁相辅，形成一座体型复杂的殿宇（图 4-6）。麟德殿西侧宫墙外有翰林院，是学士待诏制诰之处。太液池利用龙首原北的低地开凿水面，池中有土山，称蓬莱山，池南岸有长廊，并环以殿阁楼台和树木，形成禁中的园林区。

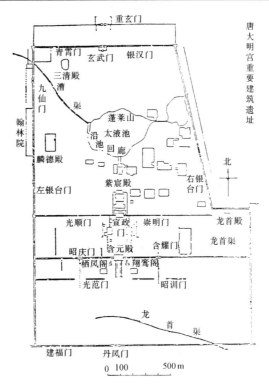

图 4-3 唐长安大明宫总平面图

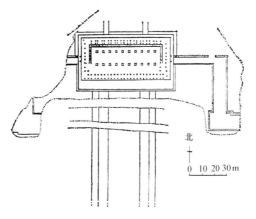

图 4-4 唐长安大明宫含元殿遗址平面，为一期考古复原图

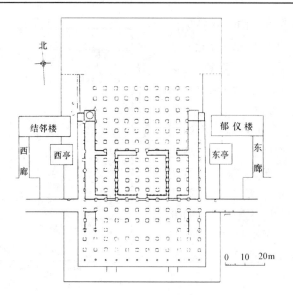

图4-5 唐长安大明宫麟德殿遗址平面

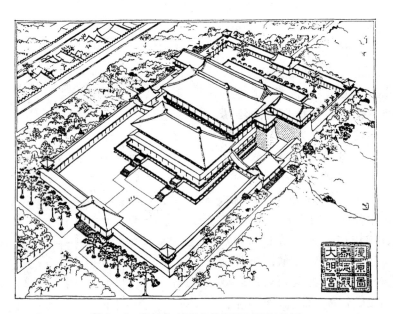

图4-6 唐长安大明宫麟德殿复原想像图

（刘敦桢《中国古代建筑史》图79-2）

4.1.2 明清北京宫殿

现存的北京宫殿始建于明永乐四年（1406年），完成于永乐十八年（1420年）。北京宫殿制度虽仿照南京，但壮丽宏伟过之。清代则沿用明代旧宫，其间已有重建、改建，而总体布局仍大体保持明代旧貌，且至今还有不少殿宇是明代遗物。

宫城称为紫禁城，东西宽760m，南北深960m（图4-7），周围有护城河环绕。城墙四面辟门：南面正门曰午门，北面神武门，东、西分别为东华门和西华门，门上都设重檐门楼。城墙四隅有角楼，3檐72脊，造型华美。

宫城内部仍分外朝、内廷两大部分。外朝包括三殿、文华殿、武英殿三区。文华殿在明代是太子读书、举行经筵讲学典礼和召见学士的地方，清代在此增建文渊阁，庋藏四库全书。武英殿原是召见大臣议事之处，但实际应用很少，到清康熙时，在此刻印书籍，使用铜版活字印刷，称为"殿本"，200余年间印成大量书籍，在中国印刷史上颇有地位。武英殿前小院内留有明代建筑南薰殿，原是学士缮写宝册和收藏历代帝王与名贤像的地方。殿内彩画精美，是明代原物。

外朝主殿太和殿供天子登基、颁布重要政令、元旦及冬至大朝会及皇帝庆寿等活动之用。殿前庭院长宽各200余米，有8m多高的白石台基将殿身高高托起。每逢朝会，庭前排列卤簿仪仗，气象森严。太和殿后的中和殿是大朝前的预备室，供休息之用。再后，是殿试进士、宴会等用的保和殿。这三座殿宇共立于白石台基上，一律红墙黄琉璃瓦，色调鲜丽。其中太和殿用重檐庑殿顶，中和殿用攒尖顶，保和殿用重檐歇山顶，使建筑体型主次分明，富于变化。

自保和殿后的乾清门以北，就是内廷，包括以乾清宫为中心的中路和左右侧大片嫔妃所居的院落式寝宫。其中乾清宫是皇帝正寝，坤宁宫是皇后所居，明嘉靖时，两宫之间又建了一座小殿"交泰殿"，于是成了外三殿与内三殿的布局。紧靠乾清宫东西两侧，即为东六宫、西六宫、乾东五所、乾西五所等。这种布置，还附会天象：乾清宫象天，坤宁宫象地，东西六宫象十二星辰，乾东、西五所象众星，形成群星拱卫的格局，其目的无非是夸张皇帝的神圣。东

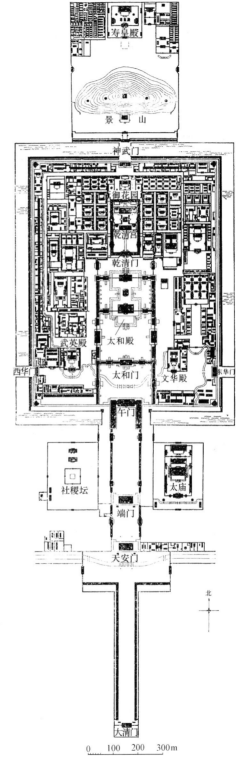

图4-7 清北京故宫总平面图
（刘敦桢《中国古代建筑史》图153-5）

　　六宫东侧自北向南还有几组小庭院，是管理衣食的服务机构，南端是宫内祭祖用的奉先殿。西六宫西侧有两路院落：紧靠西六宫的是一些小殿和庭园，供居丧及游赏之用，再西侧为喇嘛教佛堂（明代为道观）。

　　以上内廷部分周围有内宫墙环绕保护，墙外还有长巷相隔，以加强警卫。

　　由此再向东、向西直到紫禁城墙，南抵文华殿、武英殿，称为"外东路"与"外西路"，是皇帝长辈、晚辈居住的区域和服务机构。如外东路有乾隆作太上皇时居住的皇极殿、宁寿宫和"乾隆花园"，以及皇子所居的南三所；外西路有老太后、老太妃住的英华殿、寿安宫、慈宁宫等，其中英华、寿安两处正殿为明代建筑。

　　在中轴线的最后，有一区御花园，殿阁亭台作对称布置，了无园林趣味。其中钦安殿又称玄极宝殿，是一座明代建筑，重檐盝顶。明时供季秋大享及祭祀玄武之神等用。

　　北京故宫是中国封建社会末期的代表性建筑之一，在利用建筑群来烘托皇帝的崇高与神圣方面，达到了登峰造极的地步。它的主要手法是在1.6km的轴线上，用连续的、对称的封闭空间，形成逐步展开的建筑序列来衬托出三大殿的庄严、崇高、宏伟。

　　从商周起，院落是各类建筑群的基本组合手段。北京故宫从大清门起经过6个封闭庭院而后到达主殿：大清门北以500余米长的"千步廊"组成一个狭长的前院，再接一个300余米长的横向空间，形成丁字形平面，北端就是高耸的皇城正门——天安门，门前配有白石华表，金水河桥，形成第一个建筑高潮。进入天安门，是一区较小的庭院，尽端是体量、形式和天安门相同的端门。这种重复，使天安门的形象得到加强。通过端门，进入一个深300余米的狭长院落，午门以其丰富的轮廓和宏伟的体量形成第二个高潮。午门内是太和门庭院，宽度达200余米，至此豁然开朗。过太和门，庭院更大，是一个面积4公顷多的近乎正方形的大广场，正中高台上的太和殿有10余座门、楼和廊庑环列拱卫，达到了全局的最高潮（图4-8）。

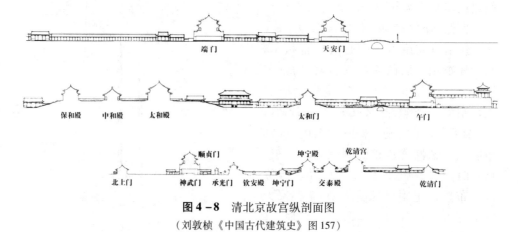

图4-8　清北京故宫纵剖面图

（刘敦桢《中国古代建筑史》图157）

在建筑处理上，应用以小衬大、以低衬高等对比手法突出主体。如天安门、午门都用城楼式样，基座高达10余米；太和殿用3层汉白玉须弥座，配有栏杆、螭首，显得豪华高贵（图4-9）；而附属建筑的台基就相应简化和降低高度，从而保证主要门殿的突出地位。屋顶则按重檐、庑殿、歇山、攒尖、悬山、硬山的等级次序使用：午门、太和殿用重檐庑殿，天安门、太和门、保和殿用重檐歇山，其余殿宇相应降低级别。建筑细部和装饰也有繁简高低之别，如太和殿斗栱上檐出4跳，下檐出3跳，等级最高。主要殿、门之前还用铜狮、龟鹤、日晷、嘉量等建筑小品和雕饰作为房屋尺度的陪衬物，并以示皇权之神威

图4-9 太和殿外观

铜龟　　　　　　　　　　　嘉量

图4-10 太和殿前的神龟和嘉量陈设

（图4-10）。建筑色彩采用强烈的对比色调：白色台基，土红墙面，朱色门窗和青绿彩画之中密布着闪光的金色，再加上黄、绿、蓝等诸色琉璃屋面，使故宫在蓝天和全城大片灰瓦屋顶的衬托下，显得格外绚丽璀璨、光彩夺目。在中国古代，使用色彩也有等级限制，金、朱、黄最高贵，用于帝王、贵族的宫室；青、绿次之，百官第宅可用；黑、灰最下，庶民庐舍只用这类色调。

历代建造宫殿都要征调大批军工、民工，并从各地调运建筑材料。明代营建北京宫殿，木料来自云贵四川等西南边远地区，砖来自山东临清和苏州等地，白石来自北京房山等地，颜料来自南方诸省。一宫之成，役作遍于全国。北京故宫的建筑成就，堪称是古代人民所写下的壮丽历史篇章。

4.1.3 清沈阳故宫

沈阳故宫是清朝入关前创建的宫殿，具有满族的特色。全宫分为三部分（图4-11）：东部大政殿和十王亭，是清帝举行大典及王公大臣议政之处。大政殿面南居中，十王亭分两列展开，呈"八"字形（图4-12）。南端八亭是八旗首领办事场所，北端二亭是左右翼王亭。"八旗"是满族军政合一的组织形式，全体满族人都被编入八旗内，由清帝统领。1601年始建黄、红、蓝、白四旗，1615年又建镶黄、镶红、镶蓝、镶白四旗，合而为八。中部崇政殿，是日常朝会和处理政务之处，清宁宫是寝宫，也属前朝后寝制，但与北京故宫前高后低的做法相

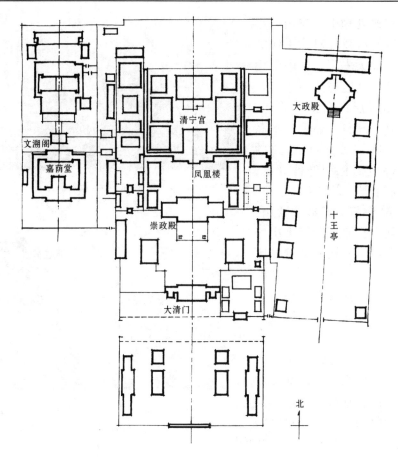

图4-11　清沈阳故宫总平面示意图

图4-12　清沈阳故宫大政殿

（于倬云、楼庆西《中国美术全集·宫殿建筑》图130）

反，此处寝宫高于前殿，整个庭院坐落在 3m 多高的台基上。崇政殿虽是一座硬山建筑，规格较低，但琉璃装饰较多，色彩鲜艳，亦雕镂龙纹。西部文溯阁是乾隆时为存放四库全书而建造的藏书楼。

4.2　坛庙

坛庙的出现起源于祭祀，祭祀是对人们向自然、神灵、鬼魂、祖先、繁殖等表示一种意向的活动仪式的通称，它的出现大约在旧石器时代后期。根据现有考古材料研究分析，所示祭祀起源迹象者，一般约为 2 万~4 万年前，最多为 10 余万年前，更早的迹象则难于寻觅。伴随着祭祀活动，相应地产生场所、构筑物和建筑，这就是坛庙。

在新石器时代后期，发现有良渚文化祭坛、红山文化祭坛及女神庙等。良渚文化祭坛，最早是 1987 年通过浙江余杭瑶山遗址的考古发掘而被确认的。瑶山是一座人工堆筑的小土山，在其顶部建有一座边长约 20m 的方形祭坛。从平面上看，该祭坛共由三重遗迹构成，最中央的是一个略呈方形的红土台；在其四周，是一条回字形灰土沟；灰沟的西、南、北三面，是用黄褐土筑成的土台，东面是自然土山。根据现场遗迹，估计外重台面上原铺有砾石，现西北角仍存两道石碪，残高 0.9m（图

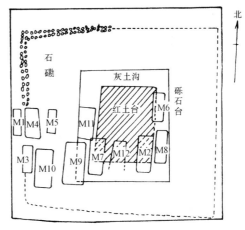

图 4-13　浙江余杭瑶山祭坛平面示意图
（《考古》1997，2 期，第 53 页图 13）

4-13）。在祭坛的中部偏南分布着两排大墓，共 12 座。红山文化女神庙，位于辽宁建平牛河梁一个平台南坡，由一个多室和一个单室两组建筑构成，附近还有几座积石塚群相配属。

奴隶社会时期的重要遗迹有河南安阳殷墟祭祀坑、四川广汉三星堆祭祀坑等。根据两处祭祀坑出土文物和遗迹现象，证明它们既有相同的青铜铸造工艺，相似的都城布局，类似的自然、鬼神、祖先崇拜及其相同的祭祀方法等，但也存很大差异。殷墟祭祀坑出土青铜器铸造技术的高超、甲骨文金文等文字的成熟、祭祀中人牲的大量使用，说明奴隶制昌盛，"国之大事，在祀与戎"以及中原地区祭祀的特点。三星堆的蜀人祭祀虽也祭天、祭地、祭祖先，迎神驱鬼，但祭礼对象多用各种形式的青铜塑像代替，反映了图腾崇拜的残余较浓。

这些差异是地域或民族不同所致，但它们均开了秦汉隋唐以致明清坛庙的先河。《尔雅·释天》所载的"祭天曰燔柴；祭地曰瘗埋；祭山曰庪悬；祭川曰浮沉"。这种被后来系统化的祭仪，在殷人和蜀人的祭祀中都已具备。两地的遗址遗物都有燔柴祭祀天的明证，而且殷墟祭祀坑是圆形的，与后代天坛圜丘祭天如出一辙。

到了封建社会，对坛庙的祭祀，是中国古代帝王最重要的活动之一。京城是

否有坛庙，是立国合法与否的标准之一。明清北京，宫殿前左祖右社，郊外祭天于南，祭地于北，祭日于东，祭月于西，祭先农于南，祭先蚕于北（已泯灭），是坛庙建筑的重要留存地（图4－14）。

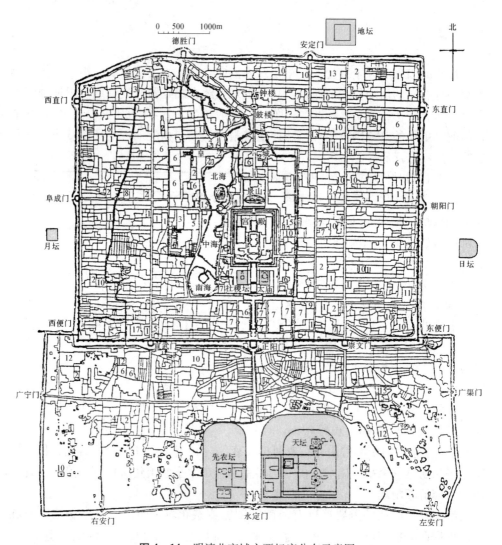

图4－14　明清北京城主要坛庙分布示意图

概括说来，坛庙主要有三类：

第一类祭祀自然神。其建筑包括天、地、日、月、风云雷雨、社稷、先农之坛，五岳、五镇、四海、四渎之庙等等。其中天地、日月、社稷、先农等由皇帝亲祭，其余遣官致祭。祭天之礼，冬至郊祀、孟春祈谷、孟夏大雩（祈雨）都在京城南郊圜丘，季秋大享则于明堂举行，祭时以祖宗配祀。历代皇帝把祭天之礼列为朝廷大事，祀典极其隆重，无非是强调"受命于天"、"君权神授"，神圣不可侵犯。祭地之礼，夏至在北郊方丘举行。中国古代认为天圆地方，故分别筑圆坛、方坛举行祀典。日月星辰或于祭天时附祭，或另设坛致祭，明代北京则于京城东西郊分设日坛、月坛。

社稷坛祭土地之神。社是五土之神，稷是五谷之神，古代以农立国，社稷象征国土和政权。所以不仅京师有社稷坛，诸侯王国和府县也有，只是规制低于京师的太社太稷。明制皇帝太社稷坛用五色土，而王国社稷用一色土，坛比太社小 3/10，府县则小 1/2。

先农坛是皇帝祭神农和行藉田礼之处。为了表示鼓励耕作，天子有藉田千亩，仲春举行耕藉田礼，并祭神农于此。明代北京先农坛设于南郊圜丘之西。

五岳、五镇是山神，四海、四渎是水神。五岳以东岳泰山为首，自汉武帝以后，历代皇帝都以泰山封禅为盛典。"封禅"是告帝业成功于天地，所以泰山之庙（岱庙）规模宏大，仿帝王宫城制度（图 4 – 15）。其中中岳嵩山之庙，规制和岱庙相近。其他如北岳庙（图 4 – 16）、济渎庙等，规模也很恢宏。

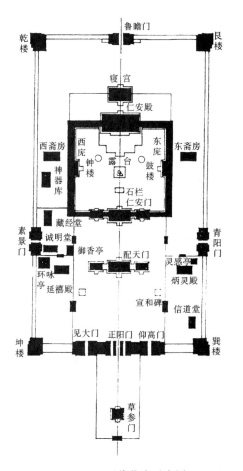

图 4 – 15　元代岱庙示意图

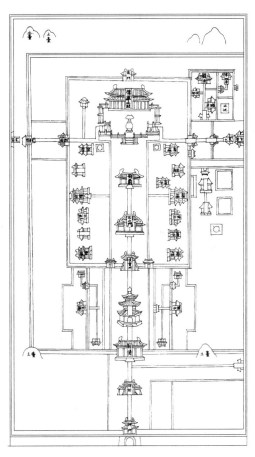

图 4 – 16　嘉靖《大明庙图碑》载曲阳北岳庙图

中国古代还有一种称为"明堂"的重要建筑物，其用途是皇帝于季秋大享祭天，配祀祖宗，朝会诸侯，颁布政令等，可说是朝廷举行最高等级的祀典和朝会的场所。汉长安南郊的明堂辟雍，是早期的大型建筑遗存（图 4 – 17、图 4 – 18）。而历代明堂以武则天在洛阳所建"万象神宫"为最宏大壮丽，堂高 294 尺，东西南北各 300 尺。共 3 层：下层象四时，四面按方位用四色；中层用圆盖，盖上有九龙捧盘；上层也用圆盖。堂中有巨木贯通上下。瓦用木刻，夹纻漆。经火灾后又按原样重建。玄宗开元间撤去上层，改为八角顶，更名乾元殿。宋政和年间，东京也建成明堂一所。明嘉靖年间，则在北京南郊建大享殿（天坛祈年殿），也有明堂之意。

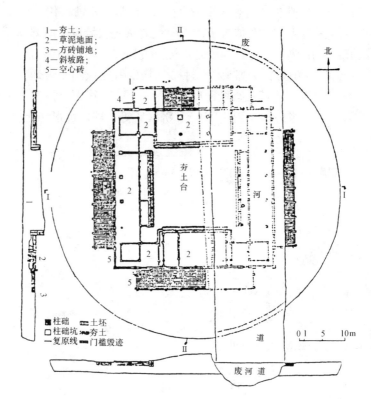

图4－17　汉长安南郊明堂辟雍遗址平面图

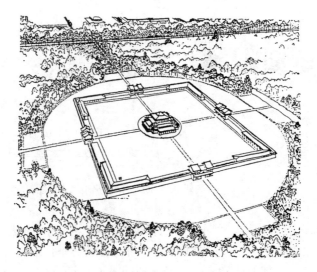

图4－18　汉长安南郊明堂辟雍复原想像图

第二类是祭祀祖先。帝王祖庙称太庙，臣下称家庙或祠堂。明制庶人无家庙，仅在居室中设父、祖二代神主，且不能设安放神主的椟。帝王宗庙仿宫殿前朝后寝之制：前设庙（前殿），供神主，四时致祭；后有寝（后殿），设衣冠几杖，以荐时鲜新品。庙有两种形制：一种是分别建立7所或9所建筑，每所奉一祖先，如汉长安城南王莽9庙，即属此类，但遗址留有规制相同的夯土基11座，与9庙之数不符，原因尚未弄清；另一种是在一座建筑中设有7室或9室，每室奉一神主。当神主超过7或9数时，则按功德大小和与在位皇帝的亲疏关系决定去留，殿内只留7或9个神主，其余的迁至殿东西夹室供奉，所以历代太庙殿宇以7间或9间加两夹室为基本形式，但也有增至14间、15间以至18间加东西夹室的。

官员家庙。明代定制：三品以上可建5间9架，奉5代祖先；三品以下建3间5架，奉4代祖先。庙之东侧设祭器库，供储存祭器、衣物、遗书之用。各地所留明、清祠堂数量颇大，徽州、浮梁两地留有一批明代祠堂，平面布置都用封闭的院落2进，入门为宽阔的廊院，大堂3间或5间，敞开无门窗。堂北设后寝，供祖先神主，后寝有多至9间的，但内部仍分隔为3间1组，似是当时制度所限。安徽歙县呈坎东舒祠即属此类（图4-19、图4-20）。祠堂前，常列照壁或石牌坊1至数座，不少石坊造型优美、雕刻精致，是宝贵的建筑艺术精品。这批明代祠堂连同周围地区的明代住宅，是江南明代建筑的代表，有很高的工艺成就和历史价值。

第三类是先贤祠庙。如孔子庙、诸葛武侯祠、关帝庙等。其中孔子庙数量最多，规模也大，分布遍及全国府、州、县。自汉武帝尊儒之后，历代帝王多以儒家之说为指导思想，孔子地位日崇，至唐，封为文宣王，曲阜孔庙也日益宏大壮丽，到明代，达到了目前所见的规模。府县孔庙，规模常超过一般祠庙，庙前设泮池、棂星门，庙内有大成门、大成殿、明伦堂等建筑。

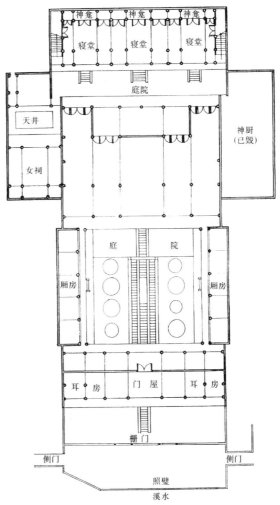

图4-19 明安徽歙县（现为黄山市）呈坎东舒祠平面图

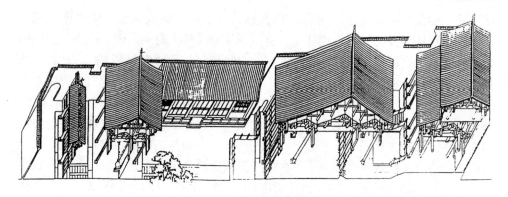

图4-20 明安徽歙县（现为黄山市）呈坎东舒祠轴测图

4.2.1 北京天坛

天坛位于北京正阳门外东侧。明初迁都北京，按南京旧制，天地合祀于此处大祀殿。嘉靖时，天地分祭，立天、地、日、月之坛于四郊。圜丘因此与大祀殿分立而建于其南，大祀殿则撤去，由嘉靖亲制式样另建大享殿，原拟作季秋大享的明堂，但建成后始终未用，仍于宫后玄极宝殿（钦安殿）大享，仅遣官至此行礼而已。至此，天坛格局就成了现在所见的状况（图4-21）。不过当时大享殿3层屋檐用三色琉璃：上层蓝色象天，中层黄色象地，下层绿色象万物。清乾隆时对天坛作了一次大规模重修，大享殿3檐改为一色青琉璃，更名祈年殿，供孟春祈谷之用，明代圜丘原用青色琉璃砖贴面，乾隆时将台扩大，改2层为3层，全部用汉白玉作坛基及栏杆，即今天所见面貌（图4-22）。

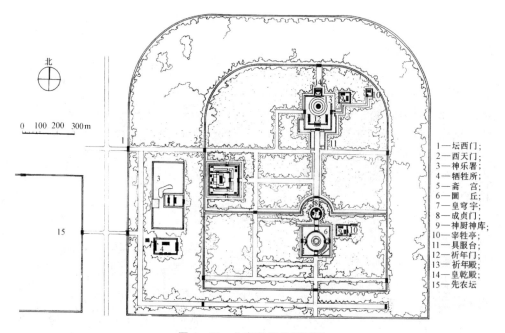

1—坛西门；
2—西天门；
3—神乐署；
4—牺牲所；
5—斋宫；
6—圜丘；
7—皇穹宇；
8—成贞门；
9—神厨神库；
10—宰牲亭；
11—具服台；
12—祈年门；
13—祈年殿；
14—皇乾殿；
15—先农坛

图4-21 北京天坛总平面图

图 4 - 22　天坛祈年殿外观

　　天坛建筑除上述大享殿（祈年殿）和圜丘两组以外，在其西侧有城堡式的斋宫一区，供皇帝祭祀前夕斋宿之用。宫周有两道壕沟与围墙环绕，并有军队保护。整个坛区外围另有两道围墙，可见戒备之严。靠近西侧外墙，有神乐署和牺牲所，备祭奠所用舞乐及祭品。全区遍植柏树，使祈年殿与圜丘坐落在大片绿树之中。入口设在西侧，经 1km 的甬道穿过柏树林而后到达主轴线，造成安谧肃穆的环境与气氛。

　　圜丘系由坛壝和皇穹宇两部分组成，坛圆形，作 3 层。壝为 1m 余高的矮墙两周，内墙圆，外墙方，仅区隔内外，而不封闭空间；皇穹宇是储放昊天上帝神主之处，建筑小巧精美，圆形小殿由圆形围墙环绕，门与殿之间的距离规定得非常恰当，从门口内望，能得到良好的视角与构图（图 4 - 23）。

图 4 - 23　天坛皇穹宇

　　祈年殿与圜丘之间有一条 30m 宽的甬道相连。甬道自南而北到达祈年门时，由于甬道两侧地面下降，使整个祈年殿院落坐落在高台基上，再加上殿宇本身台基 3 层高（约 6m），所以登殿四望，已临空于柏树林之上。这种增高接天的办法，无疑加强了祭天所需的崇高神圣气氛。清代 3 层殿檐由三色改为一色青琉璃瓦，消除了色调繁杂的弊病，使祈年殿显得格外安定宁静，蓝色的圆形屋顶，配以白石台基和红色门窗，色调鲜明，对比强烈。祈年门与祈年殿之间的距离约为殿总高的 3 倍，由祈年门内望，构图与视角均极得当。这组建筑的环境、空间、造型、色彩都很成功，是古代建筑群的杰作之一。祈年门和皇乾殿两座建筑是明代遗物。皇乾殿供存放天帝神主之用。

4.2.2 北京社稷坛

北京社稷坛制度也仿自南京旧坛。其主体建筑是一座方形的坛和两座面阔五间的殿（图4－24）。坛 3 层，上铺五色土，象征东、西、南、北、中天下五方之土都归皇帝所有，五色土按方位铺成⊠形平面，东方青龙位用青土，西方白虎位用白土，南方朱雀位用赤土，北方玄武位用黑土，中心部分用黄土（图4－25）。坛外设壝墙一周，墙上颜色也按方位分为四色。

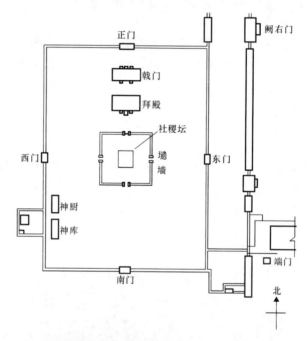

图 4－24 北京社稷坛平面示意图

图 4－25 北京社稷坛

坛北为拜殿与戟门各一座，晴天露祭，雨天则在室内行祭。这是两座明初殿宇，构件加工精致，室内用彻上明造，梁架结构规整，显示出严谨细致的建筑风格。墙墙外西南角神厨神库及四面外门也是明代遗物。

4.2.3　北京太庙

太庙是宗法社会皇权世袭的重要标志，历代朝廷都极重视，致祭很勤。为了平日尽礼，事死如生，唐代以后还衍化为在宫中设殿供奉祖先神主，明清宫中奉先殿即属此类。西汉以前，天子不行墓祭，只行庙祭，东汉开墓祭之端，迄于唐代，墓祭遂成定制。从而帝王祭祖有庙祭、墓祭、配祭及内廷祭祀等多种形式。

北京太庙创于明初永乐时，但现存太庙为明嘉靖时重建，主要建筑由正殿、寝殿、祧庙三者所组成，前设戟门和庙门，两侧设东西配殿。嘉靖时，曾将太庙改建成分立的九庙，经火灾后又恢复同堂异室制。现存太庙大殿为十一间，规格与太和殿相同，是最高等级的殿宇（图4-26）。殿内明间与左右两次间用金箔满贴柱梁、斗栱、天花，是少见的殿内装銮做法。戟门五间，列戟一百二十。戟门前为琉璃庙门。庙内建筑基本上是明嘉靖火灾后重建之遗物。

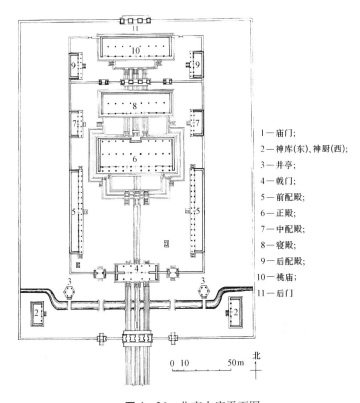

1—庙门；
2—神库(东)、神厨(西)；
3—井亭；
4—戟门；
5—前配殿；
6—正殿；
7—中配殿；
8—寝殿；
9—后配殿；
10—祧庙；
11—后门

图4-26　北京太庙平面图

4.2.4　太原晋祠

晋祠是为奉祀晋侯始祖叔虞而立的祠庙，位于山西太原西南郊悬瓮山麓，全祠依山傍泉，风景优美，具有园林风味，不同于一般庙宇（图 4 - 27）。中轴线上布置有戏台、金人台、献殿、鱼沼、圣母殿。其中金人台上 3 尊铁铸力神系北宋遗物，神态威武，是铸像妙品。献殿建于金大定八年（1168 年），是祭祀用的拜殿。主殿供叔虞之母，称圣母殿（图 4 - 28），建于北宋年间，殿内所供圣母、宫女、太监等 41 尊宋塑，神态自然，形象优美，生动地描绘了宫廷内各种人物的体态神情，是中国古代雕塑史上的名作。圣母殿是宋代所留殿宇中最大的一座，殿身 5 间，副阶周匝，所以立面成为面阔 7 间的重檐。角柱生起特别高，檐口及正脊弯曲明显，斗栱已较唐代繁密，外貌显得轻盈富丽，和唐、辽时期的凝重雄健风格有所不同。殿前汇泉成方形鱼沼，上架十字形平面的桥梁可起殿前平台的作用，构思甚是别致。

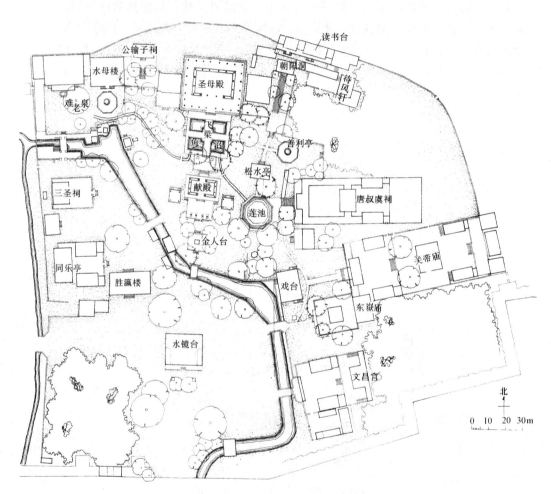

图 4 - 27　山西太原晋祠平面图

图4-28 山西太原晋祠圣母殿

4.2.5 曲阜孔庙

曲阜孔庙自鲁哀公十七年（前478年）因宅立庙以后，历朝屡有修理或增建，至明代基本形成现有规模。

孔庙基址南北约644m，东西约147m，沿中轴线布置有九进院落（图4-29）。前三进是前导部分，有牌坊和门屋共6座，院中遍植柏树。第四进以内从大中门起是孔庙的主体部分，此区围墙四隅起角楼，以大成殿庭院为中心，前有奎文阁及皇帝驻跸处；东有诗礼堂、崇圣祠、家庙和礼器库；西有金丝堂、启圣殿和寝殿（孔子父母的祠堂）和乐器库；后有圣迹殿和神厨、神庖。

奎文阁是一座庋藏典籍的3檐楼阁，建于明代。奎文阁后13座碑亭中，有金代遗构2座，元代遗构2座。

大成殿是孔庙主殿，后设寝殿，仍是前朝后寝的传统形制。前庭中设杏坛，此处原是孔子故宅的讲学堂，后世将堂改为孔庙正殿。宋真宗末年，增广孔庙，殿移后，此处建坛，周围环植杏树，故称杏坛。金代在坛上建亭，明代又改建成重檐

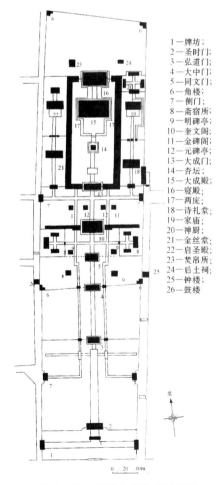

1—牌坊；
2—圣时门；
3—弘道门；
4—大中门；
5—同文门；
6—角楼；
7—侧门；
8—斋宿所；
9—明碑亭；
10—奎文阁；
11—金碑阁；
12—元碑亭；
13—大成门；
14—杏坛；
15—大成殿；
16—寝殿；
17—两庑；
18—诗礼堂；
19—家庙；
20—神厨；
21—金丝堂；
22—启圣殿；
23—焚帛所；
24—后土祠；
25—钟楼；
26—鼓楼

图4-29 明代曲阜孔庙平面图

十字脊亭，遂成现状。东西两庑各四十间，供历代著名先贤、先儒的神主，到清末共147人。大成殿建于清雍正七年（1729年），重檐歇山，面阔九间，用黄色琉璃瓦，殿前檐柱用石龙柱10根，高浮雕蟠龙及行云缠柱，为他处殿宇所少见（图4－30）。两侧檐柱则用阴刻线条图案。

图4－30　山东曲阜孔庙大成殿

曲阜孔庙除金、元碑亭外，尚保存较多明代建筑。其东侧为孔子嫡传后代衍圣公的府第。

4.3　陵墓

秦始皇开创了中国封建社会帝王埋葬规制和陵园布局的先例。汉制，皇帝登位第二年开始营陵。汉武帝在位年久，陵墓特别宏伟，殉葬品也最多。其后如唐太宗、明成祖等，都亲选茔地，拟就终制。但介绍秦汉以后的陵寝制度，又不能不述其源流，发其正宗。

4.3.1　地下埋葬制与墓室

从人类学和考古学的角度说，埋葬制是人之初伴随"魂灵观"的出现而诞生的。人类社会进入氏族公社后，同一氏族的人生前死后都要在一起，这在我国原始社会考古资料中已得到了证实。随着历史的演进，母系氏族公社相继完成了向父系氏族公社的过渡，埋葬制上也打破了以往死后必须埋到本氏族公共墓地的习俗，而出现了夫妻合葬或父子合葬的形式。同时在私有制发展的基础上，贫富分化和阶级对立逐渐产生，反映在葬制上则进一步出现了墓穴和棺椁。如属于父系氏族公社后期的山东泰安大汶口墓葬中，就出现了土穴木板的墓室和用原木铺构的木椁。

商周时期，作为奴隶主阶级高规格的墓葬形式，已出现了墓道、墓室、椁室以及祭祀杀殉坑等。在商都安阳殷墟发掘的近2000座商代墓葬中，最有代表性的是"武官村大墓"和"妇好墓"（图4－31、图4－32）。前者是一座"中"字形的地下墓坑，木椁室四壁用原木交叉成"井"字形向上垒筑，椁底和椁顶也都用原木铺盖。妇好墓规格不大，但墓中随葬品十分丰富，墓室为长方形竖穴，墓口上有房基一座，对研究商代墓制有重要意义。

概括说来，西汉以前，帝王、贵族用木椁作墓室，其构造有两种：一为用木枋构成箱形椁室1至数层，内置棺；另一种是用短方木垒成墓的"黄肠题凑"，内置棺及葬品。以后，由于木椁不利于长期保存，更由于砖石技术的发展，所以逐渐发展了石墓室和砖墓室。石墓室又有崖墓、石拱墓和石板墓数种。河北满城发现的西汉中山靖王刘胜及其妻窦绾墓，就是2座巨大的崖墓，估计两墓所挖石方约5700m³。四川山区也多此种崖墓（图4-33）。石拱墓与石板墓数量较少，以山东沂南石墓最有代表性。

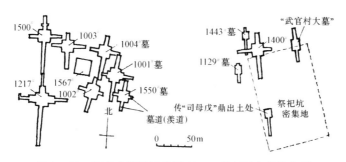

图4-31 河南安阳殷墟侯家庄——武官村大墓分布图

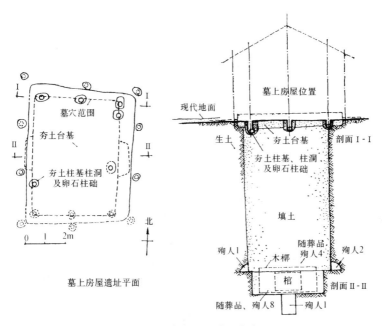

图4-32 河南安阳殷墟"妇好墓"

战国末年，河南一带开始用大块空心砖代替木材作墓室壁体，西汉时甚至用这种砖作墓顶的盖板，在中小型墓中，大块空心砖墓盛行一时。但是空心砖体型过长过大（一般长为1.1m，最长达1.7m），烧制不便，用作墓顶板梁也易于折断。因而东汉以后逐渐淘汰，代之而起的是小砖与拱顶墓室。

拱顶墓室在西汉中叶开始发展起来，东汉以后，成为墓室结构的主流。汉代

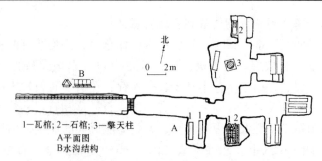

1—瓦棺；2—石棺；3—擎天柱
A平面图
B水沟结构

图 4 - 33　四川成都天回山 3 号墓平面图，这个大型崖
墓有前、后室和 6 个侧室
（《中国大百科全书》考古学"汉代崖墓"条）

砖拱技术的特色是：一，砖型多样，除空心砖、条砖外，还有各种楔形砖、企口砖，呈现出制砖技术方面活跃的创造力；二，发展无模架施工。汉代砖墓多数采用并列式筒拱顶，这种拱顶由许多单券相并而成，券与券间并无联系，因此整体性差，但支模简便，又便于洞穴中衬砌；纵联式拱顶结构性能良好，整体性强，但支模较困难，也不便衬砌，所以用得较少。此外，有的墓顶砖作成 ◣ 的断面，显然是为了便于作无模架施工。

两拱相交产生穹窿顶，西汉末年的墓中已有此种形式。以后，穹窿发展成为独立的结构。由于提高墓室空间和无模施工的需要，穹窿顶的矢高逐渐增大，外形接近于陡峻攒尖顶。由此进一步发展，就出现了叠涩砌的穹窿顶，砖缝都成水平状，更便于无模施工。唐、宋墓中，这种结构用得比较广泛。明、清两代，从已发掘的资料看，墓室以中间 3 进为主，用石作拱券结构，形成豪华的地下宫殿，且更讲究棺椁的密封与防腐措施。

4.3.2　地上陵台、因山为陵与宝城宝顶

墓葬制中，地面出现高耸的封土，时值春秋战国之际，这种提法存在很长时间，这是以《礼记·檀弓》记载关于孔子父母冢墓为佐证的，曰"吾闻之，古也墓而不坟，今丘也，东西南北之人也，不可以弗识也，于是封之，崇四尺"。但随着浙江余姚良渚大墓在 20 世纪 70 年代后期被辨识之后，地面有人工土墩（坟山）的历史推前了 1000 多年。不过春秋战国时冢墓确实已很普遍，其高度和规制，文献记载不乏所见。并且，由于存在高崇的封土，墓的称谓也发生了变化，由"墓"发展为"丘"，最后称之为"陵"。南方比较有代表性的是湖北江陵天星观一号大墓，墓上残存的坟丘呈覆斗形，高达 9m 以上，底座长宽达 30 ~ 40m。北方燕齐等国的墓冢，比较有代表性的是燕下都和山东临淄故城的一批墓葬。临淄故城残存的战国时代高大的土冢就数以百计，郎家庄一号墓封土高达 10m 以上；燕下都规模最大的是战国早期的 16 号墓，地面残存覆斗形，高达 7m，长宽 30 余米。

秦始皇营骊山陵，大崇坟台。汉因秦制，帝陵都起方形截锥体陵台，称为"方上"，四面有门阙和陵墙。北宋陵台亦属此制。

汉文帝灞陵，依山为陵，目的为防日后被盗，是历史上第一个依山凿穴为玄

宫的帝陵。曹魏有鉴于此，曾主张薄葬，因山为陵，不起坟，以免后世发掘。唐太宗吸取历史上因山为陵的经验，以九嵕山为坟，茔地高踞山际。但五代时，唐诸陵仍普遍被盗，只剩乾陵一座。

南宋陵墓在浙江绍兴，属浮厝性质，极为简陋。元帝葬漠北，不起坟，也无标志。

明代孝陵则有创新，地下宫殿上起圆形坟称宝顶，以适应南方多雨的地理气候，便于雨水下流不致浸润墓穴，且用墙垣包绕，称为宝城。南侧建方城明楼。至此，地面陵体完成由方形土台、土山向圆形人工构筑物之技术和形象上的转变。

4.3.3　陵园建筑

商代陵墓不起坟，深埋，但墓顶可能有享堂。前述的妇好墓口地面排列有比较规整的柱洞，柱洞底部有卵石作为柱础，柱洞外侧还有成行的挑檐柱的柱穴，当是明证。

战国中山王𰯼墓中出土的铜版错银兆域图（图 4－34），表示了陵墓的总平面布置：王、后、夫人五墓横列，墓上各有享堂，五堂立于同一土台上，其外有两道宫墙环绕。辉县战国墓也是 3 墓横列，上建享堂 3 座，外绕围墙，这种数墓（堂）横列的布置可能是当时流行的形制。

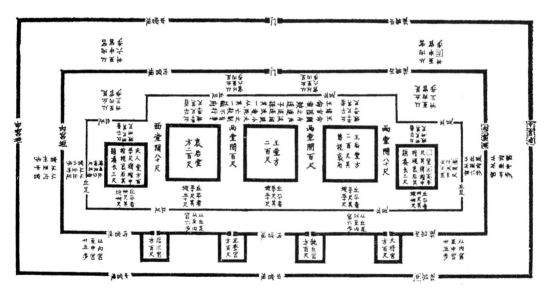

图 4－34　战国中山王𰯼墓兆域图
（在 98cm×48cm、厚 1cm 的铜板上镌刻，此为摹本。图中文字原为篆字）

汉陵园建制基本依袭秦制。陵中设庙和寝两部分，仿宫中前朝后寝之制。庙中藏神主，四时致祭；寝中有衣冠、几杖等生前用具，亡帝的宫人则在陵园守陵，一如生前具妆、上食。汉代贵族官僚的坟墓也多采取方锥平顶形式，墓前或置石享堂、石碑、石兽、石人、石柱、石阙。现存山东肥城孝堂山石墓祠（图 4－35）、四川雅安益州太守高颐墓石阙、北京西郊秦君墓表、山东曲阜鲁王墓前石人（府门之卒）和为数较多的石辟邪和墓碑，都属此类汉墓遗物。

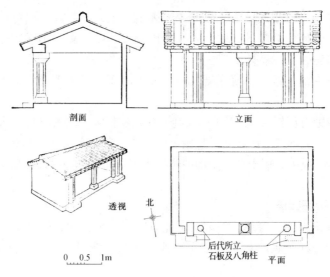

剖面　　　　立面

透视

北

后代所立
石板及八角柱

平面

0　0.5　1m

图 4－35　山东肥城孝堂山石墓祠

（刘敦桢《中国古代建筑史》图 36）

南朝帝王陵墓神道两侧立碑、神道柱、麒麟或辟邪各一对，享堂已不存，规模仅及汉代贵族、官僚的墓制。其中梁侍中萧景墓的辟邪与墓表最为优秀，是南朝陵墓石刻的代表。

唐代因山为陵，供食不便，遂将献殿建于陵园南门内，相当于庙，称上宫，而在山下设下宫——寝，以便供食，从而成为上、下宫制。唐陵布置继承汉代陵门四出的格局，但陵前神道加长，门阙及石像生增多。是宋、明神道布置的蓝本。又仿汉制，陵区内多设陪葬墓。

宋代皇帝死后营陵，限 7 个月内完成，因此规模远不及汉、唐。又受阴阳堪舆术关于"五音姓利"之说的影响，以赵姓属角音，利于东南地高，西北地低，因而茔地都自南向北坡下，陵台处于低处，不利于排水，也缺乏庄严气势。但北宋诸陵，集中一区，便于保护，宋时此处专设一县，名永安，负责护陵。各陵布局大体是：陵台为方锥平顶土台，四面有陵墙、门、角阙，南面为神道，神道两侧有阙两对以及石望柱、石人、石兽，相对而立。陵台到神墙南门中间的空地为献殿的遗址，也称之为上宫。陵的西北，是皇帝死后供其灵魂衣食起居的地方，称为下宫。整个陵区遍植松柏枳桔，并以荆棘为篱。

明代陵墓继承唐宋而又有创新：因山为陵，陵区集中，神道深远，遍植松柏，都是传统旧法；但陵体、祭祀建筑串联在轴线上，且致祭区形成院落二进或三进，更加突出了朝拜祭祀仪式的重要性：如孝陵，第一进陵门内为神厨、神库；第二进祾恩门内为祾恩殿；第三进内红门内为石几筵（五供座）与明楼。明楼是明代陵墓的独创，始于安徽凤阳皇陵，皇陵有内外陵墙，内陵墙四面辟门，其上有楼，如城楼，分别称南、北、东、西明楼。及至南京建明孝陵，处山环之抱，仅南向有一座明楼。以后明清各帝陵均仿孝陵之制。北京明十三陵合用一条神道，也是明代特有的做法。

清陵陵制大体沿袭明制，但各陵神道分立，有的后妃另建陵墓，与明陵稍有不同。

1）秦始皇陵

秦始皇陵在陕西临潼骊山北麓，总面积约 2km²，周围有陵墙二道环绕。陵台由三级方截锥体组成，最下一级为 350m×345m，三级总高 46m，是中国古代最大的一座人工坟丘，由于风雨侵蚀，轮廓已不甚明显。据《史记》记载，陵内以"水银为百川江河大海……上具天文，下具地理"。虽未经考古发掘证实，但类似做法在五代南唐陵墓中可以看到，汉、唐、宋墓中则可看到墓室顶部绘有天文图像。20 世纪 70 年代在陵东 1.5km 处发现的秦兵马俑和铜马车，史书上对此并无记载。兵马俑估计有陶俑、陶马七八千件，至今只完成了局部发掘。陶俑队伍由将军、士兵、战马、战车组成 38 路纵队，面向东方（图 4–36）。兵马的尺度与真人真马相等，兵俑所持青铜武器仍完好而锋利。稍后发现的铜马车，尺度略小。据记载，项羽入关后此陵即被发掘，墓内木椁也被焚毁。但是否确实，还有待考古发掘加以证明。

图 4–36 陕西临潼秦始皇兵马俑军阵
（杨道明《中国美术全集·陵墓建筑》图6）

2）汉武帝茂陵和汉宣帝杜陵

西汉 11 个皇帝陵均在汉长安附近，其中高祖长陵、惠帝安陵、景帝阳陵、武帝茂陵、昭帝平陵、元帝渭陵、成帝延陵、哀帝义陵和平帝康陵分布在汉长安城以北的咸阳原上，文帝灞陵和宣帝杜陵分别坐落在汉长安东南的白鹿原与少陵原上（图 4–37）。

武帝在位 53 年，营陵时间最长，死时陵区树已成荫，殉葬品多至无法容纳。地面部分现存有方上、四面门阙与周垣的残迹，平面布置仍是以方截锥体为中心，四出陵门（图 4–38）。大将军霍去病墓在其东侧，仅存方上及陵上石刻 10 余

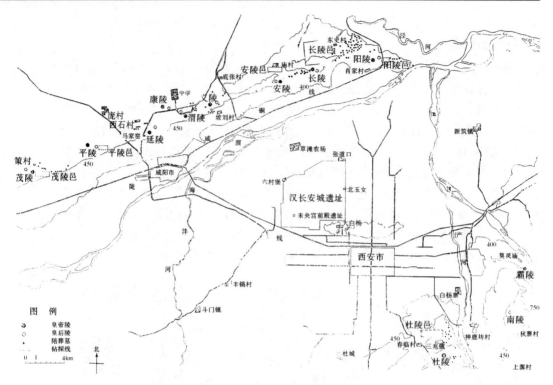

图4-37　西汉帝陵分布图

（《汉杜陵陵园遗址》图一）

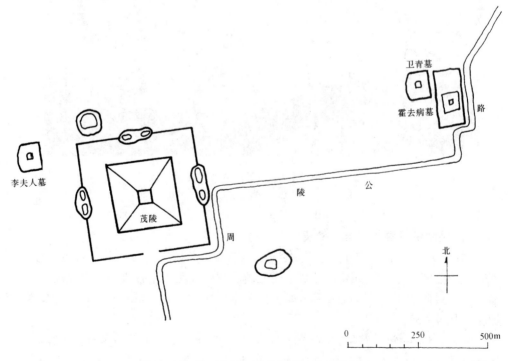

图4-38　陕西兴平汉茂陵及附近陵墓分布图

（刘敦桢《中国古代建筑史》图35-1）

件。石刻有虎、羊、牛、马等，手法古拙，其中以"马踏匈奴"最为著名，是中国早期石刻艺术的杰作。

宣帝杜陵因位于秦汉时"杜县"以东而得名。根据汉代帝陵附近设置陵邑的制度，在营造杜陵的同时还修建了杜陵邑。孝宣王皇后陵距宣帝陵东南575m。如《关中记》曰："汉帝后同茔，则为合葬，不合陵也。诸陵皆如此。"杜陵的北和南面分布着一些陪葬坑（图4－39）。

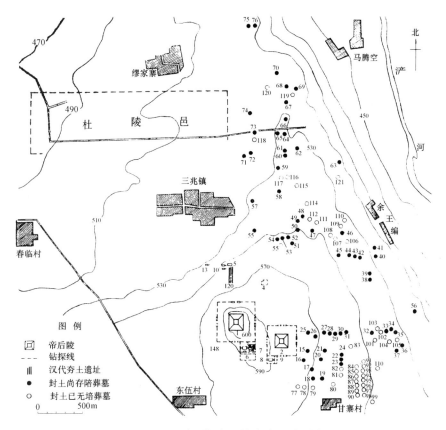

图4－39　陕西长安汉杜陵陵区平面图
（《汉杜陵陵园遗址》图二）

1—宣帝杜陵；2—王皇后陵；3—杜陵寝殿遗址（一号遗址）；4—杜陵庙遗址（八号遗址）；5—杜陵九号遗址；6—杜陵寝殿南面遗址（十号遗址）；7—杜陵便殿遗址（五号遗址）；8—王皇后陵寝殿遗址（六号遗址）；9—王皇后陵便殿遗址（七号遗址）；10—杜陵一号陪葬坑；11—杜陵二号陪葬坑；12—杜陵三号陪葬坑；13—杜陵四号陪葬坑；14—杜陵五号陪葬坑；15～76—封土尚存陪葬墓；77～121—封土已无陪葬墓

杜陵封土形如"覆斗"，高29m，底和顶部平面均为方形，边长分别为172m与50m。封土夯筑，顶部平坦，无建筑遗迹。陵墓四面正中各有一条墓道，四条墓道的大小，形制基本相同。陵墓周围筑有墙垣，此即帝陵陵园，或谓"杜陵园"。经钻探可知陵园平面为方形，边长433m。陵园四面墙中各辟1门，4门与陵墓封土正中的墓道相对。4门大小、形制基本相同，门址面阔82～84m，进深20～22m，时称"司马门"或"阙"。帝陵的寝园位于陵园东南，包括寝殿和便殿。寝殿是主体，"便殿，寝侧之别殿"（《汉书·韦贤传》），从考古发掘情况看，它既有殿堂，又有众多房屋和庭院，还有用于储藏的小房子及窖穴（图4-40）。后陵寝园规制略小于此，置于西南角。

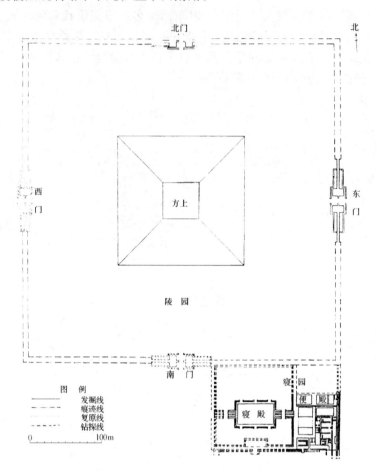

图4-40 陕西长安汉杜陵陵园与寝园关系图
（《汉杜陵陵园遗址》图三）

3）唐乾陵

唐帝陵墓分布在渭水以北的乾县、醴泉、泾阳、富平、蒲城一线山区。乾陵为唐高宗李治之陵，在乾县以北，依梁山而建。梁山前有双峰对峙，高度低于梁山，乾陵墓室藏于梁山中，而利用双峰建为墓前双阙，使整个陵区显得崇高、雄伟，选址极为成功。阙内神道两侧分立石柱、飞马、朱雀、石马、石人、碑、蕃酋群像、石狮等。陵前共有三对阙，最外一对阙在山下神道南端，中间一阙在双乳峰，最后一阙在朱雀门前（图4-41）。阙的形制是在夯土台上立木构的"观"，在懿德太子墓内甬道壁画中可以看到这种阙的完整形象。根据所存夯土台基，可知乾陵用的是三出阙，这是帝王的规制。由于神道地势向上缓坡，加以两侧石刻与阙台的衬托，使陵山更为突出。梁山周围原有陵墙，陵门四出，现已不存。山下有陪葬墓17座，已发掘永泰公主、章怀太子、懿德太子三墓。墓制大体相同：地面有方上，周围有墙，门前有石柱1对、石狮1对、石人2对。墓室在地下10余米，由墓道斜通向下。内分前后二室，前室顶上绘星辰天象，后室置棺，仍是前堂后寝之制。墓室四壁及甬道两侧绘有柱、枋、斗栱、树木、宫女、内监等象征宫廷生活的壁画。甬道外墓道两侧还绘有列戟、仪仗等宫门前的情状。

4）宋永昭陵

北宋陵区南对嵩山，北俯洛水，地处黄土平原地，较集中地分布在东西约10km、南北约15km的地段里。北宋九帝除徽、钦二帝被俘囚死漠北外，其余七帝及宋太祖赵匡胤之父永安陵共八处都在此处。此外还有后陵和陪葬墓约一百多处。诸帝陵平面布置基本相同。

永昭陵是宋仁宗赵祯的墓（图4-42），规模较大，陵台及石刻尚较完整。陵台为正方形截锥体，成阶级状，底宽55m，南北长57m，高22m。四周有神墙围绕，神门四出，四隅有角阙，门外各置石狮一对。

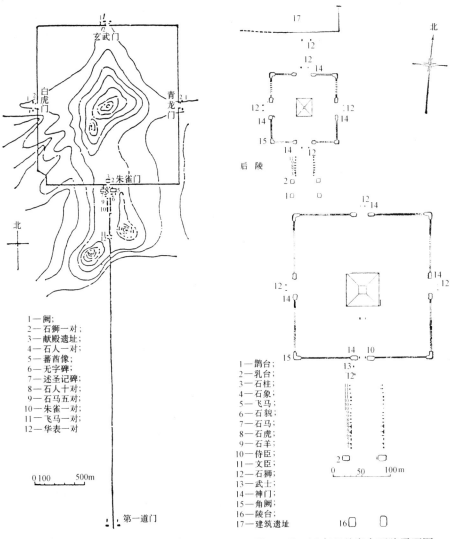

1—阙；
2—石狮一对；
3—献殿遗址；
4—石人一对；
5—蕃酋像；
6—无字碑；
7—述圣记碑；
8—石人十对；
9—石马五对；
10—朱雀一对；
11—飞马一对；
12—华表一对

1—鹊台；
2—乳台；
3—石柱；
4—石象；
5—飞马；
6—石貌；
7—石马；
8—石虎；
9—石羊；
10—侍臣；
11—文臣；
12—石狮；
13—武士；
14—神门；
15—角阙；
16—陵台；
17—建筑遗址

图4-41 陕西乾县李治乾陵总平面

图4-42 河南巩县宋永昭陵平面图
（刘敦桢《中国古代建筑史》图131-2）

南面神道有阙二对，一称鹊台，一称乳台，现仅存夯土台，轮廓已不清，难以推测原貌。乳台之北为望柱一对，再北依次为象、瑞禽、角瑞、伏马、虎、羊、外国使节、武臣、文臣，其中石刻人物神态各异，仍不失为较好的作品。

后陵在帝陵之后，规制稍小。下宫及陵台前献殿已无遗迹。

5) 明十三陵

明太祖孝陵在南京钟山南麓，开曲折自然式神道之先河，并始建宝城宝顶（图4-43）。永乐以下诸帝，除景泰帝葬于北京西郊外，其余十三帝都葬于北京北郊昌平天寿山麓，统称十三陵。

十三陵以天寿山为屏障，三面环山，南面敞开，形势环抱。神道南端左右各有小丘，如同双阙，使整个陵区具有宏伟、开阔的气势，选址极为成功（图4-44）。十三陵总神道稍有曲折，长约7km。最南是5间11楼的石牌坊（图4-45），建于嘉靖年间，坊北1km余是陵园大门（大红门），门内有碑亭，置神功圣德碑，亭外四隅有华表四。亭北是石望柱，后有石兽12对，文武臣石人6对，再北是龙凤门。由此至长陵之间约4km，神道途经山洪河滩地段，空旷无物，布局不如南京孝陵疏密得当。

十三陵以永乐帝的长陵为中心，分布在周围的山坡上，每陵各占一山趾，其陵门、享殿（祾恩殿）、明楼的布置大体参照长陵制度，而尺度则较小。如长陵祾恩殿9间重檐庑殿，永陵为7间重檐歇山，其他各陵都是5间。

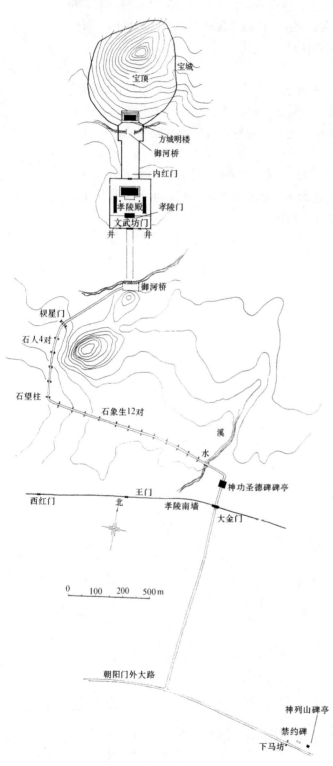

图4-43　南京明孝陵平面图

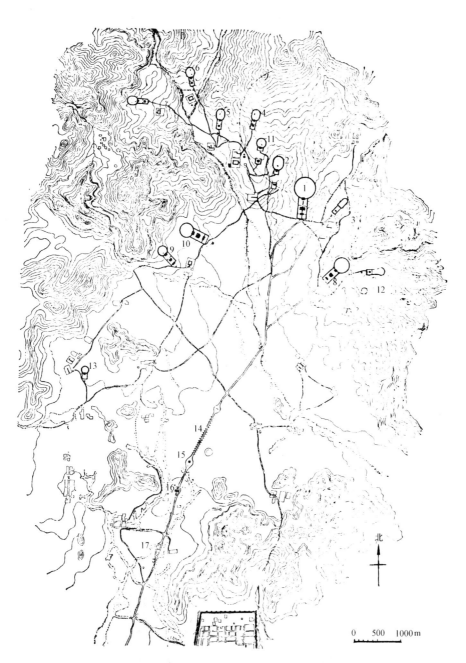

北

图 4 - 44　北京昌平明十三陵总平面图

1—长陵；2—献陵；3—景陵；4—裕陵；5—茂陵；6—泰陵；7—康陵；8—永陵；9—昭陵；
10—定陵；11—庆陵；12—德陵；13—思陵；14—石像生；15—碑亭；16—大红门；17—石
牌坊

图4-45 北京昌平明十三陵石牌坊

配殿、长陵左右各15间，永陵9间，余陵5间。宝城，长陵径101.8丈，永陵径81丈，其余丈尺有差。

陵的布置，陵体称宝城，正前为明楼（图4-46），楼中立皇帝庙谥石碑，下为灵寝门。明楼前置石几筵、二柱门，前为陵寝门，又前为祾恩殿（图4-47）、祾恩门。各陵碑都设在陵门外。

长陵的祾恩殿面积和故宫太和殿相近。殿内有32根楠木柱，直径达1.17m，高12m，是现存古代建筑中罕见的。

定陵（图4-48）的地宫埋于宝城下约30余米处，用白石作拱券顶结构，墓室以中间3进为主，后进是帝后棺室；两侧各有纵向的东西配室，组成各室相通的地下宫殿。

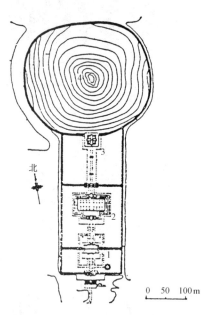

图4-46 十三陵长陵平面图
1—祾恩门；2—祾恩殿；
3—明楼；4—宝顶

图4-47 十三陵长陵祾恩殿

6）清昌陵

清朝入关前，帝王陵墓在东北地区共有三处：永陵（辽宁新宾）、福陵（辽宁沈阳东郊）、昭陵（辽宁沈阳北郊），又称盛京三陵。

清帝入关后，陵区则为河北遵化的东陵和距北京西100多公里的易县西陵。东陵包括5座帝陵：孝陵（顺治）、景陵（康熙）、裕陵（乾隆）、定陵（咸丰）和惠陵（同治）；3座后陵和5座妃园寝。西陵包括4座帝陵：泰陵（雍正）、昌陵（嘉庆）、慕陵（道光）、崇陵（光绪）；后陵3座和妃园寝3座。该两大陵区为帝"嗣后吉地各依昭穆次序，在东西陵界内分建"（乾隆六十一年十二月十二日谕旨），但实际情形非完全遵守。

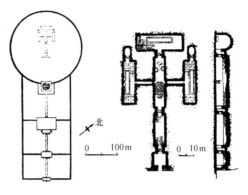

图4-48 十三陵定陵地宫平、剖面图

嘉庆帝昌陵所在的西陵，位于群山环抱之中，林壑幽深，岗阜无数，如手之手指，指间即两岗挟持平坦处，诸陵在焉。昌陵起始和两旁均为茂密松林。过一片大松林就是昌陵的神功圣德碑亭；其北为石拱桥、望柱和石像生，石像生成行侍立于神道；再北为三孔桥、碑亭；东偏北为神厨库区；中轴线上碑亭后以隆恩门为界，环以方整的围墙。墙内有两重院：第一进院内为隆恩殿；第二进院以琉璃花门相隔，内有二柱冲天牌坊和石五供，后为方城明楼、哑巴院和宝城宝顶；宝顶下为地宫（图4-49，图4-50）。墙内外和宝顶上松柏繁茂，使整个昌陵置于苍翠绿色之中。

昌陵特色还有二：一、隆恩殿内大柱包金饰云龙，金碧辉煌，地面除槛垫石和中心石外，不用金砖，而用贵重的花斑石墁地，豪华富丽。二、排水系统十分讲究，除地宫、宝顶、内院、殿下有排水孔、排水沟外，还将院内、院外的水联成一个相通的水路，俗称"马槽沟"（图4-51）。东西马槽沟设在东西砂山以内，尤为特别。

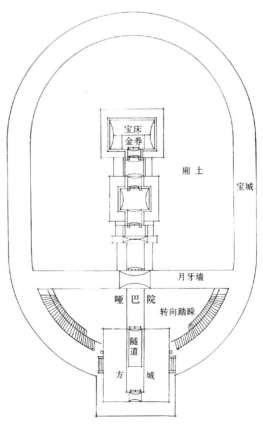

图4-49 昌陵地宫平面图
（《刘敦桢文集》（二）图版四十二）

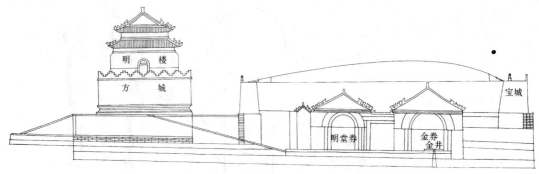

图4-50　河北易县清西陵昌陵地宫剖面图

（《刘敦桢文集》（二）图版四十六）

图4-51　昌陵"马槽沟"

第5章 宗教建筑

5.1 概说

在我国古代曾出现过多种宗教，比较重要的是佛教、道教和伊斯兰教。其他还有摩尼教、祆教、天主教、基督教、本教……内中延续时间较长和传播地域最广的，应属自印度经西域辗转传来的佛教。它不但为我们留下了丰富的建筑和艺术遗产（如殿阁、佛塔、经幢、石窟、雕刻、塑像、壁画等），并且对我国古代社会文化和思想的发展，也带来了深远的影响。

佛教大约在东汉初期即已正式传来中国。最早见于我国史籍的佛教建筑，是明帝时建于洛阳的白马寺。虽其形制已无所存留，但据《魏书》卷一百十四·释老志："自洛中构白马寺，盛饰佛图，画迹甚妙，为四方式，凡宫塔制度，犹依天竺旧状而重构之……"表明当时寺院布局仍按印度及西域式样，即以佛塔为中心之方形庭院平面。直至汉末笮融在徐州兴造的浮屠寺，亦复如此。"大起浮屠寺。上累金盘，下为重楼，又堂阁周回，可容三千许人。作黄金涂像，衣以锦采。每浴佛，辄多设饮饭，布席于路，其有就食及观者且万余人。"（载《后汉书》卷一百三·陶谦传）。只是此寺塔的木楼阁式结构与四周的回廊殿阁，却已逐渐改为中国建筑的传统式样了。总的说来，目前对汉代佛教建筑所知的情况极少，除上述内容以外，尚有三国东吴时，康居国僧人康僧会于赤乌十年（247年）来建业传法，建有阿育王塔及建初寺，是为江南佛教建筑之肇始。至于汉代佛教文化遗物，除了为数不多的摩崖造像（如江苏省连云港市孔望山）以及散见于山东、四川等地汉崖墓或石墓中的石刻画像外，仅有个别铸于铜镜背面（出土于长江中下游三国吴墓）及绣作织物图案之佛像形象（出土于新疆民丰县尼雅遗址古墓），具体资料甚为稀少。

佛教在两晋、南北朝时曾得到很大发展，并建造了大量的寺院、石窟和佛塔。据文献记载，仅北魏洛阳内外，就曾建寺1200余所；南朝建康一地，亦有庙宇500余处之多。现存我国著名石窟，如云冈、龙门、天龙山、敦煌等，都肇始于这一时期，其建筑与艺术的造诣也都达到很高水平。由于这时期实物和文献的增加，使我们能对当时的佛教建筑有较多的了解。例如北魏洛阳的永宁寺，是由皇室兴建极负盛名的大刹。据《洛阳伽蓝记》等有关记载和对遗址的考古发掘，得知这寺的主体部分是由塔、殿和廊院组成，并采取了中轴对称的平面布局。其核心是一座位于3层台基上的9层方塔，塔北建佛殿，四面绕以围墙，形成一区宽阔的矩形院落。院的东、南、西三面中央辟门，上建门楼；院北则置较简单的乌头门。其余僧舍等附属建筑千间，分别配置于主体塔院之后与西侧。寺墙四隅建有角楼，墙上覆以短椽并盖瓦，一如宫墙之制。墙外掘壕沟环绕，沿沟栽植槐树。由此可知，这寺的主体部分仍使用塔院，与前述东汉末期徐州浮屠寺同一原则，虽然采用"前塔后殿"的布置方式，依旧是突出了佛塔这一主题。此种平面布局，在受我国佛教较大影响的朝鲜和日本，还可看到若干遗例。另一类以殿堂为主的佛寺为数亦很多，特别是某些"舍宅为寺"的寺院，为了利用原有房舍，常"以前厅为佛殿，后堂为讲堂"，例如北魏洛阳的建中寺即是如此。在石窟寺中，初期所凿建的窟内除雕刻佛像以外，还有设置塔柱的，这表明尚未脱出西域与印度佛寺的窠臼。就其局部装饰而言，如火焰形拱门、束莲柱、卷涡纹柱头等，都还保留着若干外来的影响。但从其整体来看，如石窟建筑中所表现的外檐柱廊与斗栱以及壁画、雕刻中所反映的廊院式佛寺布局、木梁柱屋架、四阿或九脊屋顶，鸱尾、筒瓦、勾阑……基本上都是中国固有的建筑形式，这表明此时的佛教建筑，在很大程度上已经中国化了。

隋、唐、五代至宋，是中国佛教的另一大发展时期。虽然其间曾出现过唐武宗会昌五年（公元845年）与五代后周世宗显德二年（公元955年）的两次灭法，但都和南北朝时北魏太武帝、北周武帝的两次灭法一样，为时短暂，并且很快就得到了恢复。但旧有的佛教寺院、殿、塔受到很大破坏，造成了难以弥补的损失。在佛经学说方面，自西晋以降，大乘教逐渐占据上风，随之出现了许多宗派，佛学思想的研究达到了空前的繁荣，但这些对中国佛教建筑并未带来具有决定性的影响。

由敦煌壁画等间接资料表明：隋、唐时期较大佛寺的主体部分，仍采用对称式布置，即沿中轴线排列山门、莲池、平台、佛阁、配殿及大殿等；其中殿堂已渐成为全寺的中心，而佛塔则退居到后面或一侧，自成另区塔院；或建作双塔（最早之例见于南朝），矗立于大殿或寺门之前；较大的寺庙除中央一组主要建筑外，又依供奉内容或用途而划分为若干庭院。庭院各有命名，如药师院、大悲院、六师院、罗汉院、般若院、法华院、华严院、净土院、圣容院、方丈院、翻经院、行香院、山庭院……，大寺所属庭院，常达数十处之多。

唐代晚期密宗盛行，佛寺中因而出现了十一面观音和千手千眼观音的形象，又产生了刻有《佛顶尊胜陀罗尼经》经文的石幢。此外，钟楼的设置，至少在晚唐的庙宇中已成为定制，一般位于寺院南北轴线的东侧。这种制度一直延续到明初，大概到明代中叶，才在其西侧建立鼓楼，并将二者移至寺前的山门附近。其他佛教建筑，如田字形平面的罗汉堂，最早见于五代；转轮藏创于南朝，现有遗物则以宋代数例为最早；而至迟于宋代律宗的寺院，又出现了戒坛。元代统治者提倡藏传佛教（俗称喇嘛教），它原来盛行于西藏、蒙古一带，除了喇嘛塔和为数不多的局部装饰以外，对中土的佛教建筑影响不大。明、清时佛寺更加规整化，大多依中轴线对称布置建筑，如山门、钟鼓楼、天王殿、大雄宝殿、配殿、藏经楼等，塔已很少，转轮藏、罗汉堂、戒坛及经幢等仍有兴建，但数量也少。方丈、僧舍、斋堂、香火厨等布置于寺侧。从佛寺的总平面来看，似乎已走向停滞了。

154

流行于以汉族为主的我国大多数地区的佛教，通称汉传佛教。其建筑小的称庵（或用居女尼）、堂、院，大的称寺，最大的再在其前冠一大字，如大显通寺。明、清时期以四大名山为其圣地，这就是山西五台山（文殊菩萨道场）、四川峨嵋山（普贤菩萨道场）、安徽九华山（地藏菩萨道场）、浙江普陀山（观音菩萨道场）。藏传佛教分布在西藏、甘肃、青海及内蒙一带，以拉萨、日喀则为中心。西藏的喇嘛教佛寺大多采用厚墙、平顶之城堡式样。大寺内除佛殿、经堂及喇嘛住所外，还设置供僧人学习的佛学院"扎仓"。以上均属大乘佛教之建筑。南传之小乘佛教分布范围很小，仅限于我国云南的西双版纳等地，佛寺平面与建筑风格，与中土大相径庭。

中国的道家思想，一般认为始于老子（李耳）的《道德经》，实际最早的肇源，应是远古的巫术，后来发展到战国及秦、汉的方士，直至东汉时才正式成为宗教。道教在我国宗教中，居第二位。道家所倡导的阴阳五行、冶炼丹药和东海三神山等思想，对我国古代社会及文化曾起过相当大的影响。但就道教建筑而言，却未形成独立的系统与风格。道教建筑一般称宫、观、院，其布局和形式，大体仍遵循我国传统的宫殿、祠庙体制。即建筑以殿堂、楼阁为主，依中轴线作对称式布置。与佛寺相比较，规模一般偏小，且不建塔、经幢。目前保存较完整的早期道观，可以建于元代中期的山西芮城县永乐宫为代表。道教的圣地，最著名的有江西龙虎山、江苏茅山、湖北武当山和山东崂山。其他如四川青城山，陕西华山也是道教的中心。

创建于 7 世纪初的伊斯兰教，约在唐代就已自西亚传入中国。由于伊斯兰教的教义与仪典的要求，礼拜寺（或称清真寺）的布置与我国历史较悠久的佛寺、道观有所区别。如此类礼拜寺常建有召唤信徒礼拜的邦克楼或光塔（夜间燃灯火），以及供膜拜者净身的浴室；殿内均不置偶像，仅设朝向圣地麦加供参拜的神龛；建筑常用砖或石料砌成拱券或穹窿；一切装饰纹样唯用可兰经文或植物与几何形图案等等。早期的礼拜寺（如建于唐代的广州怀圣寺，元代重建的泉州清净寺），在建筑上仍保持了较多的外来影响：高矗的光塔、葱头形尖拱券门和半球形穹窿结构的礼拜殿等。建造较晚的寺院（如明西安化觉巷清真寺、北京牛街清真寺等），除了神龛和装饰题材以外，所有建筑的结构与外观都已完全采用中土传统的木架构形式。但在某些兄弟民族聚居的地区，如新疆维吾尔自治区的伊斯兰教礼拜寺，基本上还保持着本地区和本民族的固有特点。

5.2　佛寺、道观及清真寺

5.2.1　佛教寺院

中国佛寺的组合形式与变化如何？是目前尚未得到确切解决的重大研究课题之一。根据已知的历史文献、考古发掘和实物资料，大体可将流行于我国中土的佛寺划分为以佛塔为主和以佛殿为主的两大类型。

以佛塔为主的佛寺在我国出现最早，是随着西域僧人来华所引进的"天竺"制式。简单地说，这类寺院系以一座高大居中的佛塔为主体，其周围环绕方形广庭和回廊门殿，例如建于东汉洛阳的我国首座佛寺白马寺、建于汉末徐州的浮屠寺以及建于北魏洛阳的永宁寺等等。这种佛寺形制的产生与形成，乃出于古印度佛教徒绕塔膜拜的仪礼需要。虽然它为我国早期的佛寺所沿袭，但由于我国的冬季相当寒冷，特别是在北方的室外，举行礼佛仪式有诸多不便，因此在佛寺中出现可容多人顶礼传法的金堂、法堂乃是顺理成章的事，并且逐渐发展成为寺中取代佛塔的主体建筑。[①] 此时佛塔已不再成为寺内的主要膜拜对象，其位置也从寺内中心移至侧后，甚至后来成为寺中可有可无的建筑。

以佛殿为主的佛寺，基本采用了我国传统宅邸的多进庭院式布局。它的出现，最早可能源于南北朝时期王公贵胄的"舍宅为寺"。为了利用原有房屋，多采取"以前厅为大殿，以后堂为佛堂"的形式。这一类型的佛寺，不但解决了前述以佛塔为主体的佛寺在实用上的不足，又符合人们日常生活的习惯与观念，更重要的是它在建造时所消耗的物资与时间可大大减少，从而成为自隋唐以后国内最通行的佛寺制度。

有的佛寺常在中轴线侧另建若干庭院，大的佛寺可多达数十处，并依所供奉对象或行使职能而命名，如观音院、祖师院、方丈院、翻经院、山池院……有的寺院则因宗派教义或规模大小的不同，分别建有戒坛、罗汉堂、藏经楼、钟楼、鼓楼、放生池等多种建、构筑物，它们的平、立面各有特点，并为寺院增色良多。

1）山西五台佛光寺大殿

五台山在唐代已是我国的佛教中心之一，建有许多佛寺。佛光寺位于台南豆村东北约5km的佛光山腰，依山势自下而上并沿东西向轴线布置。寺内现存主要建筑有成于晚唐的大殿、金代的文殊殿、唐代的无垢净光禅师墓塔及两座石经幢。大殿建于唐大中十一年（857年）面阔七间，进深八架椽（清称九檩），单檐四阿顶（清称庑殿顶）（图5-1），虽然经过多次修葺，大体仍保持唐代原来面貌。

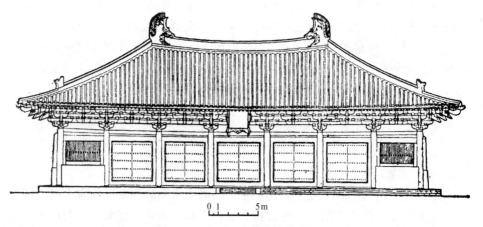

图 5-1　山西五台佛光寺大殿立面

① 这一现象的普遍出现，约在我国佛教第一大发展高潮的南北朝中期。

大殿建在低矮的砖台基上，平面柱网由内、外二圈柱组成（图 5-2），这种形式在宋《营造法式》中称为"殿堂"结构中的"金箱斗底槽"。内、外柱高相等，但柱径略有差别。柱身都是圆形直柱，仅上端略有卷杀。檐柱有侧脚（平面上各檐柱柱头向内倾斜）及生起（立面上，檐柱自中央当心间向两侧逐间升高）。阑额（清称额枋）上无普拍枋（清称平板枋）（图 5-3）。

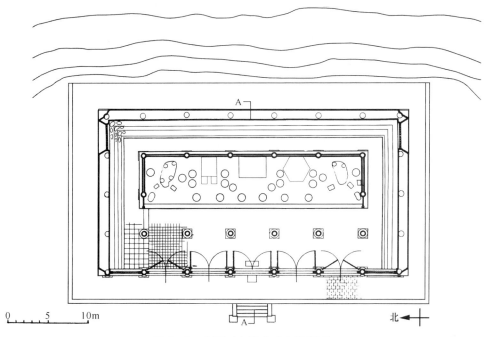

图 5-2　山西五台佛光寺大殿平面

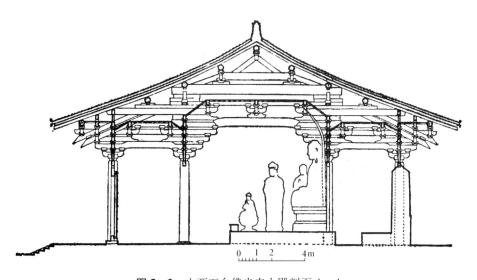

图 5-3　山西五台佛光寺大殿剖面 A-A

斗栱中之柱头铺作（清称柱头科）与补间铺作（清称平身科）区别明显。柱头铺作外出七铺作（即出四跳，清称九踩斗栱）双抄（"抄"或作"杪"，宋又称华栱，清称翘。双抄，即出二跳华栱）双下昂，第一、第三跳偷心（出跳之栱，昂头上不置横向栱者），批竹昂（昂头削成批竹形，清代已不用）尾直达草乳栿（清式天花以上之双步梁）下；内出单抄承明乳栿月梁。补间铺作很简洁，每间仅施一朵（即一组斗栱，清称一攒），不用栌斗（清称大斗或坐斗），而是在柱头枋（清称正心枋）上立短柱，柱上内、外出双抄（清称重翘）。内柱上的内檐斗栱一端与外檐柱头铺作的内出形式相同，另端出华栱四跳承四椽明栿月梁（清式为天花以下外形呈月梁之五架梁）。

梁架分为天花下的明栿和天花上的草栿。脊槫（宋《营造法式》中槫、檩并用。清代《工程做法》亦二者并用。一般称桁，为用于大式建筑有斗栱者。檩则用于一切无斗栱之建筑）。下不施侏儒柱（清式之脊童柱）而仅用叉手（支托于脊檩下二侧之斜撑，清代已不用），是现存木建筑中的孤例。上平槫（清称上金桁）下仍用托脚（支托于各平槫侧下方之斜撑，清代不用）。天花用小方格的平棋（清代已不用）（图5-4）。

屋面坡度较平缓，举高（屋顶高度与进深尺度之比）约为1/4.77。正脊及檐口都有生起曲线。

柱高与面阔的比例略呈方形，斗栱高度约为柱高的1/2。粗壮的柱身、宏大的斗栱再加上深远的出檐，都给人以雄健有力的感觉。

殿内的木质版门、砖砌佛座和塑造佛像都是唐代原物。

佛光寺大殿是我国现存最大的唐代木建筑，已列为全国重点文物保护单位。

2）河北正定隆兴寺

此寺始建于隋，原名龙藏寺，到宋初改建时才用现名。其总平面至今仍大体保存了宋代风格，呈南北中轴线的狭长方形（图5-5）。山门对面有照壁，门前有石桥及牌坊。门内左右的钟、鼓楼和正面的大觉六师殿已毁。以北是东、西配殿和摩尼殿，殿后有戒坛（四周回廊和后端的韦陀殿已不存）、慈氏阁、转轮藏殿。再北为东、西碑亭和佛香阁，最后是弥陀殿。方丈室及僧舍在佛香阁东，并附香火厨、马厩等。由于利用了建筑体量大小和院落空间的变化，轴线虽长而不觉呆板。

摩尼殿建于北宋皇祐四年（1052年），面阔长七间（约35m），进深也是七间（约28m），重檐歇山殿顶（后代重修），四面正中都出龟头屋（图5-6）。外檐檐柱间砌以封闭的砖墙，内部柱网由两圈内柱组成，面阔和进深方向的次间都较梢间为狭，和一般的处理不同。檐柱也有侧脚及生起，阑额上已用普拍枋，阑额端部并伸出柱外作卷云头式样。

下檐柱头铺作出双抄偷心造。上檐柱头铺作出单下昂（昂头部向下伸者），但耍头呈昂形；后尾出四抄（衬方头后尾也作成华栱式样）托明栿。补间铺作已用45°斜栱，当心间二朵，次间一朵。

除四面抱厦有门窗外，仅栱眼壁（嵌于二组栱之间的板壁，多用木板）略通光线，所以殿内采光及通风均欠良好。

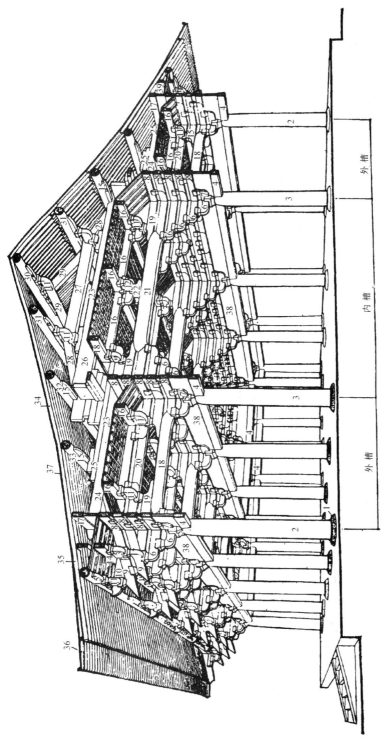

图 5-4　山西五台佛光寺大殿梁架结构示意图

1—柱础；2—檐柱；3—内槽柱；4—阑额；5—栌斗；6—华拱；7—泥道拱；8—柱头方；9—下昂；10—要头；11—令拱；12—瓜子拱；13—慢拱；14—罗汉方；15—替木；16—平棊方；17—压槽方；18—明乳栿；19—明栿明栿；20—半驼峰；21—四椽明栿；22—驼峰；23—平闇；24—草乳栿；25—缴背；26—四椽草栿；27—平梁；28—托脚；29—叉手；30—脊槫；31—上平槫；32—中平槫；33—下平槫；34—椽；35—檐椽；36—飞子（复原）；37—望板；38—拱眼壁；39—牛脊方

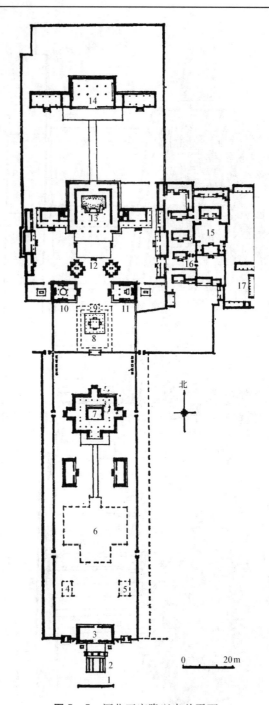

图 5-5　河北正定隆兴寺总平面

1—照壁；2—石桥；3—山门；4—鼓楼；5—钟楼；6—大觉六师殿；7—摩尼殿；8—戒坛；9—韦陀殿；10—转轮藏殿；11—慈氏阁；12—碑亭；13—佛香阁；14—弥陀殿；15—方丈室；16—关帝庙；17—马厩

图 5 - 6　河北正定隆兴寺摩尼殿外观

图 5 - 7　河北正定隆兴寺转轮藏殿外观

转轮藏殿内设一可转动的八角亭式藏经橱,因以为名。该殿为建于北宋的 2 层楼阁式建筑,外形和对面的慈氏阁相仿。平面方形,每面三间,入口处另加雨搭。上用九脊殿顶(清称歇山顶)(图 5 - 7)。底层因设八角形的亭状转轮藏,所以将中列内柱向两侧移动,使与檐柱组成六角形平面。这种改变柱子位置的方式,是宋、金建筑常采用的手法。

殿内梁架都用彻上明造(即不用天花,梁架均暴露在外),下层为了避开转轮藏的屋顶,在正面与山面当心间(清称明间)的檐柱上使用了曲梁。上檐柱头铺作的第二跳昂又延伸到平梁(清称三架梁)下作为大斜撑。补间铺作的昂尾则延到下平槫(清称下金桁)下。

内、外柱柱径已有区别;由于柱身较高,檐柱与内柱间使用顺栿串(清称穿插枋)以加强联系。上、下层柱交接处大都采用叉柱造(上层柱之下端施十字开口,插入下层柱上之斗栱内),但平座檐柱与下屋檐柱之交接则采用缠柱造(上柱向内收进约半个柱径,其下端不开口,直接置于梁上)。

佛香阁又称大悲阁,是寺中最高大的建筑,共 3 层,高 33m,有栏杆、平坐,屋面歇山式,此殿大部分为近代重修。阁内有高 24m 的千手千眼铜观音,是北宋开宝四年(971 年)创建此阁时所铸,也是我国古代铜制工艺品中最大的一件遗物。

3)　天津蓟县独乐寺

寺在县城内,相传始建于唐,后经辽统和二年(984 年)重建,现存辽代建筑尚有山门及观音阁二处(图 5 - 8)。

山门面阔三间(16.63m),进深二间四椽(8.76m)。单檐四阿顶(即四坡顶,清称庑殿顶),举高约 1/4。建在石砌台基上。平面有中柱一列,如宋《营造法式》所谓的"分心槽"式样。柱的收分小,但有显著侧脚。

柱头铺作为五铺作(出二跳,清称五踩斗栱)双抄

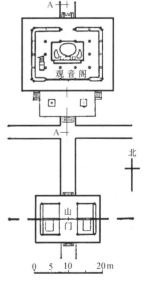

0　5　10　　20m

图 5 - 8　天津蓟县独乐寺
观音阁与山门平面

偷心造。补间铺作一朵，在斗子蜀柱（于短柱上置小斗承柱头枋。清已不用）上外出华栱二跳托撩檐槫（清称挑檐桁或挑檐檩），实际上第二跳华栱是耍头。内出华栱四跳，第二跳为耍头尾，第三跳为撑头木尾，这种做法与山西五台山佛光寺大殿及大同华严上寺大殿斗栱有相似之处。

阑额出头垂直切割，未用普拍枋。梁架上仍用叉手、托脚，都是较早的做法。

此门屋檐伸出深远，斗栱雄大，台基较矮，形成庄严稳固的气氛，在比例和造型上是成功的。

观音阁位于山门以北，亦重建于辽统和二年，面阔五间（20.23m），进深四间八椽（14.26m）。外观2层，有腰檐、平坐（图5-9）；内部3层（中间有一夹层）。屋顶用九脊殿式样。

图5-9　天津蓟县独乐寺观音阁外观

台基为石建，低矮且前附月台。平面仍为"金厢斗底槽"式样，并在二层形成六边形的井口，以容纳高16m的辽塑11面观音像。

柱子仅端部有卷杀，并有侧脚。上、下层柱的交接采用叉柱造的构造方式。由于上层和夹层的檐柱较底层檐柱收进约半个柱径，在外观上形成稳定感。位于底层斗栱以上和平坐楼板以下的夹层，在柱间施以斜撑，加强了结构的刚度，这种做法和山西应县佛宫寺释迦塔如出一辙，它经受了千年来多次地震的考验，证明结构是合理的（图5-10）。

斗栱的种类有24种。上檐柱头铺作双抄双下昂，昂尾压在草栿之下。补间铺作只一朵，下面承以斗子蜀柱或驼峰。

梁架分明栿及草栿两部分，仍用叉手与托脚。大部天花用平闇，仅当心间中央用八角形藻井。

井口勾阑用通长之寻杖（清称扶手）及承托之斗子蜀柱，与甘肃敦煌鸣沙山石窟唐壁画中之图像颇为相似。

4）山西大同善化寺

该寺在大同市南门内，其中的大雄宝殿是辽代建筑，山门、三圣殿、普贤阁

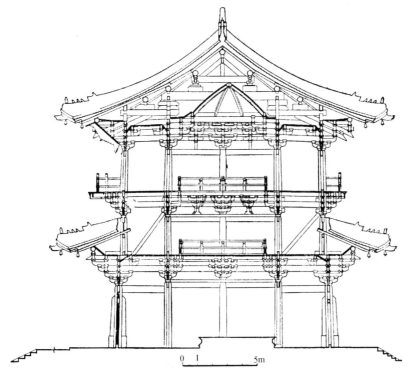

图 5 - 10　天津蓟县独乐寺观音阁剖面 A - A

均为金代重修。

总平面轴线为南北向，由南往北依次布置山门、三圣殿及大雄宝殿，两侧有东西配殿、长廊（已毁）、文殊阁（已毁）、普贤阁、地藏殿（已毁）、观音殿（已毁）等。

大雄宝殿面阔七间（40.48m），进深五间（24.24m），单檐四阿顶。前有砖砌月台，宽 31.42m，深 18.77m。

平面用减柱造，中央的五间四缝（缝为通过柱中心之轴线）省去外槽的前内柱和内槽的后内柱，只用 4 根内柱。正面角柱较当心间平柱生起 42cm，约合宋营造尺一尺三寸，较《营造法式》卷五规定的"七间生高六寸"大大超过。檐柱之间除正面当心间和二梢间开门窗外，都围以厚墙。

斗栱都是五铺作。补间只一朵，当心间出 60°斜栱，左、右次间出 45°斜栱。殿内斗栱有 8 种，构造繁复。

天花部分用斗八（八角形）藻井和平棋（清称天花），部分为彻上明造。屋顶高大雄壮，但还未使用推山（庑殿屋顶为解决正脊过短，采用向两侧延伸的一种屋面特殊做法）。

普贤阁在大殿南面西侧，金贞元二年（1154 年）重修。平面方形，每面 10.40m。底层东西面三间，南北面二间；上层每面均为三间。外观二层，以腰檐、平坐划分。屋顶为单檐九脊殿式。

阁建在砖砌平台上。平面未置内柱。底层除东面当心间设门外，其余皆围以砖墙。斗栱均用五铺作。补间只一朵，上檐也出 60°斜栱。

三圣殿在山门与大殿之间，建于金天会六年（1128 年）。面阔 5 间（32.68m）；进深四间（19.30m）。单檐四阿顶。

前有砖砌月台。殿身平面减柱甚多，内柱只剩 4 根，即当心间缝的后檐内柱和次间缝的后檐内柱（向前移一椽长度）；另有 4 根辅助性内柱，大概是后代所加。

前、后檐当心间开门，前檐次间辟窗，其余都砌以砖墙。中央三间在后檐内柱处砌屏风墙，墙前设佛坛。

斗栱用六铺作（出三跳，清式称七踩斗栱）。补间铺作于当心间用两朵，其余均用一朵。正面角柱较平柱生起 40cm（约合宋营造尺 1.25 尺），高于《营造法式》规定之"五间生高四寸"尤多。梁架全部彻上明造，施叉手而不用托脚。

5）西藏拉萨布达拉宫

在拉萨市西约 2.5km 的布达拉（普陀）山上，是达赖喇嘛行政和居住的宫殿，也是一组最大的藏传佛教寺院建筑群，可容僧众两万余人（图 5 - 11）。相传始建于公元 8 世纪松赞干布王时期，后毁于兵燹。清顺治二年（1645 年），由五世达赖重建，主要工程历时约 50 年，以后陆续又有增建，前后达 300 年之久。

图 5 - 11　西藏拉萨布达拉宫

此宫依山而建，经过漫长的石磴道行至山腰，才到达宫的入口。此处带窗的碉楼大部由白石砌成，仅在檐边及石栏墙头用白玛草涂红装饰，外观简洁明快。上部中央的红宫是整个建筑群的主体，也是达赖喇嘛接受参拜及其行政机构所在，有经堂、佛殿、政厅、图书馆、仓库、历代达赖喇嘛的灵堂、灵塔以及平台、庭院等，最大的经堂可容纳 500 喇嘛诵经。红宫以东的白宫，是达赖喇嘛的住所，位置较红宫稍低，装饰十分华丽。红宫附近又设有佛像及佛具制造所、印经院、马厩、守卫室、监狱和喇嘛住宅等（图 5 - 12）。

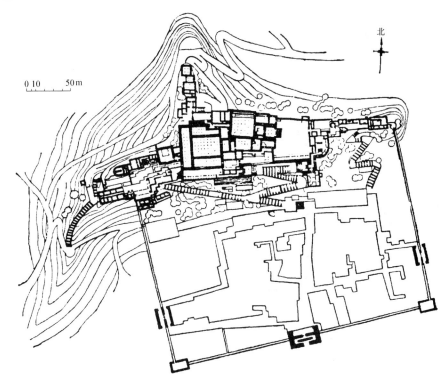

图 5－12　西藏拉萨布达拉宫总平面

布达拉宫拔地高 200 余米，外观 13 层，实际只有 9 层。由于它起建于山腰，大面积的石壁又屹立如削壁，使建筑仿佛与山岗合为一体，气势十分雄伟。在总平面上没有使用中轴线和对称布局，但却在体量上、位置上和色彩上强调红宫与其他建筑的鲜明对比，仍然达到了重点突出、主次分明的效果。

红宫之上又建金殿 3 座和金塔 5 尊，阳光下金光灿烂，更加突出了这组建筑的重要性。

布达拉宫在建筑形式上，既使用了汉族建筑的若干形式（金殿屋顶、达赖喇嘛住所的装修……），又保留了藏族建筑的许多传统手法（门、窗、脊饰……），反映了兄弟民族建筑形式的密切结合，也表现了藏族建筑艺术的高超水平。

此外，宫内尚绘有许多壁画，对研究西藏的历史和艺术都很有价值。

6）西藏日喀则萨迦南寺

该寺为西藏佛教萨迦派之祖寺，位于日喀则市西南约 168km 之本波山下重曲河南岸，与已毁之萨迦北寺遥遥相对。南寺始建于公元 1268 年（南宋度宗咸淳四年，元世祖至元五年）。据藏文史料记载，首建的是寺内主体建筑之底层、内城城墙及角楼，其余建筑至元成宗贞元元年（1295 年）才全部落成。

寺之总平面呈东西略长之矩形（东西长 166m，南北宽 100m）（图 5－13）。最外置护城河，以内建城墙二道。外垣羊马城，为回字形平面之较低土墙。内垣为包石夯土墙，高 8m，顶宽 3m，上原建有堞垛，1948 年大修时改为藏式平檐。内垣四隅及各边中央皆建高三四层之碉楼。进入南寺的大门，即设于其东、西垣中部的碉楼下。

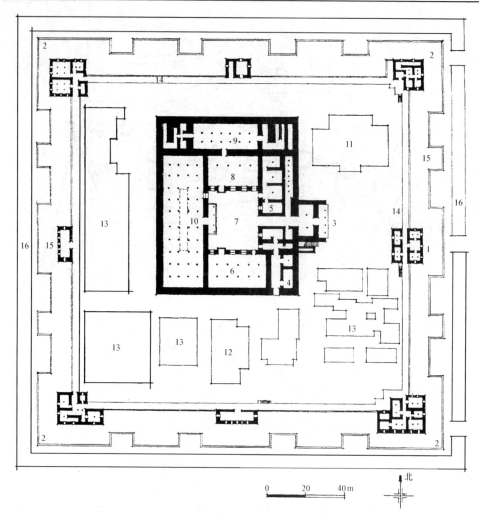

图5-13　西藏日喀则萨迦南寺总平面图

1—门楼；2—角楼；3—主体建筑正门；4—平措颇章；5—卓玛颇章；6—蒲康；7—内庭院；8—银塔殿；9—北佛殿；10—拉康钦姆；11—平措林；12—八思巴喇让；13—僧舍；14—内城城墙；15—羊马城；16—护城河

　　寺内主体建筑位于内城中部稍北，平面呈东西长84m、南北宽89m之矩形，高达21m。作庭院式建筑组合。其主要建筑有大经堂（"拉康钦姆"），平面东西窄而南北广，面积约5700m^2，高11m余。内置粗大圆柱40根。殿中供诸佛及菩萨像。壁面绘有描绘当年建寺经过之壁画，颇为珍贵。另有北佛殿，银塔殿等殿堂。其东北建萨迦法王议事楼（"平措林"），以南为法王官邸（"八思巴喇让"）及喇嘛僧舍多所。

　　寺墙上涂有红、白、黑三色，分别象征文殊、观音及金刚手。萨迦派又称"花教"，即本于此。

　　由于此寺既是传教寺院，又是萨迦政权都城，出于防御需要，故采用城堡状建筑形式，而与一般喇嘛教寺院常依地形随宜布置不同。后者如格鲁派之四大寺，均建于城郊。即甘丹寺（1409年）位于拉萨东南之达孜县境内；哲蚌寺

（1416 年）位于拉萨西部；色拉寺（1419 年）位于拉萨以北；札什伦布寺
（1447 年）则位于日喀则西郊。

7）内蒙古呼和浩特席力图召

位于呼和浩特市旧城内，汉名延庆寺（"召"就是庙），创建于明代万历年间，
清康熙三十五年（1696 年）重建，后又屡修并改建。从式样看是汉藏混合的喇嘛庙。

总平面仍沿用汉族一般佛寺的布局（图 5 - 14），沿中央纵轴排列院落多重，

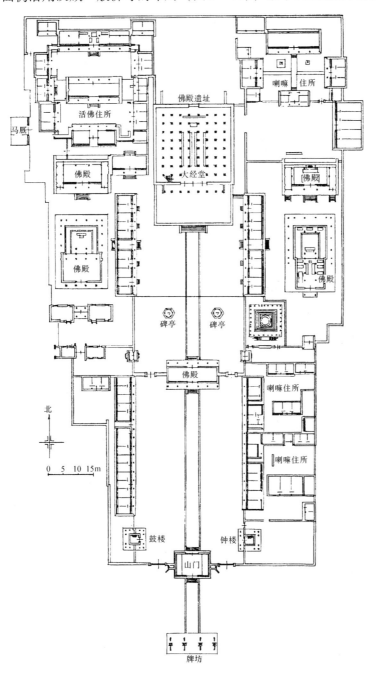

图 5 - 14　内蒙古呼和浩特席力图召总平面

167

牌坊、山门（天王殿）、大经堂、大佛殿等都在此中轴上。两侧殿宇包括佛殿、活佛与喇嘛住所等，虽是对称布置，但朝向与主殿一致，这是比较特殊的手法。寺内建筑大都采用汉族的形式，仅主要建筑——大经堂是汉藏混合式样。

大经堂建于高台上，平面呈纵长形，由前廊、经堂、佛殿三部分组成。前廊面阔七间，进深一间，廊柱8根，漆朱红色，柱头及檐口装饰也很复杂。廊内中央三间开大门，通向经堂，门也为朱红色，两侧壁上绘有大幅壁画。经堂高2层，面阔和进深都是九间。中央空间直达屋顶，四周设回廊2层，室内大柱林立，除柱身包缠黄蓝花纹毡毯外，并悬挂各种幛幡，光线仅由天窗射入，室内十分昏暗。经堂后为供佛像的佛殿，高3层，气氛更加阴晦。

屋顶为歇山式，施黄琉璃瓦和金色装饰。四壁砖墙面包砌蓝色琉璃砖，又嵌以黄琉璃腰檐3道，以打破大面积墙面的单调感，并可与屋面有所呼应。总的印象是华丽夺目，与一般藏族喇嘛庙的雄壮朴实风格不同。

8）河北承德外八庙

承德位于北京通往内蒙古的要道上，又是清代帝王避暑的地方，自18世纪初，就在这里修建离宫，称为"避暑山庄"。

在离宫东面和北面的丘陵地带，先后建造了十二座佛寺，现存八座俗称"外八庙"（图6-4）。它们是溥仁寺（1713年）、普宁寺（1755年）、普佑寺（1760年）、安远庙（1764年）、普乐寺（1766年）、普陀宗乘庙（1771年）、殊像寺（1774年）、须弥福寿庙（1780年）。

清代统治者修建这些庙寺的目的是为了笼络蒙、藏等民族的上层分子，因此除了溥仁寺和殊像寺外，都在不同程度上吸取或模仿蒙、藏民族的建筑形式。现以普陀宗乘庙为例。

此庙位于避暑山庄北面，其主体部分南北长500m，东西宽170m，占地面积约8.5万m^2，修建历时四年（乾隆三十二年至三十六年），是外八庙中规模最大的。

总平面大致分为前、中、后三部分（图5-15）。前部有山门、碑亭、五塔门及琉璃牌坊，基本按中轴线排列。琉璃坊

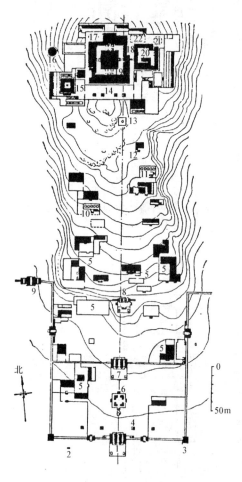

图5-15　河北承德普陀宗乘庙平面
1—山门；2—下马碑；3—角楼；4—幡杆；5—白台；6—碑亭；7—五塔门；8—琉璃牌坊；9—三塔水门；10—西五塔台；11—东五塔台；12—钟楼；13—塔院；14—白台；15—千佛阁；16—圆台；17—慈航普渡；18—红台；19—万法归一；20—戏台；21—权衡三界；22—洛迦胜境

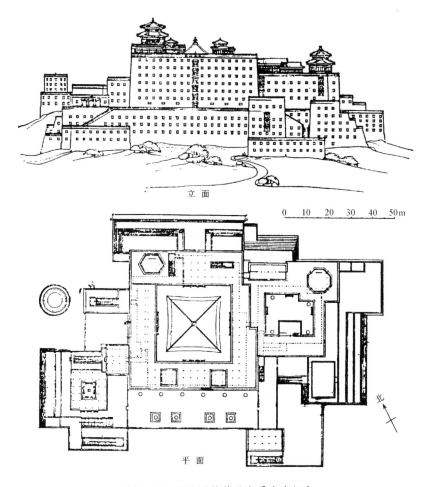

立　面

0　10　20　30　40　50m

北

平　面

图 5－16　河北承德普陀宗乘庙大红台

后即为中部，沿曲道登山，两侧有小白台和喇嘛塔多处。自大红台起属后部，是全庙主体所在（图 5－16）。大红台由三组外绕高楼内为庭院的建筑组成，即中央的大红台群楼。西侧的万佛阁和东侧的戏台。大红台的墙面高达 25m，面阔 60 余米，墙体有显著收分。墙面开窗 7 列，但仅有上部 3 列是真窗，由于在中央排列了 6 个琉璃佛龛并使用了下面的 4 列假窗作装饰，所以外观不显得单调。台上又重点布置了几座重檐和单檐的殿、阁，使外观更增添了变化。

这组建筑在局部模仿了布达拉宫，造型上达到一定的效果。

9）云南傣族佛寺

傣族是我国西南少数民族之一，每个村寨几乎都建有上部座佛教之寺院及佛塔，但寺庙多置于村寨附近较高的山岗或台地上，不与村寨相混。

佛寺平面多呈矩形（图 5－17），寺内以佛殿和佛塔为主要建筑。佛殿入口多置于建筑之东侧或东南；佛像则位于殿内西侧而面东，室内空间高耸而少窗，故光线暗淡，形成神秘气氛。寺内大多建有佛塔，平面为圆形或多角形，外轮廓较细长，塔可单置，也可群置（德宏州的瑞丽塔，就由 17 座塔组成）。此外，还

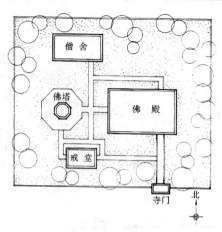

图 5 - 17　云南傣族小乘佛教寺院平面示意图

有体量较佛殿为小的戒堂，供高级僧侣定期讲经及新僧人受戒之用。又有入口之门屋、走廊及僧人居住之僧舍等。

佛寺有草房、干阑式建筑等多种形式，屋顶常用歇山，有的屋檐重叠达 3 层之多。

在塔的四隅或佛殿台阶两侧常雕塑神龙怪兽，富有当地的民族特色。

5.2.2　道教宫观

1）湖北均县武当山道教宫观

武当山方圆 400 余公里，为道教七十二福地之一。相传自东汉迄于元、明，道家哲圣如阴长生、吕洞宾、张三丰等均修炼于此。是故唐、宋、元代均有所建设，但规模不大。明成祖即位后，称"靖难"时曾得道家之助，遂于永乐十一年（1413 年）征募军民、工匠 20 余万人，在此大兴土木，建成宫观凡 33 处，蔚为一时盛举。其全部建筑之布局大体可分为东神道与西神道二路。即沿太岳山北麓东、西之剑河与螃蟹夹子河二道溪流，由北往南，自下而上，依次兴建，最后汇合，并终止于武当山之最高处天柱峰（图 5 - 18）。其中西路在唐、宋时已有开发，而东路则为永乐时所新建。全部路程共长 60 余公里。永乐二十二年（1424 年）落成时，计有 8 宫、2 观、36 庵堂、72 岩庙、39 桥、12 亭等建、构筑物，合计门庑、殿观、厅堂、厨库 1500 余间。除敕命道士 9 名为六品提点主持诸宫观事务外，又选道士 200 人供洒扫，并赐田 277 顷以奉养。

在诸宫观中，以西路之玉虚宫规模最大，其东西广 170m，南北深 370m。沿轴线设置桥梁、碑亭、宫门四重及前、后殿。前殿面阔七间，进深五间，尺度居武当山各建筑之冠。殿外之玉带河前辟有广场，可供阅兵及操练，此形制为一般寺观所未有。宫中原有建筑大多已毁，仅余若干门、碑亭及建筑基址。

紫霄宫在东神道之南端，亦天柱峰东北之展旗峰下，前有"S"形小溪，以

图 5-18　湖北均县武当山道教建筑群分布图
括号内数字表示海拔高程（单位：m）

像太极。宫中建筑均依中轴线次第建造于层叠之平台上。自前往后有龙虎殿、左右碑亭、十方堂、紫霄殿、父母殿及二侧之东、西宫等。紫霄殿面阔五间，重檐歇山顶。殿前建重台 2 层，供礼仪及练武之用。其后之父母殿因地位狭窄，故外形颇似牌楼。左、右之东、西宫自成院落，环境甚为幽静。

武当山主峰天柱峰顶，建有长约 1km 之石城一周，名曰：紫金城（图 5-19）。城内最高处有建于永乐十四年（1416 年）之铜铸镏金"金殿"，殿面阔三间（5.8m），进深亦三间（4.2m），重檐庑殿顶。其斗栱于下檐为七踩，上檐九踩，均施双昂。殿内供披发跣足之真武铜像，并有玄武（龟蛇）、金童、玉女及水、火二将等。金殿左右并建签房、印房，后置父母殿，形成一组位于山顶之二重院落建筑。

此区建筑以其范围广大，宫观众多，气势雄伟，殿阁亭台与山川林木合为一体而闻名海内外。目前已被联合国正式列为世界文化遗产予以特别保护。

2）山西芮城永乐宫

原在山西永济永乐镇，是在唐代吕公祠原址上重建的大纯阳万寿宫的主要部分，建于元中统三年（1262 年）。因修筑黄河水库工程，已将此组建筑迁至芮城。

主要建筑沿纵向中轴线排列，有山门、龙虎殿（无极门）、三清殿、纯阳

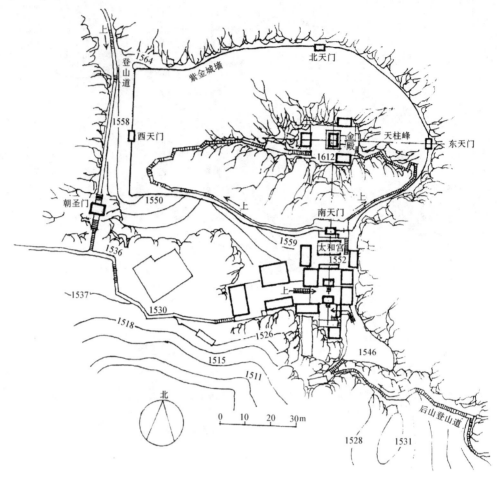

图 5－19　湖北均县武当山天柱峰"紫金城"平面示意图

殿、重阳殿和邱祖殿（已毁），是一组保存得较完整的元代道教建筑（图5－20）。

三清殿是宫中主殿，面阔七间（34m）；进深四间（21m）；单檐四阿顶（图5－21）。平面中减柱甚多，仅余中央三间的中柱和后内柱。檐柱有生起及侧脚，檐口及正脊都呈曲线。

殿前有月台二重，踏步两侧仍保持象眼（以砖、石砌作层层内凹式样）做法。殿身除前檐中央五间及后檐当心间开门外，都用实墙封闭。

斗栱六铺作，为单抄双下昂（假昂），补间铺作除尽间施一朵外，余皆两朵（图5－22）。

殿内壁画绘360值日神，线条生动流畅，与纯阳殿（混成殿）、重阳殿（七真殿）内的元代壁画同为我国古代艺术中的瑰宝。

5.2.3　伊斯兰教礼拜寺

1）福建泉州清净寺

始建于南宋绍兴元年（1131年），元至正间（1341～1370年）重建。

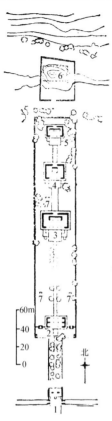

图 5-20　山西芮城永乐宫总平面
1—宫门；2—龙虎殿（无极门）；
3—三清殿；4—纯阳殿；5—重阳殿；
6—邱祖殿；7—碑

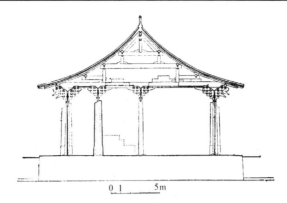

图 5-21　山西芮城永乐宫三清殿剖面

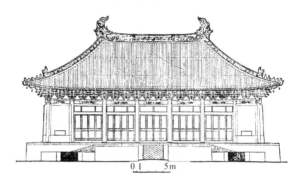

图 5-22　山西芮城永乐宫三清殿立面

　　寺门在南，门宽 4.5m，高 20m，由青绿色石砌成。门楣作葱头式尖栱三重，高度自外向内递减。门上建堞垛及平台，原有光塔已毁。

　　礼拜殿在门内西侧，正面向东，面阔五间，进深四间。东墙辟尖拱形正门，西墙设尖拱形大龛 1 个，左、右并列小龛 6 个，南墙开方窗 6 孔，墙壁均由花岗石砌造。原有屋顶早已全毁。

　　该寺的平面布局和门、墙式样都保存了较多的外来影响。

2）陕西西安化觉巷清真寺

　　建于明初（14 世纪末），现存主要建筑仍是当时遗物。处理手法基本已是中国传统形式。轴线东西向，共有院落四重。第一、二院内有牌坊及大门；第三院内的主体建筑是省心楼（又叫密那楼或邦克楼，阿訇在此楼上招呼教徒入寺礼拜），平面八角形，高 3 层，两侧有厢房，作浴室、会客室、讲经室等。第四院内有正面朝东的礼拜殿，平面作凸字形，面阔七间，前有大月台及前廊，后设神龛。礼拜殿的屋顶也分为前廊、礼拜堂和后窑殿（有神龛和宣谕台）三部，相互搭接。其中以礼拜堂屋顶为最大，并做重檐形式。

图 5-23　新疆喀什阿巴伙加玛札鸟瞰

3）新疆喀什阿巴伙加玛札

这是包括大门、墓祠、礼拜寺、教经堂、墓地、浴室、水池、庭院和阿訇住所等众多内容的建筑群（图 5 - 23）。位于喀什市东约 5km，是阿巴伙加家族的墓地（即"玛札"），始建于公元 17 世纪中叶。现将其中主要建筑情况介绍于下：

墓祠：始建于 17 世纪中叶。它位于整个建筑群中部，亦为其中最主要的建筑。通面阔七间，进深五间（图 5 - 24），四隅均建有平面为圆形之高塔，内置楼梯可登至顶层。中央主体部分高 24m，其大穹窿圆顶直径达 16m，是为新疆现存之尺度最大者。其下四周皆承以厚墙（图 5 - 25）。外墙各间上部均作尖拱形，并构有各式花窗。墙面则包砌绿色琉璃砖。纵观其建筑造型及色彩，皆极具浓厚伊斯兰建筑风貌。内墙面全部刷白，既增加了室内亮度，又形成了明净与严肃气氛。

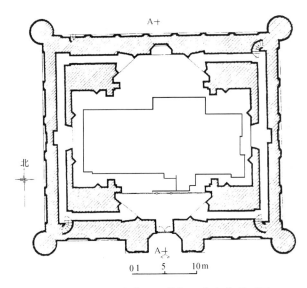

图 5 - 24　新疆喀什阿巴伙加玛札主墓平面图

绿礼拜寺：位于墓祠之西北，亦建于 17 世纪中叶。平面呈曲尺形，坐北面南。外殿为面阔四间、进深三间之平顶式敞廊。内殿上建覆绿色琉璃瓦之半球形穹窿顶，顶直径 11.6m、高 16m。内壁辟壁龛 4 层。

大礼拜寺：位于建筑群西端，坐西面东，平面呈门形，建造于 19 世纪。其正面面阔十五间。外殿亦敞廊式，置红褐色廊柱，甚为壮观。后殿建低矮之穹窿一列，色调幽暗，与外殿形成强烈对比。

高礼拜寺：位于建筑群之西南，建于一高台之上。其外殿之木柱及柱头皆满施雕刻，甚为精美华丽。梁、枋上则绘以彩画。其东北及西南隅各建邦克楼一座，外壁均以砖拼砌出各种几何图案。

低礼拜寺：东接高礼拜寺，面积甚小。装饰比较简单。

教经堂：联于低礼拜寺西侧，平面方形，装饰也很简单。

图 5 - 25　新疆喀什阿巴伙加玛札主墓立、A - A 剖面图

5.3　佛塔　经幢

5.3.1　佛塔

佛塔原是佛徒膜拜的对象，后来根据用途的不同而又有经塔、墓塔等的区别。

我国的佛塔，早期受印度和犍陀罗的影响较大，后来在长期的实践中发展了自己的形式，在类型上大致可分为大乘佛教的楼阁式塔、密檐塔、单层塔、喇嘛塔和金刚宝座塔，以及小乘佛教的佛塔几类。

楼阁式塔是仿我国传统的多层木构架建筑的，它出现较早，历代沿用之数量最多，是我国佛塔中的主流。根据《后汉书》卷一百三·陶谦传，东汉献帝初平四年（193 年）笮融在徐州建造的浮屠寺，已经是"上累金盘，下为重楼，又堂阁周回，可容三千许人"的大建筑群，这是目前所知有关我国木塔的最早文献。而山西大同云冈石窟中的石刻塔柱，则将北魏时的楼阁式塔展现在我们眼前。它使用了木建筑的柱、枋和斗栱，并且逐层向内收进。从结构上和外观上看，都已经中国化了。南北朝至唐、宋，是我国楼阁式塔的盛期，分布几乎遍于全国，尤以黄河流域和南方为多。此外，还影响到朝鲜、日本和越南。现存的实例，也以宋代最多，元代以后渐少，但从各种塔的绝对数量看，仍居首位。塔的平面，唐以前都是方形，五代起八角渐多，六角形为数较少。早期楼阁式木塔和仿木的砖石塔只用一层塔壁结构，刚度欠强，后来改用双层塔壁（木塔实例以辽山西应县佛宫寺释迦塔为早，砖塔以五代江苏苏州虎丘云岩寺塔最先），并增加了一些加固措施，使塔身强度大为增加。材料的使用也由全部用木材，逐渐过渡到砖木混合和全部用砖石，完全用木的楼阁式塔在宋代以后已经绝迹。

密檐塔底层较高，上施密檐 5 ~ 15 层（一般 7 ~ 13 层，用单数），大多不供登临眺览，意义与楼阁式塔不同。有的虽可登临，但因檐密窗小，又不能外出，故观览效果远不如楼阁式塔。建塔材料一般用砖、石。

这类塔在我国最早的实例是北魏的河南登封嵩岳寺塔。辽、金是它的盛期，元以后除云南等边远地区外，几乎没有发现。其分布地域以今日黄河以北至东北一带为多。平面除嵩岳寺塔为 12 边形外，隋、唐多为正方形，辽、金多为八角形。辽、金的密檐塔在塔基和底层的装饰十分华丽，除了隐出倚柱、阑额、斗栱、勾阑、门、窗外，还饰以天王、力神、塔幢和各种装饰纹样，与北魏等早期较简朴然而具有若干外来影响的形式有很大区别。

单层塔大多用作墓塔，或在其中供奉佛像。前者已知最早遗例建于北齐，后者则为隋代。至唐代时，其外形已大力模仿木构，隐出柱、枋、斗栱等各种构件。塔的平面有方、圆、六角、八角多种。

喇嘛塔分布地区以西藏、内蒙古一带为多。多作为寺的主塔或僧人墓，也有以塔门（或称过街塔）形式出现的。内地喇嘛塔始见于元代，明代起塔身变高瘦，清代又添"焰光门"。

金刚宝座塔是在高台上建塔 5 座（中央一座较高大，四隅各一较低小），仅见于明、清二代，为数很少。台上塔的式样，或为密檐塔，或为喇嘛塔。

傣族佛塔见于云南傣族地区，外观较细高而秀逸，极富当地民族风格，塔多单建，亦有群建者。现存实例均未早于明代。

1）楼阁式塔

（1）山西应县佛宫寺释迦塔

在应县城内，又称应州塔，建于辽清宁二年（1056 年），是国内现存唯一最古与最完整之木塔。

塔位于寺南北中轴线上的山门与大殿之间，属于"前塔后殿"的布局。塔建在方形及八角形的 2 层砖台基上，塔身平面也是八角形，底径 30m（图5 - 26）；高 9 层（外观 5 层，暗层4 层），67.31m。

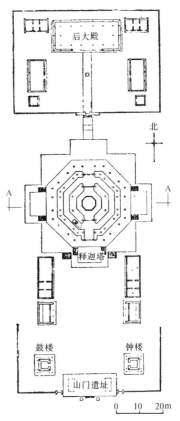

图 5 - 26　山西应县佛宫寺平面

　　底层的内、外二圈柱都包砌在厚达1m的土坯墙内，檐柱外设有回廊，即《营造法式》所谓的"副阶周匝"。而内、外柱的排列，又如佛光寺大殿的"金厢斗底槽"。位于各楼层间的平坐暗层，在结构上因增加了柱梁间的斜向支撑，使得塔的刚性有很大改善，虽经多次地震，仍旧安然无恙。这种结构手法和独乐寺观音阁基本一致（图5-27）。

　　各层檐柱与其下之暗层檐柱结合使用叉柱造。但上层暗层檐柱移下层檐柱内收半柱径，其交接方式为缠柱造。在外观上形成逐层向内递收的轮廓。各层都设平坐及走廊。全塔共有斗栱60余种。

0　　5　　10m

图5-27　山西应县佛宫寺释迦塔A-A剖面

（2）江苏苏州虎丘云岩寺塔

建于五代吴越钱弘俶十三年（公元 959 年）。寺的原来平面已不可考。

塔平面八角形，这是五代、宋、辽、金最流行的式样。塔体可分为外壁、回廊、塔心壁、塔心室数部，底层原有副阶周匝已毁（图 5 - 28）。

塔高 7 层（最上层是明末重建），大部用砖，仅外檐斗栱中的个别构件用木骨加固。塔身逐层向内收进，塔刹与砖平坐已不存，残高约 47m（图 5 - 29）。

一至四层檐下斗栱用五铺作出双抄，五、六层用四铺作单抄；补间斗栱每面二朵，栱头卷杀均为三瓣（图 5 - 30）。

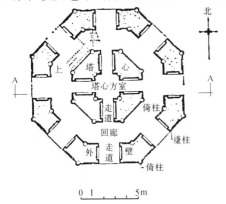

图 5 - 28　江苏苏州虎丘云岩寺塔平面

图 5 - 29　江苏苏州虎丘云岩寺塔外观

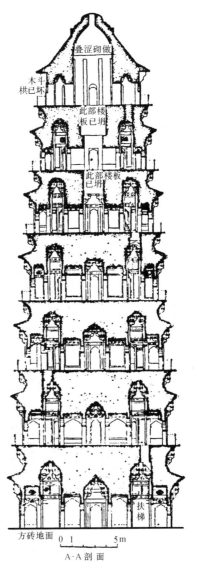

图 5 - 30　江苏苏州虎丘
云岩寺塔剖面

179

塔心壁亦八角形，四面开门正对外壁塔门。在我国仿木的楼阁式砖石塔中，用双层塔壁的以此塔为最早。各层内部走道已用砖拱券，使塔外壁与塔心壁连为一体，从而加强了塔身整体的坚固性。

塔内枋上用"七朱八白"（唐、宋时装饰之一，见第8.6节），走道天花用菱角牙子、如意头，栱眼壁用套钱纹、写生花等，装饰内容颇为丰富。

此塔因建于山坡上，下部基础产生滑动，故已向西北有所倾斜，现经加固稳定。

（3）江苏苏州报恩寺塔

在苏州市内北部，又称北寺塔，建于南宋绍兴年间（1131～1162年）。

塔高9层（71.85m），平面八角形，木外廊砖塔身（又分塔外壁、回廊、塔心壁、塔心室），就其承重结构而言，也是"双套筒"式砖砌结构。现在的木廊和底层的副阶都是清末或更晚的作品，砖砌塔身则还保存了原来宋代的风貌。

塔身外壁四面开门，门侧用槏柱。塔内用瓜楞柱及圆梭柱，柱下有石礩。

内檐斗栱五铺作出双抄，或以单抄托上昂。《营造法式》已对上昂述及，现存实物则见于此塔及江苏苏州玄妙观三清殿、报恩寺塔、浙江金华天宁寺大殿等处。柱头铺作用圆栌斗，补间用讹角斗，内转角用凹斗都是宋代做法。

（4）福建泉州开元寺双石塔

在开元寺大殿前，东塔名镇国塔，高48m；西塔称仁寿塔，高44m。它们原来都是木构，创建于唐末五代之际，南宋淳祐间（1241～1252年）全部改为石建。现以西侧之仁寿塔为例（图5－31）。

塔平面八角形（图5－32），高5层，下施具石阶及勾阑之八边形台座。台为须弥座式样，刻有莲瓣、力神、佛教故事等。塔身每面都以槏柱划分为三间，中间开门或窗，两侧雕天神像。塔转角都置圆倚柱，柱间有阑额无普拍枋。一、二层又出绰幕枋，但很短，仅为跨度的1/10左右（图5－33）。

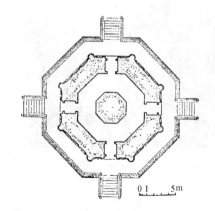

图5－31　福建泉州开元寺仁寿塔外观　　图5－32　福建泉州开元寺仁寿塔平面

斗栱用五铺作双抄偷心造。补间铺作在一、二层每面二朵，以上各层一朵。各层均设平坐及勾阑。

塔身全部用大石条砌成，比例较粗壮。

（5）南京报恩寺琉璃塔

在南京中华门外，始建于明永乐十年（1412 年），历时 19 年乃成。

塔下有八角形台座三重。塔身平面八角形，高 9 层，约 80m。底层建有回廊（即宋代的"副阶周匝"）。

每层八面均开圆拱门。塔室为方形。塔身外皮全部用琉璃构件镶砌，外壁白色，塔檐、斗栱、平坐、栏干则用五色琉璃。由于各层递收，所以使用的砖瓦尺寸不一，当时为了考虑修理方便，每一构件制作时都一式三份。一份用于建塔，另二份编号储存，以备修理时用。

此塔在当时曾被誉为世界建筑七大奇迹之一，惜毁于太平天国之役。

2）密檐塔

（1）河南登封嵩岳寺塔

在登封嵩山南麓，是我国现存最古的密檐式砖塔（图 5 – 34），建于北魏正光四年（523 年）。塔顶重修于唐。

图 5 – 33　福建泉州开元寺仁寿塔立面

塔平面为 12 边形，是我国塔中的孤例（图 5 – 35）。建有密檐 15 层，高 40m。此塔最下为低平台座。上建划为二段之塔身，下层塔身平素，无门窗及任何装饰。上层塔身辟饰以火焰式尖瓣之拱门及小龛，龛下置有壸门之须弥座。转角立莲瓣倚柱。虽门楣及佛龛上已用圆拱券，但装饰仍多保存外来风格。密檐出挑都用叠涩，未用斗栱。塔心室为八角形直井式，以木楼板隔为 10 层。

塔身外轮廓有缓和收分，呈一略凸之曲线。塔刹则用石构成，其形式为在简单台座上置俯莲覆钵，束腰及仰莲，再叠相轮七重与宝珠一枚（图 5 – 36）。

密檐间距离逐层往上缩短，与外轮廓的收分配合良好，使庞大塔身显得稳重而秀丽。檐下的小窗，既打破了塔身的单调，又产生了对比作用，也是较好的处理手法。

图 5 – 34　河南登封嵩岳寺塔外观

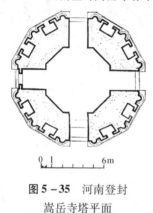

图 5 – 35　河南登封
嵩岳寺塔平面

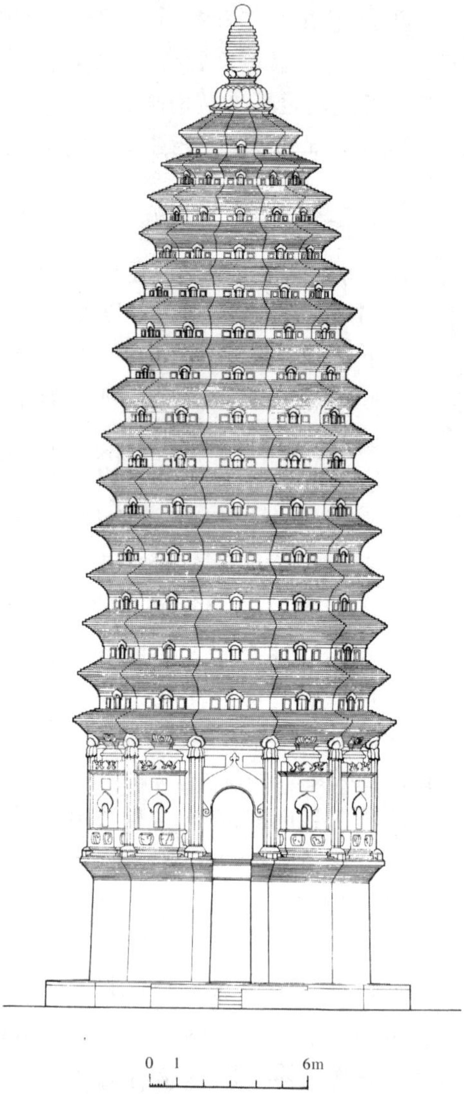

图 5 – 36　河南登封嵩岳寺塔立面

（2）陕西西安荐福寺小雁塔

在西安南郊，寺址原为隋炀帝居藩时旧第，武则天文明元年（684 年）建寺，景龙元年（707 年）修塔。

塔平面正方形，底层每面宽 11.25m，下未见基座，径建在砖砌高台上。原有密檐 15 层，明嘉靖三十四年（1555 年）陕西大地震，顶部 2 层震塌，现余 13 层，残高约 50m，塔身中部已有裂缝（图 1 – 44）。

底层壁面简洁，未置倚柱、阑额、斗栱等，仅南、北各开一门。塔室为正方形。以上各层壁面俱设拱门。密檐均以砖叠涩挑出，上再置低矮平座，这种做法与一般密檐塔不同。

（3）山西灵丘觉山寺塔

寺内建筑均清代所构，唯此塔建于辽大安五年（1089 年）。

塔平面八角形，由外壁、回廊及塔心柱组成。密檐13层。塔下有方形及八角形基座二重，上置2层须弥座。第二层须弥座上有斗栱及平坐，须弥座束腰角部及壶门间雕刻力神，壶门内浮雕佛像。平坐栏板饰以几何纹样及莲花，形制都很精美。平坐以上再以莲瓣三重托八角形塔身。

塔底层转角置圆倚柱，并隐出阑额、普拍枋、斗栱等。南、北设圆券门，东、西为假门，余四面假窗。壁面无其他装饰。

塔心室八角形，室中央建塔心柱，似保存唐以前的古意，这和其他辽塔做法不同。

在外观上，从第二层起，层高和层宽均有递减。各层挑檐已用斗栱。底层檐下斗栱五铺作出双抄，补间铺作仅一朵，但出斜栱。二层以上的斗栱均减一跳，其他做法相同。檐上俱不出平坐。

3）单层塔

（1）河南安阳宝山寺双石塔

内中之西塔为道凭法师墓塔，建于北齐（图5-37）。塔全高2.22m，塔平面方形，置于3层方形台基之上（最下层台基边长1.15m）。塔身宽0.53m，高0.45m。南侧辟有圆券之火焰门，门侧立方倚柱，柱头刻莲瓣三枚，柱下施莲瓣柱础。门楣上镌："宝山寺大论师道凭法师烧身塔"，门东壁上刻"大齐河清二年（563年）三月十七日"字样。其余三面塔壁俱平素无饰。塔心室作方形，每面长0.25m。塔身上置方涩二道，再上为山花蕉叶两层及覆钵，塔刹已部分残缺。

东塔形制与西塔基本一致，唯尺度稍小。通高2.14m，底层台基宽1.11m。塔上无铭文，依形式判断亦应为北齐时物。

（2）山东历城神通寺四门塔

在历城柳埠，全由石建，根据内部题记，最迟建于隋大业七年（611年）。

平面方形，每面宽7.38m（图5-38），中央各开一圆拱门。塔室中有方形塔心柱，柱四面皆刻佛像。塔檐挑出叠涩5层，然后上收成四角攒尖顶，最上置山花蕉叶托相轮，全高约13m（图5-39）。整个风格朴素简洁。

（3）河南登封会善寺净藏禅师墓塔

在登封西北10km会善寺山门以西，建于唐天宝五年（746年），全由砖砌。

平面为八角形（图5-40），单层重檐，全高9m多。塔壁南向辟圆拱门，北面嵌铭石一块，东、西面各置假门，其余四面均隐出直棂假窗（图5-41）。

塔下有低矮须弥座，塔身转角用五边形倚柱。柱下无柱础，柱头有阑额无普拍枋。柱头铺作为一斗三升，补间铺作用人字栱，并上承托叠涩出檐。塔顶残缺较多，但还可看出曾施有须弥座、山花蕉叶、仰莲、覆钵等。

唐塔大多为方形平面，八角的很少。此塔是国内已知最早的八角形塔，所以很珍贵。

4）喇嘛塔

（1）北京妙应寺白塔

在西城阜成门内，又称白塔。建于元至元八年（1271年），是尼泊尔著名工匠阿尼哥的作品。全高约53m（图5-42）。

图 5 - 37　河南安阳宝山寺双石塔立面
（《文物》1992 年 1 期）

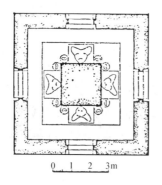

图 5 - 38　山东历城神通
寺四门塔平面

图 5 - 39　山东历城神通寺四门塔

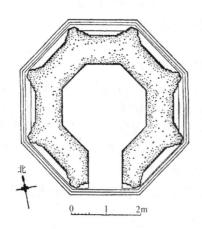

北

图 5 - 40　河南登封会善寺
净藏禅师墓塔平面

图 5 - 41　河南登封会善寺净藏禅师墓塔外观

塔建在凸字形台基上（图5-43）。台上再设亚字形须弥座2层（角部向内递收二折），座上置覆莲与水平线脚数条，承以肥短的塔身（又称宝瓶或塔肚子）、塔脖子、十三天（即相轮）与金属的宝盖。塔体为白色，与上部金色宝盖相辉映，外观甚为壮伟。

图5-42　北京妙应寺白塔立面

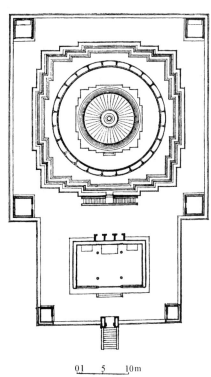

图5-43　北京妙应寺白塔平面

（2）西藏江孜白居寺菩提塔

该塔建于藏历阳铁马年（明洪武二十三年，1390年）。因塔内供奉大量佛像，故又被称为"十万佛塔"。塔之形制甚为宏巨，底层占地面积约2200m²（图5-44），全高32.5m。外观由塔座、塔身、宝匣、相轮、宝盖、宝瓶等组成（图5-45）。塔基平面呈四隅折角之"亚"字形，其南北长度略大于东西宽度。依高度自下而上逐层收进，共4层（图5-46），每层四周均建有佛殿及龛室，计底层二十间，第二层十六间，第三层二十间，第四层十六间。各层檐部均采用藏式平顶做法。塔身圆柱形，直径约20m，四面各辟佛殿一间，殿顶坡度甚平缓。殿门为雕饰繁密之"焰光门"式样，上施汉式斗栱承浅短出檐。宝匣平面亦"亚"字形，四面中央各辟一龛，龛门方形，上绘带白毫之佛眉眼，再上亦为由斗栱承托之短出檐。相轮十三重，下承莲瓣一周。顶置镀金之铜质宝盖及宝瓶。

在色彩方面，全塔以白色为基调，唯相轮及以上则为金色，对比十分鲜明突出。另辅以木构件之多种彩画及"焰光门"之繁密雕刻，外观甚为雄伟端丽，成功且综合地反映了西藏与内地，以及来自印度、尼泊尔的建筑造型与装饰艺术的手法。

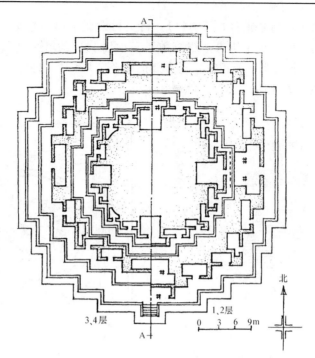

图 5-44　西藏江孜白居寺菩提塔平面

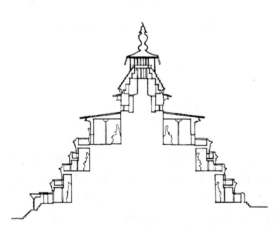

A-A 剖面

图 5-45　西藏江孜白居寺菩提塔剖面

图 5-46　西藏江孜白居寺菩提塔外观
（《中国美术全集·宗教建筑》）

5）金刚宝座塔

（1）北京正觉寺塔

寺在西直门外，创建于明永乐间，原名真觉寺，因有五塔，故又称五塔寺。塔则建于明成化九年（1473 年），是我国此类佛塔的最典型实例。虽模仿印度的菩提伽耶大塔，但在塔的造型和细部上全用中国式样（图 5-47）。

它是在由须弥座和 5 层佛龛组成的矩形平面高台上，再建 5 座密檐方塔。台座南面开一高大圆拱门，由此入内，可循梯登台（图 5-48）。台上中央的密檐塔较高，13 层；四角的较小，11 层。

图 5 – 47　北京正觉寺金刚宝座塔外观

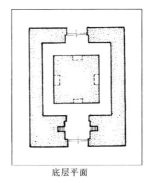
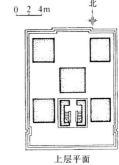

底层平面　　　　　　上层平面

图 5 – 48　北京正觉寺金刚宝座塔平面

台座和塔上使用的雕刻题材有：四大天王、金刚杵、罗汉、狮子、孔雀、梵文、佛八宝（轮、螺、伞、盖、花、罐、鱼、长）、象、马、卷草等，种类虽多，但华丽而不零乱，是其成功之处。

（2）北京西黄寺清净化城塔

建于清乾隆四十七年（1782 年）。基座较矮，仅施须弥座 2 层。台前列四柱三间 3 楼石坊 1 座。台上建塔 5 座，中央为一较高之大喇嘛塔，四隅各建似八边形石幢式小塔 1 座，小塔表面遍刻经文。

6）傣族佛塔

云南景洪曼飞龙塔（图 5 –49）

此塔位于景洪县大勐笼之曼飞龙后山上，为我国云南傣族南传上部座佛教（亦称小乘佛教）极具代表性之佛塔。它由大、小佛塔 9 座组成，其总体平面之排列呈八瓣莲花形。形体高大之主塔位于中央，高 16.29m。其余诸小塔则分置

图 5 –49　云南景洪曼飞龙塔外观

《中国建筑艺术全集·佛教建筑》（二）（南方）

于八隅，各高约9m。

最下置平面圆形之低矮塔基2层。其上砌八边形须弥座式塔座，座上每边中部建一具两坡顶佛龛，用供祭奉。各塔均另有塔座，座上建钟形覆钵，再上置莲瓣、相轮及宝瓶等，组成塔刹。其比例细长，形状高耸，与内地佛塔形制迥异。在建筑色彩方面，最下之塔基呈灰色；中部之须弥座及佛龛以红、金二色为主；塔身皆刷涂白色；而塔刹则施金色。至于建筑各部之装饰，如莲瓣、檐饰、脊饰等，均采用具有浓厚当地民族传统之形式。

5.3.2　经幢

经幢是在八角形石柱上镌刻经文（陀罗尼经），用以宣扬佛法的纪念性建筑。始见于唐，至宋、辽时颇为发展，元以后又少见。一般由基座、幢身、幢顶三部分组成。

唐代经幢形体较粗壮，装饰也较简单。以山西五台佛光寺乾符四年（877年）幢为例，其全高4.90m，幢身直径约0.60m，下有须弥座（由宝装覆莲1层、刻壶门及佛像的束腰和仰莲组成），承以刻陀罗尼经文的八角形幢身，上覆饰有缨络的宝盖，再置八角短柱、屋盖、山花蕉叶、仰莲及宝珠。

宋代经幢高度增加，比例较瘦长，幢身分为若干段，装饰也更加华丽。以河北赵县北宋景祐五年（1038年）幢为例，其全高15m，幢身亦为八角形，但由下往上面积递减（图5-50）。

该幢基座分为3层：底层是边长约6m的方形低平须弥座，由莲瓣、束腰及叠涩二道组成。其束腰以束莲柱将每面划分为三间，中刻火焰式拱门、佛像、力神及妇女掩门等雕饰。第二层八角形基座是上、下各用3层叠涩的须弥座，束腰用间柱和坐在莲瓣上的歌舞伎乐。第三层八角形基座用宝装莲瓣与束腰作成回廊建筑的形式，回廊每面三间，有柱础、收分柱和斗栱，当心间前并刻有踏步，其他各间分刻佛陀本生故事。

幢身也分为三段：下段包括宝山、刻有经文的八角幢柱和施缨络垂帐的宝盖。中段包括有狮象首和仰莲的须弥座、八角幢柱和垂缨宝盖。上段由2层仰莲、八角幢柱、有显著收分的城阙（刻释迦游四门故事）组成。

图5-50　河北赵县陀罗尼经幢

宝顶段有带屋顶的佛龛、蟠龙、八角短柱、仰莲、覆钵和宝珠等。

幢各部比例很匀称，细部雕刻也很精美，在造型和雕刻上都达到很高水平，是国内罕见的石刻佳品。

5.4 石窟 摩崖造像

5.4.1 石窟

中国的石窟来源于印度的石窟寺。后者是在石窟的后部设一不到顶的石塔，作为信徒膜拜对象，窟侧常设小室数间供僧人居住。

石窟约在南北朝时期传入我国，由于统治阶级倡佛，西起新疆、东至山东、南抵浙江、北及辽宁，各地兴建了不少石窟。著名的有甘肃敦煌鸣沙山、山西大同云冈、河南洛阳龙门、甘肃天水麦积山、甘肃永靖炳灵寺、河南巩县石窟寺、河北邯郸南北响堂山、山西太原天龙山、江苏南京栖霞山、四川广元皇泽寺、四川大足北山等。它们大半集中在黄河中游及我国的西北一带，鼎盛时期是北魏至唐，到宋以后逐渐衰落。另道教亦建有若干石窟，但规模甚小，如四川绵阳西山、剑阁鹤鸣山、安岳圆觉寺后山等，均建于隋至宋间。

中国佛教石窟和一般的寺庙不但在形制上与功能上都有所不同，而且还在浮雕、塑像、彩画方面给我们留下了十分丰富的资料，在历史上和艺术上都是很宝贵的。

中国佛教石窟的特点为：

（1）建筑以石洞窟为主，附属之土木构筑很少；

（2）其规模以洞窟多少与面积大小为依凭；

（3）总体平面常依崖壁作带形展开，与一般寺院沿纵深布置不同；

（4）由于建造需开山凿石，故工程量大，费时也长；

（5）除石窟本身以外，在其雕刻、绘画等艺术中，还保存了许多我国早期的建筑形象。

1）山西大同云冈石窟（图1-36）

在大同西16km的武周山，依山凿窟，长约1km，有洞窟四十多个，大小佛像十万余尊，是我国最早的大石窟群之一。始建于北魏文成帝兴安二年（453年），有名的昙曜五窟（现编号为16~20窟）就是当时的作品。其他诸窟，也大多建于北魏孝文帝太和十八年（494年）迁都洛阳以前。

由于石质较好，所以全用雕刻而不用塑像及壁画。此时我国石窟还在发展时期，吸收外来影响较多，如印度的塔柱、希腊的卷涡柱头、中亚的兽形柱头以及卷草、缨络等装饰纹样。但在建筑上，无论是佛殿和佛塔，从它们的整体到局部，都已表现为中国的传统建筑风格。

早期的（如昙曜五窟）平面呈椭圆形，顶部为穹窿状，前壁开门，门上有洞窗。后壁中央雕大佛像，布局比较局促，且洞顶及洞壁未加建筑处理。后来的多采用方形平面，规模大的则分前、后二室，或在室中设置塔柱。窟顶已使用覆斗或长方形、方形平棋天花；壁上则遍刻包括台基、柱、枋、斗栱等的木架构佛殿或佛陀本生故事等内容之浮雕。

2）河南洛阳龙门石窟（图1-36）

北魏孝文帝太和十八年迁都洛阳后，就在都城南伊水两岸的龙门山修建石窟。经东魏、西魏、北齐、北周、隋、唐、五代、北宋的经营修凿，使这里成为我国最为著名的石刻艺术宝库。现在保存下来的洞窟尚有1352处，小龛750个，塔39座，大小造像约10万尊。虽然其中60%都是唐代的，但由于前后延续近500年，各个时代的特点在这里都有所反映，而且在艺术上的造诣也较早期的更为成熟，这对于提供比较和鉴定标准方面，是很有价值的。

龙门诸窟都未用塔心柱和洞口的柱廊，洞的平面多为独间方形，未见有前、后室或椭圆形平面。窟内均置较大佛像。

宾阳中洞是龙门石窟中最宏伟与富丽的洞窟，也是耗时最长（自北魏景明元年到正光四年，500～523年，共24年）、耗工最多（共802366工）的洞窟。内有大佛11尊，本尊释迦如来通高8.4m。洞口二侧浮雕"帝后礼佛图"，是我国雕刻中的杰作，新中国成立前被帝国主义分子盗去，现存美国。

奉先寺是龙门石窟中最大的佛洞，南北宽30m，东西长35m。自唐高宗咸亨三年（672年）开凿，到上元二年（675年）完成，费时3年9个月。主像卢舍那佛通高17.14m，两侧阿难、迦叶二弟子、二胁侍菩萨、二供养人及天王、力神等都雕刻得很生动。

3）甘肃敦煌鸣沙山石窟

在敦煌县东南的鸣沙山东端，有窟492座，其中469座都有壁画和塑像。

始凿于东晋穆帝永和九年（353年），或说是前秦苻坚建元二年（366年）。最早一窟由沙门乐僔开凿，称莫高窟（早已无存）。现存北魏至西魏窟22座，隋窟96座，唐窟202座，五代窟31座，北宋窟96座，西夏窟4座，元窟9座，清窟4座，年代不明的5座。

鸣沙山由砾石构成，不宜雕刻，所以用泥塑及壁画代替。敦煌人稀地僻，且气候干燥，上述作品因此得以长期保存。它们对研究我国的古代历史和艺术，有着极大的价值。

早期魏窟仍有塔柱，且前廊如敞口厅。唐窟多是盛期以后的做法，或凿高10m以上的大佛像，或于窟前增设木廊（目前仅有几处宋窟尚存此种制式）。

壁画题材在北魏多为本生故事及经变，色彩以褐、绿、青、白、黑为多，构图及用笔较粗犷，其中人物、佛、飞天的面貌、衣纹等受外来影响较多。隋、唐壁画题材虽也有佛教故事，但多用大型寺院、住宅、城郭等作背景，对于建筑的细部如柱、枋、斗栱、台阶、门窗、屋顶、瓦作、铺地、装饰等都有较详细和准确的描绘，色彩上则以红、黄等暖色为主。

4）山西太原天龙山石窟（图1-36～图1-38）

在太原市南15km，始建于北齐，隋、唐也有兴凿。现已发现21座窟（其中北齐13窟，隋、唐八窟）。

窟平面近于方形，室内三面均凿有佛龛及造像，除隋代的第8窟外，均未见塔柱。窟之顶部都作覆斗形。

北齐皇建元年（560 年）凿建的第 16 窟前有面阔三间柱廊。柱断面八角形，上下收分很大，下施宝装高莲瓣柱础。柱头置栌斗托枋，枋上用一斗三升柱头铺作，当心间的补间铺作则用一斗三升斗栱或人字栱。栱头有三瓣内颤卷杀。人字栱已呈曲线，但尖端不似唐代之起翘。

天龙山石窟中仿木构的程度进一步增加，是它一个重要特点，表明石窟更加接近一般庙宇的大殿，也是佛教石窟在建筑上更加与中国传统建筑融合的表现。

5.4.2 摩崖造像

大多以石刻为主要内容的佛教造像，少数为道教造像。其特点是造像或置于露天（有的上覆木架构建筑）或位于浅龛中，多数情况下均以群组形式出现，有时亦与石窟并存。其单体尺度大至 70 余米，小至数 10cm。表现手法多为圆雕，或高浮雕，浅浮刻甚少（多作为背景供衬托用）。现择其有代表性的举例如下：

1）江苏连云港孔望山摩崖造像

该摩崖位于孔望山南麓西端之崖壁上。在高约 9.7m，东西延迤约 17m 范围内，共发现石刻 110 处，大体可划为 18 组（图 5－51）。内容有佛像本生故事、力士、莲花、佛弟子、供养人等，多为浮刻，其中最大者为释迦涅槃像。圆雕刻有大象、蟾蜍，形体都很巨大。据考证其始刻时期当在东汉，是为我国现存最早的佛教史迹及佛教造像，但其中也有若干道教内容。

2）四川乐山凌云寺弥勒大佛

此造像位于凌云寺下之临江崖畔，坐西面东，自踵及顶全高 71m，肩宽

图 5－51　江苏连云港孔望山佛教摩崖石刻

28m，为我国现存最大之石刻造像。据记载，该像始刻于唐玄宗开元初年（约713 年），至德宗贞元十九年（803 年）完成，前后长达 90 年。唐时曾于其上建造楼阁十三层覆盖，名大佛阁，后毁于明末。现尚存 232 级之九曲蹬道可供上下，周旁原有佛龛万余，现仅残存 10 余处。

第6章　园林与风景建设

6.1　概说

中国自古以来有崇尚自然、热爱自然的传统，不论是儒家的"上下与天地同流"（《孟子·尽心》），还是道家的"天地与我并生，而万物与我为一"（《庄子·齐物论》），都把人和天地万物紧密地联系在一起，视为不可分割的共同体，这种"天人合一"的思想促使人们去探求自然、亲近自然、开发自然；另一方面，山河壮丽、景象万千，又启发着人们热爱自然、讴歌自然的无限激情。对自然景观的开发以及独树一帜的自然式山水园就在这种观念形态孕育下，得到了源远流长和波澜壮阔的发展，取得了艺术上的光辉成就。

6.1.1　中国山水园的形成

在文明社会初期，人们把自然环境只看作是畋猎、渔樵、游娱等物质生活享受的场所，这个时期相当于汉代以前，例如商、周时期的"囿"、"苑"、"台"等。台本是土筑的高台，台上有建筑物则称"台榭"，是供帝王游娱、阅军、远眺之用的建筑物，后来离宫也称台，如春秋时楚国的章华台、乾溪台，吴国的姑苏台，越国的离台、燕台等，都是京城郊外山区的离宫。汉代的帝苑以长安西郊的上林苑为规模最大，也属皇帝的猎场、庄园和离宫的性质，其中除了建有大批宫殿外，还广泛收集了全国各地的珍奇果木禽兽。

汉末至南北朝，中国社会经历了一个混乱和痛苦的时期。人们对现实社会产生了种种厌恶，返璞归真、回归自然的思想兴起。在汉代处于独尊地位的儒家思想此时受到冷落，道家思想则大行其道，清谈和玄学成为士人们的一时风尚，从而唤起了对个性追求的觉醒，也激发了倾心自然山水的热情，孕育了有独立意义的山水审美意识，使人们对山水的认识从物欲享受提高到"畅神"的纯粹精神领略阶段，这是一个质的飞跃。中国特有的山水审美观以及它的外化成果——山水诗、山水散文、山水画、山水园林四种艺术也由此诞生。其间，东晋和南朝起着决定性的作用。

晋室南迁，中原士大夫大量逃亡江南，他们于乱世颠簸之余，在江南山清水秀的环境里过着安适的生活，他们尽情享受并讴歌自然之美，山水诗、山水画、山水园也得到了发展。王羲之等人在会稽兰亭的集会和他们的诗集、陶渊明的田园诗和《桃花源记》、谢灵运的山水诗和《山居赋》，就是讴歌自然美的代表作。建康（今南京）、会稽（今绍兴）、吴郡（今苏州）等士族聚居之地，私家宅园和郊区别墅相继兴起。都城建康，苑园尤盛，帝苑以华林、乐游两园为最著名，大臣之园多近秦淮、青溪二水及钟山之阳。

帝王造园受到当时思想潮流的影响，欣赏趣味也向追求自然美方面转移，例如东晋简文帝入华林园，顾左右曰："会心处不必在远，翳然林水，便自有濠濮间想也。"（《世说新语》）。齐衡阳王萧钧说："身处朱门而情近江湖，形入紫闼而意在青云。"（《南史·齐宗室》）。梁昭明太子萧统更是嗜好山水，尝泛舟玄圃后池，同游者进言，此中宜奏女乐，他却咏左思的《招隐诗》答曰："何必丝与竹，山水有清音。"（《南史·昭明太子传》）。由此可见，南朝的帝王宗室对山水的欣赏与追求和时尚所趋并无二致，因而苑囿风格也有了明显改变，汉代以前盛行的畋猎苑囿，开始被大量开池筑山、以表现自然美为目标的园林所代替。

本时期的另一个新发展就是出现了城郊风景点。南朝刘宋的南兖州刺史徐湛之，在广陵城（故址在今扬州北郊蜀冈上）之北，结合水面建造了风亭、月观、吹台、琴室，栽植花木，使之"果竹繁茂，花药成行"，又"招集文士，尽游玩之适，一时之盛也"（《宋书·徐湛之传》）。这是一种众人共享的公共游览区，和一般私园、苑囿不同。江南许多城市在城墙或高地上建造楼阁，作为游眺之所，如建康的瓦官阁，是眺望长江壮丽景色的著名景点；武昌城的南楼，是诸官吏登临赏月之处；东晋时谢玄在浙东东阳江江曲所建的桐亭楼，则是"两面临江，尽升眺之趣，芦人渔子泛滥满焉"（《水经注》）。这些楼阁既可畅览远山平川之美，又能丰富城市的轮廓线，是继承台榭发展而来的风景观赏建筑。

名士高逸和佛徒僧侣为逃避尘嚣而寻找清静的安身之地，也促进了山区景点的开发。东晋时以王、谢为首的士族聚居于建康、会稽一带，选择山水佳妙处构筑园墅，如谢灵运在始宁（在今浙江嵊县境内）立别业，依山带江，尽幽居之美，和一批隐士纵情游娱。佛教净土宗大师慧远，在庐山北麓创建东林寺，面向香炉峰，前临虎溪，对庐山的开发起了促进作用。

6.1.2　六朝以后中国园林的发展

上述历史事实说明，东晋和南朝是我国自然式山水风景园林的奠基时期，也是由物质认知转向美学认知的关键时期。唐宋至明清则是在此基础上的进一步继承与发展，其主要表现有四个方面：

1）理景的普及化

即由都城向地方城市扩散；由社会上层少数帝王、贵戚、豪绅向一般官员、士人、甚至平民推演。如果说两晋南北朝时，造园活动主要集中于建康、洛阳两地的话，那么唐宋时已遍及南北许多府、县城市。江南的杭州、苏州、湖州等城市都由刺史建造郊区风景游览地，如白居易在杭州任刺史时西湖至灵隐一路有五亭，颜真卿在湖州建白蘋洲等。柳宗元则在永州记录了多处风景点建设和远在广西桂州的訾家洲城郊风景点，他还亲自规划修建了钴鉧潭和龙兴寺东丘景点，并在风景的分类、建设原则及其社会意义等方面提出了独到的见解，成为我国历史上第一位有实践、有理论的风景建筑家。白居易也为自己设计建造山间别墅——庐山草堂和洛阳履道坊的宅园，并留有大量诗篇加以描述，对后世造园有很大影响。到宋代，府县公署内设立郡圃的风气盛极一时，如当时的平江府城（今苏州）中，一府、二县（吴县、长洲县）及府属各司的衙署都设有后花园，每值时令佳节都向市民开放，以示"与民同乐"。平江郊外的石湖、天池山、洞庭东西山等风景幽胜处，已有不少别墅与私园。城郊风景点也比唐代更加普及。明清二代，江南地区大小城市以至僻远乡村都有营造私园和进行近郊风景建设的活动，如明末著名文学家王世贞《游金陵诸园记》所录南京园林共36处，王世贞文集及《娄东园林志》见录的太仓园林有10余处。祁彪佳文集所录绍兴城内外园林则多达192处。明清两代，苏州始终是经济、文化发达的城市，优越的生活条件吸引着众多官僚富豪来到这里营建园宅。因此尽管屡遭兵燹之灾，却能衰而复盛，始终是江南园林最发达的地区之一。明黄勉之《吴风录》称："今吴中富家竞以湖石筑峙奇峰阴洞，虽闾阎下户，亦饰小小盆岛为玩。"由此可见明末苏州一带造园风气之盛。而清乾隆六下江南，各地官员、富豪大事兴建行宫和园林，以冀邀宠于一时，使运河沿线和江南相关城市掀起一股造园热潮，其中最典型的当推扬州的盐商们在瘦西湖的造园热。当时扬州城内有园数十；瘦西湖两岸十里楼台一路相接，形成了沿水上游线连续展开的园林带。在同一时期内建成如此众多的园林组群，在我国造园史上是独一无二之举，也是当时麋集于扬州的盐商们为了争宠于乾隆而穷极物力的特殊现象，一旦盐业中落，瘦西湖的十里池馆也迅速衰败，到道光年间，这里已是"楼台荒废难为客，林木飘零不禁樵"了。此外，作为我国重要外贸港口的广州以及边远的云南、台湾等地，园林也有了新的发展。

2）园林功能生活化

两晋南北朝以来的园林一贯追求自然意趣，早期人工建筑物较少，但随着造园的普及，园林和生活结合得更紧密，园中建筑物的比重也逐渐提高。到明代，有些园林的内容已十分庞杂，房屋很多，例如上海县潘允端所建豫园，有厅堂4座，楼阁6座，斋、室、轩、祠10余座，曲廊、阁道（二层的廊）140余步。其中除了日常生活所需的房屋外，还有"纯阳阁"、"关侯祠"、"大士庵"、祖先祠和接待高僧的禅堂，集住宅、道观、佛庵、祠堂、客房于一园（明潘允端《豫园记》）。明末王世贞的园里，也是"为佛阁者二，为楼者五，为堂者三，为书屋者四，为轩者一，为亭者十，为流杯者二……"（王世贞《弇山园记》）。由此可见园林和日常生活关系的密切。

3）造园要素密集化

前期园林规模大，景物布置稀疏，唐时仍保持这种特点，如白居易自称的"小园"——洛阳履道坊宅园，占地10亩，园中以水、竹为主。中为水池，池边多植修竹，池中有岛，有桥可通，池北有子弟读书的书屋，池东有备荒的粟廪，池西设小楼，供待月、听泉之用，池南和住宅相接。又引西墙外伊水支渠之水注入园内，作小涧于西楼下，铺以洛河卵石，每当明月清风之夜，可于西楼听潺潺之水声。在他的园中所表露出来的疏朗、淡雅、清越的氛围，可以代表唐时造园所崇尚的意境和风格。随着园中生活设施的增多以及追求景观的多样和山水的奇险，各种造园要素都增加起来，如明代苏州王心一的"归田园

195

居"（即今拙政园东部的基址），占地 30 亩，除有堂、馆、亭、阁 20 余处外，还有黄石假山和湖石假山数处，峰岭重复，洞壑连属，繁密有余而疏朗不足。现存的江南明清私家园林，几乎都属这种类型，和六朝、唐宋时期的园林风格已有很大不同。

4）造园手法精致化

六朝以降，理景风格不断变化，概言之，前期比较朴野，后期趋于精致。例如南朝徐勉在建康郊区的园林，风貌是"桃李茂密，桐竹成荫，塍陌交通，渠畎相属，渎中并饶荷苓，湖里颇富芰莲"。东晋丞相王导在建康城内的西园也是"园中果木成林，又有鸟兽麋鹿"。谢灵运在浙东始宁的别墅更是"阡陌纵横，塍埒交经"，"桃李多品，梨枣殊所，枇杷林檎，带谷映渚"。三者都有一种和农、林、渔相结合的田庄气息。显示当时的园林风格仍与庄园有密切的关系，对风景的欣赏着重对景物内在本质美的体认，没有达到对形象的画意般的追求。可以说，这时的园林审美比较质朴、粗放。唐宋时期，随着山水诗文、山水画的发展，山水审美也更深入，"诗情画意"的发展推动造园风格趋于精美，特别是一批著名文士如柳宗元、白居易等人的诗文，对提高全社会的自然审美水平有着重要作用，他们亲自建造风景点和园林，并阐发风景园林的审美标准、处理手法，更大大提高了造园理论与技巧。从而把我国的理景艺术又向前推进了一步。明清二代，由于严酷的文化专制主义的禁锢，各种艺术的审美取向都趋于繁缛拘谨，不再具有唐代那种开朗豪放的气势。造园风格也趋于繁密、精致，理景手法更加丰富娴熟。事实上我们今天能直接体察到并能加以研究的传统造园风格基本上是属于明清二代的，其中主要还是清代末期的，因为园林极易受到破坏，数年不作修缮，即呈残破景象，因此二三百年以前的完整园林已所剩无多，唐宋时期的遗例就更难见到了。

6.1.3 中国古代园林的哲学思想

关于中国园林的哲学思想，海外学术界有一种较为普遍的看法认为，中国的住宅受儒家思想支配，而园林受道家思想影响。这是一种不全面的看法。应该说中国园林既受道家思想影响，也受儒家思想影响。在中国，儒道二学在实际生活中往往并不相互排斥，而是相互补充的。秦亡以后，道家思想曾两度在汉初及六朝占主导地位，而其他时间（从汉武帝独尊儒术到清末）都是儒家占主导地位。但是，即使一家占上风时，另一家仍在社会上流行。一般士大夫也往往兼修儒道二学（或再加上禅学成为三学兼修）。所以分析造园指导思想不能把二者机械地割裂开来。更重要的是，道家崇尚回归自然，儒家也强调亲和自然，孔子所说的"智者乐水，仁者乐山"，被历代士人们奉为至理名言，作为论析风景的理论依据。东晋王羲之就曾说游玩山水是"取欢仁智乐"，唐韩愈也称赞连州太守建设风景是智仁之德的体现。所以儒道二家在对待自然的态度上并无根本冲突，对风景建设和造园都起到了推动作用。只是儒家看重的是经世之术，讲究的是治国平天下，而作为个人生活环境要素的园林和风景建设，却是六朝时在道家思想阐发个体精神时得以发展、升华为一种真正艺术品类的。从这一点上说，道家思想确实起了主导作用。但是"智者乐水，仁者乐山"是圣人之教，后世士人谁不对之尊崇有加？因而也同样推动着隋唐以下各个时期的园林与风景建设，没有这种推动，唐宋明清各代园林和风景名胜的繁荣是不可想像的。这里可以举例子来加以说明：

北宋的朱长文在苏州建园名"乐圃"，他在园记中说："用于世，则尧我君虞我民，其膏泽流乎天下。苟不用于世，则或渔或筑、或农或圃，劳乃形，逸乃心。穷通虽殊，其乐一也。故不以轩冕肆其欲，不以山林丧其志。"作为儒者，他把造园看作是一种修身养性之举。宋苏东坡在《灵壁张氏园亭记》中说："使其子孙开门而仕，跬步市朝之上；闭门而隐，则俯仰山林之下，于以养生治性，行义求志，无适而不可。"在儒者看来，在家治园隐居，是一种养生治性、行义求志之举，和做官的道理是一致的。这就是儒者"身在江湖，情驰魏阙"心态的表述。儒者的人生追求在于治国平天下，居于江湖山林，那是不得已而为之。所以儒者造园理景的指导思想仍是入世的，和道家出世的思想有所不同，这也就是为什么唐宋以后的园林日趋世俗化，园中充满居住、待客、宴乐、读书、课子、礼拜道佛等世俗生活内容，和日本禅味甚浓的庭园风格迥然各异，其根本原因就在日本庭园受佛教思想影响较深，而中国古代社会后期园林受儒家思想影响较多。

6.2　明清皇家苑囿

历代帝王都在京城周围设置若干苑囿供其进行各种活动，如起居、骑射（畋猎）、观奇、宴游、祭祀以及召见大臣、举行朝会等等。这些苑囿的规模都很大，园内设有许多离宫及其他各种设施，因此它的性质不单是一个游息的场所，而是具有多种用途的综合体，从西汉的上林苑到清代的圆明园、颐和园，莫不如此。

明代帝苑不发达，这可能与朱元璋的"祖训"有关。朱元璋规定"凡诸王宫室，并不许有离宫别殿及台榭游玩去处"（《大明会典》）。他在南京也未建花园。永乐时明成祖朱棣以元太液池为西苑，纯属旧园利用，并无任何兴作。他还以此告诫其孙朱瞻基（宣宗），要以元代的奢靡为戒。那时的北京东苑、南苑还只是供骑射、狩猎用的射圃。宣德以后渐有兴作，到嘉靖而达于极盛。但是总的说来，明朝的帝苑比之唐宋，其数量与规模可说是微不足道。入清以后，情况就大不相同了，清帝苑囿之盛可使汉上林苑、唐御苑、宋艮岳都相形见绌。自从康熙平定国内反抗，政局较为稳定之后，就开始建造离宫苑园，从北京香山行宫、静明园、畅春园到承德避暑山庄，工程迭起。宗室贵戚也多"赐园"的兴作。畅春园是在明李伟清华园的旧址上建造起来的离宫型皇家园林，前有宫廷，后为苑园。避暑山庄创于康熙四十二年，规模更大，总面积达 8000 余亩，也是前宫后苑的布局。雍正登位后，将他做皇子时的"赐园"圆明园大事扩建，成为他理政与居住之所，当时面积约 3000 亩，乾隆时扩建至 5000 余亩。乾隆是清代园林兴作的极盛期，醉心乐的弘历曾 6 次巡游江南，并将各地名园胜景仿制于北京和承德避暑山庄，又在圆明园东侧建长春、绮春两园，其中长春园还有一区欧洲式园林，内有巴洛克式宫殿、喷泉和规则式植物布置（现存圆明园西洋建筑残迹即属之）。又结合改造瓮山前湖成为城市供水的蓄水库，建造了一座大型园林——清漪园（光绪间改名为颐和园）。从而在北京西北郊形成了以玉泉、万泉两水系所经各园为主体的苑园区（图6-1）。

　　清代帝苑的内涵一般有两大部分：一部分是居住和朝见的宫室；另一部分是供游乐的园林。宫室部分占据前面的位置，以便交通与使用，园林部分处于后侧，犹如后园，承德避暑山庄、圆明园、颐和园等大体都作如此布置。皇帝每年约有一半以上的时间住在苑中，只有冬季祭祀和岁首举行重大典礼的一段时间才回到城内宫中，苑囿实际上成了清帝主要居住场所，从康熙至咸丰，除乾隆外，其他几个皇帝都死于苑中，所以清代苑囿的数量与规模远远超过明代。

　　清代苑囿理景的指导思想是集仿各地名园胜迹于园中。根据各园的地形特点，把全园划分若干景区，每区再布置各种不同趣味的风景点和园中园，如静明园有32景，避暑山庄有康熙时的36景和乾隆时的36景，圆明园有40景，每景都有点景的题名。实际上，这种方法采自西湖10景等江南名胜风景区的理景办法。所以祖国各地，尤其是江南一带的优美风景，是清苑囿造景的创作源泉。

　　帝王苑囿由于其政治和生活上的要求而产生特定的建筑布局与形式，和一般

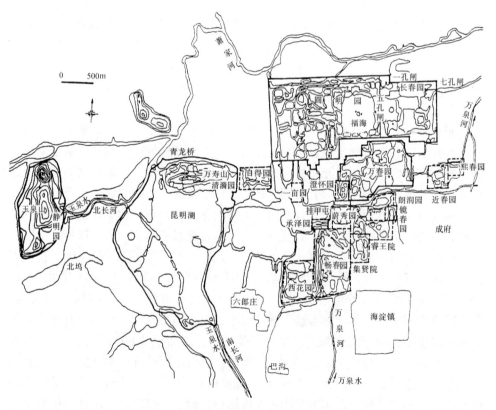

图6-1　北京西郊清代苑园分布图

宫廷建筑不同。宫廷建筑极其严肃隆重：轴线对称，崇台峻宇，琉璃彩画，高脊重吻。苑囿建筑除了朝会用的那一部分外，其他多较活泼，随宜布置，使人有亲切轻松感，建筑式样变化多，与地形结合紧密，和山石、花木、池水打成一片，建筑体量比较小巧，屋面以灰瓦卷棚顶为多，常不用斗栱，装修简洁轻巧，或不用彩画，即用也较素雅。但和官僚地主的私家园林相比，则皇家园林又显得堂皇而壮丽，大木构件比例基本是官式做法，常有庙宇布置在苑中，成为重要的风景点或构图中心，如承德避暑山庄、颐和园、圆明园等都有若干庙宇。其中的一些塔殿楼阁作为苑中的中心建筑，为了与空间相衬，体量与尺度都很高大，如北海的白塔、颐和园的佛香阁等。

在苑囿中也运用我国传统的叠石手法，但园林面积很大，不可能依靠石山来作园中主要景物，只能是在一些园中之园的小范围中，使用若干石山，如北海静心斋、濠濮涧和琼华岛北面以及承德避暑山庄的烟雨楼、文园狮子林、文津阁等部分。而在大范围内，主要还是依靠堆土来形成山丘洞壑的地形起伏，再适当与真山相结合的办法。这一点也是与私家园林不同的。

至于花木配植，也因园林规模大而多作群植或成林布置，不同于私家园林的以单株欣赏为主。

由于苑囿规模大，又根据自然山水改造而成，因此各园都巧于利用地形，因地制宜，形成各自的特色，如圆明园利用西山泉水造成许多水景；颐和园以万寿山和昆明湖相映形成主景；避暑山庄以山林景色见长等。

6.2.1 北京明、 清三海 （图6-2、图6-3、图2-11）

北京城内紫禁城西侧的北海，最早是金中都北郊离宫——大宁宫。元时包入大都，位于皇城内，称为太液池（含今北海、中海两部分）。明时仍沿用，并在南端加挖了"南海"，统称西苑，是明朝的主要御苑。当时园内殿宇尚少，池北有些殿、亭是草顶的。清代三海规模未有扩展，但建筑物大量增加。

由于三海紧靠宫城，所以是帝王游息、居住、处理政务的重要场所，清帝在城内居住时，常在苑内召见大臣，宴会公卿，接见外藩，慰劳将帅，武科较技。冬天则在三海举行滑冰游戏（冰嬉）。三海处于紫禁城之西，三处水面曲折有致，各具姿态。其中北海面积最大，总面积约70hm^2，布局以池岛为中心，池周环以若干建筑群，与唐长安大明宫太液池的手法相似。明时池西尚有水禽与殿亭。琼华岛山顶元明时有广寒殿，清顺治八年改建为喇嘛塔，成为全园构图中心。乾隆时岛上兴筑了悦心殿、庆霄楼、琳光殿和假山石洞等。并在山北沿池建二层楼的长廊，用以衬托整个万岁山。长廊与喇嘛塔之间的山坡上建有许多亭廊轩馆，山南坡、西坡又有殿阁布列其间，使四面隔池遥望都能组成丰富的轮廓线。琼华岛南隔水为团城（明称圆城），上有承光殿一组建筑群，登此可作远眺。两者之间有一座曲折的石拱桥，将二组建筑群的轴线巧妙地联系起来（图0-7j）。北海北岸布置了几组宗教建筑，有小西天（今极乐世界及万佛楼两处）、大西天、阐福寺等，还有大圆智宝殿前彩色琉璃镶砌的九龙壁。从北面池畔的五龙亭隔岸遥望琼华岛万岁山，景色优美。在北海东岸和北岸还有濠濮涧、画舫斋

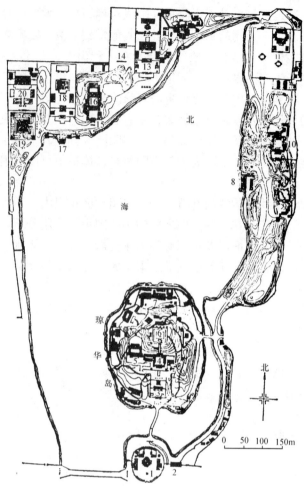

图6-2　北京北海平面

1—团城；2—门（东为桑园门，西为承先左门）；3—永安寺山门；4—正觉殿；5—悦心殿；6—白塔；7—漪澜堂；8—船坞，9—濠濮涧；10—画舫斋；11—蚕坛；12—静心斋；13—大西天；14—九龙壁；15—铁影壁（1947年移于此）；16—澂观堂、浴兰轩、快雪堂；17—五龙亭；18—阐福寺；19—极乐世界；20—万佛楼

图6-3　北京北海琼华岛白塔

和静心斋三组幽曲封闭的小景区，与开阔的北海形成对比。其中静心斋的内部空间与景物曲折有致，层次深远，是北京现存小空间庭院中难得的精品，院中假山为乾隆时作品。

中海、南海水面稍小，景物也不及北海丰富。中海狭长，两岸树木中露出万寿殿、紫光阁，水中立一小亭。南海水中有瀛台，建筑物比较低平，岸上殿宇也不多。

6.2.2　河北承德避暑山庄（图6-4、图6-5）

图6-4　河北承德避暑山庄总平面

图6-5　河北承德避暑山庄金山

清康熙为了避暑，在承德北郊热河泉源头处建造了这座离宫。乾隆时，又扩大面积，增加36景。此后直到咸丰末年，皇帝后妃夏季常来避暑，或在秋季在其北面围场行猎，并召见蒙古贵族。

避暑山庄周围20多里，园内山岭占4/5，平坦地区仅占1/5，其中有许多水面，系热河泉水汇聚而成。

居住朝会用的宫殿部分位于园的南面，靠近承德市区一边。正门向南，是由几组四合院组成的建筑群，其中包括正殿"澹泊敬诚"殿一路，乾隆之母所居的"松鹤斋"一路，以及听戏用的"清音阁"和康熙所居的"万壑松风"殿等。这里虽是宫室殿宇，但都用卷棚屋顶、素筒板瓦，不施琉璃，风格较北京淡雅，符合"山庄"之义。正殿澹泊敬诚是楠木殿，雕刻精细。万壑松风北临湖面，地势高亢，可以尽收园中湖山风光。清音阁、勤政殿一组建筑现已不存。

园区可分为湖区、平原区与山岭区三大部分，湖区有泉流汇集，水面森淼，堤岛布列其间，把水面分隔成若干区，景色则多仿江南名胜，如"芝径云堤"仿杭州西湖、"烟雨楼"仿嘉兴南湖烟雨楼、"文园狮子林"仿苏州狮子林、"金山"仿镇江金山寺等。在池沼地带北面有一片较大的平地，布置有万树园、试马埭、藏书楼文津阁（乾隆时所编《四库全书》共7部，分别藏于北京故宫文渊阁、圆明园文源阁、沈阳故宫文溯阁、承德避暑山庄文津阁、扬州文汇阁、镇江文宗阁、杭州文澜阁）及永佑寺等，是清帝习射、竞技、宴会的场所。山区则建造一些小巧而富于变化的休息游观性建筑物和不少庙宇，都根据山地特点，布置得曲折起伏，错落有致，如"梨花伴月"就是其中有名的一组，两侧作迭落式屋顶，轮廓极其优美。整个园区共有大小建筑风景点80余处，现仅湖区的一小部分保存下来，其余绝大多数已毁去。

此园山区所占面积甚大，园林造景根据地形特点，充分加以利用，以山区布置大量风景点，形成山庄特色。园中水面较小，但在模仿江南名胜风景方面有其独到之处。而远借园外东北两面的外八庙风景，也是此园成功之处。

6.2.3 北京清漪园（颐和园）（图6-1、图6-6～图6-8）

清漪园在北京西北郊，与圆明园毗邻，是颐和园的前身。这里风景优美，在金朝已经建造了行宫，元代加以扩建，明代建有好山园，山名瓮山，前有西湖。到乾隆十五年（1750年），弘历借口为庆祝其母60寿辰，大兴土木，拟建"大报恩延寿寺"于山巅，并将瓮山改名为万寿山。又以兴水利、练水军为名，筑堤围地，扩展湖面，建成大规模的园林，称为清漪园。咸丰十年（1860年）英法侵略军占北京，清漪园全部被掠被毁。光绪十二年（1886年）西太后那拉氏挪用海军经费重建，取意"颐养冲和"，改名为颐和园。光绪十九年（1893年）完成；光绪二十六年（1900年）八

图6-6 北京颐和园前山

国联军又毁此园。光绪三十一年
（1905 年）那拉氏下令修复，还添
建了不少建筑物，现存的颐和园大
部分建筑是此时的遗物。

颐和园的布局根据使用性质和
所在区域大致可分为四部分：①东
宫门和万寿山东部的朝廷宫室部
分；②万寿山前山部分；③万寿山
后山和后湖部分；④昆明湖、南湖
和西湖部分。全园总面积 4000 余
亩，水面占 3/4。

图 6-7　北京颐和园谐趣园

图 6-8　北京颐和园总平面

1—东宫门；2—德和园；3—乐寿堂；4—排云殿；5—佛香阁；6—须弥灵境；

7—画中游；8—清晏舫；9—后湖；10—谐趣园；11—南湖岛

颐和园的大门主要有两处：一处是东宫门，另一处是北宫门。东宫门是颐和园的正门，门内布置了一片密集的宫殿，其中仁寿殿是召见群臣、处理朝政的正殿，德和园有 1892 年为庆贺那拉氏 60 寿辰而建造的戏台，耗白银 160 万两。乐寿堂是其寝宫。这一片建筑群平面布局严谨，采用对称和封闭的院落组合，装修富丽，属于宫廷格局而无园林气息，仅屋顶多用灰瓦卷棚顶，庭中点缀少量花木、湖石，才显得与大内宫殿有别。

由封闭对称的仁寿殿转入开旷的自然的前山部分，顿时豁然开朗，产生强烈对比。处于万寿山前山中心地段的排云殿和佛香阁，是全园的主体建筑。排云殿是举行典礼和礼拜神佛之所，是园中最堂皇的殿宇。佛香阁高 38m，八角 3 层 4檐，是全园制高点，乾隆时此处原拟建 9 层的大报恩延寿寺塔。排云殿东西两侧有若干组庭院，临湖傍山一带散置各种游赏用的亭台楼阁，都依山势布置。沿昆明湖岸建有长廊、白石栏杆和驳岸，从德和园、乐寿堂向西伸展，把前山的各组建筑联系起来。这条长廊长 728m，共 273 间，是前山的主要交通线。佛香阁后面山巅有琉璃牌坊"众香界"和琉璃无梁殿"智慧海"。在前山的西侧沿湖，有白石砌筑的石舫——清晏舫，系光绪时重修。

颐和园的后山水面狭长而曲折，林木茂密，环境幽邃，和前山的旷朗开阔形成鲜明对比。沿后湖两岸原有临水的苏州街，和圆明园、畅春园一样，同是仿照苏州街道市肆的意趣，只留下一些曲折的驳岸遗址，近年已作重建。沿后湖东去，尽端有一处小景区"谐趣园"，仿无锡寄畅园手法，以水池为中心，周围环布轩榭亭廊，形成深藏一隅的幽静水院，富于江南园林意趣，和北海静心斋一样，同是清代苑囿中成功的园中之园。

昆明湖东岸是一道拦水长堤。湖中又筑堤一道，仿杭州西湖苏堤建桥 6 座，此堤将湖面划为东、西两部分，东面湖中设南湖岛，以十七孔桥与东堤相连，西面湖中又有小岛 2 处。这一带湖面处理虽欲写仿西湖，但周围无层叠的山岭为屏障，终因缺乏层次而显得空旷平淡。

此园利用万寿山一带地形，加以人工改造，造成前山开阔的湖面和后山幽深的曲溪、水院等不同境界，是造园手法上成功之处。佛香阁的有力体量使全园产生突出的构图中心，和北海白塔有异曲同工之妙，这是与避暑山庄和圆明园的不同之点。在借景方面，也把西山、玉泉山和平畴远村收入园景。至于浩瀚辽阔的湖面，则是清代其他苑囿所不及的长处。

6.3　明清江南私家园林

江南地处长江中下游，气候温润，雨量充沛，四季分明，利于各种花木生长；地下水位高，便于挖池蓄水；水运方便，各地奇石易于罗致。这些都是发展园林的有利条件。到了东晋、南朝建都金陵后，王公贵族竞相建园，掀起了江南第一次造园高潮。南宋时，中国政治文化中心再度南移，都城临安及吴兴两地造园之风特盛。临安城内外遍布大小园墅，仅《都城纪胜》与《梦粱录》所记就有 50 余处。吴兴濒临太湖，是贵戚达官消暑及致仕官员聚居之地，园林之盛，不亚于临安，宋周密《吴兴园林记》所记共 32 例。

明清时，私家园林有了很大发展，几乎遍及全国各地，江南则以南京、苏州、扬州、杭州一带为多。丰富的实践也造就了一批从事造园活动的专家，如计成、周秉臣、张涟、叶洮、李渔、戈裕良等，他们中间一部分人有较高的文化艺术素养，又从事园林设计与施工，因而能把园林创作推向更高的层次，提高了园林的艺术水平。计成在总结实践经验的基础上，著成《园冶》一书，是我国古代最系统的园林艺术论著。张涟、李渔对堆叠假山则有独到的见解。

目前江南所保存的私家园林以苏州为最多，扬州其次，其他城市已较为稀少。

私家园林是为了满足官僚地主和富商的生活享乐而建造的。实际上，园林是第宅的扩大与延伸，平日有许多活动如宴客聚友、读书作画、听戏观剧、亲友小住等都在园中进行。当然，在园林里还要有一个风景优美的环境，使之既有城市中优厚的物质生活，又有幽静雅致的山林景色，虽居城市而又可享受山水林泉的乐趣。用一句话来概括，就是创造可游、可观、可居的城市山林。

私家园林面积都不大，小的一亩半亩，中等的十来亩，大的几十亩。要在有限的空间里，人工创造出有山有水、曲折迂回、景物多变的环境，既要满足各项功能要求，又要富于自然意趣，其间确有丰富的经验可资吸取与借鉴。其基本设计原则与手法，大致可归纳成以下几个方面：

6.3.1　基本设计原则与手法

1）园林布局

主题多样——全园分为大小不同的若干景区（或院落），每区各有主题，或为山水，或为奇石（石峰、石笋），或为名花，或为古木，或为修竹，形成多样主题景观。

隔而不塞——各景区之间虽分隔而不闭塞，彼此空间流通，似分似合，隐约互见，形成丰富的层次和幽深的境界，这是小空间理景的重要法则。

欲扬先抑——在进入园中和主要景区之前，先用狭小、晦暗、简洁的引导空间把人们的尺度感、明暗感、颜色的鲜明度压下来，运用以小衬大、以暗衬明、以少衬多的手法达到豁然开朗的效果。

曲折萦回——观赏路线不作捷径直趋，而是从曲折中求得境之深、意之远。各园都采用沿周边布置主游线的办法，以发挥小园空间的最大观赏效果。

尺度得当——建筑体量化整为零，造型空透、轻盈，亭榭小巧，厅堂空灵，花木以单株欣赏为主，讲求杆、枝、叶、花、果都可观。石峰置于庭院，盆景置于室内，都显示了对景物的环境烘托和空间尺度关系的成熟处理。

余意不尽——采用联想手法，拓宽景域的想像与感受：或把水面延伸于亭阁之下，或由桥下引出一弯水头，以诱发源头深远、水面开阔的错觉；或使假山的形状堆成山趾一隅，止于界墙，犹如截取了大山的一角，隐其主峰于墙外；或将进深甚浅的屋宇作成宏构巨制的局部。至于用匾额楹联来点景，则更可收到发人遐想、浮思联翩的效果，从而加深景域的意境，如"月到风来"、"与谁同坐？

明月清风我"的亭名以及"蝉噪林愈静，鸟鸣山更幽"的楹联等。

远借邻借——借园外景物补园中不足，这是十分讨巧的扩大空间与景域的手法，如水池不种荷花，留出水面反映白云、彩霞、明月，这是俯借；芭蕉、残荷听雨声，则是应时而借；把远山、远塔引入视线，是为远借；作高视点俯瞰邻园景色，是为邻借。

2）水面处理

园无水则不活。江南之园，园园皆有水。水面可形成园中的"空"与"虚"，和其他实景（山石、房屋、花木）形成对比，其作用犹如国画的留白；水面把园中的观赏距离推开，使景物尽展风姿；水面把天空、云霞、山林、亭阁——倒映出来，让景物发挥双倍作用；水绕山下，山就显得更加峭拔。水面还有改善小气候、为消防、浇灌提供保障的功能。

水面处理有聚分之别，小园池水以聚为主，以分为辅。聚则水面开阔，有江湖烟波之趣；分则曲折萦回，可起溪涧探幽之兴。池的平面以不规则状为佳，可与整体布局相协调。水面分隔采用桥、廊、岛为宜，尤以桥与廊为妙，能使水面空间既隔而又联，相互交融渗透，层次丰富。这些都是小园设计中扩大空间感的巧妙手法。

小池则宜用浅岸。岸浅可显出水面开阔浩淼，否则就犹如凭栏观井，了无意趣。池岸可曲可直，宜于曲直相济，一般在建筑物下或平台前用直岸，而山下路旁，则以曲岸为妙。桥宜架于池一侧或一隅，使水面划分有主有从。桥的高度更应与池面相称，曲桥低栏是最适合的办法。

3）叠山置石

在造园中挖池堆山，改造地形，平衡土方，本是顺理成章的事。由此而堆成的土山能形成平岗小坂、陵阜坡陀的平远山景，再栽上竹树花木，自能形成郁郁葱葱的山林意趣。但是这种山景往往不能满足园主追求奇险多变的口味；而另一方面，小型园林中的小池、小山也需要用石料来做护坡与驳岸，用以挡土范水。这样就使奇峰阴洞的石假山在江南园林中盛行起来。从现存的实例来看，明清时期江南私家园林中已很少看到纯用土堆的假山，基本上都是土石并用，或土多石少，或石多土少，或全部用石。不过，石假山要堆出真山意趣绝非易事：一要有高水平的设计，设计人员必须具备应有的绘画基础和艺术修养，做到"胸中有丘壑"，而且懂得叠山工艺；二要有高手艺的匠人，能按照设计意图，处理好石块纹理、体块、缝隙的堆叠；三要有好石料，体块大，褶皱多，形象好。三者缺一不可。但在古代社会里，叠山一事历来都委之于匠人，只有少数有文化、有绘画基础的人如计成、戈裕良等从事此项事业。因此，迄今江南各地所遗明清假山佳作极少，能称之为艺术品者更少，仅苏州环秀山庄湖石假山、常熟燕园黄石假山、苏州耦园黄石假山等少数几处而已。前二例为清中叶叠山名手戈裕良的杰作。其余众多石假山，除一部分可称为"能品"之外，有不少犹如乱堆煤渣，只能称之为石头垃圾。尤其拙劣的是以叠石模拟狮、猿、牛等动物形象，则更是等而下之的庸俗之举，已和中国园林追求自然山林意趣的本意毫不相干了。

从现存成功的假山作品中可以归纳出以下一些要点：

（1）可看、可游、可居。假山的主要观赏点一般设在园中厅堂或书房，采用隔水而看或隔庭而看的方式，假山的高度和体量都和观赏距离有关（石峰也如此）。假山上须设山径供盘旋游览，可使人亲历石矶、峭壁、悬崖、山洞、石室、溪涧、峡谷、山顶等山间种种境界。其中山洞、石室可设石桌、石凳供休息、对弈，是为"可居"。这些特点，和日本枯山水只可看不可游迥然异趣。

（2）塑造丘壑。假山本身不仅是体块的拼合，也不仅是游线的串联，而是空间与体量的有机组合，要用有限的基地和石料，塑造出一个峰峦起伏、洞壑开合、虚实相抱、意境丰富的整体。这需要有山水空间的构想与组合能力，也需要对假山结构的成熟思考。

（3）体块、缝隙、纹理的处理。堆假山的石料受开采与运输的限制，单块石料不可能很大，所以要参考真山的地质构造，用小料拼成较大的体块，形成石壁、峰峦、洞穴等景象。参考国画的皴法对叠石也是很有帮助的。

（4）用石得当。石料有好有丑，好石料表面有皴纹，有起伏，外形美观；丑石料体形笨拙单调。因此，用石必先选石，好石料用于看面，丑石料用于背面或下面。

以上各点，归纳成一条，就是造假山必须像真山，否则就是失败。

4）建筑营构

建筑物在园林中既是居止处、观景点，又是景观的重要成分。但是，中国传统园林以山水为景观主体，建筑在其中只起配角作用。建筑物的位置、尺度、形象、色彩都要考虑与山水的关系及配合效果，绝不能我行我素地自我表现，这就是园林建筑的特殊之处。

江南园林至迟在明代已形成一种独立于住宅之外的建筑风格，其特点是：活泼、玲珑、空透、典雅。活泼则不刻板，不受家屋须循三间、五间而建的约束，半间、一间均无不可；玲珑则不笨拙，比例轻盈、装修细巧、家具精致，适宜于小空间内造景，可衬托山水，产生小中见大之效；空透则不壅塞，室内室外空间流通，利于眺望园景，也利于增加景深与层次；典雅则不流于华丽庸俗，白墙、灰瓦、栗色木构件以及灰色砖细门框与地面，一派淡雅的格调，和江南山清水秀的自然风光格外和谐。当然，由于地区的不同，江南各地的园林建筑风格也有一些差别，其中工艺最精的是苏州、徽州（歙县）。扬州次之，无锡杭州又次之。究其原因，苏州有"香山帮"工匠的优良传统，自明代蒯祥而下，世传其业者众多，至近代有姚承祖总结其经验，著为《营造法原》传之于世。所以江南园林建筑以苏州为代表自有其历史渊源。扬州地处南北之交，建筑风格兼有南方之秀与北方之雄。南京则受湘、鄂等省外来工匠影响，工艺远不及苏州精纯。

私家园林建筑以厅堂为主，《园冶》因此有"凡园圃立基，定厅堂为主"之说。在苏州，厅堂式样除常见的一般厅堂外，还有四面厅（四面设落地窗，利于四面观景）、鸳鸯厅（室内分隔为空间相等的南北两部分，南面宜冬，北面宜夏）、花篮厅（室内减去二内柱，代之以虚柱，柱头雕成花篮式样）、楼厅（楼上为居室，楼下装修成厅的格局）。园林建筑中式样变化最丰富的当推亭子，只要结构合理，形式美观，都可使用，如方、圆、三角、五角、六角、八角、海棠、梅花、扇形等。画舫斋是一种特殊的园林建筑，它的原型是江舟。宋时，欧阳修在官邸利用七间房在山墙上开门，正面仅开窗，取名"画舫斋"，从此这种建筑形式一直被各地园林所沿用，演变为石舫、旱船、不系舟、船厅等各种名目的建筑。常见的式样是把建筑物分成前舱、中舱、后舱三部分；也有不分舱的较含蓄的做法。至于楼阁、斋馆、轩榭等建筑，都是随宜设计，并无定式。而比较特殊的园林建筑装修，当数漏窗、屋角、铺地三者：

漏窗式样繁多，千变万化，多由工匠创作。其构造大致有三种：一是用筒瓦做成，图案均呈曲线；二是用薄砖制成，图案成直线；三是以铁丝为骨，用麻丝石灰裹塑而成各种动植物形状；也有用木板制作冰裂纹等图案者，但木板易腐，不耐久。

屋顶翼角起翘有两种做法：一为嫩戗发戗，即用子角梁将屋角翘起，这种做法屋角可翘得高；另一种为水戗发戗，即子角梁不起翘，仅靠屋角上的脊翘起，如象鼻。前者多用于攒尖顶亭子、厅堂等建筑，后者较轻盈，用于小亭榭和轩馆等建筑。

室外铺地是利用砖瓦废料如碎石、缸片、瓷片、残砖等铺成各种图案，形式多样，丰富多彩，堪称江南园林的一大创造，至今仍为各地园林所采用。

6.3.2　实例

1）江苏无锡寄畅园（图6-9、图6-10）

寄畅园位于无锡惠山东麓，初建于明代正德年间（公元1506~1521年）。旧名凤谷行窝，是明户部尚书秦金的别墅，后经族裔秦耀改建，更名寄畅园。清咸丰十年（公元1860年）园毁，现在园内建筑都是后来重建的。但是以乾隆《南巡盛典》较之，池沼假山、回廊亭榭的布置，尚存旧时遗意。假山为清初改筑时张钺（张涟之侄）所作。

寄畅园的选址很成功，西靠惠山，东南有锡山，泉水充沛，自然环境幽美。在园景布置上很好地利用了这些特点组织借景，如可在丛树空隙中看见锡山上的龙光塔，将园外景色借入园内；从水池东面向西望又可看到惠山耸立在园内假山的后面，增加了园内的深度。同时，园内池水、假山就是引惠山的

图6-9　江苏无锡寄畅园景观
（自锦汇漪南望）

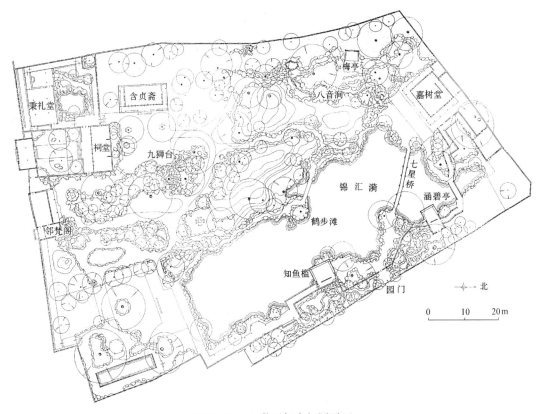

图 6-10　江苏无锡寄畅园平面

泉水和用本地的黄石作成。建筑物在总体布局上所占的比重很少，而以山水为主，再加上树木茂盛，布置得宜，因此园内就显得开朗，自然风光浓郁，这是寄畅园的一个特点。

园内主要部分是水池及其四周所构成的景色。由于假山南北纵隔园内，周围种植高大树木，使水池部分自成一环境，显得很幽静。站在池的西、南、北三面，可以看见临水的知鱼槛亭、涵碧亭和走廊，影倒水中，相映成趣；由亭和廊西望，则是树木茂盛的假山，它与隔池的亭廊建筑形成自然和人工的对比。

水池南北狭长呈不规则形，西岸中部突出鹤步滩，上植大树 2 株，与鹤步滩相对处突出知鱼槛亭，将池一分为二，若断若续。池北又有桥将水面分为大小二处。由于运用了这种灵活的分隔，水池显得曲折而多层次。假山轮廓起伏，有主次，中部较高，以土为主，二侧较低，以石为主。土石间栽植藤萝和矮小的树木，使土石相配，比较自然。此山虽不高，但山上高大的树木增加了它的气势。山绵延至园的西北部又复高起，似与惠山连成一片。在八音涧，有泉水蜿蜒流转，山涧曲折幽深，与水池一区的开朗形成对照。

园门原在东侧。从现在西南角的园门入园后，是两个紧靠的小庭院，此处原是祠堂，后归园中，成为全园的入口处。出厅堂东和秉礼堂院北面的门后，视线豁然开朗，一片山林景色。在到达开阔的水池处前，又都必须经过山间曲折的小路、谷道和涧道。这种不断分隔空间、变换景色所造成的对比效果使人感觉到园内景色生动和丰富多彩，从而不觉园之狭小。

2）江苏苏州留园（图6-11、图6-12）

留园在苏州阊门外，原是明朝嘉靖年间徐泰时的东园。假山为叠山名手周秉忠所筑。清朝嘉庆年间园归刘恕所有，予以改造，称为寒碧庄（亦称寒碧山庄）。光绪初，

图6-11　江苏苏州留园中部池南景观

归官僚豪富盛康，更加扩大，增添建筑，改名为"留园"。全园大致分为四部分：中部是徐氏东园和寒碧庄的原有基础，经营时间最久，是全园精华所在。东、北、西三部分，为光绪年间增加。全园面积约50亩。

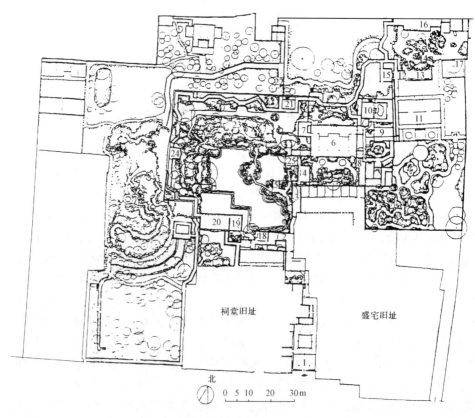

祠堂旧址　　　　盛宅旧址

北　0 5 10　20　30m

图6-12　江苏苏州留园平面（摹自《苏州古典园林》）

1—大门；2—古木交柯；3—曲溪楼；4—西楼；5—濠濮亭；6—五峰仙馆；7—汲古得绠处；8—鹤所；9—揖峰轩；10—还读我书处；11—林泉耆硕之馆；12—冠云台；13—浣云沼；14—冠云峰；15—佳晴喜雨快雪之亭；16—冠云楼；17—伫云庵；18—绿荫轩；19—明瑟楼；20—涵碧山房；21—远翠阁；22—又一村；23—可亭；24—闻木樨香轩；25—清风池馆

中部又分东西两区，西区以山池为主，东区则以建筑庭院为主。二者情趣不同，各具特色。

山池一区大体西北两面为山，中央为池，东、南为建筑。这种布置方法，使山池主景置于受阳一面，是大型园林的常用手法。园内有银杏、枫杨、柏、榆等高大乔木 10 余株，其中不少是二三百年以上的古树，形成了园内山林森郁气氛。假山为土石相间，叠石为池岸蹬道，整体看去，山石嶙峋，大意甚佳。主体叠石用黄石，大块文章，气势浑厚，似为明代遗物，但往往在上面列湖石峰，使轮廓琐碎而不协调，为后人所为。北山以可亭为构图中心，西山正中为闻木樨香轩，掩映于林木之间，造型与尺度都较适宜。池水东南成湾，临水有"绿荫轩"，但这一带池岸规整平直，稍嫌呆滞；而且绿荫距水面嫌高，不及网师园濯缨水阁位置斟酌得当。池中以小岛（小蓬莱）和曲桥划出一小水面，与东侧的濠濮亭、清风池馆组成一个小景区，以前这里有古树斜出临池，环境幽静封闭，与大水面形成对比，但是岛上紫藤花架形象与周围环境不协调，是美中不足之处。池东曲溪楼一带重楼杰出，池南有涵碧山房、明瑟楼、绿荫轩等建筑，其高低错落，虚实相间，造型富于变化，白墙灰瓦配以门窗装修，色调温和雅致，构图优美，可称为江南园林建筑的代表作品。西部土山上有云墙起伏，墙外更有茂密的枫林作为远景，层次丰富，效果很好。

自曲溪楼东去为东区，有庭院几处。主厅五峰仙馆，梁柱用楠木，又名楠木厅，宏敞精丽，是苏州园林厅堂的典型。庭院内叠湖石花台，规模之大占苏州各园厅山的第一位。厅东有揖峰轩及还读我书两处小院，幽僻安静，与五峰仙馆的豪华高大相比较，别具特色。揖峰轩庭院主景是石峰，环庭院四周为回廊，廊与墙间划分为小院空间，置湖石、石笋、修竹、芭蕉；而揖峰轩当窗口处又都特为布置竹石，构成一幅小景画面。这几区庭院，仍大体保存寒碧庄时期的旧貌。

自此东去，是一组以冠云峰为观赏中心的建筑群。冠云峰在苏州各园湖石峰中尺度最高，旁立瑞云、岫云两峰石作陪衬，相传这是明代徐氏东园旧物。石峰南隔小池，有奇石寿太古——池南有林泉耆硕之馆。石峰以北有冠云楼作为衬托和屏障，登楼可以远眺虎丘，是借景的一例。

此园建筑空间处理最为突出，无论从鹤所进园，经五峰仙馆一区，至清风池馆、曲溪楼达到中部山池；或经园门曲折而入，过曲溪楼、五峰仙馆而进东园，空间大小、明暗、开合、高低参差对比，形成有节奏的空间关系，衬托了各庭院的特色，使全园富于变化和层次。如从园门进入，先经过一段狭窄的曲廊、小院，视觉为之收敛。到达古木交柯一带，略事扩大，南面以小院采光，布置小景二三处，北面透过漏窗隐约可见园中山池亭阁。通过以上一段小空间"序幕"，绕至绿荫而豁然开朗，山池景物显得格外开阔明亮，这是小中见大的处理手法。在主要山池周围，另有若干小空间或隔或联，作为呼应与陪衬。由此往东，经曲溪楼等曲折紧凑的室内空间到达主厅五峰仙馆，顿觉宏敞开阔，也是一种对比作用。厅四周的鹤所、汲古得绠等小建筑，是辅助用房，比较低小。厅东揖峰轩一带是由六七个小庭院组成，由于各小院相互流通穿插，使揖峰轩周围形成许多层次，故无局促逼隘的感觉，由此往东至林泉耆硕之馆，又是厅堂高敞，庭院开阔，石峰崛起，是东部的重点景区。在这几组建筑之间，另有短廊或小室作为联系与过渡，尺度低小，较为封闭，进一步加强了小中见大的效果。

3）江苏苏州拙政园（图6-13、图6-14）

拙政园位于苏州城内东北。明正德年间御史王献臣在这里建造园林，以后屡次更换园主，或为官僚地主的私园，或为官府的一部分，或散为民居，其间经过多次改建。20世纪50年代初进行了全面修整和扩建，现在全园总面积约62亩，包括中部、东部和西部三个部分。

图6-13　江苏苏州拙政园中部池南景观

这里原是一片积水弥漫的洼地，经过浚治，整理成池，环以林木，成为一个以水为主的私园。据明朝文征明所作《拙政园记》和《拙政园图》的记载，明

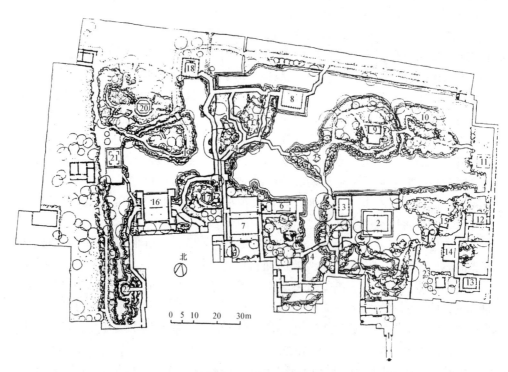

图6-14　江苏苏州拙政园平面

（摹自《苏州古典园林》）

1—腰门；2—远香堂；3—南轩；4—小飞虹；5—小沧浪；6—香洲；7—玉兰堂；8—见山楼；9—雪香云蔚亭；10—待霜亭；11—梧竹幽居；12—海棠春坞；13—听雨轩；14—玲珑馆；15—绣绮亭；16—三十六鸳鸯馆；17—宜两亭；18—倒影楼；19—与谁同坐轩；20—浮翠阁；21—留听阁；22—塔影亭；23—枇杷园；24—柳荫路曲；25—荷风四面亭

中叶建园之始，园内建筑物稀疏，而茂树曲池，水木明瑟旷远，富于自然情趣。明末拙政园东部划出另建"归田园居"。清初吴三桂婿王永宁据园时，大兴土木，堆置丘壑，原状大为改变。至清中叶，园又分为二，从而形成现状所呈东、中、西三部分。其中，中部主要山池布置尚存清初旧貌，而大部分建筑物则为晚清（同治光绪年间）式样。东部归田园居旧址，久已荒废，现已并入拙政园，并经过全面改建。

此园位于住宅北侧，原有园门是住宅间夹弄的巷门，中经曲折小巷而入腰门（现在园门已移至东部归田园居南面），内有黄石假山一座作屏障，使人不能一眼看到全园景物。山后有小池，循廊绕山转入远香堂前，顿觉豁然开朗。这是古典园林常用的大小空间对比手法。

园的中部面积约27亩，池水占1/3，布局以水池为中心，临水建有不同形体、高低错落的建筑物，具有江南水乡特色。各种建筑物较集中地分布在园南面靠近住宅一侧，以便与住宅联系，其中远香堂是中部主体建筑，居中心位置，它的周围环绕着几组建筑庭院：花厅玉兰堂，位于西南端，紧靠住宅，自成独立封闭的一区，院内植玉兰，沿南墙筑花台，植竹丛与南天竹，并立湖石数块，环境极其清幽；西南隅有小沧浪水院；东南隅有枇杷园和海棠春坞；西北隅池中见山楼与长廊柳荫路曲组成一个以山石花木为中心的廊院等。

远香堂周围环境开阔，采取四面厅做法，四周长窗透空，可环视四面景物，犹如观赏长幅卷画。堂南假山叠石尚称自然，不失为黄石山中较好的作品之一。堂北临池设宽敞的平台，池中累土石成东西二山，二山之间隔以小溪，但在组合上则连为一组，起着划分池面和分隔南北空间的作用。西山山巅建长方形平面的雪香云蔚亭，东山山上建六角形待霜亭，两者有所变化。两山结构以土为主，以石为辅，土多而石少。向阳一面黄石池岸起伏自然，背面原有土坡苇丛，野趣横生，前后景色又有变化。满山遍植林木，品种以落叶为主，间植常绿树种，使四季景色，因时而异。山间曲径两侧丛竹乔木相掩，浓荫蔽日，颇有江南山林气氛。岸边散植紫藤等灌木，低枝拂水，更增水乡弥漫之意。

远香堂西与南轩相接，池水在此分出一支向南展延，直至界墙，这一带水面以幽曲取胜。廊桥小飞虹与水阁小沧浪横跨水上，与两侧亭廊组成水院，环境幽深恬静。由小沧浪凭槛北望，透过小飞虹桥，遥见荷风四面亭，以见山楼作远处背景，空间层次深远，景面如画。

由远香堂东望，另有土山一座，上建绣绮亭。山南侧枇杷园一区建筑不多，院内布置简洁，东与听雨轩及海棠春坞二小院相邻，并用短廊相接，在不大的面积内分隔成几个空间，通过漏窗门洞又可连成一气，似隔非隔，增加了景面层次，处理很成功。

4）江苏吴江退思园（图6-15、图6-16）

退思园位于江苏吴江市同里镇，始建于清光绪十一年（1885年），是清代凤、颍、六、泗兵备道任兰生的宅园。任因贪赃被黜，归里后建此宅园，取《吕氏春秋》："进则尽忠，退则思过"之意，名为"退思"。参与擘划建园者为同里人袁龙。园在住宅东侧，占地约3.7亩，分为东、西两部分：西部以建筑庭院为

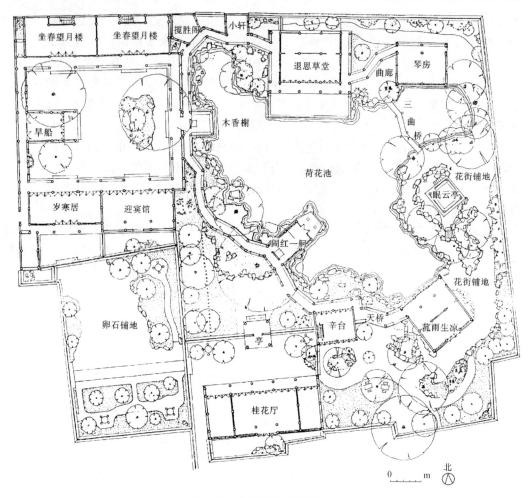

图6-15　江苏吴江退思园平面

主，是主人读书待客之所。主体建筑为书楼"坐春望月楼"，按传统习惯，楼作六开间，楼前院内依西墙建三间小斋，仿画舫前、中、后三舱之意，于山面开门，两侧仅开和合窗。院东侧近墙处设湖石花台，疏植花卉树木，构成小景。院南侧面对书楼有迎宾室、岁寒居等斋馆。东部是此园主体，以水池为中心，环池布列假山、亭阁、花木，"退思草堂"为其主体建筑。此堂位于池北岸，作四面厅形式，前有平台临水，由此可周览环池景色，或俯察水中碧藻红鱼，是全园最佳观景处。池西有一带曲廊贴水而前与旱船相连，透过廊内漏窗，可隐约窥见西部庭院景物，使池西景面极为生动，极具吸引力，是此

图6-16　江苏吴江退思园池西、池北景观

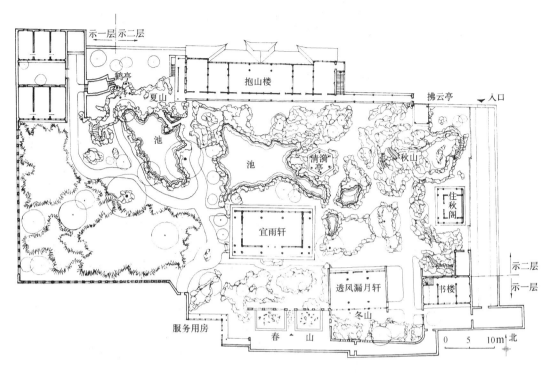

图6-17 江苏扬州个园平面

园设计的精彩之笔。惜旱船过于暴露，造型亦不精美，应环植花木若干，使之隐现于绿荫丛中，则可达到扬长避短之效。池东假山，手法平平，稍逊丘壑。池南有小楼及临水小轩"菰雨生凉"，由室外石级登小楼，则可俯瞰全园，是园中又一处引人入胜之地。

5）江苏扬州个园（图6-17、图6-18）

个园位于扬州城内东关街。此地原有寿芝园，其叠石相传为清初画家石涛所作。现存个园为清嘉庆年间盐商黄至筠所建，因园主爱竹，而竹叶形同"个"字，故称个园。其后，扬州盐业中落，此园屡易其主，民国年间曾作兵营，凋零日甚。直至1979年交园林部门管理，进行全面修整后对外开放。现已列为全国重点文物保护单位。

个园是扬州园林代表，以四季假山而闻名于世，面积约16亩。

园门向南，门旁以花坛栽竹，并植石笋数枚，以象征春山。门作圆洞形，匾为"个园"。入门为园中花厅"宜雨轩"。此厅西北方向隔池有一座湖石假山，因湖石形如夏云，故以此山象征夏山。厅之东北方向叠黄石大假山一座，夕阳映

图6-18 江苏扬州个园抱山楼

215

望下犹如秋色满山，故以之象征秋山。厅之东侧有屋3间，名"透风漏月轩"，屋南倚高墙以宣石叠小山，宣石色白如雪，且含大量石英颗粒，阳光下闪闪如雪后初晴，墙上凿圆孔24个，风起则有声，犹如寒风呼啸，肃杀之气逼人，故以此象征冬山。这种象征四季假山的手法虽不能说十分成功，但比之苏州狮子林等处假山之像狮、牛等动物，则二者立意高低雅俗，不辩自明。

四山之中，春山、冬山体量极小，主体仍是夏山——湖石山与秋山——黄石山，从其叠山手法看，构思尚有丘壑，但因一味追求嵌空玲珑（湖石山）和孤峰耸峙（黄石山），以致失去了石质纹理的应顺和大体大面的组合，未能表现出山体天然浑成和石脉奔注走势，徒增乱堆煤渣和刀山剑树的零乱感。其中黄石山内有峡谷平地，如处群峰环抱之中，境深意远，登山一览，则全园在目，是此假山中最成功之处。湖石假山构想有新意——山跨于池上，山腹构洞，池水伸入洞中，有曲桥可渡水进洞。洞内构钟乳石，夏日入洞，颇有凉意，是此山最佳处。

花厅宜雨轩采用四面厅式架构，即四面均有走廊，本可四面装落地长窗以利观赏四面景色。但此厅却将后面走廊围入室内，用以增加厅的进深，并在金柱（步柱）缝上安落地罩分隔空间，东西两侧也改用槛窗，廊内安鹅颈椅，故已失去四面厅之原意，可称之为四面厅之变体。厅前湖石花台中种遍植桂花，故又称"桂花厅"。厅之西南原甚空旷，近年新增"觅句廊"小楼数间，弥补了当年的不足。

花厅北面隔池相对的是7间抱山楼，檐下有匾曰"壶天自春"，其东端经一段廊楼与黄石山上的"拂云亭"相连，西端与湖石山相连，经山上方亭"鹤亭"而蜿蜒下山。这种经由假山上楼的室外楼梯做法，在江南园林中较为常见。

6.4　风景建设

6.4.1　风景建设的类型

中国古代对自然景观进行艺术加工是全方位的。除了以人工造景为主的园林和庭院理景外，还有利用自然山水适当进行开发、治理的各种景域。按其性质与规模可以分为四种主要类型：

1）邑郊风景名胜

位于城市近郊，可朝往而夕返，便于市民游览。数量也最多，几乎每个城市都有一处至数处。实际上是古代城市的郊区公园，如苏州的虎丘、石湖、天平山、灵岩山，南京的莫愁湖、玄武湖、钟山、栖霞山、牛首山，杭州的西湖、灵隐、西山等。

2）村头景点

结合村头山水地形建造文化活动场所，如文会馆、书院、文昌阁、戏台以及祠堂、牌坊、路亭（休息亭）、桥梁、园林、风水林，形成风景优美的文化休息中心。这类景点多见于皖南、苏南、浙东等经济、文化发达地区的乡村。

3）沿江景点

对自然美的追求，使骚人墨客在旅途也不放过游览的机会；而沿江城市为了突出自身形象，也为了便于观赏大江风光，多着意修建沿江风景点。例如长江沿岸的石钟山、小孤山、天门山、金山、焦山、狼山、龙盘矶、采石矶、燕子矶、东坡赤壁、张飞庙、屈子祠、岳阳楼、黄鹤楼等。富春江沿岸则有杭州六和塔、富阳鹳山、桐庐桐君山与严子陵钓台、建德双塔等。它们或凭江而立，或突兀中流，和浩瀚江水相得益彰，形成辽阔壮丽的景象。"落霞与孤鹜齐飞，秋水共长天一色"是其精彩写照。

4）名山风景区

如东、西、南、北、中五岳；佛教四大丛林、四大名山；道教的十大洞天、三十六小洞天、七十二福地以及黄山、庐山等以景观著称的名山。这些山的知名度高，影响范围远，与其他三种景域相比，具有离城市远、占地面积广、活动内容多和景观丰富等特点。

除此之外，许多城市在城中也利用水面或山林辟有公共游览的场所，如北京什刹海、济南大明湖、绍兴府山等。

上述风景名胜地的共同特点是：①公共性。即对各阶层开放，不同于私家园林和皇家园林之属少数人所有，为少数人服务。②综合性。景域内有奇峰深谷的山景，有江河溪涧的水景，有竹树森森的林景，有地质地貌的奇观，自然景观丰富；还有掌故传说、宗教圣迹、名人游踪、诗文题咏等众多人文景观，并兼容雅俗共赏的诸多文化因素。③持久性。由于风景建设资金来源于宗教的投入和各地富商、豪绅的捐助等多种渠道，因此能保持长盛不衰，即使遭受破坏，也能得到恢复。这和私家园林的兴衰维系于某一家庭的情况不同。

6.4.2　风景名胜区广泛发展的原因

综观我国风景建设的历史，各种大小风景点、风景名胜区之所以能得到广泛发展，其原因大致有以下几个方面：

1）礼制

中国古代有"天子祭天下名山大川，诸侯祭其疆内名山大川"的制度。这种礼制自周至清一直保持下来，从而使一些名山的地位突出。其中五岳五镇居于众山之上，成为历久不衰的风景名胜区。

2）宗教

"天下名山僧占多"。几乎所有著名的风景名胜地都有佛、道二教的寺观、庵堂，宗教活动促进了这些地区的开发与发展。至今佛教四大名山（山西五台山、四川峨眉山、安徽九华山、浙江普陀山）依然是我国著名风景名胜区。道教则有湖北武当山（被奉为北方之神真武大帝的发祥地）、江西龙虎山（天师道祖庭所在）、山东崂山、江苏茅山等游客众多的游览胜地。

3）风俗

汉代以前，我国已有在春天去水边灌濯祭奠以求去灾降福的习俗，称为修禊。晋以后固定于三月上巳日行禊事。居民往往借此春游，作曲水流杯之饮。由修禊而演绎成的春游，在唐宋以后仍很盛行，唐长安城南的曲江池一带、宋东京的城郊、南宋临安的西湖、明代北京的西山都是京城居民的游览胜地。而九月九日的重阳登高，是秋天郊游聚会之日。

4）标榜政绩

唐宋是我国风景建设的繁盛时期，郡邑的守臣们着意在城郊兴作风景游览地，他们不再把风景建设视为仅仅是一种游乐之需，而是政通人和、治绩斐然和"智"、"仁"之德的一种表现。如欧阳修认为风景建设是"宣上恩德，以与民同乐，刺史之事也"（《丰乐亭记》）。柳宗元则把它提高到促使心理平夷、思维开朗、办事通达的高度上来认识（柳宗元《零陵三亭记》）。所以唐、宋、明、清各地府、县城市大都利用治水、修城等工程，建设近郊风景地，如杭州西湖、绍兴镜湖、嘉兴南湖等都是结合治水，修筑堤、岛、桥、闸，进而踵事增华，修建亭台楼阁，遂成一方胜游之地。

5）开山采石

按习惯的认识，开山采石只能和破坏自然山林相联系。但在中国古代却有利用开山采石创造出风景名胜地的骄人业绩。突出的例子是在浙江绍兴。早在 2000年前的汉代，绍兴就在其四郊山中开采石料供城市建设之需，但在采石完成之后，却给后人留下了东湖、石佛寺、柯岩和吼山等处险峻奇特的著名胜迹。东湖原是一座青石山，汉代起采石留下了百丈峭壁、深不见底的水面以及幽深的洞窟。清代绍兴知府陶心远在水上筑堤数百丈为界，堤内为湖供游览，堤外为河供通航，长堤植柳桃，架桥梁，建亭屋，遂成一方胜景。柯岩在绍兴西约 12km 处，原为小山，开山采石结果，留下孤峰一柱，兀立云表，高 10 余丈，下窄上宽，犹如塔幢，清代在峰上刻"云骨"二字，成为绍兴著名的"孤峰云骨"名胜。

6）崇饰乡里

我国江南地区的一些乡村历史上入仕者和经商者众多，经济富裕，文风昌盛。这些官僚、富商一旦"衣锦还乡"，都热衷于家乡的住宅、祠堂以及道路、桥梁等公共设施的建设。例如皖南徽州商人，明清时期足迹遍于全国，有"无徽不成镇"之谚，直到清代中叶，江淮盐业仍多操于徽商之手。另一方面，徽州文风极盛，素有"东南邹鲁"之称，明清二代仕途得意的人很多，这就使徽州出现了许多环境优美、布局独特、房屋道路质量高、布满牌坊、祠堂、路亭、廊桥等高水平建筑的村落，著名的有唐模、棠樾、许村等。

6.4.3　风景建设的原则和手法

风景建设以自然山水为基础，人为加工只是对自然的因顺、疏理，以使人们能充分享受自然之美，而绝不能用人造之物来破坏自然景观。这和园林以人工造景为主是有根本区别的。各类风景建设因其具体情况不同而有不同的处理方式，但也有一些共同的原则和手法：

1）巧于因借

"巧于因借，全天逸人"是对理景中利用自然山水来创造风景所作出的基本概括。

所谓"因"，不仅是因其地，因其材，而且是因之于整个环境：因山而成山地风景；因水而成水域风景。"因"的成功与否在于巧妙应顺地形地貌，恰当利用原有景物，使之有充分显示其特性与本质美的机会。这就需要对景区内的各种要素（包括水体、山石、植物、文化遗存等）进行深入考察，了解整个环境的特征。再在尊重自然、尊重历史的前提下进行人为的治理，这样的理景不致作出扭曲风景本质美的盲目诠释和单纯为追求功能目的与某种低格调效应而破坏整个环境气氛。在这方面，江南传统理景所积累的经验以及值得借鉴之处很多，绍兴东湖、柯岩等是其中最杰出的例子。扬州瘦西湖也因巧妙利用旧城河建成风景名胜区而形成其为"瘦"的特殊风貌。至于"因"城邑治水之功，加以美化，使之成为市民就近游憩之所，更是十分成功的办法，杭州西湖是其最精彩的例子。可见，"因"是各种理景的第一要义。

所谓"借"，即是借景。这和园林借景含义相同，但因处于自然景观环境，因此远借、近借、应时而借等种种条件比园林环境更优越，效果也更好。

"巧于因借"的目的在于"全天逸人"。全天就是要保全景色的天然真趣，人为加工只能起到画龙点睛的作用，为山水林泉增色。所以，"因"做得好，"天"也能保全得好。至于"逸人"，就是减省人力物力，如城邑治水理景、开石采石理景，是在完成某项工程后适当进行加工，既省人力又省物力，无疑是最好的"逸人"办法。

2）旷奥兼用

柳宗元说："游之适大率有二，旷如也，奥如也，如斯而已。"（《永州龙兴寺东丘记》）。这是对自然景观特性的高度概括，确实，自然界无论何种风景，不外是"旷"与"奥"两类。"旷"的景色能给人以豪迈奔放、悠然遐想的感触。获得这种效果的办法就是创造"极目千里"的条件：一曰开敞；二曰登高；"奥"的景色给人以深邃奥秘、变化莫测的感觉，可使人产生寻幽探奇的兴趣。达到"奥"的办法主要是围合、阻挡与曲折，使景观富于层次与深度，而绝然排斥一览无余的出现。"旷"与"奥"又是相互矛盾、相互依存的统一对立面，没有旷也就无所谓奥，没有奥也就无所谓旷，两者不可缺一。当然，对某个单一的空间环境而言，可以以旷为其特色，或以奥为其特色，但对整个风景区而言，则必然有旷有奥，旷奥兼用。

但是在以自然景观为基础的理景中，无法人为改变山水空间的状态和次序，因此，把"旷"与"奥"艺术地组织起来的办法只能利用游线。游线所经应力求做到旷奥相间，意境各异，曲折多致，引人入胜，从而充分发掘风景资源的潜能，达到良好的游观效用。

3）塑造意境

风景的所谓意境，即是参与的人通过视听等知觉接受到景物环境所给予的实在感受和抽象意念，从而唤起联想，进入了审美的更高层次，成为"意域之景"、"景外之情"。塑造意境，是受中国特有美学思想指导而产生的艺术手法之一。但风景的塑造意境不同于其他艺术，因为风景有一个不同其他艺术的显著特征：不依赖于人力的空间"规模"。一定的规模决定了风景是进入内部观察、体验，而非外部的观照。因此，理景的塑造意境，即在于通过对景物环境的处理，将参与者从经验和文化背景中"唤起"联想，从而"神与物游"，获得游赏风景的愉悦感。

中国古代风景点（区）中常见的几种意境塑造手法是：

（1）空寂出世——宗教山林理景的意境

佛家追求空寂、超脱，其手法有三：一曰标。即标志出与世俗不同的存在价值与意义，营造出一种远离市廛，没有喧闹，只有钟声梵呗和香烟缭绕，还有高出云表的塔、崇高华丽的殿、庄严辉煌的佛像金身。所见所闻和世俗环境是一种强烈对比，从而使信徒们的心灵受到震撼和感染。这种利用环境各种因素的共同作用而标出佛与人的不同，是宗教建筑的一大创造。二曰藏。"深山藏古寺"，寺庙为了创造与世不同的幽静气氛，往往建于深山密林中。这种"藏"主要是靠路径的引导，使人在一定范围、一定角度感觉不到寺庙主体的所在，直到某一时刻突然看到了高塔崇殿。三曰隔。就是"隔红尘"。佛徒得依靠人间供应，又要清静出世，二者的矛盾只有用"隔"来解决。在中国古代建筑中，庭院是"隔"的最好办法，所以寺庙历来就用院落来组成。

（2）涤我尘襟——登高及治水理景的意境

登高远眺理景与城邑治水理景都能展现开阔、辽远的场面，形成"旷如"之景，引起人们豪迈奔放的联想。所以范仲淹登岳阳楼而产生"去国怀乡，忧谗畏讥"、"心旷神怡、宠辱皆忘"的思绪，进而诵出"先天下之忧而忧，后天下之乐而乐"（《岳阳楼记》）的千古名句。可见，这种"旷"之境界，对人的思想能起到一种净化作用，甚至是升华作用。

（3）标帜意蕴——诗文题字追求的意境

江南邑郊风景中，有大量的题记、碑刻和摩崖石刻。这些文字，用墨不多，却对风景起到了深化主题的点景作用，从而使风景富有内涵与意蕴，使之充满诗情画境。例如扬州蜀岗平山堂有联一曰："晓起凭栏，六代青山都到眼；晚来对酒，二分明月正当头。"既点醒了于此游赏的意趣，又使人联想起欧阳修当年于此建堂观景、对酒赋诗之情景。无锡太湖鼋头渚摩崖刻大字"包孕吴越"，不仅说明了太湖之广阔浩瀚，而且融进了数千年的历史。绍兴东湖"桃花洞"壁上有句"桃三千年一开花，洞五百尺不见底，"令人顿觉此洞虽小，却深不可测，感到它太古久远的年代和天然化工的绝妙。事实上，在各地风景中，几乎每一景观处，都有因时、因地而点景的这类"题咏"，若"不见只字，游者顿觉有所失"（童寯《江南园林志》）。

6.4.4　江南理景三例

以下就江南理景的三例进行介绍：

1）江苏苏州虎丘（图6-19、图6-20）

虎丘在苏州西北3km余处。相传春秋末年，吴王阖闾死后葬于此山。东晋时王导之孙司徒王珣、司空王珉在山上建别墅，后舍宅为东西二寺，这是虎丘有佛寺的开始。唐代"会昌灭法"时寺被毁，随后又在山上重建，合二寺为一寺。北宋时改名为云岩寺。以后曾屡毁屡建，现在寺内建筑除云岩寺塔为宋初所建，二山门为元代遗构外，其余都是太平天国以后所建。其中殿门、大殿及后殿等建筑则始终没有恢复。

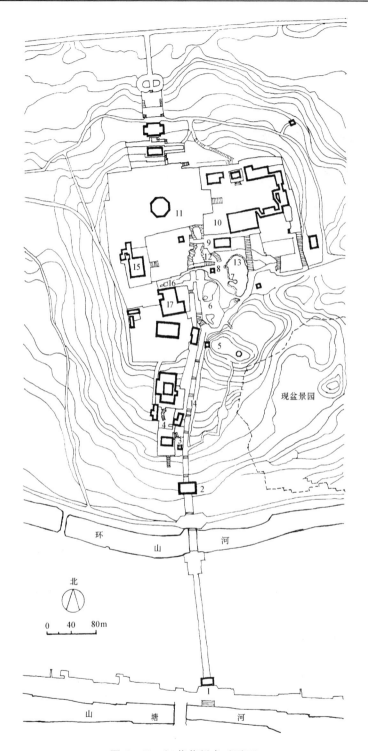

图 6-19　江苏苏州虎丘平面

1—头山门；2—二山门；3—憨憨泉；4—拥翠山庄；5—真娘墓；6—千人石；7—点头石；8—二仙亭；9—悟石轩；10—天王殿；11—云岩寺塔；12—剑池；13—白莲池；14—试剑石；15—致爽阁；16—陆羽井；17—冷香阁

图 6 - 20　江苏苏州虎丘千人石及云岩寺塔

虎丘的形势是西北为主峰，有二岗向东、南伸展，二岗之间有一平坦石场称"千人石"，剑池岩壑在其后。虎丘山寺庙的布局就是依山就势而上，从山塘街头山门起，沿轴线而进，过二山门，一路拾级而上，路西侧山岗上有拥翠山庄，为一小型山地园，园之东墙外路有一井称"憨憨泉"；路东侧为试剑石、真娘亭。路尽处就是"千人石"。据说东晋名僧竺道生在此说法，可坐千人听讲，故名。千人石下一小池中植有白莲，池中小岛上有一石如人坐而点头，名为点头石，即所谓"生公说法，顽石点头"的故事。故事隽永，景色优美，堪称虎丘一绝。

由千人石东登石级 53 步，即佛经中"五十三参，参参见佛"之义，作为进入正门前一种象征性登临，以表示对佛祖的尊崇与礼拜。不少山中佛寺都有此种手法。由此而进入寺院正门，据宋代及明代《虎丘图》，正门面南，入门为大殿前院；面对大殿，在正门东侧有一重檐殿宇，规格稍逊于大殿；大殿之后为七级宝塔，宝塔后为后殿。明代又在正殿左侧正对正门建有一阁。可见由于山顶地形缘故，入门后轴线转而为东西向，与头山门、二山门之轴线成 90°角相交。这是既结合了地形、又解决了殿庭的布局，处理较为成功。宋明时期，剑池上空的拱桥上有亭廊，可用双桶下垂于剑池取水，以供山上饮用，故此处兼具井亭功能。相传此水曾被品为"天下第五泉"，可见当年水质极佳，不像今日之污浊。西面山岗地势较高，现存建筑较多，有冷香阁、致爽阁、陆羽井等。相传唐代刘伯刍曾评此泉为天下第三。东面山岗地势较平，现存建筑不多。

虎丘作为一处城市近郊风景名胜，山虽不高，而有充沛的泉水和奇险的峡谷深涧，又有丰富的历史文化遗存，在自然景观与人文景观方面是得天独厚，是江南邑郊理景中的难得精品。

2）浙江绍兴兰亭（图 6 - 21、图 6 - 22）

兰亭在绍兴南郊 13km 处的兰渚山下。据《越绝书》记载，越王勾践曾在此种兰。至汉代，这里是一座驿亭，名兰亭。东晋永和九年（353 年）三月三日，王羲之、谢安、孙绰等 41 人，在此"修禊"，行曲水流觞之饮，并由各人赋诗以志这次聚会，结果王羲之、谢安等 11 人各赋诗二首，赋诗一首者 15 人，遂由王羲之为诸人诗集作序，这就是著名的《兰亭集序》。此序不仅文章极美，而且书法有极高的艺术价值，历来视为我国书法艺术的瑰宝。兰亭也因这次的禊饮赋诗及《序》而闻名于后世，被尊为我国书法艺术的圣地。

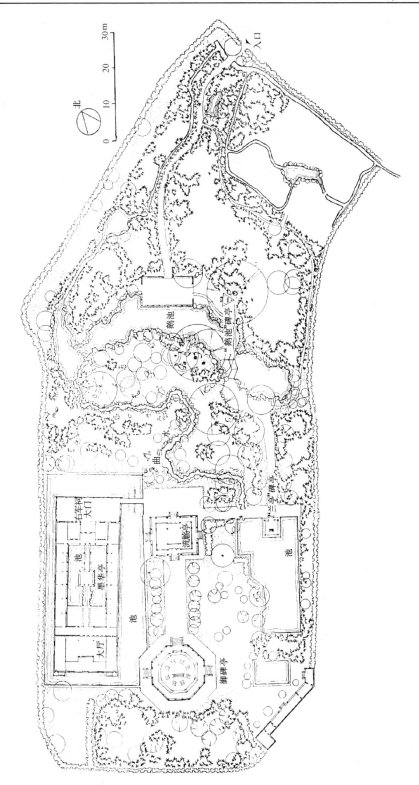

图6-21 浙江绍兴兰亭平面图

宋代兰亭在兰溪江南岸的山坡上，明嘉靖二十七年（1548 年）迁于江北岸现址。现在的兰亭建筑物都是清代重建的，并经后世屡加修葺。

整个兰亭景区位于平地上，周围为水稻田。基地南北进深约 200 余米，东西宽约 80m，入口在北端。进门经一段曲折的竹径到达鹅池，相传王羲之爱鹅，故以之名此

图 6–22 浙江绍兴兰亭鹅池

池。池旁三角亭内碑石上大书"鹅池"二字。池南为土山，山上林木茂密，将兰亭隐蔽于土山之后，起到"障景"的作用，不使产生一览无余之弊。由鹅池碑亭旁屈曲前进，到达"兰亭"碑旁。此亭作盝顶方亭，式样较为别致。经此亭折而右，就是兰亭主题景区——曲水及流觞亭。当年王羲之等人修禊之处早已不可考，这是后世所作象征性的曲水流觞场所。唐宋以后曲水流觞都在石上刻曲折的水槽，上覆亭子，称为流杯（觞）亭，众人各据曲水一方，酒杯随水而流，停于何人位前就应赋诗、饮酒，文人以此相娱，明清时仍有这种风气，故北京故宫宁寿宫花园及南海都有这种流杯亭遗例。但兰亭目前所建流觞亭，其式样作四面厅，亭内不作曲水流觞之举。流觞亭南有一座八角重檐攒尖亭，亭内有康熙手书《兰亭集序》碑，庞然大物，有喧宾夺主之嫌。碑亭西侧为王羲之祠，俗称"右军祠"。因王羲之在东晋曾官右军将军，故也称王右军。祠在水池之中，祠内又是水池，内外有水相夹，可称是此祠一大特色。

兰亭布局曲折，竹树森郁，环境气氛极佳。曲水流觞利用兰溪水引至鹅池，经流杯渠而流至北面诸池再泄于江之下游，处理十分成功。若当天朗气清、惠风和畅之时，在此行修禊之会，也可一展我国古代文化之风雅情趣。可惜流觞亭及御碑亭二者均以巨大体量排列于小兰亭与右军祠之间，布局既刻板，建筑本身也缺少意趣，实为美中不足。

3）安徽歙县唐模村头景点（图 6–23 ~ 图 6–25）

唐模位于皖南歙县县城西约 10km 处，是汪、程、吴、许诸姓世居之地。清康熙年间，许承宣、许承家兄弟赐进士出身，遂在村头立牌坊，额曰"同胞翰林"，并在村东溪南高地上建许氏文会馆，作为文人雅集之所。乾隆间村人又建檀干园，与文会馆隔溪相望。园中开池筑岛，岛上建镜亭，以玉带桥与园外相连。沿池岸上多植檀树及紫荆、桃、桂、梅等花木，池中植荷莲。镜亭有联句曰："桃露春秋，荷云夏净，桂风秋馥，梅雪冬妍。"描述了当年园内四季花开的景象。当时人以为此园有杭州西湖意趣，又称之为"小西湖"。目前这里原有的建筑如许氏文会馆已毁，许氏宗祠仅存最后一进，但路亭、曲桥、檀干园水池、池上镜亭、玉带桥及部分老树古木都保存较好。而且山川形胜未改原貌，布局轮廓约略可见，昔日神韵并未完全丧失。近年对檀干园的亭馆作了修复。

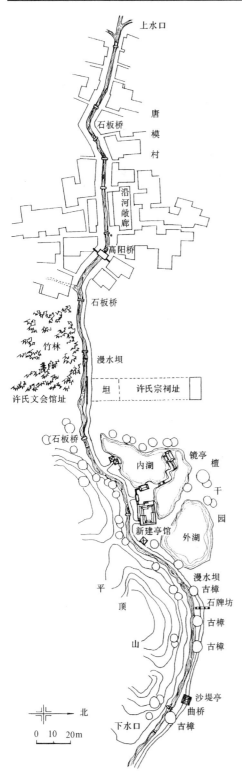

图 6-23　安徽歙县唐模村平面示意图

图 6-24　安徽歙县唐模村水口景观

图 6-25　安徽歙县唐模村"小西湖"

　　景区位于村东，一曲清溪自西向东横穿而过，一条石板路则自东向西将人们引入村中。在溪流下游的"水口"处，利用峰回路转的地形，设置了一座高耸的三檐歇山顶路亭（名沙堤亭），标志出全村的入口。亭旁设曲桥，植风水林，渡桥可登南岸小山。于是在这里形成了一个"水口"景点。过路亭，迎面出现巍峨的石牌坊，前后两面额上分别大书"圣朝都谏"、"同胞翰林"，炫耀着本村政治与文化的优越地位，藉以

225

表明这小小山村的不同凡响。牌坊之内的许氏文会馆、宗祠以及"小西湖"等设施，则又有力地支持着这种炫耀，说明着它的不同凡响。这里既是着意经营的景观区，又是全村政治、文化的活动中心。高阳桥（又名观音桥）是这一景观区的终结，桥由双石拱构成，上架廊屋 5 间，是村民平时的活动场所，无论晴雨，都可供众人集聚休娱，祁门、歙县一带备有此种廊桥的村落颇多。石板路南侧的小溪，常年水流不息，溪上筑漫水坝数处，使溪水形成几叠潆洄，水流溅溅，水声淙淙，为沿路增加了许多情趣。

唐模是江南村头理景最具代表性的遗例之一，它的内容多样，人工构筑与自然地形结合得非常巧妙，创造出了一种私家园林所不具备的田园风光之美。

第7章　建筑意匠

　　建筑的营造活动，是在人的谋划下进行的，这种营造之前的谋划通过模拟、预设而表现在图或模型上就是典型的设计。设计受设计者的构思与权衡制约，从本质上说，人的思维活动是人的社会存在的反映，因而，不同的地理、气候、社会环境决定了设计者的思维差异，从而也决定了设计结果的差异。然而，作为观念形态的意识不仅仅会反过来影响人的社会存在，同时作为文化积淀的、相对稳定的观念形态本身就是一种社会存在，必然地要影响到设计者的设计过程。从新石器的文明曙光到封建社会的明、清时期，中国古代社会又是一个变化的历史过程，影响建筑活动的每一个阶段的观念形态本身也处于变化与发展的状态中。"建筑意匠"就是探讨在中国古代社会中，尤其在漫长的封建社会中，有哪些是相对稳定的、作为观念形态的社会文化意识影响了以至决定了古建筑设计的结果，这些影响又是怎样转化为建筑的规划与设计过程的。

　　中国古代建筑设计的思维活动，是发生在与欧洲古代文明完全不同的另一种地理和历史文化背景下，并沿着不同的格局与路径进行的。中国是一个以农立国的国家，与收获相关的节气，以及与节气相关的天象都与农耕社会中人的生存息息相关，对天象的把握与对天人关系的猜测构成了原始文化的核心部分，因而中国又是一个文化早熟的国家，这早熟的文化，是建立在从新石器时代直到先秦的满天星斗式的华夏文明的基础上，并顺应不同的地理环境和民族生存方式，始终精彩纷呈。与收获相关的水利管理及地理的原因推动了集中化的进程，因而中国在历史上，除了短暂的几次南北分裂以外，长期处于大一统的中央集权的国度中。中国的宗教从来不曾出现欧洲有过的教权高于皇权的局面，史官文化始终是历史发展的主线，官本位始终是价值判断的基本参照系。在汉族活动地区，没有任何宗教建筑可以取代占据着国都和大小城市心脏地带的皇宫和官署建筑。中国大部分古代的建筑活动就是发生在这样一个有着具体的空间和时间的历史舞台上。与中国文化艺术的其他分支如绘画、文学、音乐相仿佛，中国的建筑在理论上呈现出与欧洲完全不同的范畴、体系与工作机制。在中国文化的宏观与整体定位下，一方面"天生神物，圣人则之"①，"知者创物，巧者述之守之，世谓之工。百工之事，皆圣人之作也"②，对于成器以为天下利的百工给予表面上很高的评价，另一方面，出于对整体世界把握的分类需要，将人类的社会与思维活动分为五种类型："是故形而上者谓之道，形而下者谓之器，化而裁之谓之变，推

---

① 《周易·系辞上》。
② 《周礼·考工记》。

而行之谓之通，举而张之天下之民谓之事业。"① 即将无形的观念把握与有形的具体制作这两种活动类型分割开来，并进而与社会身份相联系："坐而论道，谓之王公，作而行之谓之士大夫，审曲面势，以饬五材，以辨民器，谓之百工。"②自此开始，设计活动分成了两个部分，其与维持社会等级差别有关的部分相当多地纳入了礼制及典章制度的范畴，有形的且与等级制关系不大的、转变为具象的思维活动的部分被纳入了"工"的范畴，道与器的巨大鸿沟加上后来"治人"与"治于人"的对立，使得中国的建筑匠师长期未能完成欧洲文艺复兴以后设计与施工、建筑与结构明确的专业分化。在柳宗元的《梓人传》中描述过的虽不操斧运斤，却在施工与设计上运筹指挥的匠师们发展延续到明代，产生了如蒯祥、徐杲等名匠，他们的俸禄皆在二品以上，在设计上也升堂入室，但其社会地位仍被列为"梓人"，属"工"的范畴，他们自己也不敢以卿大夫自居。由从事"道"的治人者所撰写的记载国之大事及重要人事的正史，对他们也只字不提。这种状态及长于宏观把握、拙于实验验证的思维特点，使得中国建筑技术的拓展始终停留在经验科学的层面上，而难以经由知识阶层通过建立在工具理性基础上的抽象、归纳、推演上升到结构理论的层次上。一如佛光寺的人字叉手和文殊殿的托架梁、赵州桥的敞肩券，虽早于欧洲多年，却无法产生欧洲工业革命后的桁架和大跨桥梁。

　　然而，中国古代建筑技术与艺术成就的辉煌灿烂却是世人尽知的，那么，它们是怎样按着另外一种机制去运行的呢？

7.1　营造活动中的观念形态

　　这另一种机制的基础就是实践理性精神。实践理性区别于工具理性之处在于它包含着实践过程与认识主体的意志性因素。在中国的历史背景中，大量生产活动和社会活动是通过试错法向前开拓的。即在排除失败案例后对成功案例作经验性概括与总结，并以由此建立起的假说引导未来，如同中药中医那样。只是房屋从新石器开始就已不仅是遮风避雨之物，而且是社会文化的标志物，营建活动中的观念性假设不仅是存在的反映，也已构成社会存在的一部分，于是我们看到，通过礼制，也通过社会中的民俗、心理结构等其他规范文化，作为形而上学的观念形态影响与制约着建筑的发展，这些观念文化有：

7.1.1　天人合一的宇宙观
　　在影响建筑发展的诸多观念中，天人合一的观念是根本性的。"天"是一个历史范畴，起源于远古人类对无法预测的苍茫太空的敬畏，夏商以后，"天"被认为是有意志、有人格的最高主宰，随着对灾变、王权更迭、国运兴衰、人事征战、吉凶关系的长期思考探索，其内涵与外延都发生了一定的扩展。但其内核仍是外在于

---

① 《周易·系辞上》。
② 《周礼·考工记》。

人、人类无法把握的宇宙主宰。春秋之后，对这种主宰的崇拜构架起以天人关系为基础的宇宙观，并形成"天命"、"天意"、"天文"、"天道"等一系列概念。"天人合一"就是西周以后，人们强调天与人的关系紧密相连、不可分割的一种观点。"惟天阴骘下民……天乃赐禹洪范九畴，彝伦攸叙"①，认为天帝是保护民众的，把九类大法赐给了禹，人伦规范才安排就绪。从而以追求天人协调为宗旨，"夫大人者，与天地合其德，与日月合其明，与四时合其序，与鬼神合其吉凶。先天而天弗违，后天而奉天时。"②统治者更是将承天命、顺天意作为其统治合法性及震慑百姓的理论基础。力图将人间的秩序模拟成通过天象观测所认识到的"天"上的秩序，以求得合法与永恒。士大夫也无不以探求天人关系，尤其是以天地之道来通达人道作为最高的学问。"学不际天人，不足以谓之学"③"通天地人曰儒；通天地而不通人曰伎"④。故《周易》中有"仰则观象于天，俯则观法于地"的原则，使中国文化中的天构成了与希伯来文化中的上帝及古希腊文化中的诸神相异其趣的另一番图景，也从而在三个方面影响了中国建筑的发展。

其一，作为中央、地方以至乡村的最重要的建筑活动，是创造与天及与从属于天的下一个等级的若干神灵对话的场所，这便是从远古的祭坛，经后来也已失考的明堂，直到明清两代的坛庙建筑及地方社坛、神祠建筑的功能。它们构成了中国建筑体系的神圣核心和最具象征意义的部分。

其二，州郡依其在国中位置寻求天上星宿为其对应物，名曰星野。《周礼·春官宗伯》述及："……以星土辨九州之地，所封封域，皆有分量，以观妖祥。"以天下12州与天上12处星宿对。魏晋之后，更趋详尽。此外城市，尤其是都城以及宫殿、陵寝的布局和规划设计与命名都力图体现天人合一的追求，据《吴越春秋》记载，伍子胥筑阖闾城，范蠡筑越城，皆有象天法地之举。汉之长安城"……城南为南斗形，北为北斗形，至今人呼汉京城为斗城是也"⑤；汉未央宫有白虎、朱雀、玄武、苍龙之名，隋大兴及此后都城常斟酌地势，尽量将宫城置于城北，与天上的紫微垣呼应，称之为紫禁城，且又以承天、朱雀等命名门阙，宋东京及明初南京宫城的兴建、命名和事后的诠释，已发掘的河南洛阳与南阳的汉墓中都画有天象图，唐永泰公主墓顶画有天文图，南唐钦陵中则有天文地理图，它们都显示着窥天通天、与天同构的目标。

其三，通过进一步的关于自然环境的具体认知及其他更低层次的事物中的序的把握，使天人合一观念逐级转化为建筑中的关系。

7.1.2　物我一体的自然观

自然观是人对生活其中的可见的天然世界的认识。受基督教文化的上帝创世

---

① 《尚书·洪范》。
② 《周易大传·文言传》。
③ （宋）邵雍《皇极经世·观物外篇》。
④ （汉）扬雄《法言·君子》。
⑤ 《三辅黄图》。

说的教化影响，欧洲古典文化虽将人与自然都看成被造之物，但却接受了被赋予人类的上帝自己的形象及享用自然、管理与控制自然的特权，因而在欧洲文明中，自然是作为人类的对立面而出现在矛盾关系中的。在中国的古代文明中，自然原是指自然而然的意思，在老庄那里"天然耳……以天言之，所以明其自然"①，"道法自然"②，在玄学及儒家的体系中，"天地以自然运，圣人以自然用"，"自然者，道也"③。即自然是作为封建社会正名定分的名教对立面，作为抑制人欲的对立面而出现的。当源于拉丁语 natur（e）这一描述可见世界的欧洲概念被介绍入中国时，译成了"自然"，并逐渐为国人接受，且使原有的自然概念得到新的扩展。然而，在"天人合一"的宇宙观的定位下，在中国的社会文化心理结构的作用机制下，仍然与欧洲文明中的概念不同，一如这两个汉字所显示的那样，自然对于中国文化来说，包含着"自"与"然"两个部分，即包含着人类自身以及周围世界的物质本体部分，即中国文化的自然观是将自然看作包含人类自身的物我一体的概念，人类及山、水、花、草、鱼、虫等都是从属于物质世界的体系的。这样，在这种概念的作用下，人与自然中的其他要素是处于同样层次与地位上的，这既为确立人与自然的和谐关系奠定了思维基础，却也削弱了人对自然环境应该承担的责任与义务。

在这种自然观的影响下，我们看到，在处理人与自然关系的营造活动（例如园林）时，中国古代呈现出与欧洲迥然两样的旨趣。同为人工的经营，欧洲的主要造园要素是作为人的对立物的自然之物，在中国却包容着更多的甚至作为主体与灵魂的人造的建筑物，欧洲园林程度不同地显示了人工管理、统治的特权的痕迹，而在中国，虽然树木也经过剪裁，却因不露痕迹和合于事物原来的特性与规律而被认为是"自然"的，"虽由人作，宛若天开"成了中国古代人工环境的意境追求。在欧洲，古典的风景画表现的是对立于人类的自然景色，而在中国却用山水画一词代替风景画，在写意山水的表象后流露着诸如"智者乐水，仁者乐山"④ 之类的众多的人文追求，文学要素也直接纳入到造园的范畴，并藉此催生园景意境中的人文精神，显示了人在自然中的不可分割的地位与主体价值。

7.1.3　阴阳有序的环境观

环境观指的是人对周围环境因素及其相互关系的认识。在天人合一的宇宙观的总体定位下，在古代以农立国的生存环境中，人们通过对天地、日月、昼夜、阴晴、寒暑、水火、男女等自然现象及贵贱、治乱、兴衰等社会现象的仰观俯察，在商周时期即已形成后来概括为阴阳的一系列对立又互相转化的矛盾范畴，商周时期的《易经》将之概括为乾坤、泰否、剥复、损益，到老子的《道德经》更明确为"万物负阴而抱阳"。战国以后形成的《易传》对事物的相互关系概括

---

① 《庄子·齐物论》。

② 老子《道德经》。

③ （三国·魏）何晏《无名论》。

④ 《论语·雍也》。

为"是故易有太极，是生两仪，两仪生四象，四象生八卦……"①，"昔者圣人之作易也，将以顺性命之理。是以立天之道曰阴与阳，立地之道曰柔与刚，立人之道曰仁与义。兼三才而两之，故《易》六画而成卦，分阴分阳，迭用柔刚，故《易》六位而成章"②，在更高的水平上丰富发展了阴阳学说。《易经》被儒家定为六经之首，浸润着两千多年的中华文明，并被道、佛诸家接受与弘扬。从远古直到明清，阴阳的观念在不同的思想学派诠释下获得发展，其中战国后阴阳家糅合了五行说及五行相生、相克的理论，使得阴阳学说十分庞杂，但也都连同阴阳说中强调有序、强调变化的思想一道，影响了中国建筑的发展，这种影响表现在：

第一，认定了方位是有主有从的，上古时代对太阳的崇拜形成日出日落的方位观，也是这一体系的一部分，战国以前的大量的王侯墓葬以至后世某些少数民族的庙宇始终是以东向日出为其主要轴线方位，明代以前的祖庙中的牌位也将始祖牌位立于坐西向东的位置，天学的发展使人类对方位的认识扩展，以天上星宿方位与地上方位相呼应，从而有了东青龙、西白虎、南朱雀、北玄武的四象之说，强调东向："天神之贵者，莫贵于青龙，或曰天一，或曰太阴。太阴所居不可背而可向。"③ 结合天学中"斗为帝车，运于中央，临制四乡（向）。分阴阳，建四时，均五行，移节度，定诸纪，皆系于斗，"④ 而北斗所指向的位于北向的天空上，且在黄河流域始终可见的北极星所在的星宿区域——紫微垣便成了帝室所在。"紫微，大帝室，太一精也。"⑤ 这坐北朝南的朝向适与中国古代在北半球温带的居住需求相适应，从而面南称尊不仅是称帝的代名词，也使南向成了中国多数地区最重要的朝向。

源于祖先崇拜并逐渐发展起来的宗法制度，从另一个角度对朝向的主从提出了要求。《周礼·春官·冢人》在述及墓葬时提及："掌公墓之地，辨其兆域，而为之图，先王之葬居中，以昭穆为左右。"郑玄的注释为："先王，造茔者。昭居左，穆居右，夹处东西。"在处理包括祭祀在内的位置问题时，左昭右穆，左先右后。当有关主体面南时，左东而右西，以左为尊与以东为尊结合在一起。宋以后的陵寝更多地从这一体系中寻求阐释。后世随着地理、堪舆、相宅、风水诸种与建筑朝向更密切相关的知识架构的形成，朝向的探究也更趋复杂。

第二，赋予构成环境的各种要素以互相依存又有主有次的属性。最典型的是关注环境中的山与水的位置，定山属静为阴，水属动为阳，南为阳而北为阴，高为阳而低为阴。"万物负阴而抱阳"既为一般建筑群环境经营时提出了背山面水的要求，也为环境的变通提供了其他可能，在与《周易》的卦象概念进一步结合中，为宫与寝、长与幼、文与武、上与下、僧与俗等的功能格局提供了选择方案。

第三，这种序的观念与礼制对社会等级制度的维护要求相结合并逐渐与车舆、服装等一样纳入到规范文化的要求中，且随着统治者强化等级制、维护皇权

①《周易·系辞上》。
②《周易·说卦传》。
③《淮南子·天文训》。
④《史记》卷二七《天官书》。
⑤《春秋纬·合城图》转引自江晓原《天学真原》，第49页。

至尊的需求日趋强烈而渐趋明确。首先表现在坛庙、陵寝等实用功能不强的建筑类型上,其次是宫殿庙宇,再其次是对各种居住建筑提出日渐明确的规定。早在周代,《礼记》中对作为坛台使用的堂作了规定:"天子之堂九尺,诸侯七尺,大夫五尺,士三尺,天子诸侯台门。"① 在《明史》的《舆服志》上记载了明初对府邸住宅的规定: "亲王府制洪武四年定城高二丈九尺,正殿基高六尺九寸……九年定亲王宫殿门庑及城门楼皆覆以青色琉璃瓦……公主第厅堂九间十一架施花样兽脊,梁栋斗栱,檐桷彩色绘饰,惟不用金,正门五间七架……官员营造房屋不许歇山转角、重檐重栱……庶民庐舍……不过三间五架;不许用斗栱饰彩色……不许造九五间数房屋……架多而间少者不在禁限……"② 这些规定与习俗及生活使用常有矛盾,因而时有改动,而那些积累了大量财富的豪绅、天高皇帝远的土族首领又多有越轨,此即为"僭越",即超过了等级制的规定限制。总的来说,规范文化使建筑群成为与社会关系同构互洽又自身有序的群体,是封建社会人际关系的建筑化。

7.1.4 社会文化心理结构的若干影响因素

人类的心理结构是历史积淀的产物,它既非恒久不变,也不是转瞬即逝、即变③。生活在一定社会条件下的人群虽会有千差万别,但仍会在心理上有着对同样的社会条件的相仿佛的折射,有着在心理上对其社会规范文化同构的心理认知结构。在和社会规范文化互动的过程中,这一社会文化心理结构自然影响着包括建筑在内的人群的活动与行为。前述的天人合一、物我一体、阴阳有序的观念无一不在中国历史上为各个阶段的社会文化心理结构留下投影,这一社会文化心理结构对建筑产生影响的其他方面还有:

1)内向性

古代半封闭的大陆环境与以农立国的国情造成了古代中国与外部世界的相对隔绝和眷恋乡土、自足自给的生活方式。这种生活方式,塑造了中国文化的内倾性格。这种生活方式需求的以及这种文化性格所促进的都是防御性的内向性空间,早自仰韶时期的姜寨遗址,相当于商代的三星堆遗址及后来的城池,住宅、园林等多数地区的建筑群,特别是全面承载了这种文化的汉族活动的地区的建筑群,大都以院落空间呈现在大地上,从而在强调内向空间的同时促进了门屋艺术与空间序列艺术的发展。

2)尚祖制

中国文化的早熟加强了文化源头的魅力与权威,建立在血缘联系与祖先崇拜基础上的宗法制度进一步强化了祖制的威力,中国历史上的营造坛庙宫室城池的活动充满了对祖制的考查和推测,这种对祖制的遵奉与营造活动中器用性部分的失考与失传结合在一起,使得营造过程长期处于沿袭前代技巧而少有突破的状

---

① 《周礼》。
② 《明史》卷六八《舆服志》。
③ 参见李泽厚《美的历程》。

态。只有在外部环境发生大的变动，"礼崩乐坏"，束缚缓解或少数权威洞悉利弊改弦易辙，中国建筑才会出现稍大的变革。如元代的北方使用弯曲木和清代晚期混合结构的发展，如明晚期徽州知府何歆为解决防火对封火山墙的推广[①]。这样，中国的木构建筑在数千年中，在工艺技术日趋成熟完善的同时，却缺少在木结构体系类型上及木构既有体系之外的突破。

3）中庸

中庸、中和，即在对立的两种选择中妥善把握，反对固执一端，反对失于偏颇。孔子在教训弟子时说："过犹不及"[②]，在述及尧舜的治国之方时说："允执其中"[③]，这种不太过、也毋不及的思想是儒家的基本精神，后经子思的发挥，以《中庸》写成专文，汉代收进《礼记》，南宋时又经朱熹弘扬阐释，对千百万民众的心理产生了巨大的影响。

由此可见，中国古代建筑的营建过程虽然不曾出现如欧洲文艺复兴后基于人本主义发展并建立在人体美的探求上的关于比例、几何形等形式美的概念与范畴，不曾出现独立于工匠阶层的建筑师，不曾出现如《建筑十书》那样对建筑内在矛盾的分析与探求，但却依靠着规范文化，依靠着社会文化心理结构所产生的同构机制，在更大范围内和更长的时间段内为中国建筑发展的路径从宏观上作了限定。这种机制提供了在建筑遭遇破坏后重建与重创的宏观可能性，因而是较任何流派、组织、风格更为强大稳定和明确的生长力。这种机制使得中国建筑在整体上不曾出现欧洲建筑史上那种跌宕起伏的变化，始终沿着量变与渐变的方向走到了近代。

然而建筑毕竟有自己独特的矛盾，它的明确的器用性、功能性，它对物质技术的广泛基础性要求，它依赖的较高的经济代价，都是建筑设计过程必须斟酌把握的。中国文化及其运作机制虽然提供宏观定位的可能性，却并不能直接导致建筑营建过程的完成，只有有的放矢地完成下一个层次的分析，并经过作为中介性层次的规划、设计、施工这些特有的职业工作过程，建筑活动才得以完成。隋代及以后，关于明堂制度的长期争论就是中介层次缺损过多、古制失考的例证，而宋《营造法式》在南宋的江南重新刊行则因中介层次得以维系为宋官式作法在太湖流域传布提供了方便。由于道器相分和重道轻器，操作性越强的层次，知识阶层参与的也越少，记录和流传下来的也越少，早期的技艺不少已经泯灭，我们必须对古人留存下的可见的建筑成果深入分析与归纳，并与有关文献相互印证，才可以发现中国建筑匠师的杰出技巧与东方式的智慧。

7.2　选址与布局

7.2.1　对环境的分析与利用

人类对生存环境的选择可以追溯到人的漫长进化历程，生存的本能驱使远古

---

① 多卷集《中国建筑史》第 4 卷第 9 集。
② 《论语·先进》。
③ 《论语·尧曰》。

人类如同许多动物一样必须选择可以躲避外部侵袭，易于获得饮水与食物，或易于耕作与放牧，不易受洪水威胁的场地，然后营建遮风避雨、防寒纳凉、秋收冬藏的栖身、聚集、繁衍生息的场所。外部侵袭的不可预见性与生存环境的突发变化迫使古代人类不断迁徙，并在寻求理想生存环境的过程中改进选择环境的技巧。另一方面，对"天"的崇拜与天人合一的观念也促使他们寄希望于通天通灵的巫术活动，以取得人类自身无法知晓的"天"的暗示，从而增强自身判断的信心。这样，如同对战争等重大活动进行占卜一样，在生存环境的选择中也加入了占卜这一程序，此即谓卜宅。殷墟甲骨文中就有多例关于迁徙与营建的卜辞。经孔子编撰而得以流传的典籍《尚书》中也有"太保朝至于洛，卜宅。厥既得卜，则经营"的记载，叙述了周成王时在洛水滨选址洛邑的事件。此后，古人对可以把握的因素力图寻求变化规律与对不可把握的因素力图寻求彼岸的暗示构成了几千年中选择生存环境工作的两大领域，并形成后世的风水学说中的形势宗与理气宗的部分核心内容。随着实践的深化与拓展，原有的卜宅从一般的占卜中分野出来，形成后世冠以堪舆、地理、相宅、风水、阴阳等一系列称谓的专门知识体系及各体系中的不同流派。宏观上它们都以《易经》为其判断的逻辑基础，但都有各自的历时性变化，包括其非理性的一面向神秘化的方向上延伸。鉴于中国文化的实践理性的特点，也鉴于职业人士的生存需要，这些知识体系中的概念缺少界定，价值判断中的不少部分缺少明晰的因果联系。相互之间以至一派之内常有牴牾。因而即使在古代，人们也深知"若不遍求，即用之不足"[①]。

物竞天择的过程是严酷的，在人类选择生存环境的进程中，历史也选择着各种环境知识体系及其实践活动。遗存至今的相地建城建村的丰富实例，便是这种选择的结果，也是古人相地选址的智慧的结晶。这些实例显示了古人选址时遵守的以下六条原则：

（1）近水利而避水患，即接近水源但地势要高于洪水位。"凡立国都，非于大山之下，必于广川之上。高毋近旱而水用足，下毋近水而沟防省。"[②] 此原则不仅适合国都也适用于城镇、村落、庙宇，只有坟茔对近水一条不会苛求。在第三章所列的江南村庄选址实例中得水利是通过设立水口，尤其是出村的下水口潴留水源，提高水位以利灌溉来完成的（图 7-1）。在北方山区是通过接近河流，接近河谷地带，接近山泉，即接近地下水源以保证打井时获得稳定充足的水源来完成的。五台山众多的寺庙井水长年不枯竭就是这种选址的例证，井被描绘为与海相通，则是选址成功的夸张。防水患在南方多山地带除了地势高爽之外还要求选择在河岸的凸起段，即古代称为"汭"位或曰"腰带水"的沉积区（图 7-2）。这不仅避开河流冲刷，还因沉积缘故使村址逐年扩展，可耕地与可居之地增多。与腰带水相反的河岸凹入段被称为"反弓水"，因是河流的冲刷带是选址中的大忌，只有在此处为山岩，村址万无一失时才会被选用。在平原地区选择高处为城址，并建城墙来抵御水患也是常用的办法。

---

① 《古今图书集成·博物汇编·艺术典·勘舆部》（卷六百六十三）。
② 《管子·乘马》。

图 7-1 安徽徽州呈坎村的大小坝与下水口一带（据族谱重绘）

（2）防卫性好，"若造都邑，则治其固与其守法"[1]，"建邦设都皆凭险阻，山川者天之险阻也，城池者人之险阻也，城池必依山川以为固……"[2]。都邑如此，村镇亦然，提高防卫性能，是古代人类社会中对防止外部侵袭，包括军事侵袭的基本聚落环境要求，因而多选取易守难攻、通道数量有限、便于控制与防御的地带，例如新疆交河故城（图 7-3），南北两侧为沟壑；重庆云阳盘石城（图 7-4）与之相似，颇有一夫当关、万夫莫开之形势。在平原地带就通过工程手段兴建城墙和护城河提高防卫性（图 7-5）。在江南丘陵地带的村落，利用山水为屏障，如浙江永嘉的蓬溪村与鹤阳村，仅以一条道路（古代为栈道）与外界相通，平原地带则修建寨墙与堡墙或利用河网作防御用（图 7-6）。

（3）交通通畅，供应有保障，这一点在较大的消费性城市尤为重要。在自给自足的村落中选址注重村落在防卫圈内有足够的可耕地，江南不少村落甚至通过建造城寨将可耕地圈入寨内，然而，对于稍大一点的县城，州府城，以至都城，是不可能做到自给自足的。因而保证有可靠的补给线和补给基地是城市选址的必要条件，中国古代大宗货物的运输主要靠水运，因而与近水利的原则相结合，在可通船的河岸上选建城市成了选址的重要原则，当这一点无法满足时就通过修筑运河来改善水网系统。中国历史上都城不断东移的原因之一就是因生态变化，河道淤塞，水运线路中断等原因所被迫作出的选择。

（4）注重小气候。相地过程实际上就是选择最佳微环境的过程，除了考虑微环境中的水、土、防卫与交通因素之外，小气候也是重要的一条，尤其是在大气候较差时，小气候良好更值得重视。江南村落选址常常选择在冬季西北寒风小，夏季有山谷风，冬季日照多，夏季又稍凉爽的环境，因而北与西以山为屏障，

---

[1] 《周礼·夏官》。
[2] （宋）《通史·都邑略第一》（卷四十一）。

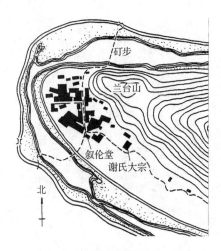

图 7 - 2　浙江永嘉楠溪江鹤阳村位于沉积岸有腰带水
（引自《楠溪江中游乡土建筑》）

图 7 - 3　新疆吐鲁番交河故城
（引自《Over China》）

图 7 - 4　重庆云阳盘石城

图 7 - 5　江苏苏州盘门水城门
（引自《老苏州》）

南与东面为开阔地的村址常能入选。浙江永嘉鹤阳村就是因其始祖"雪后登山，望见兰台山前，积雪先融，遂定居焉，后果繁昌。"① 从而被选中建村的。这种对小气候的独特性的研究，比仅凭全地区的气象等资料下结论更有价值，也更有

---

① 转引自《楠溪江中游乡土建筑》，汉声杂志社出版，第 84 页。

现实意义。

（5）理想的景观模式。对于古代的中国人，在"天人合一"观念的影响下，不存在作为纯粹的形式美的景观，而是将景观与人事相联系，与人的理想相联系，尤其常因"人杰"而感"地灵"，将人才辈出与山川秀丽建立关系。"兴云沛雨，万物育焉"，"毓秀钟英，贤哲出焉"[1]，又由于整体思维模式与古代地理学中对位置环境关系中的形势的关注，而将景观上升为"形胜"，融入了大量自然

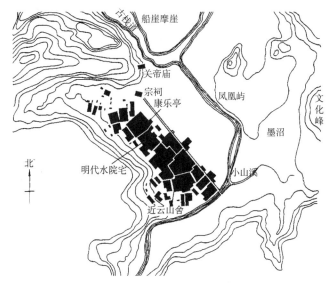

图 7 - 6　浙江永嘉蓬溪村总图（四周为高山，只有通过北部的栈道才能沿盛溪进入袋形谷地）
（引自《楠溪江中游乡土建筑》）

地理、人文地理的内涵，"据其形，得其胜，斯为形胜。"[2] 对风景秀丽的杭州的描述是："天目为杭州诸山之宗，翔舞而东结局于凤凰山，""凤凰山两翅轩翥，左薄湖浒，右掠江滨，形若飞凤，一郡王气，皆藉此山。"[3]对于北京的形胜的分析是："冀都是天地中间好个风水。山脉从云中发来，云中正高脊处，自脊以西之水则西流于龙门西河，自脊以东之水则东流入于海。前面一条黄河环绕右畔是华山耸立，为虎。自来至中为嵩山是前案，遂过去归泰山耸于左，是为龙。淮南诸山是第二重案，江南诸山及五岭又为第三、四重案……"[4] 即使小如村庄，如皖南古村落呈坎始建于唐，当年选址者"见长春之南五峰森列合形家水火木金土呈体，故其峰以潨命名……五星朝拱，可开百世不迁之族……"[5] 这些对自身及后世繁荣兴旺的关注在风水师的发挥下成为用比拟方法描述周围山川的"喝形"手法，大至城市环境，如"虎踞龙蟠"、"龟城"、"斗城"，小至山丘、村落、寺庙环境，如"二龙戏珠"、"鲜虾抖水"、"锦屏"、"玉斗"、"华盖"、"笔架"等。确实是"勺水拳山，古人命名必有其义，或为形肖，或以人传，因名檄义，不厌求详。"[6] 于是我们看到一如天上的星宿，中国大地上的城市乡村的景观，都纳入了天人合一的现世文化的框架中（图7-7），只有在园林中，这种束缚才稍稍舒解。

---

① 嘉靖本《鄞城县志》。
② 嘉靖本《巩县志》。
③ 《西湖游览志》。
④ 《朱子全集》卷五十。
⑤ 《呈坎罗氏族谱》。
⑥ 《金陵胜迹志》。

（6）有良好的环境主体，即对生活其中的人群的一定期望值，这是对社会环境的选择。虽然山川景观与人事相关联，但毕竟不是即刻的因果对应，这不仅是一个严峻的现实问题，也是中国古代"天人合一"观所包含的辩证的一面，不仅相宅时包含着对邻里的选择，就是大如都城的迁徙，"自古帝王维系天下以人和不以地利，而卜都定鼎计及万世必相天下之势而厚集之……明成祖不迁北平则南都未可以二百四十年而

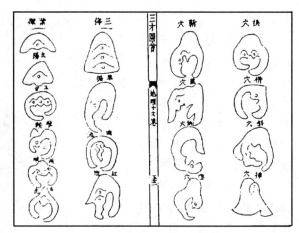

图7-7　《三才图绘·地理》（十六卷）
对地形的描述

无事。"[1] 对于宋朝不都关中，朱熹的解释是："本朝自横山以北，尽为西夏所有，山河之固与吾共之，反据高以临我，是以不可都也。"[2] 正如别人问他尧舜都平阳，风水既好，何以后代不都时，他说："其地硗脊不生物，人民朴陋俭啬，故惟尧舜能都之，后世侈泰，如何都得。"[3] 在自然资源有限时，人类"侈泰"的后世是不能指望到处都能居住的，这一认识今天仍有着现实的意义。宋代人在分析南京时说："复舟山之南，聚宝山之北，中为宽平宏衍之区，包藏王气，以客众大，以宅壮丽，此建筑之堂奥也……然自越以来千七百年山川不改，城郭屡更，人因地乎，地因人乎，晋周公定都洛邑，曰有德者易以兴，岂专恃乎山川哉？"[4] 叙述了"人和"重于"地利"的观点。

由于自然地理条件的重大差异，在南北方不同地区，相地选址的侧重点有所不同。在南方多雨的丘陵地带和北方瞬时降雨量甚大的黄土地带，避水患防止滑坡和泥石流是极重要的。在西北年降雨量极少的地区及某些高山地区，近水利是生存的首要条件，西北与西藏某些寺庙选在水源近旁，甚至建在水源之上即是证明。同时水质的要求也是北方干旱地区选址的重要因素，大量村镇以甘泉命名就显出了这种选择的重要性。在以窑洞为主要居住形式的黄土地带，对土质、土层纹理及周围沟壑排水状况的要求因直接关乎生命财产安全而备受重视。

在选址问题上，当代环境科学各相关专业，如水文、地质、气象、岩土等无论在理论层次上还是定量分析的深度上，皆非昔日知识可以同日而语。然而中国古代环境分析中重整体、重关系、重小环境和小气候，同时又重视社会心理影响的特色及其直观简单的观察分析方法，仍是当代环境科学值得借鉴与学习的。

---

① （清）顾炎武《历代帝王宅京记·徐元文序》。
② 《朱子全集·卷五十。》
③ 《朱子全集·卷五十》。
④ 景定本《建康志》（卷十七）。

7.2.2 环境改造与方位变通

从大禹治水时代开始，历史就记录了古代中国人在认识自然规律、适应自然环境的同时，调整与改造自然环境的业绩。在环境不尽符合理想模式时，或自然环境与社会环境发生变化时，用人工的方法调整与改善环境是经常的。都江堰、大运河、钱塘江海塘是其中的大型项目，成都、北京等城市的水道改造与引水工程是中型项目，在村镇的发展史上则存在着大量的小型工程。图7-8是安徽徽州呈坎村的总图，明代时由于人口的增长，在上水口附近连建七道坝，逼水东流，呈现新的"汭位"，扩大宅基地及村址的用地，并形成了村内沟圳纵横的新格局（图7-9）。浙江永嘉花坦等村也是在明清之季筑坝，扩大了村寨内的可耕地面积。

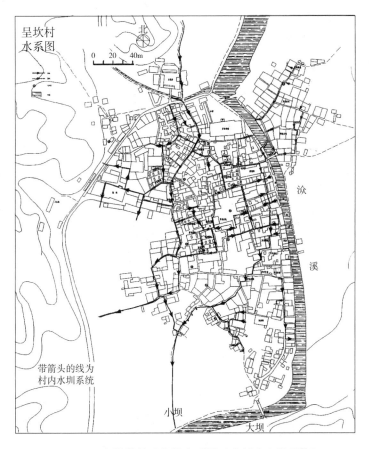

图7-8 安徽徽州呈坎村水系图（北部有七道坝体）

为了形成理想中的景观模式，村镇、城市常在某些方位营建楼阁与风水塔，如山西大同在城墙东南角上，陕西韩城党家村在村南低地中，浙江永嘉岩头镇在镇南山岗上营建文峰塔和文昌阁等（图7-10）。浙江永嘉楠溪江、皖南新安江流域的村落还喜欢将山川河流连同街道、水池等以象形的方式描述成文房四宝式的风水格局（图7-11）。总结这些案例可以看出，除了包含着对方位的迷信之外，也包含着对重要视觉焦点在视线上要有所望及心理上有所像的规划考虑。浙江绍兴兰亭的兰渚山下，是宋代兰亭所在，后来建设的护亭的天章寺反客为主，日益庞大，遂导致兰亭南移，寺僧以人工夯土营建新的锡杖山护亭（图 7 – 12）以改善环境，清东陵营建过程中也留下了关于培土修整案山的记载①。此两例中的环境改造都是为了形成较好的围合空间，以符合传统的理想空间模式。

图 7 – 9　安徽徽州呈坎村内的水圳

图 7 – 10　陕西韩城党家村塔状的文昌阁

图 7 – 11　浙江永苍苍坡村的笔架山与笔墨砚
（引自《楠溪江中游乡土建筑》）

在方位上也存在着大量变通的实例。在云贵高原及关外，西晒对生活的影响不大，而近水源、避寒风等要求更为重要，故朝向在传统上也并没有起决定性作用，即使在中原与江南，"唯王建国，辨方定位"②，既说明了方位对重大项目的重要性，也说明了在非重大项目

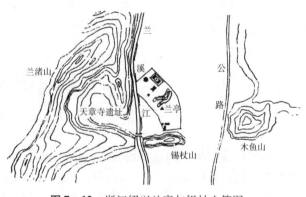

图 7 – 12　浙江绍兴兰亭与锡杖山简图

① 见王其亨《风水理论研究》中《清代陵寝的选址与风水》一文。
② 《周礼·天官冢宰》。

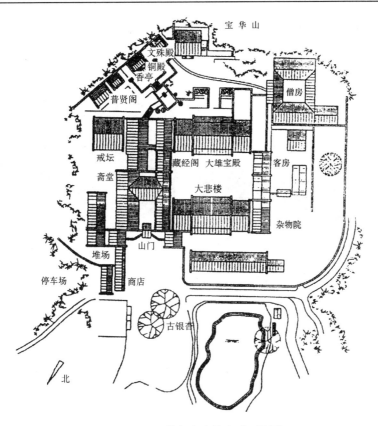

图 7 - 13　江苏句容隆昌寺平面简图

上的通融性，"负阴抱阳"模式允许调整朝向，故在山地及江河湖海环境中，建筑群以至整个村庄和城市的主导朝向允许作较大调整。图 7 - 8 显示因水道之故明清时的呈坎建筑群都是以东向为主要朝向。图 7 - 13 为江苏句容隆昌寺平面，寺院南侧众山环抱，北侧为山谷。因而寺以北向为主要朝向，无梁殿一带，局部还有适应地形的轴线转折。在明清陵寝中，以朝案山及大帐的连线决定建筑群的主轴线方向，而不强调朝南（图 4 - 44）。

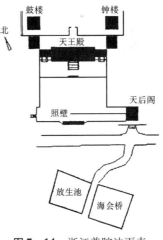

图 7 - 14　浙江普陀法雨寺入口处简图

　　与这种对方位的理性的调整相伴随，在风水学说尤其是建立在使用罗盘基础上的理气宗的影响下，也存在着不少因风水师对方位的卦向判断及磁偏角判断而作出的方位调整，风水观念中对孤立的奇峰怪石的畏惧，对居住建筑中两户人家入口相对的禁忌，对在受地形制约时仍渴望遥对山峦气口等需求，也使得不少庙宇、住宅的入口以至群体的轴向有意扭转①（图 7 - 14）。与此相反，不畏惧奇峰怪石，或径直将之视作地脉所在，将之组织

①　见何晓昕《风水探源》。

进景观与群体秩序并确定新的轴线方位的实例也存在，河北承德普乐寺以磬锤峰为院落轴线的抵景是最为优秀的例证（图 7 - 15、图 7 - 16）。

图 7 - 15　河北承德普乐寺与磬锤峰　　　图 7 - 16　河北承德普乐寺与磬锤峰的对位关系

7.2.3　几何关系与均衡对称秩序

建立在嫡长制基础上的宗法制度维护了古代社会的秩序，小至族权，大至皇权，嫡长制强调直系、嫡传，弱化以至削弱旁系、"庶出"，这造就了封建社会的正统观念，影响所及，在建筑上就是要求中正，不中则不正，不中则不尊，一如《礼记》所述，"中也者，天下之大本也。"根据考古发掘资料，至少在周代，院落空间已呈均衡对称，已出现了中轴线，进而南北方位逐渐与东西方位分野。面南为贵以后，南北轴线逐渐成为主轴线，这种以院落空间为经营基础的对称秩序成为大至城市、小至建筑群的理想模式，一旦有可能就予以实现，尤其是皇家建筑和官府建筑。

由于木结构的构件呈线状，规模生产时构件为直线型杆件。又由于中国文化中"两仪生四象"、"天圆地方"的观念影响，木结构建筑的平面形状，除了表达与天有关的建筑及园林可用圆形，在绝大多数情况下采用矩形或矩形的组合。这样在多数重大建筑群中，就呈现一种以简单的矩形并通过轴线均衡对称关系组成院落及院落群的几何秩序。将其称之为几何关系，是因为一旦这种关系中某种要素越过了几何秩序中的界限，例如在社稷坛中，五色土的东西南北的不同颜色的土超过了划定的界限，或周围的围墙距离中轴线不等，就破坏了这种秩序，并使建筑群所要表达的意义受到严重伤害。

中国传统建筑群中的均衡对称不同于一般形式上的完全的轴对称，其差别在于一方面受阴阳观念的影响，中国传统建筑群不仅关注形式，尤其关注其内涵。"左祖右社"，"左者，人道所亲，故立祖庙于王宫之左。右者，地道所尊，故立国社于王宫之右。"[①] "左文右武"，"君子居则贵左，用兵则贵右。"[②] 略去背后的具体意义探讨，在中国传统建筑格局中，对称不是纯形式的，而是一种包含了内容的相关矛盾均衡，一如诗词中的对仗，所谓"天对地，雨对风，大陆对长空"[③]，如太庙与社稷坛的均衡，故宫御花园中东侧堆秀山与西侧的延晖阁的均衡等等。

---

① 转引自《建苑拾英——中国古代土木建筑科技史料选编》，同济大学出版社。
② 见《道德经》（三十一章）。
③ 《千家诗》。

从敦煌壁画等资料看，唐代以前东西向的横轴线与南北主轴线一道，仍然发挥着重大的作用（图0-7f）。这种两向轴对称的格局仍然保存在浙南与闽粤等地的民居中（图7-17），却从后来的宫殿庙宇中淡出，对比汉之明堂（图4-17、图4-18）与明清坛庙、始皇陵、唐乾陵与明清陵寝建筑格局，我们可以看出，随着封建社会的延续，随着封建礼教的强化，南北轴线成为建筑群的主宰。

如同《周礼·考工记》中的营国制度只是作为周代的理想图式，一旦与城市营建的现实结合就会生出种种变化一样，建筑群的均衡对称布局理想一旦受具体

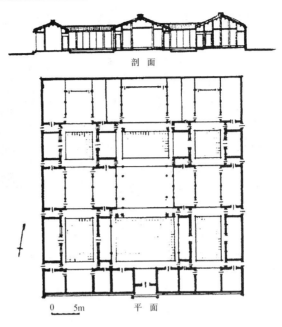

剖　面

0　　5m　　平　面

图7-17　广东潮阳绵城某宅平面
（摘自《广东民居》）

的场地、地形、交通等因素制约，就不得不作实际的调整。古代匠师正是通过巧妙的对位调整，在改变绝对对称关系后保持原有的均衡追求。图7-18为山西五台山圆照寺的后部平面简图，受山地地形限制，后院无法在前院中轴线的延线上取对称布局，通过一个圆形的藏式白塔及将塔后的台阶东移，从而将前部轴线作了转折与平移。河北临汝风穴寺（图7-19）则是在后殿较多地平移后在西侧建高塔而取得新的均衡的。与原建筑群分开，并设立新的入口的显通寺，则是通过西侧第二重门屋及门屋前的幡竿夹及入口左前方的高耸的楼屋将入口的轴线转折90°后引入主体建筑群院落关系中的（图7-20）。

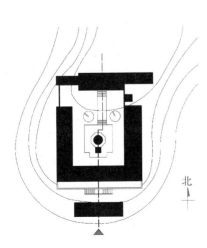

北

图7-18　山西五台山圆照寺后院
轴线通过台阶转折的简图

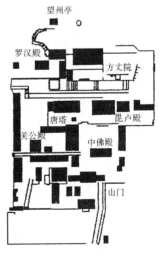

望州亭

罗汉殿　　　　方丈院

唐塔　　　毗卢殿

关公殿　　中佛殿

山门

图7-19　河南临汝风穴寺
总平面简图

7.2.4 同构关系与自然秩序

在中国的园林建筑中存在着另一种秩序，一种较为自由与自然的秩序，特别是将中国古典园林与欧洲古典园林相比较时尤其如此。我们可以将园林中的建筑等要素在这种格局中的关系称为"同构"关系或者"拓扑"关系。拓扑学本是数学的一个分支，起源于数学家欧勒[①]对著名的七桥问题[②]的分析。拓扑性质的哲学抽象是："研究几何图形在一对一的双方连续变换下不变的性质"[③]。例如画在橡皮膜上的两个相

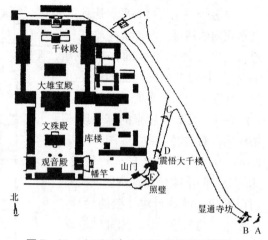

图7-20 山西五台山显通寺总平面简图

交的圆，当橡皮膜受拉变形，但不破裂也不折叠时，圆的形状改变了，但某些原有的性质，如曲线的封闭性，两线的相交性等却仍存留着。这种经过变换但仍得以保持的性质就是拓扑性质。具有拓扑性质的图形之间的关系是拓扑变换关系或曰拓扑关系。经过拓扑变换的图形在结构上相同，其图形称为拓扑同构（图7-21）。

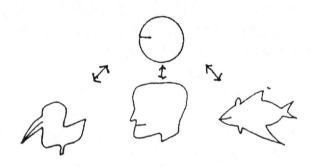

图7-21 拓扑同构图

在江苏无锡寄畅园、苏州网师园、拙政园等较小的园林中，我们可以发现园中围绕水面的诸多建筑物轴线并不互相平行，常常略有扭转，互相顾盼。如果将平面图中每幢建筑临水的一面的垂直平分线画出（称之为法线），我们就会看到所有的法线都指向一个大致确定的中心区域（不是一个点），每个建筑物的扭转即使发生或多或少的变化，在一定的程度内，法线指向中心区域的相互关系并未变化，这就是在变换条件下保存不变的关系，是一种拓扑关系。不妨称之为向心关系（图7-22、图7-23）。与此相仿佛，如果我们把拙政园、留园等园中相邻建筑物的长轴画出，也常会看到这些相邻建筑的轴线常以接近互相垂直为特征，

---

① 欧勒（Leonhard Euler，1707~1783年），出生于瑞士，18世纪杰出的数学家，变分法奠基人，复变函数论的先驱者，理论流体动力学的创始人。见《简明不列颠百科全书》（中译本）第345页。

② 七桥问题系指欧洲某城河上有7座桥，问人能否不重复地走过七座桥且每桥只走一次。

③ 见《辞海》，上海辞书出版社，1979年版，第1556页拓扑学。

不断地改变着方向（图7-24），这种在长轴方向上互为相反、互为否定的趋势在对建筑平面作平行移动时并不改变，因而也是一种拓扑关系。在比较相邻要素的平面进退位置和高度等空间尺寸、屋顶形式、色彩等方面时，我们也可以找到这种关系（图7-25），不妨称之为互否关系。这一点在中国园林中的山与水的构成关系上尤为明显。北京颐和园东门外那座牌坊上正面与反面分别写着"涵虚"和"罨秀"，概括昆明湖的阔大与万寿山的隐藏，也说明了在中国园林中始终将山与水不可分割地组织在一起。

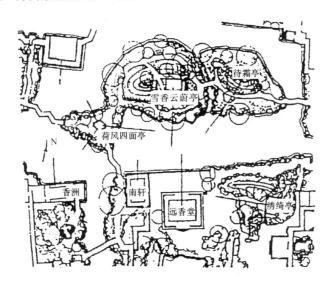

图7-22　江苏苏州拙政园远香堂一带的向心关系

　　如果进一步对这些互相对立的各个部分再剖析就会发现，每一部分都或多或少地包含着对立面的成分。例如北海南侧的团城承光殿等建筑与北侧的五龙亭都使用琉璃瓦，团城上是黄琉璃绿剪边，而五龙亭却是绿琉璃黄剪边。尤其在山与水的关系上更为明显，如颐和园的万寿山与昆明湖在构成互否关系的同时还呈现另一种关系，即万寿山东坡有一水院"谐趣园"，昆明湖中有一小岛南湖岛（原为龙王庙）。一为山中之水，一为水中之山（图6-8）。又如网师园，一半是水院，一半是旱院，但旱院"殿春簃"庭院的一角却有一泉，曰"冷泉"，水院中有一座黄石假山，曰"云冈"。冷泉就是陆地中的水，云冈就是水中的陆地。寄畅园等也有同样的现象。这第三种关系可称为互含关系。

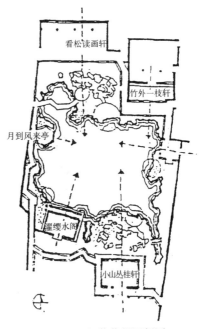

图7-23　江苏苏州网师园
东院的向心关系

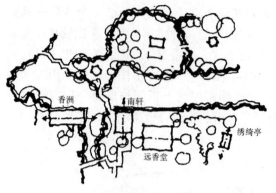

图7-24　江苏苏州拙政园远香堂一带的
互否关系示意图

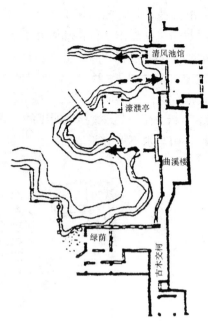

图7-25　江苏苏州留园曲溪楼一
带在位置上的互否关系示意图

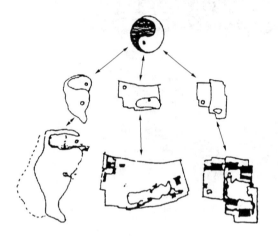

图7-26　中国名园与太极图同构图

这三种关系显示，中国众多的古典园林虽千差万别，都在这三个方面可以找到相同的结构关系，因而这三种关系都可列为同构关系。这三种关系之间不能变换，但我们可以找到一个图形来统一表达它们。这图形就是中国传统文化中体现了《易经》思想的太极图，它形象地蕴含了向心、互否、互含三种关系。我们甚至可以发现若干著名园林的总平面与太极图同构（图7-26）。

当然，前人造园并未协商一致，也绝没有想到要与太极图同构，然而这种集体无意识①正是文化的深层反映。它们不约而同的同构现象揭示了中华建筑文化源自远古时代《易经》思想的深层本质。

在自然秩序与均衡对称秩序之间，在同构关系与几何关系之间并没有一条截然划开的界限。特别是在某些民居建筑中，由于分期建设未经过一次性规划，在形成单个院落的几何关系的同时，院落之间以至建筑之间呈现着更多的拓扑同构关系，因为从本质上说，中国的自然观是有机的。

7.2.5　空间序列与总体权衡

由于中轴线作用的不断加强，虽然晚期的建筑空间在尺度上小于早期，但轴

---

① （瑞士）荣格著，成穷、王作虹译《分析心理学和理论与实践》及冯川《荣格美学思想剖析》，载《美学新潮》第二期。

线上的空间序列变化却更为丰富，一如北京故宫紫禁城内的院落空间变化和天坛自圜丘、皇穹宇至祈年殿间的空间变化那样，显示了晚期空间处理手法的纯熟。根据清代档案，古代在处理大型建筑群的尺度时，运用了"势"和"形"两个概念，语出宋代后托名晋代郭璞所作之《葬书》，"千尺为势，百尺为形"，"千尺言其远，指一枝山之来势也。百尺言其近，指一穴地之成形也。""势在龙而形在局"①，"势言其大者，形言其小者"，"远势近形"，"形者势之积，势者形之崇。"② 这里原本指山之大势与小形，但出现了以"千尺"即 300m 左右定势；"百尺"即 30m 左右定形的定量概念。从清代陵寝档案中的样式雷图样看，其平面和剖面都使用了五十尺或二十五尺的模数网格（图 7 - 27、图 7 - 28），建筑物的尺寸因而也常与"百尺"相关联，从成果上看显示了纯熟的外部空间处理手法，说明了"势"和"形"的概念已在建筑群的远近、大小尺寸的设计上有所运用③。

在院落内的建筑间距与建筑尺度的关系上，规范文化本身已有种种制约，例如住宅除了前已述及的《大明律》上关于中轴线上不准造楼及不准造五间之屋等规定外，按照民俗，门—厅—堂—寝的顺序中，厅不得高于堂，堂为最重要建筑④。总的来说，多数基址，前低后高，后部建筑除最后一进外，一般都要高于前一进，但不宜高于主体的堂或主殿，楼阁除外。而其间距则有两种处理，一为"过白"作法，此古法作为规定现仅存于闽粤一带民居营建中，要求后栋建筑与前栋建筑的距离要足够大，使坐于后进建筑中的人通过门槛可以看见前一进的屋脊，即在阴影中的屋脊与门槛之间要看得见一条发白的天光（图 7 - 29）。这种过白的原则即是形成框景的原则，因而就结果而言，不论观察方向如何，同样也出现在宫殿、陵寝、庙宇等重要建筑的中轴线上。即使当人们由南向北从前一进建筑观察后一进建筑时，如从天坛祈年门望祈年殿，从清东陵的隆恩门望隆恩殿⑤等情况下都显示了这种框景规律。然而，随着地形的变化，随着人口增加带来的建筑密度的增加及结合通风等其他要求，还存在着不需要"过白"的间距关系。例如皖南、浙西的楼居式民居，前后左右间距都很小，为的是遮阳和拔气通风。在山地建筑群中，虽然后一进比较容易看到前一进屋脊，而当人从前一进看后一进时却常常因陡峻的台基遮挡而无法看到后一进建筑的全貌。中国建筑群的院落分割决定了如果不取鸟瞰方法，永远也不可能看到全貌，人们只有通过行走全程而将全貌整合于脑中。这种经历一段时间后的叠加式景观、"长卷"式景观正是中国建筑群的特色之一，"过白"只是时间静止时对视觉重点处建筑关系的要求。

中国建筑除了用对位等关系围合成院落以形成群体之外，另一种形成群体的方法是用廊相连。回廊独立于单体之外，与单体建筑可以有多种方法连接，可高

---

① 雷庆主编《中国神秘文化名著》·（晋）敦璞《葬书》。
② 《古今图书集成·博物汇编·艺术典·勘舆部·汇考（六之七）》（卷六百五十六）。
③ 王其亨《风水理论研究》，天津大学出版社。
④ 详见《鲁班经匠家镜》，中有许多以禁忌形式出现的规范。
⑤ 王其亨《风水理论研究》第 173 页。

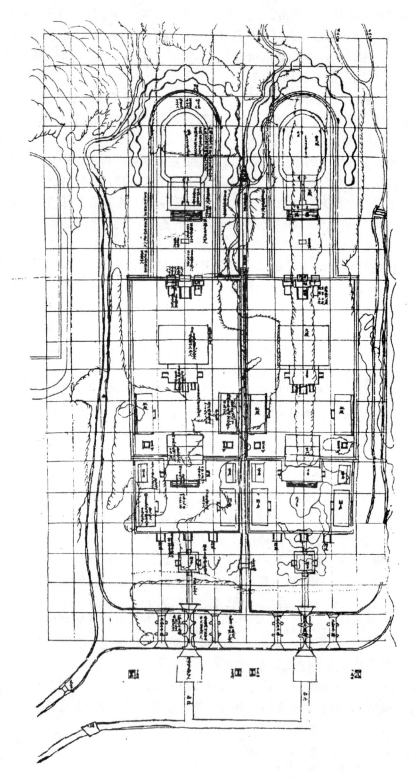

图 7 - 27　（清）样式雷《普祥峪菩陀峪万年吉地约拟规制地盘丈尺全分样糙底》
（引自《风水理论研究》）

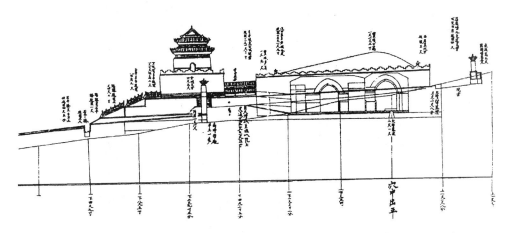

图 7 - 28 （清）样式雷《遵照呈览准烫样并按平子合溜尺寸埋头砖灰中立样》
（定陵设计图局部）

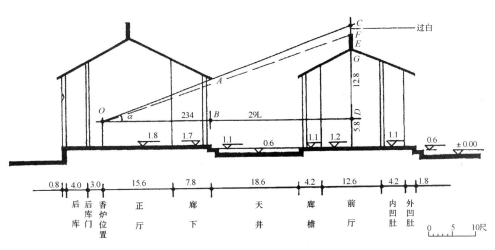

图 7 - 29 广东民居营建时的"过白"做法
（引自《广东民居》）

可低，但除了工字殿以外，少有从正面中间相连者。通过廊庑将简单的单体连接，形成丰富的群体是古代木结构建筑区别于砖混结构的一大设计特点，也是一大设计优点。

传统建筑群的空间序列更具有特色的是入口前导空间。在中国古代自然观的影响下，建筑入口前的空间序列变化常常包含着借用山水、城市、街巷等外部环境来形成独特的前导空间。唐诗人贾岛诗"深山问童子，言师采药去，只在此山中，云深不知处"，是将寺庙、僧人与山水都融为一体的。山西平山龙门寺是一处始建于唐，经历代修葺的著名寺院，自山口入山谷，一路景色的变化正是贾岛诗的写照。与此相类似，浙江杭州灵隐寺、宁波天童寺以夹道的松林为前导，都是将自然环境引入空间序列，烘托深山古寺气氛的优秀实例。山西五台山台怀诸

249

寺由于明清时代佛教寺庙对市场、对信徒的需求，纷纷加强寺庙入口与市场的联系，步移景异，不断吸引香客，创造了杰出的前导空间序列（图7-30～图7-32）。在显通、罗睺、塔院这三个寺庙的前导序列中，大白塔的引导作用被发挥得淋漓尽致。

图7-30（a）　山西五台山显通寺入口空间序列 A 点（平面见图7-20）

图7-30（c）　显通寺入口空间序列 C 点

图7-30（b）　显通寺入口空间序列 B 点

图7-30（d）　显通寺入口空间序列 D 点

图 7 - 30 （e）　显通寺入口空间序列 E 点

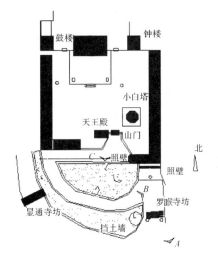

图 7 - 31 （a）　五台山罗睺寺入口空间序列简图

图 7 - 31 （c）　罗睺寺入口空间序列 B 点

图 7 - 31 （b）　罗睺寺入口空间序列 A 点

图 7 - 31 （d）　罗睺寺入口空间序列 C 点

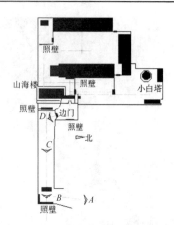

图7-32（*a*）　山西五台山
塔院寺山上入口空间序列

图7-32（*d*）　塔院寺入口空间序列*C*点

图7-32（*b*）　塔院寺入口空间序列*A*点

图7-32（*c*）　塔院寺入口空间序列*B*点

图7-32（*e*）　塔院寺入口空间序列*D*点

中国古代匠师表达总体规划的图学方法也有明显的中国特色（图7-27、图7-33 等），与欧洲采取分解式的平、立、剖面图不同，中国的总平面图常常将平面与立面叠加表达，常常以身临其境的不同站点表达四周的不同建筑，以至整个的山水环境，其缺点是精确度不足，优点则是体现了中国建筑与环境的整体关系。又因其直观性，便于作为行外人士的业主等参与调整，而为中国古代建筑群的总体权衡提供了方便。

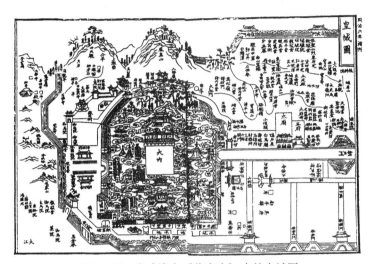

图7-33 宋咸淳本《临安志》中的皇城图

在中国的规范文化制约下，木作等规范作法及由木工等完成的大样图承担起完成单体的精确设计的任务，同时，中国古代工匠及有关士大夫还通过具有实践理性精神的工作机制将重大项目的总体建筑群的权衡做到尽善尽美。即通过审美主体的现场体验发现问题，并作可能的改动，有在施工过程中改动的，著名的实例如乾隆皇帝在建北京清漪园时毅然将即将建成的9层大塔改为3层的阁，更多的是后代在维修改建时作的修改，如北京天坛的圜丘在清乾隆时改大，皇穹宇在清代由重檐改为单檐，祈年殿由三色改为一色青色琉璃瓦。园林中的改动就更经常了，清代钱咏在《履园丛话》中有诗云："留得花篱补石栏，改园更比改诗难。"说明了后人推敲与修改前代园林的情景。许多在现场作的改动自然难得有图纸留与后世，但正是这些结合实践的工作机制，保证了虚玄的象数之说不致偏离人可以认同的范围，并使建筑群在总体上渐趋最佳状态。

7.3 审美与建筑设计

作为以农立国的古代中国，对水利工程管理的需求产生了大一统的中央政权，选择木材这种植物性材料作为结构的基本用材不但切合于中国这一农业国的观念，也较好地、较快地满足了大一统政权对营建活动作为现世需求的器用性要求。中国木结构以至整个建筑体系的技术与艺术成就都是在这一历史选择基础上发展变化的。

7.3.1 实践理性精神与建筑审美趣味

发端于礼乐传统的华夏美学同样充满着实践理性精神，与欧洲古典美学相比，缺少狂欢与情感奔泄，是非酒神文化[①]，它既注重感情的表达，也注重感情的节制。在中国的美学构架中，"真"是从属于"善"的，虽然庄子有"真者，精诚之至也。不精不诚，不能动人"以及"真在内者，神动于外，是所以贵"[②]的观点。即使孔子也表示"述而不作"[③]，即忠实陈述而不添枝加叶，但在儒道互补的社会文化结构中，用世的仍是维持既有秩序的"礼"的准则，并以此准则为善的标准。孔子对韶乐的赞叹"尽美矣，又尽善也"[④] 以及孔子本人为了礼"父为子隐，子为父隐，直在其中"[⑤] 的观点使得"尽善才能尽美"成了数千年的审美定势，使得真隐藏于善之后，建筑亦如此，"夫宅者，乃阴阳之枢纽，人伦之轨模。"[⑥] 即使是皇宫，也要注重"天子以四海为宅者，非壮丽无以重威。"[⑦]善与真，合目的性与合规律性的统一也表现在建筑过程内部的矛盾上。善，合目的性反映在建筑的设计需要便于合理与快速的施工。如李诫在《进新修〈营造法式〉序》中所说的，营建之要务是依规矩准绳操作[⑧]，即处理复杂木构结构问题时，要先注重研究木作施工的规则。"圆者中规，方者中矩，立者中悬，衡者中水……治材居材，如此乃善也。"[⑨] 即以规定圆，以曲尺定方角，以悬垂定垂直线，以水平器定水平线，遵循施工规则，处理一切木构问题，方能称善。真与合规律性则要求营造活动中"丹楹刻桷，淫巧既除，菲食卑宫，淳风斯服"[⑩]，即审美风尚中要去除淫巧之俗，提倡节制。"质胜文则野，文胜质则史。文质彬彬，然后君子。"[⑪] 可以看得出，在中国建筑中，合目的性与合规律性，善与真是密不可分的。游离于善与真之外的形式美从来没有构成过独立的范畴。于是我们看到，中国建筑中被后人认为是装饰的构件如兽吻、钉帽、门簪、铺首、垂莲柱、抱鼓石等，实际上无一不附丽于它们的结构与构造功能上，中国建筑尤其是中期以前的建筑，结构构件本身多半就起到了装饰构件的作用。

然而，形式美却是客观存在的，不同文化背景的人们在对复杂图形呈现不同审美感受的同时，仍然保持着对简单几何形与简单的秩序的相同追求，人同此心，心同此理。在西方古典建筑中提炼、归纳出的比例原则，正方形、正三角形、圆及黄金比矩形所显示的几何形中的秩序之美是客观存在的，是人类皆可感知的。因此，形式美虽不曾在中国作为范畴单独提出，却以中国特有的方式存在

---

① 李泽厚《华夏美学》。

② 《庄子·渔父》。

③ 《论语·述而》。

④ 《论语·八佾》。

⑤ 《论语·子路》。

⑥ 《黄帝宅经》。

⑦ 《史记》。

⑧ 李诫《进新修〈营造法式〉序》。

⑨ 《周礼·考工记》。

⑩ 李诫·进新修《营造法式》序。

⑪ 《论语·雍也》。

于古代的优秀建筑实例中（图 7 - 34、图 7 - 35）。形式美在中国建筑中的特色有三：其一，它从属于中国的礼的秩序要求，如色彩一经纳入等级制度，黄色成为皇家与宗教建筑专用，百姓只好放弃。佛光寺东大殿各间立面比例接近正方形，但受不中不尊的观念影响，明间却略略加宽（图5 - 1）。其二，它遵循实践理性原则，以能体验到为归宿，如同"过白"一样，对于那些重要的建筑，对于可能驻足观赏到全貌的重要建筑，比例才被推敲，并经受实践的调整。而在大量的院落空间中，因为遮挡，也因为中国特有的屋顶的影响，立面比例的意义削弱了。其三，含蓄性与模糊性，建筑立面与屋顶一起形成的轮廓线的

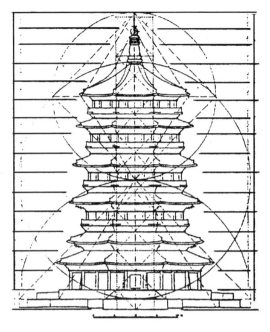

图 7 - 34　山西应县佛宫寺释迦塔的几何分析
（引自《应县木塔》）

形式美对中国人更有意义，重要建筑之所以取庑殿顶，是因为它本身虽不构成肯定图形，但屋脊线的延线指向苍穹不仅合中国文化之意，且按完形理论[1]，它已构成等腰或等边三角形。歇山顶之所以被广泛采用，不但因其较庑殿顶结构简单，且一经透视，会产生庑殿顶天际线的类似效果（图 7 - 36），又由于人的运动，或者说由于中国建筑具有的四度空间特点，只要求比例接近需求即可，因为与追求绝对比例关系而不顾结构合理相比，符合施工等制度要更合理易行。中国木工使用的鲁班尺有压白之法[2]，将尺子各个部位分成吉凶的不同区段，吉位皆白色，要求度量构件尺寸时，终端要落在白格上，因此木工可以用加大 1 寸或减小 1 寸的办法，使构件尺寸尾数落在吉位上。它在解决门窗洞、墙体立面等较大部分的大的比例关系和尺寸的合理性的同时，又提供了解决人们心理趋吉避凶的简单易行的方法，也显示了善较形式美更重要这一华夏美学的特点。

图 7 - 35　天安门、祈年殿及太和殿的立面几何分析
（引自《建筑设计资料集》第 1 集 1973 年版）

① 参见滕守尧《纯粹形式及其意味》载《美学新潮》第二期。
② 《鲁班经匠家镜》。

"和而不同"则是中国自身审美观照的根本要求，孔子说"君子和而不同，小人同而不和。"① 古人认为"和实生物，同则不继"，"声一无听，物一无文，味一无果。"② 最明显的是对音乐的要求："乐从和"③。即要求多样的统一而不是单一，且这统一表现为对立因素的相济④。这种对和谐秩序的追求同样体现在建筑艺术中，传统建筑中和而不同的效果通过两种途径获得。一曰微差，前述佛光寺东大

图7-36　天安门的透视效果
（引自《天安门》）

殿的立面案例之外，突出的实例还有大同善化寺七佛殿，七尊佛像以肉眼难以觉察的微小差异，由中间排向两侧，既适应了建筑的开间微差，也体现了七世佛的等价关系。二曰对仗，即如前述的拓扑关系的案例中，以内在的相辅相成构成完整和谐的群体。

意境美是中国宋元山水画发达以后日显突出的中国传统审美要求，在某种意义上与现代哲学追求"诗意地居住在这世界上"⑤ 颇为相通。不满足于物质与技巧的华美，"何必丝与竹，山水有清音。"⑥ 既包含着人的自然化，也包含着自然的人化。在建筑上就要求设计者在充分驾驭与解决基本矛盾的同时，朝向创造环境氛围特色这一更高的层次拓展。如古代中国的匠师在依靠较为相近的单体建筑组合群体时，往往使用环境小品以至绿化去完成对建筑性格的环境烘托，如宫殿与庙宇的环境差异，道教与佛教建筑的环境差异等就是通过铺地、栏杆、月台、甬道、碑与亭及室外陈设与雕塑等不同的环境小品来创造出的，这类似于古诗中的"无我之境"。在园林则直接将建筑自然化与将山水树木人化，这类似于词曲与绘画中的有我之境。中国的楹联匾额，书法、金石等文学要素则直接作为环境要素，直接以比、赋、兴等方式营造诗意的环境。主体与客体的交融，自然与人文的交融，构成了包括中国建筑在内的中国艺术特色。我们看到，"小金山"、"烟雨楼"中的建筑一如中国的绘画，即使在摹写某处案例时，仍着重意境的特色，从而意重于形，神重于形，因而含有更多的被后代称为"表现"的艺术手法⑦。

---

① 《论语·子路》。
② 《国语·郑语》。
③ 《国语·周语下》。
④ 参见李泽厚《华夏美学》。
⑤ 语出存在主义哲学家海德格尔引用的诗人荷尔德林的诗句。参见海德格尔《荷尔德林与诗的本质》，成穷、王作虹译，《美学新潮》第二期。
⑥ 《南史·昭明太子传》。
⑦ 这里只是笼统与西方古典重再现的艺术特点比较而言，严格地说，中国的艺术中再现与表现是不可分割的。见李泽厚《华夏美学》一书中的分析。

7.3.2　空间与屋顶艺术

建筑虽有与书画文学相通之处，从而可以借用书画文学中的概念与手法，但建筑毕竟是三度的，即它有自身的特殊矛盾性，这又是书画等无法比拟的，即使造园已与山水画等互相汲取营养，但李渔仍然说造园中的叠山"另是一种学问，别是一番智巧，尽有丘壑填胸，烟云绕笔之韵事，命之画水题山，顷刻千岩万壑，及倩磊斋头片石，其技立穷，似向盲人问道者。故从来叠山名手，俱非能诗善绘之人。见其随举一石，颠倒置之，无不苍古成文，纡回入画，此正造物之巧于示奇也……"①。只有通过对建筑自身特殊矛盾性的分析，才能认识中国建筑的特点。

中国建筑的第一特殊矛盾性表现在它的空间层次上，"三十辐共一毂，当其无，有车之用；埏埴以为器，当其无，有器之用；凿户牖以为室，当其无，有室之用"②。这本是老子用以阐述"有之以为利，无之以为用"的哲理，借用的却包含了建屋后的虚空部分是有用的部分这一古人的基本认识。具体地分析中国建筑群可进一步看到，为了保护那个创造了可用部分的"户牖"的"利"，在古代茅茨土阶的条件下就用屋顶出挑的部分再次创造了一个檐下空间，以及亭廊等下部的廊下空间，形成了中国特有的空间层次，即在古代中国人的室外自然空间与室内生存空间之间横亘着院落空间、檐下空间、廊下空间等多重屏障，两极之间的多层次中性空间正是中国建筑群多层次的具体表现，它与中国山水意境中追求"山外青山楼外楼"的多层次性是相接续的。

中国建筑的另一特殊矛盾性是硕大的屋顶。遗存至今的多数中国古代木构建筑最引人注目之处就是充满了柔曲之美的屋顶曲线。它不同于欧洲古典建筑中的神庙，为了纠正视差而有意将中部檐口略略升起的对形式完美的追求，而是将两端向上反翘，有的民居脊饰以至整个屋面在纵向都有这种两端上翘的趋势，在横剖面上也存在着大量通过举折或举架形成的"反宇"作法，后人用《诗经》中"如鸟斯革，如翚斯飞"来形容。这种曲面的形成除了第 6 章中述及的几种原因之外，观念形态与审美的追求也是一种，从麦积山石窟及北朝造像碑看（图 8-5），已出现了不同于汉画像砖上所反映的汉代平直屋顶的另一种向上反翘的屋顶及另一种审美追求，这可能是与当时因社会苦难而对宗教中的彼岸世界向往的现实有关。这种追求，结合加强翼角稳定性的构造需求，经过上千年的不断改进，终于使原来仅仅由于角梁断面高于椽子断面所形成的微不足道的翼角升起发展成为宋代以后北方的隐角梁作法（图 7-37）及明以后南方的嫩戗发戗等做法。

在中国建筑群中制约着周围空间的不是柱网层，也不是台基，而是屋盖层。与此相类似，为解决稳定问题而产生柱侧脚，要求施工时"凡下侧脚墨，于柱十

---

① 李渔《闲情偶记·居室部》。
② 老子《道德经·十一章》。

字墨心里再下直墨，然后截柱脚柱首，各令平正"①，即定进深时要以柱顶中心距为基准②，也即设计尺寸的顺序或者至少是设计的思维顺序是先决定上部的屋盖然后决定梁架布置，然后再斟酌下部的柱网布局与尺寸的，即屋盖部分是设计的核心部分与起始部分。宋以后，檐下铺作层的缩小更使屋盖层的审美重要性提高。中国楼阁中屋顶的组合，就是为了照应各个不同方向的审美趣味而产生的（图0-6），离开了由上而下的设计思维程序是不可能完成的。

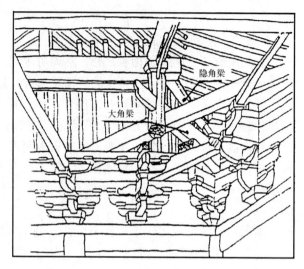

图7-37　山西太原晋祠景清门的隐角梁做法

　　中国建筑屋顶的美丽侧影促使园林亭榭大量使用歇山、攒尖等屋盖形式，但另一方面，晚期城市风水将屋脊视作来龙，"万瓦鳞鳞市井中，高连屋脊是来龙"③，"门前街道即是明堂，对面屋宇即是案山"④，因而一旦发现营建住宅后使他人宅之屋脊及其脊兽对着自家，即为"犯冲"不吉。因而营建时要躲开别人屋脊，包含角脊的指向，即使在园林布局经营时也不宜将角脊指向游人集中的地段，因为角脊下往往有一柱，从观别人和被人观两方面分析都不佳。这样，在建筑布局时，人驻足停留之处要避开其他屋脊及屋角成了中国建筑一大特点。

7.3.3　模数制与结构体系

　　中国建筑的模数制集中反映在《营造法式》中"以材为祖"这一句话上，所谓以材为祖就是木结构中的许多尺寸"皆以所用材之分，以为制度焉"。即这些尺寸是根据设计时对该建筑所选用某一等级的"材"及其相关尺寸为依据来确定的⑤。"材"在宋代包含了三方面的内容：其一指的是设计时选用的作为制约全建筑主要尺寸的木构件的等级；其二指的是以反映该等级的标准断面的木构杆件；其三，以该标准断面杆件为基础的木构构件⑥。即使到了清代，无论是清《工程做法则例》、晚清的《营造算例》和江南的《营造法源》都记载了构件断面多以某种基本模数（如斗口、柱径）为计算依据，证明了中国建筑始终保持着模数制的用材制度。

---

①　《营造法式》·卷第五·柱
②　见梁思成《营造法式注释（卷上）》第159页，注释47~49。
③　《阳宅集成》。
④　《阳宅会心集》。
⑤　梁思成《营造法式注释》第89页。
⑥　梁思成《营造法式注释》并参见潘谷西《营造法式初探》。

虽然各个等级上构件用材的规定相同，但不能认为高等级的建筑是低等级建筑的按比例放大，因为在宋代，用不同的材等反映不同的间数，常以间数与等级相关联。间数不变而只将尺寸放大不算提高等级。例如宋《营造法式》中八等材厚三寸，一等材厚六寸，一等材之宽度及单材尺寸为原来的 2 倍，断面为原来的 $2^2 = 4$ 倍，体积为原来的 $2^3 = 8$ 倍，但间数约从一间或零间（用于小木作时）提高到九间至十一间。而其跨度既非不变，也非按材分等级比例或材的厚度比例增加，由于木材材料本身的限制，无论是梁和檩或是椽的跨度，都不可能无限制加大，例如木结构建筑中梁在简支时的跨度从来没有超过 13m 的，檩一般没有超过 8.5m 的，而椽一般没有大于 2.5m 的，因而间广、步架长及梁跨都不可能永远按比例加大或缩小，当材由三等增至一等时，其单材尺寸增大至原来的 1.2 倍，若所建建筑均为殿阁，其梁栿断面增大至原来的 1.44 倍，截面矩则增大至原来的 1.728 倍，而檩及同架数的梁栿都不可能将跨度增大至原来的 1.728 倍，因而实际上，用材等级的提高意味着高等级建筑中的梁栿等构件更粗壮，安全度更高。这种特点还体现在同一材等时对殿阁、厅堂、余屋同一构件的材分依次减小的规定上，例如四椽栿的高度为殿阁时草栿为广（即梁高）三材，四铺作明栿（即有斗栱承托，跨度减小时）为两材两栔，厅堂及余屋为两材一栔至两材[1]。在一栋建筑中自下而上，柱、梁、檩、椽结构构件也是逐渐减小安全度，保证下部构件维修最少。可见中国古代建筑的模数制的特点之一就是直接为礼制所要求的等级制服务，通过提高材等加大重要建筑的安全系数来提高建筑等级。

中国古代模数制的第二个特点是为设计和施工者保留了充分的灵活性，这主要反映在对构件断面作出规定，而对构件长度不作规定或很少规定。在宋代只提及副阶及廊庑柱高不越间广，一架椽平不过六尺，殿阁可加五寸至一尺五寸。对于间广，既允许远近皆匀，也允许间广不匀[2]。明清官式建筑中斗栱用材减小，面阔尺寸甚至步架尺寸逐渐形成攒档（约十一斗口）的倍数，但在多数地区，开间进深仍是较自由的。檐柱高则在晚期的清官式建筑中形成高六十至六十六斗口左右的惯例。由于中国幅员广大，各地的屋面荷载、风载及材质都不一样，灵活的模数制为其适应更多地区的使用创造了条件。与此相类似，宋法式规定的材厚与材广的比为 2:3，而在长江以南多山多林木的地区梁栿断面常为 1:2 至 1:3，到清官式建筑中为 4:5，虽规定不同却都在采取抹角、拼帮、琴面、穿斗等构造之后分别适应了林木丰富及材料窘迫的不同地区、不同体系（穿斗与抬梁）及不同的历史条件下的需求。可见中国古代模数制在忠实完成礼制任务的同时也显示了其实用理性主义的特点。

在这种模数制的定位下，虽然后世对宋代柱高不越间广有所变通和突破，但与西方古典建筑柱廊中强调立面构图中的竖向矩形迥然异趣，大量中国古典建筑立面，尤其是廊立面较多强调的是横向的矩形。因而在总体上中国古典建筑强调的是水平感，即使少量的楼阁及佛塔、经幢等，也因其结构原型为中国古代的木

<hr/>

① 梁思成《营造法式注释》，第 139 页、第 153 页。
② 《营造法式注释》卷四·大木作法·总铺作顺序。

构层叠式（图 5 - 27）或模拟与表现这种结构形式上多重水平线的外观，因而也大大弱化了这些垂直式建筑的竖向的意味（图 7 - 38），显示了中国建筑文化在总体上立足于此生此世的实践理性精神。

　　木构的框架体系虽然可以通过榫卯节点及构件的变形来抵抗包括地震、台风等巨大外力，具有"墙倒屋不坍"的优点，但结构在受外力作用后如何维持纵

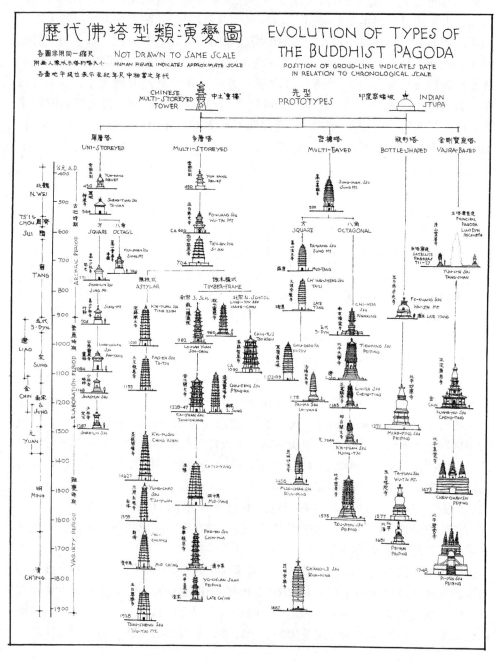

图 7 - 38　中国宝塔立面图

（引自《A Pictorial History of Chinese Architecture》）

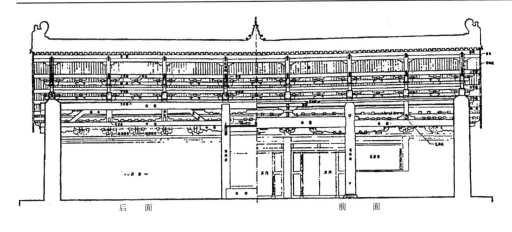

图7－39　山西五台佛光寺文殊殿纵剖面图
（引自《中国古代建筑史》）

向和横向的稳定是一个重要的问题，早期木结构中存在着不少斜向构件，除斜昂、叉手、托脚等之外，在殿阁等高规格的建筑作法中有交叉的或三角形的斜向杆件，如山西五台佛光寺大殿之平梁与叉手、佛光寺文殊殿的桁架式托架梁（图5－3、图7－39）、天津蓟县独乐寺观音阁暗层中的斜撑（图5－10）及山西朔州崇福寺等殿宇中外墙柱间的和江苏苏州玄妙观三清殿草架上的剪刀撑等，它们与侧脚做法一道都较好地起到了结构稳定的作用。但在中国方位观中的四象概念、礼制中的中正概念及施工中的层叠式铺设需求的影响下，斜向构件一方面隐藏在墙体或暗层中，一方面又逐渐退化而以别样的构造措施替代，这样，中国建筑的屋面虽然是斜的，而内部构架及后期建筑的可见部分都呈现一种横平竖直的基本秩序和稳定感，常缺少可靠的解决稳定的支撑体系，尤其是悬山及硬山式的排架式构架，一旦榫卯松动，倾斜就经常发生。本来中国古代建筑设计与结构设计混为一体，模数制本身以构件安全度为基础已说明了这一点，但是长期的道器相分，使建筑技艺处在经验科学范畴，匠师知其然而难准确知其所以然，士阶层在这一领域中对工作原理缺少穷究精神，因而始终未出现欧洲文艺复兴后建立在定量分析上的结构新体系，显示了实践理性在本质问题探讨上的不足。

7.3.4　地域文化与建筑的乡土性

　　山东嘉祥的汉画像石上有伏羲持矩、女娲持规的像（图7－40），他们手持的工具以及画像所反映的至迟起始于新石器时代的思想，可以作为中国建筑文化之源，因为它们构成了中华各民族的文化心理结构的基础，并规定性地创造了中国古代的大部分建筑文明。

　　数千年来，地球上勃发过多种耀眼的古代文明及其建筑作品，然而少有像在华夏大地上中国的建筑文明那样，以稳定的形态绵延数千年并影响了东亚各国的建筑发展。其生命力所在，除了前述诸方面之外，兼容并蓄亦为其属性。中国的一统只是政治上的，而在文化上，在实际社会生活中，从来不曾一统，从来不曾

图7-40　汉画像石上的手持规与矩的女娲与伏羲

（引自《武氏祠汉画像石》）

只有一种亘古不变的文化。前述诸种观念形态，就总体而言，给予了占人口大多数的汉族及其先民以重大影响。但即使在汉族活动区域，因源于各地原有古老民族的文化差异及地域环境的差异，汉族建筑也如语言、戏曲、服饰那样千差万别，而对于不占人口多数但分布在西北、西南广大地区的少数民族而言，差异就更大了，他们在接受正统中土文化影响并与之相融的同时，更多地保留自己祖先的文化传承或更多地接受域外文化的影响，例如宗教的影响。佛教建筑、伊斯兰教建筑及其他若干古老宗教建筑与当地的穿斗、井干、碉楼、干阑、生土、帐篷等结构形式相融，形成了西北、西南地区的乡土建筑，从结构到布局皆与汉族地区有甚大的差异，形成强烈的地域特色。

因此在总体上，中国建筑不仅有历时性的变化，显示了汉之古拙，唐之雄大，宋之规范，元之自由，明清官式建筑形制化的特点，更存在着共时性的地域文化差异。因而，北国的淳厚，江南的秀丽，蜀中的朴雅，塞外的雄浑，雪域的静谧，云贵高原的绚丽多姿，无一不是存至今日历历在目的宝贵建筑遗产的地域特性，当我们在关注中国建筑传统中的共性之后，值得我们珍视它们各自的文化传承，并进一步发掘它们各自的生命力。

第8章 古代木构建筑的特征与详部演变

中国建筑历史长久，所覆盖之范围又极为辽阔，其历代兴造之建筑不但类型众多，而且累计数量尤为宏巨。它的出现与形成，既体现了我中华建筑文化的灿烂辉煌，也反映了几千年来中国社会变革和生产力发展对建筑的影响，以及建筑本身在功能、材料、结构、施工、艺术等多方面的综合进步。这一成就，不但内容丰富多彩，而且还对东方乃至世界的建筑文明，都作出了十分伟大的贡献。

然而，由于遭受种种长期的自然与人为破坏，使得一度在历史上堪称伟绩的许多建筑都已化为乌有，加以古代统治者对技术工艺及建筑匠师的一贯轻视，使得长期薪火相传的宝贵设计构思与具体手法大部都已失传。虽然目前还保存下来若干建筑遗构和建筑文献，但就中国建筑总的历史成就而言，它们不过是沧海之一粟。这就使得我们对过去的历史发展与成就，难以作出全面与深入的剖析与评价。

因此本章仅对我国古代建筑若干习见的局部形制与构造，就其已知之演绎变化情况，作以下简要介绍。

8.1 台基、踏道、栏杆、铺地

8.1.1 台基 （图8-1）

建筑下施台基，最早是为了御潮防水，后来则出于外观及等级制度的需要。使用夯土台基的实例，至少在新石器晚期即已出现。自此以降，它的使用，又自统治阶级逐渐扩大到民间。周代出现的高台建筑，就是它发展的顶峰。大约自南北朝起，依照使用功能和外形，大体可分为普通台基和须弥座二类。至于台基的层数，一般房屋用单层，隆重的殿堂用2层或3层。但某些华丽殿阁，也有建于1层高大台基上的，如宋代画中的滕王阁，应属高台建筑的遗风。

1）普通台基

早期台基全部由夯土筑成，后来才在其外表面包砌砖石。例如东汉画像石中所示的台基，除外包砖石，而且还具有压阑石、角柱和间柱（有的间柱上再施栌斗），形制和后代的已基本一致。南北朝至唐代的台基常在侧面错砌不同颜色的条砖，或贴表面有各种纹样的饰面砖（见甘肃敦煌鸣沙山石窟壁画），或做成连续的壶门（陕西西安唐兴庆宫石刻）。宋式做法可参阅《营造法式》卷三；在宋画中也有不少表现，大抵以石条为框，其间嵌砌条砖或虎皮石。清式做法可见本书第9章。

2）须弥座

须弥座是由佛座演变来的，形体与装饰比较复杂，一般用于高级建筑（如宫殿、坛庙的主殿，及塔、幢的基座等）。目前所知最早的实例见于北朝石窟，开始形式很简单，仅由数道直线叠涩与较高的束腰组成，没有多少装饰，如山西大同云冈北魏第6窟塔座，其上、下枋与枭、混线完全平素，且作对称式布置。后来逐渐出现了莲瓣、卷草纹饰以及力神、角柱、间柱、壶门等，造型日益复杂，如云冈第8窟、第10窟，河北邯郸南响堂山石窟6窟等处所见。唐代须弥座更加华丽，装饰性很强。敦煌第172窟盛唐壁画中，在临水台下的须弥座虽然轮廓简单，只有上、下枋和束腰，但却使用了花砖贴面。河南洛阳龙门宾阳北洞本尊佛座的束

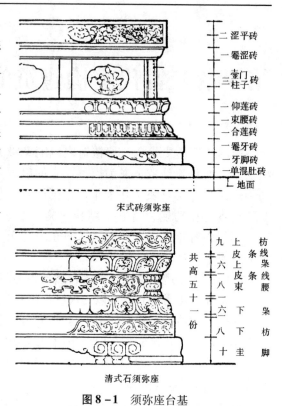

图8-1　须弥座台基

腰，则以间柱分隔，并在其间雕刻力神。而山西五台佛光寺无垢净光塔与平顺海会院明惠大师塔都采用了壶门。五代、两宋和辽、金也继承了这种作风，特别是壶门中佛像、伎乐人物的雕刻更加细腻生动，四川成都前蜀王建陵棺床、河北正定隆兴寺大悲阁北宋佛座、北京天宁寺辽塔等都是如此（图8-4～图8-7）。元代起须弥座趋向简化，束腰的角柱改成"巴达玛"（蒙语"莲花"）式样，壶门及人物雕刻已不大使用。明、清的须弥座上、下部基本对称，且束腰变矮，莲瓣肥厚，装饰多用植物或几何纹样。

8.1.2　踏道

为用以解决具有高度差的交通设施。形式大致可分为阶梯形与斜坡式两种。使用之材料有土、土坯、石、砖、空心砖等。

1）阶级形踏步

至少在新石器时期的半穴居建筑中即已使用，多由原生土中直接挖掘而成，如陕西西安半坡遗址所示。后来逐渐使用了夯土，陕西岐山凤雏村周原建筑遗址中则有用土坯的。在踏跺两旁置垂带石的踏道，最早见于东汉的画像砖（四川彭山出土）。踏步的布置，可位于室内或室外，也可用单阶、双阶或多阶等形式。

踏跺的高宽比例一般是1:2，特殊情况下可1:1。喻皓《木经》："阶级有峻、平、慢三等……"宋《营造法式》卷三规定："造踏道之制，长随间之广。每阶

高一尺作二踏；每踏厚五寸、广一尺。两边副子（即垂带石）各广一尺八寸。"它侧面称为"象眼"的三角部分，在宋、元时砌成逐层内凹的形状，明代以后则用平砌。

不用垂带石只用踏跺的做法，称为"如意踏步"，一般见于住宅或园林建筑。它的形式比较自由，有的将踏面自下而上逐层缩小，或用天然石块堆砌成不规则形状。

2）坡道

礓磜（慢道）是以砖石露棱侧砌的斜坡道，可以防滑，一般用于室外。《营造法式》规定：城门慢道高与长之比为1∶5，厅堂慢道为1∶4。后者又可作成由几个斜面组合的形式，称为"三瓣蝉翅"或"五瓣蝉翅"，也有将礓磜置于二阶级形踏道之间的。

辇道（或称御路）则倾度平缓，用以行车的坡道，常与踏跺组合在一起。汉代文献中就有"左城右平"的记载，"平"指斜平坡道；"城"指阶级形踏跺，陕西西安唐大明宫含元殿遗址中也有这样的形式。在唐代壁画和宋代界画中，已将辇道置于二踏跺之间，后来在辇道上雕刻云龙水浪，其实用功能就逐渐为装饰化所取代了。

8.1.3 栏杆（勾阑）（图8－2）

距今7000余年前的浙江余姚河姆渡新石器时期聚落遗址中，就已发现有木构的直棂栏杆（图1－1）。周代铜器如春秋的方罍也有卧棂栏杆的表示，而战国铜匜上的纹饰则刻划为实心的矮墙。在汉代的画像石和陶屋明器中形象更为丰富，栏杆的望柱、寻杖、阑版都已具备，而且望柱头也有了装饰（图8－4）。阑版纹样亦有直棂、卧棂、斜格、套环等多种。到了南北朝，石刻中又出现了勾片造阑版（图8－5）。唐代木勾阑式样更为华丽，其寻杖和阑版上常绘以各种彩色图纹。宋代大体沿用唐制，一般用一层阑版，称为"单勾阑"。《营造法式》中有用二层阑版的，称为"重台勾阑"。

宋以前木勾阑的寻杖多为通长，仅转角或结束处才立望柱。若木寻杖在转角望柱上相互搭交而又伸出者，称为"寻杖绞角造"。寻杖止于转角望柱而不伸出的，称"寻杖合角造"。支托寻杖的雕刻短柱，依其外形可分为斗子蜀柱、撮项或瘿项加云栱等三类。

望柱的断面有方、圆、八角、多瓣形（瓜楞）；柱头式样有莲、狮、卷云、盘龙等。

用于石栏结束处的抱鼓石，最早见于金代的卢沟桥等处，宋画中亦有表现。现存实物以明、清为多。

园林建筑的栏杆处理比较活泼自由，石栏形体往往低而宽，沿桥侧或月台边布置，可兼作坐凳，称为坐槛，木、竹栏杆造型轻快灵巧，栏版部分变化极多。近水的厅、轩、亭、阁常在临水方面设置木制曲栏的座椅，南方称为鹅颈椅（或飞来椅、美人靠、吴王靠），除了可供休息，还能增加建筑外观上的变化。此外，在建筑窗下的木质槛墙处，往往置以栏杆及护板，夏季除去护板即可通风。

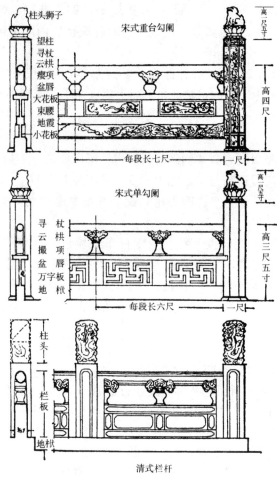

柱头狮子
望柱
寻杖
云栱
瘿项
盆唇
大花板
束腰
地霞
小花板

宋式重台勾阑

高二尺五寸

高四尺

每段长七尺 一尺

宋式单勾阑

高二尺五寸

高三尺五寸

寻杖
云栱
撮项
盆唇
万字板
地栿

每段长六尺 一尺

柱头
栏板
地栿

清式栏杆

图 8-2 石栏杆

8.1.4 铺地

铺地分室内铺地与室外铺地。早在原始社会，就有用烧烤地面的方法使居室地面硬化，以隔潮湿。周初也有在地面抹一层由泥、沙、石灰组成的面层的做法，如陕西岐山凤雏村早周遗址。晚周已出现铺地砖，陕西扶风出土的方形铺地砖尺寸约50cm×50cm，底面四角各有半个乒乓球大小的突起，用以固定于垫层。春秋、战国的地砖，底面四边有突楞，正面有米字纹、绳纹、回纹等，边长尺寸约为35~45cm。秦代有截面为平行锯齿纹的地砖，尺寸为50cm×35cm×5cm，其长边留有子母唇，以供搭接。在秦始皇陵兵马俑坑内，又有略呈楔形的铺地条砖。汉墓中铺地形式可多达数十种，一般均用方砖或条砖，用扇形砖或楔形砖的很少，也有用石板或空心砖的。

东汉墓中已出现了施工技术要求较高的磨砖对缝地砖。而唐长安大明宫地砖侧面已磨成斜面，从正面看几乎辨不出灰缝，但又加强了胶泥与砖的附着面积，是一个很巧妙的办法。宋代起砌砖普遍使用了石灰，使防水性和粘着力都大有提高。

室内铺地多用方砖或条砖平铺，很少侧放，一般对缝或错缝，但条砖有用席纹或两块砖相并横直间放的，考究的殿堂为了防潮，先在地下砌地龙墙，墙上再放木搁栅，并铺大方砖，或先在地面铺一层小砖，上面再放经过桐油浸泡、表面磨光的大型地砖——"金砖"。

至少在新石器中期已使用了卵石铺砌的室外路面，如湖南澧县城头山古城遗址所见，其长度超过150m，宽度达15m。以卵石竖砌室外散水，至少始于西周中期。而秦、汉时又在卵石两侧砌砖，使散水不易被冲散。到了唐代，就全用预制的地砖了。以上情况表明，我国传统建筑无论室内或室外，对地面排水历来都受到重视，如宋《营造法式》就已有详细规定：室内铺地须保证2‰~4‰的坡度，而室外之台基铺地坡度为4‰~5‰，可视为此项做法之典型。

铺于室外的地砖既是为了防滑，又起着保护路面、装饰美观等作用。为此，砖之表面多作成各种花纹，常见的如秦代的回纹、汉代的四神纹（并附"千秋万岁，长乐未央"等吉祥文字）、唐代的宝珠莲纹等。明、清在住宅及园林庭院中又利用各种建筑废料，如碎砖瓦片、废陶瓷片、卵石、片石等，以组成多种构图，如几何纹样、动植物、博古等等。可用单一材料，或用几种不同材料组合，其形式与图案极多，江南苏州一带称之"花街铺地"，是一种既经济又实用，值得大力继承推广的优秀建筑传统手法。

8.2　大木作

这是我国木构架建筑的主要结构部分，由柱、梁、枋、檩等组成。同时又是木建筑比例尺度和形体外观的重要决定因素（图8-3~图8-9）。

我国木构建筑正面相邻两檐柱间的水平距离称为"开间"（又叫"面阔"），各开间宽度的总和称为"通面阔"。建筑的开间数在汉以前有奇数也有偶数的，汉以后多用十一以下的奇数。民间建筑常用三、五开间，宫殿、庙宇、官署多用五、七开间，十分隆重的用九开间，至于十一开间的建筑，除了陕西西安唐大明宫含元殿、麟德殿遗址和北京清故宫太和殿以外，还没有见到其他的实例。建筑中各开间的名称又因位置不同而异，正中一间称为明间（宋称当心间），其左、右侧的称次间，再外的称梢间，最外的称尽间；九开间及以上的建筑则增加次间数。各间面阔（即开间的尺度）在夏、商宫殿中都是相等的，到南北朝时石窟中雕刻的建筑还有这种做法，例如山西大同云冈第21窟中的北魏五重塔。后来中部各间相等，仅端部一间减窄，山西太原天龙山北齐第16窟窟廊及五台唐佛光寺大殿都是如此。在宋代建筑遗物和《营造法式》中，各间面阔有相等的；有当心间稍宽，次间较窄的；也有各间不匀的。元以后也大体如此。

屋架上的檩（宋称槫）与檩中心线间的水平距离，清代称为"步"。各步距离的总和或侧面各开间宽度的总和称为"通进深"，亦即前后檐柱间之水平距离。有时则用建筑侧面间数或以屋架上的椽数来表示"通进深"，这时常简称为"进深"。如天津蓟县独乐寺山门进深二间四椽、山西五台佛光寺大殿进深三间八架椽等。清代各步距离相等，宋代有相等的、递增或递减以及不规则排列的。

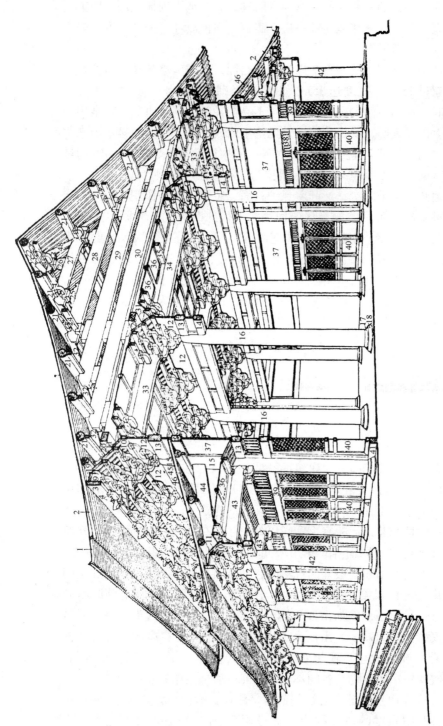

图 8-3　宋《营造法式》大木作示意图（殿堂）

1—飞子；2—檐椽；3—撩檐枋；4—斗；5—栱；6—华栱；7—下昂；8—栌斗；9—罗汉枋；10—柱头枋；11—遮椽板；12—栱眼壁；13—阑额；14—由额；15—额；16—内柱；17—檐柱；18—柱础；19—牛脊槫；20—压槽枋；21—平槫；22—脊槫；23—替木；24—襻间；25—驼峰；26—蜀柱；27—平梁；28—四椽栿；29—六椽栿；30—八椽栿；31—十椽栿；32—托脚；33—四椽明栿（明栿月梁）；34—四椽明栿（月梁）；35—平棋枋；36—四椽明栿（明栿月梁）；37—殿阁照壁版；38—障日版（牙头护缝造）；39—门额；40—四斜毬文格子门；41—地栿；42—副阶檐柱；43—副阶乳栿（明栿乳栿）；44—副阶月梁（明栿月梁）；45—峻脚椽；46—望板；47—须弥座；48—叉手

268

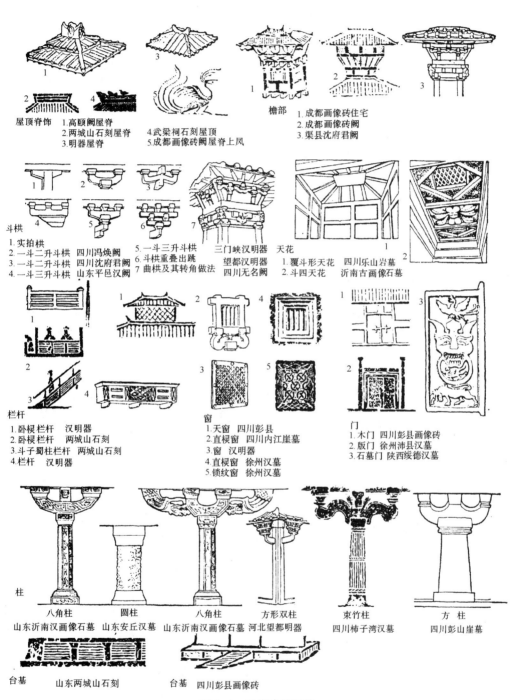

屋顶脊饰
1.高颐阙屋脊
2.两城山石刻屋脊
3.明器屋脊
4.武梁祠石刻屋顶
5.成都画像砖阙屋脊上凤

檐部
1.成都画像砖住宅
2.成都画像砖阙
3.渠县沈府君阙

斗栱
1.实拍栱
2.一斗二升栱　四川冯焕阙
3.一斗二升栱　四川沈府君阙
4.一斗三升栱　山东平邑汉阙
5.一斗三升斗栱
6.斗栱重叠出跳
7.曲栱及其转角做法

三门峡汉明器
望楼汉明器
四川无名阙

天花
1.覆斗形天花　四川乐山岩墓
2.斗四天花　沂南古画像石墓

栏杆
1.卧棂栏杆　汉明器
2.卧棂栏杆　两城山石刻
3.斗子蜀柱栏杆　两城山石刻
4.栏杆　汉明器

窗
1.天窗　四川彭县
2.直棂窗　四川内江崖墓
3.窗　汉明器
4.直棂窗　徐州汉墓
5.锁纹窗　徐州汉墓

门
1.木门　四川彭县画像砖
2.版门　徐州沛县汉墓
3.石墓门　陕西绥德汉墓

柱
八角柱　　　圆柱　　　八角柱　　　方形双柱　　　束竹柱　　　方柱
山东沂南汉画像石墓　山东安丘汉墓　山东沂南汉画像石墓　河北望都明器　四川柿子湾汉墓　四川彭山崖墓

台基　山东两城山石刻
台基　四川彭县画像砖

图 8-4　汉代建筑细部

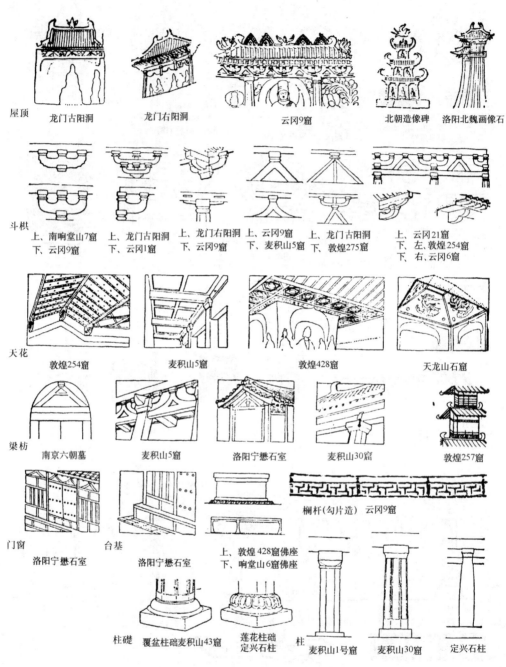

图 8－5　南北朝建筑细部

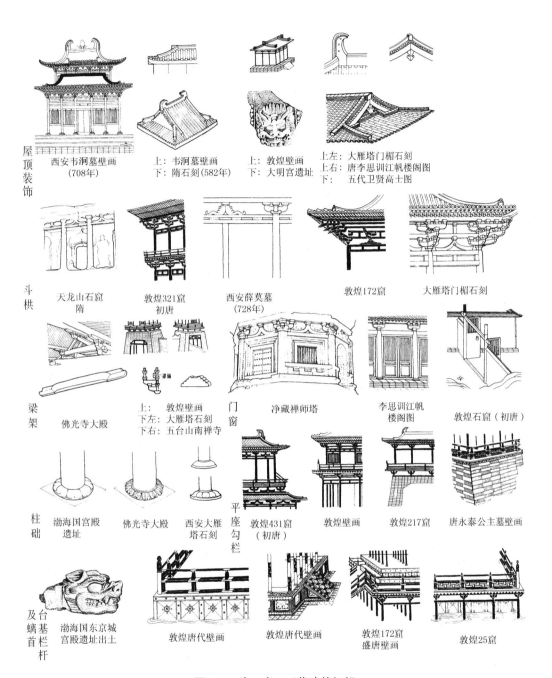

图8-6 隋、唐、五代建筑细部

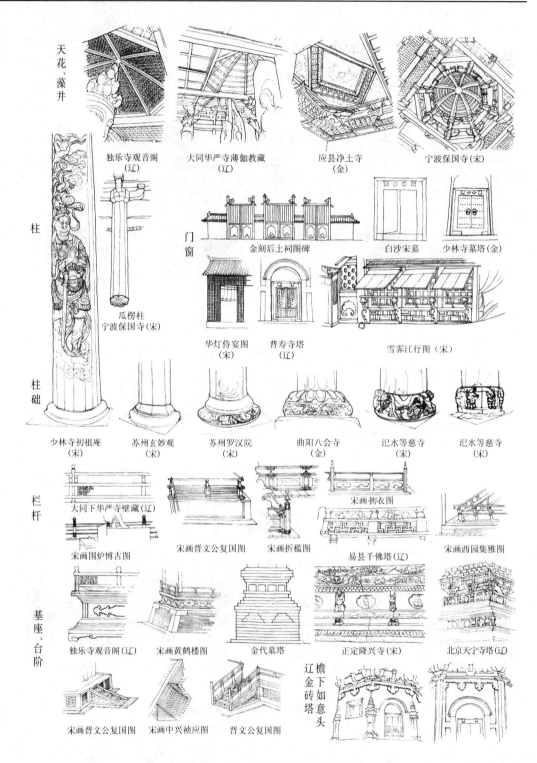

图 8-7　宋、辽、金建筑细部（一）

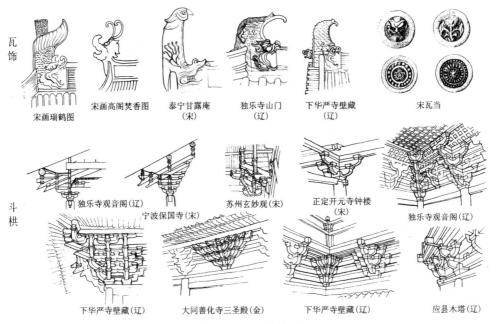

瓦饰

宋画瑞鹤图　宋画高阁焚香图　泰宁甘露庵（宋）　独乐寺山门（辽）　下华严寺壁藏（辽）　宋瓦当

斗栱

独乐寺观音阁(辽)　宁波保国寺(宋)　苏州玄妙观(宋)　正定开元寺钟楼(宋)　独乐寺观音阁(辽)

下华严寺壁藏(辽)　大同善化寺三圣殿(金)　下华严寺壁藏(辽)　应县木塔(辽)

图 8-8　宋、辽、金建筑细部（二）

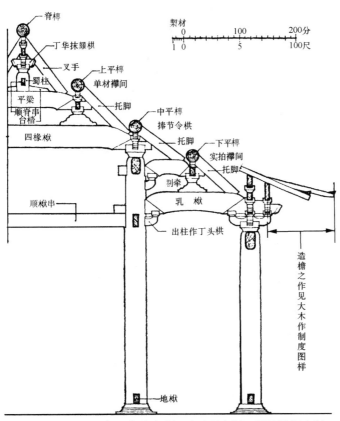

图 8-9　宋《营造法式》造叉手之制、槫缝襻间之制

（《营造法式注释》）

8.2.1　柱

总的可分为外柱和内柱两大类。按结构所处的部位，一般建筑中常见的有檐柱、金柱、中柱、山柱、角柱、童柱等。此外，又有都柱、倚柱、排叉柱、塔心柱、望柱等。依构造需要，则有雷公柱、垂莲柱、槏柱、擎檐柱、抱柱、心柱等多种。柱之外观，有直柱、收分柱、梭柱、凹楞柱、束竹柱、瓜柱、束莲柱、盘龙柱等。

原始社会的半穴居建筑中，已使用了木柱。它与其他构件的结合，则普遍采用了绑扎法。但在某些地区，由于石器、蚌器和骨器的进步，已经能在木材上制作较复杂的榫卯，如浙江余姚河姆渡遗址中所发现的木构件。到金属工具使用后，其加工就更为准确和精细了。

就已知实物而言，早期木柱大多为圆形断面，下端埋于土中，然后用土填塞柱穴，再予夯实。商代时已于柱下置卵石为柱础，有的石上再加铜锧。秦代已有方柱。汉代石柱更增加了八角、束竹、凹楞、人像柱等式样，并出现倒栌斗式柱础，柱身也有直柱和收分较大的二种，但由于实物都是仿木的石构件，与真实木构可能尚有一定距离。南北朝时受佛教影响，出现了高莲瓣柱础、束莲柱，以及印度、波斯、希腊式柱头，但上述外来形式后来没有得到发展。河北定兴北齐义慈惠石柱上端的建筑，则雕刻了我国现知最早的梭柱形象（图 1-41）。该柱断面圆形，上段收杀较缓，下段收杀较峻。这梭柱虽然体形不大，但十分细致逼真，对研究当时建筑很有参考价值。山西五台南禅寺大殿的抹角方柱和佛光寺大殿的圆柱都是木质直柱，仅上端略有卷杀。柱础则有素覆盆和宝装莲瓣二种。五代柱多为八角或圆形断面。江苏宝应南唐一号墓出土的木屋模型，它的八角断面檐柱就有显著的上、下梭杀。宋代以圆柱为最多，另有八角形和瓜楞断面的，如江苏苏州玄妙观三清殿、罗汉院大殿遗址等即是。《营造法式》中已有梭柱做法，规定将柱身依高度等分为三，上段有收杀，中、下二段平直（图 8-10）。元代以后重要建筑大多用直柱。明代南方某些建筑又复采用梭柱，实例见于皖南之民居及祠堂。

柱的断面、高度与建筑尺度的关系，在《营造法式》中已有规定："凡用柱之制，若殿阁，即径两材两栔至三材；若厅堂柱，即径两材一栔；余屋，即径一材一栔至两材。若厅堂等屋内柱，皆随举势定其短长，以下檐柱为则（原注：若副阶廊舍，下檐柱虽长，不越间之广）。"其中提到的"材""栔"，都是宋代建筑中的计量单位（图 8-11）。"举势"，指屋面坡度。有关它们的具体内容将在后面介绍。

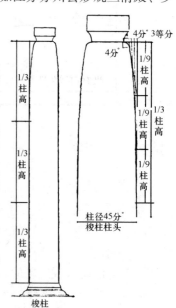

图 8-10　宋《营造法式》梭柱

由于人们对建筑材料的结构特性有一个认识过程，所以柱径与柱高间的比率也有一个变化过程，

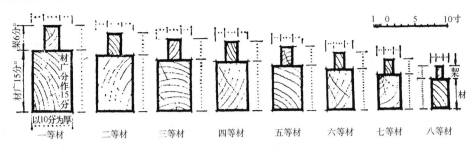

图 8-11 宋《营造法式》大木作用材之制

一般是从大到小。例如东汉崖墓中的石柱，直径与柱高比在 1/2～1/5 之间。唐佛光寺大殿木柱为 1/9；清代北方在 1/10～1/11 左右，而南方民居，由于屋面荷载较小，结构较轻，一般在 1/15 左右。

古代建筑的内外柱有等高的和不等高的。前者如山西五台佛光寺大殿，内外柱高相等，柱径也基本一致。而宋代建筑两种做法都有。按照室内空间的不同要求、荷载的大小来选择长度和断面不同的柱子，应当说是合理的，因此内外柱不等高和不等径的出现是结构上一个进步。

宋、辽建筑的檐柱由当心间向二端升高，因此檐口呈一缓和曲线，这在《营造法式》中称为"生起"。它规定当心间柱不升起，次间柱升二寸，以下各间依此递增。也就是 5 开间角柱较当心间柱高四寸，七开间高 6 寸……十三开间高一尺二寸。这种做法未见于汉、南北朝，明、清也少使用。

为了使建筑有较好的稳定性，宋代建筑规定外檐柱在前、后檐均向内倾斜柱高的 10/1000，在两山向内倾斜 8/1000，而角柱则两个方向都有倾斜。这种做法称为"侧脚"。如为楼阁建筑，则楼层于侧脚上再加侧脚，逐层仿此向内收。元代建筑如山西芮城永乐宫三清殿尚保留这种做法，到明、清则已大多不用。

在柱的拼合方面，《营造法式》中已有将 2～4 根小料拼合为大料的图样，其内部用暗榫，两端及外侧用银锭榫。明、清则以铁箍包绕。

柱的上端和下端都作凸榫，以插入栌斗和柱础。柱与阑额（清称大额枋）相交处，也用卯相联系，再以木钉穿串固定。

在秦、汉宫室建筑遗址和崖墓中，有的于厅堂平面中央仅设一根柱子，汉文献中称为"都柱"。这种形制，很可能是原始社会袋穴穴居及半穴居建筑的遗风。由许多开间形成的木构建筑，大多具有某种形式的柱网。依河南偃师二里头夏代一号宫殿遗址，已有建造在夯土台上面阔八间、进深三间的殿堂。其檐柱柱穴排列已相当整齐，因室内未发现柱穴，可能当时已采用了"通檐用二柱"的屋架了（图 1-8）。山西五台唐佛光寺大殿使用"金厢斗底槽"式内、外二圈柱，而大明宫麟德殿则是满堂柱式（图 5-2、图 4-5）。还有以内柱将平面划分为大小不等的两区或三区的。前者如山西太原晋祠圣母殿（宋）（图 4-27）、朔县崇福寺观音殿（金），在《营造法式》中称为"单槽"。后者如西安唐大明宫含元殿遗址和北京清故宫太和殿，《营造法式》中称为"双槽"。在门屋建筑中，用中柱一列将平面等分的，在《营造法式》中称为"分心斗底槽"，例如天津蓟

275

县独乐寺山门（辽）（图5-8）。

宋、辽、金、元建筑中，常将若干内柱移位，可称为"移柱造"。如山西大同华严上寺金代的大雄宝殿，其中央五间前后檐的内柱都向内移一椽长度。或减少部分内柱，可称为"减柱造"。如山西五台佛光寺金代所建的文殊殿，面阔七间，进深四间，只用内柱四根。在许多情况下，移柱和减柱同时使用。如山西大同善化寺三圣殿，面阔五间，进深四间，已减去前檐全部内柱，又将后檐次间内柱内移一椽长度。这些做法，在明、清建筑中已不使用。大概是因为减移柱所形成的大跨度内额和不规则的梁架，往往在结构上不够安全和带来施工上的麻烦；以及在使用彻上明造时，内部也欠整齐美观的缘故。

在建筑主体以外另加一圈回廊的，《营造法式》称为"副阶周匝"（这种形式，可能在商代建筑中即已出现），一般应用于较隆重建筑，如大殿、塔等。

8.2.2 枋

1）额枋（宋称阑额）

额枋是柱上联络与承重的水平构件。南北朝及以前大多置于柱顶，隋、唐以后才移到柱间。阑额之名首见于宋代。它有时2根叠用，清代上面的叫大额枋（宋仍称阑额），下面叫小额枋（宋称由额）。二者间填以垫板。使用于内柱间的叫内额，位于柱脚处的称地栿。

唐代阑额断面高宽比约2:1，侧面略呈曲线，谓之琴面；阑额在角柱处不出头。辽代阑额大致同唐，但角柱处出头并作垂直截割。宋、金阑额断面比例约为3:2，出头有出锋或近似后代霸王拳的式样。明、清额枋断面近于1:1，出头大多用霸王拳。阑额的出头，大大改善了柱上部的结构与构造状况，是木架结构发展与进步的表现。

2）平板枋（宋称普拍枋）

平板枋平置于阑额之上，是用以承托斗栱的构件。最早形象见于陕西西安兴教寺唐玄奘塔，宋、辽使用渐多，开始的断面形状和阑额一样，后来逐渐变高变窄，至明、清，其宽度已窄于额枋。早期在角柱处不出头，后来出头的形式有垂直截割，或刻作海棠纹等。

3）雀替（宋称绰幕枋）

雀替是置于梁枋下与柱相交处的短木，可以缩短梁枋的净跨距离。

它可能由实拍栱演变而来，河北新城开善寺辽代大殿中，已有由两层实拍栱组成的绰幕枋，而正定隆兴寺宋代转轮藏殿则为楂头式，端部与底部且作成折线。金、元及以后，发展为蝉肚及出锋，有的下面还附以插栱。

也可用在柱间的挂落（楣子）下，此种形状之雀替，已转变为纯装饰性构件，称为"花牙子"。在建筑的尽间，若开间较窄，则自两侧柱挑出的雀替常连为一体，则称为骑马雀替。

8.2.3 斗栱

斗栱是我国木构架建筑特有的结构构件，主要由水平放置的方形斗、升和矩形的栱以及斜置的昂组成。在结构上挑出以承重，并将屋面的大面积荷载经斗栱传递到柱上。它又有一定的装饰作用，是建筑屋顶和屋身立面上的过渡。此外，它还作为封建社会中森严等级制度的象征和重要建筑的尺度衡量标准。

斗栱一般使用在高级的官式建筑中，大体可分为外檐斗栱和内檐斗栱二类。从具体部位分又有柱头斗栱（宋称柱头铺作，清称柱头科）、柱间斗栱（宋称补间铺作，清称平身科）、转角斗栱（宋称转角铺作，清称角科），另外还有平坐斗栱和支承在檩枋之间的斗栱等。这里所谓的铺作（或科），是指一组斗栱（宋称一朵，清称一攒）而言。

斗栱的最早形象见于周代铜器（如“令殷”器足上的栌斗、铜器表面的建筑纹刻等），汉代的画像砖石、壁画、建筑明器及记载中也有不少，而石阙、石墓中的实物虽是仿木的作品，但在很大程度上还保存了原来的风貌。由这些资料来看，当时斗栱的形式已经很多，有一斗二升、一斗三升、一斗四升等；有单层栱、多层栱；栱头有直截、折线、曲线、龙首翼身的；斗有平盘式、槽口式的。这些都表明当时的斗栱乃是处于一个“百花齐放”的发展阶段，虽然还没有完全成熟，但其基本特点已经形成，并对后来进一步的发展完善起了很大作用。

唐代是我国斗栱发展的又一重要阶段，根据山西五台南禅寺和佛光寺大殿以及其他有关资料知道，当时的柱头铺作已相当完善并使用了下昂，总的形制和后代相差不远。但补间铺作仍较简单，基本保留了两汉、南北朝以来的人字栱、斗子蜀柱和一斗三升的做法，也就是将它仍作为阑额与柱头枋间的支撑。有的虽然出跳，但跳数较少，出檐重量的大部分还是由柱头上的斗栱来担负。由此可见，唐代柱头铺作的雄大，主要是由这样的结构条件来决定的。

斗栱发展到宋代可认为是已经成熟，如转角铺作已经完善；补间铺作和柱头铺作的尺度和形式已经统一（图8-12），在结构上的作用也发挥得较为充分；内檐斗栱出现了上昂构件；规定了材的等级，并把它和栔作为建筑尺度的计量标准等等。这些成就在许多宋代建筑遗物和归纳当时官式建筑经验的《营造法式》中，都得到了很好的说明。

辽、金继承了唐、宋的形制，但又有若干变化，如在铺作中使用了45°和60°斜栱、斜昂等。元代起斗栱尺度渐小，真昂不多。明、清时斗栱尺度更小，

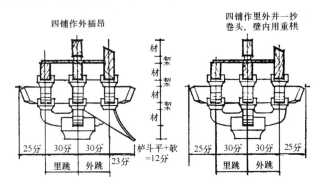

图8-12　宋《营造法式》四铺作斗栱

柱头科和平身科尺度已有差别，后者攒数由宋代的一至二朵增加到四至八攒，而且都用假昂。

1）斗、升

位于一组头栱最下的构件是坐斗（又叫大斗，宋称栌斗，汉称栌），有时也可单独使用。位于挑出的翘（宋称华栱或卷头）头上的叫十八斗（宋称交互斗）。位于里跳与外跳横栱二端上的叫三才升，位于坐斗正上方横栱二端上的叫槽升子（均相当于宋代的散斗）。它们的外观都差不多，只是形体有大有小，开槽口有四面和两面的区别。坐斗正面的槽口叫斗口，在清代作为衡量建筑尺度的标准。斗口两侧凸起部分叫斗耳，斗口下平直部分叫斗腰（宋称斗平），下面倾斜部分叫斗底（宋称斗敧）。没有斗耳的叫平盘斗，常用于角科上。

汉代栌斗体形较大，平面均为方形或矩形，已有平盘斗和槽口斗，斗敧也有直线和内颐二种，但斗敧和斗身（斗平加斗耳）的高度还没有固定比例。南北朝至唐都用方斗，宋代又出现圆形、多瓣形、讹角形斗等多种形式。以后基本用方斗。升一般为矩形平面。斗与升在斗耳、斗平、斗敧之间高度比，宋代已规定为4:2:4，后来大多沿用此制。

2）栱

栱是置于坐斗口内或跳上的短横木，现存遗物以汉代为最早，已有矩形、曲线形、折线形以及曲线与折线混合形，大概到了唐代才统一式样。宋代对各种栱的长度、卷杀等已有详细规定，而且规定了栱、昂等构件的用材制度，并将"材"的高度划分为十五分°，宽度为十分°，作为建筑尺度的衡量标准，再将上、下栱间距离称为"栔"，高六分°，宽四分°，单材上加"栔"，谓之"足材"，高二十一分°，如华栱、耍头等构件用之。

宋《营造法式》中，按建筑等级将斗栱用材分为八等（图8-11）：

一等材：高九寸，厚六寸，用于九间或十一间大殿。

二等材：高八点二五寸，厚五点五寸，用于五间或七间大殿。

三等材：高七点五寸，厚五寸，用于三间或五间殿、七间厅堂。

四等材：高七点二寸，厚四点八寸，用于三间殿、五间厅堂。

五等材：高六点六寸，厚四点四寸，用于三间小殿、三间厅堂。

六等材：高六寸，厚四寸，用于亭榭或小厅堂。

七等材：高五点二五寸，厚三点五寸，用于小殿或亭榭。

八等材：高四点五寸，厚三寸，用于殿内藻井或小亭榭。

清式以坐斗斗口宽度为标准，分为十一等，具体将在第九章内介绍。斗栱用材总的趋势是由大变小。如唐佛光寺大殿七开间用材为30cm×20.5cm，宋、辽、金殿五开间用材多为24cm×18cm左右，元永乐宫重阳殿五开间用材为18cm×12.5cm，明智化寺如来殿万佛阁五开间用材为11.5cm×7.5cm，而清故宫太和殿九开间用材仅12.6cm×9cm。

栱的名称亦依部位而不同。凡是向外出跳的栱，清式叫翘（宋称华栱或卷头），跳头上第一层横栱叫瓜栱（宋称瓜子栱），第二层叫万栱（宋称慢栱）。最外跳在挑檐檩下的、最内跳在天花枋下的叫厢栱（宋称令栱）。正出于坐斗左右的第一层横栱叫正心瓜栱（宋称泥道栱），第二层叫正心万栱（宋称慢栱）。

在坐斗口内或跳头上只置一层栱的叫单栱，二层栱的叫重栱（汉明器、画像石有三重以上的）。跳头上置有横栱的叫计心造，不置的叫偷心造。唐、宋建筑斗栱常用偷心，金、元以后多用重栱计心。

栱头卷杀在汉代有垂直截割、曲线、折线等。山西太原天龙山北齐石窟柱廊斗栱及山西五台唐南禅寺大殿斗栱之栱头已有三瓣内颇，佛光寺的则较圆，分瓣不明显。宋《营造法式》规定栱头卷杀均为折线：令栱五瓣，华栱、瓜子栱、泥道栱均为四瓣，慢栱三瓣（图9-8）。但实际上各地做法不尽相同，如南方建筑栱头一般均用三瓣。

在《营造法式》中，栱长为：华栱（足材）长七十二分°，丁头栱（足材）长三十三分°，瓜子栱、泥道栱均长六十二分°，令栱长七十二分°，慢栱长九十二分°。

3）昂

昂是斗栱中斜置的构件，起杠杆作用。又有上昂与下昂之分，其中以下昂使用为多。上昂仅用于室内、平坐斗栱或斗栱里跳之上。

汉代建筑中还未发现此项构件，唐佛光寺大殿柱头铺作中的批竹昂是现知最早的实例。它的后尾延伸至平闇（小方格天花）以上的草栿之下，但补间铺作中尚未使用。宋柱头铺作亦有这种做法，唯昂尾稍短，如山西太原晋祠圣母殿上檐斗栱；而下檐则用了昂式华栱，是假昂的一种。此外，也有施插昂的，如河南登封少林寺初祖庵。补间铺作多用真昂，昂尾斜上，托于下平槫下。上昂始见于宋代建筑的内槽铺作，下端撑在柱头枋处，上端托在内跳令栱之下，如江苏苏州玄妙观三清殿所见。元以后柱头铺作不用真昂。至明、清，带下昂的平身科又有转化为溜金斗栱的做法，原来斜昂的结构作用至此已丧失殆尽。

宋代用批竹昂或琴面昂，元、明的琴面昂咀较厚。象鼻昂始见于元，盛行于明、清。至于镂空的雕花昂，更是末期片面强调装饰的产物。

翘或昂自坐斗出跳的多寡，清代以踩计（宋以铺作计）。出一跳叫三踩（宋称四铺作），出两跳叫五踩（宋称五铺作），出三跳叫七踩（宋称六铺作），一般建筑（牌楼除外）不超过出四跳九踩（七铺作）。出跳长度宋规定每跳出二材高（三十分°），或每跳递增、递减。清规定均为三斗口（三十分°），谓之一拽架。

8.2.4　屋架

1）举架（宋称举折）

举是指屋架的高度，常按建筑的进深和屋面的材料而定。如《考工记》中即有"匠人为沟洫，茸屋三分，瓦屋四分"的记载，这表明至少在战国时已对草顶和瓦顶屋面规定了不同的坡度。唐南禅寺大殿和佛光寺大殿举高与进深之比约为1/6，宋代建筑为1/4～1/3，清代的某些建筑竟达1/2。

在计算屋架举高时，由于各檩升高的幅度不一致，所以求得的屋面横断面坡度不是一根直线，而是若干折线组成的，这就是"折"。宋代举折做法，可参见图8-13。

2）推山与收山

推山是庑殿（宋称四阿）建筑处理屋顶的一种特殊手法。由于立面上的需要将正脊向两端推出，从而四条垂脊由 45°斜直线变为柔和曲线，并使屋顶正面和山面的坡度与步架距离都不一致。这种做法虽然在《营造法式》中已有规定，但自宋、辽迄明，建筑中有用有不用的，到清代才成为定规。

收山是歇山（宋称九脊殿）屋顶两侧山花自山面檐柱中线向内收进的做法。其目的是为了使屋顶不过于庞大，但引起了结构上的某些变化（增加了顺梁或扒梁和采步金梁架等）。山西五台唐南禅寺大殿山面收进 131cm，河北正定宋隆兴寺转轮藏殿为 89cm（《营造法式》规定一步架），山西永济元永乐宫纯阳殿为39.5cm，清代为一檩径（四个半斗口）。

3）梁（宋称梁或栿）

按它在构架中的部位，可分为单步梁（又叫抱头梁，宋称劄牵）、双步梁（宋称乳栿）、三架梁（平梁）、五架梁（四椽栿）、七架梁（六椽栿）、顺梁、扒梁、角梁（阳马）等。宋梁栿的名称是按它所承的椽数来定的，而清代则按其上所承的桁或檩数来命名。

梁的外观可分为直梁和月梁。后者在汉代文献中又称为虹梁，经唐、宋到今天我国南方建筑中还在使用。其特征是梁肩呈弧形，梁底略向上凹，梁侧常作成琴面并饰以雕刻，外观秀巧。

梁的断面大多为矩形，宋木梁的高宽比为 3:2，明、清则近于方形。南方的住宅、园林中也有用圆木为梁，称为圆作。

在制作大截面梁或为了装饰梁架时，常用拼帮的形式，将若干小料以铁箍、钉等拼合。

梁头在汉代明器中仅作垂直截割，甘肃天水麦积山隋代之 5 号窟中已有桃尖梁头，山西五台唐南禅寺大殿用批竹梁头，宋、元建筑常用蚂蚱头式样，明、清则多用卷云或桃尖形。

4）桁（或叫檩，宋称槫）

依部位桁可分为脊桁（宋称脊槫）、上金桁（宋称上平槫）、中金桁（中平槫）、下金桁（下平槫）、正心桁（牛脊槫）、挑檐桁（撩风槫）等。若干宋、元建筑常在檐柱缝上施承椽枋，在撩风槫处施撩檐枋以承檐椽。

一般槫径等于槫柱径。宋《营造法式》卷五规定：殿阁槫径一材一栔或两材；厅堂槫径一材三分°至一材一栔；余屋槫径一材加一分°或二分°。长随间广。

槫头伸到山墙以外的部分称"出际"（或叫"屋废"），其长度依屋椽数而定。宋代规定：两椽屋出二尺至二尺五寸，四椽屋出三尺或三尺五寸，又在槫背上置生头木，使屋面在纵轴方向也略呈曲面升起。

唐代托槫用替木。宋代撩风槫下或用替木或用通长的撩檐枋，平槫或脊槫下则托以襻间。这是由素枋结合替木和斗栱组成的支撑，《营造法式》中有两材襻间、单材襻间、捧节令栱、实拍襻间等（图 8-9）。

5）椽

椽是垂直搁置在檩上，直接承受屋面荷载的构件。按部位可分为飞檐椽（宋称飞子）、檐椽、花架椽、脑椽、顶椽（用于卷棚屋架）等。断面有矩形、圆、荷包形等。

汉代石阙及崖墓、石室均已在檐下使用一层圆形断面的檐椽，有的端部还施以卷杀，如四川雅安高颐阙。南北朝有用一层圆椽或方椽的，如河南洛阳北魏宁懋石室及甘肃天水麦积山第30窟。也有上方下圆二层椽的，如河北定兴北齐义慈惠石柱上小屋，这种形制以后一直沿用到清代。但椽头的卷杀在元以后已少用。

椽在屋角近角梁处的排列有平行的和放射的两种，前者较早，汉石阙中已有。椽档间距在早期较宽，约为椽径的四倍，后来渐变为1∶1。《营造法式》规定椽档应对准各间中线，若有补间铺作，则须与耍头心对准。

椽径尺寸亦随建筑大小而定，宋代约在六~十材分°之间。

6）其他构件

（1）瓜柱（宋称侏儒柱或蜀柱）　瓜柱最早只用在脊槫下，如北魏宁懋石室。屋架之其他承梁处都用驼峰，或矮木加斗栱，如南禅寺大殿、晋祠圣母殿。元代改用短柱。断面除南禅寺大殿为方形外，其他大多用圆柱。

（2）驼峰　形如骆驼之背，一般在彻上明造梁架中配合斗栱承载梁栿，有全驼峰和半驼峰之别。前者形式较多，有鹰嘴、掐瓣、笠帽、卷云等；后者少见，如佛光寺大殿明乳栿和四椽明栿上所表现者，由栱身或枋之后尾形成。辽、金又有两侧斜杀成梯形式样。

（3）叉手和托脚　叉手支撑在侏儒柱两侧，北魏宁懋石室已见。唐、宋、辽、金、元建筑中仍用（图8-9）。明代偶有应用，但断面尺寸很小。清代几乎不用。

托脚是支撑平槫的斜向构件，多见于唐至元代，明、清极少使用。

（4）替木　为支承在栌斗或令栱上的短木以托梁枋，在汉代明器（河北望都出土陶楼）、墓葬（山东沂南汉画像石墓）和北朝石窟（山西大同云冈北魏第九窟）中都可看到。开始均呈矩形，后来两端下部渐有收杀。此外，也有直接置在柱头上的。到宋代时，有的替木通长连续如撩檐枋。

8.2.5　多层木建筑

多层木建筑如楼、阁、塔等，在汉代画像石、明器和文献中都有所表现。实物则以辽代的山西应县佛宫寺塔（图5-26、图5-27）、天津蓟县独乐寺观音阁（图5-8~图5-10）为早。

简单地说，多层木建筑是若干单层木构架（有的在其间施以暗层、斜撑等加固措施）的重叠。其关键是上、下层柱的交接，在宋代有以下做法：

1）叉柱造　记载见于《营造法式》，所存实物也较多。其做法将上层檐柱底部十字开口，插在平座柱上的斗栱内；而平座柱则叉立在下檐柱斗栱上，但向内退进半柱径，如河北正定隆兴寺宋代转轮藏殿及天津蓟县独乐寺辽代观音阁。缺点是柱脚开榫口较大，削弱了柱体强度；立面上因收进较少，外观不够稳定。优点是在构造上比较省事，不用增加其他构件。

2）缠柱造　记载亦见于《营造法式》。它是将上层柱立在下层柱后的梁上，在结构、构造和外观上都比较妥善。但在角部需要增加斜梁，另外每面还要各增加一组斗栱——附角斗。它的实例见于山西应县佛宫寺释迦塔等处。但未见于实物。它是在下层柱端增加一根斜梁，并将上层柱立于此梁上。

此外，正定隆兴寺慈氏阁（金代）内柱已用通柱，山东曲阜孔庙奎文阁（明代）之内柱虽贯通上层及平座暗层，但仍插在下层柱的斗栱内，未能直达地面。清代河北承德普宁寺大乘阁之全部内柱则直通至顶。

8.3　墙壁

墙壁的使用范围很广，大至沿国界而筑的边墙，围绕城市的城墙以及周环于宫殿、坛庙的宫墙，小至甲第、民居的宅墙等。就单栋建筑所使用墙壁的性质和部位，可分为檐墙、山墙、槛墙、八字墙、屏风墙、照壁、隔断墙等。若依常用的建筑材料，则有土墙（夯土或土坯）、砖墙、石墙、木墙、编条夹泥墙等。此外，还有使用混合材料的，如墙体下部为砖石上部为土质的，或下部为实体上部为空斗的。如按结构受力情况则有承重墙与非承重墙之分。

8.3.1　土墙

土墙常见的有夯土墙、土坯墙等。夯土墙是我国墙壁最古老的形式之一，在若干原始社会的城址，河南郑州商城，陕西岐山早周建筑，周代及秦、汉的万里长城和唐长安大明宫等遗址中都可看到。因为它是以木板作模具，于其中置土，再以杵分层捣实，所以又称为"版筑"。一般用黏土或灰土（土∶石灰为6∶4），也有用土、砂、石灰加碎砖石或铺垫入植物枝条的。

宋《营造法式》中规定，在建筑"露墙"和"抽绖墙"时，夯土墙的高度为底厚的一倍，顶部厚度为墙高的1/5~1/4，所以墙面有显著的收分。明、清以后，重要建筑大抵用砖墙，民居多用夯土墙，虽然构筑方法基本没有改变，但由于这类墙高度厚度都不甚大，收分也就相应减小了。

土墙的隔热、隔声性能好，又有一定的承载能力，并可就地取材，施工也很简易，但易受自然侵蚀，特别是水浸后墙体的强度大大降低，所以古代筑墙时很注意选址和排水。如有的在土墙下砌一段砖石墙基，有的还在土内隔一定距离放置木柱以加固墙身等；在多碱地区，则在距地面一尺处于墙内铺芦苇或木板一层以隔碱。

8.3.2　砖墙

我国古建筑中全用青灰色陶砖。施于墙体的有空心砖、条砖、楔形砖、饰面砖等。

1）空心砖墙

空心砖墙见于战国晚期至东汉中期的墓中。它的体型较大，以河南郑州二里岗战国木盖空心砖壁墓为例，其空心砖长约1.1m，宽0.4m，厚0.15m，也有断面为方形或带有企口的。砌时干摆，侧放以为墓壁，平置以为墓底，在砖对外的一面常模印几何纹样作装饰。

2）条砖墙

条砖又称为小砖，由于体小量轻，使用灵活，所以应用最广。这种陶化的黏土砖使用于壁体的最早实例，是河南新郑战国时期冶铁场的通风井壁和陕西临潼秦始皇陵陶兵马俑坑中的一段壁面。西汉晚期以后，已大量应用于陵墓，用于仓、窑、井、水沟的也有不少实物。地面以上的大型建筑，可以北魏的嵩岳寺塔为代表，这座高40m的砖塔历时1400多年未坏，表明当时制砖和砌砖技术已达很高水平。唐代遗留了不少砖塔，又有用砖包砌高台和城门附近土墙的做法，表明砖在建筑中的使用已较普遍。宋代制砖有了进一步发展，除广泛用于房屋建筑外，许多地方州县的城墙已全部包砌以砖面层，此时之砖塔无论从数量、技术和造型艺术上都超过了过去。《营造法式》对制砖和砌砖已有了专门的阐述，在其他文字记载和绘画中表现的砖建筑也很多。明代是我国砖结构的又一大发展时期，除了大量用砖建造一般建筑、城墙和边城，还出现了无梁殿这样纯粹使用砖拱券结构的地面建筑。

汉代条砖的质量与尺寸和现在的已相仿佛，它的长、宽、厚的比例约为4：2：1，这表明在砌体中砖已具有模数的性质。

砌砖方式已有半砖顺砌、平砖丁砌、侧砖顺砌、顺砖丁砌、立砖顺砌、立砖丁砌等多种。前二种多用于实砌墙，后面几种多用于空斗墙或墓中。在砌法上，除前述秦始皇陵兵马俑坑壁用平砖顺砌，上下对缝外，绝大多数都是错缝的。汉与六朝墓常在一至数层的顺砌平砖上，置一层丁砌平砖或侧砖。砖间一般无砂浆或用黏土胶结，仅极少数例子如河北望都二号墓（东汉灵帝光和五年、公元182年）及定县王庄汉墓才使用了石灰胶泥。一般来说，宋以前多用黄泥浆，宋及以后石灰浆才逐渐普遍。明、清建筑墙体多用三顺一丁、二顺一丁或一顺一丁，考究的在砂浆中还掺入糯米汁。

此外，还有在山墙的裙肩或转角外砌以砖，其他部分则用夯土或土坯的。

3）空斗墙

空斗墙是砖砌成盒状，中空或填以碎石泥土，多半不承重，或仅承少量荷载，南方民居及祠庙建筑中常见使用。空斗墙厚度大多为一砖至一砖半，砌法有马槽斗、盒盒斗、高矮斗等多种。

8.3.3　木墙

木墙是由井干式结构形成的，除应用于地面建筑外（例如《汉书》中记载的井干楼），也反映在商代至西汉的木椁墓中。它的榫卯已很精确，有燕尾榫、割肩透榫、搭边榫、细腰嵌榫、挂钩垫榫等多种形式。

在南方的木架构建筑中，也常使用木版外墙或内墙。

8.3.4　编条夹泥墙

多用于南方穿斗式建筑，可作外墙，也作内墙。它是在柱与穿枋间以竹条、树枝等编成壁体，两面涂泥，再施粉刷。特点是取材简易，施工方便，墙体轻薄，外观也很美观，适用于气候温暖地区。

8.4　屋顶

8.4.1　种类（图 0-5）

1）庑殿（宋称四阿顶）

在商代的甲骨文、周代铜器、汉画像石、明器及北朝石窟中都可见到。实物则以诸汉阙和山西五台唐佛光寺大殿为早。它的出现先于歇山，后来成为古代建筑中最高级的屋顶式样。一般用于皇宫、庙宇中最主要的大殿，可用单檐，特别隆重的用重檐。

单檐的有正中的正脊和四角的垂脊，共五脊，所以又称为五脊殿。重檐的另有下檐围绕殿身的四条博脊和位于角部的四条角脊。

2）歇山（宋称九脊殿）

它是由两坡顶加周围廊形成的屋面式样。间接资料见于汉代明器、北朝石窟的壁画（甘肃敦煌北魏 428 窟）和石刻（河南洛阳龙门古阳洞）等。木建筑遗物则还没有比山西五台南禅寺大殿更早的实例。

歇山的等级仅次于庑殿，它由正脊、四条垂脊、四条戗脊组成，故称九脊殿。若加上山面的二条博脊，则共应有脊十一条。它也有单檐、重檐的形式。在宫殿中的次要建筑和住宅、园林建筑中，又常使用无正脊的卷棚歇山。

两建筑作丁字相交的，其插入部分称为"抱厦"（或"龟头屋"），通常此部分之长度及体积均较短小。也有十字相交的，称为十字脊。它们始见于五代的绘画，盛于宋、金。清北京故宫角楼就是重檐十字脊的做法。

歇山的山面有搏风板、悬鱼等，是装饰的重点所在。山花面与搏风板间有一定距离，可形成阴影。山花面上通常钉以有护缝条之垂直木板，或开窗或饰以雕刻、彩画，变化甚多。

3）悬山

悬山是两坡顶的一种，也是我国一般建筑中最常见的形式。特点是屋檐两端悬伸在山墙以外（又称为挑山或出山）。

悬山屋顶在汉画像石及明器中仅见于民间建筑，实物如山东肥城孝堂山汉郭巨石祠及北魏宁懋石室。它大概在规格上次于四阿顶及九脊殿。在南北朝迄于唐代的石刻、壁画和建筑实物中，凡属较重要的建筑，都未用悬山顶。宋画《清明上河图》所表现的汴梁街道，其城门门楼用四阿顶，酒楼用九脊顶，而一般店肆及民居则用悬山，也可说明前述情况。

悬山一般有正脊和垂脊，较简单的仅施正脊，也有用无正脊的卷棚。山墙处常露出木构架的柱、梁或枋，若围以土、砖墙，其山尖部分多作成五花山墙，如山西大同下华严寺海会殿（辽）。

4）硬山

硬山也是两坡顶的一种，但屋面不悬出山墙之外。其山墙大多用砖石墙，并高出屋面，墙头作出各种直线、折线或曲线形式，或另在山面做出搏风板、墀头等。

硬山墙在宋代已有，它的出现可能与砖的大量生产有关。明、清以来，在我国南、北方的居住建筑中应用很广。

5）攒尖（宋称斗尖）

攒尖多用于面积不太大的建筑屋顶，如塔、亭、阁等。特点是屋面较陡，无正脊，而以数条垂脊交合于顶部，其上再覆以宝顶。

平面有方、圆、三角、五角、六角、八角、十二角等，一般以单檐的为多，二重檐的已少，三重檐的极少，但塔例外。

攒尖最早见于北魏石窟的石塔雕刻，实物则有北魏嵩岳寺塔（图5-34～图5-36）、隋神通寺四门塔（图5-38～图5-39）等。此外在宋画中也可看到不少亭阁用攒尖顶的，不过坡度都很陡峻。《营造法式》中亦有关于斗尖亭榭的做法。明、清这方面的实物就很多了。

6）单坡

单坡多用于较简单或辅助性建筑，常附于围墙或建筑的侧面。在河南偃师二里头晚夏宫殿遗址中，即有单面廊和复廊。前者无疑使用了单坡屋面；后者可能合用一个两坡顶，也可能在高墙的两侧各用一个单坡顶。汉建筑明器中也有不少单坡廊和杂屋的例子，直至今日，陕西等地农村民居还有很多用单坡的。

可以说单坡屋面是斜屋面的最基本单元，一切较复杂的斜屋面都可由它组合而成。

7）平顶

在我国华北、西北与西藏一带，由于雨量很少，建筑屋面常采用平顶。即在椽上铺板，垫以土坯或灰土，再拍实表面。

这种形式在我国古代建筑记载和遗物中未见。但在它四周加短檐，称为盝顶的屋面，则始见于宋画。

8.4.2 屋顶做法

1）屋面曲线

它包括建筑的檐口、屋脊和屋面的曲线。

（1）檐口曲线

汉代石建筑及明器中，未见建筑檐口有呈曲线的，屋角也没有起翘，但由于缺乏木建筑实物，所以尚难下断语。北魏永安二年（公元529年）的宁懋石室和北齐义慈惠石柱上小屋（天统三年—武平元年，公元567～570年）檐口虽然平直，但屋角已有起翘表示。唐佛光寺大殿有很明显的檐口曲线，江苏宝应南唐墓出土的木屋模型也是如此，在宋《营造法式》中更有详细阐述。元代檐口又渐回复平直，仅末间至屋角才有起翘，明、清也是这样。

檐口曲线的形成是由于檐柱逐间生起的结果，宋代升高柱的尺寸前述已见。为了使角部升得更高，除使用由昂和其他角梁外，还在檐檩下端垫以生头木。

（2）屋面曲线

应包括纵向曲线和横向曲线。汉代文献中有"反宇向阳"的记载，表明我国建筑的屋面很早即已呈横向曲线了，在木建筑实物中则以唐南禅寺大殿为首

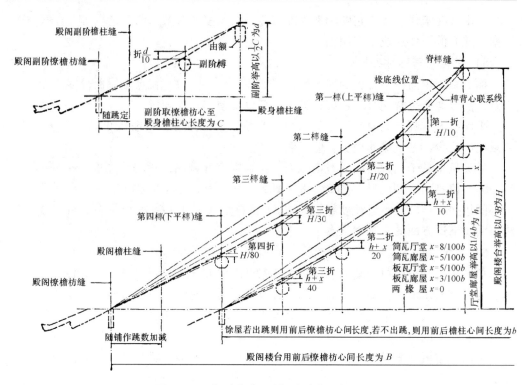

图8-13 宋《营造法式》大木作举折之制

见，但因屋架举高较低，所以曲线平缓。宋以后举高增加，明、清时更高，使沿建筑横轴之屋面曲线（即沿屋架方向）更为陡峻（图8-13、图9-3）。

在宋代建筑中，由于在末跨的槫上置生头木，所以屋面依纵轴亦向两端翘起，它和因举架而形成的横向曲线配合，使屋面略成一双曲面。这种做法在明、清时期的建筑中很少见。

屋面曲线的形成，不但有利于雨水的宣泄，而且还为室内争取到较多的阳光，屋面外形因此也变得更加柔和与秀丽。

（3）屋脊曲线

汉代石建筑（如山东长清孝堂山郭巨祠）和明器中的正脊已有生起，但屋架的上端仍是平直的。山西五台唐佛光寺大殿及宋、元建筑在脊槫两端置生头木，正脊起翘比较生动。明、清又恢复平直状态，唯福建、台湾等地例外。

2）屋角

汉代建筑还没有屋角起翘的形象。河北涿州北朝造像碑及河南洛阳出土北魏画像石中塔和阙的屋角都可看到有明显起翘。而宁懋石室和义慈惠石柱的资料更明显。前者虽是悬山屋顶，但角部檐口已升起。后者柱上的小石屋，在老角梁上置有仔角梁和力神，角脊勾头和两侧板瓦瓦唇均已斜倾向上，做法基本和后代一致。唐、宋建筑起翘已成定规，以后更是如此。

总的来说，我国北方建筑屋角起翘较平，外观庄重浑厚；南方屋角起翘较陡，外观活泼轻快。但起翘的做法亦有不同，如苏州地区就有水戗发戗和嫩戗发戗两种（参见图9-10、图9-11）。

3）屋面材料

民间建筑常用茅草、泥土、石版、陶小瓦等作屋面材料，官式建筑或用陶筒、板瓦或用琉璃瓦。在唐代已有用两种材料并施于屋面，宋画中亦有这样的表现。一般较高级材料用于脊部、檐部及两山，将较次的材料置在中间。少数建筑以铜、铁为瓦，或在陶瓦上浸油、涂漆。

（1）陶瓦

目前由考古资料得知，以陕西岐山凤雏村的西周建筑遗址出土的陶瓦为最早，但瓦型较大，为数不多，可能仅用于茅草屋顶的脊部与天沟。此外，在河南洛阳王湾、陕西西安客省庄等地也发现西周晚期的瓦。从形式上已有盖瓦、仰瓦和人字形断面的脊瓦，并且具有大、小头、瓦环或瓦钉。筒瓦已有半圆形的瓦当与瓦唇，瓦当和瓦背且有纹饰。到了战国时期，瓦上的纹饰更为精美，燕下都出土的瓦就有云纹、蝉翼纹、饕餮纹等。

大概从秦代起，瓦当由半圆形开始演变为圆形，这既改进了瓦当的束水功能，又为瓦当装饰纹样的进一步丰富提供了条件。秦、汉瓦当的图案种类极多，有几何图纹、动植物、四神、文字（吉祥语、宫殿或官署名等）。南北朝起受佛教影响，多用莲瓣及兽头，唐代也是如此，这时文字瓦当已很少用，至宋、辽时又增加了龙凤、花草等式样。

置于檐口之板瓦施滴水者在战国以前未有发现，汉、魏至唐大都用带形或齿形，唐、宋之际又出现尖形的滴水，这些式样到今天还在沿用。此尖形端部之表面常饰以各种动、植物纹样或几何图形，在《营造法式》中称为垂尖华头瓪瓦（即板瓦）。

《营造法式》已将瓪瓦（即筒瓦）及瓪瓦（即板瓦）按尺寸分为七等，依照建筑不同等级分别使用。根据发掘，西周的瓦按大小至少有三种类型，可见此制由来已久。

西周早期的瓦面和瓦底常设瓦柱和瓦环，大概用以系绳或固埋于屋面的草泥垫层之用。有的盖瓦上留有小孔以容纳瓦钉插入，多用于屋面近檐口处。这种做法在后代的筒瓦屋面中，已成为定制。

（2）琉璃瓦

在陶瓦坯（明以后用瓷土制作）表面涂上一层釉，烧制后能在瓦表面形成坚实且色泽鲜丽的覆盖层，既提高了抗水性又增加了美观，一般应用于高级建筑。

汉墓出土的明器已涂黄绿釉。琉璃瓦正式使用于建筑屋面是南北朝，但为数不多，宋代使用渐广，到明代成为一个高潮。

琉璃瓦屋面都用筒板瓦、鸱尾（后来改称鸱吻、兽吻）、垂兽、角兽、仙人走兽等。大的屋面构件如正吻和正脊，都是由若干预制小构件拼合而成。北京清故宫太和殿正吻，高3.36m（合清营造尺一丈五寸），由13块构件（吻座在内为16块）组成，重达3650kg。

由著名的唐三彩和开封北宋祐国寺琉璃塔来看，唐、宋的琉璃绝不止黄、绿二色。元代宫殿已使用白、青琉璃，明、清又有桃红、黑、酱色等色。

4）屋脊和屋面装饰

周代早期建筑仅以陶瓦覆盖草顶的屋脊，主要是从防水功能出发，装饰尚在其次。陕西临潼秦始皇陵出土的陶脊断面为梯形，下部有一椭圆形槽，估计用以容纳其下之脊槫。汉石阙、石祠、画像石及明器的屋脊有平直的，也有二端隆起的，其脊头常以多枚筒瓦垒叠。正脊中央上方有的用朱雀、凤鸟为装饰。正脊侧面则刻以环璧穿带等纹样。正脊二端使用鸱尾的正式记载，最早见于西汉武帝时，其大致之形象则多见于汉代之建筑明器。反映在壁画和雕刻中的，则出自北魏至隋、唐的石窟和陵墓。在陕西礼泉县唐太宗昭陵献殿遗址内发现的鸱尾，高约 1.5m，最宽处 1m，厚 0.76m，表面涂有绿釉，是该项建筑构件现知最早的遗物。早期鸱尾的外形和装饰都较简单，其尾尖向内倾伸，外侧施鳍状纹饰，例见陕西西安唐慈恩寺大雁塔门楣石刻（图 1－43）。中唐及辽代鸱尾下部出现张口的兽头，尾部则逐渐向鱼尾过渡。如山西大同华严下寺薄伽教藏殿中辽代壁画所示。宋代则分为鸱尾、龙尾和兽头等几种形式，《营造法式》和绘画中均有载述。元代鸱尾渐向外卷曲，有的已改称鸱吻。明、清正吻的尾部已完全外弯，端部亦由分叉变为卷曲，且兽身多附雕小龙，比例近于方形，背上出现剑把，名称也改为兽吻或大吻。

汉明器陶屋的戗脊在近端处已有建为两重的，如四川双流牧马山出土陶楼。山西五台唐佛光寺大殿戗脊亦为双重，上重戗脊的端部仅用兽头一枚。而甘肃敦煌鸣沙山石窟壁画中的楼阁建筑则在下重戗脊上绘有蹲兽的形象。宋《营造法式》规定：官式建筑的垂脊端部用垂兽；戗脊端用嫔伽（清叫仙人），其后再施蹲兽（清叫走兽）二～九枚；不厦两头的厅堂建筑只用嫔伽或蹲兽一枚。而清代规定在仙人后的走兽须为单数，至多九枚，仅北京清宫太和殿施十枚为例外。

隋—宋时官式建筑屋脊都用瓦条叠砌，元及以后改用脊筒子。但是城乡一般民居的屋脊仍多用砖瓦叠砌，有的外面再抹灰泥，有的将脊一部分或全部砌成空花，以减轻屋面之静荷载及风之侧推力，又增加了立面变化。

重檐建筑的下檐博脊或盝顶转角处，均用合角吻。

8.5　装修（宋称小木作）

装修可分为外檐装修和内檐装修。前者在室外，如走廊的栏杆、檐下的挂落和对外的门窗等。后者装在室内，如各种隔断、罩、天花、藻井等（图 8－4～图 8－8）。

8.5.1　门

1）版门

版门在周代铜器方彝、汉徐州画像石和北魏宁懋石室中都可见到，唐、宋以后的资料更多。它用于城门或宫殿、衙署、庙宇、住宅的大门，一般都是两扇。《营造法式》规定每扇版门的宽与高之比为 1:2，最小不得少于 2:5。

（1）棋盘版门

先以边梃与上、下抹头组成边框，框内置横楅（清叫穿带）若干条，后在框的一面钉板，四面平齐不起线脚，高级的再加门钉和铺首。

（2）镜面版门

门扇不用木框，完全用厚木板拼合，背面再用横木联系。

2）楅扇门（宋称格子门）

唐代已有，宋、辽、金均广泛使用，明、清更为普遍。一般作建筑物的外门或内部隔断，每间可用四、六、八扇，每扇宽与高之比在 1∶3 至 1∶4 左右。

楅扇门也由边梃、抹头等构件组成，早期的抹头很少，如山西运城寿圣寺唐八角形单层塔之砖雕楅扇门仅三抹头。宋、金一般用四抹头，明、清则以五、六抹头为常见。

楅扇大致可划分为花心与裙版两部分。唐代花心常用直棂或方格，宋代又增加了柳条框、毬纹等，明、清的纹式更多，已不胜枚举。框格间可糊纸或薄纱，或嵌以磨平的贝壳。裙版在唐时为素平，宋、金起多施花卉或人物雕刻，是楅扇的装饰重点所在。

边梃和抹头表面可做成各种凸凹线脚，有的在合角处包以铜角叶，兼收加固及装饰效果。

3）罩

大多用于室内，是用硬木浮雕或透雕成几何图案或缠交的动植物、神话故事等，在室内起着隔断空间和装饰作用。

8.5.2　窗

汉明器中窗格已有多种式样，如直棂、卧棂、斜格、套环等。唐以前仍以直棂窗为多，固定不能开启，因此使窗的功能和造型都受到一定限制。虽然汉陶楼明器中出现过支窗形式，但为数很少。宋起开关窗渐多，改变了上述情况，在类型和外观上都有很多发展。

1）直棂窗

在汉墓（如徐州汉墓、四川内江崖墓等）和陶屋明器中都有，北朝的石建筑和石刻，唐、宋、辽、金的砖、木建筑和壁画亦有大量表现。从明代起，它在重要建筑中已逐渐被槛窗所取代，但在民间建筑中仍有用的。

唐、宋的直棂窗有多种做法，一种是在柱间施窗额、地栿、腰串、立颊和心柱，然后以楞木（断面方形或三角形，后者称为"破子棂"）树于窗孔间，楞木间相距约一寸。其余之空档施障水板，或砌砖或编竹涂泥粉刷，甘肃敦煌鸣沙山石窟宋代 422 窟窟廊就是一例。另一种是建在殿堂门侧的槛墙上，其例甚多。

2）槛窗

宋代槛窗已施于殿堂门两侧各间的槛墙上，它是由格子门（楅扇门）演变来的，所以形式也相仿，但只有格眼（清叫花心）、腰华板（清叫绦环板）而无障水板（清叫裙板）。宋画中的槛窗格眼多用柳条框或方格。

北方的槛墙用土坯或陶砖砌，南方除此以外尚有用木板或石版的。

3）支摘窗

支窗是可以支撑的窗，摘窗是可取下的窗，后来合在一起使用，所以叫支摘窗。

支窗最早见于广州出土的汉陶楼明器。宋画《雪霁江行图》在阑槛钩窗外亦用支窗。窗下用有木隔板的露空勾阑，也有摘窗之意。

清代北方的支摘窗也用于槛墙上，可分为两部分，上部为支窗，下部为摘窗，二者面积大小相等。南方建筑因夏季需要较多的通风，支窗面积较摘窗大一倍左右，窗格的纹样也很丰富。

4）横披

当建筑比较高大时，可在门、窗上另设中槛，槛上再设横披。它既可通风、采光，又避免了因门窗过于高大而开启不便的缺陷。

唐及以前还没有见到这种做法。江苏南京栖霞山栖霞寺五代舍利塔石门上方的龟背纹雕刻，可能是彩画的表现，也可能就是横披。宋《营造法式》卷三十二对这种窗已有图示，而殿堂门上障日版的牙头护缝造（可能由直棂窗演化来），应当说也具有横披的特点。建于金皇统三年（公元 1143 年）山西朔县崇福寺弥陀殿门楣上，已用了有四椀棂花等两种精美图案的横披窗。元代以后，横披的使用就更见广泛了。

5）漏窗

漏窗应用于住宅、园林中的亭、廊、围墙等处。窗孔形状有方、圆、六角、八角、扇面等多种形式，再以瓦、薄砖、木竹片和泥灰等构成几何图形或动植物形象的窗棂。

汉代陶屋明器已有在围墙上端开狭高小窗一列的例子。金、元砖塔有扁形窗内刻几何纹棂格的。明嘉靖时，仇英与文征明合作的《西厢记》图，以及崇祯时计成《园冶》中所录的十六种漏窗式样，表明当时在这方面已达到很高水平。清代用铁片铁丝与竹条等，创造出许多复杂而美观的图案，仅苏州一地就有千种以上，常见的有鱼鳞、钱纹、锭胜、波纹等，很多今天还值得借鉴。

8.5.3　天花、藻井、卷棚

1）天花

为了不露出建筑的梁架，常在梁下用天花枋（宋称平棋枋）组成木框，框内放置密且小的木方格，实例可见山西五台唐佛光寺大殿和辽独乐寺观音阁，这种做法，在宋《营造法式》中称为平闇。另一种是在木框间放较大的木格和木板，板下施彩绘或贴以有彩色图案的纸，这种形式在宋代称为平棋，后代沿用较多。

一般民居则用竹、高粱秆等轻材料作框架，然后糊纸。

2）藻井

藻井是高级的天花，一般用在殿堂明间的正中，如帝王御座、神佛像座之上。形式有方形、矩形、八角形、圆形、斗四和斗八形等。

汉墓中已有覆斗、斗四等式样，井内之石上或平素，或刻神灵、植物图形，如山东沂南汉画像石墓所示。山西大同北魏云冈石窟的藻井中，以莲花及飞天等装饰较多。从天花支条的划分来看，基本仍是平棊式样。甘肃敦煌鸣沙山石窟千佛洞则以覆斗形为多，四个斜面多绘佛教故事或莲瓣为主的图案，顶部则做成套方或斗四。宋《营造法式》和辽代建筑遗物中的斗八藻井已很复杂，下面承以斗栱，有的还在藻井周围置"天宫楼阁"（为小木雕刻之殿、堂、楼、阁、廊等建筑模型形象，象征仙佛所居者）。在砖石建筑中，也常用叠涩和仿木斗栱的手法来建造藻井，不过规模不大。如江苏苏州虎丘的云岩寺塔。

3）卷棚

又称为"轩"，是室内天花的一种。使用的位置常在檐柱，与前、后金柱间。其结构由质轩梁、轩檩和轩椽组成，由于轩椽可作多种曲线或折线形，因此大大丰富了轩内的空间和艺术效果。轩椽上覆以灰白色的水磨砖。轩梁上常饰以浮刻，并髹以单色（栗壳色为多）油漆，绝少使用彩画。

此类天花大约在明代以后被广泛使用，特别是我国南方的江浙一带，官署、祠庙、住宅、园林中比比皆是。

8.5.4 其他

金属用于建筑装修也多，特别是铜。由于色泽美观，不易锈蚀，且易于加工，所以自古以来即被大量使用。陕西凤翔秦古都雍城宫殿遗址出土的铜釭，就是套在木构件上的饰物。其他如门窗上的铰页、铺首、门钉等也很多。汉代除了这些以外，还有在屋上置铜雀为饰的记载。到了明、清二代，个别建筑全部用铜建造，称为金殿。

铁件一般只用于建筑构件之内，作为骨架或加固件。前者施于假山、漏窗中，后者如组合梁柱中的箍、鼓卯、钉等。

金银等贵重金属用于绘贴彩画，或用于错镶构件。后汉李尤《德阳殿赋》中有："错金银于两楹。"应劭《风俗通义》载："文帝虽节俭，汉未央前殿至奢，雕文五彩，画华榱璧珰，轩槛皆饰以黄金。"由此可见至迟汉代已有用者。

此外，还有在房屋构件上嵌饰珠、玉、贝或缠裹锦绣的，大概自宋以后，才逐渐被彩画所代替。

8.5.5 家具、陈设

1）家具

根据文字记载和画像石等资料，六朝以前人们大多采用"席地而坐"的方式，因此一般家具都较低矮。五代以后"垂足而坐"成为主流，家具尺度相应增高，种类和外型也逐渐定型成熟。家具尺度的变化和当时室内空间的扩大应有着一定的关系。

日常使用的家具有床、榻、桌、椅、凳、墩、几、案、柜、架、屏风等。考究的用紫檀、楠木、花梨、胡桃等木材，有的还镶配大理石，或用藤、竹、树根制作，在造型和工艺上都达到很高水平。建筑中的某些构件和构造形式，也被运用到家具中，如门、曲梁、收分柱和各种榫卯。这在五代、宋、金的绘画与墓葬中的砖雕和壁画中，都有许多例证。

明代家具的水平又有提高，如使用断面为圆或椭圆形料代替方料，榫卯细致准确，造型注意适应人的使用，外观美观大方、简洁而不使用过多的装饰等等。

清代家具更注意装饰，线脚较多，有的还嵌以螺钿，外观较华丽但嫌繁琐。

在重要的殿堂中，家具多依明间中轴作对称布置，即成双或成套排置。但居室、书斋等则不拘一格，常随宜处理。

2）陈设

以悬挂在墙壁或柱面的字画为多，有装裱成轴的纸绢书画，也有刻在竹木版上的图文，一般厅堂多在后壁正中上悬横匾，下挂堂幅，配以对联，两旁置条幅，柱上再施木、竹板对联。或在明间后檐金柱间置木槅扇或屏风，上绘刻书画诗文、博古图案。在敞厅、亭、榭、走廊内，由于易受风雨，所以多用竹、木横匾与对联，或在墙面嵌砖石刻。

匾联形状大多是矩形和条形的，有时也用手卷形、叶形、扇形等式样。木制的大多髹以红、黑、金色漆为底色，竹制的则常保持其本来质地；字画嵌以墨、金或石绿，印章用朱砂。

此外，在墙上还可悬挂嵌玉、贝、大理石的挂屏，或在桌、几、条案、地面上放置大理石屏、盆景、瓷器、古玩等。

8.6 色彩与装饰

8.6.1 色彩

早期建筑的色彩基本来源于建材的原始本色，没有多少人为的加工，记载中的"茅茨土阶"就属这一类。今天农村中的某些房舍，还可以部分反映出这样的情景。随着人们在制陶、冶炼和纺织等社会生产中，认识并使用了若干来自矿物和植物的颜料，并将其中某些施于建筑作为装饰或防护涂料，这样就产生了后天的建筑色彩。但建筑色彩的使用和演绎，除了上述生产条件外，还为统治阶级的意识形态所左右。就柱上所涂的油漆来说，原来是为了保护木材不受潮湿，后来由于添加了各种颜色，就成为建筑装饰的重要因素。但统治阶级却在其中加入了阶级内容，据春秋时期礼制所要求的"楹，天子丹，诸侯黝，大夫苍，士黈（黄色）"，就是一例。

周天子的宫殿中，柱、墙、台基和某些用具都要涂成红色。汉代宫殿和官署中也大体这样，当时的赋文中有不少关于"丹楹"、"朱阙"、"丹墀"、"朱榱"等的描写。虽然后来红色在等级上退居黄色之后，但仍然是最高贵的色彩之一，历代宫垣庙墙刷土朱色和达官权贵使用朱门，都可以说明这个传统。

周代规定青、赤、黄、白、黑五色为正色。汉代除使用上述单色外，还在建筑中用几种色彩相互对比或穿插的形式。前者如"彤轩紫柱"、"丹墀缥壁"、"绿柱朱榱"等。后者除使用外，并对构成的图案予以明确的定义："青与赤谓之文，赤与白谓之章，白与黑谓之黼，黑与青谓之黻，五彩谓之绣"。北魏时在壁画中使用了"晕"，这是在同一种颜色中用由深到浅（称为退晕）或由浅到深（称为对晕）的手法，使颜色形成更多的变化。宋代在其基础上继续发展，规定晕依深浅划分为三层，到明、清又简化为两层。

原始社会建筑已用红土、白土与蚌壳灰作涂料。后来又发现了石绿、朱砂、赭石等矿物颜料，它们的优点是性能稳定，经久不变。

8.6.2　装饰

装饰包括粉刷、油漆、彩画、壁画、雕刻、泥塑以及利用建筑材料和构件本身色彩和状态的变化等。它们不都是人们美感的单纯反映，许多是从建筑功能和技术的实践中逐渐发展起来的，例如粉刷、油漆和彩画就是如此。

1）粉刷

最初用来堵塞墙体或地面的缝罅并作为护面层，使壁、地面光洁平整，以消除或减少毛细现象，并改进了室内采光。在仰韶文化早期的半穴居中，已有在穴底和穴壁抹细泥面层的例子。陕西西安半坡早期遗址也发现用于建筑屋盖的草筋泥表面抹有白细泥土光面。由此可见，表面抹泥是我国最古老的粉饰手法。

至少在商代已在泥墙面上涂"蜃灰"（即蚌壳灰），这使建筑外观大大改变。《尔雅》有"镘谓之圬，地谓之黝，墙谓之垩"的记载，不但说明周代已有专门用于涂饰的工具，而且有墙面涂白和地面涂黑的做法。根据发掘资料：秦咸阳宫室地面已经涂红；两汉文献中除了"丹墀"、"玄墀"，还有壁面涂胡粉，周边框以青紫的记载；内蒙古和林格尔东汉墓壁画所显示的宁城乌垣校尉官署，外围墙涂土红，内部建筑用白墙红柱。这种在宫殿、官署、庙宇的外墙面涂土朱的方式，直到清代仍被沿袭。

在砖墙大量使用后，除清水墙外，多数壁体表面仍用粉刷。其目的于室外主要是为了美观，室内是为了清洁和改善采光，至于原来对墙体的保护功能，则显然退居次要了。

2）油漆、彩画

晚商和西周已发现使用了木胎漆器，但为数甚少。在战国与西汉木椁墓中，已多有涂漆之棺椁。西汉崖墓中又有于墓室天花及墙面施漆的例子。而文献记载西汉武帝昭阳殿上亦已鬃漆，又有用以涂瓦的。

官式木构建筑的柱枋，自汉起都以红色为基调，如前述东汉和林格尔墓壁画中的官署，陕西乾县唐懿德太子墓壁画中的宫阙以及北京明、清故殿等。梁架上至少在战国时就已饰以彩画，汉代彩画的题材常采用云气、仙灵、植物、动物等。六朝时多用莲瓣。唐、宋及以后，几何图形和植物花纹渐多，色调也由红转向青、绿，并大量使用了晕。

汉代在木构上缠裹锦绣的做法到北宋时已渐少，在柱、枋上使用金钉和在椽头、梁身上饰珠玉的方式也都被彩画所代替，彩画中的箍头式样就是昔日金钉的摹写。

宋代彩画可分为五彩遍装、碾玉装、青绿叠晕棱间装、三晕带红棱间装、解绿装、解绿结华装、丹粉刷饰、黄土刷饰、杂间装九种。总的可分三类：

一是五彩遍装法。这是以青绿迭晕为外缘，内底用红上绘五彩花纹；或用朱色迭晕轮廓，内底用青。这种华丽彩画大抵是唐以来的形式，多用于宫殿、庙宇

293

的主要建筑，如辽宁义县奉国寺大殿、江苏江宁南唐二陵及河南白沙宋墓等都属此类。

二是碾玉装以及青绿迭晕棱间装用青绿为主的彩画。前者以青绿迭晕为外框，框内施深青底描淡绿花；后者用青绿相同的对晕而不用花纹。这种彩画多用于住宅、园林及宫殿等的次要建筑，可能是宋代创始的手法，对明、清彩画影响很大。

三是解绿装、解绿结华装和丹粉刷饰等。这是以刷土朱暖色为主的彩画，依古来赤白彩画的旧制。通刷土朱，而以青绿迭晕为外框的是解绿装，若在土朱底上绘花纹，即是解绿结华装；遍刷土朱，以白色为边框的是丹粉刷饰；以土黄代土朱的是黄土刷饰。《营造法式》中的"七朱八白"就是丹粉刷饰的一种。刷饰都用于次要房舍，是彩画中最低等的。此外还有将二种彩画交错配置的，称为杂间装，如五彩间碾玉、青绿三晕间碾玉等。

宋代彩画在梁、阑额端部使用了由各种如意头组成的藻头，称为角叶，改变了过去用同样花纹作通长构图的格局，而代以箍头、藻头加枋心的新形式。但这时的箍头与藻头较短，少于构件长度的1/4。此外，彩画中大量用晕，极少用金，风格走向淡雅。明代彩画以旋子为主，其外形呈椭圆，花瓣层次较少，造型简洁，仅主要线条用金。枋心长度已较宋代为短。清代彩画有和玺、旋子、苏式、箍头等几种，但以旋子彩画使用较广。此时旋子已完全成为圆形，花瓣层次较多，枋心已占全长的1/3。

宋代彩画用胶水先在木构件上打底，再涂铅粉或白土，衬底很薄。元代起用衬地的做法（明代称为地杖），它可能和构件拼帮有关。在小料拼成大料时，先用油灰嵌缝，然后用一层麻布包裹，再用桐油面粉作面层。清中叶以后，采用披麻捉灰，即用油灰、麻丝与麻布层层包裹，由最少的一麻三灰到三麻二布七灰，共10余种。它在构件外形成一个厚壳，由于内外材料收缩率不一致，日久将产生表里脱离的现象。

南方住宅和园林建筑大多用栗壳色或黑色漆涂柱、梁等木构件，其上不施彩画，整个色调素淡和谐，与官式建筑色彩鲜艳夺目、对比强烈完全不同。至于一般民居如穿斗式建筑，其柱枋常保留原来木材本色，仅在墙面涂以白垩，也收到简洁明快的效果。

3）壁画

据记载，商代已在其宗庙内壁绘有山川、鬼神。汉、晋实物多见于墓中，一般以墨线勾出轮廓，再涂以其他颜色，也有全部用墨描绘的，内容大多是主人生前生活和护墓神祇等。墓顶绘天文星象图的，亦始见于汉，以后在宋、辽墓中仍有，但为数不多。唐代建筑中施壁画十分盛行，根据记载，当时许多寺院都绘有大幅壁画，著名画家辈出，吴道子就是其中技艺最高者之一。在大型的唐墓中（如懿德太子墓），由墓道到后室的墙上，分别绘有仪仗、出行、射猎、宴饮、伎乐和内廷生活等内容，这些都是反映当时上层统治阶级奢华颓靡的现实写照，也是我们研究唐代社会生活与建筑文化的重要资料。山西芮城永乐宫的三座道教大殿中，保存了十分完整和精美的元代壁画，其中反映的建筑形象有城郭、寺观、住宅、园林、私塾、旅舍、酒店等，构图严谨，线条流畅，是我国壁画艺术中珍贵的作品。明代以后，建筑中施壁画渐少，艺术水平也有所下降。

我国石窟中的壁画也不少，大多都用来表现佛教故事、极乐世界、供养人物等。在色彩和手法方面，以我国壁画宝库敦煌石窟为例，北魏的壁画线条粗犷，以土红为主调，轮廓则用深棕色，配以石绿、石青、朱砂、银朱、黑、白等颜色，由于对比强烈，产生了十分鲜明的效果。唐代壁画特点是多用规模宏大的经变图作主体（最大的长 10m，宽 4m），且在同一画面上表现出整体佛经的复杂内容，而不用北魏以来的连续画面形式。画中形象写实，用笔细腻，色彩上除了继承过去的传统，还有以石绿和黑色为主调的。

汉墓中的壁画是先在墓壁上涂一层厚约 0.5cm 的草泥，再粉刷同厚的白灰面层，待干后即可作画。或于墓壁上刷白石灰（厚 0.1cm），然后作画。敦煌石窟壁画的底层用细砂加石灰或涂柴泥，厚度约 2~3cm，再刷 0.1cm 厚的白灰面层。一般建筑的壁画垫层和普通粉刷一样，以草泥打底二度厚 0.4cm，抹谷壳细泥 0.2cm，然后刷白。

4）雕刻

依形式有浮雕和圆雕，依材料有石、砖、木等。

现遗留的古代建筑石刻以汉代为最早，如石室、石阙、石墓中各种仿木建的雕刻，无论是屋脊、瓦、椽、柱、斗栱或天花藻井，都能相当准确地表现其原来风貌。南北朝石窟的柱廊、壁面的浮雕、内部的塔柱以及陵墓前的石兽、纪念柱等，也都忠实地反映了当时建筑的特点。唐、宋以后遗留的石塔、经幢、桥亭、牌坊都很多，无论从整个建筑的外形以及各个局部的详尽手法，都给我们提供大量珍贵的资料，弥补了木构建筑中未知的许多不足。

宋代对石料的加工已总结为六道工序：即打剥（凿去石料凸出部分）、粗搏（使石料表面大致平坦）、细漉（使石面基本平整）、褊棱（边缘轮廓凿齐）、斫砟（使表面平整）、磨砻（以砂石和水打磨光滑）。对雕刻则按其起伏高低，分为剔地起突（高浮雕）、压地隐起华（浅浮雕）、减地平钑（线刻）和素平四种。而建筑中的石刻花纹又有海石榴华（即花）、宝相华、牡丹华、蕙草、云纹、水浪、宝山、宝阶等八种。用于柱础的有铺地莲华、仰覆莲华、宝装莲华等三种。此外，在上述花纹内还可配置龙、凤、狮、兽人物等。

清代石作有做糙、做细、占斧、扁光等四道工序，一般是石料的看面做细，非看面做糙。

砖刻常置于牌坊、门楼、照壁、墙头、门头、栏杆、须弥座或墓中，内容有生活起居、人物故事、仙灵鸟兽、山水花木、几何图案、吉祥文字等，一般采用浮雕。

最早的实例是汉代墓中的画像砖，表现了当时的社会生活（劳动、射猎、饮宴、出行等）、殿堂、楼阁、住宅庭院、坊里、市场、门阙、桥梁等，内容十分丰富。在宋、金墓中，常用砖隐刻出槅扇、家具及主人宴乐生活，可能是受到汉画像砖石的影响。见于地面建筑的砖、石、木刻，则以明代以后的江南一带的民居、祠庙最为普遍。

第9章 清式建筑做法

清代遗留下来的建筑很多，又有雍正十二年（公元1743年）颁布的工部《工程做法》，使我们能对这一时期的建筑有较多的了解。但由于我国幅员广大，建筑在不同地区与不同时期所表现的手法，往往存在若干差异，因此不可能求得绝对统一的标准。本章仅以清代北方官式建筑的大木作为主，兼及瓦作、石作、小木作、彩画作和若干有关的南方手法，分别叙述如下。

9.1 大木作

9.1.1 概说（图9-1）

大木是指木构架建筑中的主要承重部分，如柱、梁、枋、檩、斗栱等。清式大木做法可分为大木大式和大木小式两类。

使用斗栱的大木大式建筑有时又称为殿式建筑，一般用于宫殿、官署、庙宇、府邸中的主要殿堂。面阔可自五间多至十一间，进深可多至十一桁。可使用周围廊、单檐或重檐的庑殿、歇山屋顶、筒瓦或琉璃瓦屋面、兽吻和斗栱。建筑尺度以斗口作为衡量的标准。

大木小式建筑用于上述建筑的次要房屋和一般民居。面阔三间至五间，通进深不多于七檩，大梁以五架为限。只用单檐悬山和硬山及以下屋顶，不用琉璃瓦和斗栱。建筑尺度依明间面阔及檐柱径为标准。

9.1.2 建筑主要尺寸的决定（图9-2）

1）建筑平面

大式建筑首先要根据建筑的类型来选择斗栱的大小（依斗口宽窄分十一等）和出跳的多少。由于每攒斗栱宽度（即二攒斗栱中至中的距离）为十一斗口，斗栱挑出每跳为三斗口，所以可以计算出建筑的各间面阔和断面进深。以庑殿或歇山建筑为例，明间平身科一般用六攒，以空挡居中，依次向两侧排列，再将柱头科斗栱计入，则明间面阔为七十七斗口。次间较明间减斗栱一攒，梢间可同次间宽或减一攒，尽间比梢间又减一攒。带斗栱的大式建筑，如庑殿、歇山之进深，为二或三间不等，每间可置平身科三攒或四攒。其步架尺度一般为桁径的4~5倍，具体尺寸要依进深与梁架尺度、步架数量而定。若一概定为二十二斗口不妥。此类大式建筑除廊步外，其他步架的距离与山面斗栱的攒数无直接对应关系。由此即可算出建筑的通面阔和通进深。

小式建筑先定明间面阔，以面阔五开间七檩硬山建筑为例，明间宽十四尺或十五尺，次间减1尺，梢间再减半尺~一尺。或次间为明间的八折，梢间为明间

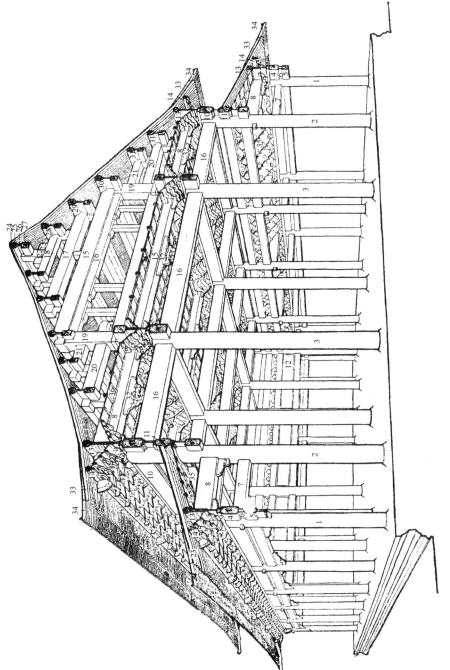

图9-1　北京故宫太和殿架梁架结构示意图

1—檐柱；2—老檐柱；3—金柱；4—大额枋；5—小额枋；6—由额垫板；7—挑尖随梁；8—挑尖梁；9—平板枋；10—上檐额枋；11—博脊枋；12—走马板；13—正心桁；14—挑檐桁；15—七架梁；16—随梁枋；17—五架梁；18—三架梁；19—童柱；20—双步梁；21—单步梁；22—脊瓜柱；23—脊角背；24—扶脊木；25—脊桁；26—脊垫板；27—脊枋；28—上金桁；29—中金桁；30—下金桁；31—金桁；32—隔架科；33—檐椽；34—飞檐椽；35—溜金斗栱；36—井口天花

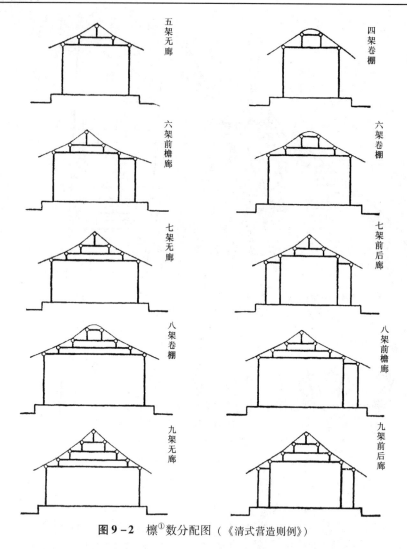

五架无廊　　四架卷棚

六架前檐廊　　六架卷棚

七架无廊　　七架前后廊

八架卷棚　　八架前檐廊

九架无廊　　九架前后廊

图 9 - 2　檩①数分配图（《清式营造则例》）

的六五折或七折。出檐长按檐柱高三折，檐步按檐柱径 5 倍计算，金步按檐步八折或同檐步。脊步仿此。

2）建筑高度

可分为台基、屋身、屋顶三部分。

台基高度为由地面到阶条石上皮，清式做法中称为台明高。普通台基高等于檐柱高的 15/100。特殊的根据实际情况另定。

屋身高度在大式建筑中，包括柱础、柱身和斗栱（由柱顶石上皮至挑檐桁下皮距离）的总高。柱础高为檐柱径之 2/10，折合一．二斗口；柱高七十斗口（由柱底至挑檐桁下皮，包括斗栱高度在内）。在小式建筑中，柱高为明间宽的 4/5 或柱径的十一倍，柱下若用鼓镜柱础，其高为 1/5 檐柱径。

屋顶高（檐口下至正脊上皮）实际是根据各步架举高与屋脊形式等决定。

---

① 一般有斗栱称桁，无斗栱称檩。

9.1.3　举架（图 9 - 3）

清式各步距离在多数情况下相等，其举高可见表 9 - 1：

表中的五举，表示此步升高是水平距离的 0.5，六五举即 0.65。屋面坡度愈往上愈陡，除亭、塔等攒尖顶外，一般建筑的脊步规定不得超过九举，否则不利铺瓦。

计算程序由下而上，与宋式相反。

清式建筑各步举高　　　　　　　　表 9 - 1

	飞　檐	檐　步	下金步	中金步	上金步	脊　步
五　　檩	三五举	五　举				七　举
七　　檩	三五举	五　举		七　举		九　举
九　　檩	三五举	五　举	六五举		七五举	九　举
十一檩	三五举	五　举	六　举	六五举	七五举	九　举

注：飞檐一般不设举高，飞椽置于檐椽之上，自然形成约三五举的坡度。

9.1.4　庑殿顶推山

推山的定义和使用的原因可见第八章所述。现以九檩庑殿为例，设各步架原来水平投影距离都为 x，则山面推山后的各步距离，可依下列步骤求得：

（1）山面檐步不推（即下金檩不推），距离仍为 x。

（2）山面中金檩推出 1/10 步架，即 $x/10$。推山后的下金步 $= x - x/10 = 9x/10$。

（3）将山面中金檩已推出处的由戗线延长，交上金檩线于一点。由此点沿上金檩线再推出 1/10 步架，即得推山后上金步距离。

（4）脊步推法仿此。

9.1.5　歇山顶收山（图 9 - 3、图 9 - 4）

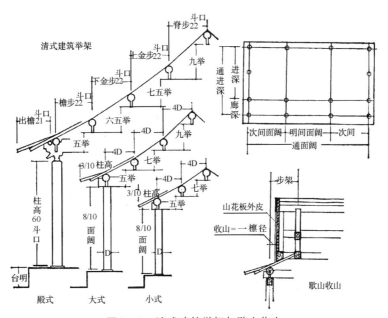

图 9 - 3　清式建筑举架与歇山收山

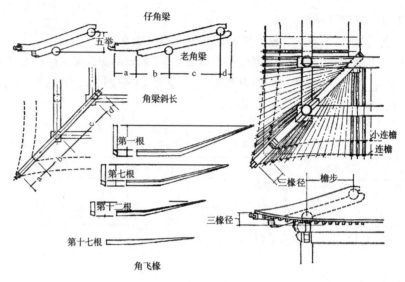

图 9-4　清式建筑屋角构造

　　定义亦见第 8 章。收进距离依立面要求和山面结构而定，一般山柱中心线距山花板外皮一檩径（四．五斗口）。距采步金梁一步架（二十二斗口）。

　　在结构上用增加扒梁（或顺梁）和采步金梁来解决。承采步金的短梁，若后端插在金柱上，就叫顺梁；后端架在五架梁或七架梁上的称为扒梁（宋名丁栿）。置于角部其位置与角梁相垂直的，叫抹角梁；与角梁同方向的叫递角梁。

9.1.6　悬山顶挑山

　　是将悬山建筑两山的檩头，向山柱（或山墙）外伸出四椽四档（即椽间空档）或 1/3 檐柱高的做法。如屋面荷载较大，可将檩下垫板同时伸出，称为燕尾枋，但檩下枋子不伸出。

　　山面的搏风板用来遮护檩头并起装饰作用，宽度为八斗口，厚一．二斗口。表面涂朱红或栗壳色油漆。在山尖处的用悬鱼作装饰，并在檩头部位钉以铜钉。

9.1.7　攒尖顶

　　攒尖顶有方、圆、五角、六角、八角等形式。下面以单间方攒尖亭为例。

　　檐柱高等于 80/100 面阔，柱径等于 7/100 面阔。檐步 = 脊步 = 1/4 面阔。檐步高五举，脊步高七举或七五举。

　　檐柱间用檐枋联系，出头作成霸王拳或三岔头式。在角柱处 45° 放置花梁头，然后沿檐枋方向放檐檩，枋与檩间施垫板，并以榫头插入花梁头内。檩上再斜放抹角小梁四根，梁中央放木墩（交金墩），以承金檩及垫板，老角梁的尾端也搭在这里。由此出由戗，按脊步举高，四面斜撑顶部的雷公柱，以承宝顶。

9.1.8 柱

柱为主要垂直承重构件，屋面荷载自上而下经此传至基础。依部位可分为檐柱、金柱、中柱、童柱等。

清代檐柱、金柱、中柱等的断面大多为圆形，柱体平直，仅在上端作圆角小卷杀（约为柱径的3/100）。南方建筑梁架上的童柱，则常作成断面不等的梭杀，形状如长形之瓜，故又称为瓜柱。

檐柱的高和直径可见前述。一般无侧脚和生起。

金柱又称老檐柱，高度随举架，柱径六.六斗口或檐柱径加二寸或一寸。

重檐金柱或内檐金柱，柱高等于檐柱高加檐柱斗栱高再加重檐高，柱径为七.二斗口。

中柱高随举架，径等于七斗口。

童柱高随梁架，径等于六.六斗口。

柱头上直接放置梁架或大斗时，上端须开馒头榫（若有平板枋则不用）。柱脚做管脚榫插入柱础，它们的长度都是柱径的3/10。童柱下要做双榫，长、宽亦为柱径的3/10，厚减半；两榫间距离一斗口或一椽径（一.五斗口）。

9.1.9 斗栱

清代斗栱的名称、种类和特点已在第8章介绍。在大式建筑中用斗口宽度作建筑及构件尺度的计量标准，单材的高、宽比为14：10，足材为20：10，斗口按建筑等级分为十一等。

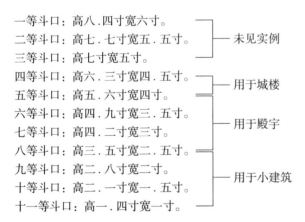

一等斗口：高八.四寸宽六寸。 ⎤
二等斗口：高七.七寸宽五.五寸。 ⎬—— 未见实例
三等斗口：高七寸宽五寸。 ⎦
四等斗口：高六.三寸宽四.五寸。 ⎤—— 用于城楼
五等斗口：高五.六寸宽四寸。 ⎦
六等斗口：高四.九寸宽三.五寸。 ⎤
七等斗口：高四.二寸宽三寸。 ⎬—— 用于殿宇
八等斗口：高三.五寸宽二.五寸。 ⎦
九等斗口：高二.八寸宽二寸。 ⎤
十等斗口：高二.一寸宽一.五寸。 ⎬—— 用于小建筑
十一等斗口：高一.四寸宽一寸。 ⎦

斗栱具体尺寸和形状如下（图9-5～图9-8）：

平身科坐斗（大斗）高二斗口，正面宽度三斗口，侧面宽三.二五斗口（加栱垫板厚）。斗耳、斗腰与斗底的高度比为4：2：4，沿袭了宋代做法。斗欹平直，与水平面夹角为60°。斗耳宽一斗口。

其他如槽升子、三才升正面宽一.三或一.四斗口，十八斗正面宽一.八斗口。槽升子进深一.七二斗口，三才升、十八斗进深一.四八或一.四斗口。

柱头科斗栱上的挑尖梁头宽四斗口，所以坐斗正面斗口增加到二斗口，坐斗

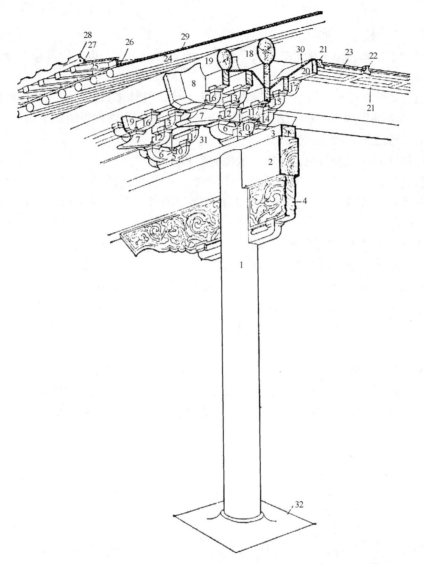

图 9－5　清式五踩单翘单昂斗栱

1—檐柱；2—额枋；3—平板枋；4—雀替；5—坐斗；6—翘；7—昂；8—挑尖梁头；9—蚂蚱头；10—正心瓜栱；11—正心万栱；12—外拽瓜栱；13—外拽万栱；14—里拽瓜栱；15—里拽万栱；16—外拽厢栱；17—里拽厢栱；18—正心桁；19—挑檐桁；20—井口枋；21—贴梁；22—支条；23—天花板；24—檐椽；25—飞椽；26—里口木；27—连檐；28—瓦口；29—望板；30—盖斗板；31—栱垫板；32—柱础

宽度为四斗口。而梁与坐斗间的构件，则按比例决定其宽度。如出两跳，第一跳构件宽度为二斗口，第二跳为三斗口；如出三跳，第一跳构件宽二斗口，第二跳宽二．六六斗口，第三跳宽三．三二斗口；其他依此类推。

　　角科上的老角梁宽 3 斗口，最下层的斜头翘宽一．五斗口，其间各跳宽度也可按比例求得。

　　栱的尺度亦依斗口，如瓜栱长六．二斗口，万栱长九．二斗口，厢栱长七．二斗口，翘长七斗口。除正心栱宽一．二五斗口外，其他均宽一斗口。

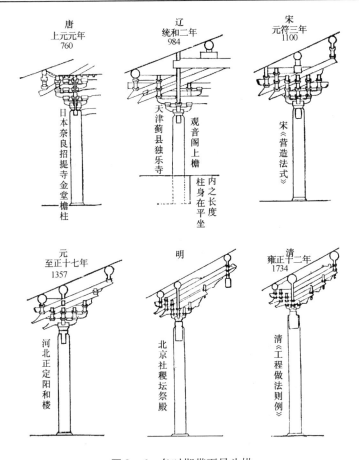

图9-6　各时期带下昂斗栱

　　万栱栱头卷杀三瓣，翘及瓜栱四瓣，厢栱五瓣。具体做法可见附图（图9-8）。

　　昂、蚂蚱头、撑头木长度按踩数或搜架数定，踩与踩间距离为一搜架，长三斗口。

　　斗栱高度由坐斗底算到撑头木上皮。三踩斗栱（出一跳）高七.二斗口；五踩斗栱（出两跳）高九.二斗口……前、后出跳构件和正心缝上横栱都用足材。

　　外檐斗栱外出翘、昂、耍头；内出翘、菊花头、六分头、麻叶头。室内斗栱多用品字斗栱，两端出跳对称，均用翘而不用昂，仅耍头后尾作麻叶头。

　　溜金斗栱多用于宫殿、庙宇的彻上明造屋宇，外跳和一般平身科相同，内跳用斜上的菊花头、六分头和秤杆等，后尾搭在金柱内额上，与外跳构件不生联系，完全不起结构作用。称为"落金"做法。另一种后尾下无承托，而支撑于金桁下，称为"挑金"做法，如图9-7下图所示。

9.1.10　梁

　　梁是建筑中的水平受力构件，常支承于二柱顶端或其他梁枋上。依部位有大梁、抱头梁、角梁、抹角梁、递角梁、顺梁、扒梁、采步金梁等。

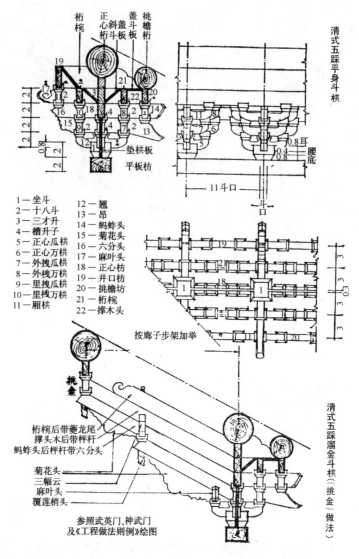

1——坐斗　　　12——翘
2——十八斗　　13——昂
3——三才升　　14——蚂蚱头
4——槽升子　　15——菊花头
5——正心瓜栱　16——六分头
6——正心万栱　17——麻叶头
7——外拽瓜栱　18——正心枋
8——外拽万栱　19——井口枋
9——里拽瓜栱　20——挑檐坊
10——里拽万栱　21——桁椀
11——厢栱　　　22——撑木头

按廊子步架加举

桁椀后带夔龙尾
撑头木后带秤杆
蚂蚱头后秤杆带六分头

菊花头
三幅云
麻叶头
覆莲梢头

参照武英门、神武门
及《工程做法则例》绘图

图9-7　清式斗栱

1）大梁（大柁）

其大小、长短常依梁上所承之檩数为准。如承九檩，称九架梁；承七檩，称七架梁，如此类推。

长度为其上总步架长的和再加二个檩径。断面高、宽比按清工部《工部工程做法则例》为10:8。以七架梁为例，宽按七斗口（大式）或檐柱径加二寸（小式）。高八．七五斗口（大式）或檐柱径的一．二～一．三倍（小式）。

将距大梁梁头1.5檩径处的梁肩削去3/10檐柱径的厚度，再在梁高1/4处开半圆形桁与宽度为3/10檐柱径的垫板榫槽。

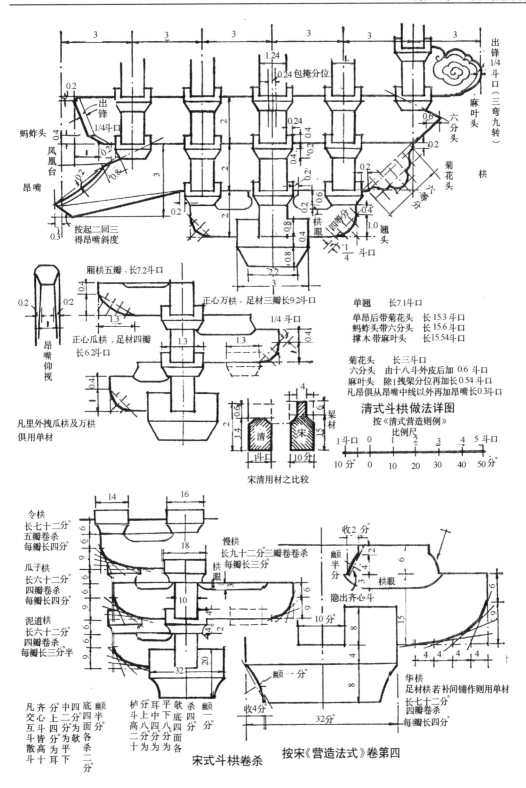

图9-8　宋式、清式斗栱卷杀

南方苏州地区建筑的大梁分为扁作和圆作，断面尺寸按围长计算。以常见的四界大梁（即长度为四步，北方称五架梁）为例，扁作大梁围长约为跨度的3/10，圆作约为跨度的1/5.5。扁作梁断面为矩形，高、宽比为2:1。梁肩作圆形卷杀，梁下亦挖去半寸。

2）抱头梁

小式大木抱头梁长为廊步加二檩径，梁高与梁宽分别为檐柱径的1.5倍和1.2倍。梁头做法同前。

大式有斗栱的称桃尖梁，长度为廊步加正心檩至挑檐檩间距离（六斗口），再加挑檐檩至梁尖的六斗口和梁尾插入金柱的榫长（金柱径六.六斗口）。为了便于搁在斗栱上，梁的断面在正心枋内、外有所不同。以内高七.七五斗口，宽六斗口；以外宽四斗口，桃尖部高五斗口，并作出锋二折。

3）角梁（图9-4）

大式老角梁的断面高四.五斗口，宽三斗口。梁的长度可按老角梁头至挑檐檩、挑檐桁至正心桁、正心桁至金桁间距离及后尾四段水平投影长度之和，再求其实际斜长即得。

$$梁长 = [（2/3 \times 三十六斗口）+2（x \times 三斗口）$$
$$+2（檐步距离）+六.六斗口] \sec\phi$$

式中 x——斗栱出跳的拽架数；

檐步距离——二十二斗口；

ϕ——角梁斜度（檐步等于30°）。

老角梁头作成霸王拳式样，后尾作三岔头。

仔角梁置于老角梁上，用暗销相结合。其宽度与老角梁一致，长度从老角梁头再起翘延出一段。

$$延出长 = （1/3 檐平出 + 一椽径）加斜$$

小式角梁起翘高度一般为四椽径或六斗口（自老角梁上皮起，止于仔角梁大连檐下皮）。

在仔角梁底与挑檐桁上枕头木相交处，两侧各开一凹槽，斜上至金桁背，以容纳翼角椽尾。槽长按椽数×0.8椽径，宽一椽径，深七椽径。

南方做法可以江苏苏州一带的水戗发戗和嫩戗发戗两种形式为代表。

"戗"指的是建筑的戗脊，"发戗"就是起翘。水戗发戗的特点是檐口平直，角部基本不起翘，仅戗脊在近屋角处向上反翘。它在构造上比较简单，嫩戗（仔角梁）不起翘或起翘很小。实例如江苏苏州拙政园绣绮亭和怡园小沧浪亭（图9-10、图9-12）。

嫩戗发戗的特点是屋檐在屋角处显著升起，檐口至屋角处有很大起翘。这是因为嫩戗斜插在老戗（老角梁）背上，并形成50°~60°夹角的缘故。为了使构造上牢固，在嫩戗与老戗间连以菱角木、箴木、扁担木、千斤销等，并使角梁上缘呈一缓和曲线以置戗脊。实例可见苏州网师园濯缨水阁和拙政园绿漪亭（图9-9、图9-11）。

正立面

图 9 – 9 苏州网师园濯缨水阁立面

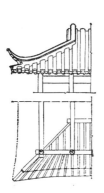

图 9 – 10 江苏苏州拙政园
绣绮亭屋角

图 9 – 11 江苏苏州拙政园
绿漪亭屋角

图 9 – 12 江苏苏州怡园小沧浪亭立面

9.1.11　枋

枋为水平承重及联系构件，断面及尺度常相差较大，有额枋、平板枋、檐枋、柱头枋、随梁枋等。

1）额枋

大额枋高六.四斗口，宽五.四斗口，长度为开间宽减半个檐柱径。开榫用大头榫（鸽尾榫），榫大头宽为枋宽的一半，即二.七斗口；小头为枋宽的1/3，即一.八斗口。榫长为柱径的1/4。

转角处的大额枋称为搭角大额枋，因伸出柱外，所以较正身大额枋长一搭角榫及霸王拳。霸王拳的高度为额枋高的8/10，榫宽为檐柱径的3/10。

小额枋高四.八斗口，宽四斗口。榫宽二至一.三斗口，其他做法均同大额枋。

大、小额枋间施由额垫板，长随净面阔加榫，高等于一檩径（四.五斗口），厚一斗口。

小式用檐枋，高等于檐柱径，宽为其4/5。

2）平板枋

又称坐斗枋。高二斗口，宽三斗口，长依各间面阔加榫头。榫宽一.五斗口。

平板枋与大额枋间用暗销连固。转角处出头，长与大额枋的霸王拳平齐。

9.1.12　檩（桁）、椽

檩、椽为直接承受屋面荷载之构件。依清《工部工程做法则例》：有斗栱之大木用桁，无斗栱之大木用檩。

大式正心桁直径四.五斗口，长随间广另加榫。搭角处伸出一檩径。金桁、脊桁径均为四.五斗口。挑檐桁径三斗口。小式檩径均为一檐柱径。

脊桁上置六角形断面的扶脊木（径四斗口），以脊桩固定于脊檩背。在扶脊木两侧朝下之倾斜面上，均开椽窝以插脑椽。

椽径一.五斗口。檐椽圆形断面，伸出长度为上檐出的2/3；飞檐椽方形断面，伸出长度为上檐出的1/3。上檐出在大式为二十一斗口（自挑檐檩中线到飞檐椽头），小式为3/10檐柱高。

角部的椽自金桁（檩）中线起向角梁呈放射形排列，并逐渐升高，与老角梁上缘平齐。为此，必须削尖各椽椽尾，并将飞檐椽作成折线形（各飞椽的断面、长度和折度都不同）（图9-4）。又在挑檐桁（檩）和正心桁（檩）上放置枕头木，使角部屋面缓曲升起。这样的屋角从各方面来看都像展开的鸟翼，所以就称这部分的檐椽为翼角檐椽。而此部的飞檐椽都有起翘，所以称为翼角翘飞椽。

南方的嫩戗发戗起翘很高，当飞檐椽接近角部时，为了与嫩戗取得一致，也必须有很大的翘角，因此不得不斜立在角部之檐椽（摔网椽）上，称为立脚飞椽。

9.1.13　檐口

依清工部《工部工程做法则例》：硬山或悬山建筑如有飞檐椽，则在檐椽端部上方置通长里口木。歇山与庑殿建筑之正身部分亦复如此（晚清建筑则有在正身部分施小连檐及闸档板之例）。但各建筑之翼角处屋面因起翘形成曲面，无法放置长直之里口木，故改用小连檐及闸档板。

清代之里口木（相当于宋代之飞魁）高一椽径加 1.5 望板厚，宽一椽径。其上依各飞檐椽之位置分别挖出凹椀。飞檐椽卡入后，其上表面与里口木上表面齐平。小连檐厚为 1.5 望板厚，宽同里口木。闸档板高同椽径，厚为 0.2 椽径，宽度略大于飞檐椽档。放置时先在椽侧各刻出凹槽，再将闸档板嵌入。飞檐椽头钉连檐（将断面为一．五斗口×一．八斗口木条斜锯为二）及瓦口（高一斗口，厚 0.6 斗口）。钉时连檐须距椽头 1/2 斗口，称为雀台。其后再铺望板或望砖。望板有横望板（垂直于椽铺放）与顺望板（平行于椽铺放）两种。横望板厚 1/5 椽径，顺望板厚 1/3 椽径，宽 2 椽径。

9.2 石作与瓦作

9.2.1 台基

建筑的通面阔和通进深尺寸决定后，再加下檐出（等于上檐出的 3/4～4/5），即可得到台基的平面尺寸。

普通台基高度（由土衬石表面至阶条石上皮）为檐柱高的 15/100～20/100。基内填土夯实，柱、墙及土衬石下作灰土基础或碎石基础。角部立角柱石（厚、宽同阶条石），其间砌砖或陡板石与角柱齐平，上再盖阶条石。柱基础上砌砖磉墩，再放附鼓镜的柱顶石，它的长、宽为柱径的二倍，厚等于柱径。柱顶石上之鼓镜，高 1/5 柱径，也有用鼓墩或带石𧿹的其他形式。

在面积较大的建筑中，室内地面往往不易平整，所以常依柱网将地基划分为若干区，砌以拦土墙（地龙墙），再填土夯实。

地面铺砖，称为墁地，可用条砖或方砖。后者在居住建筑中用一．二尺或一．四尺见方的，宫殿、庙宇用一．七尺或二尺见方的。铺时依柱中轴线向两侧砌放，但明间中心线应对砖心或砖缝。讲究的用磨砖对缝，使砖缝极细。胶合料用细石灰灰浆。

高级台基用须弥座，内填碎石及土，外包条石。一般只用一层，特殊隆重的可用 3 层，如北京故宫太和殿。

清代官式须弥座按比例分为 51 份（图 8-1），自上而下，由上枋（9 份）、皮条线（1 份）、上枭（6 份）、皮条线（1 份）、束腰（8 份）、皮条线（1 份）、下枭（6 份）、皮条线（1 份）、下枋（8 份）、圭脚（10 份）组成。表面饰以卷草、莲瓣、联珠、如意头等。一般用青灰石，高级的用白石（称汉白玉）雕成。总高取地面至斗栱耍头下皮距离的 1/4。

9.2.2 踏步

常见的是垂带踏步，一般都布置在明间的阶下，且垂带石中线与明间檐柱中线重合。踏跺宽一～一．五尺，厚 0.3～0.4 尺。垂带石尺寸同阶条石（宽度为下出檐减半个柱顶石，厚为4/10本身宽），侧面之三角形象眼处，以砖、石平砌，或置立放之陡板石。

　　隆重的在二踏道间设御路。它是一块长度与垂带石相同的石条，宽度为长的3/7，上刻龙凤、云纹等，故又称龙凤石。

9.2.3　栏杆（图8-2）

先在台基或地面置地栿，再在上立望柱、栏板和抱鼓石。

清式石栏杆的特点有：

（1）二望柱间只用一块栏板。

（2）栏板都采用单勾阑形式，没有宋《营造法式》中的重台勾阑式样。

（3）望柱头的变化很多，柱身相对缩短。

（4）栏杆结束处大多用抱鼓石，该石比例较前代为长，少数也使用戗兽（靠山兽）的。

（5）栏板用整石凿成，以榫嵌插在望柱和地栿内。

（6）栏板装饰极少用人物或写生花，大多素平或仅刻简单的海棠纹。

9.2.4　墙垣

1）山墙（图9-13）

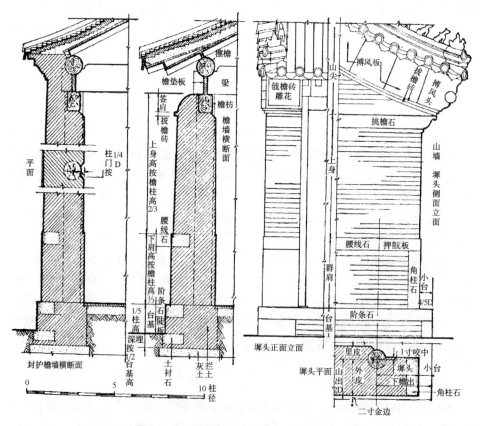

图9-13　山墙檐墙图（《清式营造则例》）

山墙位于建筑两端，除硬山建筑外，均止于檐下。硬山山墙之立面可分为裙肩、上身和山尖三部。

清代北方官式硬山建筑规定：山墙厚度为檐柱径的二倍加二寸，收分为檐柱高的1/100。裙肩为檐柱高的1/3，角部用角柱石（高宽同裙肩墙，厚1/2檐柱径），柱间砌清水砖墙，上施腰线石（长贯通山面，厚1/2檐柱径，宽3/4檐柱径）。上身高为檐柱的2/3，较裙肩略收进（清水墙收进三~四分，混水墙七~八分）。两侧近檐口处置挑檐石（或用砖叠砌），使其上皮与檐枋下皮平齐。山尖上端用拔檐砖2道和搏风板（通常用方砖贴在墙面），搏风板端部作成搏风头式样。再上即是披水和瓦垄。山墙的侧面（即建筑的正立面方向）在连檐与拔檐砖间嵌放一块雕刻花纹或人物的戗檐砖，或称为墀头。

有的山墙超出屋面很多，起着装饰和封火的作用，南方常见的有观音兜和屏风山墙。前者自金檩起即逐渐升出屋面，外形呈较高耸之曲线，并以叠瓦顺墙头作脊。也有自檐口高起而整个曲线较缓和的，俗称猫拱背。屏风山墙形如阶梯，中央最高，以对称形式逐阶向两侧低下，墙头多用两坡顶与甘蔗脊。外观以单数的五山式样为多，或呈三山、七山，但也有用偶数或不对称式样。

悬山建筑有时不将山墙砌到山尖，而是沿着山面屋架的梁下皮和柱中线作阶梯形转折，墙的上缘则砌作斜面，这种形式称为五花山墙。在屋架的梁上皮至屋檐间再钉以象眼板，板面多髹成红色。

2）檐墙（图9-13）

由地面直抵檐下。多用于庑殿和歇山建筑的外墙，悬山与硬山建筑一般只用于后檐，用于前檐的不多。墙体厚度为1.5倍檐柱径加二寸，较山墙略薄，外观分裙肩和上身两部，做法基本同山墙。

若墙上露出梁头或斗栱，则将墙的上端作成斜面或曲线形，称为签肩。其下再作拔檐线脚一道。若不露明，则在墙头砌叠涩、菱角牙子、枭混线、砖椽等，直达瓦头之下，这种做法称为封护檐。

9.2.5 屋面瓦作（图9-14）

1）小瓦

又称为蝴蝶瓦，是应用最广的屋面覆材。它虽然只有一种形式，但可用于底瓦、盖瓦、屋脊或构成装饰，以生产简易、重量轻和灵活性大为其突出优点。

北京一带铺瓦时，先在望砖或望板上施黄土加石灰（6:4）或煤渣粉加石灰的垫层，然后自檐口向上布瓦。叠瓦长度一般盖7露3，底瓦大头在上，盖瓦则反之。瓦沟宽度不应大于底瓦宽的1/2。盖瓦在檐口处若不用瓦当，则应以纸筋石灰勾抹瓦头空隙。

屋脊在北方最常见的是清水脊，它的端部以30°~45°的斜度起翘（称为鼻子），下面有雕花的鼻盘、扒头、圭脚等。另一种是皮条脊，即取消清水脊的鼻子与鼻盘，另在端部加一勾头。南方屋脊的形式较多，如甘蔗脊、纹头脊、哺鸡

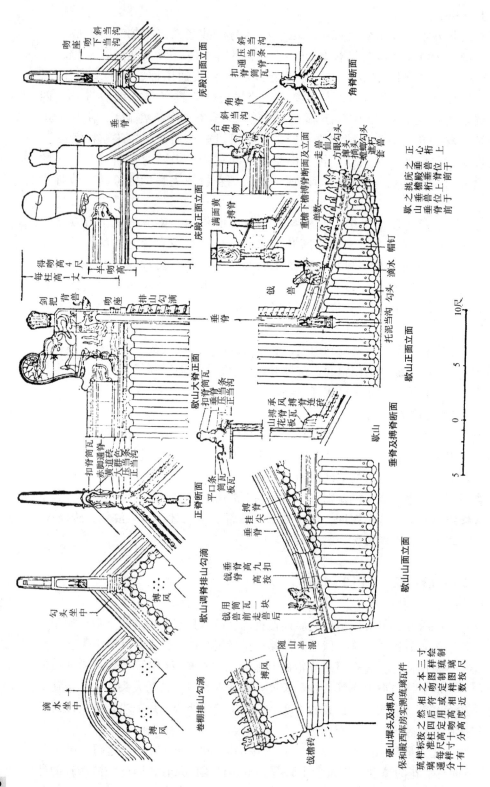

图9-14　清式屋顶琉璃作

脊、雌毛脊等。脊身可用瓦、砖实砌或空砌，有的还施粉刷。

在卷棚屋顶中，顶部使用特制的折腰板瓦和罗锅盖瓦，南方称黄瓜环瓦。也有以抹灰代替的。

2）筒板瓦

筒板瓦按质地可分为陶质和琉璃两种，多用于宫殿、官署、庙宇等高级建筑（图9-14）。

清式琉璃瓦依尺度分为"十样"。其中"头样"无编号，"十样"有编号而无实物。在实用中以"二样"为最高，"九样"为最低。每样按兽吻尺寸而定，兽吻高度又依檐柱高的2/5计算。在颜色方面，以黄色最高，绿色次之，以下有蓝、紫、黑、白诸色。而单色琉璃又高于剪边。

铺瓦时先在屋面板上抹由大麻刀和石灰（重量比为5:100）调制的护板灰约2cm，再抹苫背（黄泥、石灰、麦秸）约4cm。然后依屋面中线铺第一垄底瓦，依次向两侧及上方铺瓦（铺瓦前须将各瓦垄位置确定，并画出及锯刻在瓦口上）。总的顺序是先正身，继两山，最后翼角。一般一块筒瓦的长度可铺两块半或三块板瓦，脊和吻则按预制的构件装配。

9.3 小木作

9.3.1 大门

最常见的是板门（图9-15）。由于结构和构造上的需要，门扇周围须用横槛及抱框。在门洞过大的情况下，还要在抱框内增加中槛及门框。这些构件的主要尺寸如下：

下槛　长度为开间面阔减1柱径，高为8/10柱径，厚为3/10柱径或槛高的4/10。

中槛　长厚同下槛，高为下槛的8/10。

上槛　长厚同下槛，高为中槛的8/10。

抱框　长为柱高减上、下槛高，厚同下槛，宽为下槛高的8/10。

门框　同抱框。有中槛者，长仅止于中槛下。

连楹　长为门洞宽加2倍门框（或抱框）宽，高按所附槛（中槛或上槛）高的8/10，厚为高的一半。

腰枋　是抱框与门框间的水平联系构件，宽、厚同抱框。一般用二或三道，其间置余塞板。若有上、中槛，则于其间置心柱及走马板。

门扇左右的边梃叫大边，宽度为门扇宽的1/10。厚为宽的8/10。上、下端安置的横料叫抹头，宽、厚同大边。其间再置较小的横料，称为穿带。最后钉以门心板。

门扇在内侧大边的上、下均做轴，上端插入连楹，下端插入门枕。连楹以门簪与上槛（或中槛）相连，门簪一般用四枚，外观可作成圆、方、六角、八角、多瓣形等多种。

高级的门上还钉有门钉，纵向有十一、九、七、五路钉法，钉间的横向距离

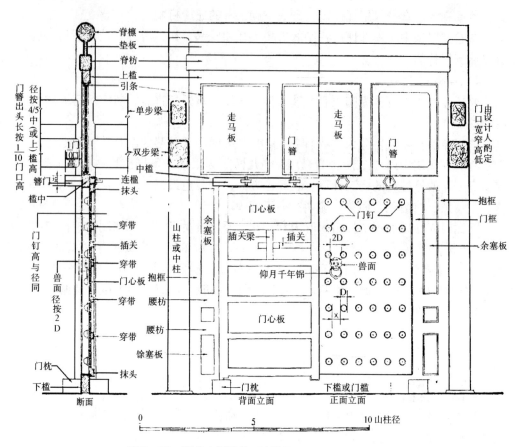

图9－15　清式大门装修（板门）（《清式营造则例》）

可按钉径的一、一．五或二倍布置。此外，还要在门上置铺首及门环，直径为钉距的二倍。

9.3.2　槅扇（图9－16）

槅扇可作对外的门、窗，也可作内部的隔断。

周围也要用抱框和上、下槛，如板门所示。有横披的还要设中槛。一般每开间设槅扇四樘。

槅扇门的边梃宽度为门扇宽的1/10，厚度为15/100。横向构件称为抹头，其断面与边梃相同。一般使用抹头五道，将槅扇划分为花心、绦环板、裙板、绦环板四段，上抹头上皮至花心抹头下皮距离为槅扇门全高的3/5，绦环板高为抹头高的二倍，裙板高又为绦环板高的4倍。

花心又称槅心，是槅扇上透光通气部分，也是重点装饰所在。四周沿抹头与边梃内侧置仔边，中间以细木构成方、菱花、卍（读作"万"）字、冰纹等各种图案，称为棂子，可作为裱糊窗纸或安置玻璃的骨架。

绦环板和裙板都用木板，表面雕刻如意头、海棠纹、鸟兽、花卉、吉祥文字等。

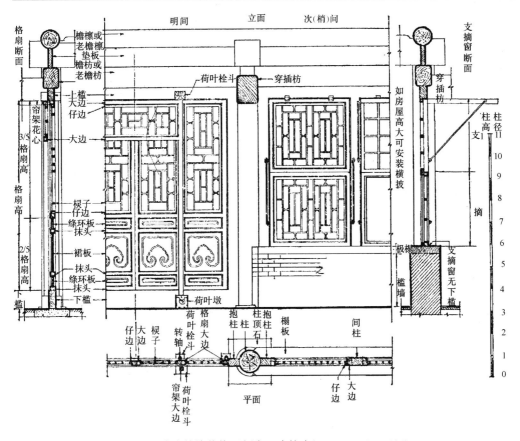

图 9 – 16　清式外檐装修（槅扇、支摘窗）（《清式营造则例》）

边梃和抹头表面也可作成各种线脚。二者相交处常用铜制的角叶，除了防止松动，还可起保护和装饰的作用。

作窗的称槛窗。先在槛墙上置榻板，板长按开间面阔减 1/2 柱径，宽 1.5 柱径，厚为宽的 1/4。其他构造与槅扇门相仿佛，仅下槛（称为风槛）较小，高为槅扇下槛的 7/10，厚同下槛。

槛窗一般用三抹头，划分为花心与绦环板两部分。其长度与槅扇门的此两部分相同。

槛窗和槅扇门大多用于宫殿、庙宇及高级住宅。

9.3.3　支摘窗

支摘窗多用于住宅。窗下为槛墙，墙高一般可按 3/10 檐柱高定，实际在二尺半～三尺之间。

墙上置榻板，并竖抱框承上槛，但无风槛。再以间柱将窗分为左、右两孔。每孔再分内，外两层，每层又分上、下两段。外层上段可支起，下段可摘下。内层固定不能支摘，但上段可用纱窗透风，下段多装玻璃。

9.4　彩画作

木构表面施油漆彩画，既保护了木材，又起了很好的装饰作用。

清代彩画的造型与分类主要表现在梁、枋上。常用的有和玺、旋子、苏式三大类。

和玺彩画是最高级的，仅用于宫殿、坛庙的主殿、堂、门。在箍头处用有坐龙的盒子，藻头用齿形衍眼及降龙，枋心用行龙。主要线条及龙、宝珠等用沥粉贴金，主要以蓝、绿底色相间形成对比并衬托金色图案。如明间上蓝下绿，则次间上绿下蓝，梢间又反之。同一梁、枋上也是蓝、绿相错。由额垫板都用红色为底。平板枋若用蓝色，则绘行龙；若用绿色，则绘工王云（图9-17）。

旋子彩画在等级上仅次于和玺彩画，它应用的范围很广，如一般的官衙、庙宇主殿和宫殿、坛庙的次要殿堂等处。主要特点是在藻头内使用了带卷涡纹的花瓣，即所谓的旋子。旋子以一整二破为基础，梁、枋长时可在旋子间加一行或两行花瓣，称为加一路或加二路。梁、枋短则用旋子相套叠，谓之勾丝绕。略短于一整二破的称之喜相逢（图9-18）。箍头内仍用盒子，大多不绘龙，而以西番莲、牡丹、几何图形为主。枋心也绘锦纹、花卉等（图9-19）。

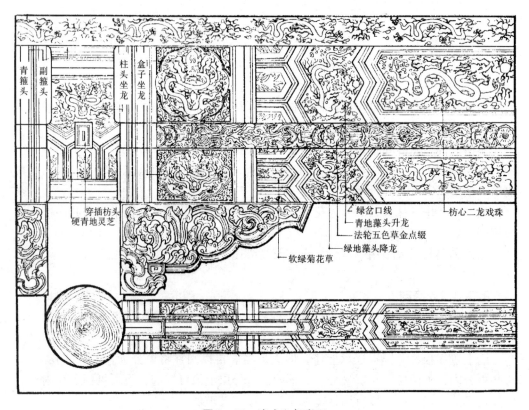

图9-17　清式和玺彩画

　　根据用金多少、图案内容和颜色的层次，旋子彩画又可分为 7 种：

　　（1）金琢墨石碾玉。一切轮廓线条都用沥粉金线，花心与菱地都点金，花瓣上的蓝绿色都退晕（二道）。枋心可用行龙，平板枋用工王云。

　　（2）烟琢墨石碾玉。基本同上，但花瓣线条用墨线。

　　（3）金线大点金。轮廓线条用沥粉金线，花心与菱地点金，但花瓣不起晕。箍头盒子内可用坐龙，枋心可用行龙、锦纹。平板枋用栀花。

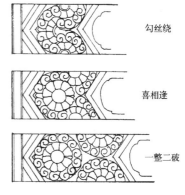

图 9 - 18　清式旋子彩画的
几种构图形式

　　（4）墨线大点金。基本同金线大点金，唯线条均用墨线。箍头盒子内用异兽。枋心可用夔龙、锦文。平板枋用栀花。

　　（5）金线小点金。仅线条与花心用金，花瓣不起晕。箍头盒子内用西番莲、牡丹等花卉。

　　（6）墨线小点金。基本同金线小点金，但线条均用墨线。

　　（7）雅伍墨。完全不用金，线条用墨，旋子用蓝、绿、白、黑四色，花瓣

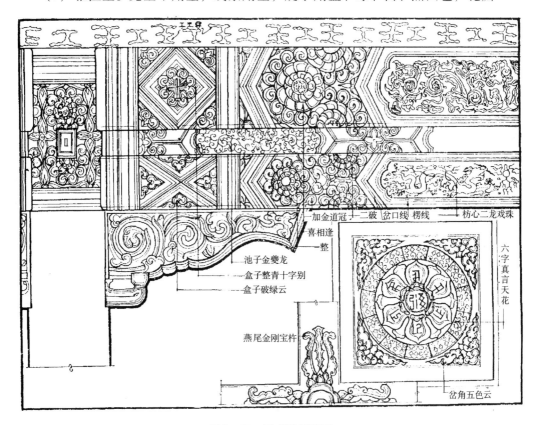

图 9 - 19　清式旋子彩画

不起晕。

　　苏式彩画一般用于住宅、园林。箍头多用联珠、卍字、回纹等。藻头画由如意头演变来的卡子（又分软、硬两种）。枋心称为包袱，常绘历史人物故事、山水风景、博古器物等，基本不用金。

　　彩画使用的部位，除梁、枋外，柱头、斗栱、檩身、垫板、天花、椽头等处都可使用。官式建筑的柱身常漆成红色，在柱头齐大、小额枋处，有时用和玺彩画的箍头（盒子内施坐龙）或旋子彩画的藻头（用 2 个旋子）部分。特别隆重的在柱上以沥粉贴金隐出盘龙、瑞云等，如北京天坛祈年殿。斗栱的柱头科和角科的斗、升必须是蓝色，翘、昂为绿色；平身科的构件逐攒则与之相反。栱眼和垫栱板用红色，以突出斗栱。天花以绿色为主调。支条用深绿，井口用中绿，方光用浅绿或浅蓝，圆光用蓝色，内绘龙、凤、鹤或吉祥文字。燕尾和岔角另用色泽鲜明的金、白诸色。椽身漆绿，望板施红，形成强烈对比。檐椽端头大多画宝珠并起晕，也有绘其他图案的，排列时亦蓝、绿相间。飞檐椽头大多施以金色卍字，也有用"福"、"寿"字等多种内容的，衬以绿底。

　　在高级彩画中，除了用晕，还大量采用沥粉贴金。沥粉是由胶、香灰、绿豆面、高岭土等组成的膏状物，有很好的黏着力和可塑性，干凝后十分坚硬。施于彩画可以突出轮廓线，使图案产生立体感。其上再贴以金箔，更增进了它的艺术效果。

　　彩画施工：先将构件表面打磨平整，用油灰（桐油加石灰）嵌缝、打底，再裹以麻丝（方向与木纹垂直），然后表面抹以油灰。第二步将绘在纸上的图案蒙在构件欲施彩画的部位，以针戳孔，再以颜色粉拍出图案轮廓，谓之打谱。第三步将调好的沥粉放在挤粉器内，前面配以适当口径的细管，依粉线沥粉。第四步是等沥粉干硬后上色起晕，步骤是自上往下，先绿后蓝。施工时要注意刷色均匀。第五是在沥粉线上涂胶，再刷贴金胶油，贴上金箔。第六是勾墨线、白线轮廓。最后有的还在整个彩画上涂一道光油，因产生反光，效果并不良好，所以不常使用。

第 2 篇
近代中国建筑
（1840~1949 年）

Part 2
Chinese Architecture in Modern Time
（From 1840 to 1949）

第 10 章　建筑发展概况

10.1　近代中国建筑的历史地位

从 1840 年鸦片战争开始，中国进入半殖民地半封建社会，中国建筑转入近代时期，开始了近代化的进程。

近代化是现代化的序曲，是步入现代转型期的初始阶段。美国比较现代化学者布莱克曾经指出，人类历史上有三次伟大的革命性转变。第一次大转变是原始生命经过亿万年的进化出现了人类；第二次大转变是人类从原始状态进入文明社会；第三次大转变则是世界不同的地域、不同的民族和不同的国家从农业文明或游牧文明，逐渐过渡到工业文明①。这里所说的第三次大转变实际上就是以近代化为起点的世界现代化进程。这个"现代转型"被提到与人类的出现、与文明社会的出现并列的高度，可见这个转变的意义重大。我们研究近代中国建筑，自然首先要把它摆到这个历史大背景的高度来考察。

从世界现代化进程的全局来看，近代化在不同地域、民族、国家的起步时间是不相同的。英、美、法等国属于"早发内生型现代化"，"早在 16、17 世纪就开始起步，现代化的最初启动因素都源自本社会内部，是其自身历史的绵延"②。德、俄、日和包括中国在内的发展中国家，属于"后发外生型现代化"，"大多迟至 19 世纪才开始起步，最初的诱发和刺激因素主要源自外部世界的生存挑战和现代化的示范效应"③。因此，中国的近代史和世界的近代史是不同步的。英国在 1640 年爆发资产阶级革命，世界近代史（1640～1917 年）就以这一年为起点，中国近代史（1840～1949 年）则以鸦片战争为起点，比世界近代史的起始整整晚 200 年。

这样，当中国建筑处于近代发展时期时，世界史已经进到近代后期和现代前期，中国社会已经进入由农业文明向工业文明过渡的转型期。这个转型期是一场极深刻的变革，是从自然经济占主导的农业社会向商品经济占主导的工业社会的演化，是彼此隔绝的静态乡村式社会向开放的、相互关联的动态城市式社会的转化，是利用畜力、人力的有生命动力系统向无生命动力系统的转化，是手工操作向机器生产的转化。这个转型进程的主轴是工业化的进程，也交织着近代城市化和城市近代化的进程。显而易见，处在这种转型初始期的中国近代时期的建筑，应该会突破长期封建社会枷锁下的迟缓发展状态，而呈现整体性的变革和全方位

---

① 参见布莱克：《现代化的活力：一个比较史的研究》，浙江人民出版社 1989 年版，第 1～4 页。
②③ 许纪霖、陈达凯主编：《中国现代化史》第一卷，上海三联书店 1995 年版，第 2 页。

的转型。

但是，中国近代处于半殖民地半封建社会，中国近代化的进程是蹒跚的、扭曲的。中华帝国闭锁的国门是被资本主义列强用炮舰和鸦片冲开的。中国的开放是被动的开放。外来的、诱发中国启动现代化的冲击要素是以侵略的方式撞击的。租界的设立，港湾租借地，铁路附属地的圈占和大部分通商口岸的开辟，都是通过不平等条约来实施的。像上海、天津、汉口等租界城市，像青岛、大连等租借地城市，像哈尔滨、沈阳等铁路附属地城市，以及其他一批沿海、沿长江、沿铁路干线的通商口岸城市，作为中国近代化的前沿和聚点，引发其城市转型、建筑转型的外来因素，很大程度上都和资本主义列强的殖民活动息息相关。这表明，在中国的近代化进程中搅拌着殖民化。中国近代化的启动从一开始就蒙上沉重的耻辱，在外国列强军事、外交、经济多重压力之下，民族的独立、领土的完整和国家的尊严始终受到严重的挑战。而迈入转型初始期的中国，自身又陷于政治衰败、国家四分五裂的局面。一直到 1949 年前，大部分时间都处于战争、内乱之中。现代转型需要安定、有序的环境，而中国的现代转型启动期却是在无序状态下蹒跚行进。早在 1840 年近代化起步之时，中国人口已突破 4 亿大关，到1949 年，人口已达 5.4 亿。庞大的人口基数导致人均自然资源长期处于相对短缺的状态。全国经济一直徘徊在饥馑与温饱的临界点。国门的开放使长江三角洲、珠江三角洲、环渤海地区和沿长江流域、沿铁路干线的城市相继受到外力推动，中国资本主义也相应地扎根到这里。近代商业、外贸业、金融业、外资工业、民族工业以及交通运输业、房地产业等等，主要都集中在这些城市，使这些城市成为工业化、城市化的先行和近代化的中心。这些工业化、城市化、近代化集中点的转型速度可以说是比较快的，但是从中国全局来看，现代转型的整体进程却是十分缓慢的。一直到 20 世纪 30 年代中期，即中国近代化发展的高峰期，现代工业部门经济仅占全国总产值的 18.9%。停留于自然经济的农业仍然是国民经济的主要部门，在整个近代时期，中国始终未能在全国范围内形成能够推动农村转变的城市系统。庞大的农业部门没有发生技术上、体制上的变革。全国各地区的现代转型不仅存在时间上的差异，还存在层次上的差异。中国近代的城市与乡村、沿海与腹地形成一种截然分明的二元化社会经济结构。

近代中国建筑的发展，自然深深地受制于这种二元社会经济结构的影响，导致发展的不平衡性，其最主要、最突出的体现，就是近代中国城市和建筑都没有取得全方位的转型，明显地呈现出新旧两大建筑体系并存的局面。

新建筑体系是与近代化、城市化相联系的建筑体系，是向工业文明转型的建筑体系。它的形成有两个途径：一是从早发现代化国家输入和引进的；二是从中国原有建筑改造、转型的。后一种途径在居住建筑、商业服务业建筑和早期工业建筑中都有所反映，但在新建筑体系中所占比重较小。近代中国的新体系建筑可以说基本上是通过前一种途径形成的。中国作为"后发现代化"国家，在新建筑体系的形成上明显地受惠于西方"早发现代化"的示范效应，明显地显现出引借先行成果的"后发优势"。一整套近代所需的新建筑类型，很大程度上都是直接从资本主义各国同类型建筑便捷地输入和引进的。到 20 世纪 20、30 年代，新建筑体系在建筑类型上已大体上形成较齐全的近代公共建筑、近代居住建筑和近代工业建筑的常规品类。出现在上海的一些银行、饭店、公寓等高楼大厦和影剧院建筑，已经能够紧跟当时的世界潮流。天津、汉口、广州、青岛、大连、哈尔滨等城市的许多引进建筑，基本上也接近或达到当时引进国的水平。在新建筑活动中，运用了近代的新材料、新结构、新设备，掌握了近代施工技术和设备安装，形成了一套新技术体系和相应的施工队伍。通过出国留学和国内开办建筑学科，成长了中国第一代、第二代建筑师，建立了中国的建筑师事务所。中国建筑突破长期封建社会与西方建筑隔膜的状态，纳入了世界建筑潮流的影响圈，形成中西建筑文化的大幅度交汇。建筑业成为国民经济的重要行业。房地产的商品化和建筑业的法制管理推进了建筑市场的形成和建筑制度的近代化。所有这些，构成了近代中国建筑在转型期中的主要进展。显而易见，新建筑体系是中国近代时期建筑发展的新事物，是近代中国建筑活动主流，是中国近代建筑史研究的主要内涵。

旧建筑体系是原有的传统建筑体系的延续，仍属与农业文明相联系的建筑体系。中国传统建筑延绵不断地走完古代的全过程。到 1911 年清王朝覆灭，只是终止了官工系统的宫殿、坛庙、陵墓、苑囿、衙署的建筑活动，并没有终止传统民间的建筑活动。我们可以看到，在广大的农村、集镇、中小城市以至某些大城市的旧城区，遗存至今的大量民居和其他民间建筑，绝大部分都不是建于 19 世纪中叶前的古代建筑遗产，而是建于鸦片战争后，已处于中国近代时期的传统建筑遗产。当时这批建筑建造的数量很大，分布面很广。它们可能局部地运用了近代的材料、装饰，但并没有摆脱传统的技术体系和空间格局，基本上保持着因地制宜、因材致用的传统品格和乡土特色，它们仍然是地道的旧体系建筑，是推迟转型的传统乡土建筑。与近代中国的新建筑体系相比，它们毕竟是旧事物，当然不是近代中国建筑活动的主流。但是，作为建造于近代时期的传统乡土建筑遗产，它们的历史文化价值却是不容忽视的。这一大批推迟转型的乡土建筑，可以说是中国古老建筑体系延续到近代的活化石。它们中的典型地段、群组，它们中有代表性的精品、佳作，积淀着极为丰富的历史的、文化的、民族的、地域的、科学的、情感的信息，与近代新建筑体系的精品一样，是近代中国留下的一份珍贵的、应予妥加保护的建筑遗产。

总的说来，处于现代转型初始期的近代中国建筑，是中国建筑发展史上的一个承上启下、中西交汇、新旧接替的过渡时期。既有新城区、新建筑紧锣密鼓的快速转型，也有旧乡土建筑依然故我的慢吞吞的推迟转型；既交织着中西建筑的文化碰撞，也经历了近、现代建筑的历史搭接。它所关联的时空关系是错综复杂的。大部分近代建筑还遗留到现在，成为今天城市建筑的重要构成，并对当代中国的城市生活和建筑活动有很大影响。了解近代中国建筑的历史地位，认识在错综复杂的历史背景下中国建筑走向近代、现代的进程和特点，对于总结近代建筑的发展规律，继承近代建筑遗产，为当前我国建筑的现代化提供借鉴等等，都有重要的理论意义和实际意义。

10.2 近代中国建筑的发展历程

近代中国建筑大致可以分为三个发展阶段：

10.2.1 19世纪中叶到19世纪末

鸦片战争后，清政府被迫签订一系列不平等条约。1842年，开放广州、厦门、福州、宁波、上海五个通商口岸，到1894年甲午战争前，开放的商埠达24处。这些商埠有的设立外国人居留地，准许外国人租地盖房，建造洋行、栈房，进行商业贸易；有的开辟租界，外国人攫取了领事裁判、土地承租、行政管理、关税、传教、驻军等特权，在租界展开商业、外贸、金融、工业、运输业、房地产业和市政建设等活动，租界充当了资本主义列强侵华的据点，也成了中国国土上的西方文化"飞地"，带来了资本主义的生产方式和物质文明。

19世纪60年代，清政府洋务派开始创办军事工业，到70年代继续开办了一批官商合办和官督商办的民用工业。中国私营资本也在1872~1894年间创办了一百多个近代企业，商业资本由于通商口岸的增加和出口贸易的兴起，也有一定程度的发展。

外国资本主义的渗入和中国资本主义的发展，引起了中国社会各方面的变化。随着封建王朝的崩溃，结束了帝王宫殿、苑囿的建筑历史。颐和园的重建和河北最后几座皇陵的修建，成了封建皇家建造的最后一批工程。中国古代的木构架建筑体系，在官工系统中终止了活动，而在民间建筑中仍然在不间断地延续。由于本时期新疆、东北农业的开展，大量内地人口的迁徙，以及甘肃、云南、贵州等少数民族地区农业、手工业的发展，形成了民族间、地域间的本土建筑交流。

本时期城市的变化主要表现在通商口岸，一些租界和外国人居留地形成了新城区。这些新城区内出现了早期的外国领事馆、工部局、洋行、银行、商店、工厂、仓库、教堂、饭店、俱乐部和洋房住宅。这些殖民输入的建筑以及散布于城乡各地的教会建筑是本时期新建筑活动的主要构成。它们大体上是一二层楼的砖木混合结构，外观多为"殖民地式"或欧洲古典式的风貌。在此之前，由于封建政权实行闭关政策，阻挡了西方建筑文化进入中国。从16世纪到18世纪，除了外国传教士来华建立教堂，对外贸易机构在广州设立"十三夷馆"和长春园内建筑的一组西洋楼，中国本土基本上没有触及西方建筑。出现于本时期的这批外来势力输入的西方建筑和中国洋务工业、私营工业主动引入的西式厂屋，就成了中国本土上第一批真正意义上的外来近代建筑。它们构成了近代中国建筑转型的初始面貌。

总的说来，本时期是中国近代建筑活动的早期阶段，新建筑无论在类型上、数量上、规模上都十分有限，但它标志着中国建筑开始突破封闭状态，迈开了现代转型的初始步伐，通过西方近代建筑的被动输入和主动引进，酝酿着近代中国新建筑体系的形成。

10.2.2　19 世纪末到 20 世纪 30 年代末

19 世纪 90 年代前后，各主要资本主义国家先后进入帝国主义阶段，中国被纳入世界市场范围。列强除扩大商品倾销外，竞相加强对中国的资本输出。1895年"马关条约"的签订，中国解除机器进口的禁令，允许外国人在中国就地设厂从事工业品制造。由此，外国资本得以合法进入中国，外资工业迅速增多，在许多工业部门占据垄断地位。外国金融渗透力量也大大加强。1895 年前，在中国设立的外国银行只有 8 家，连分支机构也不过 16 所。而在 1895～1913 年间就新设立 13 家银行、85 个分支机构。修建铁路历来是西方国家开拓殖民地的重要手段，1895 年后迅速形成各国争夺中国铁路投资权的热潮。到 1911 年止，中国共修铁路 9618.1km，其中各国直接投资、间接投资修建的就近 9000km，占总里程的 93.4%。与此同时，通商口岸的数量大幅度上升。1895 年后根据各项条约又新开口岸 53 处。中国政府为抵制被动开埠而实施的"自行开放"口岸也陆续开辟了 35 处。上海、天津、汉口等租界城市都显著地扩大了租界占地或增添了租界数量。胶州湾、广州湾、旅大、九龙、威海等重要港湾被"租借"，沙俄在中东铁路沿线，日本在南满铁路沿线相继圈占附属地，青岛、大连、哈尔滨、长春等租借地、附属地，分别成为德、俄、日先后占领的城市。

表现在建筑上：租界和租借地、附属地城市的建筑活动大为频繁；为资本输出服务的建筑，如工厂、银行、火车站等类型增多；建筑的规模逐步扩大；洋行打样间的匠商设计逐步为西方专业建筑师所取代，新建筑设计水平明显提高，出现了像 1923 年的上海汇丰银行和 1927 年的上海海关大厦那样的建筑规模和建筑水平。

甲午战争后，民族资本主义有了初步发展。第一次世界大战期间，民族资本进入"黄金时代"，轻工业、商业、金融业都有长足的发展。南通、无锡等城市新的工业区都在这时期兴起。在民主革命和"维新"潮流冲击下，清政府相继在 1901 年和 1906 年推行"新政"和"预备立宪"。这些政治变革带动了新式衙署、新式学堂以及谘议局等官办新式建筑的需要。引进西方近代建筑，成为中国工商企业、宪政变革和城市生活的普遍需求，显著推进了各类型建筑的转型速度。早期赴欧美和日本学习建筑的留学生，相继于 20 世纪 20 年代初回国，并开设了最早的几家中国人的建筑事务所，诞生了中国建筑师队伍。1923 年，苏州工业专门学校设立建筑科，迈出了中国人创办建筑学教育的第一步。

在这样的历史背景下，中国近代建筑的类型大大丰富了。居住建筑、公共建筑、工业建筑的主要类型已大体齐备，水泥、玻璃、机制砖瓦等新建筑材料的生产能力有了明显发展，近代建筑工人队伍壮大了，施工技术和工程结构也有较大提高，相继采用了砖石钢骨混合结构和钢筋混凝土结构。这些表明，到 20 世纪 20 年代，近代中国的新建筑体系已经形成，并在这个发展基础上，从 1927 到 1937 年的 10 年间，达到了近代建筑活动的繁盛期。

这个繁盛期局面主要表现在：

（1）1927 年南京国民政府成立，结束了军阀混战的局面，相继采取了收回海关主权、实施工业统税、发展国家资本、推行币制改革等经济政策，取得 10 年经济相对稳定的发展局面，中国的城市近代化和建筑近代化获得一段相对安定有序的发展机会。

（2）在军阀混战和革命斗争高涨的形势下，一些军阀、买办、地主、商绅纷纷向上海、北京、天津以及各省会城市迁移，他们大量地在租界内投资进行商业活动，经营房地产业，修建私人住宅，这些建筑活动加快了一些城市、特别是租界区的急速发展。

（3）20 世纪 30 年代，资本主义世界发生严重经济危机，世界市场银价下跌，吸引华侨纷纷向国内输银投资，外商在华资本也将以银计价的利润留存中国投资，使得中国沿海都市得到充裕的资金。加上世界经济危机引发的建筑材料倾销，各国房地产集团和中国财团，利用廉价材料和劳动力，竞相向房地产投资，掀起了一股在中国大城市建造高层公寓、高层饭店、高层商业建筑的浪潮。上海、天津、广州、汉口等地新建了一批近代化水平较高的高楼大厦，特别是上海，这时期出现了 30 座 10 层以上的高层建筑。

（4）国民政府定都南京后，以南京为政治中心，以上海为经济中心，1929 年分别制定了"首都计划"和"上海市中心区域计划"，展开了一批行政办公、文化体育和居住建筑的建设活动。在这批官方建筑活动中，渗透了中国本位的文化方针，明确指定公署和公共建筑物要采用"中国固有形式"，促使中国建筑师集中地进行了一批"传统复兴"式的建筑设计探索。

（5）1931 年发生"九一八"事变，东北大片国土沦为日本殖民地。早在"九一八"事变前，日帝已控制了东北的军事、政治、工业和交通，并通过关东军参谋部和南满洲铁道株式会社支配着东北城市的规划和建设。"九一八"后，沈阳、长春、哈尔滨、鞍山、牡丹江等都根据殖民统治的需要，进行了城市规划。1932 ～ 1937 年间，这些城市进行了频繁的建筑活动。

（6）从 20 世纪 20 年代后期开始，建筑留学生回国人数明显增多，在上海、天津等地相继成立了基泰、华盖等建筑事务所，中国建筑师队伍明显壮大，进行了颇为活跃的设计实践。在 1925 年中外建筑师参与的南京中山陵设计竞赛中，吕彦直、范文照、杨锡宗分别获得头、二、三等奖。1929 年中山陵建筑建成，标志着中国建筑师规划设计的大型建筑组群的诞生。1927 ～ 1928 年，中央大学、东北大学、北平大学艺术学院相继开办建筑系；1927 年成立上海市建筑师学会，后改名为中国建筑师学会；1931 年成立上海市建筑协会，两会分别出版了《中国建筑》和《建筑月刊》；中国营造学社也于 1929 年成立并在其后出版《中国营造学社汇刊》。这些形成了在建筑创作、建筑教育、建筑学术活动等方面的活跃局面。

（7）早在 20 世纪初，欧洲新建筑运动已对近代中国建筑发生过影响。从 20 年代末开始，当时盛行于美国的，从新建筑运动转向现代主义建筑的一种被称为"装饰艺术"的新潮风格，以相当快捷的速度传入了上海、天津、南京等地，以上海最为集中。上海的外国建筑师设计的工程，如公和洋行设计的沙逊大厦、汉弥尔敦大厦、都城饭店、河滨公寓、峻岭寄庐，匈牙利籍建筑师邬达克设计的国际饭店、大光明电影院，业广地产公司设计的百老汇大厦等，都是这种"装饰艺术"风格。中国建筑师也创作了一批很地道的"装饰艺术"建筑和带有中国式装饰母题的"装饰艺术"作品。进入 20 世纪 30 年代后，在上海、南京、北京等一些城市，还出现了一批中国建筑师参与设计的现代主义建筑，这些标志着当时中国建筑跟踪世界潮流的新进展。

总的说来，这 10 年是中国近代建筑发展的鼎盛阶段，也是中国建筑师成长的最活跃时期。刚刚登上设计舞台的中国建筑师，一方面探索着西方建筑与中国固有形式的结合，试图在中西建筑文化碰撞中寻找合宜的融合点；另一方面又面临着走向现代主义建筑的时代挑战，要求中国建筑师紧步跟上先进的建筑潮流。可惜的是，这个活跃期十分短促，到 1937 年"七七"事变爆发就中断了。

10.2.3　20 世纪 30 年代末到 40 年代末

从 1937 到 1949 年，中国陷入了持续 12 年之久的战争状态，近代化进程趋于停滞，建筑活动很少。

抗日战争期间，国民党政治统治中心转移到西南，全国实行战时经济统制。一部分沿海城市的工业向内地迁移，四川、云南、湖南、广西、陕西、甘肃等内地省份的工业有了一些发展。近代建筑活动开始扩展到这些内地的偏僻县镇。但建筑规模不大，除少数建筑外，一般多是临时性工程。

20 世纪 40 年代后半期，欧美各国进入战后恢复时期，现代主义建筑普遍活跃，发展很快。通过西方建筑书刊的传播和少数新回国建筑师的影响，中国建筑界加深了对现代主义的认识。继圣约翰大学建筑系 1942 年实施包豪斯教学体系之后，梁思成于 1947 年在清华大学营建系实施"体形环境"设计的教学体系，为中国的现代建筑教育播撒了种子。只是处在国内战争环境中，建筑业极为萧条，现代建筑的实践机会很少。总的说来，这是近代中国建筑活动的一段停滞期。

第 11 章　城市建设

11.1　近代中国的城市转型

经过封建社会漫长的历史发展，到明清时期，我国形成都城、省城、府（州）城、县城、镇五级行政中心组构的城镇体系。它们按行政区划和行政级别自然地呈现出较均匀的地域空间分布和明确的城市等级区分。这时期虽然已涌现出像河南朱仙镇、广东佛山镇那样的商业市镇和像江西景德镇、湖广汉口镇那样的手工业市镇，但是数量有限，在封建性的"行商"贸易制度、"崇本抑末"的商业政策和"闭关自守"的外贸政策约束下，城镇经济长期处于相对封闭的发展之中，整个城市体系陷于相对停滞、缓慢发展的状态。

从 19 世纪中叶开始，中国迈出了近代城市化和城市近代化的步伐。城市数量、城市分布、城市规模、城市功能、城市结构和城市性质都出现明显的变化，古老的中国城市体系开始了现代转型的进程。

中国近代城市转型，既发轫于西方资本主义的侵入，也受到本国资本主义发展的驱动；既有被动开放的外力刺激，也有社会变革的内力推进，是诸多因素的合力作用。这里，主要从通商开埠、工矿业发展和铁路交通建设三个方面来考察。

11.1.1　通商开埠

据统计，从 1842 年《中英南京条约》开辟五口通商开始，到 1924 年自行开放蚌埠为止，中国近代开放的口岸城镇共 112 个[①]。它们主要分布在东南沿海地区、沿长江地区和东北地区。这些开放的口岸，大多数是通过不平等条约而被动开放的，称为"约开口岸"；少数是中国政府自动开放的，称为"自开口岸"。

"约开口岸"的情况比较复杂，由于列强侵占的方式不同，所签订的不平等条约的条款不同，而有种种不同的类别：有的属于租界型开埠，如上海、天津、汉口、厦门、广州等；有的属于租借地、附属地型开埠，如青岛、大连、哈尔滨等；有的约开口岸并没有开辟由外国人掌管行政权的租界，而是设立仍由中国政府管理的"外国人居留区"，呈现居留区型开埠，如宁波、福州、烟台、营口等；而都城北京则因被迫设立由公使团管辖的东交民巷使馆区，区内设有外国兵营，住入外国商民，盖起商店、邮局、银行，俨如一处特殊的"公共租界"，成为一种特殊的使馆区型"开埠"。

[①]　据张洪祥：《近代中国通商口岸与租界》，天津人民出版社 1993 年版，第 321～326 页。

"自开口岸"也称"通商场"。这是清政府援引宁波居留区模式而施行的。当时已认识到，"泰西各国首重商务，不惜广开通商口岸，任令各国通商，设关权税，以收足国足民之效"[①]。可见通商场是为振兴商务而采取的开放措施，是为避免被迫开辟租界而采取的主动开放对策，是一种自行划定的、由中国政府管理的外国人居留贸易区。当时也被称为"自开租界"、"自管租界"、"通商租界"，实际上与租界有着本质的区别。这种"自开口岸"在清末开辟了 20 个，在北洋政府时期开辟了 15 个。

这些"约开"、"自开"的通商口岸，成了近代中国的开放性市场。多数口岸都发挥外贸农副产品收购和进口洋货转销的推拉作用，成为土洋商品的集散地。口岸地区也形成相对发达的营销网络。口岸城市因商而兴，市场发育转化为商品生产和金融活动的发育，推进了口岸工业的发展，推动了口岸房地产业的开发，刺激了口岸金融业和其他市场中介服务业的繁荣。口岸城市面积扩大，人口集中，人才集聚，文化集萃，市民生活方式嬗变，市政建设率先传入和引进西方发达国家的先进技术，城市建筑也得风气之先，最先传入和引进西方近代化的建筑类型、建筑技术、建筑风貌和建筑管理制度。通商口岸自然成了传播西方文明的窗口和中国近代化的前哨，口岸城市自然成了中国近代城市转型的先导和主体。

11.1.2　工矿业发展

中国近代早期工业有外资工业、民办工业和洋务工业。甲午战争前，外资在未取得设厂许可的情况下，已开始在华设厂，到 1894 年止，共开设 191 家企业，规模都不大。民族资本工业在甲午战争前还处于起步阶段，从 1869 年至 1894 年，民办工业只有 50 多家，规模也很小。中国近代早期工业的发展，明显地以洋务工业为主。

洋务运动从 19 世纪 60 年代到 1894 年甲午战争前，共兴办军事企业 21 个，民用企业 40 个。甲午战争后还继续创办了一些厂局。企业的数量虽然并不多，但企业的规模相当大，像江南制造总局、金陵机器制造局、天津机器制造局、马尾船政局、开平矿务局、汉阳铁厂等，在当时都属于大型企业，有的还达到"东亚第一"的规模。这些企业在中国近代化的起步中，起到了开创性的作用。中国第一个近代化钢铁厂，第一个近代化煤矿，第一个近代化造船厂，第一个近代化织呢厂、纺纱厂、织布厂都是洋务派创办的。洋务运动不仅发展工矿业，而且兴商贸，修铁路，建学堂，办电报，直接、间接地起到了中国近代城市化的启动和推进作用。中国近代 207 个城市中，直接受惠于洋务运动的就占 1/4 以上。

甲午战败，中国被迫签订《马关条约》，允许外国人在中国通商口岸设立工厂，列强由此取得在华合法的设厂权。随后又通过诸多协议、合同，攫取在华的矿山开采权。仅 1895～1913 年间，外资设立的重要厂矿就达到 136 家。这些厂矿的规模都很大，有的已在中国新式工矿业中居于垄断地位。这些外资企业中的非采矿企业，都设在通商口岸，自然成为推进口岸城市转型的重要因素。中国民族资本企业

①　朱寿朋编：《光绪朝东华录》，中华书局 1958 年版，第 4 册，第 4062 页。

也在甲午战争后有了初步发展，并在第一次世界大战期间，趁洋货进口减少的机遇，得到空前的发展。民族资本企业中的非采矿企业，也有半数左右集中在通商口岸城市，它们同样成为推进口岸城市和非口岸城市转型的有力因素。

不难看出，工矿业的发展对于近代中国的城市转型起到了多方面的推进作用：一是促使一部分通商口岸从商业城市演进为工商业综合型城市。仅上海、天津、武汉、青岛、广州五城市就集中了全国工人总数的 70%。这些城市都随着工业的集中增添了新的推动力，而成为近代中国最重要的工业基地和最突出的大型城市。二是促使一部分开埠的或未开埠的省城、府城，从政治军事型城市演进为政治经济综合型城市。这些城市经历了从封建都邑的农业文明向近代工业文明的转型，出现了成片的厂区以及相关的服务行业和交通、电讯设施，南京、济南、沈阳、福州、长沙、杭州、昆明、成都、西安、太原等城市都有这现象，这些城市也都成了近代中国的重要城市。三是诞生了一批新兴的民族资本工业城市和新兴的矿业城市。前者以南通、无锡为突出代表，后者以抚顺、唐山、焦作、大冶、萍乡、玉门等为主要代表。它们都是近代典型的因工而兴、因矿而兴的城市。

11.1.3　铁路交通建设

1876 年，英商在上海擅筑的吴淞铁路通车，这是中国土地上出现的第一条营运铁路。1881 年，洋务派经办的、用于运煤的唐胥铁路建成，宣告中国第一条自建铁路的诞生。1889 年，清政府发布上谕，正式应准兴办铁路，并制定了官办铁路、借债筑路的政策，批准成立了中国铁路总公司，由此出现中国近代第一个铁路建设高潮。芦汉铁路、粤汉铁路、关东铁路、沪宁铁路、津浦铁路相继借债兴筑。与此同时，资本主义列强在甲午战争后，也把在中国修筑铁路作为对华资本输出的重要目标和划分势力范围的主要手段，除争夺铁路借款权外，还强行修筑东省、胶济、滇越等铁路，竞相掠夺中国路权。1903 年，清政府颁布《铁路简明章程》，开放铁路修筑权，无论华洋官商，均可禀请开办铁路。各省纷纷以发展交通、振兴商务、保护本省路权、杜绝列强侵夺为宗旨，创设本省商办或官办的铁路公司，先后修筑了漳厦铁路、京张铁路、潮汕铁路、新宁铁路、沪杭甬铁路、南浔铁路等。1928 年，国民党南京政府在"振兴实业"的旗号下，制定了铁路建设计划和中外合资筑路的政策。浙赣铁路、粤汉铁路、陇海铁路等重要铁路干线和钱塘江大桥、南京铁路轮渡等重要铁路工程相继建成，形成中国近代第二次铁路建设高潮。此外还有东北地区和台湾地区在日帝侵华期间所修筑的铁路。这些构成了中国近代铁路建设的梗概。

总的说来，近代中国铁路事业的发展是缓慢的，铁路的地区分布也极不平衡，主要集中于东北地区和东部沿海地区，不仅全国范围的铁路运输网没有形成，而且还存在着路权旁落的情况。值得注意的是，历尽坎坷的中国近代铁路事业虽然基础薄弱，发展缓慢，但它作为近代先进的交通工具，一旦在中国土地上出现，必然会对社会经济产生重大影响。它显著地加大了商品流通的流量和流速，密切了农村与城市、内地与沿海口岸的联系，促进了中国自然经济的瓦解和市场经济的发育。它把农村引向市场，在铁路经行地区引发传统农作物向经济农作物的转化，促使农业生产区域化倾向的增长。它大大便捷了煤、铁等矿产品的运输，使一些富矿地区的矿业生产迅速发展，也促使矿业、工业生产区域化倾向的增长。它还突破了自然经济状态下中国城市依水路、驿道而建的格局，在铁路的沿线迅速诞生了一大批新兴的城镇，沿线的一些旧城也显著地增添了经济活力，加快了转型速度，它们都逐步成为所在地区的经济重心。特别是一些处于铁路交叉点和铁路与主要河流、海港交汇点的地方，迅速地发展成为铁路枢纽城市和水陆交通枢纽城市。这些都显示出铁路交通建设直接、间接地推进了中国近代的城市化进程，是近代中国城市转型不可忽视的一股重要推动力。

11.2　近代城市的主要类型

近代中国的城市转型，既有新城的崛起，也有老城的更新，从近代城市化和城市近代化的角度来看，新转型的城市大体上可以归纳为主体开埠城市、局部开埠城市、交通枢纽城市和工矿专业城市四个主要类型。

11.2.1　主体开埠城市

主体开埠城市指的是以开埠区为主体的城市，这是近代中国城市中开放性最强，近代化程度最显著的城市类型。它明显地分为两大型：一种是多国租界型，如上海、天津、汉口等；另一种是租借地、附属地型，如青岛、大连、哈尔滨等。

多国租界型城市的最大特点就是辟有多国租界。上海有公共租界和法租界，天津有英、法、德、日、俄、比、意、奥八国租界（图 11－1），汉口也有英、德、俄、法、日五国租界。多国租界的集聚与这类城市具有地理区位上的优势是分不开的。上海位于长江的入海口，处于黄浦江、苏州河交汇处，居中国内地海岸线中点，是长江、运河和南北海运的转运中枢。天津位于华北大平原东北部，海河五大支流在这里汇流后，经大沽口入渤海，既是漕运、海运的转运点，又是都城北京的前卫。《畿辅通志》形容它是"地当九河津要，路通七省舟车……，当河海之要冲，为畿辅之门户"。汉口则处于中原腹地，踞长江、汉水交汇处，隔汉水与汉阳相对，隔长江与武昌相望，以武汉三镇著称于世，历来有"控长江中游之咽喉，扼南北交通之要冲"的"九省通衢"誉称。

租界是一种"国中之国"，外国

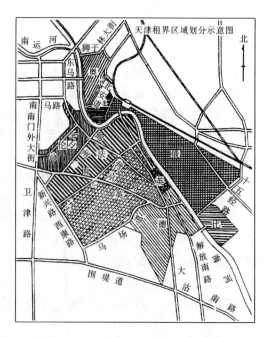

图 11－1　天津租界区域划分示意图
（引自《天津近代建筑》）

人在租界区内侵夺了行政管理权、课税权、司法权、驻兵权，显然是对中国主权的侵犯。租界的开设和拓展，完全服从于殖民利益的需要。但是租界区的开发、建设，自然伴随着商业、外贸、工业、金融业、房地产业和城市建设的活动，自然传入西方近代的工业文明、城市文明，自然形成适宜的投资环境和居住环境，产生显著的集聚效应，促使市区人口大幅度增长，在客观上催化着租界城市的近代化。在多国租界型城市中，租界所占面积都很大。有的超过旧城区数倍，有的占全城的很大比重，它们都成为城市的主体或中心。这类城市都带有商贸中心、金融中心、工业中心、文化中心和水陆交通枢纽的综合型城市性质，都属于中国近代的特大型城市。城市格局带有多中心布局的特点，城市结构多呈现局部有序而总体无序的现象，城市建筑风貌相应地显出"万国建筑博览"的多元特色。上海是多国租界型城市的最突出代表，将在第11.3节展述。

租借地、附属地型城市都是随着租借地、附属地的开辟而建立的。青岛是1898年中德签订《胶澳租借条约》而建立的，大连是1898年中俄签订《旅大租借地条约》而建立的。这两地都属于海湾租借地城市。哈尔滨则是1898年中俄签订《东省铁路公司续订合同》作为铁路附属地城市而建立的。这三个城市后来都曾被日帝侵占。这类城市的出现也同样具有地理区位的优势，都是从偏僻村落崛起的新城。青岛、大连是辟为自由港的港口城市，哈尔滨是辟为商埠的铁路枢纽城市。它们都有大量的外国移民。到20世纪20年代末，哈尔滨的外侨达到14万人，分属俄、日、法、美等25个国家。这类城市都制订过适应殖民利益需要的城市规划（图11-2），都进行过通盘的、整体有序的城市建设，都成为区域性的商贸中心和水陆交通枢纽，城市建设都接近租借国当时所达到的近代化、现代化水平，建筑风貌都带有租借国当时所流行的风格。它们也都发展成为中国近代重要的大城市。

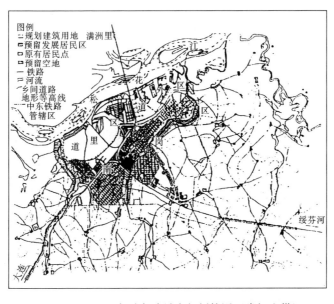

图11-2　1906年哈尔滨城市规划简图（常怀生供）

11.2.2 局部开埠城市

局部开埠城市不像上海、天津、汉口那样由大片的多国租界构成城市主体，也不像青岛、大连、哈尔滨那样形成全城性的整体开放。它只是划出特定地段，开辟面积不是很大的租界居留区、通商场，形成城市局部的开放。在近代中国一百多座"约开"和"自开"的口岸中，这种局部开埠城市占了很大数量，济南、沈阳、重庆、芜湖、九江、苏州、杭州、广州、福州、厦门、宁波、长沙等，都可以归入这一类。

这类城市多呈新旧城区的并峙格局，以济南最具代表性。济南历来为州、府行政机构的所在地，有完整的、略呈方形的旧城。1904年，胶济铁路全线通车，清政府主动把位处铁路沿线的济南开辟为"华洋公共通商之埠"。1905年，在旧城西关外划出4000余亩土地作为商埠区，形成旧城区与新开商埠区东西并置的双核格局（图11-3）。商埠区进行过规划，为适应商业需要，采用了近代都市盛行的密集棋盘式街道网，区内逐渐建起领事馆、火车站、洋行、银行、商店、邮局、娱乐场、洋房住宅和里弄住宅，形成具有近代水平的新城区。

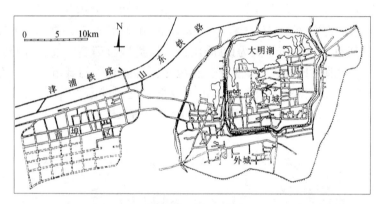

图 11-3 1904年济南开辟商埠示意图
（引自《中国近代城市与建筑》）

这类城市的近代化进程，大体上都是从新开区兴起，而后带动旧城的蜕变。厦门在这一点上表现得很清晰。厦门是1842年第一批开辟的五口通商口岸之一。1862年正式在厦门岛南部的海后滩开辟英租界。到1880年已成为厦门最繁华的商业区。1902年，清政府被迫又将外国人聚居的鼓浪屿辟为公共租界，这里聚集起英、美、法、日、西、丹、俄、荷等国的侨民和中国的达官贵人、富商大贾。租界区内分布着各国领事馆，建起大数量的公馆、私邸、别墅、酒楼、舞厅、俱乐部，教堂、医院、学校、报社等，教会建筑、文化建筑也有相当数量的汇集，鼓浪屿成了一个景色秀丽、文化发达、环境宜人、近代化水平较高的新区（图11-4）。而同时期，厦门旧市区的城市建设则大为滞后。市内洼地积水，道路窄狭曲折，房屋低矮简陋，居住卫生和交通条件极为恶劣，与租界区形成很大反差。从 1919 年开始，在华侨商绅的参与下，厦门展开了大规模的城市建设，拆除城墙，开凿山岗，填平沟洼，兴筑堤岸、码头、马路，建设自来水等市政工程，兴建各类新式房屋，到 1932 年，整个城市焕然一新，厦门成了中国近代城市中通过局部开埠而推及全城更新的成功实例。

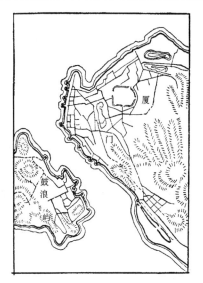

图 11 - 4　厦门鼓浪屿示意图

这类城市的转型，除开埠的推动外，多兼有其他推动因素。如沈阳就是在开埠区、铁路附属地和奉系官僚资本建设区的多元构成下，从单核封闭型的封建旧城转型为多核开放型的近代城市。由于局部开埠型城市数量较多，各城市涉及的制约因素大不相同，因此这类城市的发展状态也千差万别。其中许多作为省会的城市，大多都属于区域性的政治中心与区域性的经济中心相结合的复合型城市。

11.2.3　交通枢纽城市

中国近代有一类城市是因为铁路建设而成为新兴的铁路枢纽城市或水陆交通枢纽城市，如河南的郑州、河北的石家庄、安徽的蚌埠、江苏的徐州和陕西的宝鸡等。

郑州地处中原腹地，铁路未修前，郑州一直保持着明代以来的旧城格局，城市面积 2.23km^2，没有近代工业，商业也不发达，是一座仅有 2 万余人口的普通小城。1897 年芦汉铁路开工修筑。1906 年京汉铁路通车。1909 年陇海铁路的前身洛汴铁路建成，与京汉铁路在郑州城西交轨。由此郑州成了中国南北与东西两条主要铁路干线的枢纽，成为中原地区农产品的集散中心和工业品的转运中心，人口显著增加，到 1937 年已达 8 万人。形成面积为 5.23km^2 的新市区。

石家庄与郑州一样，也是因铁路的修建而发展起来。这里原是获鹿县的一个人口不过百户的小村庄。1900 年京汉铁路修筑到此，设一小站。1903 年正太窄轨铁路建成，石家庄成了京汉、正太两条铁路的交汇点而得以崛起。1928 年设省辖市后，人口曾达到 6 万人。1937 年日帝侵占后，企图将石家庄建为华北的侵略基地，将石太铁路改为宽轨，并建石德铁路，人口增加到 11 万人。

蚌埠也是由于铁路的修建而发展起来。它位于安徽北部淮河中游，原是凤阳府属下的一个小镇，以盛产河蚌得名。小镇仅有 500 户人家，镇上只有一条小街。1911 年，津浦线南北分段通车。1912 年黄河大桥建成，津浦铁路全线通车。蚌埠成为津浦铁路与淮河的交汇点，陆路南通沪宁，北达京津，水运上溯皖西北、豫东，下抵苏杭。这里成了淮盐的集散地，成了皖北、豫东粮食、土特产与京津沪宁日用工业品的转运站，蚌埠人口激增，市区不断扩大，至 1914 年已增至10万人。

在抗日战争时期，一直处于滞后状态的内地，因内迁工业和交通开发而形成一些城市的变化。陕西的宝鸡就属于这种情况。

11.2.4　工矿专业城市

工矿专业城市明显地分为工业城市和矿业城市，矿业城镇必然分布在富矿地区。中国近代早期主要是煤、铁、金、银、铜、铅矿的开采，有外国资本、洋务资本，也有民族资本投资。由于近代工业、航海业和铁路交通的兴起，对煤的需求激增，因此煤矿城镇所占数量颇多，如河北的唐山、台湾的基隆、山西的阳泉、河南的焦作、江西的萍乡和辽宁的阜新、抚顺、本溪等，都是因采煤而兴的煤城。工业城市的情况比较复杂，大多数的工业中心都不是形成单一的工业城，而是集中在商埠口岸，与商贸中心、金融中心、行政中心或交通枢纽相结合，组构成复合型的大城市，只有少数由民族资本集中投资的工业，如无锡、南通等形成了颇有特色的工业城市。

这类工业城市以南通最具特色。南通地处长江三角洲东部，古称"通州"。城址位于长江北岸的江畔平原，城市布局规整，与一般封建州府城制相仿。明万历二十六年（1598年）在老城南门外筑弧形新城，城市平面扩成凸字形。南通在近代的发展和演变主要与张謇的实业活动息息相关。张謇（1853～1926年）生于南通海门县常乐镇，1894年考中状元，授翰林修撰。他只做了120天的朝官便舍仕途返乡，致力于务实地开发南通。

张謇开发南通，采用了"一城三镇"的城镇结构，形成四个分离的团块（图11－5）：一是集中设立纱厂、油厂、铁厂、面粉厂的唐闸工业镇；二是集中设立码头、电厂的天生港码头动力镇；三是以风景秀丽著称的狼山风景区和狼山镇；四是在尽量保持旧城原貌的同时，着力开发旧城南部的新城区，新城区的西部主要分布商业建筑和游憩公园，新城区东部集中分布学校和文化机构。

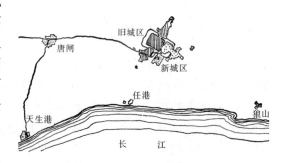

图11－5　南通城镇分布示意图
（引自《中国城市建设史》）

张謇的这种卫星城的分布式布局，保留了完整的老城，突出了城市的功能分区，避免了大拆大建和见缝插针式的改建，充分利用了地域优势和低廉地价，取得了工业城市难得的良好环境条件。一城与三镇之间，保持着6～7km的恰当距离，相互之间都有公路联系，并开辟了我国第一家民营的公共汽车线。南通还在1913年设立电话公司，1920年代后设立电报局，市政建设的起步也比较早。在中国近代城市建设中，南通的现象十分独特，有关南通建城特点和张謇的建城思想是一个值得深入研究的课题。

11.3　近代中国第一大都市——上海

上海位于长江三角洲东缘，扼黄浦江、苏州河交汇处，居中国大陆海岸线中点。东经长江口入海，既是长江门户，又是南北海运中心。西接太湖，可联通运河，有广阔肥沃的长江流域和太湖流域腹地。在经济地理区位上，上海具有得天独厚的优势。

开埠前的上海是松江府所辖的七县之一，而松江府是江苏省所辖的八府三州之一。在封建时代的都城、省城、府城、县城层次结构中，上海属于很不起眼的第四层次的县城，但"商人云集，海舶辐辏"，算得上是比较繁华的商业、港口城镇。

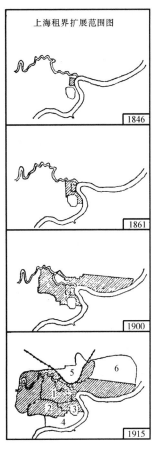

图 11-6　上海租界扩展图
1—公共租界；2—法租界；
3—旧城；4—南市；
5—闸北；6—江湾

11.3.1　租界主体的形成和上海大都市的崛起

1842 年，上海被列为第一批"五口通商"口岸之一，1843 年正式开埠。从 1845 年开始相继设立英、法、美租界。1862 年英美租界合并为公共租界。到 1915 年，公共租界面积达 $36km^2$，法租界面积达 $10km^2$，上海城区面积比开埠时扩大了 10 余倍。租界面积大大超过华界面积而成为城区的主体（图 11-6）。资本主义列强攫取了一系列政治经济特权，在上海租界及其周围地区倾销商品，开设银行，投资设厂。上海租界成了外国资本主义对华掠夺的大本营。19 世纪 50 年代中期，上海取代广州成为全国外贸中心。租界区的商业、外贸、航运、工业、金融业、房地产业都得到迅猛发展。外侨人数剧增，侨民来自日、英、俄、印、美、葡、德、菲、法、意等近 40 个国家，租界区华人人口增长更为迅速。据统计，1930 年上海公共租界的外侨为 36471 人，华人为 910874 人，华人比外侨多 25 倍[①]。大量华人在租界集中，带来财富、资金、人力资源的聚集和消费市场的扩大，是推进上海租界发展的一个重要因素。上海租界不仅是中国最早形成的、面积最大的、移民最多的租界，也是经济最发达、文化最先进、城市建设近代化水平最高的租界。以多国租界为主体的上海从 20 世纪 20 年代初开始即跃居中国近代首屈一指的大都市。

11.3.2　多功能经济中心与城市的多元结构

上海的发展不是单一的，而是涵括商业、外贸、工业、金融业、航运业、

---

① 据张仲礼主编：《东南沿海城市与中国近代化》，上海人民出版社 1996 年版，第 653 页。

房地产业的多功能经济中心。上海集中了 11 万户商家，汇集着世界上最著名银行的分支机构，本国银行也多以上海为主要经营地。这里有创办于 1865 年的中国最早、规模最大的洋务机器军事工业企业——江南制造总局，有已知中国最早的、创办于 1869 年的民族资本企业——发昌号机器厂。据 1933 年统计，30 人以上符合工厂法的工厂上海就拥有 3485 家，占当时全国 12 个大城市厂家总数的 36%。到 1949 年，上海工厂数达 10000 家，占全国工厂总数的 55%。上海更是全国最集中的外贸中心。上海港是世界十大港口之一，与世界 100 多个国家的 300 多个港口有贸易往来，对外贸易在近代始终占全国总额的 50% 左右。上海也是近代中国的埠际贸易中心，进口商品大多通过上海转向内地城乡，内地的南北货物也大量在此汇集转口。与上海城市经济发展相适应，上海的近代交通，包括内河、长江、沿海和外洋航线的水路运输，包括当时中国客货运输量最大的沪宁铁路和沪杭铁路的陆地运输以及电报、电话等电讯通信都在同步发展。

作为全国最突出的多功能经济中心，由于存在着公共租界、法租界和华界三界分治的局面，上海城区被分割为五个相对独立的区域——公共租界、法租界、闸北、沪南、浦东。沿黄浦江一带的早期租界地区最早形成了近代行政机构和商业、金融业的集中地，后来发展成为银行行屋和洋行办公楼最集中的外滩"金融区"（图 11-7）。与外滩垂直的今南京路、福州路、金陵路以及淮海路、西藏路等成了著名的商业街。以南京路、福州路与西藏路的交叉点（即旧跑马场，现人民公园和人民广场）为中心的附近地段，集中了全市最大的百货公司、最豪华的饭店、酒楼和各种娱乐场所，成了上海市中心的最繁华地段（图 11-8）。沿着网格状主要商业街道的背后，是成片的居住区。早期居住建筑以旧式里弄、新式里弄住宅居多，后期居住建筑向高档的花园洋房、公寓住宅和花园里弄演进。约有 18 万户贫民栖身的 300 多处棚户区，则分布在沪东、杨树浦、闸北等工业区和租界的边缘地带（图 11-9）。上海的工业建筑，较为集中地分布在沪南区、曹家渡区、杨树浦区。另有大批小工厂混杂在住宅区内，被称为"弄堂工厂"。

1849年上海外滩

近代上海外滩

图 11-7　上海外滩的演变

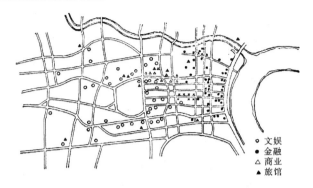

图 11-8　上海市中心公共建筑分布图

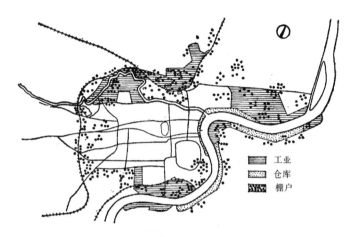

图 11-9　旧上海工业区、棚户区分布示意图

　　上海的城市布局结构呈现着局部有序而全局无序的基本特点。公共租界、法租界和华界在各自管辖范围内,街道布局、功能划分、市政建设是比较有计划、有步骤进行的。租界在管理上引进了西方近代城市发展模式和先进技术,各区内部达到相当高的近代化水平。但是三界分治导致缺乏统一的整体规划和协调运作,不可避免地带来全局的无序。如沪东、沪西两大工业区之间,隔着繁华的商业区;租界的东区、西区之间隔着庞大的跑马场;同属华界的沪南、闸北之间,横亘着租界;租界区自东向西扩展而欠缺南北向直通干道;不少跨区道路未能首尾如一而忽宽忽窄;各区公共交通设施各行其是,三界的电车线路、车辆型号互异,不能互通;三个区域的自来水、供电网、电话也各自为政,不能联网等等。

11.3.3　近代建筑的齐备和市政建设的近代化进展

　　上海是中国近代建筑数量最多、规模最大、类型最全的集中地。在建筑类型和建筑质量上都达到近代发达都市应有的水平。公共建筑方面,形成行政办公、商业、服务业、金融、交通、文化、教育、医疗、体育、娱乐等一整套完备的类型。居住建筑方面形成里弄住宅、花园洋房和高层公寓等特色鲜明、高低档齐备的多样品类。商业建筑中的先施、永安、新新、大新四大公司大楼,银行建筑中的汇丰银行、中国银行大楼，高层建筑中的国际饭店、沙逊大厦、百老汇大厦，娱乐建筑中的大光明电影院、大上海电影院，教堂建筑中的徐家汇天主堂、佘山天主堂，洋房住宅中的沙逊别墅、吴同文宅等等，在建筑规模、设计水平和施工质量上，都可以与当时的国际水平看齐。20世纪30年代的上海城市建筑，与它作为东方最大的国际性都市的地位是完全相称的。

在城市基础设施和市政建设上，上海租界最早引进和采用了西方发达国家城市的一系列做法。在修建近代道路、桥梁、堤岸，设立市内交通，建立自来火（煤气）、电灯等方面，都起步很早。早在1862年，英商就开始集资组织上海自来水公司，1863年敷设煤气管，1866年正式营业。煤气通过埋设于地下的管道通往公共租界，并安装了煤气街灯，"火树银花，光同白昼"，蔚为奇观。1875年，4名洋商在杨树浦设立水厂，生产出过滤水用水车送到用户家中，这是我国使用自来水的先声①。1880年代英商在工部局支持下，成立上海自来水公司，建造了杨树浦水厂，1883年正式对外供水。这是中国最早的一家自来水厂。1882年英商创办上海电光公司，是中国最早的一家发电厂。当时世界上最早的发电设备刚刚在英美出现，上海可以说亦步亦趋地紧跟上去。有了电，街上竖起电杆，高架的紫铜电线通向各方。时人描述用电灯的盛况说："沿浦路旁，遍设电灯，以代地火（煤气灯）之用"，"戏园、酒馆、烟室、茗寮"都改装电灯，"无不皎洁当空，清光璀璨"②。租界区市政建设的这些进展，意味着工业文明的城市进步。当时有人对上海租界和旧城作过这样的对比："租界马路四通，城内道途狭隘；租界异常清洁，车不扬尘，居之者几以为乐土，城内虽有清道局，然城河之水，秽气触鼻，僻静之区，坑厕接踵，较之租界，几有天壤之别"③。

租界区的市政建设，自然对华界起到示范作用，华界也分别于1901和1902年成立内地电灯公司和内地自来水公司。上海城市的近代化就是这样在租界先行的推动下，获得比较快速的进展。

11.3.4 文化边缘与海派建筑的多元兼容

上海也是近代中国的文化中心，这里，文化机构林立，文化名人荟萃，文化信息灵通，文化视野开阔，20世纪初已确立其文化中心的地位，1930年代达到高峰。

作为文化中心，它不同于北京以北方文化为基调的京都文化，而是以南方商业文化为底蕴的海派文化。在开埠前，上海只是一个县治小城，从来没有充当过区域性的政治中心、文化中心。作为官方文化代表的儒家文化对上海的影响比对其他大城市为少，对西方资本主义文化的抗拒力也较其他城市为小。可以说它既是处在儒家文化的边缘，也处在西方文化的边缘。

上海的边缘文化充分体现于上海移民的众多而广泛，体现于上海人口构成和

---

① 李维清：《上海乡土志》，第577页。
② 黄武权：《淞南梦影录》卷四。
③ 同①，第4~5页。

文化构成的高度异质性。它为上海文化带来了多方面的影响。一是文化来源的多元性。来自国内不同地方的移民和来自世界不同国家、民族、区域的移民，将各地不同的文化和生活时尚都带到上海，使上海文化变得瑰丽多姿。二是文化气度的宽容性。高度的异质性必然伴随着高度的宽容性、包容性。显现出上海文化汇纳百家、兼收并蓄的兼容开放。三是文化交流的广泛性。移民的流动带来文化的流动。大量西方移民的流入，带来的不仅是一般的异质文化，而是多种类型的、工业文明的异质文化，不仅仅是久已积淀的异质文化，而且是紧贴时代的、新潮的、时尚的文化。文化交流的广泛，使得上海能够灵敏地跟上国际文化潮流。

上海文化的这种宏观特色自然会反映在上海近代建筑中。其一当然是"万国建筑博览"的多元兼容。如外滩建筑中既有新古典主义式的汇丰银行大楼、古典复兴式的海关大厦，哥特复兴式的汇中饭店等折中主义建筑风格；也有装饰艺术派的沙逊大厦和中西合璧的中国银行大楼。花园洋房中既有广泛盛行的西班牙式，也有英国乡村别墅式、法国式、德国式、北欧式、日本式等等。其二是极富时代感的新潮时尚。上海建筑不墨守自家成规，善跟踪国际时尚。如果说 1930年代以前的上海公共建筑，绝大部分属于折中主义的建筑基调，进入 1930 年代后的建筑则愈来愈多地受到摩登的"装饰艺术"和现代建筑运动的影响。从摩天楼式的百老汇大厦到国际饭店，从大光明电影院到铜仁路吴同文宅，可以看出上海不同类型建筑都有最具时尚的新潮意识和创新作品。其三是讲求实效、精打细算的务实精神。处于边缘文化，自然善于在多元中进行观察、比较、选择、综合，自然善于随宜应变，求实务实，自然长于精明能干，精打细算。把浓缩的传统合院式房屋与紧凑的欧洲联排式布局相结合，创造出老式石库门里弄住宅，再由老式石库门里弄进一步演化为更加廉价实惠的新式石库门里弄，占上海居住建筑很大比重的里弄住宅的发生史、演进史，以及同样占上海工业建筑很大比重的"蚂蚁啃骨头"的"弄堂工厂"的发迹史、发展史，都充分显示了上海建筑文化的这种务实作风和精明巧智。

11.4　旧都北京的近代演进

北京是中国最后一座封建都城。从 1840 年鸦片战争算起，封建王朝的最后71 年和民国时期的前 17 年，这里都是首都所在地。在近代中国的 109 年中，以北京为国都的时间占了 88 年。

鸦片战争前，北京持续保持着封建都城的封闭格局，只是在几处天主教堂、耶稣教堂和一组长春园西洋楼中出现少量的西方建筑。北京城市和建筑的近代变化，主要受使馆区的开辟，"新政"的实施，铁路的开通，近代工商业和教育的兴起等诸多因素所推动，在 20 世纪前只有零星的闪现，到 20 世纪初才进入真正的启动。

11.4.1　使馆区的开辟和都城的被动开放

东交民巷使馆区位于大清门东侧，它不仅是一条街巷，而是包括巷南、巷北的一大片地段。这里原是清朝中央政府机关的高密度集中地，依据 1858 年的《天津条约》和 1860 年的《北京条约》，东交民巷开始设立外国使馆。八国联军攻占北京后，清政府被迫签订《辛丑条约》，正式划定使馆界区。议定区内由外国公使团管辖，中国人概不准在界内居住。为此，界内的官署全部迁出，民宅私产通通作价拆毁，列强在界区东、西、北三面修筑起高墙，建起炮台碉堡。一个极特殊的，令人触目惊心的使馆区就这样形成了（图 11 – 10）。

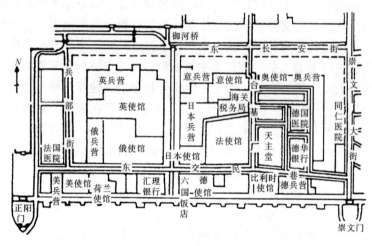

图 11 – 10　北京东交民巷使馆区平面示意图
（引自《中国近代城市与建筑》）

使馆区内的建筑，1900 年以前多沿用中国传统旧屋加以改造，有少量是新建的单层外廊样式建筑。1900 年以后，除改建、扩建使馆，新建兵营外，陆续建起 7 座银行、3 家邮电局、2 所医院、2 处俱乐部、2 座教堂、1 家饭店和一批洋行。至民国初年，这批新型公共建筑已达 90 余座，形成了一处全新的欧式街区。这些建筑连同使馆建筑，绝大多数都是 20 世纪初欧美流行的折中主义风格，有的夹杂有中国传统建筑的细部装饰。

这样一个"俨若异国"的使馆区赫然出现在紫禁城跟前，显然不是外国使节驻京的正常外交现象，而是资本主义列强对我国进行政治、经济、军事、文化侵略的产物，是通过不平等条约强迫实施的，是中华帝国和中华民族的耻辱。但是，如同上海、天津租界客观上起到展示西方工业文明的"窗口"作用一样，东交民巷使馆区的形成，意味着封闭的都城有了突破性的被动开放，使馆区的物质文明景象使更多的人耳目一新。在接近、吸收和消化新的科学技术，接纳外来建筑文化，学习建设近代城市经验等方面，使馆区客观上也起到使古老的北京向近代城市迈步的助推作用。

11.4.2　旧城格局的突破和城市近代化的进展

清末民初，在清政府颁行"新政"和北洋政府整治市政活动中，北京旧城格局开始突破，新类型建筑陆续涌现，近代市政设施逐渐起步。这个变化主要集中在 20 世纪的头 20 年间，大体上表现在以下 7 个方面：

1）皇城禁地开放

拆除天安门前东、西三座门的卡墙，打通东西长安街；拆除神武门外的北上门、东西角门和北海前的东、西三座门，打通朝阳门至阜成门的街道；打开南北长街、南北池子，拆除中华门及其两侧的千步廊，并陆续拆除皇城城墙。

2）拆除瓮城，打开豁口

由于铁路贴近城墙兴建，直接导致瓮城的拆除。先后拆除正阳门瓮城、宣武门瓮城、箭楼，内城城墙拆出多处豁口，沿城墙脚下建造起大小 15 座洋式火车站。

3）形成新商业街

受东交民巷使馆区影响，紧挨使馆区的崇文门大街首先出现经营舶来品的洋式商店和西餐馆等，形成使馆区之外的一条最早的近代商业街。与使馆区台基厂直通的王府井大街，也陆续建造了一批洋行、银行、珠宝店、高档百货店和饭店，并形成一组北京最早的综合性步行商场——东安市场。到 1920 年代末，从崇文门内、东单、王府井到东华门大街一带，集中了北京城内最高级的洋行、旅馆、影院、商场、舞厅，成为近代北京的新市中心。位处正阳门大街西侧的大栅栏，也聚集了著名的"八大祥"商号，北京最早的电影院大观楼，北京最早的仿欧式百货商场劝业场以及著名的老字号、钱庄和新式的银行、酒楼等，成为近代北京建筑密度和人口密度最高的繁华地段。这些新的商业街与旧北京原有的商业点、庙会聚点，一起组构成近代北京的主要商业区分布（图 11 – 11）。

4）形成教会建筑小区

从 1900 到 1912 年，天主教系统相继修整和重建了北堂、南堂、东堂、西堂。以北堂（西什库教堂）规模最大，除哥特式大教堂外，周围还建有主教府、神甫住宅、修道院、修女院、图书馆、印刷厂、医院和女子中学。耶稣教系统有公理会、卫理公会、中华基督教会、圣公会、青年会、圣经会等。崇文门内的卫理公会亚斯立堂，建有一座大礼拜堂，十几幢牧师住宅以及汇文学校（燕京大学前身，后改为汇文男中和慕贞女中）、小学校、妇婴医院和同仁医院。灯市口的公理会教堂，也附建有育英男中和贝满女中。这些配套的教会建筑形成了散处京城的几处带有异国特色的教会小区。

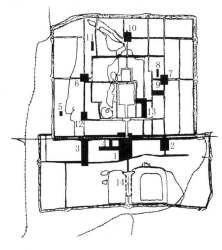

图 11 – 11　北京近代主要商业区分布示意图

1—正阳门大街；2—崇文门外、花市；3—宣武门外、菜市口；4—琉璃厂、厂甸；5—都城隍庙庙会；6—西四；7—东四；8—隆福寺；9—灯市；10—钟鼓楼；11—护国寺庙会；12—西单；13—王府井大街；14—天桥

（引自《建筑师》第 35 期胡宝哲文）

5）宫苑辟为公共场所

民国建立后，1913 年开放宫城内的文华、武英两殿，1915 年开放乾清门以南的"前朝"部分，作为博物馆。1925 年溥仪出宫，整个皇宫改为博物院。皇亲私园最先开放的是三贝子花园，1906 年交商部设立农事实验场，栽培各种植物，驯养观赏动物，1908 年对外开放，称"万牲园"。1914 年，社稷坛开放为"中央公园"，是北京的第一座公园。随后，天坛、先农坛、太庙、北海、景山、颐和园、中南海等也相继开放为公园。北京古城有了多处面向公众的休闲场所。

6）开发外城"新市区"

1914 年成立的京都市政公所，在外城选择香厂路附近的一片地段，进行"新市区"的示范开发（图 11-12）。区内铺设了十字交叉的干道，交叉处辟圆形广场，次街、小巷与干道垂直相交。沿街两侧建造统一设计的下店上宅的二层商住楼，统一栽种行道树，统一铺装路面。广场周围建有"新世界"商场、东方饭店、仁民医院。新市区的建筑普遍采用洋式造型，布局规整，配有电灯、自来水，并采取"招商租领"的方式，是近代北京建设新型市区的一次很有意义的尝试。可惜只进行 4 年时间便陷于冷落、萧条。

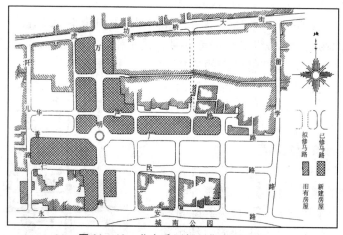

图 11-12　北京香厂新开街市平面图
（资料来源：《京都市政汇览》）

7）市政设施的推进

清末民初，北京城市道路建设有过一段较快速的发展。至 1927 年，共有石碴路 120 万 m^2，沥青路 30 万 m^2。交通工具相应也有进展。1921 年筹建有轨电车，1924 年通车。供电设备最早于 1888 年安装于中南海，1890 年宫廷里亮起北京最早的电灯。1905 年在前门顺城街内建立京师华商电灯公司，供电范围较小。1919 年石景山发电厂建成后，城内开始普及电灯。马路上也安装电灯，繁华地区夜晚大街通明。自来水公司始建于 1908 年，由德商经营，清廷督办。1910 年供水，但发展缓慢，大部分居民仍用井水。

11.4.3　近代北京的建筑风貌

近代北京的建筑风貌，大体上呈现以下演进过程：

1) 中西混合样式

西式建筑的导入，异质建筑文化的碰撞，在北京很自然地冒出了两种匆忙混合的建筑形态。一种是在中式建筑的主体中揉入西式建筑的要素，以商业、服务业建筑在这方面表现得最为敏感、鲜明。一些经营洋货的旧式商店，率先推出了"洋式店面"。一些需要展扩营业空间、人流空间的绸缎庄、百货店、澡堂、酒馆，在改装"洋式店面"的同时，还通过在天井上加钢架顶棚的方式，把室外的庭院空间转化为室内的连片空间。北京谦祥益绸缎庄（图 12 - 26）、瑞蚨祥绸布店等都是这类建筑的实例。另一种是在西式建筑的主体中揉入中式建筑的要素。清末推行"新政"和"预备立宪"所建的一批新式官署中，有一些建筑就属于这类，以建于1907 年的陆军部最具代表性（图 14 - 1）。这组由中国人沈琪设计的建筑组群，总平面布局还带有旧式公廨设大门、仪门、大堂、二堂的痕迹。其主体建筑南楼已是中部凸起钟楼，周圈环绕券廊，采用砖墙承重，运用砖拱券、砖叠涩的西式楼房。繁缛的细部装饰和曲线形的山墙轮廓浸透着"巴洛克"意味，砖雕纹饰又糅合了卷草、花篮、寿字、万字等中国传统的世俗题材。建于1910 年的北京农事试验场大门也是如此，它们都属于早期一度流行的变体样式。

2) 西方折中主义样式

比较地道的洋楼，早期主要集中在东交民巷使馆区，基本上都属于20 世纪初欧美仍在流行的折中主义样式。散布在使馆区之外的纯西式建筑，如建于1906 年的京奉铁路前门车站，建于1903 年、1917 年的北京饭店老楼、新楼，建于1911 年的清华校门和清华学堂等，也都是这种风格。20 世纪20 年代，年轻的中国建筑师在北京设计的折中主义样式建筑，已达到相当地道的水平。庄俊在1914～1923 年间参与了著名的清华大学"四大建筑"（图书馆、科学馆、体育馆、大礼堂）的设计；沈理源设计了包括开明戏院（1914 年前后）、真光剧场（1920 年前后）、盐业银行（1925 年前后）在内的为数不少的建筑；特别是基泰工程司朱彬设计的位于西交民巷东口，建于1925 年的大陆银行（图 14 - 2），熟练地运用三段划分的古典主义构图，入口部位在高达 3 层的拱门内嵌入"帕拉第奥母题"，造型准确，比例适度，显示出很扎实的设计功力。

3) 中国传统复兴式

20 世纪20 年代前后，由一批外国建筑师参与，在北京兴起了一股颇有影响的创造中国固有形式的设计探索。其中有：1919～1921 年，由沙特克（Shat-tuck）与赫士（Hussey）设计的北京协和医院第一期工程的 14 幢教学楼（图 14 - 10）；1920～1926 年，由美国建筑师墨菲规划、设计的燕京大学校园和建筑组群；1927～1931 年，由莫律兰（V. Leth Moller）应征设计的北平图书馆；1928～1930 年，由格里森（Dom Adelbert Gresnigt）设计的辅仁大学新楼（图 14 - 11）。这一批建筑都是在满足新功能、新结构的条件下摸索中国风格，它们把近代中国传统复兴式的建筑推进到宫殿式处理的成熟水平，为当时的北平新建筑抹上一笔浓厚的中国古典风韵。

4）装饰艺术样式

20 世纪 30 年代初，欧美新兴的摩登风格——装饰艺术样式，也在北京开始流行。杨廷宝主持设计的、建于 1930 年的清华大学气象台、生物馆、明斋等，都属于这种风格。这些建筑都是砖混结构，外观体型简洁，主要通过线条划分墙面，重点部位点缀一些石料或水刷石的古典柱式和细部装饰，是一种向国际式趋近的过渡形式。这种装饰艺术样式也影响到中国式建筑的创作，形成了一种以装饰为特征的中国样式。杨廷宝于 1930 年设计的北京交通银行，梁思成、林徽因于 1932 年设计的北京仁立地毯公司铺面（图 14 – 16），都是这方面有影响的作品。

5）现代式

在 1930 年代初装饰艺术样式在北京流行的同时，西方功能主义的现代主义风格也开始在北京崭露头角。建于 1932 年的清华大学静斋宿舍楼、由梁思成于 1931～1932 年间设计的北京大学地质学馆和女生宿舍，是其典型实例。北大女生宿舍呈"凹"形布局，由 8 个居住单元组成。外形完全服从内部功能，利用单元排列构成体量组合，立面设计十分简洁，只在青砖清水墙面上做出简单的凹凸横线（图 4 – 29）。这是中国建筑师设计现代主义建筑的早期作品之一。北京的现代式建筑并不多，但它在 1930 年代初的古都北京出现，应该说具有一定的标志意义。

11.5　首都南京的规划、建设

南京地处长江下游，北接辽阔的江淮平原，东连富饶的长江三角洲，经济地理区位优越，山河地势险要。东吴、东晋、宋、齐、梁、陈、南唐、明初和近代时期的太平天国，都建都于此，是我国著名的古都和历史文化名城。

11.5.1　城市转型的多元背景

南京城市的近代转型，有诸多因素的合力作用：

（1）开辟通商口岸　1858 年，中法《天津条约》把江宁（南京）列入通商口岸。1899 年清政府正式开放下关为商埠，设金陵关。列强纷纷在下关设领事馆，开洋行，建码头，下关逐渐形成新开发的码头区、商业区。

（2）洋务工业活动　1865 年，李鸿章将苏州洋炮局的一个车间迁到南京，加以扩充，于 1866 年建成金陵机器局，这是南京建造的最早的近代工业建筑。此后相继建造了金陵船厂（1866 年）、金陵火药局（1884 年）、胜昌机器厂（1894 年）、同泰永机器翻砂厂等。这批军用工业和民用工业建筑使南京成为我国早期工业建筑的一个重要集聚地。

（3）西方教会活动　从 1846 年开始，南京和澳门、北京一样被西方教会列为在中国设立的三个主教区之一。1870 年建成一座罗马风式的"圣母无染原罪始胎堂"，即现在的石鼓路天主堂，这是南京现存最早的西式建筑。此后，教堂、教会学校陆续在南京涌现，其中较早的有建于 1888 年的汇文书院钟楼，当时是南京建造的第一幢 3 层楼的洋房。这些教堂和教会建筑成为南京早期西式建筑的重要组成。

（4）铁路交通建设　1908 年南京至上海的沪宁铁路建成，1912 年津浦铁路全线通车，1934 年南京至安徽沈家埠的江南铁路建成，使南京成为南北陆上交通与长江水运的交汇点。

（5）国民政府定都　1927 年，国民党政府定都南京。在 1927～1937 年的 10 年间，南京作为首都进行了城市的全面规划和集中建设，形成近代中国建筑史上的一次颇具规模的活动。1945～1949 年，南京恢复为抗日战争胜利后还都的首都，建都显然是促使近代南京城市转型的最主要因素。南京的市区人口明显地随着国都的定迁而波动。人口的激增，国都事务的需要，大批政务、军务机构的设立，给南京的道路交通、市政设施、公署建筑、商贸建筑和住宅建筑带来集中建设的机遇，南京的城市转型由此得到显著的推进（图 11－13）。

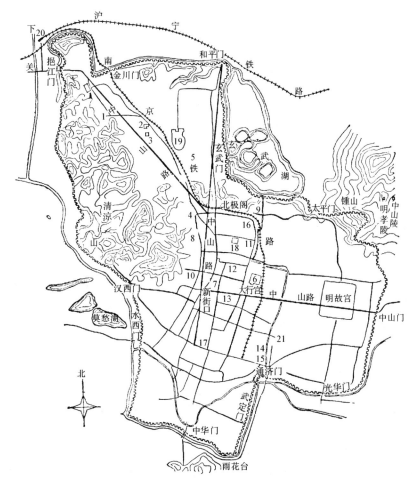

图 11－13　近代南京城区平面示意图

1—英国领事馆；2—美国领事馆；3—德国领事馆；4—日本领事馆；5—国民党中央党部；6—国民政府；7—外交部；8—司法院；9—考试院；10—交通部；11—教育部；12—铁道部；13—财政部；14—立法院；15—监察院；16—中央大学；17—中国银行；18—监狱；19—劝业会场；20—火车站；21—飞机场

11.5.2 "首都计划"及其局部实施

1927 年国民政府定都南京后，于 1928 年 2 月成立国都设计技术专员办事处，聘请美籍工程师古力治（E. P. Goodrich）为工程顾问，美国建筑师墨菲（H. K. Murphy）为建筑顾问，于 1929 年 12 月颁布"首都计划"。这是近代中国由官方制定的较早、较系统的一次城市规划工作。

"首都计划"把城市划分为 6 区——中央政治区、市行政区、工业区、商业区、文教区和住宅区（图 11 - 14）。以中央政治区为重点，由中央党部区、国民政府区和院署部署区三部分组成。原计划安排在中山门外紫金山南麓，因各有关公署不愿建在规划指定的荒郊而导致计划落空，拟设于傅厚岗一带的市行政区和安排在江北、燕子矶一带的工业区，也都没有实现。

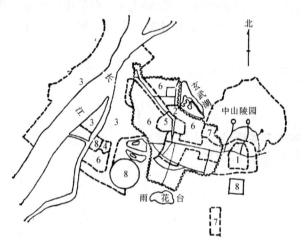

图 11 - 14　1929 年"首都计划"所作南京分区图
1—中央政治区；2—市行政区；3—工业区；4—商业区；
5—文教区；6—居住区；7—火车站；8—飞机场

"首都计划"对南京的街道系统作了通盘规划，采用当时美国一些城市流行的方格网加对角线的形式。为增加沿街店面，道路网的密度很高，街坊面积偏小。规划实施的第一批工程都以"中山"命名，如中山码头、中山路、中山桥、中山门等。其中的中山路由下关经挹江门、鼓楼、新街口、大行宫到中山门，成为贯穿全市的一条主干道，新街口、大行宫附近迅速形成了新商业中心。

"首都计划"中把住宅区分为第一、第二、第三住宅区和旧住宅区。第一住宅区为上层阶层住宅区；第二住宅区为一般公务人员住宅区；第三住宅区为一般市民区，旧住宅区则原封不动地保留。这种分区明显地呈现住居条件的两极分化。位处山西路、颐和路的上层住宅区，全部是独立式花园洋房，每户设有门房、汽车间和冷暖设备，1700 幢住宅的建筑总面积达到 69 万 m^2，平均每户 $400m^2$。建筑密度在 20% 以下，宅园绿化面积达 64.8%。而分散在下关、汉中门等地的贫民住宅，则有许多是建于低洼地段的、简陋不堪的棚户。南京解放时，这种棚户区还有 309 处，棚屋数量约 19000 幢。

　　"首都计划"对于城市建筑形式也有专章规定，在"中国本位"思想支配下，极力提倡"中国固有之形式"，特别强调"公署及公共建筑尤当尽量采用"。对于商业建筑，计划认为可以采用外国形式，但"外部仍须具有中国之点缀"。"首都计划"中列有傅厚岗行政中心、新街口广场、明故宫火车站、城厢交通节点和中央党部、国民政府公署、五院院署等城市节点和重要建筑的设计方案图。傅厚岗行政中心规划成套着 3 圈环路的圆形广场，圆心和内环的建筑都是带重檐或单檐歇山顶的（图 11 – 15）。设计示例中的中央党部、国民政府和五院院署大楼中部都高高突起重檐攒尖顶。这些建筑虽然没有建成，但其设计思想对于当时南京公署建筑、文化建筑的设计产生了很深的影响。

图 11 – 15　　"首都计划"中所附的傅厚岗行政中心规划鸟瞰图
（转引自《中国近代建筑图录》）

11.5.3　近代南京的建筑风貌

　　南京的近代建筑类型颇为齐全，大型行政建筑、大型纪念性建筑、商业建筑、文教建筑、教会建筑、使领馆建筑、里弄住宅、花园洋房以及早期工业建筑等等，在中国近代建筑史上都占有一定地位。在这些建筑的创作活动中，南京的建筑形式呈现出较明显的中西兼容的特点。近代中国所出现的诸多形式，在南京几乎都有所反映。

　　在备受关注的"中国固有形式"的建筑活动中，南京处于特别突出的地位。这种中国式的建筑创作主要集中在三个领域：一是教会学校建筑；二是纪念性、文化性建筑；三是政府部门的公署建筑。这三方面的建筑恰恰在南京都占有较多数量。在教会学校的建筑活动中，金陵大学的东大楼（1926 年）、北大楼（1919 年）（图 14 – 9）、西大楼（1926 年）、实验室（1925 年）、学生宿舍（1921 年）；金陵女子大学的健身馆、科学馆、文学馆和学生宿舍（均建于 1921 ~ 1923 年）等，都是这种中西合璧式的中国建筑。以 1926 年开始建造的，由吕彦直设计的中山陵（图 14 – 12）为起点，在陵区周围陆续建造了一大批陵园纪念性建筑，其中有杨廷宝设计的谭延闿墓园（1931 ~ 1933 年），刘敦桢设计的仰止亭（1931 ~ 1932 年）、光化亭（1931 ~ 1934 年），赵深设计的行健亭（1935 年），墨菲设计的国民革命军阵亡将士公墓祭堂、纪念堂、纪念塔（1928～1935年），卢树森设计的中山陵藏经楼（1935～1937年）等，这些建筑掀起了中国式纪念性建筑活动的一次热潮。中山陵成为中国近代建筑史上的划时代杰作，中山陵陵区周围成了中国式建筑高度密集的聚点。而建于20世纪20年代末到30年代末的铁道部、交通部、考试院、国民党党史陈列馆（图14－18）、中央博物院（图14－22）等公署建筑和文化建筑，更为南京增添了"中国式"建筑活动的分量和影响。南京一地如此密集地集中了这么多"中国固有形式"的公署建筑、文化建筑、教会大学建筑和陵园纪念性建筑，自然给南京的建筑风貌抹上了独特的风采。

值得注意的是，在上述公署建筑、文化建筑和包括中山陵在内的纪念性建筑的创作中，中国建筑师已是设计的主体。从这一点来说，南京和上海一样，是近代中国建筑师活动最为集中的两个主要城市。中国近代建筑师的许多重要创作进程是在南京展现的。在探索"现代式的中国建筑"方面，南京有赵深、童寯、陈植合作设计的国民政府外交部大楼（1934年）（图14－17），奚福泉设计的国民大会堂（1935年）（图12－16）、国立美术馆（1935年）、中国国货银行（1936年）、杨廷宝设计的中央医院主楼（1933年）（图14－15）、中央体育场（1930～1933年）等。在跟踪西方现代建筑的设计方面，南京也有童寯设计的美军顾问团A、B大楼（1946～1947年）、公路总局办公大楼（1947年），李惠伯、汪坦设计的馥记大厦（1948年），杨廷宝设计的中央通讯社（1948年）、新生俱乐部（1947年）、延晖馆（1948年）等。这两大类的"现代式"建筑虽然数量并不多，但已迈出南京现代建筑的初始步伐。

第12章 建筑类型、建筑技术与建筑制度

12.1 居住建筑

近代中国的居住建筑，可以粗分为三大类别：一是传统住宅的延续发展，在广大的农村、集镇，偏僻地区的县城，少数民族聚居的城乡和一部分大中城市的旧城区中，仍然继续着旧的传统民居的建筑方式。二是从西方国家传入和引进的新住宅类型，主要分布在大中城市中，有独户型住宅、联户型住宅、多层公寓、高层公寓等。三是由传统住宅适应近代城市生活需要，接受外来建筑影响而糅合、演进的新住宅类型，如里弄住宅、居住大院、竹筒屋、铺屋和其他侨乡住宅形式。这三大类住宅建筑，前一类属于旧建筑体系，是传统乡土建筑在近代时期的推迟转型。它保持着传统民居的基本形态，只是在应用玻璃、机制砖瓦等方面，产生微弱的局部变化。中国现存的传统民居，绝大多数都是鸦片战争后建造的，是近代中国建筑活动的一个组成部分，因为它归属传统建筑体系，本书已纳入第3章"住宅与聚落"中叙述，这里不再重述。后两类都是近代出现的新住宅类型，一种是外来移植的，另一种是本土演进的，下面分别展述：

12.1.1 外来移植的住宅

外来移植的住宅主要是通过外国移民输入和建筑师引进的国外各类住宅形式，早期多为独户型和联户型。独户型住宅也称独院式住宅，有高标准和普通标准两类。高标准的独院式住宅通称花园洋房，最初多为外国人居住，在1900年前后出现于各大城市。这类住宅一般位于城市的良好地段，总平面宽敞，讲究庭园绿化和小建筑处理，建筑面积很大，多为一二层楼，采用砖石承重墙、木屋架、铁皮屋面，设有火墙、壁炉、卫生设备，装饰颇豪华。外观随居住者的国别，采用各国大住宅、府邸形式。这是当时这些国家流行的高标准住宅在中国的复制。这类住宅也有少数采用定型设计，重复建造。如建于1908年前后的哈尔滨中东铁路高级住宅，用同一平面建造了数幢不同样式的新艺术风格的宅屋。住宅高2层，设有门斗、过厅、客厅、女客厅、主卧室、儿童室、家庭教师室、仆人室、餐室、厨房、卫生间等，使用面积达300m^2（图12-1）。

适应近代生活方式的独院式花园住宅传入中国后，很快为军阀、官僚、买办、资本家所追慕，有的纷纷向外国人转手购置，如原为德国人产业的上海盛宣怀宅。有的纷纷仿效建造，如1914年前后，张謇在南通建造了"濠南别业"等7幢别墅住宅（图12-2）。其中由中国业主仿建的住宅，往往在建筑式样、技术和设备上仿照西方的形式和做法，而在装修、庭院绿化方面掺入若干中国传统要素和做法。

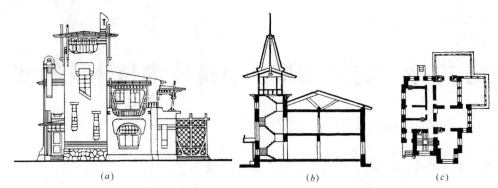

(a) (b) (c)

图 12 – 1 哈尔滨中东铁路高级住宅，同一种平面做出两种立面形式

(a) 新艺术式；(b) 带帐篷顶的新艺术式；(c) 一层平面

    20 世纪 20 年代以后，独院式住宅活动规模有所扩大。国民党政府定都南京后，在南京山西路、颐和路一带形成了大片高级住宅区。上海、天津和其他大城市也陆续建造了一批西班牙式、英国式等多种多样的独院住宅（图 12 – 3）。1930 年代以后，在国外现代建筑运动影响下，出现少数时髦的新住宅。这种新住宅采用了钢筋混凝土结构和大片玻璃等新材料、新结构，装置了电梯、弹簧地板、玻璃顶棚等新设施，建筑空间趋向通透、流畅，造型也成了很地道的"现代式"。上海铜仁路吴同文宅（1935～1937 年建，邬达克设计）明显地反映出这一趋势（图 12 – 4）。

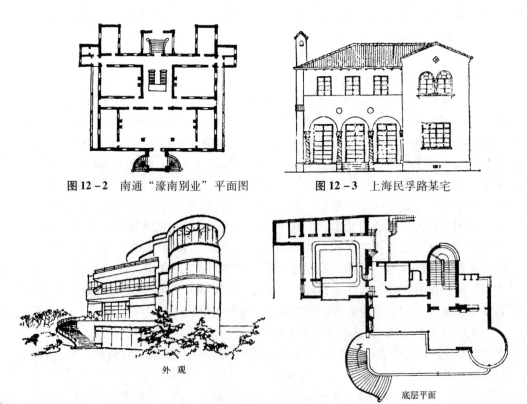

图 12 – 2 南通"濠南别业"平面图   **图 12 – 3** 上海民孚路某宅

外 观   底层平面

图 12 – 4 上海吴同文宅

20 世纪 30 年代，一些大城市中盛行近代住宅的另一类型——供出租、出售的公寓住宅。以上海建造得最多，出现了一大批五六层的多层公寓和许多幢 10 层以上的高层公寓。上海地价在 20 世纪最初的 30 年中，增长了 993 倍，30 年代又增长了 1 倍。由于城市土地昂贵，加上资本主义经济危机，市场游资充斥，各国在远东的行商极力向中国推销建筑材料，于是一批房地产集团，如英国的沙逊洋行、业广地产公司，法国的万国储蓄会和一些中国的财阀集团，便利用廉价材料和劳动力，竞相向房地产投资，多层、高层公寓即接踵出现。

从上海来看，高层公寓多位于公共交通方便的地段，便于居住者通往工作地区和市中心。总体布置除公寓本身外，有的设有汽车间、工友室、回车道和绿化园地。根据坐落地点及住户对象的不同，高层公寓以不同间数的单元组成标准层。有一室户、一室半户、二室户以至五室以上的户型。以二室户、三室户占多数。垂直交通依靠电梯，或分散或分组布置。高层公寓大都备有暖气、煤气、热水设备和垃圾管道，有些厨房还设有电冰箱，可以说是达到了较高的近代化水平。显然，在当时只有收入较丰的高级职员、商人、外国人等上层住户才能享用这样的居住生活（图 12 - 5、图 12 - 6）。

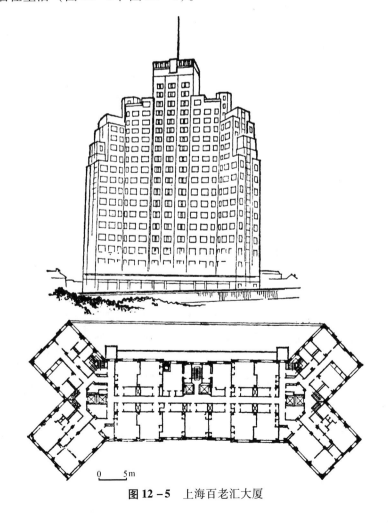

0　　5m

图 12 - 5　上海百老汇大厦

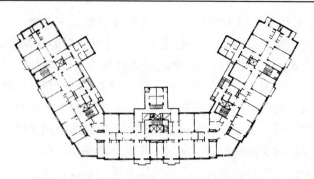

图12-6　上海毕卡地大厦平面图

　　总的说来，包括花园洋房、多层公寓、高层公寓在内的一整套高标准和较高标准的外来移植住宅，大部分都是外国洋行和外国建筑师事务所设计的，到20～30年代也有一部分由中国建筑师事务所设计。这类住宅基本上是当时西方各国流行住宅的翻版，这些设计是很地道的，所用建筑材料和设备，凡国产欠缺的，几乎都由国外进口。承担施工的中国营造厂在施工技术上也是一流的。因此这些移植的住宅可以说普遍达到引进国原版住宅的同等水平。在近代化进程上可以说是快速地一步到位。但是这批住宅主要集中在有限的大城市，从全国住宅全局来说，它们所占的数量是很有限的，分布面也很窄小。

12.1.2　本土演进的住宅

　　本土演进的住宅主要集中在开放度较高的城市和侨乡，大体上形成以下几种类别：

　　一是大家熟知的里弄住宅，最先出现在上海租界，后来扩展到天津、汉口、南京等大城市。

　　二是分布在青岛、沈阳、长春、哈尔滨等地的居住大院。它是从传统合院式住宅基础上展扩而成的，已不是一户一宅，而是十几户以至几十户聚居的圈楼（图12-7）。一般形成大小不等的院子，周围建二三层外廊式楼房，多数是四面围合或三面围合。根据基地情况，大院有单院式、穿套式、多进院式等不同形式。临街一面通常用作店铺，院内集中设置自来水龙头、污水窖、厕所和仓棚等。建筑为砖木结构，沿街立面仿西式建筑构图，细部装饰混杂着西式图样和中国民俗图样。院内木构外廊则采用中国式的廊柱、木栏杆、楣子。这可以说是适应近代北方城市中下层住户需要，通过中国工匠的建造而形成的一种中西掺和的、高密度、低标准的住宅形式。

　　三是出现在广州一带的竹筒屋。

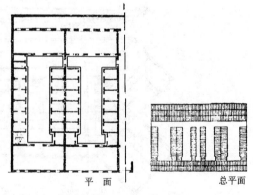

平面　　　　　总平面

图12-7　青岛居住大院

由于商业的兴盛，城市人口密度的增加，从19世纪上半叶开始，在广州的商人密集区逐渐演进出一种单开间、大进深的联排式住宅。早期多为单层带局部二、三层，开间宽约4m，进深达10余米乃至30m。因其形似竹筒而得名。这种住宅以毗连的侧墙承重，形成中空的长条形空间。典型的平面分前、中、后三部。以1~2个内天井间隔，前部为门头厅、前厅、前房，中部为过厅、楼梯、

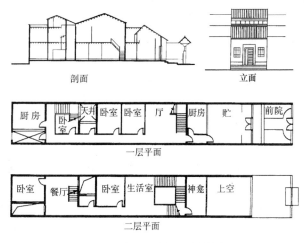

剖面　　　　　立面

厨房　卧室　天井　卧室　卧室　厅　厨房　贮　　前院

一层平面

卧室　餐厅　卧室　生活室　神龛　上空

二层平面

图 12-8　典型的广州"竹筒屋"
（摹自《中国传统民居与文化》）

后房，后部为厨房、厕所。因侧墙联排无法开窗，主要靠内天井和高侧窗通风、采光，前后分室，采用不到顶的隔断、屏风。沿街入口大门除门扇外，设有一道挡人而不挡风的"躺笼"和一道遮挡视线的半高"脚门"，形成颇具特色的立面（图12-8）。到20世纪30年代，竹筒屋纷纷从单层独户型向多层分户型演变，相应采用了钢筋混凝土框架结构。总的说来，竹筒屋窄开间、大进深、多层联排式的布局形态，既反映了亚热带地区减少太阳辐射热的气候需要，也反映了城市商业区极度紧凑地皮、尽量少占街面的高密度要求，是针对广州商业地段应运而生的一种住宅转型形式。

四是散见于东南沿海城市的骑楼、铺屋。近代城市商业街的发展，推动了一大批沿海城市住宅向"下店上宅"的方向转型。在广东、广西、福建、台湾等地，由于气候炎热多雨，街道要求有遮阳、避雨功能，于是在竹筒屋式的窄开间、大进深、联排式布局的基础上，演进出一种骑楼式的店宅综合体。它以沿街下层铺面设置带覆盖的通道敞廊为特征，反映出中国廊房式的传统商业建筑与外来的殖民地外廊样式的结合。建筑立面带有浓厚的洋式造型，通常以底层柱廊、楼层和檐部女儿墙、山花组成三段式构图（图12-9）。这类骑楼数量颇多，以其独特的形象构成这些城市的独特风貌。

与骑楼建筑很接近的，还有一种不带覆盖通道敞廊的窄开间联排式楼房，通称"铺屋"。它没有做出"骑楼"，沿街立面上下层对齐或上层略有出挑。有的

图 12-9　北海市骑楼建筑街立面图
（引自《第五次中国近代建筑史研究讨论会论文集》）

是"下店上宅"，有的是上下皆宅，多沿街巷或河堤联排毗连。通常为单开间，进深有的较深，有的较浅。多为2~3层建筑，彼此联檐通脊，建筑密度高，造价低，工期短，因而在东南沿海许多城市广为分布。各地由于用材和做法的区别而各有特色。

五是在广东侨乡生成的庐式侨居和碉楼侨居。各地侨乡许多"落叶归根"的华侨，纷纷回家乡建宅定居。他们有较强的经济实力，有开放的域外视野，也有深厚的传统根基，自然形成侨居建筑中的中外文化交融现象。以广东的庐式侨居表现得最为典型。其平面以传统的"三间两廊"为基础，外形多呈方形，一般建2~3层，用材较讲究，布置较灵活，窗户开得较大，有的做成斜角凸窗。室内通透开敞，通风采光良好。外观有西方古典式的和中西混合式的。

华侨经商致富，需要强调防盗，引发了一种具有防御性能的碉楼式侨宅。这种建筑低则3~5层，高则5~7层，形似碉堡，早在明末清初已有建造，而到20世纪20~30年代颇为盛行。它有两种形态：一种是多户集资合建的单纯碉楼，主要在发生盗情和洪水泛滥时用作各户防盗、避涝的临时性居住场所（图12-10）。另一种是独户建造的带有裙房的碉楼，既可满足日常起居，又可满足据楼固守的防盗需要。这两种碉楼的外观都呈现中西建筑交汇的特色。著名侨乡广东开平曾建碉楼3000多座，现存还有1833座。开平碉楼和村落以其浓郁的中西建筑文化交融和保存完好的侨乡原生态文化，在2007年被列入《世界遗产名录》，

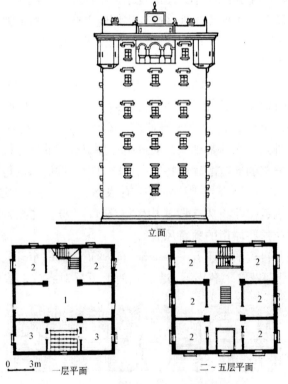

立面

0 3m

一层平面   二~五层平面

图12-10 广东花县万安庄某碉楼住宅
（引自《广东民居》）

成为我国第 35 处世界文化遗产。

在上述几类本土演进式的住宅中，里弄住宅的演进脉络最为清晰、显著，是考察本土住宅转型的最佳标本。下面主要以上海里弄住宅为例展述：

19 世纪五六十年代，小刀会起义和太平天国农民运动中，上海旧城居民和外省城乡富户纷纷拥入租界，租界人口剧增，外国房地产商乘机建造毗连式木屋出租谋利，以后为避免火灾，改用砖木结构，形成了最初的石库门里弄住宅。

这种早期石库门里弄主要建造于 19 世纪 70 年代初至 20 世纪 10 年代初，总平面布局吸取欧洲联列式住宅的毗连形式，单元平面则脱胎于传统三合院住宅，将前门改为石库门，前院改为天井，形成三间二厢及其他变体。一般大门设在中轴线上，入内为一长方形或正方形天井。主屋正中为客堂，左右为次间和厢房，客堂后面设横向楼梯，再后为横向长方形天井，最后为灶间等辅助用房。明间面阔约 4m，进深约 6m，通进深约 15m。前部为 2 层，后部辅助房间为单层。石库门围墙较高。结构为立帖式砖木结构。常用空斗墙、五柱落地立帖、木搁栅楼板、蝴蝶瓦顶。外观和装修均为传统形式，封火山墙、格门、支摘窗、漏窗、木栏杆等运用很普遍。讲究的还做飞罩、挂落。

不难看出，里弄住宅从一开始就反映出本土住宅为适应近代城市生活而出现的转型现象。它由房地产商开发，供出租、出售，住宅自身的房产、地产都成了商品。为经济用地，自然引进联排式毗连的紧凑布局形式，单体建筑仍保持浓缩的三合院楼房格局，既做到高密度，又取得较大的面积和较多的居室，适合于几代同堂的大家庭需要。高墙闭合的带有内天井的内向布局也延续了传统起居的习俗，妥帖地迎合了当时刚刚迁出旧式民居的富裕人家的需求。1911 年辛亥革命后，随着城市地价的上升和社会家庭结构趋向小型化，早期石库门里弄逐渐向后期石库门里弄演化。其主要特点是：总平面排列趋向整齐，尽量争取好的朝向；单元平面从"三间二厢"转为"单开间"，少数杂有"双开间"；后部附屋增加 1 层或 2 层，用作小卧室，俗称亭子间；正面前天井围墙高度降到二层窗台，通风、采光有所改善；建筑细部开始采用洋式，主要表现在门、百叶窗、砖券、栏杆、楼梯、牛腿等部位（图 12 – 11）。

大约在 20 世纪 20 年代前后，上海里弄住宅在后期石库门的基础上开始向两种途径演化：一种是转向经济型的广式里弄；另一种是转向高档型的新式里弄。广式里弄均为单开间平面，取消前部天井，后部单披灶间也改为两层，与主屋连成一体。房屋层高、进深、开间尺度都缩小，整个形态颇似广东的竹筒屋，因而得名"广式"。大多为工人、小商贩和低级职员居住。新式里弄则有很大变化，总平面道路系统中，总弄、支弄有了显著区分，总弄为通行小汽车，宽度拓至 4m 以上。前天井取消石库门，代以矮院墙或透空栏杆墙，支弄观感较为舒敞，显得亲切、近人。单元建筑房间功能分工明确，客堂改为起居室，除卧室、厨房外，增添餐室、书

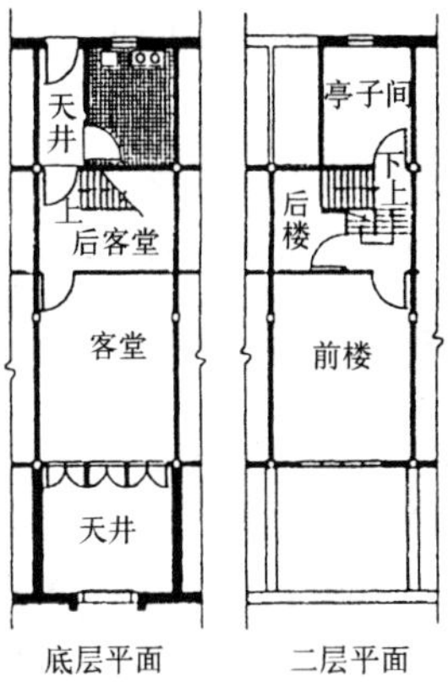

底层平面　　二层平面

图 12 – 11　上海建业东里
（后期石库门里弄住宅）
（引自《上海里弄民居》）

355

房、日光室、工友室，并设有带盥洗、沐浴设备的卫生间，有的还配有汽车间。单元平面与花园住宅很接近，有单开间、间半式和双开间三种形式，有的已去掉天井。结构以横墙承重为主，部分构件采用钢筋混凝土。门窗、楼梯、楼板多用洋松，屋面采用机制红瓦，有的还采用马赛克、陶瓷面砖等新材料。一般都有电灯、自来水、煤气设备，有的还装有暖气。外观早期多采用简化的古典线脚，墙面用红砖或间以汰石子粉刷，后期趋向光洁的现代式，墙面多为黄色拉毛水泥粉刷。这类新式里弄造型简洁明快，内部装修良好，设备较全，使用方便，主要适合当时中产阶层和高级职员的起居需要（图12－12）。

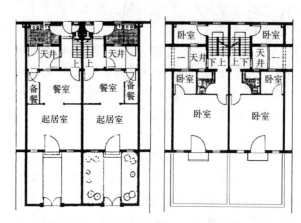

图12－12　上海静安别墅（新式里弄住宅）

（引自《上海里弄民居》）

到20世纪30年代末至40年代，上海又出现了花园里弄和公寓里弄，明显增大了用地面积，绿化空地加大，房屋容积率缩小，居住环境幽静。单元平面凹凸多变，部分居室取横向布置，楼层增至三、四层。底层作起居室、餐室、厨房、工友室、汽车间，二、三层为卧室、卫生间，并有较大的阳台。水、暖、电、卫、煤气设备俱全。外观多为西班牙式或现代式（图12－13）。公寓里弄多由两个单元毗连组成，单元平面为一梯二户或一梯四户。每户由起居室、卧室、厨房、卫生间等配套房间组成。这两类里弄住宅建造的数量都不多。花园里弄明显地朝着高标准的花园洋房的趋向发展，是适应上层住户需要的一种转向。公寓里弄则以其紧凑的布局，显现出良好的经济效益，已经与后来广为盛行的单元式集体住宅接轨。

据1950年统计，上海市区居住房屋总建筑面积为2360.5万 m^2，其中花园住宅223.7万 m^2，占9.5%；公寓住宅101.4万 m^2，占4.3%，新式里弄469.0万 m^2，旧式里弄1242.5万 m^2，两种里弄共占72.5%；简易棚户322.6万 m^2，占13.7%，另有新工房1.3万 m^2[①]。这个情况表明，在近代时期，上海市区的居民，除了最贫困的阶层住在简易棚户，最富裕阶层住在花园住宅和公寓住宅外，绝大多数居民都是住在里弄住宅中。里弄住宅既面对大量的中等收入的住户，也吸引一部分高收入的住户。通过"二房东"出租"亭子间"等方式，还容纳了

---

①　叶伯来主编：《上海建设：1949～1985》，上海科技文献出版就1989年版，第981～982页。

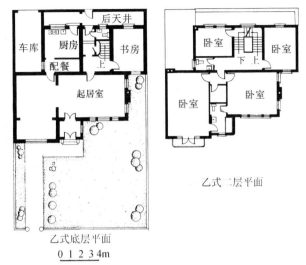

图 12－13　上海上方花园（花园里弄住宅）

（引自《上海里弄民居》）

相当一批低收入的住户。里弄住宅实际上成为近代上海住宅的主体。像上海这样居中国近代首位的大城市，它的住宅建筑主体，不是外来移植式的住宅类型，不是原封不动的传统民居，而是本土演进式的里弄住宅，说明本土演进式是一种十分重要的住宅转型途径，也说明上海里弄住宅在切合上海的房地产市场，切合上海的市民阶层构成，切合上海人的生存空间，切合上海的气候特点等方面，都显现出强大的活力和敏锐的动态适应。这里面所反映的近代住宅转型现象、住宅市场开发机制及其在紧凑布局、利用天井、利用空间等方面借鉴江南民居和国外住宅的一些手法、经验，都是很值得我们重视和研究的。

12.2　公共建筑

12.2.1　近代公共建筑的基本类型和发展特点

近代公共建筑在 20 世纪前，除上海、天津、广州等租界城市有少量新建筑活动外，基本上仍停留于传统的类型状况。进入 20 世纪后，在大中城市中较快地出现了商业、金融、行政、会堂、交通、文化、教育、医疗、服务行业、娱乐业等公共建筑的新类型。如商业建筑中出现大百货公司、综合商场、博览性劝业会场；金融建筑中出现银行、交易所；文化教育建筑中出现大学、中小学、图书馆、博物馆；交通建筑中出现火车站、汽车站、航运站、航空站以及为交通运输服务的仓库、码头等。

行政、会堂建筑，早期主要是外国的"领事馆"、"工部局"、"提督公署"和清政府的"新政"、"预备立宪"所涉及的新式衙署、咨议局以及商会大厦之类的建筑（图 12－14）。这类建筑，有的是殖民地式的外廊样式，有的是西方国家同类行政、会堂建筑的翻版，布局和造型大多脱胎于欧洲古典式、折中式宫殿、府邸的通用形式。1906～1910 年间建于北京的陆军部、军咨府（民国后为参谋本部）、外务部迎宾馆（民国后为外交部）、邮传部（民国后为交通部）、度支部（民国后为财政部）等，是新式衙署建筑的一次集中的建造。这批建筑都是高二、三层的砖木结构，仿西方形式。有的由外国建筑师设计，比例和细部都比较地道；有的可能是非科班建筑师绘图，由中国营造厂承建，带有中西混合的特点。后者以陆军部南楼最为典型（图12-15、图14-1）。这栋H形平面的二层主楼，正中凸起一城堡形钟楼，周边环以联券拱廊，两翼山墙和中段北立面采用巴洛克式的曲线形式。整座建筑的檐口、柱头、柱身、拱券、拱心石、拱伏等部位都有大量砖雕装饰，题材为中国传统的卷草、花篮、万字等。这幢由中国人沈琪"绘具房图"，由中国营造厂家施工的建筑，生动地反映出西式单体建筑与中国式总体布局，西式体量造型与中国式细部装饰的双重中西结合。20世纪20年代以后，行政、会堂建筑主要是国民党政府在南京、上海等地建造的各部办公楼、市府大楼和大会堂等（图14-13、图14-14及图12-16），基本上都由中国建筑师设计，外观大多采用了"中国固有形式"。

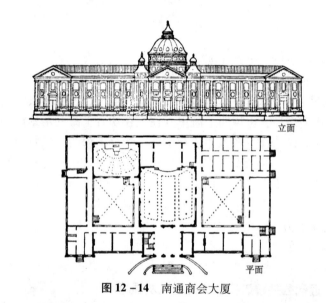

图12-14　南通商会大厦

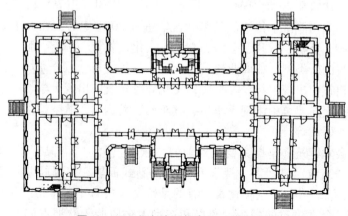

图12-15　北京陆军部南楼一层平面图

（引自《中国近代建筑总览·北京篇》）

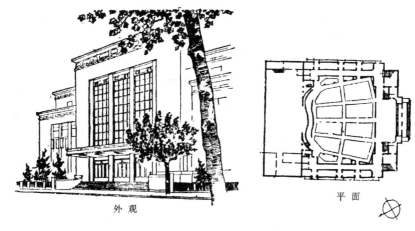

外观　　　　　　　　　　　　　　　平面

图 12 - 16　南京国民大会堂

近代文化、教育、医疗建筑有一部分和外国教会活动联系在一起。以学校为例，除早期的新式学堂和辛亥革命后的公立、私立学校外，教会学校占很大比重。19 世纪末，直隶、山西、山东、河南四省已有基督教系统的学校 500 余所。1920年，全国已有教会系统的高等小学950 所、中学 290 所、大学 10 余所。在文教类建筑中，大学的校园规划和建筑活动最令人瞩目。许多大学校园都是由外国建筑师规划设计的。美国建筑师墨菲就先后参与了北京清华学校、福建协和大学、长沙湘

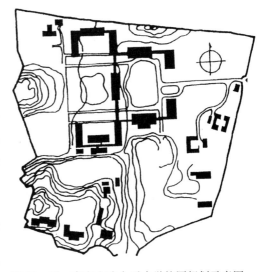

图 12 - 17　南京金陵女子大学校园规划示意图

雅医学院、南京金陵女子大学（图 12 - 17）、北平燕京大学（图 12 - 18）等多所大学的规划、设计。这些大学大多沿用国外校园模式，有庞大的占地规模，有合理的功能分区，有优良的自然环境和绿化，有近代化水平较高的建筑群组，有的还采用中国式的建筑风貌，成为近代中国公共建筑中最具组群特色的建筑类型。

城市近代化的一大特征是人流、货流高频率的运动和密集型的人际信息沟通。邮政、电讯和现代交通建筑应运而生，其中火车站建筑的发展最为显著。近代中国的铁路修建大多为列强所控制，火车站建筑如同铁路一样成了舶来品，大多套用各国的火车站形式。建成于 1903 年的中东铁路哈尔滨站、建成于 1906 年的京奉铁路北京前门东站、建成于 1909 年的津浦铁路济南站，都达到了当时国外火车站的一般水平。1937 年建成的大连火车站，由满铁株式会社太田宗太郎设计，采用钢筋混凝土结构，建筑面积达 8433m^2。这个车站处于市中心商业繁

华区，设计考虑了人流集散和人货流分离，设置了宽敞的候车大厅和直达二楼的坡道。立面简洁，突出坡道、平台和门前的大广场处理，已是一座现代化的大型火车站建筑（图12－19）。

显然，在近代中国庞杂的公共建筑系列中，商贸类建筑是最突出的发展类型。它涉及银行、洋行、海关、商店、大百货公司、饭店、饭馆、影剧院、夜总会、游乐场等等。它们的数量很多，构成近代化城市新城区的主体，常常充当市中心的主要角色。

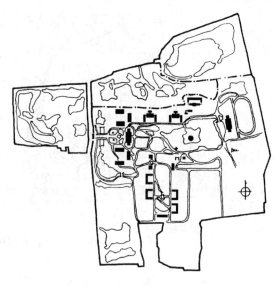

图12－18 北平燕京大学校园规划示意图

银行建筑是其中的佼佼者。

从1845年第一家外国银行——丽如银行在中国设立开始，到20世纪20年代，外国银行建筑已遍及全国各大城市。1879年第一家本国银行——中国通商银行成立，到1936年6月止，华资银行共达164家，其总行、分行也遍布在全国各大中城市。这些银行建筑，一则自身有充足的建筑资金，二则需要显示资本雄厚，自然竞相追求高耸、宏大的体量和坚实、雄伟的外观、内景，成为近代大城市中最触目的建筑物。

汇丰银行是英国在中国势力最大的一家银行，建于1921～1923年的上海汇丰银行新楼（图12－20）位于外滩，四面临街，占地14亩，平面接近正方形，建筑面积约为32000m^2，大楼主体为钢筋混凝土结构，高6层，中部突起2层钢结构顶。一二层为银行行屋，第一层正门入口是一个八角形大厅，由此进入宽敞的营业厅。办公室及辅助房间基本上沿营业厅周围布置，上面各层出租给洋行作办公室。库房很大，可收藏数千万两白银。大楼外立面模仿砖石结构，处理成严谨的新古典主义形式。全楼横向分为五段，中部有贯穿3层高的仿罗马科林斯式

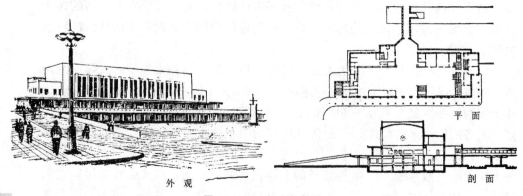

外 观
平 面
剖 面

图12－19 大连火车站

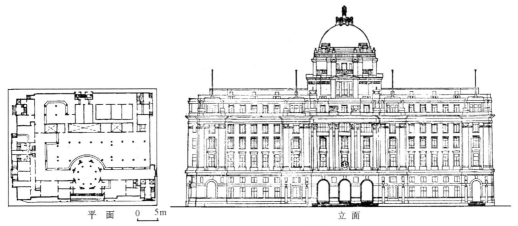

图 12 - 20 上海汇丰银行

双柱。营业厅内有拱形玻璃顶棚和整根意大利大理石雕琢的爱奥尼式柱廊。这栋建筑由英商公和洋行设计，当时曾被誉为 "从苏伊士运河到远东白令海峡的一座最讲究的建筑"。建筑耗资 1000 余万元，汇丰银行在 1920～1922 年两年中，仅从上海一地的收入就达到了这个数目。

商业、服务业、娱乐业建筑不仅数量最多，与市民生活的关联也最为密切。它明显地分成两类：一类是以城镇中下层居民为营业对象的小型商业、服务业建筑和 "大众化" 的娱乐场所；一类是以城市中上层顾客为营业对象的大型百货公司、专业商店和大型饭店、高级影剧院等。前者数量多，规模小，基本上沿袭旧式做法，或在旧式建筑基础上，根据功能的新需要和新技术提供的某些条件进行一定的改造。得到显著发展的还是后者。20 世纪 20 年代前后，大型百货公司、综合商场陆续在各大城市出现，以上海、天津、汉口等商业活动集中的城市分布最多。大型饭店也在 20 世纪初在上海、北京等大城市涌现，到 20～30 年代并向高层建筑发展。

建于 1926～1929 年的上海沙逊大厦，是当时标准很高的一幢大型饭店（图 12 - 21）。这幢大厦为英商维克多·沙逊经营的沙逊洋行房产，由英商公和洋行设计。建筑为钢框架结构的 10 层大楼，局部高 12 层。平面呈 "A" 字形，占地 4622m²，建筑面积 36317m²。整幢建筑，一部分作为沙逊洋行办公之用，一部分用来开设旅馆。底层设有供出租的穿过式购物商场和接待室、管理室、酒吧间、会客厅；二层、三层为商场和出租办公室，四层为沙逊洋行办公室，五层至九层为华懋饭店旅客客房，八层设有中国式餐厅、大酒吧间、跳舞厅。九层设有夜总会、小餐厅。十层为沙逊住所。客房分三等。一等客房由卧室、会客室、餐室、衣帽间、放箱间及两套卫生间组成。9 套一等客房分别做成中国式、英国式、美国式、法国式、德国式、意大利式、西班牙式、印度式和日本式等不同风格的装饰和家具。建筑外部用花岗石贴面，处理简洁，具有装饰艺术派风格。塔楼顶部冠以高 10m 的墨绿色红脊方锥形铜皮屋顶，还带有一些折中主义的余韵。

361

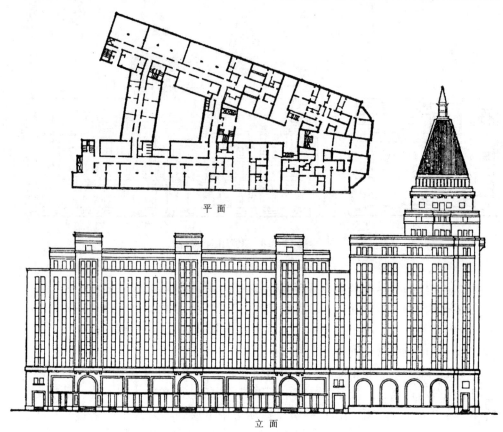

平　面

立　面

图 12 – 21　上海沙逊大厦

　　不难看出，在以上各类型公共建筑活动中，建筑空间的功能状况改观了，建筑的规模扩大了。1928～1931 年，在广州建造了拥有 4608 席位的中山纪念堂（图 14 – 13）。1935 年，在上海建造了容纳 40000 座位、20000 立位的江湾体育场（图 14 – 20）。20 世纪 20 年代前后，在上海相继建造了先施公司、永安公司等包括百货商店、游乐场、酒楼、旅馆在一起的大型综合性建筑。一些大百货公司、大型饭店和银行大厦，也都达到相当大的规模和很高的层数。如 1934～1936 年建造的 9 层的上海大新公司（图 12 – 22），1934～1937 年建造的 17 层的上海中国银行（图 12 – 23）和 1931～1934 年建造的 24 层的上海国际饭店（图 12 – 24）等等。这些新公共建筑，采用了钢铁、水泥等新材料，采用了砖木混合结构、钢框架结构、钢筋混凝土结构等新结构方式，采用了供热、供冷、通风、电梯等新设备和新的施工机械。一些高级影剧院，在音响、视线、交通疏散、舞台设备等方面，也达到较高的水平（图 12 – 25）。所有这些，构成了近代中国建筑转型最鲜明、最突出的景象，意味着我国建筑从 20 世纪初到 30 年代，随着国外建筑的传播和中国近代建筑师的成长，在短短的 30 年间有了急剧的变化和发展。其中有一些建筑，无论从规模上、技术上、设计水平和施工质量上，都已经接近或达到当时国外的先进水平。

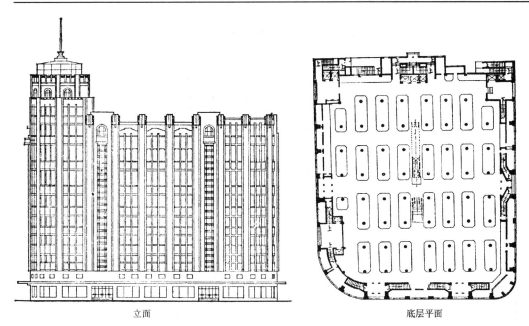

立面　　　　　　　　　　　　　　底层平面

图 12 - 22　上海大新公司

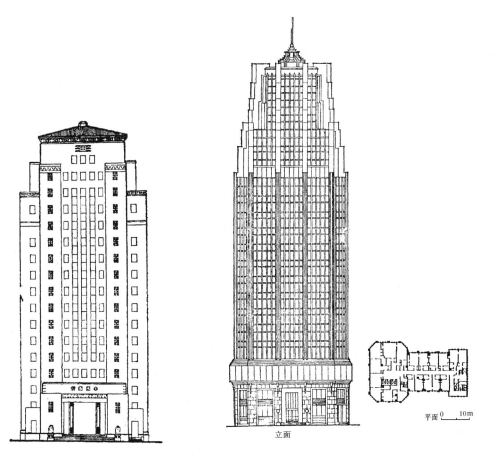

立面

图 12 - 23　上海中国银行立面　　　　**图 12 - 24**　上海国际饭店

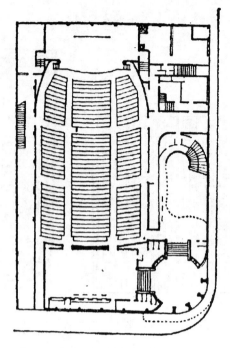

图 12－25　上海美琪电影院底层平面图

12.2.2　近代公共建筑类型的形成途径

近代中国公共建筑的转型，或者说近代中国公共建筑类型的形成，基本上沿着两个途径发展而来：一是在传统旧有类型基础上沿用、改造；二是从国外同类型建筑引进、借鉴、发展。

在传统旧有类型基础上沿用、改造的建筑，一般情况下是由于：①原来已有这种类型建筑，具备一定基础；②业主资金力量薄弱，必须利用旧建筑改造，或者虽属新建，但必须依赖旧式匠师的技术力量和传统的技术条件；③建筑功能要求不是十分严格，有可能从改造旧有建筑类型来适应。

这类建筑在这种情况下，往往由匠师根据新的功能要求，在旧建筑体系基础上，吸取某些新材料、新结构方法，进行改造、革新。近代公共建筑中，很多属于这种情况，特别是中下层民族资本所属的建筑活动，如：服务行业建筑中的菜馆、酒楼、澡堂、客栈；金融建筑中的钱庄、当铺；娱乐建筑中的戏园、书场；特别是绸缎、百货、商场、菜市场等各种商业建筑更是如此。这些建筑改造的核心问题是扩大建筑的活动空间，以接待、容纳更多的人流活动和陈列面积，同时在立面处理上适应商业运作的特点，极力加强广告效果。

从北京近代旧式商业建筑的演变上，可以具体地看到三种改造方式：

1）第一种方式是修改门面

为了适应顾客人流增多和商品陈列的需要，旧式商店，特别是新行业和经营"洋"货的商店，像百货店、西服店、理发馆、照相馆、洋布行、钟表眼镜行等等，修改门面成了必然的趋势，普遍都加大了出入口，突出招牌、广告，采用新普及的材料——玻璃开设橱窗；同时为了展开商业竞争，标新立异，迎合某些顾客的崇洋心理，形成一股追求"洋式"门面的风气。这类店门改建都由城市里的建筑工匠担任。近代工匠早期所熟悉的"洋房"，主要是长春园里的西洋楼，农事试验所的大门和北京早期的几处教堂，这些就成了当时模仿洋房的标本。这些"标本"本身已是不纯的意大利巴洛克风格，再经辗转搬套，造成很复杂的变体。这类门面大致有四种处理方法：

（1）用砖砌成圆券、椭圆券或平券，券旁做柱墩，墩上作几排横线脚，顶上立狮子，花篮等装饰。这是文艺复兴壁柱处理的变体，从长春园的谐奇趣、八面槽的东堂可看出它的变化过程。

（2）把正面山墙或女儿墙做成半圆或其他复杂形式，上刻繁琐的花纹。这实际上是从巴洛克或洛可可变来的。可以从宣武门的南堂、长春园远瀛观、农事试验场的大门找到渊源。

（3）将商店门前架立铁架顶棚，作两坡顶或弧形顶，顶棚前面做成铁花栏杆，花纹扭扭曲曲，十分繁琐。这可能是从洋式围墙上的铁栏杆套来的。这类多用于资金实力较强的绸缎庄、茶叶庄等。

（4）在店面上另砌高墙，做假窗，冒充楼房，或采取类似的手法，以布景手段尽力加高店面感觉，只顾正立面假象，不顾透视的实际效果。

这些店面处理，当时被称为"洋式店面"，这种改建，所用材料比较简易，这是近代中国商业在薄弱的经济条件制约下追求商业广告效果的产物。这类洋式店面在商业集中的城市出现后，广泛影响到中小城镇，形成近代商业干道的一种普遍面貌，对其他类型的建筑造型，也有明显影响。

2）第二种方式是扩大营业大厅

对于某些商业、服务行业建筑，如大型的绸缎百货庄、澡堂、酒馆等，单纯的门面改装仍不能满足多种商品经营和容纳更多人流的需要，因此，出现了在旧式建筑的基础上，扩大活动空间的尝试。它们的共同特点是在天井上加钢架顶棚，使原来室外空间的院子变成室内空间，并与四合院、三合院周围的楼房连成一片，形成串通的、成片的营业厅。北京前门外谦祥益绸缎庄就是这类布局的代表性实例（图12-26）。这幢建筑前部为外院，作钢架顶棚，作为人流集散

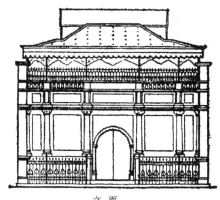
立面

剖面

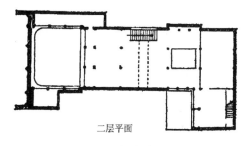
二层平面

图12-26 北京谦祥益绸缎庄

的空间。入内为三开间的纵深大厅，二层楼上部作三个勾连搭屋顶，并用一列天窗。再进为天井和后楼，均为 3 层。天井上部加顶盖。这样，形成从大厅、天井直到后楼的两层营业面积。可以看出，这类建筑沿用了旧式建筑技术体系，而局部采用了新技术，如钢铁、玻璃顶棚等。

3）第三种方式是突破旧的独立布局，变露天的街弄为覆盖的营业面积，形成聚集成片的大型商场

北京东安市场是这一类型的典型实例（图 12 - 27）。

东安市场位于北京王府井大街，原为康熙年间的"八旗练兵场"，日久荒废成一个大广场。1903 年修筑东安门大街时，街旁的小摊贩被移逐到"练兵场"，

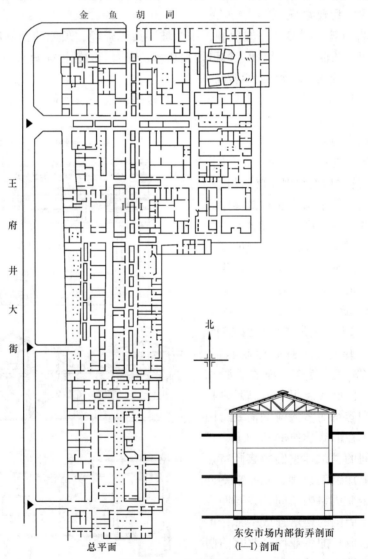

图 12 - 27　北京东安市场

（引自《中国近代建筑图录》）

占北头一角，摆起小摊儿，形成东安市场的最初"胚胎"。1913 年，市场内原来的商贩集资盖房，才初具规模。随后行业与商户增多，逐渐形成了一处包括日用百货、服装鞋帽、糕点糖果、土产副食、古旧书籍、特种工艺、珠宝钻翠等行业和南北风味的饮食业，以及杂技、相声、大鼓、杂耍、摔跤、拉洋片、听"话匣子"、看相、算卦等五花八门的"游艺"场所。市场共占地 22000m²，商贩约 600 户，包括 20 几个行业，70 多种类型。

这样大面积的商场，从个体建筑来说，仍然是旧式商业建筑脱胎出来的。大部分是平房，部分是两层的楼房。它们排列成纵横的街弄。在街弄上部搭上简便的顶棚，棚下设摊贩。由于分布错杂零乱，交通、防火都很成问题。但这种布局，使得众多的小店面空间汇集成大片的、连绵回绕的营业面积，可以说是运用简易的技术条件，创造了用地紧凑、综合营业的、富有民族特色的近代新商业建筑。

东安市场是自发形成的，但这种以街弄为特色的大型市场布局影响较大，后来许多城市新建的综合市场，也都采用类似的方式。如南京的中央商场、青岛的台东商场、太原的开化商场等。

从国外同类型建筑引进、借鉴、发展的建筑，一般情况下是由于：①原来没有这种类型建筑，或原来虽有，但与新功能差距很大；②建筑类型从外国传入，功能较复杂，对近代化要求较高；③业主资金较雄厚，有条件由近代建筑师进行设计，有条件采用新材料、新结构、新设备。

这类建筑在近代公共建筑中占很大比重，如办公楼、会堂、银行、火车站、体育馆、剧场、电影院、医院、疗养院、高等学校教学楼、大型邮局，大型饭店、大型百货公司等等，都属于这类。这类建筑，早期都由外国设计机构或在中国的洋行打样间设计。这些建筑是当时资本主义国家流行的建筑类型，平面按功能要求设计，采用近代新材料、新结构、新设备。这些和中国传统旧有基础上改造的建筑相比较，近代化水平是较高的。例如，新剧院和旧式戏园相比较，除了规模大、容量大之外，对看、听、演出方面都有了进一步的考虑，观众厅地面有了升起，音响、灯光效果根据建筑声学、照明原理作了处理。舞台设备也趋于完备，有些还作了简易转台。这些都意味着近代中国建筑在现代转型中的进展。

值得注意的是，这种新类型建筑的进展，在跟踪国外新事物方面，有些是跟得很快的。以电影院为例，世界上最早的影片放映是 1895 年 12 月 28 日法国人 L·卢米埃在巴黎一家咖啡馆进行的。1896 年，法国里昂市一家大商店改建成为世界上第一家电影院。而中国的第一家电影院，过去的资料认为是 1908 年在上海建成的虹口大戏院。这家电影院能够在 1908 年出现于中国，被认为是中国新建筑类型紧跟国外发展的一个现象。而实际上比这还要早得多。据有关专家考证，哈尔滨早在 1902 年，就由俄国的随军摄影师考布切夫在中央大街与十二道街交角处，创办了一家电影院。1906 年，在哈尔滨中央大街与红霞街交角处又出现了一家皆克坦斯电影院，到 1908 年，哈尔滨又建成了敖连特影院。这座影院现名和平电影院，原建筑尚保存良好。此外，见于资料的，在 1908 年前，哈尔滨至少还有托尔斯泰电影院和伊留基电影院[①]。这种情况表明，在中国近代的租界城市、租借地城市、附属地城市，有些新建筑类型的传入是相当快速的。就电影院来说，不仅传入的时间相当早，而且后来达到的水平也比较高。如1933年建成的上海大光明电影院，由匈牙利建筑师邬达克设计，建筑为钢筋混凝土结构，观众厅设1700余席位，建筑立面用板片横竖交织，门面镶嵌大理石，入口处作乳白色玻璃雨篷，设有大面积玻璃长窗和半透明玻璃灯柱。外观为极富现代气息的装饰艺术派风格。这座电影院以其规模宏大、装饰豪华、设备齐全、座位舒适、声光清晰，被誉为"远东第一影院"（图14-24）。

　　公共建筑新类型的发展，是近代中国建筑转型的最主要体现。通过外国建筑师和中国建筑师的设计，传入和引进国外同类型建筑，是这种转型的最快捷途径。这里体现出中国这样"后发外生型现代化"国家在发展过程中呈现的一种"后发优势"。新类型公共建筑在近代中国的发展，可以说速度不慢，水平不低，但是分布面却是狭小的。半殖民地半封建的社会形态，二元化的社会经济格局，少数大城市的快速发展和广大中小城市和集镇的推迟转型，都使得新型公共建筑主要局限于大城市和少数中等城市，其分布面是十分不平衡的。

12.3　工业建筑

　　近代中国工业建筑的形成，也和近代公共建筑一样，沿着两条途径发展而来：一是直接传入和引进国外近代的工业建筑；二是在传统旧式建筑的基础上沿用、改造。早期工业建筑中，无论是民办工业、外资工业还是洋务工业，都有这种现象。拿早期占主导地位的洋务工业来说，最初出现的几家厂局，都曾沿用传统的旧式建筑。创办于1862年的上海洋炮局，是设在松江的一座寺庙里。第二年迁到苏州，改名苏州洋炮局，厂屋占用原太平军纳王所住的王府，规模有所扩大，厂房还是旧式建筑。1867年建于上海城南高昌庙的江南制造局，占地达400余亩，设有机器局、木工厂、轮船厂、锅炉厂、枪厂、炮厂等16个分厂，共有厂房近2000间，拥有钻床、刨床、车床、铡床、汽机、锅炉等机器、设备，在当时可算是中国乃至东亚最先进、最齐全的机器工厂，其厂房仍然停留于旧式建筑。同样创建于1867年的天津机器制造局，号称"洋军火总汇"，分设东、西两局。位于贾家沽的东局，以制造洋火药、洋枪、洋炮、各式子弹和水雷为主，有一个机器厂、两个铜帽厂、八个火药厂，场地周围筑墙挖壕，设置炮台，厂区内还有试药道、试枪子道、试放水雷池等（图12-28），在1900年以前一直是我国北方最大的工厂。如此规模的工厂、厂房也仍然是旧式建筑。进入20世纪后，旧式建筑在大中型厂房中渐渐淘汰，但在许多小城镇的小型厂房中尚在继续使用。这种既有直接引进的新式工业建筑，又有在旧式建筑基础上沿用、改造的工业建筑，形成了近代中国工业建筑发展的土洋并举态势。它不仅呈现于早期阶

---

　　① 参见孟烈：《回眸顾影探渊源——中国第一家电影院在哈尔滨创建》，《黑龙江广播电视报》1996年9月25日。

段，而且一直延续到整个近代时期。即使像上海这样全国最大的工业中心，也存在着另一种土洋并举，即大中型的、近代化水平较高的新型工业建筑与小型的、因陋就简的里弄工厂并存的局面。据 1949 年不完全统计，上海全市 10079 家工厂中，分布在住宅区内的里弄工厂就有 5886 家①。这类里弄工厂，厂主多为技术工人出身，原料多来自大厂的边角料、下脚货，主要生产市民生活所需的轻工产品，由于制作精心，颇能占有市场，很典型地显现出精打细算、讲求实效、以小投入干大事业的"蚂蚁啃骨头"精神。当然，这类里弄厂房欠缺防火、防爆、消声、消尘和处理污水的设备，对里弄环境的污染较为严重。

　　近代工业建筑的发展，很大程度上表现在厂房空间和结构的演进，下面分别从单层厂房和多层厂房展述。

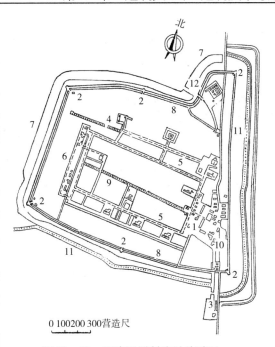

图 12 - 28　天津机器制造局总平面

1—机器厂；2—炮台；3—洋匠住房；4—试枪子道；5—铁道；6—转盘；7—外城壕；8—内城壕；9—试药道；10—试放水雷池；11—新筑大道；12—北局门

（引自《中国建筑简史》第二册）

12.3.1　单层厂房

　　单层厂房是中国近代工业普遍采用的建筑形式，最先发展的是砖木混合结构的厂屋。早期除沿用旧式平房外，凡属引进的工业建筑，绝大部分都是这种形式。如外资工业中，建于 1884 年的上海祥泰木行，建于 1895 年的上海怡和纱厂，建于 1887 年的烟台缲丝厂等。洋务工业在沿用一时旧式平房后，也转向引进新式的砖木混合结构厂房。如创办于 1866 年的福州船政局，厂区占地达 600 亩，设有铸铁厂、轮机厂、水缸厂、锤铁厂、转锯厂、钟表厂等，小者几百平方米，大者 2000 余平方米，厂房均为砖木混合结构的平房形式。其中木柱、木屋架尺寸大者用的是"运送险远"的"外洋大木"，个别车间已有用铁柱替代木柱的迹象②。民族资本的民办工业运用砖木混合结构平房的情况更为广泛，创办于 1898 年的南通大生纱厂，其一纱车间面积达 $18000 m^2$，用的也是砖木混合结构的单层厂房（图 12 - 29）。一直到 1949 年，砖木混合结构厂房在民族资本工业中仍久用不衰。

　　①　王绍周：《上海近代城市建筑》，江苏科学技术出版社 1989 年版，第 461 页。

　　②　参见陈朝军：《福建船政局考略》，刊于汪坦、张复合主编《第四次中国近代建筑史研究讨论会论文集》，中国建筑工业出版社 1993 年版，第 127 页。

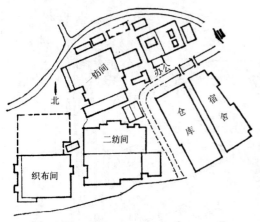

图 12 - 29　南通大生纱厂总平面示意图　　　图 12 - 30　汉阳铁厂鸟瞰

　　钢（铁）结构的单层厂房在 20 世纪前还很罕见。1863 年建造的英商上海自来水公司炭化炉房，是中国近代第一座铁结构厂房建筑。1893 年建成的号称亚洲第一个近代钢铁企业的武汉汉阳铁厂（图 12 - 30），除 4 个小分厂仍为砖木混合结构外，6 个大分厂的主厂房，全部屋顶用料、圆柱、扁柱、横梁都是购自比利时的钢铁构件，是近代中国大型厂房运用钢结构的先例[①]。进入 20 世纪后，钢结构厂房陆续出现于铁路机车车辆厂。建于 1903 年的中东铁路哈尔滨总工厂，有 11 个分厂，19 个主要车间，已采用豪式、劳克式、复合式等多种形式的钢屋架和多排钢柱承重，屋架最大跨度达 10 俄丈（21.33m）[②]（图 12 - 31）。

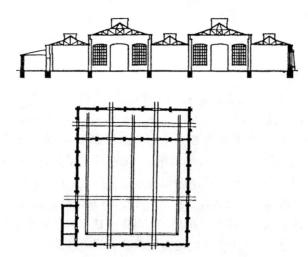

图 12 - 31　中东铁路哈尔滨总工厂机检车间
（引自《第四次中国近代建筑史研究讨论会论文集》）

---

　　①　参见李治镇：《晚清武汉洋务建筑活动》刊于汪坦、张复合主编《第四次中国近代建筑史研究讨论会论文集》，中国建筑工业出版社 1993 年版，第 137 ~ 138 页。
　　②　参见刘松茯：《中东铁路哈尔滨总工厂建筑》，刊于汪坦、张复合主编《第四次中国近代建筑史研究讨论会论文集》，中国建筑工业出版社 1993 年版，第 111 ~ 114 页。

建于 1904 年的青岛四方机车修理厂，机车修理车间建筑面积达 5200m²，厂房结构为工字型钢刚架，连续 10 跨，每跨为 15m（图 12–32）。自此以后，钢架结构单层厂房明显增多，较普遍地使用于发电厂、煤气厂、机器厂、造船厂、机修厂、自来水厂、水泥厂、纺织厂、造纸厂、卷烟厂等多种类型的工业建筑。

图 12–32　青岛四方机车厂外观

混凝土与钢筋混凝土应用于近代工业建筑略迟于钢结构。创建于 1883 年的上海自来水厂和创建于 1892 年的湖北枪炮厂是国内使用水泥和混凝土较早的两个工厂。20 世纪初，钢筋混凝土结构的锯齿式屋顶首先在纺织工厂中采用，早期实例有 1911 年上海日华纱厂、1915 年上海怡和纱厂、1915 年上海内外棉纱厂等。随后陆续出现了钢筋混凝土框架、半门架、拱形屋架、双铰门架与双铰拱架等新的结构形式的单层厂房。

近代单层厂房，内部要求有较大空间的冷加工车间或热加工车间，多半采用两坡式或气楼式，或单跨、或数跨连续，或主跨两侧增设副跨，主跨跨度一般为 15m 左右，宽者达 20m。锯齿式屋盖常以多跨连续的方式组成较大的车间面积，最大达到 16000m² 以上。为保证车间必要的采光、通风条件，近代单层厂房多采用人字形气楼、M 形气楼，采用锯齿式直窗型、斜窗型和直窗斜窗组合型等天窗形式。屋面除机平瓦顶外，常用瓦楞白铁皮、波形石棉瓦等轻质材料。个别纺织厂车间屋面采取隔热措施，铺软木保温层、毛毡保温层或稻草板保温层，天窗用双层玻璃。

12.3.2　多层厂房

采用多层厂房主要基于生产工艺的需要，同时兼有节约用地的好处。中国近代多层工业建筑多用于纺织、缫丝、食品、制药、烟草、面粉、油漆、碾米等轻工业、化学工业和电力、自来水、煤气等公用事业，以轻工业厂房占较大比重。这类工厂常常把全部的或主要的生产工段都集中到一幢或几幢生产楼内。在工艺组织、运输组织、采光、通风、抗震等方面都比单层厂房复杂。多层厂房的出现

371

是中国近代工业建筑发展过程中的一个进步。

　　早期多层厂房都是砖木结构建筑，外部以砖墙砖墩承重，内部以木柱承重，采用木制楼板、木屋架坡顶。一般为二三层，高者达 4 层。到 20 世纪初，随着钢结构和钢筋混凝土结构的兴起而趋于淘汰。

　　近代中国最早一座钢框架结构多层厂房是建于 1913 年的上海杨树浦电厂一号锅炉间。1938 年，该厂扩建的五号锅炉间则是旧中国采用钢框架结构的最高一座多层厂房。总高约 50m，共 10 层。这个锅炉房所附独立式铁质烟囱高达 110m，内衬耐火砖，是当时国内最高的构筑物（图 12 - 33、图 12 - 34）。

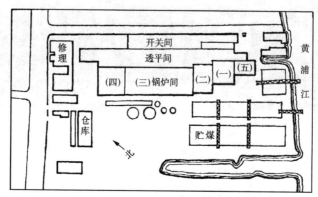

图 12 - 33　上海杨树浦电厂总平面图

图 12 - 34　上海杨树浦电厂锅炉间外观

　　大量的多层厂房以采用钢筋混凝土结构最为普遍，始见于 20 世纪初，至 20～30 年代达到高峰，有框架、混合结构和无梁楼盖三种主要形式，以前两种最为常见。建于 1932 年的上海申新纺织厂九厂是钢筋混凝土结构多层厂房的代表性实例（图 12 - 35）。该厂占地 60 亩，主要建筑有纱厂、布厂和仓库。纱厂与仓库为 3 层平顶气楼式钢筋混凝土结构建筑。厂房总建筑面积达 5.37 万 m²。生产车间内设有通风、降温、给湿和自动消防设备，达到较高的近代化水平。近代中国面粉业的最大联合工厂——上海福新面粉厂，以厂房层数之多著称。该厂

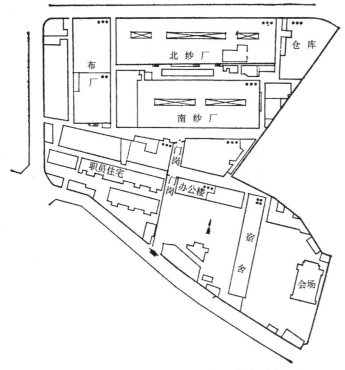

图 12 - 35　上海申新纱厂九厂总平面图

拥有 8 个分厂，于 1913 年建成一幢 6 层的钢筋混凝土框架结构的主车间。1914 年新建成的二厂也是钢筋混凝土框架结构，高 8 层，长 65m，宽 16m，高 34m。一层设动力、锅炉、打包间，二层为钢磨间，三层为榨油间，四层为清粉间，五层为平筛间，六层为吸灰间，七层、八层为麦间。屋顶设水池，容量 1 万加仑。是当时面粉业厂房中的佼佼者（图 12 - 36）。但是由于旧中国经济发展的局限，同单层厂房一样，20 世纪 30 年代以后，多层厂房的发展也陷于停滞状态，大大落后于同时期的世界技术水平。

12.4　建筑技术

图 12 - 36　上海福新面粉二厂外观

中国近代建筑技术发展非常不平衡。在广大中小城镇、农村和少数民族地区，建筑技术仍然停留在旧的生产力水平，延续着传统的，以土、木、砖、石等为基本材料，以木构架为主要结构方式的旧技术体系。近代新建筑技术主要集中在一些大城市，它突破了封建社会后期建筑技术迟缓发展的局面，在短短几十年间，陆续传入和引进了国外先进的技术经验，运用了新材料、新结构、新设备，学会了新建筑的设计原理，新结构的计算方法和新材料的制作工艺，掌握了近代的施工机械和大跨、高层等复杂的施工技术和设备安装，形成了一套新技术体系和相应的施工队伍。

12.4.1　建筑材料的发展

建筑材料是建筑发展的主要物质基础。钢铁、水泥在建筑中的运用，引起了建筑业的革命。型钢、钢筋、混凝土用作建筑物的承重材料，突破了土、木、砖、石等传统结构用材的局限，提供了大跨、高层、悬挑、轻型、耐火、耐震等新结构方式。钢筋与混凝土的结合，更是标志着复合材料的出现，建筑材料的性能获得了重大改善。机制砖瓦、玻璃陶瓷、建筑五金、木材加工等建材工业的发展，都是近代建筑发展的重要前提条件。

我国近代早期新建筑材料，大都由外国输入，国产的新建筑材料到 19 世纪末、20 世纪初才逐渐发展。

水泥工业开始得稍早些，1889 年开平矿务局附设唐山细棉土厂，是中国生产水泥的第一家工厂。第一次世界大战前后，国内民族资本的水泥工业一度比较繁荣，当时国内几家较大的水泥企业都设有较完整的轧石、磨碎、运输、装桶等机械设备。1922~1931 年间，全国 11 家水泥厂（华资 7 家，外资 4 家），每年生产能力为 700 万桶（每桶 170 公斤，合 119 万吨）。到 1948 年，全国 19 家水泥厂，生产能力为 279 万吨，占世界第 6 位[①]。我国近代若干种名牌水泥产品质量很好，细度、固性、凝结时间、拉张强度多超过英国标准。

近代中国钢铁工业很不发达，所能轧制的建筑钢材很少，大型的建筑型钢多由国外进口，国内仅有几家桥梁厂、钢铁厂能轧制少量大型钢材。轧制小型钢材的厂家多一些，主要生产各种小型钢、钢筋和钢门窗。

机制砖瓦在 20 世纪初期兴起，发展较快。到 1910 年前后，全国主要城市几乎都设有机器砖瓦工厂，以上海及其附近最为发达。到 1935 年前后，供上海各主要工程使用的国产砖瓦品种规格已相当齐全，国内绝大部分建筑所用砖瓦已全部是国产。

玻璃工业也有较普遍的发展。19 世纪末期，山东博山即有不少手工业玻璃作坊。1904 年成立博山玻璃公司，是我国近代玻璃工业的开端。1912 年以后，玻璃工业有了较大发展。1920 年以后，上海一地的玻璃厂已达 100 余家，除平板玻璃、花纹玻璃外，尚能生产铅丝玻璃、耐热、耐蚀玻璃，屋顶玻璃砖、玻璃地板砖等。陶瓷工业也在 1920 年前后获得一些发展，到 1930 年代，上海、天津、太原、武汉、济南以及四川、广东等省设立了规模较大的陶瓷工厂，生产瓷砖、面砖、卫生设备和路面缸砖等。

总的看来，近代我国建筑材料工业的基础十分薄弱。外商每年从建筑材料的倾销中掠夺了我国大量的财富。钢材、水泥、五金以及洋松、麻栗、哑克、柳

①　陈真编：《中国近代工业史资料》第四辑。

安、柚木等木料都大量从国外输入。仅洋松一项，上海一地在抗日战争前每年就输入约 1950 万元。外来建材的倾销，严重打击了国内建筑材料的生产。抗战胜利后，我国水泥工业仍萎靡不振，主要症结就在于外货廉价水泥源源运华倾销，阻滞了国产水泥的销路。整个建材工业在近代都处于风雨飘摇之中，生产能力很低，产量很不稳定。一般设备都比较差，虽有一些机械，但主要还是手工劳动。只是由于近代中国技术人员和工人的出色劳动，才使得某些制品达到了较高的质量。

12.4.2　建筑结构的发展

我国近代建筑的主体结构，大体上经历了三个发展阶段：①砖（石）木混合结构；②砖（石）钢筋（钢骨）混凝土混合结构；③钢和钢筋混凝土框架结构。

砖（石）木混合结构出现得很早，19 世纪中期以后，我国就有了较大的发展。最初传入我国的"外廊样式"和外国古典式建筑，多采用这种结构。主要特点是砖石承重墙、木架楼板、人字木屋架，并大量使用砖券。这种结构较之传统的木构架体系，具有很多优越性，采用的仍是传统的建筑材料，砌筑砖石墙体、拱券，制作木屋架，也都是传统技术很容易适应的，具有结构合理、取材方便、技术简单等特点，因而得到广泛的流传。20 世纪初期各地建造的工厂、学校、商店、住宅、办公楼，大都采用了这种结构方式。在中国工人施工质量的保证下，一些大城市中的砖木混合结构已可以做到较高的层数，如 1891 年建的上海中期江海关，高 3 ~ 5 层；1907 年建的北京饭店，高 5 层；1916 ~ 1918 年建的北京大学红楼，高 4 层；而 1906 年建的上海汇中饭店，部分采用了钢骨混凝土，主要结构仍是砖木结构，已可建到 6 层。

砖石钢骨混凝土混合结构，大约在 19 世纪末、20 世纪初开始在中国使用。这种结构的墙体用很厚的砖石承重墙，楼层用工字钢密肋，中加混凝土、砖小拱；或用工字钢外包混凝土作梁，梁间搭工字钢密肋。这种楼层结构的费钢量很大，主要用于外国人建造的重要工程，如 1901 年建的上海华俄道胜银行，1903 年建的哈尔滨中东铁路管理局办公楼，1905 年建的青岛提督公署等。砖石钢骨混凝土混合结构很快就为砖石钢筋混凝土混合结构所取代。广州岭南大学马丁堂具体地反映了这个转变过程。马丁堂最初是由美国纽约斯托顿事务所于 1904 年提出设计方案，用的还是砖石钢骨混凝土混合结构；1905 年 11 月由美国建筑师柯林斯完成最后设计，采用了当时美国的一项专利技术，改为砖石钢筋混凝土混合结构。因此，马丁堂很可能是中国第一幢砖石钢筋混凝土混合结构建筑[①]。它表明，砖石钢骨混凝土混合结构导入中国比西方晚了近百年，导入后在中国只用了很短时间就为砖石钢筋混凝土混合结构所取代。而砖石钢筋混凝土混合结构在中国的使用，则几乎与西欧是同时起步的。此后，以砖墙承重，楼层、楼梯、过梁、加固梁用钢筋混凝土的砖石钢筋混凝土混合结构在 3 ~ 4 层建筑中得到广泛

---

① 参见谢少明：《岭南大学马丁堂研究》《华中建筑》1988 年第 3 期。

的运用，成为中国近代多层建筑最常用的结构方式。

框架结构的应用和多层、高层建筑的发展是分不开的。1925 年前，我国近代建筑还没有超过 10 层的。当时，多层建筑大多采用现浇钢筋混凝土框架结构，少数采用了钢框架结构。1908 年建造的 6 层楼的上海电话公司，是我国第一座钢筋混凝土框架结构。随后如上海卜内门公司，高 7 层，1922 年建；上海字林报社，高 8 层，1923 年建；都属于现浇钢筋混凝土框架结构。1913 年建的上海杨树浦发电厂一号锅炉间是近代中国最早的一座钢框架多层厂房。1916 年建的上海天祥洋行是我国近代民用建筑采用钢框架结构的先例之一，但层数不高。到 1923 年建的汇丰银行和 1925 年建的江海关，钢框架已可做到 8 ~ 9 层。从 1926 ~ 1929 年建的上海沙逊大厦（高 13 层）开始，钢框架结构在高层建筑中成为主要的结构方式，如 1936 年建的上海中国银行（高 17 层），1934 年建的上海百老汇大厦（高 21 层）和同年建的上海国际饭店（高 24 层）等都是。这些钢框架结构，为了防火，外面多包上混凝土。近代工业厂房的结构，进入 20 世纪后，也有一部分从早期采用砖木混合结构，转而采用钢结构和钢筋混凝土结构。

结构科学的发展，是近代建筑技术发展的重大成就。力学、结构学由西方传入和引进中国，对中国近代建筑技术的发展起了很大作用。从此，摆脱了我国古代结构工程沿袭传统法式、则例，依赖规范化的经验的落后状态，真正建立了能够进行科学分析和定量计算的结构科学。但是由于旧中国社会生产力低下，近代建筑发展受到很大局限，结构科学没有得到进一步发展。

12.4.3　建筑施工的发展

中国传统的施工机构是各种专业性的"作"。从 19 世纪 60 年代开始，为适应租界建造西式建筑的需要，一批西方营造机构陆续进入上海，近代先进的施工技术和投标制、承包制等经营方式、管理制度随之传入中国。1863 年，上海建筑工匠魏荣昌中标承建法租界公董局大楼，开创了中国建筑工匠由传统水木业走向近代承包营造业的先河[①]。1880 年，川沙籍工匠杨斯盛创办了上海第一家中国人开设的营造厂，取名"杨瑞泰营造厂"[②]。辛亥革命后，营造厂逐步发展，1922 年，上海一地登记的营造厂已有 200 家，到 1933 年，已接近 2000 家[③]。

中国人办的营造厂与外商营造厂在建筑业市场竞争中表现出强大的活力。中国近代建筑技术人员和建筑工人很快掌握了新的一整套施工工艺、施工机械、预制机械、预制构件和设备安装的技术，形成了一支庞大的、具有世界一流水平的施工队伍。中国最早的钢筋混凝土框架结构建筑——上海电话公司大楼（1908年建），中国最早的钢框架结构——上海天祥洋行大楼，都是由中国人开设的营造厂中标承建的。到 20 世纪 20 年代，除某些设备安装行业外，上海的施工行业已完全成为中国人的一统天下[④]。

---

①　伍江：《上海百年建筑史》同济大学出版社 1997 年版，第 44 页。

②，③　上海建筑施工志编委会编写办公室编著：《近代上海建筑史话》上海文化出版社 1991 年版第 4、8 页。

④　参见伍江：《上海百年建筑史》，同济大学出版社 1997 年版，第 111 页。

近代新建筑工程施工中，放线普遍采用了较精密的测量仪器，而安置龙门板则继承了传统施工的常用方法。上海、天津等地土质不好，地下水位很高，相邻建筑又十分密集，许多大型、高层建筑的基础施工十分艰巨。我国技术人员和工人熟练地进行了相当复杂的打围桩、打板桩等工程。1936 年建造上海中国银行，使用了连锁齿槽的钢板桩。中国银行与沙逊大厦，金城银行与都城饭店，都是近在咫尺，由于打桩工程施工技术优越，相邻建筑都未受影响。近代新建筑的砌砖工程，全部是手工劳动，我国工人谙熟的砌筑技巧取得砌砖质量高超的声誉。许多砌石工程和砖石拱券工程，也以砌筑工整、券形准确、灰缝均匀美观而著称。1891 年杨斯盛承造的上海江海关大楼，"巍峨巩固，大为西人叹赏"[①]。

随着高层建筑的发展，垂直吊装采用了多种机械，最常用的是电力升降的木井架卷扬机，高层钢框架建筑常用几种起重机联合吊装构件。在吊装钢构件时，资本家为了省去安装时另搭脚手架的费用，常不顾工人安全，迫使工人站在钢架上一同起吊，直接送到安装的节点上进行工作。高 13 层的沙逊大厦的钢架安装就是采用这种非常危险的施工方法。

我国近代架工水平是非常高的。许多高层工程、密集工程、修补工程，架设脚手架非常困难，架工运用杉木、竹竿、麻绳、铁丝等简易材料，创造了许多奇巧的搭筑方式，架立起牢固、实用的脚手架。

近代建筑的许多装饰工程也获得很高的施工质量。砖雕、石刻、木装修、石膏花饰、油漆饰面、水刷石、斩假石、水磨石、陶瓷锦砖、拼木地板、玻璃饰件、青铜饰件、铝合金饰件等等，通过装饰工人辛勤的劳动，都创造出很优秀的作品。上海的汇丰银行、江海关、沙逊大厦、国际饭店、大理石大厦，百乐门舞厅；北京的大陆银行；长春的伪满银行大厦；青岛的提督官邸、圣米厄尔教堂；天津的老西开教堂；哈尔滨的中东铁路管理局办公楼和颐园街一号楼，以及散布在若干城市的高级住宅等等，都凝结着我国近代工人在装饰工程上出色的工艺成就。

总的看来，近代建筑技术在材料品种、结构计算、施工技术、设备水平等方面，相对于封建社会的技术水平，有了重大的突破和发展。但在半殖民地半封建社会条件下，并没有得到正常的发展。我国近代建筑材料工业基础十分薄弱；一些复杂的工业建筑和结构设计，还没有被中国建筑师和结构工程师所普遍掌握；具备近代施工机构和技术水平的施工力量，全部集中在有限的几个大城市内；面向城乡劳动人民的建筑几乎得不到新技术的改进；新技术一直没有扩展到全国城乡，活动领域十分狭窄。这些都反映出我国近代建筑新技术发展的历史局限性。

12.5 建筑制度

12.5.1 房地产商品化与建筑市场的崛起

中国传统社会原本存在着国家土地所有制、地主土地所有制、自耕农土地所

---

① 《哲匠录》《中国营造学社汇刊》第四卷第一期。

有制等多种结构，土地和房屋都是可以买卖和租赁的。但是土地和房屋的买卖都需要经过族人允许，有一套传统的习俗限制和繁琐手续，并非真正意义上的房地产自由交易。

1845年上海成立租界，外商要求按资本主义的方式购买土地，而中国政府认为，土地所有权一经卖出，就等于割让领土，因而不同意出卖，只允许租赁。在这种情况下，租界中推行了土地永租制。承租人一次性交足押租后，就从原业主处取得土地永久使用权，每年只需向中国政府交纳固定的年租即可。永租的土地原业主不得擅自索回，可由承租人任意使用，并可转让他人。这种土地所有权与使用权分离的做法，事实上割断了原业主与土地的一切联系，承租人成了实际上的新业主，永租的土地具有了近代土地商品的主要特征，土地自由交易的渠道由此打通。

土地作为商品自由进入流通领域，为近代房地产业的形成准备了条件。但在上海开埠初期，租界内实行华洋分居，房地产只在少数外国人中间流通。1853年小刀会起义，2万"难民"逃进外国租界，突破了租界"华洋分居"的限制，外商纷纷在租界建造专供华人租赁的廉价木板屋，不到一年的时间，这种木板屋就在广东路、福州路一带建造了800多幢[①]。到1860年，这类房屋已达8700幢[②]。1860～1862年间，太平军三次进逼，江浙等地士绅富户蜂拥进入上海租界，租界人口骤增至50万[③]。租界房租、地价扶摇直上。土地价格从1852年平均每英亩50英镑，到1862年陡涨200倍，达到1万英镑[④]。许多洋行纷纷设立地产部，向房地产业投资，以房地产买卖和租赁为主要业务的专门行业就这样在上海诞生了。

房地产业一开始就以巨额利润而成为高营利的行业。一位早期有影响的英国房地产商史密斯曾经说："余之职务在于最短期间致富，将土地租与华人或架成房屋租与华人，以取得30%～40%之利益，倘此为余利用我金钱最益之方法，余只好如此做去。"[⑤] 实际上，房地产业不仅仅是高营利的行业，而且还关联着市政机关的财政收入、城市的开发建设和建筑业的市场发育。它们之间存在着密切的系统制约关系。市政机关负责城市开发和市政建设，收取地税、房捐作为财政收入。城市基础设施和市政建设的改善，自然促使地价升值，房租增长，从而提高地税、房捐。并且由于地段条件的改善，得以吸引更多的商贸业资金投入和人口集聚，引发房地产大幅度增值，而更大幅度地增加地税、房捐收入。在这里，市政机关的开发、管理，市政建设的改善、提高，与房地产业的增长、扩大形成了良性循环，房地产业的兴盛成了推进建筑市场发育，推进建筑营造业发展，推

---

① 朱剑成：《旧上海房地产业的兴起》，《旧上海的房地产经营》，上海人民出版社1990年版，第11页。

② 王绍周：《上海近代城市建筑》，江苏科学技术出版社1989年版，第75页。

③ 上海通志编：《上海研究资料》，上海书店1984年版，第188页。

④ 上海建筑施工志编委会编写办公室编著：《东方巴黎——近代上海建筑史话》，上海文化出版社1991年版，第29页。

⑤ 引自徐公肃、丘瑾璋：《上海公共租界制度》，《上海公共租界史稿》，上海人民出版社1980年版。

进建筑师设计事务兴旺的主要动力。它们构成了城市开发、城市化进程与房地产业、建筑业之间的相互关联机制。当城市经济稳步发展和人口集聚呈现良好趋势时，这套机制就能沿着良性循环运转。中国近代的房地产业在这样的背景下迅速崛起。

首先是外商房地产专业公司的出现。1888 年，上海第一家房地产公司——英商业广地产公司成立。该公司的常规做法是买下未经开发的土地，划分成若干地块，分别建造沿街的商业用房和大街背面的里弄住宅，然后出售给个人和其他公司，或者由本公司自己经营租赁，仅 1915 年一年的房租收入就达 71 万余两①。大地产商哈同也是如此。他特别强调土地的再开发，不停留于简单的炒卖地皮。他说："专以地皮操奇取赢，则其价日增，充其极或至有行无市，增者反绌，而投资者危矣，以置产业之事翻近赌博性质，甚不可也，故吾行惟购地建屋，建屋赁人，息虽薄而脚踏皆实地，且能以锐利之眼光预决市肆之盛衰，则获利亦正。"他嘲笑那些只知兴贩地皮而不知通过建房收租的人就像养蜂的人只知卖蜂而不知卖蜜②。这种建房收租的获利的确很高，哈同洋行经营 23 条里弄，年收租就达 200 多万两银子③。被称为房地产大王的沙逊集团经营规模更大，从 19 世纪末起就积极转入房地产投资，1926 年后陆续成立了华懋地产公司、上海地产公司、东方地产公司、汉弥尔登信托公司等专业机构。1926 年，该集团投资建造的沙逊大厦，位于上海地价最高的南京路外滩。大楼造价及装修、设备等费用共计 5602813 两。这幢当时上海最大、最富丽堂皇的大厦，头 10 年每年的租金可收 638784 两，不到 10 年沙逊集团就可以完全收回投资，以后可净得年租 76 万余两的高额利润④。继沙逊大厦之后，该集团又投资建造了河滨大厦、都城饭店、汉弥尔登大厦、华懋公寓、格林文纳公寓等。这些显赫的高楼大厦的投资额虽然很高，但实际上只占该集团同期房租净收入的一半左右。由此可见房地产业投资回报之丰厚。不仅高楼大厦的租金回报率高，一般里弄住宅的投资回收也很快。如上海亿鑫里的石库门里弄，占地 8 亩 2 分 2.5 厘。每亩造 10 幢房子，每幢房屋造价约 500 元。共投资 40000 元左右。而租金每幢每月可收 18 元，只要两年三个多月就可将房屋投资从住户身上收回。正是这种高额的利润推动着房地产业的迅速发展，据 1949 年统计，仅 11 家主要外资房地产公司在上海就占有土地 3440 亩，建筑物 12080 幢，房屋面积达 2321017m²⑤。

洋商房地产公司的发展，自然引发华商也涉足这一领域。早期上海商人、官僚、买办中已不乏热衷房地产业的人。李鸿章属下任招商局总办的徐润就是其中的一个。他曾占地 2500 余亩，另有 320 余亩地建了房屋，年收租金 122980 两，房产地亩共值 2236940 两⑥。著名的买办程瑾轩、郑伯昭、周莲堂、贝润生、虞

---

① 《申报》，1916 年 3 月 18 日。

② 姬觉弥编：《哈同先生荣哀录》，转引自赖德霖：《中国近代建筑史研究》，清华大学博士学位论文，1992。

③ 《房产通讯》，1982 年第 1 期、第 28 页。

④、⑤ 见张仲礼、陈曾年：《沙逊集团在旧中国》，人民出版社 1985 年版，第 48－61 页。

⑥ 徐润：《徐愚斋自叙年谱》，1972 年石印本，第 34 页。

洽卿、祝大椿等都是华人经营房地产的大业主。专业性的华资房地产公司于第一次世界大战后也纷纷建立，到 1931 年已增至 20 家以上。据统计，到 1949 年，上海华人拥有 1000m² 以上房产的业主有 3000 多户，共拥有 6 万幢房屋，1000 多万 m² 房产。其中占有 1 万 m² 以上房产者有 160 多户，占有 3 万 m² 以上房产者有 30 户①。

紧随上海之后，天津的房地产业也相继登台。1901 年，天津第一家外商房产公司——英商先农股份有限公司率先出现。紧接着华商利津公司也于同年成立。到 1930 年代后期，天津专营或兼营的房地产公司和洋行已达 59 家。这些中外房地产商，在经营范围上有所差别，大体上经营高级楼房者多为外商，经营平房者多为华商。

与上海房地产业主要由外国资本启动，由中国官僚、买办注入游资的情况不同，广州、厦门等城市更多仰仗了华侨的投资。1909 年，100 多位秘鲁华侨回广州定居，此后越来越多的华侨在广州落户。这些归侨和侨眷首先考虑购地建房置业。他们开发了广州东山等一带地价较低的地区。据 1923 ~ 1937 年的资料，华侨在广州兴建的房屋达 7206 幢，其中住宅 3388 幢，店铺 2441 幢，房屋总数中出租部分占 74%②。华侨在厦门的房地产投资也很集中。由于鼓浪屿公共租界允许华人购地建房，因而不少闽籍华侨跻身鼓浪屿。据统计，20 世纪 20 年代至 30 年代，华侨在鼓浪屿投资兴建的各式楼房有 1014 幢③。在厦门市区和鼓浪屿公共租界数十条街道的房地产中，华侨投资约占 70%④。1930 年代厦门和鼓浪屿共有私房 1 万余幢，其中 5000 余幢，近 140 万 m² 属华侨、侨眷所有。这个时期厦门和鼓浪屿华侨设立的房地产公司有 21 家，其中资本在 50 万元以上的有 5 家⑤。

房地产业的发达，不仅活跃了建筑市场，也关联到金融业的发展。因为房地产作为商品有它的特性。它的位置固定，寿命长久，是一种不动产，既是稳定的财产，又极易流通，因而成为"金融界中流转最易之信用筹码"。而且银行也可以直接进行房地产投资，可将房地产作为发行准备和承兑汇票的基础。可以说，房地产业和金融业是相辅相成的。金融机构介入房地产市场和房地产的金融化，意味着房地产业走向成熟。这个情况在上海表现得最为鲜明。几乎每一家外资房地产公司背后都有外资银行作靠山。如汇丰银行放给业广地产公司的抵押借款，常年均达数百万银元。业广、哈同等 8 家英商房地产公司向银行的抵押借款高达资产额的 89.7%⑥。上海的华资银行和各大钱庄也纷纷经营房地产抵押放款。一个外国房地产商人斯巴克说："上海之金融组织基础，筑在地产与房屋之上，有如南非筑在金与金刚钻上，南洋群岛筑在马口铁与橡皮之上"⑦。可以想见房地

① 《上海文史资料选辑》，第 64 辑，上海人民出版社 1987 年版，第 14 页。

② 林金枝、庄为玑：《近代华侨投资国内企业史资料选辑》（广东卷），福建人民出版社 1989 年版，第 703 ~ 704 页。

③~⑤ 厦门房地产管理局编：《厦门房地产志》，厦门大学出版社 1988 年版，第 16 ~ 17 页，第 125 页。

⑥ 〔日〕东亚研究所：《列国对华投资概要》，1936 年版，第 68 页。

⑦ 时事问题研究会编：《抗战中的中国经济》，抗战书店 1940 年版，中国现代史资料编委会 1957 年翻印，第 282 页。

产业对金融业作用之重大。而金融业的抵押借款支持，则有力地加大了房地产的资金投入和流转速度，促使建筑市场更大、更快地发展。

当然，房地产市场是整个市场体系中的一环，其兴衰与整个社会经济状况息息相关，不能不受到经济大环境或战争、政治等因素的影响。在市场经济发育顺利，城市经济稳步发展时期，房地产业自然兴旺发达，一旦宏观经济萎缩、银根抽紧，或者发生战乱，人口外迁，商贸凋敝，房地产业可能比其他行业陷入更深的危机。中国近代的房地产业正是在现代经济转型、城市转型的总趋势和频繁战火、动荡政局相交织的大背景下，经历着建筑市场的兴盛和萧条。

12.5.2　建筑管理法制化与营造厂的行业运作

房地产业的发展，离不开法制管理和相关的体制机构。它主要涉及三方面的组织机构：一是市政当局的主管机关；二是从事建筑工程的设计事务所；三是承揽施工的营造厂。有关建筑设计事务所的发展情况，归入第 13.3 节叙述。这里主要考察近代的市政管理部门、建筑管理法规和营造厂家的行业运作。

1）近代市政管理机构的建立

近代中国最初的市政管理机构是 1846 年出现在上海英租界的"道路码头公会"。这个公会由三人组成，负责租界的"征收捐税及建筑事宜"，它标志着租界市政建筑管理机关的诞生。1854 年，英、美、法三国租界一度成立统一的"市政委员会"，中译名为"工部局"。工部局下设工务处，取代道路码头公会，负责有关市政建设、建筑审照、违章取缔等管理事务。1863 年，英、美租界合并为公共租界，法租界则于 1862 年单独成立类似工部局的市政机关——公董局，公董局内先设道路公会，后改为公共工程处。华界的南市、闸北、吴淞等地，也效法租界，设"总工程局"、"自治公所"、"市政厅"等机构，1927 年正式称为"工务局"。内设工程设计、建筑审照、城市计划等科。这样形成了上海"三界"分立的市政管理机关。

北京的市政管理机构发端于清末，初创于民国。1905 年，清政府为施行"新政"，在京师设立巡警总厅，下设总务、行政、司法、卫生、消防等处。行政处下设 8 科，其中有交通科、建筑科。其职责中包含有管理道路交通，制定交通法规，管理市政建设，负责建筑的规划和审批，负责建筑物及道路沟渠的修缮保养等，实际上担负着市政建设的管理职能。这是北京向城市综合管理的近代化迈出的第一步。

1914 年，由当时的内务总长朱启钤呈准设立京都市政公所。市政公所是办理全市市政的统筹机关。京都市政公所的第一届督办就由朱启钤担任。所内机构设有四处十三科，其中第三处设考工、设计、测绘三科，第四处设工务、稽核、材料三科[①]。公所成立后，开展了测绘市区道路，兴筑道路沟渠，修筑环城铁路，拆除前门瓮城，整修前门箭楼，打通东西长安街，开放南北长街和南北池子，疏浚护城河，推行市区绿化等活动，并排除众议，开放社稷坛

---

① 赵家鼐：《京都市政公所机构沿革》，《北京档案史料》1989 年第 1 期。

为中央公园（今中山公园）。这些突破了古老都城的封闭格局，北京城市面貌开始了最初的变化。新生的京都市政公所，在朱启钤主持下也显得颇有作为。

1928 年，北京市政公所改为北平特别市政府，市政建设由市政府所辖的工务局管理。全国各城市也陆续成立工务局。到 1938 年，当时的南京政府制定了全国统一的规制，政府主管的建筑机关，在中央为内政部营建司，在省为建设厅，在市为工务局，在县为县政府，由此健全了全国性的市政建设和建筑管理机构体系。

2）近代建筑管理法规的制定

与建筑管理机构相伴随的是建筑管理法规的制定。早在 1845 年上海租界制定的第一次《土地章程》，29 款中就有 8 款涉及市政建设和建筑管理。1869 年修订的第三次《土地章程》，以附则的形式规定了有关沟渠、道路、房屋、煤气管、水管、卫生、垃圾等方面的内容。1898 年再一次修订《土地章程》，又新增加第 30 款关于租界建筑的专门规定。根据新的条款和附则，工部局"可以随时设立造屋规则"；"可以制定进一步细则"；对违规者"可以饬令迁移、更动或推倒在建或完工的任何工程"；"凡欲新造房屋或旧屋翻新，须将各图样呈送工部局，听候核示"。这样，工部局有效地掌握了租界内的建筑立法权、审批权和监造权[①]。

有了建筑立法权，工部局先后于 1900 年和 1903 年分别颁发了中式和西式两部建筑法规。到 1916 年，又完成了对中式、西式建筑新法规的修订。新法规的修订曾借鉴英国的伦敦、伯明翰、加迪夫、格拉斯哥、利物浦和曼彻斯特等地的有关法规。对中式、西式建筑的送审请照，对建筑的各部分做法，对房屋高度、货栈容积限度、防火安全措施，对房屋周围空地和空气流通情况，对下水道、公厕和盥洗设施，对基础、墙体荷载数据，以至对中式房屋的防鼠要求等等，都有详细的规定[②]。

显然，这种建筑法规的制定和施行，意味着市政建设和建筑管理纳入了法制的轨道，建筑占地、建筑安全、建筑功能、建筑做法、建筑结构、建筑设施以及建筑的送审请照、违章取缔等等都有了法规的制约。而这些法规的制定吸纳了国外先进的实践经验和管理经验，使得上海租界的建筑活动能够在有序的、科学的管理下运作。此后，建筑法规的制定工作渐次铺开。1927 年，南京政府成立，上海定为"特别市"。在短短的一年里，上海特别市工务局先后制定了《整理人行道暂行罚则》、《建筑师、工程师登记章程》、《营造厂登记章程》、《暂行建筑规则》等四部法规。1923 年又制定了《上海市建筑规则》10 章 237 条[③]。北平特别市政府在 1928 年成立"工务局"后，也在 1929 年公布《北平特别市建筑规则》。这是北京市第一份有关全市建筑管理的规则。这

---

① 参见赖德霖：《中国近代建筑史研究》，清华大学博士学位论文，1992。
② 参见赖德霖：《中国近代建筑史研究》，清华大学博士学位论文，1992。
③ 参见赖德霖：《中国近代建筑史研究》，清华大学博士学位论文，1992。

个规则共 38 条，对建筑营造所用尺度，承揽工程资格，请领建筑执照手续、交费标准以及工程现场管理等方面都做出了具体规定①。到 1938 年，南京国民政府制定并颁布了全国性的《建筑法》，共 5 章 47 条。该法规明确规定：建筑设计人、建筑物承建人的资格；公有建筑、私有建筑的审核权限；建筑执照的申请手续；建筑占地的界限确定；建筑承造的期限要求；违章建筑的处理办法；以及对名胜古建的保存维护等。这个法规的施行标志着全国性的建筑法制管理走上了健全的轨道。

3）近代营造厂的行业运作

最晚在 19 世纪 60 年代，以投标制、包工制为特色的近代营造机构已在上海出现。1864 年建造的法国领事馆大楼，就是由法商希米德营造厂和英商怀氏裴欧特营造厂两家投标竞争，由希米德营造厂中标承造的②。中国工匠很快也参与西式建筑的投标竞争。一位名叫魏荣昌的建筑工匠，曾作为承包商于 1863 年以造价 39000 两白银承建了法租界公董局大楼。这项工程虽因窗台和墙面在建成两个月后就出现裂缝而被罚 4000 两白银，但毕竟由此开创了中国建筑工匠由传统水木业走向近代承包营造业的先河③。第二年另一位名叫孙金昌的建筑工匠也中标承建了大英自来火房工程。到 1880 年，上海川沙籍建筑工匠杨斯盛开设了上海近代史上第一家由本国人开设的营造厂——杨瑞泰营造厂，并于 1883 年独立完成了当时规模最大、式样最新的西式建筑——第二期江海关大楼。大楼施工质量之好，令"西人赞叹不已"。此后，中国承包商开设的营造厂就接二连三地出现，华商营造业的队伍不断扩大，1922 年上海登记的华商营造厂有 200 家，1923 年猛增至 822 家，1933 年达 2150 家④，1935 年达 2763 家⑤。

在 1895～1927 年间，上海尚有英商德罗洋行、法商上海建筑公司等数家实力雄厚的外籍营造厂在活动，并承包了汇丰银行、徐家汇天主堂等重要工程，到二三十年代上海崛起的 33 幢 10 层以上高层建筑，其主体结构已全为清一色的中国营造厂所承建。可以说，上海的华人营造厂在接受和掌握近代施工新技术、熟练地创造优质工程以及与洋商营造厂展开激烈竞争等方面，都表现出勃勃活力，在不很长的时间内，从效仿到取代，全面占领了上海营造业的市场。

其他城市的近代营造机构，有的称建筑木厂，有的称建筑公司，有的也称营造厂，多数在 20 世纪的头 20 年陆续出现。到 1932 年加入北平市建筑业同业公会的木厂已达 160 余家⑥。内地省份如河南省的营造业发展也不晚。到 1937 年，

　　① 张复合：《北京近代建筑营造业》，《第四次中国近代建筑史研究讨论会论文集》，中国建筑工业出版社　1993 年版　第 173～174 页。
　　② 何重建：《开埠之初》，《东方"巴黎"——近代上海建筑史话》，上海文化出版社 1991 年版，第 32 页。
　　③ 伍江：《上海百年建筑史》，同济大学出版社 1997 年版，第 44 页。
　　④ 李晓华：《百年沧桑话建筑》，《东方"巴黎"——近代上海建筑史话》，上海文化出版社 1991 年版，第 8 页。
　　⑤ 据上海通志馆编：《上海市年鉴》（1936 年）。
　　⑥ 张复合：《北京近代建筑营造业》，《第四次中国近代建筑史研究讨论会论文集》，中国建筑工业出版社 1993 年版，第 169 页。

河南全省已有大小营造厂近百家，从业人员近万名[①]。

营造厂属私人厂商，早期大多是单包工，后期大多是工料兼包。其机构组织很简单，它不设固定工人，一般只有几间办公室，多由厂主自任经理，下设几名账房、监工，规模大的增设估价员、书记员、翻样师傅等，常常是一人身兼两职，固定人员通常不超过 10 人。营造厂得标后，分工种经由大包、中包、层层转包到小包，最后由小包临时招募工人。工种分工相当细密，大工种有泥水、木作、钢筋、混凝土、石作、起重、大理石、竹架、油漆等等。泥水匠内又分砌、磨、粘、拌、运输等等[②]。

营造厂争揽工程，主要采取投标方式，也有通过"比价商议"或亲友介绍的方式。投标分硬标和软标两种。硬标以最低标价作为得标标准，软标则由业主和建筑师全面衡量营造厂的信誉、技术、资金和标价的情况而决定得标人。采用软标可防止"硬标"竞争人为得到工程而盲目杀价，影响工程质量，但也为投标运作的营私舞弊埋下祸根。"比价商议"则是由建筑师推荐几家有能力承担此项工程的营造厂，开列工程估价单进行比较，也综合考虑各厂的技术水平、资金实力、社会信誉[③]，实质上也是一种投标。

业主招标、营造厂投标的运作过程，是一种市场选择过程，它有利于激发建筑营造业的优胜劣汰机制。营造厂商必须以优良的质量、准确的工期、精良的技术、充足的资金、精明的管理取得良好的信誉，并以较低的标价来竞争。这是激励营造厂不断推动技术进步、管理进步的原动力。当然，在营造业的投标竞争中也会出现种种尔虞我诈、营私舞弊、为杀价而偷工减料等事端，但在市场经济作用下，营造厂的投标包工制毕竟显现出强劲的活力，因而取得快速的发展。一些大营造厂还采取合资经营的方式。如馥记营造股份有限公司，担任总经理的陶桂林只占 29.4% 的股份，其余股份来自几十个股东。这样就形成营造业中更具竞争力的、集约化经营的大型企业。

营造业的发展，自身也需要纳入法制管理。据 1939 年 12 月南京国民政府行政院修正公布的《管理营造业规则》，营造厂商明确地分为甲、乙、丙、丁四等。甲等资格需有 5 万元以上资本，并曾承办 10 万元以上工程，成绩优良经证明者；乙等资格需有 2 万元以上资本，并曾承办 10 万元以上工程，成绩优良经证明者；丙等资格需有 5000 元以上资本，并曾承办 1 万元以上工程，成绩优良经证明者；丁等资格需有 500 元以上资本，并曾承办工程 1 年以上经证明者。对各等资格的营造厂商或代表人的资历、学历也有相应的要求。各等营造厂均按等级承办工程：甲等许可承办一切大小工程，乙等、丙等、丁等分别许可承办 20

①　河南近代建筑史编辑委员会：《河南近代建筑史》，中国建筑工业出版社 1995 年版，第 59 页。

②　李晓华：《百年沧桑话建筑》，《东方"巴黎"——近代上海建筑史话》，上海文化出版社 1991 年版，第 9 页。

③　褚荣生、何重建：《造房人的酸苦辣》《东方"巴黎"——近代上海建筑史话》，上海文化出版社 1991 年版，第 166 页。

万元以下、5 万元以下和 3000 元以下的工程①。对于营造厂与业主之间的关系，也形成契约形式的合同。这些合同内容涉及完工期限，延期罚款，工程质量监督，工程质量保证，业主分期支付工程造价，施工现场邻近房屋保护，施工现场安全事故职责，以至完工现场清扫等等。业主和营造商的职责、利益、权利都明确地有法可依，营造业的有序运作纳入了法制的轨道。

12.5.3　建筑制度近代化的历史作用

建筑制度的近代化，主要体现在房地产业的商品化、市场化和建筑管理体制的法制化、契约化。我们考察近代中国建筑，习惯于关注近代时期建筑类型、建筑技术、建筑形式、建筑思潮的转变，而忽略了建筑制度的转变。实际上，正是建筑中的生产关系——建筑制度的转变最敏锐、最深刻地体现出社会背景、社会性质对于建筑的影响。可以说建筑制度的差别清晰地显现出不同社会发展时期建筑的本质区别。在这方面，已有不少学者对房地产经营与城市化进程的相关机制，对近代中国建筑制度与近代中国建筑发展的相关机制，做出重要的研究成果②。我们从这些研究成果可以看出，建筑制度的近代化对于近代中国建筑的发展具有多方面的、重要的促进作用：

1）推进建筑的发展规模、发展速度

建筑制度的近代化，特别是房地产经营的商品化，是近代中国建筑发展的强劲推动力。房地产业成为近代经济的支柱产业之一。在近代市场经济发育的条件下，房地产开发存在着土地大幅度增值，房产高营利收租的潜能。高回报率促使房地产业成为近代资金投入的一个重要领域。早期上海规模较大的洋行，几乎都设有"房地产部"，竞相从事房地产经营。据估计，1901 年英国人在上海投资 1 亿美元中有 60%是投于房地产业③。房地产业可以吸纳大量资金，它自身又是不动产，可作为稳定可靠的贷款抵押，自然成了近代资本市场重要的追逐对象。金融业与房地产业的联姻，更加增强了土地开发和建筑营造的规模、速度。据统计，上海公共租界和法租界的年建筑投资额，在 1925 年已达 3105 万元，到 1930 年扩大到 8388 万元。从 1925 年到 1934 年 9 月，投入两租界的建筑资金总额达 4.673 亿元④。显而易见，这笔巨额的建筑投资正是 20 世纪二三十年代上海租界

---

① 参见孟光宇：《地政法规》，大东书局印刷。转引自河南近代建筑史编辑委员会编：《河南近代建筑史》，中国建筑工业出版社 1995 年版，第 65 页。

② 参见：

1. 中国人民政治协商会议上海市委员会文史资料委员会编：《旧上海的房地产经营》，上海人民出版社，1990。

2. 张仲礼主编：《近代上海城市研究》，上海人民出版社，1990。

3. 沈祖炜：《东南沿海城市房地产业的近代化》，《东南沿海城市与中国近代化》，上海人民出版社，1996。

4. 赖德霖：《从上海公共租界看中国近代建筑制度的形成》，《中国近代建筑史研究》，清华大学博士学位论文，1992。

③ 雷麦：《外人在华投资》，商务印书馆 1959 年版，第 69 页。

④ 枕木：《十年来上海租界建筑投资之一斑》，《申报》1934 年 10 月 23 日。

建筑大规模、高速度发展的经济基础。近代中国城市新城区的快速崛起和大型的、大批量的近代建筑的集中涌现，很大程度上都有赖于房地产开发所提供的资金运转。没有近代中国建筑制度规范下的房地产市场，就不可能出现像上海、天津等大城市那样的近代建筑发展力度和发展速度。

2）制约城市的经济布局、建筑布局

城市土地存在着显著的土地级差效应，同一城市不同地段的地价是天差地别的。它受到该地段与市中心或商业繁华区的距离的影响，也受到该地段交通条件、环境条件、公用事业设施条件等诸多因素的制约。拿1931年的宁波地价来看，"以城厢为最高，每亩自500元至25万元；西门外与江北岸次之，每亩自35元至数千元；江东与南门外又次之，每亩35元至4000元；而湾头一带为最低，每亩最高之价亦仅200元①"。同是城厢内的土地，最高价与最低价相差达500倍。而城厢内的高价与城外的低价竟相差7000倍。这种地价的巨大差别，自然深深制约着城市的经济布局，从而也深深地影响着城市的建筑布局。大城市的金融区总是集中于地价最昂贵的市中心，金融区的形成又反过来刺激区内地价的上升。上海外滩一带在20世纪20~30年代已经集中了各种金融机构200多家，这一带成了上海地价最高的区域。各城市的商业繁华区也是如此。商店密集有利于形成良好的购物环境和人流的集聚效应，使得商店争相涌向商业区。而商业区的繁华又刺激商店进一步向商业区集中，商业繁华区的地价自然扶摇直上。近代中国许多城市涌现的由金融业、商业、餐饮业、旅店业、娱乐业高度聚合而成的市中心繁华区，都是在这条市场经济的规律支配下形成的。而生产性的工业建筑当然会回避高额的地价房租而转向低价地段。城市住宅区的分布也同样由于地价级差而形成高档住宅区分布于市区优良地段，贫民聚集区被挤到城区边缘地带的现象，呈现出近代城市普遍存在的居住环境的两极分化。

3）推动市政建设和建筑技术的演进、发展

在近代建筑管理体制中，市政当局与房地产纳税人之间形成一种循环系统，市政机关通过城市开发管理，诸如筑路、架桥，铺设上下水道，保障能源供给，发展交通、电讯，改善卫生、绿化，建设火政、警务，完善文化、教育等等，以良好的投资环境、居住环境吸引房地产投资。房地产投资的集中则回过头来刺激地税、房捐的上涨，从而大幅度地增添市政机关的财政收入。房地产商的购地开发，也存在着同样的情况。致力于地段环境的改善，既有利于吸引用户、住户，也有利于提高地价、房租，从而获取高额的利润。因此，房地产的推进总是与市政建筑的进展呈同步发展的态势。近代厦门的城市建设在这方面表现得很典型。厦门市区原本地狭人稠，遍布河池塘洼，民居拥挤，街巷窄小。1920年，经地方人士倡议，由社会名流组成"厦门市政会"，由政府当局设立"厦门市政局"，经过开山填海、铺填河塘、劈凿山丘，打通市区与港口之间的通道，到1933年新开发土地达116万 m^2。这些新开发土地出售的获款全部返回用于筑堤修路、敷设下水道等市政工程。鼓浪屿公共租界也同样进行了填海扩地。这个市政建设

---

① 民国《鄞县通志》，食货志，第15页。

过程是伴随着房地产开发进行的，据估计，1927～1937 年厦门房地产投资达 3000 万元①，它鲜明地反映出房地产经营与市政建设的正相关关系。由于房地产开发对于投入产出比的高度关注，自然也激发了对于所建房屋实用性、经济性的高度关注，经济效益在这里成了推进建筑技术发展的驱动力。同样的情况，营造厂家为争取中标，不得不以较低的标价来竞争，也在优胜劣汰的法则支配下推动着建筑技术、建筑管理的不断改进。市政当局制定的建筑法规则以"规范"的形式强制建筑必须达到法规所要求的质量、标准。这些，都构成了近代建筑制度推动建筑技术发展的机制。

4）促成建筑类型、建筑形式的近代转型

城市土地的增值，使得房地产投资中，地价所占比重越来越突出。集约地利用土地，成为房地产开发的一项获利准则。它对于近代一些建筑类型的生成和某些建筑形式的风行，都有深刻的制约作用。

里弄住宅可以说是房地产业运作的典型产物。采取联列式的毗连布局，运用浓缩天井的宅屋单元，紧缩为单开间的广式做法，从一、二层向二、三层演变的增高趋势，沿街设商业用房、大街背面安排里弄的规划格局，最大限度地争取空间、利用空间的设计手法等等，都充分显示出房地产投资集约用地的特色。里弄住宅采取的统一规格、成批营造的建造方式和区分总弄、支弄的布置方式，也反映出房产主便于分割出售、便于分割出租的经营意图。

在 1920 年前后十多年中，一种近代化设备水平较高的、带有庄园的小洋房在各大城市的盛行也是房地产业运作的结果。这是随着城市的繁华，一批富有阶层提出了对高档住宅的需求。市场法则这一双看不见的手，敏锐地从供求关系上调节着房地产商品的取向。

近代多层、高层建筑的崛起，更是集约地利用土地导致建筑向上空发展，向高档次发展的最触目现象。许多城市的市中心建筑都是随着地价的猛涨而从低层转向多层。上海的外滩、南京路等寸土寸金地带，更因此拔起一幢幢 10 层以上的高楼大厦，形成地价昂贵区高楼林立的景象。

建筑作为商品推向市场，适应用户、住户的需求、喜好上升为建筑是否适销的重要因素。建筑师作为自由职业者，接受建筑业主的委托进行设计，业主对建筑的需求、喜好，也上升为建筑设计方案能否中选的重要因素。这样，社会追求的时尚很容易转化为建筑市场的需求而敏锐地制约着建筑形式、建筑风貌的取向。20 世纪 30 年代，上海现代式样的"摩登"建筑的风行，就与建筑市场时兴新潮口味是分不开的。

5）促进建筑业队伍的成长、壮大

房地产业的崛起为建筑师事务所和营造厂开辟了巨大的市场。向近代、现代转型的时代，是一个需要房地产业、需要大量建筑实践的时代，是一个呼唤建筑师、呼唤营造商的时代。中国近代在这方面呈现出两种不同的情况：一种是新开发的城市、城区，崛起的房地产业推动建筑业的兴旺，促进建筑设计市场、建筑

---

① 厦门房地产管理局编：《厦门房地产志》，厦门大学出版社 1988 年版，第 125 页。

施工市场的发育；另一种是广大的中小城镇和农村，仍未摆脱自然经济的枷锁，难产的房地产业使建筑业欠缺发展动力而阻碍建筑设计市场、建筑施工市场的发育。这是中国近代二元社会经济结构所带来的房地产业和建筑业发展的不平衡性。这种不平衡性使得中国近代的建筑业队伍，既有在局部地区迅速崛起、快速进展的一面，也有在全国范围发展迟缓、分布不匀的另一面。上海房地产业的兴旺对上海建筑业队伍的促进表现得最为突出。1929 年，仅在上海市工务局注册登记的建筑师人数就有 368 人（其中正式登记 227 人，暂行登记 141 人）[①]。1935 年，仅上海一地登记的营造厂就达到 2763 家[②]。这组数字，就上海自身来说，可以显见建筑业队伍的壮大、显赫。但上海的开业建筑师和营造厂的数量，在全国都占很大比重，从全国来说，近代中国的建筑业队伍就显得十分薄弱了。近代建筑制度促进建筑业队伍的发展，也表现在市政体制和建筑法规的完善为开业建筑师和营造厂的经营运作提供了规范的管理和法制的保障。在市政管理当局与建筑师、营造厂之间，建立了明确的注册登记制度。在建筑业主、建筑师和营造商三方面当事人之间，建立了契约化的利益协调关系。各方当事人的责、权、利，包括招标投标约定、工程质量保证、工程工期保证、设计收费标准、施工分期付款、变更设计办法、营造失误受损等等，都有相当详细的合同规定。这些契约化的运作，虽然也会受到种种营私舞弊的人际关系干扰，但建筑业管理纳入法制化的轨道，毕竟发挥了有利开业建筑师和营造厂规范运作的机制。

①②　参见赖德霖：《中国近代建筑史研究》，清华大学博士学位论文，1992。

第13章 建筑教育、建筑设计机构和职业团体与中国近代建筑师

13.1 建筑教育

中国近代建筑教育，由两个渠道组成：一是国内兴办建筑科、建筑系；二是到欧美和日本留学建筑。在时间程序上，留学在先，办学在后，国内的建筑学科是建筑留学生回国后才正式开办的。

从现有资料看，我国最早到欧美和日本留学建筑都始于1905年。这一年，徐鸿遇到英国利兹大学学习建筑工程，许士谔到日本东亚铁道学校学习建筑科[①]。他们可能是中国最早赴国外攻读建筑学专业的留学生[②]。此后，中国陆续有官费、自费留学生出国学建筑，到20世纪20年代末，赴日学建筑的留学生总数已超过130人[③]。赴欧美学建筑的势头也渐次掀起，继徐鸿遇之后，贝寿同于1910年入柏林工科大学学习建筑。同年，庄俊赴美国伊利诺伊大学建筑工程系学习，他是庚款留美的第一位学建筑的学生。由于他的影响，先后通过清华庚款赴美留学建筑的人数颇多。受庚款留美的制约，前期赴欧美的建筑留学生中，以留美占绝大多数，主要分布在宾夕法尼亚大学、麻省理工学院、密歇根大学、哥伦比亚大学、哈佛大学和伊利诺伊大学等著名学府。其次是留法、留英、留德，也有少数留意大利、奥地利和比利时的。在这些留学的学校中，美国的宾夕法尼亚大学建筑系影响最大，范文照、朱彬、赵深、杨廷宝、陈植、梁思成、童寯、卢树森、李扬安、过元熙、吴景奇、黄耀伟、哈雄文、王华彬、吴敬安、谭垣等，都先后毕业于该系，他们之中的许多人成了中国近代建筑教育、建筑设计和建筑史学的奠基人和主要骨干。

在建筑教育体系上，当时的德、日建筑系比较重视建筑技术，偏重于工程教育，教学计划中硬科学的比重较大。而美、法的建筑教育，在20世纪20年代还属于学院派的体系，设计思想还处于折中主义、新古典主义的创作路子，强调艺术修养，偏重艺术课程。当时宾夕法尼亚大学建筑系的主持人保罗·克芮（Paul Philippe Cret）是美籍法国人，毕业于里昂艺术学院，深造于巴黎美术学院，获

---

① 据王焕琛编著：《中国留学教育史料》（台）国立编译馆1980年出版。

② 在徐鸿遇、许士谔之前，已有中国留学生在国外选学建筑学的有关课程。据赖德霖考证，早在1873年清政府派遣船政学堂优秀生赴法留学，教学大纲中列有学习"房屋制造法"的要求。1905年由日本东京帝国大学工程机械专业学成回国的张瑛绪，在留日期间也曾学过建筑学课程。这种早期学过建筑课程的留学生估计还有一些人，只是他们学的并不是完整的建筑学科。

③ 据徐苏斌博士学位论文：《比较·交往·启示——中日近现代建筑史之研究》。

法国"国授建筑师"称号。他在宾大执教 35 年，把宾大建筑系办成地道的学院派教学体系的学府。他对杨廷宝、梁思成等宾大中国留学生影响很大。由于前期留美、留法学生接受的是学院派的建筑教育，对中国近代建筑教育和建筑创作都带来深远的影响。到 1930 年代后期和 1940 年代，中国赴欧美的建筑留学生接受的已是现代派建筑教育体系，虽然回国的人数不多，回国的时间较晚，还是给中国建筑教育和建筑创作，添注了现代主义的新鲜血液。

出国留学建筑的学生，特别是庚款和公费留学的，都经过相当严格的筛选，人才素质很高，大多天资聪颖，勤奋好学。在留学期间，多数成绩斐然，出类拔萃。许多人取得硕士学位，不少人获得各种设计奖。杨廷宝曾多次获得全美建筑系学生设计竞赛的优胜奖，其中包括政府艺术社团奖和爱默生竞赛一等奖。童寯在 1927 年和 1928 年两年分别获得全美建筑系学生设计竞赛的二等奖和一等奖。陈植于 1926 年也获得美国柯浦纪念设计竞赛一等奖。留学法国巴黎美术学院建筑分校——国立里昂建筑工程学院的虞炳烈，不仅获得法国"国授建筑师"的称号，而且获得法国国授建筑师学会的最优学位奖金和奖牌，这在当时国际建筑界是一项很高的荣誉奖。

总的说来，中国近代留学建筑的起步是比较晚的，当时的主管部门还缺乏培育建筑师人才的自觉性，没有通盘的派遣计划或指导性意向。出国留学建筑，多是学生自选的，带有很大的自发性。通过留学生的自身努力，毕竟成长了留学欧美和留学日本的一批建筑学人才，形成了我国第一代建筑师的队伍。这些留学生回国后，创办了中国近代的建筑教育，开设了中国建筑师事务所，组织了中国建筑师的职业团体，建立了中国建筑史学的研究机构，出版了建筑学术刊物，对中国近代建筑的发展做出了重大的历史贡献。

在早期中国建筑师的队伍中，也有少数人没有出国留学，而是在国内外商的洋行、测绘行等建筑机构中任职，通过绘图、设计等实际工作，增长职业技能，逐渐取得建筑师的地位，有的还独立开业，开办设计事务所，其中的佼佼者，如上海的王信斋，汉口的卢镛标等，设计水平都不低。

中国兴办建筑教育起步很晚，大约比日本的建筑教育晚 50 年。1902 年草拟的《钦定学堂章程》中，工艺科目设八门，第一门为土木工学，第六门为建筑学，可以说建筑学是与土木工学同时纳入了中国教育章程。1903 年制定的癸卯学制和 1912~1913 年制定的壬子、癸丑学制中，也都是同时列入土木工学和建筑学。但在具体实施中，建筑科的出现却比土木工程科晚了很多。这是因为近代早期新建筑的发展水平有限，少数功能复杂、艺术性强的建筑的设计都被外国建筑师所把持，而一般房屋的建筑设计，土木工程科出身的人也能胜任。因而既学交通、水利，又学市政、建筑的宽口径的土木工程学科就率先得到发展，其培养的学生数量也占工科各专业的首位。在 20 世纪 20 年代前，已有北洋大学、唐山工学院、山西大学、南洋公学（交通大学）、上海圣约翰大学等 5 所大学开设土木工程系。1920 年代又有焦作工学院、武汉大学、安徽大学、东北大学、清华大学、云南大学、北平大学、复旦大学、湖南大学、光华大学、吉林大学、台湾大学等 12 所大学开设土木工程系。从这些大学的所在地，可以看出培养土木工程的专业分布面是比较广的。学土木工程的人同样可以登记为开业建筑师。1938
年和 1945 年国民政府颁布的《建筑法》中，都明文规定："建筑物之设计，应
以依法登记之建筑科或土木工程科工业技师或技副为限。"因此，土木工程科出
身的人一直是建筑设计的一支重要力量，土木工程科的教育成了中国近代建筑教
育的一个先导。

一直到 1923 年，江苏公立苏州工业专门学校设立建筑科，才翻开了中国人
创办建筑学科的第一页。这是中国建筑教育划时代的创举。苏州工专建筑科是由
日本东京高等工业学校建筑科毕业的柳士英发起创办的，先后聘请同校毕业的朱
士圭、黄祖森、刘敦桢任教。他们四位都是留日回国的，很自然沿用了日本的建
筑教学体系。学制 3 年，专业课程设有建筑意匠（即建筑设计）、建筑结构、中
西营造法、测量、建筑力学、建筑史和美术等。1927 年，苏州工专与东南大学
等 8 所院校合并为国立第四中山大学，在工学院内设置了中国高等学校的第一个
建筑科。1928 年 4 月因校名改为中央大学，这个建筑科就成了中央大学建筑科。
中大建筑科创始期由刘福泰任科主任，教师中有刘敦桢、卢树森、贝寿同、李毅
士，以后增聘了鲍鼎、谭垣、朱神康、虞炳烈、陈裕华、刘既漂等教授。抗日战
争时期又有杨廷宝、童寯、陆谦受、李惠伯、黄家骅、徐中等来系执教。这些教
授分别留学美、日、法、德各国，课程设置兼取东西方的长处，既加重建筑设计
课，也保持充足的工程技术课和史论课。师资队伍雄厚，治学严谨，教学质量很
高，取得了中国建筑教育的核心地位，培养了一批中国建筑界的栋梁之才。

紧接中央大学之后，东北大学工学院和北平大学艺术学院，也于 1928 年开
设了建筑系。东北大学建筑系由梁思成创办，教授有陈植、童寯、林徽因、蔡方
荫，是清一色的留美学者。学制四年，教学体系仿照宾夕法尼亚大学建筑系，建
筑艺术和设计课程多于工程技术课程。该系招收了三届学生，因"九一八"事
变而被迫停办。北平大学艺术学院建筑系的创办，起因于该院院长杨仲子，他是
留法的，主张像法国那样在艺术学院中设建筑系，他聘请汪申为系主任，沈理
源、华南圭等任教。这几位教师都是留法的，基本上沿用法国的建筑教学体系，
学制 4 年。

上述三个最早的建筑系，几乎在 1927～1928 年同时诞生，这反映出 1920 年
代末中国社会对建筑师培养的客观需要，也表明这期间有一批留学生学成归国，
为创办建筑教育提供了必要的师资条件。

从这以后，中国陆续开办了一系列建筑系科，其中有：

广东省立工业专门学校建筑工程系（1932 年成立，1933 年改名广东勷勤大
学，1937 年并入中山大学）；

上海私立雷士德工学院建筑科（1934 年成立）；

天津工商学院建筑系（1937 年成立，1949 年改名津沽大学）；

重庆大学建筑系（1937 年设建筑专业，1940 年成立建筑系）；

杭州私立之江大学建筑系（1940 年成立）；

北京大学工学院建筑系（1938 年成立）；

湖南省立克强学院建筑系（1941 年成立）；

　　　　上海圣约翰大学建筑系（1942 年成立）；

　　　　清华大学建筑系（1946 年成立）；

　　　　国立唐山工学院建筑系（1946 年成立）等。

　　这些建筑系的成立，大体上形成了包括国立、省立、私立和教会开办的多渠道的建筑教育网。除了这些全日制大学外，还开办了像上海沪江大学商学院建筑科（1934 年成立）那样的夜大学。

　　除此之外，近代中国的建筑教育，还有少数是由外国人开办的殖民地学校。1904 年日本作为日俄战争的胜利者，取代沙俄窃据了大连。1911 年在大连开办了含有建筑科的满洲工业学校。这个建筑科的建立比苏州工专建筑科早 12 年，是中国国土上最早的一所有建筑科的学校。但该校的教师、学生全部都是日本人，实际上是设在中国的日本学校。1922 年，满洲工业学校改名为南满洲工业专门学校，由中等技术学校上升为大专程度的学校。1930 年代东北日本占领区还有哈尔滨工业大学、新京工业大学和大连工业学校都设有建筑科系。哈尔滨工业大学的前身是 1920 年成立的哈尔滨中俄工业学校，是为中东铁路培养技术人员，设有铁路建筑科，招收中俄籍学生，以俄语授课。1922 年改名为哈尔滨中俄工业大学，设有铁路建筑系，1927 年改名为建筑工程系，实际上是土木与建筑的混合系。1935 年，该校由日本人接管，改用日语授课，设有建筑系和建筑工程系[①]。在东北地区的这几处建筑科系中，也成长了一批活跃于本地区的建筑师。

　　近代中国在建筑教育思想上，明显地受到学院派建筑教育体系的影响，这在中央大学建筑系和东北大学建筑系的教学中都有所反映。现代主义建筑教育在近代也已传播到中国。圣约翰大学建筑系表现得最为明显。该系系主任黄作燊是留英学生，后入美国哈佛大学研究院深造，导师是格罗皮乌斯。他和贝聿铭都是格氏最赏识的中国学生。他于 1942 年回国，在圣约翰大学实施了包豪斯的教学体系，聘请的几乎全是德、匈、英等外国新派建筑师任教，为中国的现代建筑教育播撒了种子。

　　中国近代建筑教育思想中，特别值得注意的是梁思成提出的"体形环境"设计的教学思想。抗日战争胜利后，梁思成深感到增设建筑系，培养建筑师人才已是燃眉之急，经他建议，于 1946 年开办了清华大学建筑系，由他任系主任。同年年底，他赴美考察"战后的美国建筑教育"，并于 1947 年担任联合国大厦设计顾问。这一年多在美期间，他接触和访问了柯布西耶、尼迈亚、赖特、格罗皮乌斯、小沙里宁等建筑大师，考察了许多现代建筑和城市建设，出席了在普林斯顿大学召开的"人类环境设计"学术讨论会，深入了解到国际学术界在城市规划理论和建筑理论方面的发展动向，回国后提出了"体形环境"设计的教学体系。他认为建筑教育的任务已不仅仅是培养设计个体建筑的建筑师，还要造就广义的体形环境的规划人才。因此将建筑系改名为营建系。在营建系下设"建筑学"与"市镇规划"两个专业。梁思成说："建筑师的知识要广博，要有哲学家

　　① 姚炎祥：《哈尔滨建筑工程学院校史》，书目文献出版社。

的头脑，社会学家的眼光，工程师的精确与实践，心理学家的敏感，文学家的洞察力……但最本质的他应当是一个有文化修养的综合艺术家。这就是我要培养的建筑师。"[①] 他把营建系的课程分为文化及社会背景、科学及工程、表现技巧、设计课程和综合研究五大部分；分别在建筑学与城市规划专业加了社会学、经济学、土地利用、人口问题、雕塑学、庭园学、市政卫生工程、道路工程、自然地理、市政管理、房屋机械设备、市政设计概论、专题报告及现状调查等课程，供学生专修或选修。他还推广了现代派的构图训练作业，按包豪斯的做法聘请了手工艺教师，以培养学生的动手能力。这些，意味着"理工与人文"结合，"广博外围修养和精深专业训练"结合的建筑教学体系的建构。梁思成的建筑教育思想和建筑教育实践，推进了中国建筑教育的现代进程。

13.2　建筑设计机构和职业团体

近代中国早期出现的西方建筑，大多数都由外侨和传教士自行设计，或由洋行打样间承办。这些打样间的设计人员，初期多属匠商之流，并非正统的建筑师。但是也有少数建筑很早就有西方的专业建筑师参与，如建于 1863 年的上海法租界公董局大楼，建于 1866 年的上海圣三一堂，它们的设计者已是当时来沪的英国建筑师。后者的设计人凯德纳还是英国皇家建筑学会会员。他们的参与设计意味着受过专业教育的外国建筑师在近代上海的正式上场。此后陆续有一些西方建筑师来华开业。进入 20 世纪后，上海、天津、汉口等地的租界建筑活动日趋旺盛，来华的外国建筑师明显增多。他们有的独立开业，有的与土木工程师合作，组成建筑设计事务所。在上海的设计事务所多以"洋行"为名，先后有玛礼逊洋行、通和洋行、新瑞和洋行、倍高洋行、公和洋行、德和洋行、马海洋行、哈沙德洋行、邬达克洋行等。据 1928 年统计，上海的外籍建筑设计机构已近 50 家[②]。天津的外国人设计事务所，通称"工程司"，有英国人的永固工程司、同和工程司、景明工程司，法国人的永和工程司、义品工程司，瑞士人与英国人合作的乐利工程司，以及奥地利人开设的盖岭美术建筑事务所等。

这些洋行、工程司中，最具影响的当数公和洋行和邬达克洋行。公和洋行原是香港的一家老牌建筑设计机构，1911 年决定在上海开设分部，由建筑师威尔逊主持。几年后将总部也从香港迁到上海。该行先后设计了上海有利大楼、永安公司、汇丰银行新楼、海关大楼、沙逊大厦、亚洲文会大楼、河滨公寓、汉弥尔敦大厦、都城饭店、峻岭公寓、中国银行、三井银行等，是 20 世纪 20～30 年代上海最大的、也是最重要的建筑设计机构。它不仅接的设计工程量最大，设计水平也是一流的。其设计风格从早期的折中主义、新古典主义逐步转向后期的装饰艺术和现代式。它的作品几乎成了 20～30 年代上海高楼大厦演进的缩影。邬达

---

① 林洙：《大匠的困惑》，作家出版社 1991 年版，第 77 页。
② 上海建筑施工志编委会编写办公室编著：《近代上海建筑史话》，上海文化出版社 1991 年版，第 108 页。

克洋行是匈牙利皇家建筑学会会员邬达克开办的。1893年他出生于奥匈帝国的斯洛伐克境内，1914年毕业于布达佩斯皇家学院，1918年来到上海，先在美商克利洋行打样间工作，后来独立开业。他很善于交际，承接的设计范围很广，涉及银行、旅馆、医院、教堂、影剧院等。开业最初几年的作品仍属学院派折中主义的风格。进入1930年代后突然转向现代样式，先后设计了具有强烈时代感的大光明影院，具有美国摩天楼特征的国际饭店和极富现代感的吴同文住宅，成为近代上海最耀眼的新派建筑师，在上海赢得了颇大的设计市场。

在近代中国的港湾租借地城市、铁路附属地城市和日帝占领地城市，还有一种设于殖民统治机构内的建筑设计组织。这类建筑设计机构比较典型的有中东铁路管理局的设计部门和南满洲铁路建筑课。哈尔滨是中东铁路的交汇枢纽和铁路管理局的驻在地，前期的城市规划和铁路系统的建筑设计都是由帝俄设在哈尔滨的中东铁路管理局承办的。早期的做法是，先在圣彼得堡的中东铁路规划总部做好方案设计后，由在哈尔滨的铁路俄籍建筑师做详细设计。大约从1917年十月革命后，全部设计环节都改在哈尔滨进行。设于大连的南满洲铁路建筑课，在1907年的初创时期，就有4名毕业于东京帝国大学建筑学科的建筑师。这在当时的日本也是实力很强的设计队伍。这个建筑课作为日帝侵略机构的设计班子，承揽了南满地区铁路、港湾、矿山、工厂、学校、医院、图书馆、旅馆、宿舍等数量庞大的设计工程，是当时日本在东北地区最大的设计机构①。

中国建筑师自己开办设计事务所，始于何时？据赖德霖考据，应是20世纪10年代初。因为早在1913年2月25日，上海24名西人建筑师和工程师写给工部局总董的信中就说道：“必须注意，不具备资格和能力而自称为建筑师，并要求承担大型西式结构的建筑设计的中国人在数量上越来越多。”② 这批没有受过正规西式建筑学教育，但是已经会做建筑设计，“自称为建筑师”的中国人，很可能就是最先开业的一批中国建筑师。1917年设计上海“大世界”游乐场前期建筑的周惠南就是这样一位土生土长的中国建筑师，他开设的“周惠南打样间”就是这类设计事务所中的一个③。

从20世纪20年代初开始，陆续有从国外学习建筑回国的留学生和国内学习土木工程毕业的学生开始创办设计事务所。其中有1920年由麻省理工学院建筑系和哈佛大学研究院学成回国的关颂声创办的天津“基泰工程司”；1921年由美国康奈尔大学建筑系学成回国的吕彦直，与过养默、黄锡霖合组的上海“东南建筑公司”；1922年由毕业于东京高等工业学校建筑科的刘敦桢、王克生、朱士圭、柳士英合组的上海“华海公司建筑部”；同年由同济毕业的工程师舒震东、龚积成、赵际昌合组的“华东同济工程事务所”④；1925年由美国伊利诺伊大学毕业、哥伦比亚大学研究院进修回国的庄俊开办的“庄俊建筑师事务所”；同年吕彦直在中山陵设计竞赛获奖后成立的“彦记建筑事务所”等。从这以后，中国建筑师事务所陆续在上海、天津、南京、汉口等地涌现。著名的有：基泰工程

---

① 西泽泰彦《草创期的满铁建筑课》，《华中建筑》1988年，第3期。
②③④ 转引自赖德霖：《近代中国建筑师开办事务所始于何时》（台湾）《建筑师》1991年12月。

司（建筑师关颂声、朱彬、杨廷宝、杨宽麟）、华盖建筑事务所（建筑师赵深、陈植、童寯）、董大酉建筑师事务所（建筑师董大酉、哈雄文）、范文照建筑师事务所（建筑师范文照）、兴业建筑事务所（建筑师徐敬直、李惠伯）、大方建筑事务所（建筑师李宗侃）、李锦沛建筑师事务所（建筑师李锦沛、李扬安、张克斌）、杨锡镠建筑师事务所（建筑师杨锡镠）、启明建筑事务所（建筑师奚福泉）、五联建筑事务所（建筑师陆谦受、黄作燊、王大闳）、凯泰建筑事务所（建筑师黄元吉）、国际建筑师事务所（建筑师虞炳烈）、中国工程司（建筑师阎子亨）、华信工程司（建筑师沈理源）等。同时期也有一些留学回国的建筑师，没有开设事务所，而进入工务局、银行、海关等单位所属的设计部门任职，如林克明、吴景祥等。这些事务所中，以基泰和华盖的影响最大。

基泰工程司是中国建筑师事务所中首屈一指的，1920年由关颂声创办于天津，1924年和1927年朱彬、杨廷宝先后加入，形成三位主要合伙人。基泰采用"三驾马车式的管理方式，关颂声主管外业，朱彬作为二把手管理内业，杨廷宝则分工管理图房，即今天我们所说的总建筑师"。[①] 由于关颂声与宋子文是哈佛大学同学，关颂声夫人与宋美龄是美国威尔斯里女子学院同窗，因此基泰能方便地承揽到政府部门的工程，分所广布于北平、上海、南京、重庆、香港、台北。业务重心开始在华北、东北地区，20世纪30年代后转向上海、南京一带。基泰设计的作品很多，杨廷宝在基泰时期的作品，如南京中央医院、南京中央体育场、谭延闿墓、中山陵音乐台、中央研究院社会科学研究所等，都灌注了对于新建筑民族特色的探索，尝试运用大屋顶和点缀传统装饰等不同的处理手法，设计中善于掌握整体环境的协调，作品表现出洗练凝重的格调，在近代中国建筑界获得很高的声誉。

华盖建筑事务所是赵深、陈植、童寯于1933年在上海合组成立的。他们三人都是美国宾夕法尼亚大学建筑系毕业的，均获得硕士学位。20世纪30年代华盖主要活跃于沪宁一带，抗日战争期间，华盖内迁，在昆明、贵阳设华盖分所，承接了西南地区的一些工程。20年间，华盖共设计了约200项建筑，是中国近代实力很强的设计事务所。华盖的三位建筑师也在近代中国建筑界享有盛誉。

中国建筑界在近代成立了两个职业团体，一是中国建筑师学会，二是上海市建筑协会。

中国建筑师学会由范文照、张光圻、吕彦直、庄俊、巫振英等人倡议发起，于1927年冬成立上海建筑师学会，后因参加者不限于上海一地而改名为中国建筑师学会。会址设于上海，分会设于南京。第一任会长庄俊，副会长范文照。学会的会员分名誉会员、正会员和仲会员。入会资格和会员级别划分很严格，正会员需国内外大学建筑科毕业而有3年以上实习经验，或自营建筑师业务至少10年者；如果是国内外大学建筑科毕业而未具3年以上实习经验，就只能当仲会员；如果是国内外大学非建筑科毕业，则需5年以上实习经验才能当仲会员。1932年有正会员39名，仲会员16名。正会员几乎都有留学的学历。学会活动包

---

① 杨永生：建筑圈里的人与事. 中国建筑工业出版社，2012年版第25页。

括交流学术经验，举办建筑展览，仲裁建筑纠纷，提倡应用国产建筑材料等。抗日战争期间，学会一度迁至重庆。学会出版的《中国建筑》刊物，从 1932 年 11月创刊到 1937 年 4 月停刊，每月一期，其中有所间断，共出 30 期。刊物以"融合东西建筑学之特长，以发扬吾国建筑物固有之色彩"为主要使命①，主要刊登中国历史名建筑的探讨，国内外名家建筑作品的介绍，西洋近代建筑学术的译述和国内建筑系学生优秀作业的披露，并多次辟专号集中介绍某个建筑师事务所的作品，起到了灌输建筑学识、探研建筑学问、传播国内外建筑信息的重要作用。

上海市建筑协会成立于 1931 年，是上海市建筑业的职业团体，"以研究建筑学术，改进建筑事业并表扬东方建筑艺术为宗旨"②。会员包括上海市的营造家、建筑师、建筑工程师、监工员及与建筑业有关的热心人士，初期有会员 100 余名，以后续有增加，最多时增至 300 余人③。协会的事务包括国货材料之提倡、职工教育之实施、工场制度之改良、建筑月刊之发行、附属夜校之创设、服务部门之成立等。协会出版的《建筑月刊》，从 1932 年 11 月起，到 1937 年 4 月止，共出 5 卷 49 期。刊物发表了大量由上海营造商承建的建筑工程图，系统介绍了有关建筑业的新知识，报道了上海建筑业的动态和国内外的建筑动向，起到了传播建筑业信息的作用。

中国营造学社是近代中国最重要的建筑学术研究团体。学社成立于 1929 年，由创办人朱启钤任社长。社址设于北平。学社部分经费来自"中华文化基金董事会"和"中英庚款董事会"的赞助。1931～1932 年，梁思成、刘敦桢相继入社，于 1932 年分任学社法式部和文献部主任，全盛时期，全社有工作人员 20 余人。抗日战争期间，学社内迁昆明和四川南溪县李庄，1946 年停办。

营造学社存在的 17 年间，进行大量古建筑实例的调查、测绘、研究工作，拟定了重要古建筑的修缮、复原计划，搜集、整理了重要的古建筑文献资料，校勘重印了宋《营造法式》、明《园冶》、《髹饰录》、清《一家言·居室器玩部》等古籍，出版了《中国营造学社汇刊》学术刊物。营造学社汇刊从 1930 年起至 1945 年止，共出 7 卷 23 期。发表了梁思成、刘敦桢以及学社其他研究人员撰写的关于古建筑调查报告、修缮复原计划、营造史料阐述、哲匠史料阐述等大量学术著作。在这些研究工作中，梁思成、刘敦桢对中国建筑史学的开创做出了突出的贡献。他们眼看日、英等国学者纷纷研究中国建筑文化，国内学界反而寂寂无闻，都以激昂的爱国热情，投身于古建筑遗产的研究和整理工作。他们披荆斩棘，率领学社其他同人，足踏 16 省、200 余县，涉猎建筑文物、城乡民居及传统城市计划等 2000 余单位，为我国古建筑的研究开创了自己的道路。他们的研究成果在国内建筑界、考古界以及国外汉学界中都享有盛誉。可以说，中国营造学社奠定了中国建筑史学的基石，既涌现了梁思成、刘敦桢这样的第一代建筑史学的创业者，也培育了刘致平、陈明达、莫宗江、罗哲文、单士元等一批优秀的第

---

① 《中国建筑》，发刊词《中国建筑》创刊号，1932 年 11 月。
② 《上海市建筑协会章程》。《建筑月刊》第二卷第三期。
③ 上海建筑施工志编委会编写办公室编著：《近代上海建筑史话》，上海文化出版社 1991 年版，第 150 页。

二代建筑史学专家，其影响是深远的。

13.3　中国近代建筑师

13.3.1　建筑师群体

中国近代建筑师早期主要来自 3 个途径：一是科班出身，从国外留学建筑科回国的；二是半科班出身，从国内外学土木科或其他工科转行的；三是非科班出身，从外国洋行、测绘行等建筑机构供职人员中自学成才的。自学成才的建筑师并不罕见，早期有一位周惠南（1872～1931 年），他原供职于英商业广地产公司，自己开办"周惠南打样间"，曾设计剧场、办公楼、住宅、饭店，建于 1917 年的上海大世界前期建筑也是他设计的[①]。据上海工务局档案，1932 年至 1937 年呈报技副的 100 位注册建筑师中，有 14 位都属于这种情况。其中有一位王信斋，原是葡萄牙籍建筑师的助手，他曾参与设计佘山大教堂、徐家汇教士总院、震旦大学校舍、交通大学图书馆等建筑，获得过北洋政府六等嘉禾章[②]。他们是中国第一代建筑师中不应忽视的群体。由土木科出身的建筑师，一直是中国建筑设计行业中的一支生力军，孙支厦（1882～1975 年）是早期的一位代表人物。他毕业于通州师范学校测绘科、土木科，曾设计江苏省咨议局（1910 年建成）和南通博物苑、图书馆等一整套南通建筑。担当建筑设计的土木工程师为数不少，1930 年至 1935 年，在上海工务局登记开业的建筑师中，出身建筑科的技正为 60 人，而出身土木科的技正却达到 113 人[③]。当然，中国第一代建筑师的主力军还是以留学国外建筑科的为主体。我们从 1932 年中国建筑师学会会员录可以看到，39 名正会员中，建筑科出身的有 35 人，全部为留学回国的；土木科出身的有 4 人，2 人是留学回国的。这 37 名有留学经历的正会员中，留美 29 人，留英、留法、留德各 2 人，留日、留比利时各 1 人。这表明，中国第一代建筑师中的精英群体，绝大多数都有海外留学教育的背景。

从 20 世纪 30 年代初期开始，我国陆续有了国内大学建筑系的毕业生，他们有的加入已有的建筑事务所，如张镈、严星华；有的独立或联合开设建筑事务所，如张开济、戴念慈；有的进入工务局、信托局、银行、公司任专职建筑师，如刘鸿典、唐璞；有的在大学建筑系任教或出国深造后再回国任教，如徐中、汪坦、吴良镛、黄作燊、冯纪忠、汪国瑜、朱畅中等，他们构成了我国第二代建筑师。

中国建筑师的出现和成长，是中国近代建筑史上的一件大事。它突破了长期封建社会建筑工匠家传口授的传艺方式，改变了几千年来文人、知识分子与建筑工匠截然分离的状态，开始有了具备现代建筑科学知识、掌握建筑设计技能的专业建筑师。他们的成长过程，就是学习和引进国外先进的建筑设计和建筑科学技

---

①　参见赖德霖. 近代中国建筑师开办事务所始于何时. 引自《中国近代建筑史研究》清华大学博士学位论文. 1992. 附 17 页。

②，③　参见赖德霖. 中国近代建筑史研究. 北京：清华大学出版社，2007. 123、126 页。

术的过程。

中国第一代、第二代建筑师，都跨越中华民国、新中国成立两个时期。第二代建筑师大体上出生于 20 世纪 10～20 年代，他们从事建筑事业主要在 1949 年之后，不在本篇赘述。而第一代建筑师则出生于 19 世纪 80 年代末至 20 世纪初，他们的建筑活动一直延续到 20 世纪的 70 年代前后，其主要的创业活动都处于近代时期。从 20 世纪 20 年代初到 40 年代末，他们虽然历经 30 年，而实际上只是在抗日战争爆发前的七八年和抗战胜利后的三四年，比较集中地获得一批较大型工程的设计机会，设计繁荣期极为短促。日本帝国主义的侵入，大片国土沦陷，迫使一些事务所内迁西南后方，只能做少量的小型工程。外敌的侵犯，社会的动荡，建设事业的萎靡，使得广大建筑师缺少用武之地。难得的是，第一代建筑师中的精英群体，虽然人数不多，繁荣期不长，创业环境不利，却显现出很大的能量。他们几乎都有留学的经历，接受的是当时世界一流的建筑教育，具备深厚的建筑功力，是高素质的、奋进的一代。他们是中国建筑界的先行者，在创办中国建筑事务所、创办中国建筑教育、开创中国建筑学术研究、开创中国建筑法制化管理等领域，都作出了奠基性的贡献。著名的开业建筑师和任职建筑师有：贝寿同、庄俊、吕彦直、关颂声、朱彬、杨廷宝、赵深、陈植、童寯、范文照、董大酉、李锦沛、奚福泉、陆谦受、沈理源、虞炳烈、黄元吉、徐敬直等；创办建筑教育和早期任教的名师有：柳士英、刘敦桢、朱士圭、黄祖森、刘福泰、李毅士、贝寿同、卢树森、梁思成、林徽因、汪申、沈理源、华南圭、虞炳烈、鲍鼎、杨廷宝、童寯、哈雄文、夏昌世、林克明等；奠定中国建筑史学研究的有梁思成、刘敦桢两位学科奠基人，林徽因也作出杰出贡献；对建筑的法制化管理，主持内政部营建司的哈雄文，在编订建筑法规和建筑管理规则上，也有重大贡献。这其中，许多人是身兼建筑学者、建筑教育家和建筑设计大师于一身的全才。就第一代建筑师的精英群体来说，他们的成长是快捷的，直接从国外留学建筑归来，快速地开业，快速地创办建筑教育，快速地奠定中国建筑史学科。在中国建筑现代转型的总体进程中，他们上演了"后发优势"的生动一幕。

13.3.2　建筑五宗师

在中国第一代建筑师群体中，吕彦直、杨廷宝、梁思成、刘敦桢、童寯是最为耀眼夺目的，被誉为中国建筑界的"五宗师"。为深化对中国近代建筑师个体的认知，感受建筑大师的风采，这里特地为五位宗师分列条目，撰写小传，概略地展示他们的成长历程、教育背景、建筑理念、设计取向、治学风采、历史贡献和时代局限。

吕彦直（1894～1929 年）

字仲宜，别字古愚，安徽滁县（今滁州）人，祖籍山东东平，生于天津。父亲吕增祥为严复挚友，曾辅助严复翻译赫胥黎《天演论》。1904 年，10 岁的吕彦直随姐侨居巴黎，在法国接受启蒙教育。数年后回国入北京五城学堂，师从著名学者林纾。1911 年考入清华学堂留美预备部，1913 年毕业赴美国康奈尔大学留学，1918 年获建筑学士学位。随后进入设于纽约和上海的墨菲建筑师事务所，协助墨菲设计金陵女子大学（今南京师范大学）、燕京大学（今北京大学）等在华项目，曾随墨菲（Henry Murphy）考察北京故宫，测绘、整理中国古建筑。这段经历为吕彦直日后从事中国式建筑创作做了很好的准备。

吕彦直 1921 年回国，与过养默、杨锡霖合办（上海）东南建筑公司，1922年与挚友黄檀甫合办（上海）真裕公司，1925 年成立（上海）彦记建筑事务所。在短暂的建筑师生涯中，荣获南京中山陵和广州中山纪念堂两项设计竞赛的首奖，设计了两组顶级的中山纪念建筑，为中国近代建筑史书写下辉煌的一页。

南京中山陵作为民主革命先行者、世纪伟人孙中山的陵墓，不仅是一项世纪纪念工程，也是中国近代举办的第一次国际性的建筑设计竞赛。竞赛条例要求"采用中国古式"或"根据中国建筑精神特创新格"。吕彦直的设计毅然采用中国陵墓建筑的离散型布局，摆脱西方集中型建筑惯常以庞大的主体体量彰显纪念性的套路，以体量不大的主体祭堂和三、五座小尺度的门、坊、碑亭，取得陵园整体格调的质朴和造价的节省；他借鉴传统陵墓的规划手法，着力于陵园与自然山体环境的融合，变神道为甬道，变封闭性的陵寝院庭为开放性的广阔石级阶台，取得陵园整体恢弘壮阔的气势；他在祭堂内坐落孙中山坐像，仿照巴黎拿破仑墓作下沉墓圹的墓室，妥善地满足谒陵、公祭、纪念、瞻仰的空间功能；对石坊、陵门、碑亭，他都沿用旧元素而以材质、色彩、装饰母题的更新变换新貌；对主体祭堂，他参照西方古典主义的空间构图"语法"，而以中国建筑构件为"词汇"，融汇出中国式的祭堂新姿；他无意造就的陵园范式"略似一大钟形"，被评委解读为"木铎警世"的"唤起民众"寓意，也为他的设计赢得意外的加分。可以说吕彦直的确以他的学院派古典主义的建筑功力和对中国官式建筑语言的熟稔，成功地设计了体现功能适应性、空间开放性、经济可行性，既能彰显孙中山精神、又能表现中国建筑精神的永垂史册的纪念建筑。

广州中山纪念堂坐落在孙中山 1921 年就任非常大总统时的总统府旧址，有重要的历史纪念意义；它建造的是集会的会堂，把纪念性的仪礼空间与宣讲空间相结合，更具教育民众的实效；它采用的是 5000 座的超大规模，突显建筑的大效能、高规格和隆重性。这座纪念性会堂建筑设计竞赛的颁布，也把超大型建筑如何呈现中国式建筑风貌的创作课题，提到了当时中国建筑师的设计日程。

与中山陵设计竞赛一样，吕彦直同样以出类拔萃的设计，在 28 份应征设计中夺得头魁。他以学院派的理念，参照西方古典主义会堂习用的希腊十字平面模式，设计了大尺度的八角形会堂大厅；底层堂座、廊座和上层 U 形楼座容纳下4600 多席位，大厅体积达 5 万立方米，规模之大在中国是史无前例的。吕彦直运用大跨度钢桁架、悬臂式钢桁架、钢筋混凝土剪力墙等新技术，用中国古典建筑词汇"翻译"西方古典建筑，把西式的穹隆屋顶改成中式的八角攒尖顶，把西式的山花、柱式门廊改成中式的重檐门廊、歇山抱厦，配饰上中国式的梁枋、斗栱、彩画、雀替，创造了带有传统组合型殿阁形象的超大型会堂建筑。它是中国近代大跨度空间、大体量会堂建筑设计的突破性进展；也是对大跨度空间、大体量建筑创造中国式风貌的开创性探试。中山纪念堂的宏大壮观和浓郁的中国风貌，与中山陵一样大获盛誉。但是两者的中国式设计路子是不同的。中山陵的设计得以避免大体量建筑，着力于陵园总体境界、空间意韵的塑造；而中山纪念堂则躲不开庞大会堂空间框限与组合型殿阁形象的诸多龃龉。在中国近代建筑的"中国式"创作探索中，如果说中山陵的设计已闪现出融合"中国意"的曙光，那么中山纪念堂的设计则已遭遇到难以摆脱的大体量空间与整体殿堂形象格格不入的困窘。

吕彦直抱病投入这两项世纪工程的设计、监理，过度的劳累加剧了他的病情，不幸于 1929 年 3 月 18 日以肝肠癌疾逝世，卒年仅 35 岁。他终生未婚，有资料表明，他与严复二女严璆相知相爱，严璆在吕彦直病故后即于北京西山削发为尼。吕彦直的英年早逝，中止了他的锦绣建筑前程，也截断了他与严璆的美好姻缘，令人分外痛惜、伤悲。

杨廷宝（1901～1982 年）

字仁辉，河南南阳人。1915 年入清华留美预备学校，1921 年毕业赴美国就读宾夕法尼亚大学建筑系。他聪明勤奋，极富才华，不到四年就连获学士、硕士学位，多次在全美建筑学生设计竞赛中获奖，其中有政府艺术社团奖和爱默生竞赛一等奖。他的设计教师和硕士导师保尔·克芮（Paul Ke rui）是美国布杂学派深有影响的代表人物，以设计优雅精致的新古典风格著称。杨廷宝深得导师器重，毕业后得以进入克芮建筑事务所，在实际工程中进一步得到保尔·克芮的言传身教，培养了他扎实的古典主义功力和谨慎务实、精益求精的职业品格。

1927 年，杨廷宝从美国学成归国，进入基泰工程司。由于基泰能够接到上层军政、金融界的设计业务，主持基泰图房的杨廷宝自然获得了较多重要工程的设计机会，很快步入他的设计旺盛期。他在基泰前后达 22 年，主持各类型建筑设计项目达 80 项。1932～1935 年曾主持天坛、国子监、北京城墙角楼等 9 项古建筑修缮工程，1949 年后还主持设计、参与方案设计和指导设计 26 项。在建筑设计领域，他是中国第一代建筑师中最负盛名的。

从 1940 年起，他相继在重庆中央大学和其后改名的南京大学、南京工学院建筑系任教授、系主任、副院长，执教生涯长达 42 年。他关注培养学生的敬业品格、务实精神和扎实基本功，与刘敦桢、童寯共同塑造了建筑教育的"中大体系"和"南工风格"。杨廷宝还是一位驰名的建筑活动家。他是中国科学院技术科学部委员；曾连任中国建筑学会一至四届副理事长和第五届理事长，连续担任两届国际建筑师协会副主席。

在建筑创作道路上，杨廷宝是一位敏于行、勤于思、慎于言的现实主义设计大师。他遵循的是"服务于人，受制于物"的建筑理念。他强调服务社会，适合国情，尊重环境，切合实际。他深谙建筑创作规律，以深厚的设计功力，谦逊的设计心态，平稳严谨、细致入微的设计作风，踏踏实实地进行务实的设计。杨廷宝的创作，不拘泥于时尚、主义、流派，特别尊重服务对象的需要和业主的喜好，特别重视现实条件的制约和整体环境的协调。针对不同的建筑类型、建筑性质、建筑环境、建筑业主、建筑造价，他都量身订制对口合宜的设计方案。他设计的建筑风貌是多元的：有带整体大屋顶的宫殿式建筑，有带传统建筑细部的中国式装饰艺术建筑，有多种多样组合方式的西方新古典建筑，有融入西式校园环境的西方古典式建筑，也有完全采用现代主义手法的现代式建筑。这些古今中外多样风貌建筑的并用和同一座建筑中多种风格建筑语汇的兼容，生动地表明杨廷宝的创作是"多元折中"的路子。难得的是，他以精深的专业素养，精到的务实设计，不懈地追求作品的完善，从总体到局部，从使用功能到适用技术，从造价控制到艺术处理，他都力求达到"得体合宜"。1931年设计的南京中央医院是这种"得体合宜"建筑的典型作品；1951年设计的北京和平宾馆更把这种"得体合宜"建筑做到炉火纯青的地步。

在杨廷宝的建筑创作中，"中国式"建筑、"民族形式"建筑的设计是一个重要的组成。他承接的设计项目，有公署建筑、墓园建筑，自身有采用中国式的要求；他自己做过古建筑修缮工程，很熟悉传统官式的做法、则例。在中国第一代建筑师中，他是设计"宫殿式"作品数量较多的一位，也是设计"中国式装饰艺术"作品起步较早的一位，其代表作有：南京国民党中央党史史料陈列馆、南京国民党中央监察委员会办公楼、南京中央研究院地质研究所、历史语言研究所、总办事处、谭延闿墓祭堂、北京交通银行、南京中央体育场田径场、南京中央医院等。如果说梁思成是中国式建筑设计的理论探索家，那么，杨廷宝可以说是中国式建筑设计最具代表性的实践探索家。他尽力把宫殿式设计做得很细致，把"中国式装饰艺术"处理得很融洽。在近代中国建筑师对传统复兴建筑的追梦和探索中，孜孜不倦地承担了那段历史的使命，作出了自己的历史贡献。

梁思成（1901~1972年）

广东新会人，生于日本东京，11岁回国。1923年毕业于清华学校；1924年入美国宾夕法尼亚大学建筑系，1927年2月获学士学位，6月获硕士学位，7月入哈佛大学研究院。1928年3月与林徽因在加拿大温哥华结婚，婚后同游欧洲考察建筑，8月回国创办东北大学建筑系。1930年加入中国营造学社，1931~1945年任营造学社法式部主任。1946年创办清华大学建筑系，同年1月至1947年8月，赴美考察建筑教育，在耶鲁大学讲学，获普林斯顿大学荣誉博士学位，同时受中国政府指派为联合国总部大厦建筑师顾问团中国代表。1948年9月当选中央研究院院士。1949年后，任北京都市计划委员会副主任和其他多项兼职，1955年当选中国科学院技术科学部委员。

梁思成是集建筑史学、建筑教育、建筑设计、建筑文物保护和城市规划于一身的一代建筑宗师，他对中国建筑学科做出了多方位的重大贡献。

他是中国建筑教育奠基者之一。在中国高校出现第一个建筑科的第二年，就创办东北大学建筑系；在抗日战争胜利的第二年，就创办清华大学建筑系，并提出"体形环境"的办学设想。清华建筑系也成为中国建筑教育核心之一，为中国培养了一代代建筑师。

他是创造"中国式"建筑的探索者。他不仅在南京中央博物院设计，北京仁立地毯公司门面设计，天津美术馆、博物馆意向设计和后期所作的高楼、广场想像设计，探试"中国新建筑"的设计路子，更以思考"中国式"建筑的设计理论为自己的使命，研究中国建筑的"文法"、"词汇"，提出建筑的"可译性"，出版"专供国式建筑图案设计参考"的《建筑设计参考图集》；后期虽蒙受"复古主义"批判，仍不停歇地思索"中而新"的建筑设计出路。

他是中国建筑文物保护的先行者。早在 20 世纪 30 年代，他就作了曲阜孔庙和北京故宫文渊阁的修葺计划；为避免解放战争损毁建筑文物，他编出《全国建筑文物简目》和《古建筑保护须知》；建国后，他不遗余力地著文宣讲北京古城古建价值，为保护古城古建奋力拼搏；他提出的"整旧如旧"等主张，至今仍是文物建筑保护所遵循的原则。

他是中国城市规划事业的推动者。他特别关注城市规划教育，主张把建筑系改名为涵括城市规划的"营建系"。早在 1930 年，他就与张锐合作，在《天津特别市物质建设方案》投标竞赛中获首选。他与林徽因合写《城市计划大纲序》，倡导现代规划理论。在北京城市规划的制定中，他奋力主张而未被采纳的建立新政治中心、保护旧城、保留旧城墙等，都已被历史证明是正确的远见卓识。

梁思成最辉煌的成就还是他对建立中国建筑史学科的开拓性、奠基性贡献。他用科学方法考察、测绘古建筑，以文献和实物互证的方法研究中国古代建筑，使中国建筑史的研究从蒙昧走向科学；他以清工部《工程做法》为蓝本，以明清官式建筑为标本，向工师求教，撰写《清式营造则例》一书，不仅明晰了清官式建筑的做法、特点，也为中国建筑史学提供了最佳启蒙课本；他对照所调查的辽、金建筑，解读、诠释了天书般的宋《营造法式》，理清了材分模数的宋式建筑构成法则，出版了《营造法式注释》经典著作；他和林徽因一起，敏锐地揭示中国古代建筑在"结构取法"层面和"环境思想"层面的主要特征；从"结构理性"的视角，梳理大木结构的历史演变；借用语言学的术语，论析中国建筑的"文法"、"词汇"；提出"建筑意"的概念，超前意识到建筑的"场所精神"；在抗日战争极度艰难的岁月，他还完成了一部脉络清晰、文献丰实、文字精练的《中国建筑史》，第一次建构了中国建筑通史的科学框架；紧接着又用英文编写了另一部《图像中国建筑史》，把中国建筑推向国外读者。

梁思成是梁启超的长子，有得天独厚的家学渊源；他接受名师的"布杂"建筑教育，有扎实的古典主义功力；他也接触过现代建筑大师，具备现代建筑视野。他满怀深厚的民族情怀，为弘扬中国建筑的历史地位，为开拓中国建筑史学的科学研究，为探索"中国新建筑"的设计之道，孜孜不倦地投入毕生精力。他的治学进程有极富才华的夫人林徽因陪同协作。但是他的学术道路并不平坦。他真正得以正常治学的时日实际很短，前期经历漫长的抗战艰苦岁月，后期遭受政治运动、学术批判的冲击，他是以带病的身躯，坚韧的意志，刻苦的实干，睿智的治学，彰显大师的风范。他那文弱、儒雅、风趣的音容笑貌，在我们心目中印刻的是分外亲切的高大形象。

刘敦桢 （1897 ~ 1968 年）

字士能，湖南新宁人。1913 年留学日本，1921 年毕业于东京高等工业学校建筑科。1922 年回国，与柳士英、王克生等合办（上海）华海建筑师事务所。早年曾设计湖南大学教学楼和长沙景点建筑天心阁，1931 年曾为南京中山陵设计、建造光化亭。

1923 年，苏州工业专门学校开设中国第一个"建筑科"，刘敦桢于 1926 年秋应聘任教，成为中国建筑教育初创者之一。1927 年，东南大学与包括苏州工专在内的 8 校合并，成立中央大学的前身——国立第四中山大学，在工学院内诞生了中国高等学校的第一个建筑科，刘敦桢率领苏州工专建筑科学生并入，参与中央大学建筑科的筹建，因此他也是中国建筑本科教育的创办人之一。他除了 1932～1943 年在中国营造学社任职外，都在中央大学及其后改名的南京大学、南京工学院建筑系任教授、系主任和工学院院长，前后执教达 33 年。他与杨廷宝、童寯共同建立了切合国情的、以欧美教育为主、兼收日本教育的中大建筑教育体系，为中国建筑教育作出了奠基性的贡献。

作为一代建筑宗师，刘敦桢最突出的贡献是他与梁思成一起开创了中国学者对中国建筑史的科学的研究，两人同为中国营造学社支柱，分掌法式部、文献部，共同成为中国建筑史学科的开拓者和奠基人。他出身名门世家，受教家馆，有扎实的国学根基，尤善经史考证。他以开阔的建筑视野、科学的研究方法，与深厚的文史功力、严谨的治史学风相结合，致力于古建筑实物的调研著述和古建筑文献的考证校勘。在卢沟桥事变爆发前的短短 5 年间，考察足迹遍及北平、河北、河南、山东、陕西、江苏等地，撰写了《大同古建筑调查报告》（与梁思成合作）、《定兴县北齐石柱》、《易县清西陵》、《明长陵》、《北平智化寺如来殿调查记》等多篇堪称范例的古建筑论文；发表了《河北省西部古建筑调查记略》、《河南省北部古建筑调查记》、《苏州古建筑调查记》等一系列调研记略，在匆迫条件下准确考定一批重要古建的建造年代、营造特色和历史价值；通过整理大量典籍、文献、图档、抄本，完成了《大壮室笔记》、《同治重修圆明园史料》、《牌楼算例》等多篇重要著述，对《营造法式》、《鲁班营造正式》等重要建筑典籍作了精心校勘、校读；在营造学社内迁云南、四川的艰难时期，还坚持调查滇、川、黔等地古建、民居，写出《西南古建筑调查概况》、《川康之汉阙》、《云南之塔幢》、《中国之廊桥》等文。刘敦桢的一篇篇掷地有声的著述，与同时期梁思成的著述一起，以奇迹般的双璧学术硕果，奠定了中国建筑史学科的基石。

新中国成立后，南京工学院成立"中国建筑研究室"（后改名"建筑科学研究院建筑理论与历史研究室南京分室"），刘敦桢以雄厚的研究室和建筑历史教研室的团队实力，在中国建筑史学的三个领域获得重大的进展：一是主持编写中国古代建筑通史。集中国内建筑史学界的老、中、青三代学术精英，历时七载，八易其稿，于 1966 年在十分困难的学术处境中完成《中国古代建筑史》定稿。此书史料丰实，立论精审，文字简要，配附大量精绘新图，以厚重的学术分量，成为中国古代建筑史的经典著作。二是出版《中国住宅概说》专著。该书从纵向梳理中国住宅自远古至近代的发展历程，从横向概括中国住宅平面构成的 9 大类型特点，是中国民居的第一部系统专著，对中国建筑史学的民居分支学科具有开创性的意义和导向性的作用，带动了全国各地民居调研、民居采风的蓬勃开展，促进了民居建筑遗产的文物保护，也为建筑设计领域进行地域性创作提供了历史信息的启迪和借鉴。三是展开苏州古典园林研究。1953 年开始普查，1960

年写出《苏州古典园林》书稿。历经反复调研、测绘、修改、补充，刘敦桢逝世后，经整理小组整理，于 1979 年出版。此书精论苏州古典园林的基本布局、叠山理水、建筑构成、花木配植；精析拙政园、留园、网师园等 15 座苏州古典园林的实例特色；精选 822 幅高水平的测绘图、轴测图、透视图、分析图和珍贵照片，它不仅是中国建筑史、园林史的经典之作，也是继童寯《江南园林志》之后，富有创意地进一步揭示古典园林深层的空间意识、景观意蕴、组景手法、设计意匠的开山之作，为中国建筑设计领域探索"中国意"建筑创作，提供了史论的铺垫和启迪。刘敦桢的博大精深治学和严谨高尚学风垂范后学，培育了中国建筑史学的一批精英新秀，深受中国建筑学人景仰。

童寯（1900～1983 年）

字伯潜，奉天盛京（今辽宁沈阳）人，满族。1925 年清华学校毕业后，留学美国宾夕法尼亚大学建筑系，与陈植、梁思成先后同窗，曾获全美建筑系学生设计竞赛一等奖、二等奖。1928 年以 3 年时间修满全部学分，连获建筑学士、硕士学位。毕业后在费城、纽约两地建筑师事务所实习、工作各一年。1930 年去欧洲考察建筑后回国，任东北大学建筑系教授、系主任。1931 年"九一八"事变后移居上海，加入赵深陈植建筑事务所。1933 年 1 月事务所定名为华盖建筑事务所，一直延续到 1952 年解散。在近代中国建筑师的事务所中，华盖的实力堪与基泰媲美。童寯主持华盖图房，他一生的建筑设计作品累计有 120 余项，和主持基泰图房的杨廷宝一样，都以作品高产和设计上乘著称。从 1944 年开始，他先后在重庆和南京兼任中央大学建筑系教授。1949 年中央大学改名南京大学，1952 年南京大学工学院改组为南京工学院，他一直继任建筑系教授，并终止建筑设计创作，潜心教学、治学，与刘敦桢、杨廷宝并称"中大建筑教育"的三大支柱，是中国建筑教育界的一位德高望重的泰斗。

童寯人品崇高，人格高尚，视野广阔，学贯中西，博览群书，喜好音乐，擅长绘画，尤精于水彩画。他性格孤傲，特立独行，淡泊名禄物欲，鄙夷商业习气，厌烦世俗喧嚣。他是一位集建筑师与学者于一身的建筑学家：作为建筑师，他被称为中国第一代现代派的主要代表；作为建筑学者，他被誉为现代开创中国古典园林研究的第一人。

童寯接受的是鲍扎教育，但他最初在纽约工作的是一家新潮事务所，他一开始参与的就是装饰艺术设计。到欧洲考察建筑，也饶有兴趣地探访现代建筑新作。他加入华盖的签约合同，明确地写着："我们共同目的是创作有机的、功能性的新建筑"，并与赵深、陈植三人"相约摒弃大屋顶"。他们合作设计的上海恒利银行、大上海大戏院等都以现代新潮著称；即使像南京外交部大楼那样显眼的官署建筑设计，也毅然摆脱常规而不用大屋顶。童寯犀利地嘲讽"协和医院式"的建筑，说它"无异穿西装戴红顶花翎，后垂发辫，其不伦不类，殊可发噱"。他明确宣称："中国建筑今后只能作世界建筑一部分，就像中国制造的轮船火车与他国制造的一样，并不必有根本不同之点。"他坚信："今后建筑史，殆仅随机械之进步，而作体式之变迁，无复东西、中外之分。"他憧憬地期望："中华民族既于木材建筑上曾有独到的贡献，其于新式钢筋水泥建筑，到相当时期，自也能发挥天才，使观者不知不觉，仍能认识其为中土的产物。"显然，童寯对现代建筑科学性、全球性的认知，对今后建筑不必追求民族性的主张，对中国建筑特色停留于模仿旧形式的抨击，是前卫的、很有见地的卓识。正因此，他对新中国成立后延续的建筑民族形式、民族风格指向是格格不入的，以至于宁可终止他心仪的建筑设计创作，转而以论著来阐发现代建筑，孜孜不倦地撰写了《近百年新建筑代表作》、《近百年西方建筑史》、《苏联建筑——兼述东欧现代建筑》、《日本近现代建筑》、《建筑科技沿革》、《新建筑世系谱》、《新建筑与流派》等一系列著作，为推进中国建筑界的现代理念做出了重要贡献。

　　童寯对中国古典园林情有独钟。早在20世纪30年代初，他在工作余暇就遍访苏、浙、沪等地60多处园林，只身以步测踏勘、调查、测绘、摄影，引溯方志，考释文献，1936年发表了第一篇用英文写作的《中国园林》论文，1937年完成《江南园林志》书稿（因卢沟桥战事滞搁，一直到1963年才出版）。这部著作分述"造园"、"假山"、"沿革"、"现状"、"杂识"，品析评点，夹叙夹议，文字精炼，不超过5万字；配图达340余幅，极具史料价值。童寯从建筑师的现代视角，慧眼识珠，敏锐地捕捉到江南园林的造园格局、造园机理、造园境界；以贯通中西的渊博学识，对中国园林与西方园林、日本园林作了精辟的比较分析；高扬了中国古典园林在世界园林史上的地位、贡献；阐发了江南园林凸显的中国文士园特质和诗情画意特色。这部著作是中国建筑史学、园林史学的一个里程碑，开启了对中国古典园林的现代研究，开启了对文人建筑的现代研究，开启了对中国建筑深层意蕴的现代研究。基于童寯的现代设计取向，他的江南园林研究并没有与新建筑创作相联系，但是经过刘敦桢《苏州古典园林》的系统化、理论化升华，中国园林研究后来成了热门、显学，滋养着新一代中国建筑师，对于启迪建筑创作从"中国式"的表层模仿推向"中国意"的深层探索，有重要的铺垫作用和深远意义。

第14章　建筑形式与建筑思潮

近代中国的建筑形式和建筑思潮十分复杂，既有延续下来的旧建筑体系，又有输入和引进的新建筑体系；既有形形色色的西方风格的洋式建筑，又有民间建筑的中西交汇和为新建筑探索"中国固有形式"的"传统复兴"；既有西方近代折中主义建筑的广泛分布，也有西方"新建筑运动"和"现代主义建筑"的初步展露；既有世界建筑潮流制约下的外籍建筑师的思潮影响，也有在中西文化碰撞中的中国建筑师的设计探索。这100年间中国国土上呈现的建筑风貌，可以说既有"万国建筑博览"的共时性聚合，也有"近现代搭接"的历时性浓缩。近代中国建筑形式和建筑思潮所关联的时空关系是错综复杂的。下面，围绕洋式建筑、传统复兴和现代建筑三个方面分别阐述。

14.1　洋式建筑：折中主义基调

洋式建筑在近代中国建筑中占据很大的比重。它在近代中国的出现，有两个途径：一是被动的输入，二是主动的引进。

被动输入早期主要出现在外国租界、租借地、附属地、通商口岸、使馆区等被动开放的和主动开放的特定地段，展现在外国使领馆、工部局、洋行、银行、饭店、商店、火车站、俱乐部、花园住宅、工业厂房以及各教派的教堂和教会其他建筑上。这些统称为"洋房"的庞大新类型建筑在输入新功能、新技术的同时，也带来了洋式建筑风貌。这类建筑最初曾由非专业的外国匠商营造，后来多由外国专业建筑师设计，它们是近代中国洋式建筑的一大组成。

主动引进的洋式建筑，指的是中国业主兴建的或中国建筑师设计的"洋房"，早期主要出现在洋务运动、清末"新政"和军阀政权所建造的建筑上，如北京的陆军部（图14-1）、海军部、总理衙门、大理院、参谋本部、国会众议院和江苏、湖南、湖北等省的咨议局等。这些活动本身带有学习西方资产阶级民主的性质，这批建筑大多仿用国外行政、会堂建筑常见的西方古典式外貌。进入20世纪20年代后，第一代、第二代中国建筑师相继登上设计舞台，他们的设计工程涉及中国业主的居住、金融、商业、企业、工业、娱乐、文化、教育等整套新类型建筑，在这些建筑设计中，大部分也采用该类型建筑的西方通用形式（图12-14、图14-2、图14-3）。这些由中国业主和中国建筑师引进的建筑类型和建筑形式，构成了洋式建筑的另一组成，形成洋式建筑在近代中国大城市广泛分布的局面。

从风格上看，近代中国的洋式建筑，早期流行的是一种被称为"殖民地式"（Colonial Style）的"外廊样式"（Veranda Style）。

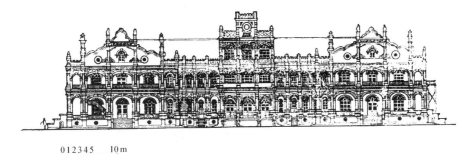

图 14－1　北京陆军部南楼正立面图

图 14－2　北京大陆银行外观

图 14－3　青岛交通银行立面图

　　这种建筑形式以带有外廊为主要特征。它是英国殖民者将欧洲建筑传入印度、东南亚一带，为适应当地炎热气候而形成的一种流行样式。一般为一二层楼，带二三面外廊或周围外廊的砖木混合结构房屋。早期进入中国的殖民者，多数是从东南亚转来的，自然就把这种盛行于殖民地的外廊样式移植到中国来。如上海早期苏州河畔的德国领事馆、天津早期的法国领事馆（图 14－4）、台湾高雄的英国领事馆（图 14－5）以及北京东交民巷使馆区的英国使馆武官楼等，都属于这一类。据藤森照信研究，外廊样式建筑进入中国，最初是在广州十三行街登陆的，后来在香港、上海、天津等商贸都市都曾广泛采用。1860～1880 年是

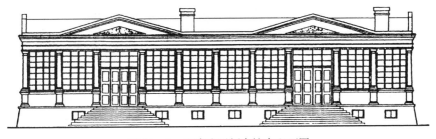

图 14－4　天津法国领事馆南立面图

（引自"中国近代建筑总览·天津篇"）

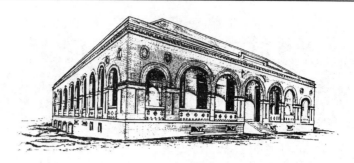

图 14－5　台湾高雄英国领事馆复原图（李乾朗复原）

其活动的盛期，1880～1900 年是其活动的晚期。他称外廊样式为"中国近代建筑的原点"①。的确，中国人在本土接触洋式建筑，除了散见各地的少数教堂建筑和长春园西洋楼外，就数这种外廊样式的建筑来得最早，用得最普遍。它的外观形象自然先入为主地成了中国市民和工匠心目中洋式建筑的早期模式和摹本。

　　紧随外廊样式之后，各种欧洲古典式建筑也在上海等地陆续涌现。这不是一种孤立的现象，而是当时西方盛行的折中主义建筑（Eclectic architecture）的一个表现。19 世纪下半叶，欧美各国正处在折中主义盛期，一直到 20 世纪的头 20 年，仍在延续。西方折中主义有两种形态，一种是在不同类型建筑中，采用不同的历史风格，如以哥特式建教堂，以古典式建银行、行政机构，以文艺复兴式建俱乐部，以巴洛克式建剧场，以西班牙式建住宅等等，形成建筑群体的折中主义风貌；另一种是在同一幢建筑上，混用希腊古典、罗马古典、文艺复兴古典、巴洛克、法国古典主义等各种风格式样和艺术构件，形成单幢建筑的折中主义面貌。这两种折中主义形态，在近代中国都有反映。我们从上海、天津等地的洋式建筑中可以清楚看到这个现象。如建于 1874 年的上海汇丰银行（前期）为文艺复兴式；建于 1893 年的上海江海关（中期）为仿英国市政厅的哥特式；建于 1907 年的天津德国领事馆（图 14－6）为日耳曼民居式；建于 1901 年的上海华俄道胜银行，为法国古典主义式；建于 1923 年的上海汇丰银行（后期）（图 12－20）和建于 1924 年的天津汇丰银行均为新古典主义式等等。这些公共建筑以及各式各样的古典府邸式、西班牙式、英国式、法国式、德国式、北欧式、日本式的花园住宅，它们虽然不一定是纯正的特定风格，自身也有某些集仿的成分，

图 14－6　天津德国领事馆立面图

---

　　①　参见藤森照信：《外廊样式——中国近代建筑的原点》，《第四次中国近代建筑史研究讨论会论文集》，中国建筑工业出版社 1993 年版，第 21～30 页。

但明显地以某一风格为主调，都属于第一种形态的折中主义。也有相当数量的洋式建筑，不拘泥于严谨的古典式构图，采取了较为灵活的体量组合和多样的风格语言，像天津华俄道胜银行那样，既采用文艺复兴式的带采光亭的穹顶，又采用罗马风式的圆拱券和巴洛克式的曲线形尖山墙。特别是一些规模较大的商业建筑，大多采取这类处理手法，建于 1928 年的天津劝业场可说是这类建筑的代表性实例（图14 -7）。这类建筑没有一脉相承的谱系，很难说以哪种形式为主调，很难归入哪种既定的历史风格，它们都属于第二种形态的折中主义。

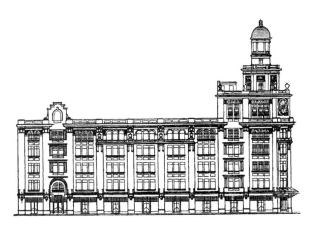

图 14 -7　天津劝业场立面图

西方折中主义在中国流行了很长时间，成为近代中国洋式建筑的风格基调，从 19 世纪下半叶的初期发展，经过 20 世纪初的逐步壮大，到 20 世纪 20 年代达到发展高峰，近代中国许多规模较大的、质量颇高的建筑，差不多都集中在这 20 年间问世，如上海后期汇丰银行（1923 年，图 12 -20）、上海后期海关大厦（1927 年）、天津开滦矿务局大楼（1922 年）、天津邮电总局大楼（1924 年）、汉口海关大楼（1921 年）、汉口亚细亚大楼（1924 年）等。进入 1930 年代后，在上海、天津、南京等地，折中主义建筑风格逐渐为"装饰艺术"（Art-Deco）和"国际式"（International Style）所接替，而在一些内地城市，折中主义仍被视为时尚而方兴未艾。值得注意的是，西方折中主义建筑在近代中国的传播、发展，恰好与中国各地区城市的近代化建设进程大体同步，许多城市的发展盛期正好是折中主义在该城市的流行盛期，因此，西方折中主义成了近代中国许多城市中心区和商业干道的奠基性的、最突出的风格面貌，对中国近现代城市面貌具有深远的影响。

对于出现在近代中国的这支庞大的西方折中主义风格的建筑，应该给予怎样的历史评价呢？我们应该看到，西方折中主义建筑自身充满着矛盾。它通过灵活模仿和自由组合历史上的各种风格，取得丰富多样的建筑形式，一定程度上反映了当时为解决社会发展的新需求与拘泥于固有法式之间的矛盾所作的探索，但是这种探索仍局限于因袭旧形式的框框，实质上是把建筑历史风格当作文化商品来迎合业主的口味和要求。这种创作倾向，停留于旧形式的综合。巴黎美术学院是传播折中主义的大本营，在学院派创作思想支配下，折中主义把艺术造型当作建筑设计的焦点，虽然在特定风格的纯正模仿和不同风格艺术要素的和谐融合，在建筑的总体构图、轴线组织、体量权衡、比例尺度、柱式组合、细部推敲等方面都取得很高的设计质量，达到建筑形式美的很高水平，但是却存在着忽视建筑功能、技术、经济的倾向。面对社会发展所带来的建筑新空间、新体量和不断出现的新材料、新技术，没有创造出相适应的新建筑形式，在宏伟、豪华的建筑外表的背后，常常隐伏着功能粗率、结构扭曲、靡费巨大等弊病。这个矛盾随着资本主义生产力的急速发展和现代生活的快步演进而显得日益尖锐。

显而易见，这种状态的西方折中主义建筑进入近代中国，必然增添了新的矛盾。一方面，这批折中主义建筑是近代中国洋式建筑的主要构成，与它相联系的是一整套产生于资本主义社会的新建筑类型和新技术体系，它与中国封建社会延续下来的传统建筑体系相比，无疑是一种先进的建筑文化，标志着中国近代新建筑体系的建立和发展。这批折中主义建筑，涵盖了西方各时期的建筑历史风格，也涉及许多国家的民间建筑风貌，形成中国近代城市中的"万国建筑博览"现象。这批建筑在设计水平上，初期限于外国匠商营造，设计质量多属低劣，但很快就有外国专业建筑师投入，此时折中主义设计手法在西方早已谙熟，外国建筑师在中国的设计作品已不乏上乘佳作。当时中国建筑师设计的折中主义风格建筑，也能达到相当地道的水平。这种总体水平颇高的西方折中主义建筑在近代中国的大量出现，对处于长期高度封闭的中国建筑体系，可以说是一次大规模的外来建筑文化的交流和冲击，而且这种交流和冲击，相对来说是代表先进体系的高品位、高素质的建筑文化的输入和引进，这无疑是具有积极意义的。但是，另一方面，这批西方折中主义建筑的传入，除了一部分由中国业主和中国建筑师主动引进外，很大部分是在外国殖民侵略背景下被动输入的。它所展现的"十里洋场"的城市面貌，在当时中国人的心目中，既是西方物质文明的鲜明写照，也带有殖民侵略的印记。从建筑演进的历史坐标上看，19 世纪末到 20 世纪初，正是世界历史从近代向现代过渡的时期，世界建筑历史也呈现大变动的特点，折中主义建筑的历史风格大汇演，代表的是即将过去的那个时代的建筑形式的回光返照，从新建筑运动的出现到包豪斯的建立，已经孕育和萌发了即将到来的新时代建筑。因此，20 世纪 10~20 年代西方折中主义建筑在中国的兴旺活动，从中国建筑历史坐标上看，是中国近代建筑活动中新体系建筑的盛期发展，是一种新事物；而在世界建筑历史坐标上看，则已经是面临淘汰的旧体系建筑的余晖，是一种旧事物。这里存在着重大的错位。西方折中主义建筑在近代中国的滞后发展，一定程度上推迟了中国接受现代主义建筑的时间表。

时至今日，在上海、天津、汉口、青岛、大连、哈尔滨等一大批城市中，近代遗存的大批以折中主义为基调的洋式建筑，成了城市建筑文脉的重要构成。随着时间的转移，这批洋式建筑的性质和意义都起了变化。在历史的长河中，政治风云是短暂的，而文化积淀是长久的。文化本身具有巨大的融合性和吸附性。这批建筑所关联的殖民背景已经成为历史的过去，而固着在中国土地上的异国情调的建筑文化，经历岁月的积淀，已经转化为中国近代建筑文化遗产的组成部分，我们应该以开放的意识来看待这份近代建筑遗产，既看清它在近代时期所交织的复杂矛盾，也明确它作为人类文化遗产在今天的历史价值。

14.2　传统复兴：三种设计模式

在中外建筑文化碰撞的形势下，中国近代出现了各种形态的中西交汇建筑形式。总的说来有两种融合途径：一种是传统的旧体系建筑的"洋化"，另一种是外来的新体系建筑的"本土化"。前者主要出现在沿海侨乡的住宅、祠堂和遍布各地的"洋式店面"等民间建筑中，大多数是由民间匠人参与的。这类建筑在技法上难免存在像洋式店面那样生硬拼贴"洋"样式的现象。梁思成曾经指出："现在各处'洋化'过的中国旧房子，竟有许多将洋式的短处，来替代中国式的长处，成了兼二者之短的'低能儿'。"[①] 就是指的这种情况。但是这类建筑也有令人瞩目的独特文化价值。如广东侨乡开平碉楼生动地体现出华侨主动吸取国外先进文化的自信、开放、包容的心态，被誉为"华侨文化的典范之作"，"令人震撼的中西建筑艺术长廊"，列入了《世界遗产名录》。后者则是中国近代新建筑运用"中国固有形式"的传统复兴潮流。这股潮流先由外国建筑师发端，后由中国建筑师引向高潮。中外建筑师在这个异质建筑文化的碰撞中作了种种设计探索，是中国近代值得重视的一项建筑活动。

早在 16 世纪末 17 世纪初，耶稣会传教士利玛窦等人来华传教，就曾经沿用中国的民宅、寺庙作为教堂，或按中国传统建筑样式建造教堂，后者可以说是"中国式"教堂建筑的先声。建于 1907 年的北京南沟沿救主堂（又称中华圣公会教堂）是"中国式"教堂建筑的代表性实例。这个教堂勉为其难地把西式教堂平面和结构形式与中式建筑屋顶和内部装修糅合到了一起。

从 19 世纪末到 20 世纪 20 年代，西方传教士扮演了从"布道者"到"教育家"的角色变换，纷纷在中国创办教会学校。在这些教会学校中，有 10 余所大学校舍披上了"中国装"。美国圣公会创办的上海圣约翰大学率先于 1900 年前后建造了怀施堂（1894 年）、格致楼（1898 年）、思颜堂（1903 年）、思孟堂（1908 年）等建筑，这可能是第一批"中国式"教会大学建筑，此后，南京的金陵大学、金陵女子大学，成都的华西协和大学，武昌的华中大学，广州的岭南大学，福州的协和大学，长沙的湘雅医学院，济南的齐鲁大学，北平的协和医学院、燕京大学、辅仁大学等都以"中国式"的建筑风貌展现。

教堂和教会学校建筑采用这种"中国式"的做法，是基督教、天主教趋向中国化的传教政策所决定的，它与传教士着华服，说华语，取华名，采纳中国礼仪等现象同出一辙，是为了适应中国习俗，迎合中国人心理，以柔化中国人的排外情绪。教皇庇护十一世委派的第一任驻华专使刚桓毅（Most Rev Constartini）对于教会建筑中国化的作用提得很明确，他说："建筑术对我们传教的人不只是美术问题，而实是吾人传教的一种方法，我们既在中国宣传福音，理应采用中国

---

①　梁思成：《建筑设计参考图集序》，《梁思成文集》二，中国建筑工业出版社 1984 年版，第 221 页。

艺术，才能表现吾人尊重和爱好这广大民族的文化、智慧的传统，采用中国艺术也正肯定了天主教的'大公精神'。"① 他批评西方教会过于热衷在华建哥特式教堂，他认为传教士既然可以穿长袍马褂蓄发留辫，"那么，对一民族极具象征性价值的宗教建筑方面，何不最好也来一套'中国装'呢"②？一批西方建筑师参与了这些教会大学"中国装"的规划、设计。从其设计路子来看，大体可以

图 14-8　上海圣约翰大学怀施堂外观

（引自《上海近代建筑史》）

分为前后两期。前期的特点是屋身保持西式建筑的多体量组合，顶部揉入以南方样式为摹本的中国屋顶形象。最早的一座"中国式"教会学校建筑——圣约翰大学怀施堂，就是这种做法（图 14-8）。这座建筑沿用欧洲中世纪大学通用的修道院式的、带内廊、内天井的口字形平面，正立面以两个横向的歇山顶楼房中夹矗立的、带重檐屋顶的钟楼。体量组合生硬、勉强，墙身保持西式联券横廊原貌，歇山翼角仿江南建筑，翘角显著。

大约从 20 世纪 10 年代末开始，教会大学建筑转向后期"中国式"。竣工于 1919 年的南京金陵大学北大楼，已显露出这个转折的特点（图 14-9）。这幢由美国建筑师史摩尔（A. G. Small）设计的教学楼，在歇山顶两层楼房的前半部正中突起五层的"塔楼"。上冠十字脊歇山顶，四面挑出带中国式石栏杆的阳台。屋身的体量还带有前期生硬拼合的特点，而屋顶已开启后期盛行的仿北方官式的做法。

图 14-9　南京金陵大学北大楼外观

后期"中国式"的主要特点是关注屋身与屋顶的整合，从以南方民间样式为摹本转变为以北方官式样式为摹本，整体形象走向宫殿式的仿古追求。由沙特克和赫士（Shattuck & Hussey）设计的，建于 1919～1921 年间的北京协和医学院

①②　刚桓毅：《中国天主教美术》，台湾光启出版社 1968 年版，第 5～6，第 22 页。

西区，已呈现这样的端倪（图 14 - 10）；墨菲（Henry Killiam Murphy）设计的燕京大学和格里森（Adelbert Gresnigt）设计的辅仁大学把它推到了成熟阶段（图 14 - 11）。

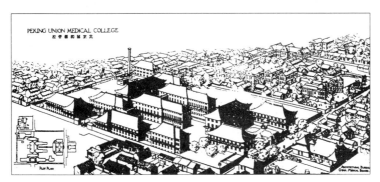

图 14 - 10　北京协和医学院西区鸟瞰图
（引自《第三次中国近代建筑史研究讨论会论文集》）

图 14 - 11　北京辅仁大学教学楼外观

在这一批设计"中国式"建筑的外国建筑师中，以美国建筑师墨菲的影响最大。他毕业于耶鲁大学，在美国以设计殖民地式建筑著称。1914 年他主持清华大学的校园规划和建筑设计，这使他有机会在北京观摩、考察中国的古典建筑。他先后主持设计了长沙湘雅医学院、福州协和大学、金陵女子大学、北平燕京大学等校园、校舍和广州岭南大学的部分建筑，还设计了南京灵谷寺国民革命军阵亡将士纪念塔、纪念堂等工程。墨菲对研究中国建筑甚感兴趣，他曾说："中国建筑艺术，其历史之悠久与结构之谨严，在在使余神往"①。他设计的上述建筑都是中西交汇的"中国式"风格。在湘雅医学院校舍建筑中，他设计了带天窗的歇山顶，是借鉴孟莎顶的经验对大屋顶内部空间加以利用的尝试。在金陵女子大学的设计中，他尝试用钢筋混凝土仿制斗栱，用红色壁柱在西式墙面上组构中国宫殿式立面构图，摸索了一套处理宫殿化特征的设计手法。在燕京大学校园规划中，他针对海淀校址处于古典园林遗址的优越条件，充分利用湖岛、土丘、曲径和充沛水源，把校园规划成园林化的环境。总平面组织了东西向和南北向的 T 形轴线。校园建筑组成多组三合院，形成规整的院落群体与蜿蜒曲折的湖岛环境的有机结合（图 12 - 18）。单体建筑模仿宫殿形式的手法更趋成熟，但功能、结构是全新的，室内设备是很先进的，有冷热自来水、水厕、浴盆、饮水喷头、电灯、电风扇、电炉、暖气等。这样的规

---

① 据《欢饯茂飞建筑师返美志盛》，《建筑月刊》第三卷第五期。

划、设计，当时认为体现了西方近代的物质文明与中国固有的精神文明的结合。墨菲后来担任了"国民政府建筑顾问"，对 1930 年代中国建筑师的传统复兴建筑创作有很大影响。

以 1925 年南京中山陵设计竞赛为标志，中国建筑师开始了传统复兴的建筑设计活动。

中山陵建筑悬奖征求图案条例中指定："祭堂图案须采用中国古式而含有特殊与纪念之性质者，或根据中国建筑精神特创新格亦可。"[①] 这是中国举办的第一次国际性建筑设计竞赛，参加竞赛的有中国建筑师，也有外国建筑师，收到应征方案 40 余份。竞赛揭晓，头、二、三等奖均为中国建筑师所得。获头奖的吕彦直方案，以简朴的祭堂和壮阔的陵园总体为特色，评判顾问称赞该方案"简朴浑厚"、"古雅纯正"、"最适于陵墓之性质及地势之情形"、"全部平面作钟形，尤有木铎警世之想"，加上该方案"建筑费较廉"，得以选定为实施方案。于 1926 年奠基，1929 年主体建成，1931 年全部落成。这是中国建筑师第一次规划设计大型纪念性建筑组群的重要作品，也是中国建筑师规划、设计传统复兴式的近代大型建筑组群的重要起点。

中山陵位于紫金山南麓，周围山势雄胜，松柏森郁，风光开阔宏美。陵园顺着地势，坐落在绵连起伏的苍翠林海中。总体布局沿中轴线分为南北两大部分。南部包括入口石牌坊和墓道，北部包括陵门、碑亭、石阶、祭堂、墓室，全陵绕以钟形陵墙。主体建筑祭堂，平面近方形，出四个角室，外观形成四个大尺度的石墙墩，上冠带披檐的歇山蓝琉璃瓦顶，造型庄重、坚实。祭堂内端坐孙中山先生的白石雕像，四周衬托着黑色花岗石立柱和黑大理石护壁，构成宁静、肃穆、景仰的气氛（图 14－12）。作为纪念性陵墓建筑，中山陵总体规划借鉴了中国古代陵墓以少量建筑控制大片陵区的布局原则，也揉入了法国式规则型林荫道的处理手法，没有拘泥于传统陵园的固有格式，选用了传统陵墓的组成要素而加以简化，通过长长的墓道、大片的绿化和宽大满铺的石阶，把散立的、尺度不大的单体建筑连接成大尺度的整体取得了既庄重又不森严，既崇高又不神秘的宏伟、开朗景象，准确地表达了民主革命家陵墓所需要的特定精神和特定格调。从单体建筑看，祭堂造型没有套用传统隆恩殿的形象，石牌坊、陵门、碑亭则沿用清式的基本形制而加以简化，运用了新材料、新技术，采用了纯净、明朗的色调和简洁的装饰，使得整个建筑组群既有庄重的纪念性格，浓郁的民族韵味，又呈现着近代的新格调，可以说是中国近代传统复兴建筑的一次成功起步。

继中山陵之后，广州中山纪念堂（1926 年设计，1928 年开工，吕彦直设计，图 14－13）、上海市政府大厦（1931 年，董大酉设计，图 14－14）、南京中央体育场（1931～1933 年，基泰工程司设计）、南京中央医院（1931～1933 年，基泰工程司设计，图 14－15）、南京谭延闿墓（1931～1933 年，基泰工程司设计）、北京交通银行（1930～1931 年，基泰工程司设计）、北京仁立地毯公司（1932

---

① 据《孙中山先生陵墓图案》。

年，梁思成、林徽因设计，图 14 – 16）、南京外交部大楼（1931 ~ 1934 年，华盖
建筑事务所设计，图 14 – 17）、南京国民党党史史料陈列馆（1934 ~ 1936 年，基
泰工程司设计，图 14 – 18）、上海市博物馆、图书馆（1933 年，董大西设计，图
14 – 19）、上海江湾体育场、体育馆（1935 年，董大西设计，图 14 – 20，图
14 – 21）、南京国民大会堂（1935 年，奚福泉设计，图 12 – 16）、广州中山大学
组群（1932 ~ 1935 年，林克明设计）、上海商学院组群（1935 年，杨锡镠设
计）、上海医学院组群（1935 年，隆昌建筑公司设计）、南京中山陵藏经楼
（1935 ~ 1937 年，卢树森设计）、南京中央博物院（1936 年，徐敬直、李惠伯设
计，图 14 – 22）、上海中国银行（1936 年，公和洋行和陆谦受联合设计，参见图
12 – 23）、南京中央研究院总办事处（1947 年，基泰工程司设计）等，相继建成
了或浓或淡的传统复兴风格的建筑。

南京中山陵全景

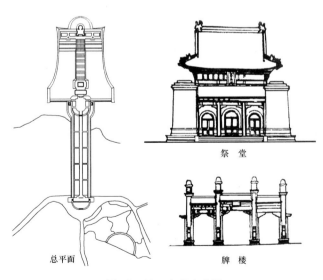

总平面　　　　　祭堂　　　　牌楼

图 14 – 12　南京中山陵

外观

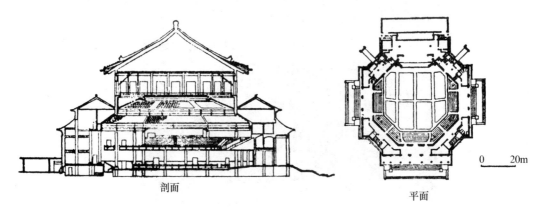

剖面　　　　　　　　　　　　　平面

图 14 – 13　广州中山纪念堂

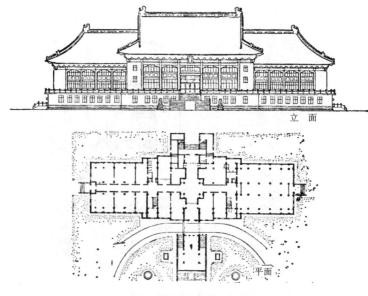

立　面

平面

图 14 – 14　上海市政府大厦

图 14 – 15　南京中央医院立面局部

图 14 – 16　北京仁立公司立面图

外　观

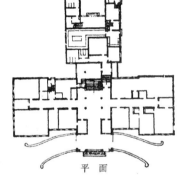

平　面

图 14 – 17　南京外交部办公楼

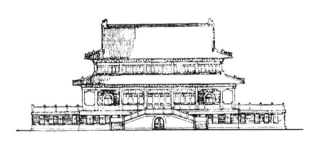

图 14 – 18　南京国民党党史史料陈列馆立面图

图 14 – 19　上海图书馆立面图

417

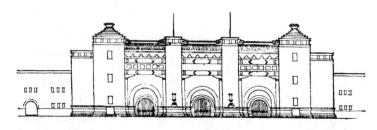

图 14-20 上海江湾体育场立面图

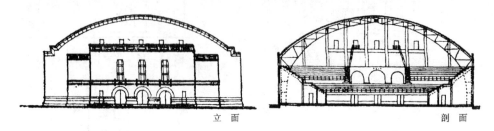

立 面　　　　　　　　　　　　　　　剖 面

图 14-21 上海江湾体育馆

图 14-22 南京中央博物院外观

这批建筑涉及总署建筑、会堂建筑、文化教育建筑、纪念性建筑以至某些银行建筑、体育建筑、医院建筑等许多类型，绝大部分集中出现在 1927～1937 年的 10 年间，成为当时触目的传统复兴建筑的设计高潮。形成这股建筑思潮的背景是很复杂的，主要有以下几个方面：

（1）国民党政府定都南京后，着手实施文化本位主义。1930 年发表《民族主义文艺运动宣言》，1934 年成立中国文化建设协会，1935 年发表《中国本位的文化建设宣言》，极力提倡"中国本位"、"民族本位"文化。实际上，这种文化方针早已渗透在国民党政府的官方建筑活动中。1929 年制定的南京《首都计划》和上海《市中心区域规划》，都已反映出这个指导思想。《首都计划》提出："要以采用中国固有之形式为最宜，而公署及公共建筑物尤当尽量采用。"上海《市中心区域规划》指定："为提倡国粹起见，市府新屋应用中国式建筑。"这是导致当时公署建筑采用中国式的直接原因，特别是对于这两个规划所涉及的具体工程更具有指令性的制约。

（2）中国传统文化属于政治——伦理型文化。道器观念、本末观念是中国文化类型的主导观念之一。"道"指的是封建秩序、礼义纲常，"器"指的是工艺、器物。封建时代向来以道为本，以器为末，推行重道轻器、重本抑末的文化方针。建筑，从文化整体来看，本应属于"器物"之列，但就建筑自身而言，它既涉及工艺器物，也涉及礼义纲常，因此既有功能性、技术性的"器"的问题，也有礼义性、意识性的"道"的问题。在近代中国，在"中道西器"、"中体西用"、"中西调和"、"中国本位"的文化观笼罩下，建筑中的"道"的内涵起了变化，从封建时代以等级形制维护礼义纲常，转换成近代以中国精神、中国色彩保存中华国粹。从1925年的"五卅"惨案到1931年的"九·一八"事变，国难当头，民族意识高涨，更加激发中国建筑师把发扬中国建筑精神视为神圣的使命。追求西方物质文明和中国精神文明相结合，成为中国建筑师的设计理想。当年中国建筑师高呼"采用中国建筑之精神"、"复兴中国建筑之法式"、"融合东西方建筑之特长，以发扬吾国建筑固有之色彩"，都反映出这种急切的意愿。在这种建筑文化意识的支配下，"中国固有形式"这个本应属于建筑"风格"的问题，就变成了保存国粹、标志民族存亡的"政治"问题。这样，难免夸大了建筑形象的政治作用，夸大了建筑传统形式标志"国粹"的象征作用，把"中道西器"（建筑功能、技术是西方近代的，建筑形式、风格是中国传统的）视为融合中西建筑文化的理想模式，导致对传统复兴风格的热衷追求。

（3）当时的中国建筑师，大多数是留学欧美回国的。他们既有国粹主义文化观所制约的传统的道器建筑观念，也有国外建筑教育所带来的学院派折中主义建筑观念。这两种建筑观念虽然是不同质的，在建筑价值观念上却有不少共同点。它们都关注建筑的风格问题，都注意建筑的外在形象，都因袭古典的构图法则，都沿用历史的样式、语言。这样在建筑价值观上，两者很容易叠加在一起。提取中国古典建筑的历史样式和装饰母题，借鉴西方折中主义灵活组合历史样式的"旧瓶装新酒"经验，运用学院派成熟的构图技法，尽力创造保持中国古典建筑基本体型或折中体型的新建筑，就成了很自然的选择。因此，传统复兴式的风格很自然地成为西方折中主义在中国的一个新品种。学院派的一整套设计思想、设计手法，都十分合拍地适用于传统复兴风格的创作。再加上外国建筑师在中国式教会建筑中的先行经验，因而短期内迅速地掀起了传统复兴建筑的活动高潮。

值得注意的是，许多参与设计传统复兴式的中国建筑师，同时也在设计西式折中主义的建筑、装饰艺术的摩登建筑和被视为"国际式"的现代建筑。处于20世纪30年代的中国建筑师，在学院派建筑观念支配下，如同擅长各式料理的建筑"厨师"，他们可以为不同的业主喜好和不同类型的建筑需要，端出不同的建筑"菜单"。传统复兴式、装饰艺术式和国际式都成了这份"菜单"中的一式。正如傅朝卿所指出的，"中国近现代建筑中的古典式样，实际上并未构成严谨的体系或主义"[1]。传统复兴式建筑在中国的出现，并非中国建筑师队伍中出现了明确的"传统复兴主义"或"传统复兴学派"的结果，而是这些建筑所关

---

[1]　傅朝卿：《中国古典式样新建筑》，台北南天书局发行，1993年版，第Ⅶ页。

联的社会背景的需要。大部分的传统复兴建筑，集中地出现在政府主持的南京《首都计划》和上海《市中心区域计划》所涉及的建筑中，出现在由教会大学连锁反应的大学校园中，出现在中山陵园的周围界域中，就是这个缘故。

这股传统复兴建筑，在"中国式"的处理上差别很大。当时针对这些建筑的不同形式，大体上把它概括为三种设计模式：第一种是被视为仿古做法的"宫殿式"；第二种是被视为折中做法的"混合式"；第三种是被视为新潮做法的"以装饰为特征的现代式"。

14.2.1　宫殿式

这类建筑尽力保持中国古典建筑的体量权衡和整体轮廓，保持台基、屋身、屋顶的"三分"构成，屋身尽量维持梁柱额枋的开间形象和比例关系，整个建筑没有超越古典建筑的基本体形，保持着整套传统造型要素和装饰细部。南京的谭延闿墓祭堂、国民党党史史料陈列馆（图14-18）、中山陵藏经楼、中央博物院（图14-22）和上海市政府大厦（图14-14）都属于这一类。谭墓祭堂采用钢筋混凝土结构，外观为5开间重檐歇山顶，基本套用清代陵墓主体建筑隆恩殿的通用形式。史料陈列馆是3层楼的钢筋混凝土结构。一层开小窗，外观作台基处理，内设办公室、会议室、史料库房；二三层为陈列室，外观呈5开间周围廊重檐歇山顶形象。只是将重檐略为升高，开设玻璃窗以满足三层陈列室的采光。整个建筑仍保持颇为完整的古典建筑的程式化形象。中山陵藏经楼，高3层，外观模仿北京清代喇嘛庙殿阁形式，在屋面上突起一片歇山顶，形成天窗来解决三层楼房的采光。中央博物院更是以钢筋混凝土结构做出地道的辽代佛寺大殿的形象（图14-22），它的瓦当、鸱尾等构件都是经过一番考证后加以制作的，檐柱还做出"生起"、"侧脚"，保持着严格的辽式细部。上海市政府大厦与上述四座建筑有所不同，它没有全盘套用古典建筑的定型形象，但仍严格保持古典建筑的基本形态。这座上海市行政区规划的主体建筑为钢筋混凝土框架结构，平面呈一字形，中部进深略大。建筑高4层：底层为食堂、厨房和部分办公室；二层为大礼堂、会议室、图书馆；三层为办公室；四层为屋顶暗层，作档案室、宿舍、储藏室。建筑外观形成中部突起的体量，底层开小窗，处理成台基形象。二、三层立面上下统成一体，作木构架檐柱额枋构图。屋顶由中部歇山顶与两端庑殿顶组成。虽然屋身立面柱高2层，不同于古典建筑立面构图，但建筑师把柱间窗下墙处理成深色，并饰以裙板所用的如意纹，削弱了两层楼的感觉，整个4层楼的庞大体量的建筑物，看上去仍保持着古典建筑的基本权衡（图14-14）。这幢约9800m^2，包括大小不同功能房间的建筑，被勉强框在宫殿式的轮廓里，给实用带来一系列问题。二层中部的礼堂成为横长方形，很不适用。一层小办公室进深过大，光线不足。楼梯间也因窗户小，窗花密而影响采光。大屋顶不能耸立烟囱，厨房排烟不得不由正吻冒出。各主要房间因采用井字天花，将宫殿庙宇内高大空间上部使用的天花彩画，用在要求明亮采光的近代小空间室内，造成繁琐、古旧、压抑、阴沉等不良感觉。尤其是四层宿舍仅靠"拱眼"采光，通风不良，闷热，难以住人。档案室放在最上层，徒增建筑荷重，大屋顶空间利用效果很差，同时给结构带来复杂化。屋顶曲线硬用钢筋混凝土屋架造成，屋面也是用现浇的钢筋混凝土——浇出瓦陇，然后再铺琉璃瓦。这些都给施工造成相当大的麻烦，也使造价随之剧增。这些暴露出当时采用仿古做法的大型公共建筑普遍存在的尖锐矛盾。

14.2.2　混合式

这类建筑突破中国古典建筑的体量权衡和整体轮廓，不拘泥于台基、屋身、屋顶的三段式构成，建筑体形由功能空间确定，墙面大多摆脱檐柱额枋的构架式立面构图，代之以砖墙承重的新式门窗组合，或添加壁柱式的柱梁额枋雕饰，屋顶仍保持大屋顶的组合，或以局部大屋顶与平顶相结合，外观呈现洋式的基本体量与大屋顶等能表达中国式特征的附加部件的综合。

董大西设计的上海市图书馆、博物馆可算是这类折中主义形态的中国式建筑的典型表现（图 14 – 19）。这两幢建筑都位于当时规划的上海市中心行政区内，东西相对，两建筑外观形态和尺度大体相仿，都是在两层平屋顶楼房的新式建筑体量上，中部突起局部 3 层的门楼，用蓝琉璃重檐歇山顶，附以华丽的檐饰，四周平台围以石栏杆，集中地展示中国建筑色彩。当时建筑师认为这种建筑外观是"取现代建筑与中国建筑之混合式样，因纯粹中国式样，建筑费过昂，且不尽合实用也"①。可以说这是对于"宫殿式"做法的一种改良，当时的《中国建筑》编者在"卷头弁语"中说，这种建筑"确为最适宜于目下之环境而推为吾国复兴建筑时代之代表作品"②。

有一些作品介于宫殿式与混合式的中介形态，吕彦直设计的中山陵祭堂和广州中山纪念堂可以归入这一类。中山陵祭堂（图 14 – 12）跳出了传统陵墓隆恩殿的通用形制，四角堡垒式的石墙墩中夹带披檐的 3 开间门廊，辟 3 个拱形券门，上冠蓝色琉璃瓦歇山顶，既似重檐歇山顶，又不是重檐歇山顶。中山纪念堂（图 14 – 13）与中山陵一样，也是经过设计竞赛，由吕彦直获头奖，按吕彦直设计方案建造的。这个建筑是近代中国建造的大型会堂，可容纳 5000 人集会，观众厅体积达 5 万 m³。建筑师把观众厅设计成八角形，正侧面伸出门廊，背面伸出舞台，形成四面抱厦环抱着中央八角形攒尖顶的格局。这是运用钢筋混凝土、钢桁架和钢梁等新材料、新结构，为大跨度、大体量的会堂建筑探索中国式风格的大胆尝试。纪念堂巨大的形体远远超越了传统亭阁的习见尺度，可以说是突破了传统的体量权衡而保持了放大的组合型殿阁形象。从设计效果来看，同是吕彦直设计的中山陵祭堂和中山纪念堂是很不相同的，如果说中山陵祭堂由于功能较单纯，尺度较适中，取得内部空间使用功能与外观形象较合拍的协调，那么，不能不说广州中山纪念堂则由于庞大的会堂空间和庞杂的会堂功能被局限在八角形攒尖顶的体型中，明显地存在着使用不便、空间浪费、结构繁杂、尺度失真等问题，暴露出在大体量工程勉强追求殿阁形象的窘况。

---

① 《上海市图书馆博物馆工程概述》，《中国建筑》第三卷第二期。
② 见《中国建筑》第三卷第二期。

14.2.3　以装饰为特征的现代式

20 世纪 30 年代，现代建筑思潮已陆续传入中国，建筑实践中，一种向国际式过渡的"装饰艺术（Art-Deco）"倾向的作品和地道的国际式作品也通过洋行建筑师的设计而纷纷出现。这种新颖、合理、经济的摩登形式，吸引了中国建筑师的注意和社会的兴趣，因此，很自然地为传统复兴建筑启迪了一条新路——仿"装饰艺术"做法的路，即在新建筑的体量基础上，适当装点中国式的装饰细部。这样的装饰细部，不像大屋顶那样以触目的部件形态出现，而是作为一种民族特色的标志符号出现。

这方面，近代中国建筑师进行了很有成效的探索。南京的中央医院（图 14-15）、外交部办公楼（图 14-17）、国民大会堂（图 12-16），北京的交通银行、仁立地毯公司（图 14-16），上海的江湾体育场（图 14-20）、江湾体育馆（图 14-21）、中国银行（图 12-23）等，都是这方面的著名实例。

华盖建筑事务所设计的外交部办公楼，当时被誉为"经济、实用又具有中国固有形式"的特点。该建筑为平屋顶混合结构，中部 4 层，两翼 3 层，外加半地下层。平面呈丁字形，两翼稍微凸出，前部为办公用房，后部为迎宾用房。外观以半地下层作为勒脚层，墙身贴褐色面砖，入口突出较大的门廊，基本上是西方近代式构图。中国式装饰主要表现在檐部的简化斗栱、顶层的窗间墙饰纹和门廊柱头点缀的霸王拳雕饰（图 14-17）。

梁思成、林徽因设计的仁立地毯公司（图 14-16），是旧建筑扩建的门面处理。在辟有大面积橱窗的 3 层建筑立面上，设计者运用了北齐天龙山石窟的八角形柱、一斗三升、人字斗栱和宋式勾片栏杆、清式琉璃脊吻等，把立面装饰得颇具浓郁的民族色彩。这些不同时代的古典细部都仿得十分精到，结合得颇为融洽，很有文化韵味。这个产生于 20 世纪 30 年代初的作品，很自然地令人联想到 20 世纪 70~80 年代的欧美后现代建筑，有点像后现代的早产儿。

由英商公和洋行和我国建筑师陆谦受联合设计的上海中国银行（图 12-23），高 17 层，外墙用国产花岗石，顶部采用平缓的四角攒尖屋顶，檐部施一斗三升斗栱，墙沿、窗格略用中国纹饰。由于建筑很高，扁平的攒尖顶仰视实际上看不见，整个建筑微微点染着淡淡的中国韵味，在外滩建筑群中别具一格，是近代高层建筑处理中国式的可贵尝试。

不难看出，中国近代传统复兴建筑所采用的这三种处理手法，不是偶然的。西方建筑的历史主义表现，也是呈现出这三种形态，这是带规律性的现象，是历史主义通行的"三部曲"。新中国成立后的民族风格建筑创作，实际上又重复了这个"三部曲"，既有复古型的，折中型的，也有装饰型的。它们有一个共同的局限，就是对中国建筑的传统，都停留于表层的形式层面，都是名副其实地在"中国式"上做文章，而没有触及对中国建筑传统深层的机理、章法、境界、意韵，未能上升到"中国意"的层面去探索。中国近代传统复兴的建筑创作，是中国建筑在近代化、现代化过程中为探索民族风格而展开的一次很有意义的预演，这段成功的和失败的历史经验是值得我们认真总结的。

14.3　现代建筑：多渠道起步

14.3.1　外国建筑师导入的 "新建筑" 和现代建筑

19世纪下半叶，欧洲兴起探求新建筑运动，80年代和90年代相继出现新艺术（Art Nouveau）和青年风格派（Jugendstil）等探求新建筑的学派。这些新学派力图跳出学院派折中主义的窠臼，摆脱传统形式的束缚，是建筑走向现代净化过程的一个步骤。

这场运动传遍欧洲，并影响到美国。通过外国建筑师的中介，也渗透入近代中国。20世纪初在哈尔滨、青岛等附属地、租借地城市，开始出现了一批新艺术和少量青年风格派的建筑。

新艺术建筑风格，以哈尔滨最为集中、显著。哈尔滨作为中东铁路的交汇枢纽和管理局驻在地，从1898年开始了城市建设和近代建筑活动。中东铁路系统的早期建筑都是在圣彼得堡的中东铁路规划总部进行方案设计的。这个设计部门的建筑师为哈尔滨的铁路系统建筑采用了当时最新潮的新艺术风格作为基调。因此，建于1901～1903年的哈尔滨火车站（图14-23），建于1902～1904年的哈尔滨中东铁路管理局大楼，以及同期或随后陆续建造的铁路旅馆、铁路技术学校、商务学校、铁路局级官员住宅（图12-1）、莫斯科商场、道里秋林公司等一大批建筑，都是新艺术风格的建筑。这些建筑都采用吻合功能的空间，较为简洁的体量，摒弃了西方古典柱式，好用流畅的曲线，展现出当时最新的建筑潮流。日本学者西泽泰彦曾著文指出哈尔滨新艺术建筑的若干特点：在类型上，不仅用于小型建筑，也用于公共性很强的大型建筑物；在材料上，多用木材而不是铸铁来做独特的新艺术式的曲线；在建造年代上，新艺术在西欧仅流行十几年，到1910年前后停止，而哈尔滨则延续到20年代后期，寿命长得多[1]。他说："哈尔滨新艺术建筑之集中，在世界上是独一无二的。如果我们称哈尔滨为'新艺术建筑城市'，她是当之无愧的。"[2]

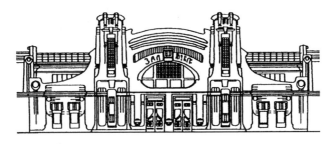

图14-23　中东铁路哈尔滨站立面局部

---

① 西泽泰彦：《哈尔滨新艺术运动建筑的历史地位》，《第三次中国近代建筑史研究讨论会论文集》，中国建筑工业出版社1991年版，第72、73页。

② 西泽泰彦：《哈尔滨新艺术运动建筑的历史地位》，《第三次中国近代建筑史研究讨论会论文集》，中国建筑工业出版社1991年版，第72、73页。

　　哈尔滨新艺术建筑的这种情况表明，欧洲新建筑运动兴起之际，在近代中国就有所反映。但是，不论是哈尔滨新艺术建筑，或是青岛青年风格派建筑，在当时的中国，都没有形成多大的影响。当时的人们并没有意识到它的新潮价值，只把它当作洋式建筑的一种样式而已。

　　1925年，"装饰艺术"（Art Decoratif）展在巴黎万国博览会举行，以此为契机，欧美各国开始流行装饰艺术样式。这种样式美国人称之为"Art‐Deco"，是一种向国际式过渡的形式。它的主要特点是体形简洁、明快，好用阶梯形的体块组合，流线型的圆弧转角，横竖线条的墙面划分和几何图案的浮雕装饰。它传入美国后就成了美国商业建筑和摩天楼的流行式。装饰艺术风格很快也进入中国，首先出现在当时上海外国洋行所做的设计工程。如公和洋行设计的沙逊大厦（1926～1929年）（图12－21）、河滨公寓（1933年）、都城饭店（1930～1934年）、汉弥尔登饭店（1931～1933年），英商业广地产公司建筑部设计的百老汇大厦（1930～1934年）（图12－5），邬达克设计的大光明电影院（1932～1933年）（图12－24）、国际饭店（1931～1934年）等。沙逊大厦可以说是从商业古典转向装饰艺术的过渡期作品（图12－21）。这栋高10层、局部达13层的大厦，立面还留有欧美早期高层建筑的"三段式"痕迹，转角顶部高19m的方锥体屋顶，还带有商业古典的影子，但是它的标准层基本上是现代式的竖线条，装饰性的图案都集中在底层和顶层，已具有明显的"装饰艺术"的特征。百老汇大厦（图12－5）比沙逊大厦迈前一步，虽然局部也带有图案和线脚装饰，但整体外观已十分简洁，可以说是从装饰艺术走向了准国际式。国际饭店也是如此。这幢高24层的大厦，是当时全国最高的建筑，号称远东第一高楼。外观仿美国摩天楼样式，立面用褐色波纹面砖饰面，底部墙面饰黑色磨光花岗石。前部15层以上逐层内收，成阶梯状，整体呈现现代式楼身与装饰艺术式塔楼的整合。

　　作为一种摩登形式，装饰艺术在上海风行一时。像大光明电影院那样以板片横竖交织，突出大片玻璃体块的装饰艺术手法，已具有很浓的现代感。实际上，进入1930年代后，现代建筑已陆续在上海涌现。如法商营造公司设计的毕卡地公寓（1934年）（图14－25），法商赖安洋行设计的雷米小学（1936年）、万国储蓄会公寓（1935年）、道斐南公寓（1935年），邬达克设计的吴同文宅（1937年）（图12－4）等，都是颇为地道的"国际式"建筑。同时期其他城市也有类似现象，如天津法商永和工程司设计的渤海大楼（1934～1936年）和利华大楼（1936～1938年）（图14－26）等。这些欧美建筑师设计的国际式建筑是现代建筑导入中国的一个重要渠道。

图14－24　上海大光明电影院外观

图 14 - 25　上海毕卡地公寓立面图　　　图 14 - 26　天津利华大楼立面图
（摹自《上海近代城市建筑》）

　　20 世纪 30 ~ 40 年代，在东北日本占领区，还出现了一批由日本建筑师导入的现代建筑。这些建筑，一部分是日本本土的建筑师参与设计的，而大部分是当时设在东北地区的日本官方建筑机构和民间建筑事务所设计的。

　　在日本本土建筑师中，远藤新、土浦龟城、前川国男等几位在日本属于现代建筑先驱的人物，都曾做过东北地区的建筑设计[①]。这时期，大连、沈阳、长春、哈尔滨等城市建造的日本现代式建筑为数不少，它们明显地具有功能主义倾向，外观多为平屋顶，不对称布局，简洁的几何形体组合，立面光净，普遍采用土黄色面砖饰面，自成一格。这些现代建筑，有的经过设计竞赛，达到较高的设计水平。如大连火车站，曾于 1924 年由南满洲铁道株式会社主办设计竞赛，满铁建筑课建筑师小林良治的现代主义设计方案获头奖，后因车站改换地点，又重新设计，由满铁工事课太田宗太郎主持，仍然保持现代建筑风格，形式比原设计方案更为简洁。这个车站建于 1935 ~ 1937 年，规模较大，总建筑面积达 14000m^2，功能设计合理，旅客直接由坡道进入二层大厅候车，并由天桥通向站台。围绕大厅的服务设施空间和其他房间，都压低层高，空间紧凑、妥贴，在当时是很先进的设计（图 12 - 19）。这些日本建筑师设计的建筑，是现代建筑导入中国的另一渠道。

14.3.2　中国建筑师对现代建筑的认识和实践

1）现代建筑思潮的导入

　　20 世纪 30 年代，现代主义建筑思潮从西欧向世界各地迅速传播。中国建筑界也开始介绍国外现代建筑活动，导入现代派的建筑理论。

　　1933 年 6 月，芝加哥召开百年进步博览会。1934 年初，国内建筑刊物对此做了详细报道，介绍了各国展馆和所陈列的建筑设计。现代建筑相关的科学知识受到国内建筑界的重视。《中国建筑》杂志连续发表了唐璞的《房屋声学》，卢

---

① 　参看越泽明：《满洲都市计划史之研究》黄世孟译，国立台湾大学土木工程学研究所，1986 年。

毓骏的《实用城市计划学》、刘大本的《都市计划之概念》、邹汀若的《给热工程温度试验概论》、陈宏铎的《英国伦敦市钢骨水泥新章述评》等译著。1936 年由广东省立勷勤大学建筑系学生创办的《新建筑》杂志，提出了明确的现代主义办刊宗旨："我们共同的信念：反抗现存因袭的建筑样式，创造适合于机能性、目的性的新建筑"。该刊第 3 期（1937 年 2 月）发表《色彩建筑家 Bruno Taut》一文，介绍了布鲁诺·陶特的表现主义及其住宅设计作品。第 4 期（1937 年 4月）发表了《苏联新建筑之批判》一文，详述了构成主义的兴起与特征。柯布西耶的著作和作品受到特别的重视。《中国建筑》从二卷二期（1934 年 2 月）起，开始连载柯布西耶的《建筑的新曙光》讲演，商务印书馆于 1936 年出版了柯布西耶的《明日之城市》（卢毓骏译），《新建筑》也先后发表了赵平原的《纯粹主义 Le Cobusier 之介绍》，魏信凌的《都市计划与未来都市方案》等评价文章。一部分中国建筑师对现代建筑的发展进程已有轮廓性的认识。何立蒸在《中国建筑》二卷八期（1934 年 8 月）发表的《现代建筑概论》一文中，颇为精要地概述了现代建筑的产生背景和演进历程，论及法国的新艺术和奥地利的"维也纳分离派"，论及沙利文和芝加哥学派，论及赖特、柯布西耶、格罗皮乌斯和包豪斯，阐述了"功能主义"理论和"国际式"特点，并对现代建筑作出七点归纳[①]。何立蒸的分析，代表了当时中国建筑师对现代派建筑的较准确的认识。当时中国建筑师对现代主义建筑的认识是不平衡的。不少建筑师主要着眼于它的"国际式"的外在样式，认为建筑样式存在着由简到繁、再由繁到简的循环演变，认为"繁杂的建筑物又看的不耐烦了，所以提倡什么国际式建筑运动"[②]。有的建筑师把它看成是一种经济的建筑方式，认为"德国发明国际式建筑，不雕刻、不修饰，其原因不外节省费用，以求挽救建筑上损失"[③]。基于这样的认识，"国际式"往往被视为折中主义诸多形式中的一个新的样式品种。多数建筑师既设计西洋古典式、传统复兴式，也设计国际式。当时国内建筑系的设计教学中，也存在这种兼收并蓄的做法，常常把同一个建筑设计课题的学生分成三组，分别做中国式、西方古典式和国际式。

2）"现代式"建筑的创作实践

20 世纪 30 年代，中国建筑师把摩登的"装饰艺术"和时兴的"国际式"笼统地称为"现代式"。许多建筑师热心地参与了"现代式"的新潮设计，其中装饰艺术样式占大多数，少数已是"准国际式"和地道的现代派建筑。

华盖建筑师事务所在这方面表现得最为活跃。1936 年在上海举办的首次中国建筑展览会上，华盖送展的均是现代式作品。在华盖主持设计的童寯，创作思想具有明显的现代倾向。他在展览会上所作演讲，也是关于现代建筑的题目。童寯不赞成滥用大屋顶，他曾说："在中国，建造一座佛寺、茶室或纪念堂，按照古代做法加上一个瓦顶，是十分合理的。但是，要是将这瓦顶安在一座根据现代功能布置平

---

① 何立蒸：《现代建筑概述》，《中国建筑》第二卷第八期。
② 石麟炳：《建筑循环论》，《中国建筑》第二卷第三期。
③ 《为中国建筑师进一言》，《中国建筑》第二卷第十一、十二期。

面的房屋头上，我们就犯了一个时代性错误。"① 华盖创作的现代式作品很多，其中有大上海大戏院（1933 年）、上海恒利银行（1933 年）、上海金城大戏院（1934 年）、上海合记公寓（1934 年）、上海西藏路公寓（1934 年）、上海浙江兴业银行（1935 年）等。在中国建筑师设计的现代式建筑中，具有较大的影响。

启明建筑事务所的奚福泉在 20 世纪 30 年代也设计了几座有影响的现代风格作品，他在上海白赛仲路的一块狭长的不利地段，为业主设计了一座非常新颖的现代住宅。他为欧亚航空公司设计了龙华飞机棚厂，该厂棚可容大小飞机 7 架，外观简洁流畅，展现了大型工业建筑的新姿。他设计的虹桥疗养院是一座很有特色的、引人注目的现代主义作品（图 14 – 27）。这座疗养院建成于 1934 年，设计中对疗养功能考虑得十分周到，为照顾肺病患者需要阳光，全部疗养室都朝南布置，每室都设大阳台，呈阶梯形层叠，使每间疗养室都能获得充足的阳光，并在阳台上方伸出小片雨篷，用以遮挡上层阳台的投射视线。疗养院病房、诊室、走廊全部采用橡皮地板，以消除噪声，减少积垢。各室墙角都作成半圆形，以免堆积尘垢，便于消毒洁净。特等病房的门窗还配以紫色玻璃，以取得紫光疗病。由于疗养室呈阶梯形，整个建筑外观成层叠式的体量，十分简洁、醒目、新颖，建筑的功能性和时代性都得到充分的展现。

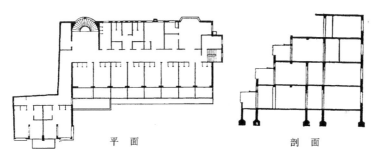

平　面　　　　　　　　剖　面

图 14 – 27　上海虹桥疗养院

当时中国建筑师处理新潮设计已达到颇为谙熟的程度。杨锡镠设计的上海百乐门舞厅（图14 – 28），黄元吉设计的上海恩派亚公寓，范文照设计的上海美琪大戏院等，都具有很地道的装饰艺术韵味。

值得注意的是，即使是以设计西方古典式或中国复兴式著称的建筑师，也同样做了不少现代风格的设计。在 1934 年一年中，庄俊设计了现代式的上海产妇医院，沈理源设计了现代式的天津新华信托银行，董大酉设计了现代式的自家住宅。基泰工程司的杨廷宝在 1936 年也设计了现代式的南京国际联欢社，到 1940 年代，还设计了现代式的南京下关火车站、南京中央通讯社等等。这个现象在李锦沛建筑师身上也表现得很典型。1934 年前后，他一边设计着西方古典式的上海清心女中，传统复兴式的上海青年会大楼、女青年会大楼，另一边颇为热心地投入现代式的创作，连续设计了现代风格的上海广东银行、南京聚兴诚银行和杭

① 童寯：《Architectural Chronicle》（建筑纪事）转自方拥：《建筑师童寯》，《华中建筑》1987 年第 2 期。

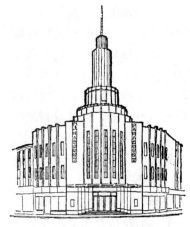

图14-28　上海百乐门舞厅外观

州浙江建业银行，一扫银行建筑习见的西方古典式外貌，创造了新颖、清新的银行形象。他还设计了现代式的南京新都大戏院、上海武定路严公馆等。对教堂建筑，他也作了创新处理，为南京基督教粤语浸信会堂所作的设计，颇有现代净化的意蕴。

有意思的是，刚刚加入中国营造学社，潜心于研究中国古建筑遗产的梁思成，也为北京大学设计了地质学馆和女生宿舍两座典型的现代主义建筑，设计时间估计是1931～1932年间。地质学馆是一座曲尺形平面的3层砖混结构建筑，外形完全服从内部功能，既没有刻意追求大块的体量构成，也没有特殊的装饰手法，只在青砖清水墙面上利用砖块本身砌出一些简单的凹凸横线，但整个设计很细致，门窗的尺度、楼梯的扶手处理、墙角的弧线设计等都颇具匠心①。女生宿舍呈凹形布局，由8个居住单元组成（图14-29）。建筑高3层，局部4层。外形利用单元的排列构成体量组合，注意门窗排列的比例关系，虽没有任何装饰，却显得颇为丰富②。这两座建筑反映出梁思成对于现代主义建筑的基本原则，已有深切的理解。

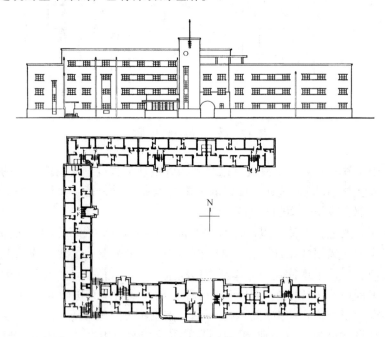

图14-29　北京大学女生宿舍
（引自《中国近代建筑总览·北京篇》）

---

①②　参见王世仁、张复合等主编：《中国近代建筑总览·北京篇》，中国建筑工业出版社1993年版，第17页。

　　这种情况表明，在 1930 年代，中国建筑师在进行传统复兴式建筑探索的同时，实际上也在展开现代式建筑的创作探索。这两种创作方向自然会有所交叉，本章第二节提到的传统复兴式设计的第三种模式——"以装饰为特征的现代式"，就是这种交叉的产物。这类建筑实质上是中国式的"Art-Deco"，既是传统复兴的一种表现，也是准现代式的一种表现。

　　中国建筑师的这些现代式建筑活动，与欧美建筑师、日本建筑师在中国的现代建筑活动一起，构成了近代中国在现代建筑方面的多渠道起步。由于近代中国的工业技术力量薄弱，缺乏现代建筑发展的必要物质基础，再加上日本帝国主义的侵入，中国转入长期的抗日战争环境。因此现代建筑的起步仅仅活跃了六七年就中断了。总的说来，现代主义建筑在近代中国是相当微弱的，这给新中国建筑留下了现代主义发育不全的后遗症。

第 3 篇
现代中国建筑

Part 3
Chinese Architecture in Contemporary Era

第 15 章　现代中国建筑发展概述

15.1　历史的格局

　　1949 年 10 月 1 日，中华人民共和国成立。中国从此开始了一种完全不同于昔日的伟大进程，根本性地改变了中华民族在世界中的地位，也使中国本身发生了翻天覆地的变化。本篇主要对中国内地在这半个世纪的建筑发展给予概略总结，同时也用一章的篇幅叙述港、澳、台三个地区的建筑状况。

　　过去的 50 年，在 1840 年鸦片战争后的全部近现代中国史中虽然只占了 1/3，却使中国城镇、乡村的环境面貌产生了根本性的变化，变化幅度之大与变化之深刻又确实是前 100 余年无法比拟的。另一方面，如果更宏观地看这一段历史，它可能仍然是一个更长的历史时段的一部分，这个历史时段充满着域内文化与域外文化，东方文明与西方文明以及与此相关的中国内部各种因素激烈的冲撞和磨合。这样，不仅仅这 50 年的丰富建筑活动的内容，同时也有这段历史的正反经验，便都值得研究了。当历史已经步入 21 世纪知识经济时代，当今日的成就似乎使昨日的成就暗淡无光，今日的困扰也似使昨日的切肤之痛变得麻木之时，分析思考这 50 年的建筑活动及其所折射的相关社会部分的矛盾，并以之为镜鉴，应是建筑师面对未来时的重要考虑了。

　　以下问题可以作为对本篇各章节分析与思考的线索。

　　（1）建筑活动中经济因素起着怎样的作用，建筑师应该怎样认识与把握经济因素？

　　（2）政治因素始终是 50 年来建筑活动中的重大因素，它是怎样影响着建筑活动的？建筑师应如何认识与把握这种因素？

　　（3）什么是判断建筑优劣的价值标准？50 年来，建筑创作的价值主体发生了哪些变化？建筑师与建筑创作的价值主体的关系是什么？

　　（4）众多的人口与有限的资源构成了中国近现代社会发展史中最突出、最基本的矛盾，这一矛盾规定了中国自己的国情和发展特色，当世界向一体化发展，中国与国际接轨已成重要的发展需求之时，中国建筑创作该如何确定自己的发展路径呢？又该如何学习国外的建筑创作的经验教训和建设发展规律呢？

　　（5）科学技术的新发展对建筑产生巨大影响，中国的建筑师在自己的创作中应如何吸收其成果呢？

　　本篇不是提供它们的完整答案，而是着意与读者一道分析与此相关的 50 年来的建筑状况，并尝试具体发现每个时期的特殊问题，从而寻找相关的线索。

15.2　历史分期及各期建筑状况

中国大陆（以下皆省去大陆二字）自 1949 年以来的 50 年的建筑历史天然地分为两大时期，前一个时期由于历史环境的原因，中国人民不得不主要依靠自力更生完成建立国家工业基础的任务，或者说是在有限度地对世界某一部分开放而主要依靠对 6 亿人民的严格要求，统一步伐、节衣缩食、积累资金完成这一任务的。因而试称之为自律时期。自 1970 年代末开始，实行全面改革开放，国家进入新的转型期，故简称之为开放时期。

15.2.1　自律时期的建筑发展

从 1949 年建立中华人民共和国到 1978 年底召开中国共产党第十一届三中全会前的自律时期可划分为四个阶段：

1）三年经济恢复阶段——百废初兴阶段

这个阶段从 1949 年到 1952 年，是恢复经济的阶段。1951 年 3 月通过颁发立法性文件开始了对建筑工程的管理，贯彻中央用 3 年恢复经济、10 年大规模经济建设的基本要求。1952 年 4 月，针对建设中的偷工减料问题，中共中央还作出了"三反后必须建立政府的建筑部门和建立国营公司的决定"，5 月，十几家事务所合并成立了中央设计公司，1953 年改为中央建筑工程部设计院，各地各部门的设计单位也陆续建立。1952 年 8 月在成立建筑工程部的会议上提出建筑设计的总方针应以①适用；②坚固、安全；③经济的原则为主要内容；④建筑物又是一代文化的代表，必须不妨碍上面三个主要原则，要适当照顾外形的美观。这些原则孕育了后来的"适用、经济、在可能的条件下注意美观"的建筑设计方针，影响达半个世纪之久，尤其是作为指导原则影响了整个自律时期的 30 年。

2）第一个五年计划阶段——复兴与探索阶段

三年经济恢复阶段后虽已使工农业总产值等达到历史最高水平，但总体水平仍然很低，现代工业在工农业生产总值中所占的比重仅 26.7%。1953 年 8 月公布的计划包含了 694 个大型建设项目，其中有苏联援建的 156 个项目中的 145 项。此后，开始了以国家计划、国家筹资、国家组织实施的类似于半军事化的组织形式将投资与建设转向第二产业，开始了由农业经济向工业、农业混合经济的转变。在 20 世纪二三十年代留学归国的中国第一代建筑师及他们培养起来并在 40 年代已经参与设计工作的第二代建筑师，在 1952 年后都已经成为各级重要国营设计机构的主要建筑师，巨大的建设任务及相联系的历史背景既为他们提供了施展才华的巨大机遇，也设置了他们惯常工作中难以想像的却又是历史必然呈现出来的巨大困难。

1953 年 9 月，中央指出，建筑工程部的基本任务是从事工业建设。不久，部辖各大区设计院均改名为工业设计院，将工作重心转移到工业建筑设计上。中央设计院组织技术人员到苏联援建的长春第一汽车制造厂工地学习苏联的设计程序与方法，接着开始承担并协助各地承担国家大型项目及中型项目的设计。

433

从 1950 年代开始的自律时期，绝大部分建设活动都是通过社会工作国家化、半军事化，以战争期间形成的有力而有效的政府行为进行的，以国家的力量将高积累调动用于迅速增强国力的有关产业的建设。1952 年政务院财政委作出关于国家建设的基本方针是"国防第一，工业第二，普通建设第三，一般修缮第四"的规定。这一规定是当时历史环境使然，后来强调按比例，并将顺序改为农、轻、重。然而不管顺序如何，在低工资高积累的社会中，消费水平极低，任何与产业无直接关系的普通建设和房屋修缮无法回笼资金，成为一种政府可控资金的高消耗的投入，这就是数十年中建筑设计的方针不断被强化的原因，也是数十年中为何反复出现勒令"楼、堂、馆、所"停建与"下马"的本质原因，这也是何以相当多的地方与部门领导人在建设自己的楼、堂、馆，所以适应他们工作等需求时并不希望建筑的外观惹人注目的原因。民用建筑中只有那些被高层领导视作有政治意义的才作为政治任务下达，加上中国人多地少，当时经济基础差，因而在居住建筑方面住房的增加始终跟不上产业开拓后等引起的城镇人口增加对住房的需求。中国第一、第二代建筑师以及此时已培养出并走上岗位的第三代建筑师，面对着的是完全不同于 1950 年代以前，也不同于课堂上讲授的建筑设计的需求，他们在适应社会的新需求中发生种种的争论、碰撞在所难免，以下三方面是在第一和第二个阶段中值得归纳的问题：

（1）学习苏联经验的得与失

在中国开始五年计划建设的前夕，只有苏联及东欧社会主义国家愿意援助中国，政治上的一边倒是必然的，这也就影响到学术思想的一边倒，并使之带上了政治的色彩。这实际上是一种单向的开放，并带有通过国家力量传播异质文化的形式。面对着巨大的建设任务，中国建筑师当时也只能从苏联的经验中全面学习社会主义建设工作中的设计经验，并确实在砖混结构规范、构件标准化、装配化、流水作业等方面获得了进展。在规划工作中虽有用地偏大等弊病，却在客观上为第一个五年计划的实施以至改革开放时期的发展留有了余地。但建筑设计必然涉及观念形态的领域、审美的领域、形式探讨的领域，仅仅研究技术是不够的。苏联不仅继承了欧洲古典主义的文化，并且曾经是现代建筑运动的源头之一。十月革命后构成主义是在苏联形成又随着前苏共党内的斗争而被扼杀了。古典主义成为"正确"的潮流。当时苏联文艺的原则是"社会主义的内容、民族的形式"。苏联建筑界在批判"结构主义"、"世界主义"的同时，将其文艺方针运用在建筑创作中。审美与形式探讨在纯艺术中并不具有政治的意义，然而一旦与政治需求、社会需求相结合，其背后蕴含的意义就被凸现出来。当时社会主义的苏联在与帝国主义、与国内外资产阶级斗争的形势下，需要的有意味的形式是必须区别于它的对手的。这样，曾经是沙皇俄国采用的建筑语言，因其区别于资产阶级对手的现代建筑语言而被发掘，并以"民族传统"的形式出现。苏联文艺创作的另一项指导原则是"社会主义的现实主义"，与建筑似乎渺不相涉，但综观苏联文学的发展，既有其民族传统中深厚的现实主义的人文精神的继承，也有着受制于政治需求而作的放弃与牺牲，结合斯大林所说的"不能不表现使生活走向社会主义的东西"，可以说，这一方针在美学上蕴含着将"真"的需求列于

"善"之后的次序规定，因而必然对苏联的建筑创作中起粉饰作用的虚假追求起了推波助澜的作用。1950 年代，中国的社会同样具有这种思潮的土壤，因而，学习苏联只是提供了一个强有力的外在推动力。然而，在国力有限的条件下，置经济因素于不顾，不仅无法在中国推行，也必然在当时的苏联受阻。在 1954 年的全苏建筑工业会议上，前苏共领导人赫鲁晓夫全面、系统地分析批评了苏联建筑艺术中的矫饰作风，将经济与功能的合理性重新摆在应有的地位。中国建工部副部长周荣鑫率团出席了这一会议，会后结合中国已有的问题开始了新一轮学习苏联的活动。学习苏联为中国建筑事业确立全面的管理体制奠定了基础，但也滋养了僵化的教条主义，滋生了以政治尺度度量创作问题的简单化做法，对建筑创作尤具伤害的是，思想的窒息禁锢了建筑创作的原动力。

（2）民族形式与国际式的纠葛

中国第一、第二代建筑师因个人经历不同，其受过的建筑教育训练侧重点也有不同，但他们的聪明才智及开放的态度使得他们对无论是古典主义还是现代主义都不陌生，20 世纪 20～30 年代后的社会需求及社会思潮，使他们多数也了解以至谙熟了中国古典的建筑语汇。中国实践理性主义的文化和实用主义的现实使他们除少数外并不坚持某种风格，而倾向于将各种风格的建筑看作不同风味的大菜，只看顾主的需要，用手法主义的技法烧好端给他们。业主也是如挑拣商品一般，根据自己的综合判断加以选择。30～40 年代，在民族形式方面的创作思路，一如本书第二篇对历史主义手法的分析那样，存在着宫殿式（复古主义）、混合式（折中主义）和以装饰为特征的现代式三种相当固定成熟的套路。

1950 年代，政治上的统一与强大激发了知识分子和各级领导的爱国主义热情，脱离经济制约，学习苏联对民族的形式的推崇都为新一轮历史主义思潮的传播推波助澜。在 1953 年召开的中国建筑工程学会成立大会上，梁思成在《建筑艺术中社会主义现实主义的问题》的发言中提出了他对民族形式的看法，他要求以中国传统建筑的法式为依据从事设计，是这种以爱国为基础，推崇运用民族形式的历史主义思潮在建筑领域的系统表达。会议有不同的意见，却未能展开讨论。"大屋顶"被用来描述这种历史主义思潮的前两种手法，因其都有一个大屋顶，后来对大屋顶的反对主要也是从耗资过多引起的，甚至在整个这个时期中，从未进行过建筑传统中的形而上部分、本体论部分的探讨，也很少在方法论的层面上开展系统的研究。例如在批评由张镈主持设计的北京西郊招待所（现名友谊宾馆）时提到设计的问题是："华而不实"，"严重的浪费"，"单是 1954 年就用了三十万件琉璃瓦，价值 20 多万元，单是金箔就贴了二十多万张，……"[1]；对由陈登鳌主持设计的地安门宿舍的批评是"每平方公尺的造价 200 元。比一般干部宿舍要高很多（图 17-4）。其中楼顶上六个亭子的工料造价就达 54 万 6 千多元……"[2]。批评中没有对建筑设计理论的深入讨论。杜绝这种浪费，本来还必须就造成浪费的责任人提出指责，但是，批评却很难确定是设计者，还是建设单位，还是施工单位对之负责，很难确定设计者是建筑师还是院长。上级批准和拨

---

[1][2]　《建筑学报》1955 年，第 1 期。

款，下级花钱，建筑师画图，院长批准的制度已经决定了超计划建设是此阶段解不开的死结。对建筑师而言，值得思考的是，民族形式就是那几种吗？形式就是传统吗？这些思索在强大的政治压力下，未能展开，倒是华揽洪所设计的北京儿童医院在实践的层面上对这一问题作了回答，采用传统的开间比例，摒弃了屋顶等具象的形似，被后人评为用"神似"表达民族传统（图17-11）。

另一股被从政治上加以批判的思潮是"国际式"，即此时在欧美到处一领风骚的现代主义建筑。就中国而言，中国的钢产量和水泥产量只是到1990年代才进入买方市场，在五六十年代，中国这两种建材都属于主要用于工业建筑的珍稀物品，因而现代主义的技术基础尚未形成，而对建筑方案执生杀大权的各级负责人，他们也是到了1970年代从广交会建筑上才知道现代主义的魅力的，因此被人们以"方盒

图15-1　广州华南土特产展览馆
（引自《中国现代建筑史纲》）

子"、"国际式"相称也是自然的了。这一时期以此思路建成的建筑可谓凤毛麟角，冯纪忠设计的武汉医学院，杨廷宝设计的北京和平宾馆（图17-10），谭天宋等人设计的广州华南土特产展览馆（图15-1）可作为代表。其他一些建筑或在政治压力下，从现代建筑的简洁中学实用手法，或以纯结构美造型而得到人们的认可，取消大部分附着之物，纯以比例、线条、质感取胜。作为理论思维，是要有前瞻性的，清华大学等高校青年学生对现代主义渴望了解引起的讨论就是这种反映，但也随着反右斗争而沉寂了。

（3）反右斗争对建筑创作的影响

1957年6月8日，随着共产党整风，开始了反右运动，至1958年共划右派55万人以上，涉及大量知识分子及其家庭。对这一运动，中共十一届六中全会决议已有评价，本书着眼于它对建筑创作的影响。

与文艺界相比，建筑界因其知识体系有一定的技术含量，其被点名的右派的数量相对要少一些。在各个高等院校的建筑系也有一批学有专攻的学者、教师和青年学生被归入反党右派的行列。他们被清除出高校，赴边疆劳改或就地改造，虽然30年后都已平反，但这场运动对被批判者和批判者双方造成的伤害仍留存至今。就建筑创作及建筑师的工作而言，至少在以下两方面值得总结。

其一，毛泽东希望"造成一个又有集中又有民主，又有纪律，又有自由，又有统一意志，又有个人心情舒畅，生动活泼，那样一种政治局面"。反右的结果及此后各项政治运动的结果皆与这一愿望背道而驰。建筑师如同多数知识分子一样，在思考学术问题时不得不置身于政治与人事的罗网中，从而削弱了思维的活力与探索的勇气，创造力在划定的安全区内进一步窒息，建筑创新的前提——追求差异与变化被求同和求御批所代替。结合建筑界以外的类似现象，可以说，一

且一个民族失去了思维的活力，或者只有个别人有这种思维自由而其余人却只能盲从，所造成的灾难是空前的。因而提倡学术民主，提倡探索精神，保护思维的自由不仅是建筑繁荣的前提，也是民族避免灾难的前提。其二，毛泽东形象地说，"皮之不存，毛将焉附"，知识分子之毛要附在无产阶级的皮上。就建筑创作中建筑师与价值主体各个层面而言，确实存在着一种相互关系的问题，反右斗争显示建筑师在价值主体改换而自己必须服务于这一新主体时，缺乏研究主体各个层面及它们的需求。

3）从大跃进到设计革命——再探索与挫折

第三个阶段为 1958～1965 年，从大跃进运动到设计革命，这一时间段的中国充满了豪迈之情，充满了勇气，充满了上下求索的精神，虽然导致了 1960 年后连续 3 年的后退，仍未放弃这种探索。

1958 年 2 月《建筑》杂志发表社论，反对保守，反对浪费，争取建筑事业上的大跃进，各设计院纷纷下现场搞设计。1958 年 5 月八大二次会议通过"鼓足干劲，力争上游，多快好省地建设社会主义"的建设总路线，开始了高指标的追求，在加快发展农业的同时，限期各地地方工业产值超过农业产值。但在我国工业基础仍然薄弱，西方封锁依然存在，缺乏国内外市场调节的条件下，超越国力与经济规律的大跃进，连同后来的人民公社运动，揭开了连续三年的灾难性进程。违背客观规律必然受到惩罚，1961 年工农业总产值比上一年下降 30.9%，1962 年继续下降，调整 3 年之后，至 1965 年，经济才全部恢复到历史最高水平。基本建设的起落使设计人员既有忙不胜忙的时期，如 1958～1959 年北京和各地的一批国庆工程，也有 1960 年全部进入休闲期，大批设计人员被下放的另一段日子。

在工业建设普遍压缩的局面下，石油工业出于政治和经济的双重考虑，为克服苏联停止援助后石油供应断绝的局面，迎难而进，艰苦奋斗，短时间内开发大庆成功，显示了中国人民和中国领导阶层的英雄气概。1964 年结合军委关于备战问题的报告和第三个五年计划的制定，中共中央决定建设战略大后方，确定了"靠山、分散、隐蔽"的三线建设战略决策。三线建设从经济学的角度分析是不合理的，原材料和成品使用地多在沿海，却要运到内地制造再运回沿海使用，"分散"、"进山"、"隐蔽"以至于进洞等，使不少工厂被再次肢解到相距若干公里的山沟中，运输费大大增加，加上部分文化革命中的指挥者不断用瞎指挥来对待工业生产，浪费是惊人的。然而它毕竟促进了西部的开发，毕竟为西部提供与培养了人才。

1964 年 11 月，在全国各设计单位又开展了"设计革命"运动。

设计革命运动提倡设计人员"下楼出院"，到现场去，到群众中去，进行调查研究和现场设计，对于解决设计的可行性是有意义的，但把它作为政治运动来搞则是错误的，"设计革命"后来实际成为建筑设计单位特有的一项政治运动，而且愈演愈烈，批判了一些正确东西，主要表现在：

第一，不恰当地打破所谓"框框"，片面强调节约，片面批判"大、洋、全"，排斥建筑艺术，以致出现造价越低越好，建筑造型越简单越好，片面压低住宅标准等偏向。

第二，批"个人主义"、"成名成家"思想，严重挫伤建筑师的创作热情。

第三，一味追求"下楼出院"，一些设计院"人去楼空"，片面指责在设计院内搞设计是"闭门造车"，严重影响了设计工作的正常进行。

4）文化大革命阶段——全面倒退与局部突破的阶段

这个时期为 1966～1978 年。

1966 年 5 月开始的文化大革命党的十一届六中全会已有决议。它虽然是一场灾难，但五年计划并未终止。运动是在经济进入稳态运作阶段后爆发和进行的，且主要在城市中进行。建筑文化即使将它的观念形态部分剥夺干净，工程技术部分及相应的规范文化仍然因社会需要而存在。因而虽然狂潮汹涌，但那架工业建设的巨大机器既不是一下子飞转起来，也不是一下子可以让它停下来的。这样，以中国人民的灾难性牺牲为前提，经济仍然在一定的领域内发展。围绕着国防和战略布局的一系列建设，从氢弹、卫星到南京长江大桥，从宝成铁路、成昆铁路、葛洲坝工程到第二汽车制造厂等项目建设都在进行。另一方面，同样出于政治的考虑，一批援外工程、外事工程、窗口工程如北京外交公寓、外国驻华使馆、广交会建筑、涉外宾馆、涉外机场等被要求限期完成。这一时期产业结构失调，生产关系受到伤害和扭曲，建筑师的地位也是 1950 年代以来最低的。大量的建筑师被送到基层，送到边远地区，其幸运者得以在某些项目中发挥一定的技术作用，但对整体性全局性的规划设计决策无能为力。

"文化大革命"中实践理性精神丧失、实事求是精神丧失所造成的灾难给我们留下了众多值得反省的重大问题。与建筑设计及理论有关的较大问题有：

（1）如何从备战和经济两方面来考虑工业布局，规划如果离开了必然性的探讨，它带来的后果是什么呢？

（2）本本主义、教条主义应予批判，言必称希腊或者言必称别的什么自然是盲目和片面，但在言不称希腊也不称孔子之后的结果是什么呢？破字一当头，立就在其中了吗？未来的创造与今天，今天与昨天关系是什么呢？30 年中的多次反复如果再结合中国古代史中的类似反复与当代的类似反复，中国近现代历史文化所遗存的思维定式有哪些需要改进的呢？

（3）在建筑设计中如果只有良好的愿望、目标、方针、口号，而没有在操作层面上的成系统的法规，没有法治的社会环境，没有具体的人承担与奖褒相连的责任，设计工作能够沿着合理的方向实施下去吗？

15.2.2　开放时期的建筑发展

这个时期自 1979 年至 1999 年。

1978 年 12 月在党的三中全会上通过了将工作重心转移到经济工作上来，对内搞活经济，对外开放的方针，这次会议的一系列决定成为改革开放的重大标志。

1979 年 7 月决定在深圳、珠海、汕头和厦门试办经济特区，1988 年增设海南省为经济特区，1984 年开始开放沿海 14 个港口城市，先后批准建立 32 个国家级经济技术开发和 53 个国家级高新技术产业开发区，安排重点项目 300 多个，总投资额达 3100 亿元。到 1990 年，国民生产总值已达 18598.4 亿元。更重要的是，一批关系到 20 世纪末战略目标和国计民生的瓶颈问题获得了缓解，1980 年代为中国的第 3 代第 4 代及刚从校门出来的第 5 代建筑师提供了空前良好的工作机会和空前陌生的工作领域，同时也显露了一系列新的问题。

20 年中，建筑业内部发生了脱胎换骨的变化，不仅仅施工项目的投资与管理已通过市场招标、承包贷款等制度异于计划经济时代，建筑设计的体制也在1980 年代实行企业化管理，1990 年代发展集体所有制及民营的设计单位，并推行注册建筑师制度、注册工程师与规划师制度，推行了工程建设监理制度。尤其是房地产业从建筑业中分化出来，成为住宅等建筑活动的杠杆，物业管理也成为促进提高设计水平的重要因素。

当 1980 年代中国打开国门之时，世界已经不是 30 年前了。正当中国进行"文化大革命"之时，一场真正的引起世界改观的革命已经在发达国家迅速而悄悄地进行——个人计算机开始进入家庭，连同电视、电传、传真、卫星（通信）等技术宣告了信息时代的到来。知识信息以指数规律驱动着世界。后工业社会转型中的种种问题也一起涌进华夏。域内外的文化景观与信息如同一个变幻着的万花筒，刺激着包括建筑界在内的中国人，他们迅速地在市场的洪流中寻找感觉，调整价值观，他们再也不能仅仅从建筑设计艺术这一个切入点去思考问题。从此，传统、民族形式不再是纠缠他们的幽灵，技术与艺术，建筑师与业主，生产与消费，求同与求异的关系在重新组合。建筑界也在建设环境的同时不断建设自己。然而中国的人口与资源的基本矛盾仅仅是获得缓解而并未解决，21 世纪却已经莅临人间，这样以下一些难题就不能不作为开放时期的未解决的问题供我们思考。

1）中国建筑师的位置

1980 年代以后，市场经济的发展使建筑师在失却往日的桎梏之后又面对着新的难题，五种经济成分在市场中并存，连规划等属于政府行为的项目有时都被行政负责人违背，判断规划设计正确与否、好坏与否是谁呢？新的迷惘代替了旧的迷惘。另一方面，在短短的 20 多年中，技术的进步使中国建筑师的操作武器——设计绘图的器具换了三代，昔日骄傲的技艺资本转眼成了弃物，工具的完善与目标的模糊还直接动摇与改变着设计的成果和任务。这样，建筑设计中不变的本质是什么？建筑师的职业特点何在？建筑师的价值何在？工作位置何在？这些一连串的困惑就成为需要反复追问的问题。如同前一个时期同样有成功者一样，此时的成功者更多，高于业主又服务于业主，对今日和日后的业主负责，对建筑的价值主体负责，沿着社会需求的方向，固守建筑设计的本质特点而变换武器，为社会的健全发展服务，应该是寻找答案的必经之路。

2）资源危机与可持续发展

（1）中国的地表水资源总量为 28124 亿 m^3，占世界第五位，人均水量仅为 $2275m^3$，为世界人均水量 $10000m^3$ 的 1/4。1980 年代以前人均耗水量低，80 年代后城市的发展，生活标准的提高使得无论是人均耗水量还是总耗水量迅速增长。工业的发展，水源污染日趋严重，全国大部分城市水源不足，北方及南方大量城市抽取地下水形成地下水漏斗，地面不断下沉，包括苏州、绍兴这样的水乡城市都出现水危机。由于上游截流，黄河断流长达 100 余天，淡水资源已经成为北方地区城市规模与经济发展的扼制点。节水不仅是农业灌溉，也是建筑设计不得不考虑的重要问题。

（2）中国的国土是 960 万 km²，人均占有土地为 11.537 亩，只有世界人均占地 49.5 亩的 1/4 弱，人均占有的可耕土地则只有 1.32 亩，为世界人均耕地 5.5 亩的 1/4 弱。1980 年代后的城市建设使得可耕地每年都以数百万亩的速度减少，1988 年和 1989 年两年因城市建设和自然灾害等原因损失土地在 1500 万亩以上，农村大量地区城镇化，但城镇化地区的人均用地，包括人均居住面积居高不下，成为转型期亟待解决的问题。

（3）生物资源与生态破坏。中国的生物资源以种的数目而论，仅次于马来西亚和巴西，居世界第三位，但 1980 年代以后，由于过度开垦、自然灾害增多、林业政策失当、过度砍伐等原因使水土流失严重，森林破坏日甚，水坝等水利工程也促成了水生动植物物种减少。1990 年代以后，不仅黄河成为浑河，长江上游的生态破坏使长江也成为含泥量极大的浑河，钱塘江等水域也存在类似的变化。1990 年代国家作出坡度 26°以上的山林禁止垦荒，四川上游停止林业生产改为护林种林的决定。这些决定是对生态危机的应对，但尚待时日方见成效。

（4）可持续发展。生态问题和资源问题早在 1970 年代和 1980 年代就引起过国外学者的思考，1987 年世界环境与发展委员会发表《我们共同的未来》研究报告，明确提出了"可持续发展战略"，强调发展的内在支撑能力，而不强调发展的外在延伸状态。它不盲目反对经济增长，而反对盲目的经济增长，以生物圈的承受能力为限度求得人类的发展。1992 年中国政府参加了在里约热内卢召开的联合国环境与发展大会，对会议通过的《21 世纪议程》中提出的可持续发展原则作了承诺，并在 1993 年编制完成《中国 21 世纪议程》，为经济与社会发展确立了指导文件。此后在治理水污染、大气污染、生态保护等方面开始了有效的行动。然而我国还刚处于从竭泽而渔式的粗放型经济向精细型经济转化的过程中，包括与建筑设计有关的大量问题仍有待深入解决。

3）后现代、接轨与国情

后现代建筑虽然曾经作为后现代运动的先锋出现在国外，但中国情况不同，中国的工业化既远未达到西方二战后的广度与深度，也是以完全不同的方式进行的。1980 年代前的中国老百姓的生活与思想长期与"现代化"无缘，而和革命化交织在一起，中国现代建筑的技术基础是在 1980 年代中才基本具备的，而西方现代主义建筑的理念，即在将形式服从于功能的口号下，过滤掉此时此地的精神追求而听任建筑师的表达，在 1980 年代前的中国整体上并不存在。在中国，对形式的意味的剥夺和对建筑师话语权利的赋予都是极为有限的，因此在 1980 年代以后国门再开之时，域外的现代思潮及叠加于现代性之上的后现代思潮涌入以后，一方面出现饥不择食的学习，从符号学、行为学、场所精神到解构，无一不激起学子们的兴趣与思考，另一方面又必然在中国实践理性背景的定位下，从中国文化的特有延续性出发，依然按照自己的需要对它们作出实用的拣选。后现代建筑的诸多手法因其与文化的联系及其简单可学而成为部分建筑师的首选。这显然与中国的建筑需求不相契合，但这不等于中国毫不具备后现代的社会基础，随着经济发展，工业社会的诸般弊端接踵而至，尤其是"文化革命"的伤痕，后现代性的价值相对主义、认识论上的反本质主义、文化上的反精英主义和玩世不恭等都可以找到自己的土壤。只是无论是现代还是后现代，都是立足中国特定的环境下，且是不同于原型的中国牌的产品。既然古代和近代史中国都不同于西方，何必又怎么可能按照那原有的模子来检验中国建筑发展的当与不当呢？

同样，"与国际接轨"和"结合中国国情"这两个口号并不是总能平行推行的，在信息时代，建筑趋同是一种大趋势，技术是没有国界的，但建筑毕竟不是贸易，运作规范不可能相同，何况中国地域之大，地理、气候差别之大，经济发展的不平衡都是不可改变的，即使在发达地区，面对世界性的丧失个性的危机，今日的中国建筑师该如何把握自己创作中的原创性已经成为世纪性课题。

15.3　建筑类型及技术的发展变化

15.3.1　工业及交通建筑

工业建筑是 1950 年代和 1960 年代的宠儿。就类型而言，是在近代中国工业的类型上有所增加，而规模和水平则是大大拓展了。"一五"至"三五"期间建设的项目如年产汽车数万辆的长春第一汽车制造厂（图 15 – 2），年产汽车 8 万辆的十堰第二汽车制造厂，年产轴承 2700 万套的洛阳轴承厂、年产重型机械 6万吨的齐齐哈尔第一重型机器厂，发电机组容量 1.6 万千瓦的刘家峡水电站，年炼钢量 150 万吨，轧钢110 万吨的攀枝花钢铁厂，库容量35 千亿 m³ 的三门峡水利枢纽等都是至今为止的我国的工业巨人。1960 年代后则在石油、化工、铁路等方面大力开拓。改革开放后，仅1994 年至 1997 年国家级项目达 601项，从工业建筑向其他领域拓展。1980 年代，工业建筑出现以工业园命名的环境整洁优美、设施先进的工业区，包括专用工业建筑和通用工业厂房（图 15 – 3、图 15 – 4）。

我国 1965 年开始地铁建设，

图 15 – 2　长春第一汽车制造厂外景
（引自《中国现代美术全集·建筑艺术》卷 5）

图 15 – 3　苏州的工业园区
（引自《迈向新世纪的中国城市》）

图15-4　大连中国华录电子有限公司全景
（引自《迈向新世纪的中国城市》）

提出了地下铁路客站设计问题。1971年北京地铁开始运营，1980年代后，天津、上海、广州都开始了地下铁路的建设，催生了地下建筑学的建立。

中国以高起点从1950年代投身电气化铁路建设，于1975年建成第一条电气化铁路——宝成铁路，主要对铁路的机车运作产生较大影响。1998年准高速的广深铁路建成。与国外不同，中国的铁路运输并无萎缩，尤其是在岁末年头的客运中，仍然起着主要作用。1980年代以后，铁路客站纷纷换代，普遍采用高架候车，以解决巨大的客流量交叉问题。

在1999年初中国实现了县县通公路，在沿海省份也基本实现了乡乡通公路，1993年明确国道主干线系统的标准，分为高速公路、一级和二级汽车专用公路。1988年，全长18.5km的上海至嘉定的高速公路率先通车，至1995年建成高速公路2400km，从此，服务站区及立交桥就成了中国1990年代的重要景观（图15-5）。集装箱运输和欧亚大陆桥联运及水运的发展也增加了对相关建筑工程的需求。桥梁急剧增加，截止1999年底，长江上的大桥（不含金沙江）已从1957年的1座增至15座，另有9座在建设中。城市沿河带及立体交通等，对桥梁的造型日益关注，斜拉桥虽然造价高却仍然受到青睐（图15-6），发展最快的航空业促使所有的大城市在1990年代兴建机场，1994年民航客运量突破4000万人次，至2000年民用

图15-5　深圳地区的高速公路网
（引自《深圳市城市总体规划》）

图15-6　重庆石门大桥
（引自《迈向新世纪的中国城市》）

航空港达到 42 个。福州、厦门、重庆、上海、南京等市的航站楼都成为城市的骄傲和现代化的象征（图 15 - 7）。

图 15 - 7（*a*）　南京禄口机场航站楼

图 15 - 7（*b*）　禄口机场航站楼内景

1950 年代和 1960 年代，工业建筑大力推行标准设计，推广装配式建筑方法，仅 1959 年就供应工业厂房标准构件图集 74823 册，广泛推广预应力钢筋混凝土结构，后来又推出轻钢结构，节约了当时十分宝贵的钢材和水泥。在贯彻土洋并举的方针中，在基础与地基处理方面推广砂垫层，砂井预压和砂桩、灰土桩，推广重锤夯实技术、电化学加固技术等，墙体的配筋砖砌体技术也获得大力发展。1960 ~ 1970 年代，顶升法及无梁楼板在多层厂房中使用。1980 年代以后，建筑材料工业发展，钢结构及现浇钢筋混凝土结构增多，夹芯彩钢板在工业建筑中大量使用。大跨度的立交桥中双向预应力厢式结构在中国推广，航空站则直接与国际"接轨"，采用各式新型钢网架和钢管等结构形式。

15.3.2　居住建筑

1950 ~ 1970 年代初，居住建筑主要是多层住宅楼，有时为成片的居住小区、工人新村等（图 15 - 8），有时见缝插针，偶为高层，住宅标准极低，设备简陋，小厅小卧室或居室兼卧室、居室兼厨房等。1980 年代后标准逐渐提高，通用设计改进，对家用电器的使用纳入设计考虑中。1990 年代注重大起居室、

图 15 - 8　上海曹杨新村
（引自《中国现代美术全集·建筑艺术》卷 2）

小卧室，较大的厨房与卫生间，出现双卫生间，注意了日照、防火等质量和安全的要求，空调进入家庭。作为房地产开发，公寓之外又有别墅、度假村之类。大城市中高层日多，物业管理逐渐推入社会。

1950～1970 年代，多层住宅皆为砖混结构，1960 年代邢台地震、海城地震及 1970 年代的唐山地震，将居住建筑的抗震与安全问题提到日程上，各城市按地震设防烈度设计，砖墙转角加构造柱。1990 年代后，不仅高层，连多层也常用钢筋混凝土框架。1980 年代后，大力推广墙体改革，以争取淘汰黏土砖，从而减少对农业用地的破坏，空心砖成了标准砖的替代物，并由此开始了旨在追赶先进国家、保护人类环境的节能建筑设计运动。1990 年代提出小康住宅计划，厨房卫生设备等级迅速提升，家庭装修与环境设计成了 1990 年代后的时尚，优良的人居环境在新一代的居住区出现（图 15－9、图 15－10），建筑师的工作与亿万人民的生活质量有了最紧密的联系。

图 15－9　大庆市石油工人住宅区

图 15－10　深圳佰士达花园住宅

（引自《建筑学报》1998.10）

15.3.3　普通公共建筑

1950～1970 年代，普通公共建筑在传统的领域中萎缩，而在特定的领域中发展，与当时的社会状况及计划经济下的低工资、低消费有关，如工人俱乐部、职工食堂、文化革命中的毛泽东思想展览馆等。30 年后，改革开放，公共建筑类型发生了翻天覆地的变化。

在商业建筑中，不仅有原来的普通百货商店，还出现了使用自动扶梯的大型商场和 1990 年代后的超大型商场（图 15－11）。在众多的城市中出现使用条码和收款机的超级市场及专营某项产品的专卖店和商业街。车站、旅馆、办公楼、过街天桥、地下行人道中都出现了商业建筑。这一切无疑对建筑设计提出了新的要求。

1920 年代及 1930 年代，休憩建筑在上海等大城市已经出现，1950 年代服务对象及服务目标改变，主要有电影院、剧院、工人文化宫等。1960 年代园林也要有物质功利目标，树要结果、草要长药，不能说毫无道理，却仍是温饱阶段商品经济不发达与左的思想影响的结果。1980 年代以后，旅游首先作为获得外汇的无烟工业拓展，至 1996 年创汇突破 100 亿美元，世界排名从 1978 年的 41 位升至第 8 位。至 1995 年有国家级旅游度假区 13 个，国家重点风景名胜区三批共 119 个，连同各地的休憩建筑，其主要类型有游乐场、水上运动场、高尔夫俱乐部和练习场、跑马场、射击场、主题公园、博览会、各种特色的度假村及各种相关设施（图 15 – 12、图 15 – 13），带动了相关旅馆、博物馆、餐饮建筑的发展。

图 15 – 11　北京东安市场新楼内景
（引自《迈向新世纪的中国城市》）

图 15 – 12(a)　1999 年昆明世界园艺博览会

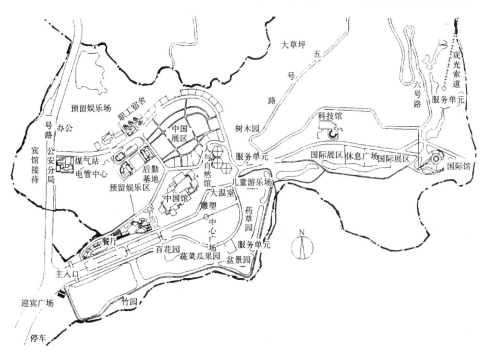

图 15 – 12(b)　昆明世界园艺博览会规划总平面简图
（引自《建筑学报》1999.5）

休憩建筑多数情况下结构并不复杂，因艺术性、新奇性、舒适性等使之成为建筑师用武之地。众多的游乐项目包含着机械装置及声光、影视等活动，提高了技术含量，也要求建筑师更多地与各专业工程师结合，由此又推动了时代对技术美的追求。部分休憩建筑采用舞台美术技法，创造视觉冲击力，也助长了建筑创作中的夸张、虚假表现的风气。

图 15－13　杭州乐园入口

办公建筑自清末起就从威仪型向功能型转化，但对"威仪"的热衷始终贯穿着中国现代的办公建筑，1950 年代初因社会功能的国家化，大批办公楼兴建，囿于经济原因皆为砖混结构，苏联的结构理论与规范帮助中国盖起了大量多层办公楼且节约了造价。厚重的外墙和承重墙决定了那敦实、浑厚的基调，中国两代建筑师都曾将自己的才华用于如何在这厚重的建筑上做到尽善尽美。长达半个世纪的上下级之间

图 15－14　天津港保税区区门标志
（引自《迈向新世纪的中国城市》）

在兴建与禁建上的矛盾是中国现代史上极具特色的一页。随着改革开放，各城市的政府办公楼纷纷换代，框架结构取代了砖混结构，但办公方式在多数市政府建筑上变革不大。与之相比，商务办公楼即写字楼则是 1980 年代发展最快的建筑类型之一，使用大空间、低隔断，办公设备多，效率高，空调、电梯在多数地区进入办公建筑。智能建筑出现，在大城市中包含各种服务的综合办公楼日益增多。会议中心或结合展览的会展中心在 1990 年代后期在发达地区登场。

信息与传媒建筑是 1980 年代后随着信息业及传媒业的发展而发展的，1950 年我国有电话交换机 31.1 万门，1978 年发展到 174.9 万门，而到了 1997 年电话交换机已达 1 亿门，成为仅次于美国的世界第二大交换网，县以上城市实现程控化，1998 年公众多媒体通信网在全国开通。电视是中国最重要的信息传播媒体，1958 年中央电视台建立，但因受电视机生产数量制约，1970 年代电视才进入基层，1980 年代深入家庭，1990 年代因市场经济催动影视业成为新兴的巨大第三产业。信息与传媒与建筑设计最密切的就是各个地区电视台及影视制作的有关建筑。北京、天津及上海电视塔的修建使昔日的构筑物已纳入建筑设计的工作领域。城市传媒业的总部大厦成为当地的明星建筑。

大跨度建筑也是在 1950 年代以后才发展起来的，在工业建筑、桥梁建筑取

得钢结构、钢筋混凝土结构桁架设计经验的基础上，1960 年代在大跨民用建筑上取得突破。1957 年半坡博物馆使用钢木屋架跨度做到 37m，1961 年的宁夏体育馆采用 30m 跨预制装配式钢丝网水泥波形拱也是较早的探索，1961 年建成的北京工人体育馆采用了净跨 94m 的轮筒式悬索结构，是当时摆脱形式纠缠的少数先进建筑作品之一。1968 年为迎接第一届新兴力量运动会而建的首都体育馆第一次采用了平板型双向空间网架，跨度为 112.2m×99m，从此网架技术在国内推广。1979 年秦始皇陵兵马俑坑采用 70m 跨落地钢三铰拱是另一次大跨尝试。1980 年代以后，体育馆、高速公路收费站等多是采用空间网架形式而加以变化发展。1990 年代后期开始，膜结构在体育、交通和展览建筑中开始使用，产生了新的视觉冲击（图 15-14）。由于高强度混凝土的出现及钢结构、劲性钢筋混凝土结构的广泛应用，肥梁胖柱的时代结束，建筑师获得了更多的空间创造机会。

其他如教育文化建筑、医疗卫生建筑等也是在 1950 年代和 1960 年代奠定的技术基础上，在 1980 年代后急速发展变化的，1980 年代和 1990 年代我国完成了全部建筑技术规范的修订、充实和大量新规范的制定工作。至 20 世纪末，可以说，一幢建筑往往包含着多种原来意义上的功能，而一个原有的专业机构的房屋，出于市场经济的考虑也往往由多种功能的建筑组成。结构技术之外的材料更新换代，如各种幕墙玻璃取代 1.5~3mm 厚的普通平板玻璃，铝膜金属外墙板取代砖和混凝土都使建筑师获得了表达时代精神与技术美的新武器。所有新建筑在技术的层次上已获得了巨大的提升，中国的建筑技术标准正在向世界先进水平靠拢。

第16章　城市规划与城市建设

16.1　半个世纪以来的发展概况

　　1949年，中国开始了从一个农业大国向工业国发展的历史性转变。中国共产党明确提出了将工作重心从农村转向城市，战略从农村包围城市转变为城市领导农村。中国城市开始了历史上的新的发展历程。就生产力层面而言，中国经济发展中的基本矛盾是人口与资源的矛盾，包括人口众多与可耕地资源有限的矛盾，经济发展的归宿必然是解放农村的生产力，产业结构从第一产业为主转变为第二、第三产业为主，因而也必然地要走发达国家城市化的道路。但城市化不仅要求提高农业生产率，使多余人口脱离农村，也要求提高工业生产率，加快第二、第三产业的发展，增加城市就业人口，增加城市商品粮和其他农副产品供应，还要求加快城市建设，解决从土地、融资、规划、设计、开发、施工、公共设施配套等一系列问题。这些问题的解决皆非一蹴而就。

　　中国半封建半殖民地社会遗留下的城市还面临着艰巨的城市现代化任务。大部分城市没有下水道，许多中小城市没有自来水，甚至没有电力，多数城市道路、公共交通设施严重不足。这同样要求城市的发展和建设从规划到管理的工作系统都具有前瞻性和规范性，同样要求有巨大的资金投入。1949年后的中国，整个经济基础在相当长的时间内十分薄弱，又面对着国际上的经济封锁。同时，适合中国国情的社会主义经济发展道路还处于学习与探索中，对城市建设的规律性与必然性的认识还十分欠缺。因此，一方面出于经济和政治战略上的考虑，集中财力发展重工业，建立工业化和国防现代化的基础，并相应地发展交通、运输、农业及调整农业、手工业和资本主义工商业中的生产关系，并取得了成效。另一方面，城市建设费用不足，发展生产几乎取代了发展城市，革命者对缩小城乡差别的理想与现实的运作的差距估计不足，处理简单化，这样城市化率在1949年的10.6%的基础上，至1957年发展到15.4%，至1990年代，开始上升至29.9%，与发达国家的50%~70%仍有甚大差距。

　　总体来说，1949年以来的中国现代城市规划与建设的发展，同中国社会发展一样，也是几上几下，坎坷曲折的。概括起来，大致以1978年改革开放前后为界，可分为前后两期——自律时期和开放时期。细分起来则可划为四个阶段：

16.1.1　城市建设的恢复与城市规划的起步（1949～1952 年）

解放初期的大多数城市，工业基础薄弱，布局极不合理；市政设施及福利事业不足，居住条件恶劣，城市化程度很低，发展也不平衡，内地许多城镇还停留在封建时代，根本没有现代工业与设施。因此，党中央提出了"城市建设为生产服务，为劳动人民生活服务"的方针，城市工作的重点放在了恢复与发展生产方面，如恢复、扩建和新建了一些工业，整治城市环境；维修、改建、新建住宅，改善劳动人民的居住条件；整修城市道路，增设公共交通，改善供水、供电等设施。由于经济能力所限，这一时期较为重点的城市建设，主要是一些大城市内的棚户区改造，如上海的肇嘉浜、北京的龙须沟（图 16 - 1）、天津的墙子河等，上海还新建了第一个完整的工人居住区——曹杨新村。

改造前的龙须沟

随着城市建设的恢复与发展，城市规划工作也开始起步。1952 年 8 月，中央政府成立建筑工程部，主管全国建筑工程和城市建设工作，并专设城市建设处。9 月，召开全国第一次城市建设座谈会，提出加强城市规划设计工作和在 39 个城市设置城市建设委员会，领导规划和建设工作，并将全国城市按性质与工业建设比重划分为四类：重工业城市、工业比重较大的改建城市、工业比重不大的旧城市以及采取维持方针的一般城市，制定城市总体规划要求参照苏联专家草拟的《编制城市规划设计程序（初稿）》进行。

改造后的龙须沟
图 16 - 1　改造前后的龙须沟
（引自《当代中国的城市建设》）

经过三年的调整、恢复与发展，到 1952 年，全国设市城市为 160 个，比 1949 年增加了 17.6%，城市人口及其分布都有了很大变化。中国的城市规划与建设，开始步入了一个按规划进行建设的新阶段。

16.1.2　城市规划的引入与发展（1953～1957 年）

这一时期也是中国的第一个国民经济五年计划时期，迫于当时的国际形势，配合以苏联援助的 156 个重点工程为中心的大规模工业建设，处理好与原有城市的关系，国家急需建立城市规划体系。为此，引入了"苏联模式"的规划方式，即城市规划是国民经济计划的具体化和延续：国民经济计划——区域规划——城市规划。实际上，苏联当时的城市规划原理，就是把社会主义城市特征归结为生产性，其职能是工业生产，城市从属于工业，认为社会主义的城市及其规划的最主要的优越性为生产的计划性和土地国有化。

1953 年，中共中央指示"重要的工业城市规划工作必须加紧进行……迅速地拟订城市总体规划草案"；1954 年，全国城市建设会议要求"完全新建的城市与工业建设项目较多的城市，应在 1954 年完成城市总体规划设计"。这样，建工部城市建设局设立城市规划处，调集规划技术人员，聘请苏联城市规划专家来华指导。重点城市的规划，一般由国家和地方城市规划设计部门组成工作组，在苏联专家指导下进行编制。北京和全国省会城市也逐步建立和加强了城市规划机构，参照重点城市的做法开展了城市规划工作，城市规划逐渐走向普及。至 1957 年，全国共计 150 多个城市编制了规划，其中国家审批的有太原、兰州（图 16 - 2）、西安、洛阳等 15 个城市。

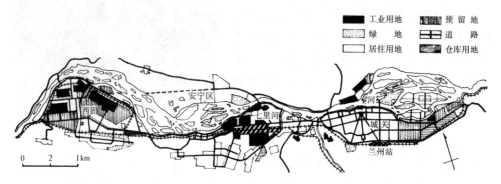

图 16 - 2　兰州市"一五"时期规划图
（引自《当代中国的城市建设》）

总的看来，这一时期的城市规划与建设工作是成功的，奠定了中国城市规划与建设事业的开创性基础；"城市规划"用语得以统一；确立了以工业化为理论基础、以工业城市和社会主义城市为目标的城市规划学科，并建立了与之相应的规划建设机构，在高等学校设置了城市规划专业，积累和培养了一支城市规划专业队伍；随着大规模工业建设及手工业和工商业的社会主义改造而进行的城市建设，是中国历史上前所未有的。

当时由于全面学习苏联，包括与计划体制相适应的一整套城市规划理论与方法，使中国现代的城市规划与建设，从一开始就打上了"适应大规模工业建设需要及协调而对旧城市改造"的烙印；套用了苏联的"社会主义的内容，民族的形式"等政治口号，在城市规划中强调平面构图、立体轮廓，讲究轴线、对称、放射路、对景、双周边街坊街景等古典形式主义手法（图 16 - 3）；城市建设出现了"规模过大，占地过多，求新过急，标准过高"的"四过"现象，忽视工程经济等问题。

16.1.3　城市规划的动荡与中断（1958～1978 年）

长达 20 年的这一时期，由于政治经济起伏波动较大，也带来了城市规划及其建设的动荡、中断与自发。

1958～1959 年的大跃进，城市和农村工业遍地开花，天津、上海等大城市规划建设了大量卫星城。青岛城市规划工作座谈会之后，又出现了所谓"快

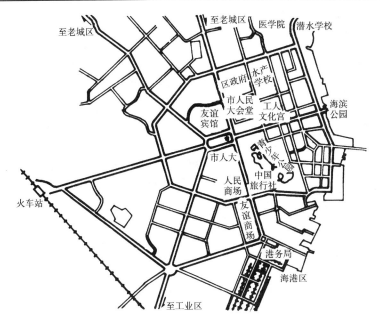

图 16 - 3　城市中心区布局结构之一：放射环状的湛江霞山新市区
（引自《中国城市：模式与演进》）

速规划”、“人民公社规划”等空想主义思潮（图 16 - 4），导致了城市布局混乱，污染四起。由于工业建设的盲目冒进，各城市不切实际地扩大城市规模，发展大城市，建设一条街，并借国庆十周年之际，盲目过早地改建旧城，大建楼堂馆所。

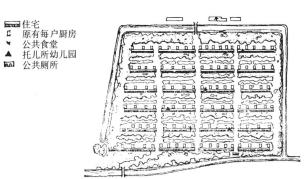

图 16 - 4　海州人民公社新民大队居民点

1960～1962 年是中国的三年困难时期，中央计划会议草率地宣布了“三年不搞城市规划”的错误决策，造成机构撤并、人员下放，城市规划事业大为削弱，许多城市又进入无规划的混乱自发建设状况。

1964 年开始，在内地建设上实行“进山、分散、隐蔽”的“三线”建设方针，无视城市规划的合理布局，在城市建设上采取的是一种“不要城市、不要规划”的分散主义手法。虽然也出现了一些新型山区工矿城市，如攀枝花、十堰等，但仍是“干打垒”式的低标准、大分散、乡村型城市的规划建设手法。

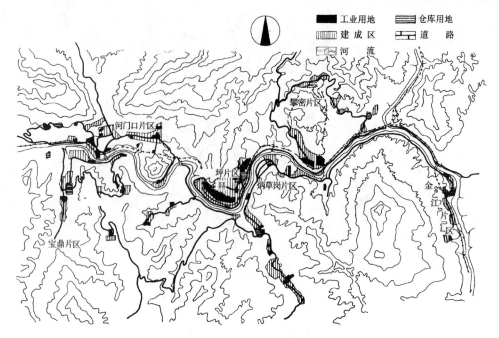

图16-5　攀枝花市区的分散式布局
（引自《当代中国的城市建设》）

　　1966年开始的"文化大革命"，城市规划及建设被迫处于停滞甚至中断状态。1967年国家停止执行北京城市总体规划，提倡"见缝插针"和"干打垒"搞建设，并波及全国。1968年许多城市的规划机构被撤销，人员下放，资料散失，学科专业停办，致使城市规划基本停顿，城市建设和管理呈现无政府主义状态，名胜古迹和园林绿地被侵占、破坏，违章建筑泛滥，城市布局混乱，造成了许多无法挽救的损失和后遗症。

　　值得一提的是，这一时期只有两个城市制定了较系统的总体规划。一个是由于"三线建设"而制定的攀枝花钢铁基地的总体规划（图16-5）；另一个是由于地震而进行的重建新唐山总体规划（图16-6）。通过实践检验，这两个城市的规划都是比较成功的。

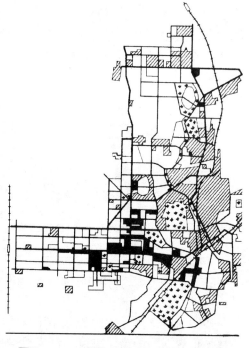

图16-6　唐山市总体规划示意图（1997年）
（引自《中国大百科全书·建筑、园林、城市规划》）

16.1.4　城市规划及建设的迅速发展（1978～2000 年）

"十年浩劫"再一次唤醒中国需要城市规划以及在规划下的城市建设。早在文革后期的 1972 年，国家设立城市规划处，为后来建立城市规划设计研究院奠定了基础。1973 年合肥城市规划会议所通过的"关于加强城市规划工作的意见"、"关于编制与审批城市规划的暂时规定"和"城市规划居住区用地规划指标"三个文件，是文革后期城市规划与建设的第一次启动。接着高等院校或新开或恢复了城市规划专业。1976 年的唐山大地震后的重建，再次认识到建设城市没有规划不行。

文革结束，特别是十一届三中全会以后，城市规划受到高度重视，1978 年第三次全国城市工作会议，要求认真编制和修订城市总体规划和详细规划；1980 年 10 月，提出"控制大城市规模，合理发展中等城市，积极发展小城市"的城市发展方针；12 月又颁布了《城市规划编制审批暂行办法》和《城市规划定额指标的暂行规定》；1984 年颁布了新中国的第一个城市规划法规——《城市规划条例》；至 1986 年，全国所有城市都完成了第二轮城市规划的编制与审批工作（图 16 - 7）；1987 年后，提出了"控制性详细规划"的概念；1989 年，全国人大又通过了《城市规划法》。总之，城市规划及其建设已经得到全面恢复，而且开始步入法制的轨道，开始跳出城市规划是"经济计划的具体化"的框子，城市规划观念、内容、方法、手段都发生了深刻变化，并为 1990 年代走向全面的进步做好了准备。到 1985 年底，全国设市城市发展到 353 个，比 1978 年增加了 160 个。98% 的城市和 85% 的县城编制城市总体规划，约 90% 的镇和集镇已有初

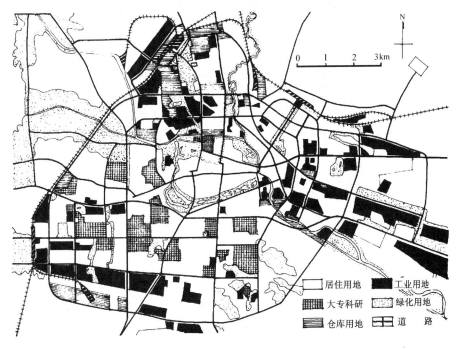

图 16 - 7　合肥市城市总体规划（1986 年）
（引自《当代中国的城市建设》）

步的轮廓性规划。全国及各省市均设立了城市规划设计院，健全了城市建设管理机构。城市规划与城市建设学科得到突飞猛进的发展，《城市规划》、《城市规划汇刊》复刊，各类专业人才得以全面培养。在城市建设方面，无论是住宅建设还是城市基础设计、城市面貌、历史文化保护、环境保护、小城镇建设、新城开发与旧城再开发等各个领域，取得了世界瞩目的成就。

进入1990年代，城市建设进入一个更快的发展阶段。同时，也出现了一些不正常现象，大工程、大项目、大广场、欧陆风比比皆是，甚至动不动就搞"国际性城市"，名目繁多的"别墅区"、"开发区"遍地开花，造成滥占土地、生态破坏、资金浪费，若干城市在城市更新和开发新区时既未按规划实施，也未按法定程序修订规划，规划形同虚设。另一方面，在和这种现象的斗争中，不少城市也不断加强法制，取得了经验，深圳市率先实行《法定图则》制度，规划科学化、稳定化、公开化。2000年在全国推行注册规划师执业资格考核制度。至1990年代末，全国设市城市总体规划编制工作基本结束（图16-8），新一轮规划具有探索性的时代价值，寻找一些新的方向，突出的是把整体性、多层次性、连续性、经济性等多种观念兼顾融合。

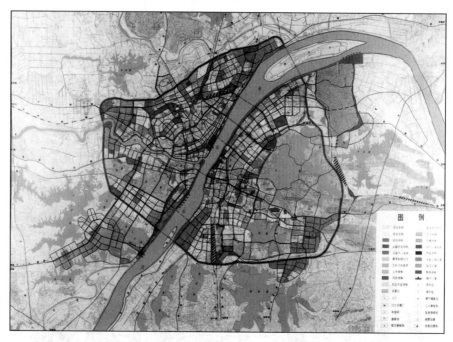

图16-8 武汉市城市总体规划（1996~2000年）
（引自《城市规划》1999.4）

16.2 自律时期的城市规划与建设

1949年后的规划与建设与1930年代南京等城市的规划与建设完全不同，它是以工业建设为主要目标，以苏联模式为蓝图，以各级政府及中央各部属单位为实施机构，以政治与行政领导为决策主体大规模进行的。其中尤以新兴工业城市、首都北京建设及 1965 年后的"三线"城市建设最具特色。

16.2.1　新兴工业城市的规划与建设

中国第一个五年计划的建设方针是优先发展重工业,在东北地区以及华北、西北一些大城市建设大型工业项目。这些地区被重视之原因在于:第一,重工业基地的基本格局、各种相关设施依然残存,有可能以此为基础重新建设;第二,便于得到苏联在机械设备方面的援助,且易于运入;第三,当时中国与美国处于严峻的敌对关系,工业城市规划与建设不得不以内陆地区为布局目标。

在这样的条件下,1952 年中国开始了重点工业的城市发展规划和城市建设。1952 年 9 月与 1954 年 6 月,分别召开了两次城市建设会议,确定了重点规划与建设的工业城市,拉开了中国现代城市规划开始于工业城市的步伐。这些工业城市共分为四类:1952 年分为重工业城市(北京、包头);工业较多、作为改造重点的城市(吉林、武汉);工业较少的城市(大连、广州)和其他中小城市。1954 年又分为工业重点项目布局较多的城市(包头、武汉);局部进行城市建设的城市(沈阳、上海);市内建设若干个新工厂,只在局部地区进行城市建设的城市(济南、长沙);重要建设项目很少的城市和其他一般城市。

这一时期规划建设的石家庄、郑州、洛阳、合肥、西宁、大庆等城市,是中国第一代工业城市。都是根据国家计划的安排,依托经济不发达的老城市,或者平地起家,进行了大规模的工业建设发展起来的。

"一五"期间,156 项工程在洛阳安排了 5 项,并于 1954 年编制了涧西工业区总体规划。国家在筹建工厂的同时,协助地方进行城市建设。1956 年又安排了 4 个工厂,加上后来焦枝铁路的通车,使洛阳从中国著名的古都转变为中国第一个拖拉机生产基地和重要的机械工业城市(图 16-9)。

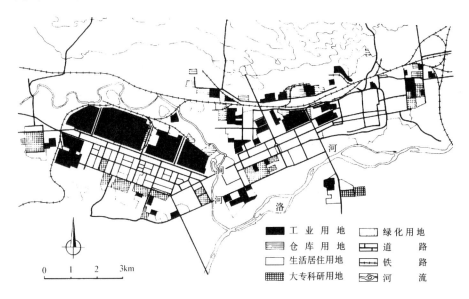

图例:
- 工　业　用地　绿化用地
- 仓　库　用地　道　　路
- 生活居住用地　铁　　路
- 大专科研用地　河　　流

图 16-9　新兴工业城市——洛阳

(引自《当代中国的城市建设》)

16.2.2　政治中心北京的城市规划与建设

1）新首都的最初构想

对于北京来说，其城市规划的重中之重，莫过于"作为新首都的城市规划"的制定。1949 年 5 月，成立了北京都市计划委员会，着手研究首都的城市规划。9 月，又邀请苏联专家协助研究。中外专家对首都未来发展作了各种不同设想，既有共同点，也产生了分歧点。

其共同点为：①在城市性质上，除了政治中心外，还包括文化、科学、艺术等，也是一个大工业城市；②在城市规模上，中国专家建议人口限制在 400 万左右，苏联专家预计 15 至 20 年将从 1949 年的 130 万人增到 260 万人；③在城市布局上，都采用由市中心向城外的放射环状道路系统。东南部沿通惠河两岸布置工业区；西山为风景休养区；西北郊布置高教区，与风景休养区毗邻；住宅区应与工作区接近；其他还有商业区等。

然而，在首都规划的核心问题上，即对行政中心区的位置，却产生了严重分歧，形成了"城内派"与"城外派"两种意见。

"城内派"主要以苏联专家为代表，主张设于旧城区内。其理由为：一是经济，可以利用原有城市设施；二是美观，充分发挥原有的文物价值；三是方便，其他各区环绕在旧城四周，与行政中心区联系紧密。

"城外派"主要以部分中国专家为代表，主张离开旧城新建行政中心，即设于月坛至公主坟之间地段。其理由为：一是旧城规划布局系统完整，是中国古代都城规划的典范，插入庞大的工作中心区，会破坏历史文化环境的完整性；二是旧城密度高，用地不允许；三是在西郊另辟新区，可避免以上之缺点，做到新旧两全，既表现中国传统的民族特征，又创造满足现代需要的时代精神。这就是中国现代城市规划史上著名的"梁陈方案"（图 16－10）。

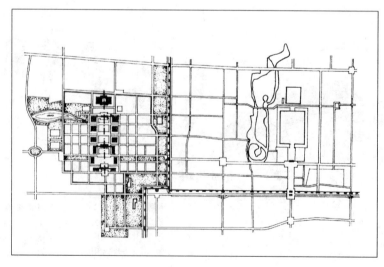

图 16－10　梁陈方案——新行政中心与旧城的关系
（引自《建国以来的北京城市建设资料》卷一）

"城内派"被认为是在北京市已有的基础上，考虑到整个国民经济的情况及现实的需要与可能的条件，以达到新首都的经济合理美观；而"城外派"则被认为对国家财力等实际可能条件估计不足，会新旧两误，偏重于主观愿望。因此，实际建设中还是按"城内派"的思想进行的。

由于行政中心位置的分歧，直至 1952 年底尚未确定正式的城市规划方案，但是实际建设还是按"城内派"的思想进行的。所以，以后在制定城市规划方案时，都是在行政中心设于旧城已成定论的前提下进行的。

2）总体规划初步方案阶段

1953 年 3 月和 1957 年 3 月，先后两次通过了《改建与扩建北京市规划方案》和《北京城市建设总体规划初步方案》。"一五"期间的城市建设，大体上是按照这两个草案的轮廓进行的，目前北京的城市结构布局和道路骨架系统正是在这个时期初步形成的。

以下，对这一时期的规划过程作一简单介绍。

1953 年春，都市计划委员会提出了甲、乙两个方案。规划年限 20 年，人口规模 450 万人，用地规模 500km^2，平均人口密度每公顷 90 人，大体与当时的莫斯科相同。两个方案的共同点是：适当分散工厂区；住宅区靠近工作区，并与中心区接近，保证生活方便和中心区繁荣；道路系统采取棋盘式与环路、放射路相结合的方式；城市绿化采取结合河湖系统和城市主干道布置，充分绿化，楔入中心区，互相交错联系，形成系统。不同点为：甲方案，是铁路从地下穿过中心区，总站设在前门外；在基本保留原有棋盘式格局的前提下，分别从中心区的东北、东南、西北、西南插入四条放射斜线；保留部分城墙；中央行政区适当分散布置。乙方案，铁路不穿入中心区，总站设于永定门外；完全保留中心区原有棋盘式格局；城墙或全部保留，或全部拆除，只保留城楼；集中布置中央行政区。

1953 年夏季，进一步修改以上两个方案，并聘请苏联专家指导工作，综合提出了《改建与扩建北京市规划草案的要点》，提出了城市建设总方针以及重要规划原则。

1954 年 10 月 16 日，国家计委对"规划草案"提出了四点意见：不赞成北京作为强大的工业基地；人口规模偏大，以 400 万人为适合；各项建设指标偏高、偏大、偏多，既不经济，也不易实现；不设置独立的文教区。为此，北京市委对规划草案进行局部修改（图 16-11），并制定了第一期（1954~1957 年）城市建设计划和 1954 年建设用地计划。26 日，北京市委将《关于早日审批改建与扩建北京市规划草案的请示》和《北京市第一期城市建设计划要点》两个报告上报中央。这一时期的城市建设，就是按照"计划要点"执行的，具体为：有计划建设工业区；大力兴建高等院校和科研机构；适应政治中心需要，建设办公楼和使馆区；成街成片建设住宅区；建成一批商业、文体卫设施和旅馆等；完成了若干市政骨干工程的建设。

3）总体规划方案趋于完善

1955 年 4 月，在曾参加过莫斯科规划与改建的苏联专家指导下，成立都市规

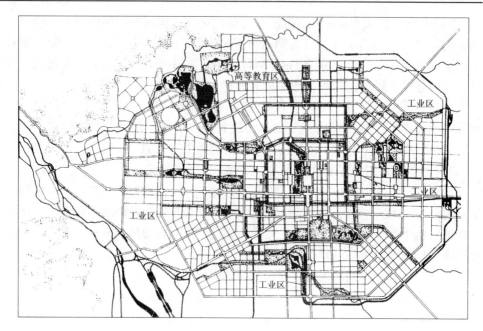

图 16-11　北京市规划草图（1954 年修正）
（引自《建国以来的北京城市建设资料》卷一）

划委员会。1957 年春拟订完成《北京城市建设总体规划初步方案》（图 16-12），1958 年又作了局部修订，其基本规划思想与 1953 年的是一致的，但内容更加丰富和具体化，主要有以下特点：发展大工业的思想更加突出；解决水源的

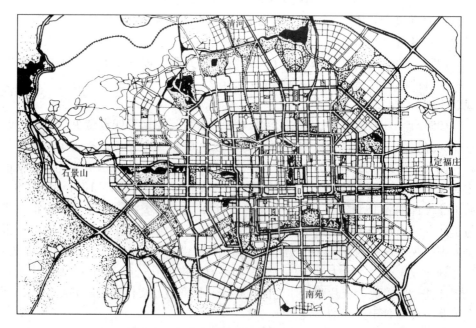

图 16-12　北京市总体规划方案（1957 年）
（引自《建国以来的北京城市建设资料》卷一）

设想更加扩大；改建城区的要求更加急迫；建筑层数和标准的规定更加明确；统一建设的思想更加强调。特别是在道路系统规划上，提出了在市区设 4 个环路，外围设 3 个公路环，从中心区向外放射 18 条主要干道，至 1982 年仍维持这个道路规划设想。

4）规划方案的重大修改

1958 年，正是大跃进和人民公社化运动高潮。9 月，北京市委决定对北京城市建设总体规划初步方案作若干重大修改，主要为以下几点：

（1）在规划的指导方针上，提出"要考虑到将来共产主义时代的需要"。

（2）在城市布局上，提出了分散集团式的布局形式。

（3）在工业发展上，提出了控制市区、发展远郊区的设想。

（4）在居住区组织上，新住宅区一律按人民公社化的原则进行建设。

总之，这个总体规划是在大跃进和人民公社运动这样的特殊形势下修改的，许多观点在当时属于"主观理想"，对城市建设产生了一定影响。今天看来"分散集团式"的布局形式，有效地压缩了市区规划城市用地，控制了市区城市规模过大发展，让绿地穿插在市中心区，对市区生态平衡和环境保护还是有利的（图16－13）。

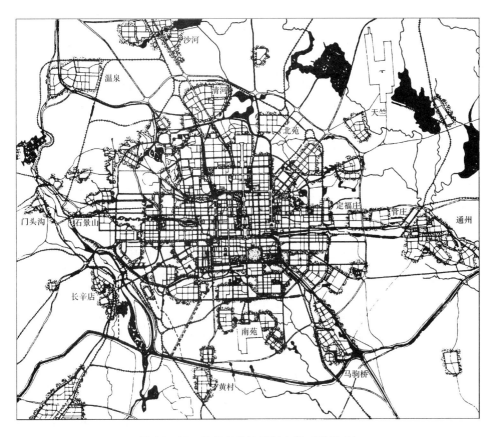

图 16－13　北京市总体规划方案（1959.9）

（引自《建国以来的北京城市建设资料》卷一）

1958 ~ 1960 年，也是北京城市建设的重要阶段。在此期间，完成了天安门广场的改扩建（图 16 - 14）；建设了国庆十大建筑；市区工业大发展，初步形成了门类齐全的工业基地；完成了一批市政骨干工程，如打通东西长安街，建立了集中供热和煤气供应系统等。

5）总体规划方案暂停执行

10 年"文化大革命"，城市建设遭到最严重的挫折和损失，也带来了很大的混乱和破坏：规划中断，无规划的状态长达五六年；见缝插针建设；进一步贯彻"干打垒"精神；城市布局陷于混乱；生态环境遭到破坏；违章建筑、违章占地、破坏文物古迹现象严重等。

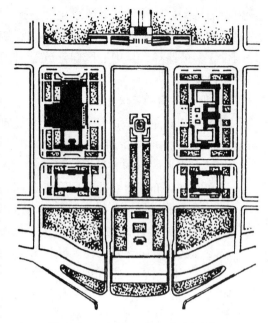

图 16 - 14　天安门广场改造规划
（引自《建国以来的北京城市建设资料》）

正当北京城市建设处于十分混乱的时候，1971 年 6 月又召开了北京城市建设会议，提出重新拟制首都城市建设总体规划。1972 年 12 月，恢复北京城市规划管理局，于 1973 年 10 月草拟了总体规划方案，提出：今后不再在北京建设"三废"危害大、占地多、用水多的工厂和事业单位；调整工业，发展建设小城镇；加快旧城改建；解决交通市政公用设施。

16.2.3　"三线建设" 中内地城市的规划与发展

20 世纪 60、70 年代的 20 年间，是国际环境处于严峻的时期，中国不得不处于临战体制。反映在城市与经济建设上，就是遵照毛泽东指示的所谓"小集中、大分散"的城市规划与建设政策。其内容就是不采用大城市集中的形式，而到各地分散建设小城市。

"小集中，大分散"政策之结果，就是反城市政策的彻底化。作为这一时期城市建设政策的最奇特的现象之一，是"三线"城市建设。

所谓"三线"，是为了避免敌方的核攻击，从 1965 年起，在西南地区的贵州、云南、四川和西北的陕西、甘肃等省的城市建设军工厂和重要工业项目。其地域泛指我国的腹地省区，以四川为中心，包括陕、甘、青、黔、滇、鄂、豫、湘等省的全省或部分地区。

持续 20 多年的反城市主义建设，造成了城市社会资本奇缺及生活设施严重不足。例如，三线建设时期的 1966 ~ 1967 年，中央政府向贵州投资了 87 亿 7300 万元，是以前 16 年间投资总额的 1.2 倍，由于采取"将小工厂分散于山区，秘密建设"的方针，许多军工厂建设于远离市区的地方，在落后的山区形成"飞地"。因此，虽然国家向贵阳市进行了大规模的投资，但社会资本效益不明显，并未建成现代化城市，反而出现许多缺陷。

"三线"建设初期，一切从战备出发，已经形成了不建城市的思潮。1966～1971 年，进入高峰时期建设的工厂，统统安排在山沟和山洞里，不但不建城市，而且要求新厂建设消除工厂的特征，实行厂社结合。要求城市向农村看齐，消灭城乡差别。

1966 年 3 月，中共中央西南局在成都市召开西南"三线"建设会议，总结了工农结合、以厂带社、厂社互相支援、以工厂为主和避开城市建设工厂的经验，提出"发扬延安大庆精神，搞干打垒"。

1966 年 7 月，"三线"地区建设主管部门又在兰州召开西北"三线"建设座谈会。会议决定，厂区和生活区布置注意消除工厂的特征，加强对空隐蔽；认真实行现场党委一元化领导，取消甲乙方承包制。西北地区"三线"建设的大量工厂完全分散在深山区，有时不但工厂零落分散，而且一个工厂的几个车间也是单独布置。

"三线"建设的城镇主要有以下几类：第一种为集中建设的城市，如攀枝花市是有 30 万人口的新兴工业城市，虽然比较成功，但发展受到限制；第二种是工业靠近原有城镇布置，促进原有城镇的改造和发展；第三种是工厂进山进沟分散布置，形成许多小工业点和工人镇，犹如天女散花，星罗棋布。

总之，由于指导思想的失误，强调工业布局要"村落化"、"城市乡村化"，走非城市化的道路，导致所形成的大多数城镇规模太小，留下了严重问题。但三线建设毕竟促进了西部的开发，培养了人才，也积累了众多的经验教训。

16.3　开放时期的城市规划与建设

改革开放时期中国城市规划与建设发生了历史上空前的大规模的变化。首都北京的规划在国务院的直接关注下完成了重大的调整和重新编制，北京的城市人口、城市规模、建筑密度、容积率等都急剧上升，交通和其他公共设施迅速发展。直辖市上海、天津及后增的重庆和各省省会，省单列市都发生了类似的变化，尤其具有特色的是沿海新兴城市、城市新区以及旧城改造和历史文化名城保护方面所取得的进展。

16.3.1　沿海新兴城市与城市新区的规划与建设实践
回顾中国近现代城市建设的发展历程，不难得知是一部新城市和新市区规划与建设的历史。改革开放后的中国新兴城市与新市区的建设，更是令人注目。

1980 年开始，先后在深圳、珠海、汕头、厦门设立经济特区。1984 年进一步开放大连等 14 个沿海城市，之后在 12 个沿海开放城市建立了 14 个经济技术开发区。1988 年批准设立海南特区。进入 1990 年代后，又设立 27 个高新技术产业开发区及令世人瞩目的上海浦东开发区、海南洋浦开发区。设立特区与开发区的结果，促进了全国范围内的新兴城市和城市新区的产生与发展。

　　我国现有 6 个由经济特区发展起来的新兴城市和地区：深圳、珠海、汕头、厦门、海南 5 个特区和上海浦东开发区。作为由开发区而建设的新市区，主要有：经济技术、高新技术产业、边境经济合作、旅游度假、保税、外商成片开发等几种类型。由此可以看出，这一时期的新城建设不仅类型较多而且具有明显的层次性，从国家级—省级—地市级—县级—乡镇级，在规模、等级上呈现明显的梯度。但是，由于开发建设较快，造成宏观调控不够的局面。

　　1979 年以前，深圳仅是一个南接香港新界的边陲小镇。1981 年，中央明确指示要把深圳经济特区建设成为以工业为主，并兼营商、农、牧、住宅及旅游等多功能的综合性城市。据此，深圳编制了《社会经济发展大纲》，确定以组团式为城市建设总体规划的基本布局（图 16－15）。现在，深圳已发展成为一个文明发达的特大城市，先后获得了"国家园林城市"、"国家环保模范城市"和"联合国人居奖"，1999 年又获得国际建协"艾伯克隆比爵士（城市规划/国土开发）荣誉奖"。

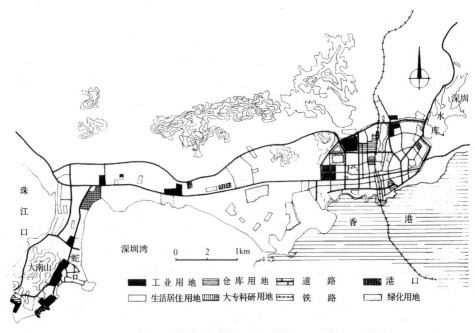

图 16－15　深圳市区用地现状图（1987）
（引自《当代中国的城市建设》）

　　深圳的城市规划与建设，有四个显著特点：不断摸索建立适应市场的新机制；致力于建立合理的城市结构，引导城市的持续发展；不断地提高规划目标标准，保持适度超前，满足了不同时期经济建设的需求；规划与建设注重目标策略的研究，为建设国际一流的城市质量确定了长远的战略目标与对策。

上海浦东新城的建设是为了再造中国最大的经济中心和重塑远东最大的金融经济贸易中心，新区很快成为世界关注的重点工程（图16-16）。浦东新城是一个集商务、自由贸易、出口加工、高科技、旅游以及海陆空交通于一体的现代化国际城市，其城市结构采取轴向开发、组团布局、滚动发展和经济功能积聚、社会生活多中心、用地布局开敞的城市模式（图16-17）。

图 16-16　上海浦东陆家嘴中心
（引自《城市规划》1999.10）

图 16-17　上海市 1990 年浦东新区总体规划

16.3.2　旧城改造

旧城是指城市建成区中某些经济衰退、房屋年久残旧、市政设施落后、居住质量较差的地区，为了使其恢复活力，发挥其应有的作用，必须调整原有的结构模式，补偿物质缺损，调整人口分布，达到振兴经济、改善环境与生活质量，这一般称之为"旧城改造"或"更新"。

1980 年以前，我国的城市建设主要是建设新城市和扩建新市区，对旧城市采取"充分利用，逐步改造"的方针。旧城改造总的思想在于充分利用旧城，其特点是依靠国家投资、资金匮乏、改造速度缓慢、标准低、管理方面条块分割、设施配套不全。因此，旧城改造一直处于艰难的状态。由于填空补实、见缝插针，旧城建设量不断增加，在一定程度上加剧了旧城环境质量的恶化，并为以后的改造更新工作留下了许多隐患。

改革开放以来，旧城改造有了很大发展，主要内容有：结合原有工业的技术改造；结合城市道路系统的改造；结合重点工程项目的建设；结合破旧、危险房屋和棚户区的改建；结合传统商业、文化娱乐地区的改建；结合城市水系和环境的整治；结合旧城区街道和建筑的维修；结合文物建筑的保护。

旧城改造的方式，一般有三类：一是全部拆除，重新建设；二是局部修复、改建与添建，改善环境；三是做地区的保护规划，保护历史文化。

这一时期的旧城改造，其特点主要有：第一，旧城改造的性质由过去的福利型转为目前的效益型，旧城改造在经济观念上由单纯的投入型转为产出型，从而使经济效益不可避免地成为旧城改造的主要目标之一；第二，旧城改造的对象由过去以居住环境为主，转向以城市机能更新为主，完善道路交通等基础设施，发展第三产业成为旧城改建的主要动因；第三，随着城市土地有偿使用的转化，旧城改造的投资由过去单纯依靠国家，转变为多渠道的投资参与，旧城改造成为经济效益开发的热点。

旧城改造的情况错综复杂，在实际过程中，也暴露出不少问题：第一，改造方式单一，多采用推倒重建的方式进行旧城改造，拆迁规模过大、速度过快，削弱了中心区持续发展的弹性。第二，旧城改造为争取较高的经济效益，一方面，采取较高的改造标准，不能为各收入阶层创造经济适宜的住宅，社区生活失去往日的多样性；另一方面，突破规划控制，造成开发强度大、容量高、密度大，为城市交通、基础设施带来压力，将矛盾转化给未改造地区。第三，对于历史文化名城或一般城市中的历史地段的文化价值认识不够，使许多传统风貌、景观特色遭到破坏，城市千篇一律。

1990 年代以来，旧城改造更新已不再局限于危旧房改造或基础设施建设的单一方面，而进入了综合处理旧城区物质老化、功能调整、用地结构转化等旧城改造更新的更高层面。

16.3.3　中国特色的历史文化名城保护

改革开放以后，随着经济的发展以及空前的城市开发建设，使我国的历史文化遗产保护工作进入到一个严峻的新时期，保护的中心渐渐从文物建筑向历史街区乃至整个历史城市扩展，形成了由"文物古迹——历史文化保护区——历史文化名城"所构成的较为完善的中国历史文化名城保护框架（图 16 – 18）。

1982 年国家颁布《关于保护我国历史文化名城的指示的通知》，公布了首批 24 个国家级历史文化名城，创立了我国历史文化名城保护制度。1983 年建设部发布《关于加强历史文化名城规划的通知》，1984 年成立"历史文化名城保护规划学术委员会"，1986 年公布第二批 38 个国家级历史文化名城，1991 年起开始制定《历史文化名城保护条例》，1994 年公布第三批 37 个国家级历史文化名城（合计 99 个，见附录 5），并制定了《历史文化名城保护规划编制要求》，成立了"历史文化名城保护专家委员会"。这一系列的制度与组织，奠定了名城保护的地位和重要性，明确了名城概念、保护内容，制定了保护的相应制度、原则和技术标准。此外，各省市也公布了本地的省级名城，目前省级历史文化名城已达 82 个。

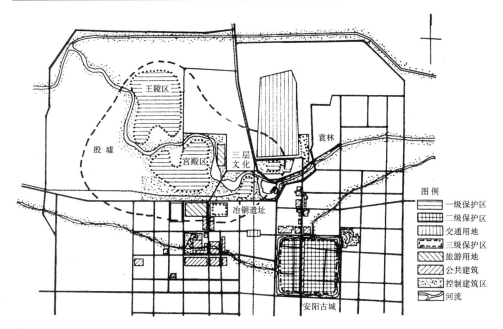

图例
- ▦ 一级保护区
- ▥ 二级保护区
- ▤ 交通用地
- ▨ 三级保护区
- ▧ 旅游用地
- ▨ 公共建筑
- ▦ 控制建筑区
- ▨ 河流

图 16－18　安阳历史文化名城保护规划总图

特别是 1997 年，我国的历史文化名城平遥、丽江作为完整的城市，首次被列入世界文化遗产，标志着中国历史文化名城的保护工作已经得到世界的肯定（附录 4）。

1）历史文化名城的类型

从 99 个国家级历史文化名城的性质、特点来看，可分为古都类（北京、西安）、传统城市风貌类（平遥、韩城）、风景名胜类（承德、桂林）、民族及地方特色类（拉萨、丽江）、近代史迹类（上海、延安）、海外交通、边防、手工业等特殊类（泉州、张掖）和一般古迹类（济南、襄樊）七大类历史文化名城。

从名城的现状和保护角度来看，可分为四种情形：风貌格局完整，要全面保护；风貌、格局、空间等尚有保护之处；整体格局风貌已不存在，但尚有保存的历史地段；难以找到一处值得保护的历史街区。

以上的分类仅是从主要特点着眼的，而名城往往包含着多种特点。如杭州是七大古都之一，而西湖又是国家级风景区，因而将杭州归为古都类，但有时也列入风景名胜类。

2）历史文化名城的特点

国外历史文化遗产的保护，大致是从保护文物建筑及其环境、发展到保护历史地段，最后乃至一些完整的古城。与之比较，中国历史文化名城保护有着若干特点：

首先，国外没有与中国的历史文化名城相对等的概念。中国历史文化名城的数量之多，范围之广，规模之大，内涵之深，保护之复杂，是独一无二的。

第二，在保护内容上，除保护文物古迹、历史街区外，还强调保存整体风貌格局以及传统文化，涉及自然环境、城市形态、建筑实体等城市历史文化的物质层面以及民俗、语言、文字、生活方式、文化观念等城市历史文化的非物质层面。

第三，注意从整体上全面保护的方法，并通过政府行为控制实施，具有一定的优越性。

第四，中国的历史文化名城是一个与行政范围有关的政策概念，它既赋予名城荣誉，也赋予保护名城的责任。

当然，我国的历史文化名城保护还存在着不少问题，任重而道远。在观念上，操之过急，大拆大建，保护的理想高，保护的实践不理想；在保护制度上，只有政府的"自上型"单向保护，来自市民的"自下型"保护行为尚未完全展开；在保护的具体技术和做法上，偏离了名城的原真性精神。

第17章　建筑作品与建筑思潮

17.1　自律时期的作品与思潮

历史是在必然与偶然的碰撞中前行的，虽然期待一个伟大的建设时期应该有了不起的思潮和至少像同时代国外那样丰富的建筑理论探索，但这个期待无法落在整个自律时期，甚至也无法落在整个中国古代社会。中国就是中国，古代中国如第7章所述，有过给予建筑发展巨大影响的中国的观念形态，但不曾有建筑本体独享的宏大理论，近现代亦然，但愈是这样，那些西学东渐后在新形势下激起的又一轮思想火花和调整与探索，连同教训，也就显示了历史前进中的突破，也都值得认识了。

17.1.1　三种历史主义的延续与发展

1950年代初期，爱国主义与民族传统相联系，产生了一大批以历史主义即从历史传统中发掘建筑语言完成的建筑设计作品。

1）重庆西南大会堂（图17-1）

重庆在1950年代是西南行政区首府，西南大礼堂是当时用作干部、群众集会、演出的场所，建筑师张嘉德设计的这个方案是当时送审的唯一的古典形式方案，被选中，1951年开工，1954年竣工。总建筑面积25000m²，坐落在市政府对面的学田湾马鞍山上，依山层叠而上。构思为天坛与天安门等清官式著名建筑的组合，顶为直径46m的钢结构穹顶，有4500座，圆形厅堂音响不佳，宝顶镏金及装饰代价甚高，这在当时是不经济的，但它反映了当时领导人的一种豪迈之情，一种自信心和信仰。设计手法属于复古主义，后来在反浪费、批判复古主义及更晚的运动中设计者被波及。今天它那屹立在99级台阶上的雄姿与天际线已使人们淡忘了往日，常被用作山城重庆的象征，比作重庆的悉尼歌剧院。与此手法类似的还有长春地质宫，北京三里河"四部一会"办公大楼等（图17-2）。

2）南京华东航空学院教学楼（图17-3）

该楼是杨廷宝建筑师娴熟运用建筑素养完成现代办公楼设计的一

图17-1　西南大会堂（现重庆人民大会堂）
（引自《中国现代美术全集·建筑艺术》卷5）

例，他显然不希望因形式古典而挥
霍投资，结合江南学校建筑性格，
通过大面积使用平顶和古典檐口，
在局部使用活泼的小屋顶组合形式
获得了成功，手法近于折中主义。
由陈登鳌主持设计的北京地安门机
关宿舍楼则与此异曲同工，它的特
殊位置使得重点处的屋顶尤显必要
（图17-4）。

图17-2　北京三里河"四部一会"办公大楼
（引自《中国现代美术全集·建筑艺术》卷4）

3）厦门大学建南楼群（图17-5）

1950年代，华侨领袖陈嘉庚筹
巨资返国重建他倾资创办的厦门大
学，聘工程师按自己的想法设计，
并直接组织以石构建筑闻名的惠安
工匠施工，1954年建成。它是爱国
侨人陈嘉庚的建筑思想及教育思想
的体现，楼群按地形背山面海，前
为大台阶式空场，气势雄伟，群楼
根据教学需要按功能布局，墙体对
广场一面用券窗、隔石，唯上部及
中楼屋顶为闽南传统，颇有中学为
体、西学为用之意，也洋溢着陈氏
落叶归根、心存乡梓的爱国爱乡之
意。依手法论亦当为折中主义。

图17-3（a）　华东航空学院（现南京航空航天
大学）某教学楼
（引自《杨廷宝建筑论述与作品选集》）

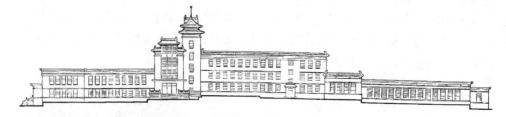

图17-3（b）　华东航空学院某教学楼立面图
（引自《杨廷宝建筑论述与作品选集》）

4）中国美术馆（图17-6）

原为国庆工程，因经济困难缓期建成于1962年。设计是由戴念慈建筑师在
清华大学设计小组方案的基础上调整完善并主持完成的，是1950、1960年代古
典形式建筑中口碑甚好的一座，这与建筑作为中国美术馆的功能及当时中国美术

界人士对建筑风格的期待与要求有关，设计显示了设计者高超的造诣，将可能产生沉重感的屋顶与墙体组织得尺度得体，比例、色彩、质感典雅而明快。在檐口构件的光影关系、装饰、面砖色彩等细部都倾注了心血，体形及周围院落空间都给北京市中心增加了一处陶冶性情的气氛与环境。1990年代重新改造与装修后仍在继续使用，是中国美术界举办最高等级展览的场所。手法亦为折中主义。

图 17 - 4　自景山北望鼓楼，中部两侧为地安门机关宿舍楼

图 17 - 5　厦门大学建南楼群
（引自《20 世纪中国建筑》）

5）全国政协礼堂（图 17 - 7）

全国政协礼堂建成于 1955 年，建筑设计为赵冬日和姚丽生。这是一个将屋顶去掉，而以通常功能主义手法再配以西洋柱式构图的公共建筑，为了表达民族形式，将细部完全中国化，如柱头及柱廊下加挂落式装饰，三垅板改为斗栱，礼堂大厅屋顶上加中式栏杆等，这样远距离、中距离皆有精到的比例，近距离则有传统的细部，颇有西学为体、中学为用的情趣，不失为在砖混结构上简洁实用的表达民族形式之法。属于装饰主义的传统主义技法，与此相类似的还有杨廷宝设计的王府井百货大楼，龚德顺设计的建工部大楼（图 17 - 8）。

图 17 - 6　中国美术馆外景

图 17 - 7　北京全国政协礼堂外景
（引自《20 世纪中国建筑》）

图 17 – 8 北京建工部大楼外景
（引自《中国现代美术全集·建筑艺术》卷4）

图 17 – 9 北京中国伊斯兰教经学院外景
（引自《中国现代美术全集·建筑艺术》卷3）

6）中国伊斯兰教经学院（图 17 – 9）

建成于 1957 年，由赵冬日等人设计，该项目是当时贯彻宗教政策的具体体现，因此尽可能按照伊斯兰教对礼堂、礼拜殿、沐浴室等要求布置，使用维吾尔族的传统建筑形式，包括穹窿顶、尖拱券廊、栏杆花饰和绿色的色调。从未有人将它说成复古主义，虽然就手法而言，它应可列入。由此也可看出，建筑师毕竟不同于画家那种个体劳动并创作无器用性的纯视觉艺术作品，可以较多地一抒心怀。建筑师更多地是为别人服务，掌握娴熟的不同技法是必要的。

17.1.2 务实与求索

复古主义创作中也有探索，但步伐小，反浪费运动前后，不少人作更多种的探索，既有针对特定的环境的探索（即今日所说的文脉的部分内容），也有从设计意念上的探索。

1）北京和平宾馆（图 17 – 10）

该宾馆由杨廷宝设计（设计时杨廷宝还在兴业投资公司任建筑师），1953 年施工，建成后供"亚洲及太平洋地区和

图 17 – 10 北京和平宾馆
（引自《杨廷宝建筑论述与作品选集》）

平会议"使用。出于对建造工期、投资及场地、功能的综合考虑，设计者将旅馆布置成一字形；餐厅躲开大树移向西南隅；保留一处四合院供宾馆使用；汽车通道连接前后院，解决停车问题；楼梯、门厅等布置合理紧凑；立面汲取现代主义手法，非常简洁。该平面设计日后作为经典手法载入教科书，但设计方案当时曾不予通

过，建成后又被当成构成主义方盒子批评，在反浪费及批判复古主义后又被人大加赞赏。设计者杨廷宝在事前和事后都十分坦然，周恩来总理曾过问该项建设，认为解决了问题。与和平宾馆相类似的还有由戴念慈主持、多人参与设计的1954年建成的北京饭店西楼，设计者将老楼的构成要素提取出圆券窗、凸窗、铁花栏杆阳台等在新楼中重加组合，并在各层标高上与老楼对齐，强调了与老楼的内在联系。

2）北京儿童医院（图17-11）

主要设计者华揽洪，他留学法国多年，深受欧洲现代主义的熏陶，对苏联的建筑设计套路不满，认为"……关键问题并不是建筑艺术形式表现的问题，是标准问题。首先的问题就是根据我国目前现有的条件和要求，根据我们的经济情况与人民实际生活水平，来决定城市建设中各种类型建筑的比重和建筑物的内容，再从而研究建筑的形式，脱离了这点谈艺术形式就是本末倒置"。在儿童医院设计中遵循现代主义理念，平面合理，立面简洁，对民族形式的表达主要通过立面比例及屋角细部表达，故日后被人以神似称之。

3）成吉思汗陵（图17-12）

图17-11　北京儿童医院　　　　　图17-12　内蒙古伊金霍洛旗成吉思汗陵外景
（引自《中国建筑50年》）　　　　　　　（引自《中国现代建筑史纲》）

一代天骄成吉思汗死后，依蒙古族传统实行秘葬而不建陵墓，由其卫队组成的达斡尔部落将其衣冠兵器和马具等物供于8个白色毡包中，数百年前即依恋于此，并在鄂尔多斯一带游牧。1939年后，为避日本侵略者的劫掠迁往甘肃、青海一带。1954年国泰民安，兹决定迁回内蒙古伊克昭盟（现鄂尔多斯市），在现自治区南部的伊金霍洛旗兴建成吉思汗新陵园，固定供奉大汗遗物。陵于1954年兴建，1955年建成，建筑设计者为郭蕴诚等。由于并无前例，亦不可套用汉族陵寝形制，因而具有较大探索性，这座纪念性建筑平面呈对称的山字形，3个由过厅连接的蒙古包式大厅一字排开，穹窿顶将蒙古包图案与汉蒙地区佛教建筑上常用的琉璃瓦顶结合起来，不仅造型优美特异，且蒙古族文脉历历在目，开创了内蒙古地区新地方建筑风格的先河。同一时期在新疆、云南等地也有不少将伊斯兰建筑和其他民族建筑、欧洲古典建筑构图与砖混结构体系联系一起的尝试，如新疆人民剧院、新疆维吾尔自治区博物馆等，其设计者都是1980年代后更大进步的先驱。

4）鲁迅墓和鲁迅纪念馆（图 17－13）

墓和馆都在上海市虹口公园内，鲁迅雕像为肖传玖作，墓园及纪念馆的建筑设计者为陈植和汪定曾两位建筑师，建成于 1956 年。这组纪念性建筑与此前及 1958 年后的英雄主义作品思路不同，强调鲁迅先生与民众贴近及"俯首甘为孺子牛"的精神。墓园中部为大片绿地，鲁迅坐像位于绿地围合之中，环境亲切、宁静，墓园轴线端头为毛泽东题写的"鲁迅先生之墓"照壁。纪念馆为 2 层砖混结构，陈列部分采用 4.4m 模数，通过入口将不同功能部分组织起来，而建筑造型取江南民居形式，坡顶、马头墙，加上亲切的尺度与绿化，体现了产生这位伟大作家的江南水乡文化之根。两个作品标准不高，岁月推移而益显其生命力。

图 17－13（a） 上海鲁迅纪念馆外景

图 17－13（b） 上海虹口公园鲁迅墓

5）北京电报大楼（图 17－14）

该建筑位于北京长安街上，当时是我国与国外通信的枢纽，也是建国后我国第一幢自行设计和施工的中央通信枢纽工程，工艺部分科技含量甚高，建筑面积达 2.0 万 m^2，建筑设计人为林乐义、张兆平等。林氏为第二代建筑师，1940 年代在美国佐治亚理工学院深造，受现代主义熏陶较多，乐意用较为现代的手法处理1950 年代中国的建筑课题，此前已

图 17－14 北京电报大楼外景
（引自《中国现代美术全集·建筑艺术》卷3）

有首都剧场设计，仍取装饰主义手法，亦受好评，电报大楼应是其代表作。在满足工艺要求前提下，建筑摒弃了其他建筑物还保留的附加物，立面也向更强调框架结构靠拢。建筑成功的基本处理手法有三：一是注重比例和位置经营；二是注意上下之间、中央与两侧之间的繁简、虚实对比；三是精心推敲了作为标志的中央钟楼。该钟楼简洁但有侧角，有细部，后来成为众多建筑效仿的对象。

6）人民英雄纪念碑与哈尔滨防洪胜利纪念塔（图 17－15、图 17－16）

这两处纪念性建筑都是 1950 年代在英雄主义精神鼓舞下完成的，又都充满了探索且独具匠心。

1949年开国大典前夕，为了纪念在解放战争、抗日战争以及上溯到1840年鸦片战争以来为民族解放而奋斗牺牲的革命烈士，决定在天安门广场建人民英雄纪念碑，1952年开工兴建至1958年4月竣工。建筑设计方案执笔人为梁思成。雕塑创作的执刀人为刘开渠。设计肩负了重大的历史重托，凝聚了众多参与者与领导者的智慧，创作过程没有像后来那样被政治禁忌包围，因而创造力特别是重要设计人的创造力是自由的。现有的碑型是在排除采用亭、堂、塔、柱、雕塑等方案，排除设陈列室、检阅台等设想后从传统造型中提炼、重组而成。为了加强其艺术感染力，汲取了中外纪念碑身的卷杀手法，碑身扁方，全高37.94m，略低于天安门城楼，因其挺拔而仍显其高耸，碑身中部为一长14.7m，宽2.9m，厚约1m，重达60t的花岗石，系由山东开采运往北京的。考虑天安门集会的视觉需要，一改传统习惯，将北立面作为主立面，刻毛泽东手书碑名。

图17－15　北京人民英雄纪念碑
（引自《中国大百科全书》哲学卷）

图17－16　哈尔滨防洪胜利纪念塔

哈尔滨防洪纪念碑是为纪念哈市人民1956年、1957年连续两年战胜松花江特大洪水，和1958年建成永久性防洪江堤而兴建，1958年10月落成。设计人李光耀此前已完成过哈尔滨工人文化宫等优秀作品。场地在松花江边斯大林公园与中央大街交汇处。大街与江堤并非垂直正交，设计者通过一个多棱圆柱形塔和一个半圆形的回廊，成功地运用视错觉淡化了这种非正交的形式矛盾。塔顶为抗洪筑堤英雄群雕，高20.50m，塔座前设两层喷泉，水面标高分别等于1932年和1957年两次洪水位，周围20根7m高的科林斯圆柱，既划定了纪念性空间，也象征了万众一心、众志成城的英雄气概，柱廊创造了空透、自由、舒朗的空间气氛，柱式也与哈市俄罗斯古典建筑风采相协调，成功地体现了哈市的地方特色。与1960年代各地和北京的人民英雄纪念碑形式保持高度一致，仅以微缩形式建起的一批烈士纪念碑迥然两样，这一纪念碑是真正发掘了英雄主义精神，真正显示了人和生命的价值。

17.1.3　政治因素与建筑作品

1950 年代以后的建筑作品，没有几处能摆脱政治因素的影响，一如第 15 章所述，1950 年代至 1970 年代，中国走通过低工资、低消费、高积累的道路完成了工业社会的经济基础建设。它既缩短了发展时间又避免了两极分化。这个时期的统一、集中是必需的，因此作为经济的集中反映的政治因素，不管对建筑及其他学科的发展产生过多或少的不利影响，都是这个时期中难免的。且政治因素通过长官意志、政府行为等运作，可以减少建设过程的阻力，缩短工作周期。

然而，政治毕竟不是经济，某些建立在错误信息、错误判断、错误决定上的集中的政治决策并未反映社会经济、社会生活的本质状态，由此而产生的光影只是一个虚影。自然，建筑设计要解决的是另一套矛盾，政治虚影并不等于阻止优秀建筑师在相对的时空中做出相对优秀的设计，因为设计者的素质是在此前就已积累了的。但它必然对这一设计造成伤害，而且所产生的急功近利以至于表里不一的学风也必然伤害建筑师日后本可进一步开拓的思维。

1）国庆工程

国庆工程或曰十大建筑是对中华人民共和国建国 10 周年前在北京兴建的一系列大型项目的俗称，所包含的项目内容在计划时有人民大会堂、中国革命及历史博物馆、军事博物馆、农业展览馆、民族文化宫、北京火车站、工人体育馆、钓鱼台国宾馆、华侨饭店、国家剧院、科技馆、美术馆。后国家剧院、科技馆下马，美术馆缓建，但加上民族饭店仍有 10 座。实际上，北京以外的向国庆献礼的工程也有一批，但北京是首都，在 1958 年基本建设战线过长，财政收支严重失衡时，也只有集中了国家的财力物力和人力的中央政权才有可能从事规模性建设。十大工程的目的首先是政治性的，它要说明建国 10 年来特别是总路线大跃进以来的成就，因而任务急，时间短，10 月 1 日前必须献礼。从客观上，它为中国的不少建筑师提供了一个比较难得又比较光荣的工作机会，并开创了中国现代史上献礼的急就章。现就其中的有代表性的作一介绍。

（1）人民大会堂（图 17 – 17）

1958 年 9 月，全国 17 个省市自治区的建筑师云集北京，商讨人民大会堂的

图 17 – 17　北京人民大会堂外景

（引自《建筑学报》1959.9）

方案，在周恩来的亲自主持下，在全国 34 个设计单位，84 个平面，189 个立面方案中，选定了赵冬日、沈其的方案，并委任张镈为总建筑师，辅以其他专业工程师开展设计。工程采用边设计边施工的办法，依靠高度的政治热情与责任心，大量的人力与物力，在中央的直接指挥下仅用 280 天完成，在 1959 年 9 月献了礼。这种未设计先施工的办法成为各地赶抢任务时的效仿对象，以至后来不得不作了没有勘探不得设计、没有设计不得施工的加强管理的规定。人民大会堂总面积达 101800m²，包括 9634 座的会堂、5000 座的宴会厅、600 座的小礼堂及以各省、市、自治区命名的大厅 30 个及人大常委会办公楼的大量用房。建筑东西长 174m，南北长 336m，最高处 46.5m，层数从 2 层到 5 层不等。方案的基本思路仍如昔日的政协礼堂等会堂建筑，采用装饰主义为特征的传统主义手法，其他的带有大屋顶的方案因不便表达新的时代精神而被舍弃，"古今中外，皆为我用"解决了设计者畏首畏尾的顾虑，却清晰地体现了实践理性精神并不在意于西体还是中体，为了强化民族传统及与故宫取得形式联系，黄琉璃檐饰第一次用在大型公共建筑上，立即成为日后解决平顶与民族形式矛盾的捷径。由于时间紧迫，只能采用旧的结构技术及表现这种技术的建筑手法。倒是在解决超大型空间的尺度感与空间效果方面摸索了经验，周恩来提出的"水天一色"的原则为建筑师处理顶棚灯具、天花与周围墙壁关系提供了灵感。人民大会堂这组建筑与此前的复古主义、折中主义建筑相比，显示了新的气象，其通风、照明等设备水平是当时中国最优良的，因而它们是当时中国建筑界总体最高水平的表现。同时，这个集当时优秀手法之大成者，一经钦定，在当时和日后求同、求一致的社会风气下，无异于提供了一个供人克隆的原型。只有到了 1980 年代，以现代主义和后现代主义的思路考虑设计的技术基础、学术基础和社会基础才出现，也才较清楚地看到，这批建筑在巨大的尺度下，对土地、对空间包含着的巨大的浪费，包括革命历史博物馆在内，为了取得宏伟感，在平面上拉长并加大层高，但在巨大的广场中，却给人以三四层楼的低矮感觉。与国外及后代的建筑设施相比，更显示出虚夸的墙体背后技术和设施的落伍。即便如此，我们如考虑其历史背景，也是不能苛求于当年的建筑师的。

图 17－18（a） 北京民族文化宫外景
（引自《中国现代美术全集·建筑艺术》卷 3）

图 17－18（b） 北京民族文化宫门廊

（2）民族文化宫（图 17－18）

同样由张镈主持建筑设计的民

族文化宫似乎有更大的自由度，并直到今天仍受着广泛的好评，这幢西长安街上的建筑亭亭玉立，仪态万千，成为中国建筑界的骄傲。民族文化宫是供我国 56 个少数民族文化交流的场所。设有展览馆、文娱活动设施、图书馆及含有少数民族语言翻译设备的会议厅，总建筑面积 30770m²，主楼 13 层，钢筋混凝土框架结构。建筑平面作山字形，如一仙鹤，中间塔楼引颈冲天，两侧翼部匍匐于地，作者称中部塔楼受美国内布拉斯加 1920 年代市政厅启发，平面却又恰与中国若干民族信仰的佛教的曼陀罗宇宙图式相合。墙用白色，顶不用黄而用孔雀蓝琉璃，更显宁静优雅。层层窗罩的手法取自藏族，既表现了中国高层建筑的特色，也避免了在人民大会堂与革命、历史博物馆处产生的视错觉问题。事前考虑了顶部主亭的透视效果，有意加高。大门汲取伊斯兰教装饰图案，典雅高贵。它是建筑师长期积累的学养与经验的高度凝缩。"不是一阵寒彻骨，哪得清香扑鼻来"，众多的人们，主观或客观上都看到了其成果而忘却了建筑师创作技巧是如何得来的。民族文化宫说明，在中国、在北京这样的环境下，折中主义手法在建筑大师手中是可以产生惊人之作的。将高层建筑的民族文化表达简称为或径直推广为"加顶子"或贬义地称穿西装戴瓜皮帽，不肯学习和思考都是低估了建筑设计的艰辛。正是由于这种艰辛的铺垫，到 1980 年代以后，在新的高度与新的技术层面上表达民族的建筑文化才可能由第三、第四代建筑师取得成果。

（3）北京火车站（图 17 – 19）

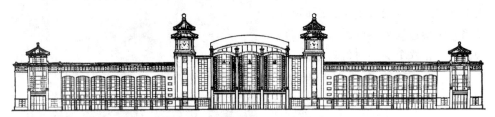

图 17 – 19　综合后付诸实施的北京火车站立面图
（引自《建筑学报》1959.9）

北京火车站是国庆工程中唯一的城市基础设施，并确实在其后的 40 年中承担了超负荷的工作。当时北京火车站在前门，不敷使用，新站规划每日客流量约 20 万人，每小时集结量为 14000 人，设铁路 12 股，每天到站火车 200 对。设计同样采取集思广益的工作路线，由杨廷宝主持、南京工学院钟训正等设计的方案被选中作为工作基础，由陈登鳌及北京工业建筑设计院其他设计人员承担施工图设计任务。该建筑第一次在我国采用预应力钢筋混凝土大扁壳，跨度为 35m×35m。由于采用折中主义手法，扁壳的曲线融合在传统屋顶的轮廓线中而未获更多的强调，但对不熟悉技术的旅客而言，它当时无疑仍是一处亲切而又现代的驿站。

在国庆工程中还显示了建筑师对单体建筑的关心和对建筑在城市中的作用及与周围建筑的关系漠视，这或许是由于赶时间急于求成所致，却也是显示了此时城市规划对城市发展失去了约束力。例如五四大街的华侨饭店、美术馆和民航大楼并不是同时建成的，待到完工，被人们戏称为建筑展览会，这是在单体建筑上求同，而在城市建设无总体规划的结果。另一方面集思广益、"人民战争"、

"三结合"，在短期内发掘了各个阶层人士的智慧，却为懒惰者守株待兔提供了方便，大锅饭里再难烧出一盘特色菜来。由于当时的集体机制，十大建筑的方案设计人在很长的时间内不为人知，对作品及作者评奖则是 30 多年以后的1993 年。

2）四川毛泽东思想胜利万岁展览馆（图 17 – 20）

在国庆工程十年之后的 1969 年，人们在文化大革命的狂潮中迎来了建国 20周年，这时在大部分省会城市和其他中等城市建起了"毛泽东思想胜利万岁展览馆"。

四川的"万岁馆"选址在成都市中心原明代蜀王府旧址，为了有足够的场地，拆除了蜀王府城门及清代的明远楼、致公堂等一批古建筑，拆除城墙 1200余米。建筑群由主体馆、检阅台及毛泽东雕像构成。主体馆建筑高度达 38m，最高处为 5 层，正立面由四处实心墙形成的巨柱夹着三段有窗的房间形成，以说明"三忠于，四无限"，主入口 10 根花岗石贴面的柱子和由此形成的 9 个开间是说明党的第"九"次代表大会和中央关于"解决四川问题的'十'条意见"。连主体馆两侧的检阅台和毛泽东像也按"心"字形布置设计。这些解释自然难以辨认，随着岁月流逝今人已无从知道了。

四川的万岁馆系由西南建筑设计院设计的，其他一些城市的营造则直接将人民大会堂微缩或截取部分。这批建筑及这个时期的其他一些建筑与政治虚影同构，其特点是假（虚假、表里不一）、大（巨大）、空（内部空旷，内容空洞）。

图 17 – 20　成都毛泽东思想胜利万岁展览馆
（引自《20 世纪中国建筑》）

3）毛泽东主席纪念堂（图 17 –21）

1976 年 10 月 9 日，中央决定在首

图 17 –21　北京天安门广场鸟瞰，中为毛泽东主席纪念堂
（引自《走向新世纪的中国城市》）

都北京建毛主席纪念堂，用以安放保存毛泽东遗体的水晶棺。出于政治的考虑，选址在天安门广场人民英雄纪念碑和正阳门之间的中轴线上，要求一年后建成。设计再次采取了 1958 年的办法，从多个省市请来著名的建筑师，聚集北京加班画图，纪念堂高 30m，是根据在天安门广场金水桥上望纪念堂要能够遮挡正阳门为依据，中轴线上的选址也决定了建筑应取轴对称或中心对称形式，现用方案是在归纳的几个方案中由国家领导人选定的。平面为正方形，南北向设门，每面 11 开间，与太和殿正立面相同。纪念堂为重檐平顶，檐口一如大会堂，用黄琉璃饰面。其思路与作品仍与近 20 年前的大会堂相同。如果说近 20 年前的大会堂虽然与国外先进设计相比显得滞后，但仍代表了中国当时的最高水平，那么此时的毛主席纪念堂则说明中国的国家性公共建筑设计项目仍然停留在 20 年前的层次上。至少要说，在这些项目中，中国的建筑创作者还未找到或者尚未有机会找到突破 20 年前水平的门径。另一方面，纪念堂选址在北京城那条弥漫着"王气"的 700 年历史的中轴线上，又要求建成时间很短，因此，设计难度是很大的。

17.1.4　窗口的新风

与整个自律时期大部分建筑无法摆脱那沉重的时代的局限性相比，由于政治、经济、文化交流等方面的需要，还有若干建筑物呈现出另一种自由、轻巧的新风，它们大都集中在援外工程、外事工程和外贸工程中，这些领域实际上是封闭的中国仍然维持着与外部联系与交流的一个狭窄的、有限的开放渠道。由于有关建筑的服务内容与对象不同，即价值主体与价值尺度不同，加上工作机遇，有关设计者得以进入另一种工作状态，从而有可能更多地拓展自己的思维领域，也有可能在交流中有所收获。

1）援蒙工程（图 17–22）

1956 年，中国政府决定提供 1.6 亿卢布的无偿援助给蒙古人民共和国，帮助兴建 14 个成套项目，民用工程中包括 22 万 m^2 的住宅，另有工会疗养院、乔巴山宾馆及政府大厦扩建工程，主要设计任务由建工部北京工业建筑设计院承担。

乔巴山宾馆和乔巴山馆邸皆由龚德顺设计，设计者显然未在意任何一种民族的形式，对方显然也不在意于这种会在中国遭批判的"方盒子"。乌兰巴托的百货商店在大关系上与北京王府井百货商店异曲同工，但所有琐碎的附加物都被清理而显得轻松自然。

沿着这一条思路，并结合受援国的国情，1964 年戴念慈所设计的斯里兰卡会议厅等项目都显示了较高的水平，这类工程一直延续到改革开放时期。

2）古巴吉隆滩胜利纪念碑设计竞赛（图 17–23）

1959 年，古巴发生革命，推翻巴

图 17–22　蒙古乌兰巴托百货商店
（引自《建筑设计资料集》卷 2 1973 年版）

斯蒂卡独裁政权，成立以社会主义为理想的古巴人民共和国，1962 年美国策动了雇佣军在古巴吉隆滩武装登陆，被古巴人民粉碎。为纪念这一胜利，1963 年古巴举办了这次设计竞赛，这是1950 年代以后中国建筑师第一次参加的国际竞赛，且是以社会主义为背景的。中国各大设计院及主要高校都以高度的热情投入到这次创作活动中，作品远远超出在国内的纪念性建筑上所表现的

图 17 – 23 古巴吉隆滩胜利纪念碑国际竞赛中获佳作奖的中国方案

（引自《建筑学报》No 6402）

水平，呈现一种摆脱民族形式后的自由和优美的英雄主义与理想主义构思，取得了较大的进步。由龚德顺、李宗浩和陈继辉完成的方案获得了佳作奖，可以作为这次工作的杰出代表。其他人完成的方案也在不同的侧重点上有独到的思考。然而竞赛的结果仍然出乎中国人的预料，一、二等奖方案都是以强调保护现场，将纪念建筑置于地下而取胜。中国建筑师就思路而言已经落后了。优美的人造之物代替不了优秀的思想，中国建筑界思路的落后，除了十几年的封闭原因之外，中国文化本身及当年学习苏联后获得发展的重表现、重善而轻真的传统，十几年中英雄主义形成的形式追求都潜伏下了滞后的种子。

3）杭州笕桥机场候机楼（图 17 – 24）

图 17 – 24 杭州笕桥机场候机楼

（引自《20 世纪中国建筑》）

该项目是为接待 1972 年即将访华的美国总统尼克松而建造的，所谓外事促内事，由于政治的原因，城市基础设施得以改善，此即一例。候机楼从设计到竣工仅两个月。建筑设计人为浙江省建筑设计院的张庄高、张细榜。为了快速施工，设计采用一字形平面，底层中部为候机厅，南翼为贵宾楼接待室，北翼为宾馆，二层大厅内作错层处理，夹层上为餐厅，下为银行、邮政、商店等。整个大楼平面简洁紧凑，立面上在框架结构外廊中采用大片玻璃，使立面摆脱了 1960 年代的砖混结构那厚墙小窗的沉重形象，显示了一种开朗向上的风貌。

4）扬州鉴真和尚纪念堂（图17-25）

鉴真纪念堂是在1970年代中日两国不断加强交流的背景下，为纪念中日文化交流的先驱者、扬州唐代大明寺高僧鉴真而建造的。当大屋顶被视为封建主义的象征之后，忽然由于政治的原因，又得以再建，此纪念堂算是一处了。方案由梁思成先生画就，取材于日本招提寺金堂。施工图设计由扬州市建筑设计院完成，施工时，梁思成已去世，杨廷宝、童寯则对工程给予了甚多的指导。堂前有一幽静的廊院，南侧有门屋，屋内置卧碑一座纪其事。由于有天花，故天花之上不再使用抬梁式构架，以钢木屋架代之，也算是对后来称为"假古董"的禁忌的突破。

图17-25　扬州鉴真和尚纪念堂
（引自《中国建筑50年》）

图17-26　广州商品交易会展览馆
（引自《中国现代美术全集．建筑艺术》卷5）

5）广交会建筑（图17-26）

广州是中国自力更生时代维持对外商业活动的窗口城市，1950年代即有夏世昌、谭天宋等人受现代主义影响的展览建筑问世，使人耳目一新（参见图15-1）。文化革命后期每年的广交会对于改善中国的对外贸易，获得珍贵的外汇意义重大，因而随着尼克松访华和中国打破孤立状态，对外经济交流逐年扩大，举办贸易洽谈会的广交会建筑也不断扩建。1974年后大规模扩建新馆，建筑基地达8.4hm²，总建筑面积达11万m²。由广州市设计院承担的展览馆采用框架结构，大片开窗及布置遮阳花格，不仅符合亚热带地区生活工作要求，也强化了展览建筑开放、轻巧的特点，在当时建筑创作万马齐喑的局面中，由广州吹出了一阵清新的风，树起了锐意前进的公共建筑新形象。

由莫伯治等人设计的与广交会展览楼相邻的广州宾馆是在1968年建成的，用于参加广交会的外商住宿。总建筑面积3.2万m²，主楼27层，副楼5至9层。平面一字形，水平流线短，朝向好，使用便利。结构布置也简单紧凑，采用钢筋混凝土墙板与层间现浇梁组成的抗震、抗风结构体系。立面结合南方多雨与台风气候，采用横向遮阳板。1975年，莫氏与林克明建筑师又完成了高37层的广州白云宾馆的设计，广州宾馆与白云宾馆都是1950年代以后我国整个自律时期中建起的最高的建筑物，结构工程师在结构设计中解决了70m不设伸缩缝等一系列难题，而建筑师则树起了我国新一代的高层建筑的形象（图17-27）。

图 17-27（*a*）　广州白云宾馆外景　　　　　**图 17-27**（*b*）　广州白云宾馆庭院设计
（引自《莫伯治集》）

17.2　开放时期的作品与潮流

改革开放打开了堵拦域外文化的堤防，也揭开了禁锢思维的潘多拉盒子，从此建筑师走上了新的历史时期。外国建筑师与外国的建筑材料、技术一道涌入中国，中国与域外的建筑文化经历了历史上最为平和的一次碰撞、交流与结合。在这种潮流中，第二代、第三代建筑师如晚霞夕照，金铺满地，第四代和文革后的第五代建筑师迅速成为新的弄潮儿，中国建筑师从来不缺少聪明和才智，当抑制前人的樊篱已经渐渐解体，生存与工作的条件渐渐改善，设计实践的机会与规模大大增加之时，中国的建筑设计水平即迅速进展，中国建筑的多元格局也随即呈现。虽然多元中的每个元是什么，并不十分清晰，总体上的多元，又都带有手法主义的痕迹，但这反映了中国这个时期的社会状况，也反映了中国建筑师迎接社会的新需求时还要注意摆脱往日的轮回。

17.2.1　域外建筑师在中国的作品

政治上的改革开放最终导致了建筑设计领域向国外开放，大批外国优秀的和不那么优秀的建筑师在经历了发达国家 1990 年代以后的不景气，苦于寻觅设计任务之时获得新的机会，中国的开放与大规模建设使他们欢欣鼓舞，抢滩登陆。对国际先进规范做法和标准的熟悉，对新形制、新材料和新设备的熟悉以及与外国投资者或港台投资者的联系都是他们的优势，他们的弱势是对中国的特有的地理、气候、材料、规划和设计规范不熟悉，对中国的文化不熟悉，因而最初登陆的若干作品，经过经纪人的商业运作，成为所在国、地区的建筑样品对中国的直接出口。随着设计竞赛这一竞争机制及其规范化，优秀的外国建筑师及港台建筑

师在努力了解中国文化后，也为
1980 年代，特别是 1990 年代的城
市建设作出了贡献。

1）北京香山饭店

由美国建筑师贝聿铭设计的北
京香山饭店是最早的"输入品"，
贝聿铭因其中国的出身及对中国文
化了解得以最先登陆。他是在中国
本土的建筑师既不满意于苏联的创
作道路，也不满意于现代建筑的道
路，更不满意于复古主义道路的艰
难时刻来到中国现身说法的。他想
表明东方文化与西方文化相融时可
以产生什么样的优秀成果。为达此
目的，他将选址定在不受城市环境
干扰的香山的景色怡人的谷地中。
香山饭店是一处新古典主义的作
品，显示了浸润过这位大师少年
时代的江南文化和大师驾驭并仔
细推敲过的现代主义成果的交融。
它的突然降临引起了众多议论。
岁月流逝，香山饭店所体现的创
作方向，显示了强大的生命力，
连同它的菱形窗、白墙、灰色线
条等成为人们竞相效仿的对象
（图 17-28）。

2）北京长城饭店

美国贝克特设计公司设计的
北京长城饭店也是 1980 年代初落
户北京的，该饭店由中国国际旅
行社北京分社和美国伊沈建筑发
展有限公司合资建造和经营，并
按最高国际标准的大型旅游饭店
设计。由它开始了大片镜面玻璃

图 17-28（a） 北京香山饭店外景
（引自《阅读贝聿铭》）

图 17-28（b） 北京香山饭店中庭

图 17-29 北京长城饭店外景

幕墙映照古都北京的做法。开放的北京人接受了这第一个造访者，并对用有城
垛或女儿墙的裙房隐喻长城的手法作了认可（图 17-29）。

3）上海金茂大厦等

与长城饭店相比，上海金茂大厦对中国文化及其建筑表达则要更细腻一些，
它是由美国 SOM 事务所设计，在 1990 年代末建成的。该大厦以高层的方式容纳

多种功能的同时，并没有满足于符号式的表达，设计运用对密檐塔的韵律、轮廓线、腰檐的分析，结合钢结构的结构要求和构造可能性，完成了变化的转角，最终收成尖顶，从而完成了文化意味的建筑转换，显示了一种理性的典雅气质，是上海浦东诸高层中反映较好的一座（图17－30）。在开放时期的城市高层建筑的浪潮中，许多城市的高层之最都是由境外建筑师完成初步设计的，如深圳地王大厦、上海新锦江大酒店、广州中信广场和珠海银都酒店（图17－31～图17－33）。另一座外国建筑师的重要作品是上海商城，因其在人满为患的城市中为市民提供了较多的公共空间而受市民欢迎，波特曼的共享空间手法无论在功能上还是在趣味上都在上海找到了知音（图17－34）。

图 17－30　上海金茂大厦外景

图 17－31　深圳地王大厦
（引自《世界建筑导报》1999.5）

图 17－32　上海新锦江大酒店
（引自《建筑与城市》1991.3）

图 17-33　珠海银都酒店

图 17-34　上海商城外景

（引自《建筑与城市》1991.3）

17.2.2　中国建筑师的实践与思考

外国建筑师的设计多数选在大或特大城市，且属于有雄厚资金依托的项目。中国绝大多数的建筑仍然由中国建筑师完成，即使是重大项目由外国建筑师中标，其施工图设计因规范、材料等国情需求，根据中国的建筑法令仍需由中国建筑师设计，因而从本质上说，中国的建筑毕竟要通过中国自己的建筑师的劳动才能建造起来。1980 年代以后，在中西文化频繁交流与碰撞的过程中，中国建筑师已经摆脱了前 30 年那种客观上坐井观天的状态，在中外建筑文化交流的潮流中，对中国国情下的建筑发展作出自己的思索，并在远较外国建筑师困难的条件下完成了创作，不仅第一代、第二代的建筑师如杨廷宝、童寯、林克明、林乐义、张镈、戴念慈等都参与了这一进程，而且稍晚一些的如佘畯南、莫伯治及第三代建筑师，也领衔冲锋陷阵，屡试身手，并多有著述和作品集问世。连第四、第五代的努力，改革开放后中国建筑师的中坚力量大都体现了传统的、也是现实的实践理性精神，大部分精力投入各种类型的设计，在新形势下大力拓展，他们是在中国这片土地上摸爬滚打出来的，深知建筑创作与社会的制约有众多关系，他们重视建筑师通过具体解决设计中的困难而获得前进。他们的理论总结一般都朴实无华，却都与建筑的物质形态表达直接相关，也与古代文论、画论有相似之处，少阐释而重整体的把握与体验，少玄学，多经验与智慧，如佘畯南说，他和很多人都信奉马歇尔·布鲁耶那句话："建筑既不是一个学派，也不是一种风格，它是一种进展。"这反映了多数中国建筑师的实践理性立场，他们并不介意或无暇介意于主义原来的出典和缘由，注意力常在手法与解决问题方面。一个人几个主义或好多人形不成一个主义都属正常。但中国建筑师并非无理论，并非无主张，部分建筑师工作地域比较固定，作品个人魅力与地域特色结合或有稳定的个人风格，少数建筑师更著文立说，因而也可寻出这部分建筑师的思想轨迹。

1）中国特色的再探索

在新时期中关心特色问题的人不少，由于主、客观的条件限制，大多沿用历史主义的三种现成套路，也不乏佳作，但在实践中取得突破性进展的始终是少数，以戴念慈等人的设计较具说服力。这一潮流在新时期中始终不是主流，但随着国际性的建筑趋同和城市的特色危机日趋严重，相信人们对他们的探索将会给予更多的珍视。

戴念慈在前一个历史时期曾完成中国美术馆等一批优秀的国家性工程设计和班达那奈克国际会议厅等一批重要的援外项目设计。他始终本着因地制宜、量体裁衣式的实践理性原则完成这些设计。在新的历史时期中，他更钟情于对中国特色的再探索，这表现在他的曲阜阙

图 17-35　曲阜阙里宾舍

里宾舍和锦州的辽沈战役纪念馆上。建成于1985年的阙里宾舍（图17-35）似乎是对贝聿铭香山饭店的回应，基址有意选在距离孔府不远的地段，既显示了特色存在的理由，也说明了他不回避城市环境所引起的矛盾的态度。辽沈战役纪念馆（图17-36）则再次显示了作为优秀的第二代建筑师对中国本土建筑文化的熟悉及提炼的技巧，设计中摒弃了大屋顶和法式创作的旧路，着意于博采传统的意向，坊和城的要素的提取使该建筑体现了当年的历史环境与气氛。与前期的创作相比，探索的步伐是大的，只是中国的开放与国人审美情趣的变化步幅更大，使得若干人们仍认为他的再探索过于保守。

关肇邺设计的徐州博物馆是另一个反映较好的作品，馆址在历史文化名城徐州的云龙山麓，旁侧还有乾隆行宫遗构。项目被赋予表现城市形象与地段环境的使命。关氏方案经竞赛选中。设计没有取与行宫一致的清官式建筑作法，而是局部以近于盝顶的斜墙喻示徐州更古老的文化。该建筑的整体比例与细部推敲皆显功力（图17-37）。

北京炎黄艺术馆（图17-38）也是颇受好评的一个实例，该馆由著名画家黄胄筹建，使建筑较易脱却官本位的不少制约，在京城一片超级尺度的衙署式建

图 17-36（*a*）　锦州辽沈
　　战役纪念馆入口

图 17-36（*b*）　锦州辽沈战役纪念馆外景

筑中，显得亲切活泼。设计者是刘力，周文瑶、郭明华等，1991 年建成。艺术馆有大小展厅 9 个，多功能厅 1 个，设计者着意于"出新意于法度之中，寄妙理于豪放之外"。并不介意于何种式样，而注重总体的艺术效果的把握，因而也就不会纠缠在式样、朝代、出典、纹样之类的问题上，而用艺术感受将形体、尺度、比例、质感调动了起来，虽然设计者在细部构造设计方面显得不足，但思路却是较前人有了大的开拓。

图 17-37　徐州博物馆外景

2）南国新风与深广建筑师群

改革开放前岭南建筑师已经独占鳌头，改革后，三个特区在广东，天时地利使已有的成就得以光大。第二代建筑师佘畯南、莫伯治是开放初期的先行者。他们遵循现代主义原则，而对后现代主义不太以为然，但用现代主义来定义他们是不准确的，因为他们既不排斥传统，也不拒绝后现代主义的某些启示，佘畯南的中国驻波恩大使馆等一样做中国坡顶（图 17-39），莫伯治更是善于将岭南园林与建筑空间融为一体。1970、1980 年代，他们的创作颇有振聋发聩的作用，特点除遵循现代主义原则之外，还可归纳为"灵活的空间运用"，"巧妙的庭园布局"、"合理的经济结构"，尤重视创新突破。在此基础上，佘、莫又各有侧重，佘倾心锤炼空间，解前人未解难题，莫则提倡文化包融与自

图 17-38　北京炎黄艺术馆

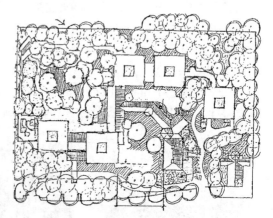

图 17-39　佘畯南手绘中国驻波恩大使馆平面布局草图
（引自《佘畯南选集》）

然情趣。白天鹅宾馆系二人合作下的作品（图 17-40），被誉为"岭南报春第一枝"。其后佘氏作品有海口宾馆、深圳博物馆等，莫氏则在文化建筑上颇有拓展（图 17-77）。

1980 年代，深圳特区的建立及其历史定位与其大规模、高速度的现代城市建设吸引了大批中外建筑师抢滩深圳，大量部、省设计院在深圳办分院，并按市

场机制运作，大量优秀的建筑师投入了从策划到施工监理的全方位运作。建筑师与业主的关系获得改善，优秀建筑师脱颖而出。在整个开放时期，深圳及广州的建筑在中国一领风骚，尤以高层影响为大，这批建筑引进新材料，引进新的结构与构造、施工技术和设备，引进新设计手法，直到引进域外建筑方案。

岭南新建筑具有赶超域外、面向未来的高和新的特点，这批建筑有南海酒店（1985 年建成，华森建筑与工程顾问有限公司陈世民等设计）（图 17 - 41）、华夏艺术中心（1991 年，建设部建筑设计院及华森建筑与工程顾问有限公司等设计）（图 17 - 42）、广州市长大厦及大都会广场（1996 年，华南理工大学建筑设计研究院何镜堂、李绮露、冼剑雄等设计）（图 17 - 43）、深圳特区报社报业大厦（1997 年，深圳大学建筑设计研究院龚维敏、卢旸主持设计）（图 17 - 44）。随着社会对现代城市文化的关注，岭南建筑界已开始了用当代建筑语言表达地域文化和城市特色的新阶段。

图 17 - 40（*a*） 广州白天鹅宾馆外景
（引自《莫伯治集》）

图 17 - 40（*b*） 广州白天鹅宾馆中庭
《故乡水》景观

图 17 - 40（*c*） 佘畯南手绘白天鹅
宾馆鸟瞰图
（引自《佘畯南选集》）

487

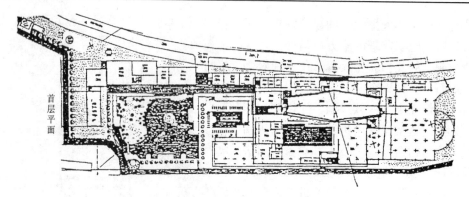

图 17-40 (*d*)　白天鹅宾馆平面简图
(引自《佘畯南选集》)

3）时代技术美的追踪

20 世纪 80 年代以后，在赶超世界的大规模建设中，社会对体现时代前进态势的技术美的需求日趋强烈。这样，国外高技派作品必然在国内荡起涟漪，不少外国建筑师就是以高技派的手法赢得重大设计竞赛项目的。岭南新建筑，尤其是重大的公共建筑项目在审美上也是遵循这一取向的。但如福斯特那样得心应手，不仅需要机会，还需要能力和有施工工艺的基础，由于技术、施工工艺、财力等的差距及实践不足，中国建筑师在这方面的典范作品还很少，马国馨等人的若干设计可归入此类的优秀者。不同于苦恼于技术细节的建筑师，第四代建筑师中的代表人物马国馨在从不同角度探讨新时期的设计创作道路的同时，对追踪世界上建筑技术美的表达也未甘沉默，1990 年建成的北京奥林匹克中心（图 17-45）就是以他为首的北京市建筑设计院项目小组所完成的宏伟建筑群。该项目是为第 11 届亚运会兴建的中心运动场，包括田径场、综合体育馆、游泳馆、曲棍球馆等，占地 120hm²。在游泳馆和综合体育馆中，采用了曲面网架屋顶，并建起了高达 70m 的混凝土塔筒，由筒体加斜拉杆与桁架主梁相连，这使人看到了他追赶日本代代木游泳馆的步伐。自然，马国馨在这项工程中有更广泛的追求，例如由此开始了由他牵头艺术家加盟的环境艺术创作活动，

图 17-41　深圳南海酒店
(引自《中国建筑 50 年》)

图 17-42　深圳华夏艺术中心
(引自《中国建筑 50 年》)

以及在结构表达中对中国本土传统的关注。但他那用力强化的对结构的审美意义的表达痕迹却是明显的。在以后的设计中，尤其是在由他主持建筑设计 1999 年建成的北京机场 3 号航站楼中（图 17 – 46），我们看到代表了中国先进的设计水平的更新的成果。其屋盖的钢管结构、站内登机牌办理处等设施以及点式连接的玻璃栏杆等，无论在流线组织、结构运用，细部构造的精到的表达，从设计到施工，已经看不出与国外建筑师设计的技术差距了，在洋溢着典雅型的技术美的建筑中，可以感受到一种自然天成、从容不迫的风度。而且，与国外的高技派不同，设计师仍然执守着一种中国式的并不偏激的实践理性精神。北京新航站楼的建成显示了中国优秀的建筑师已经不仅有能力，而且也有条件驾驭技术矛盾，步入世界高技派建筑设计的竞技场中。

图 17 – 43　广州街景，高耸的为市长大厦

图 17 – 44　深圳特区报社报业大厦
（引自《中国建筑 50 年》）

图 17 – 45（*a*）　北京奥林匹克中心，游泳馆和综合体育馆
（引自《建筑学报》1990.9）

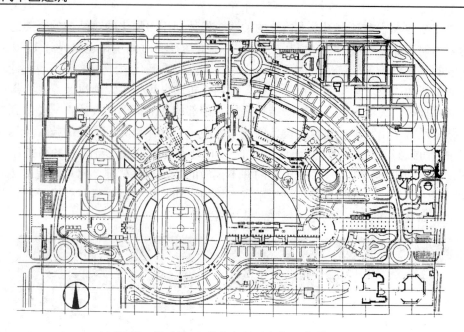

图 17－45（b）　北京奥林匹克中心总平面图

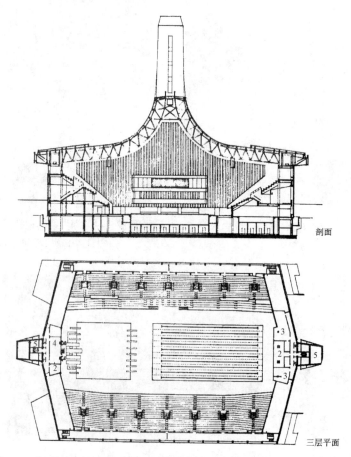

剖面

三层平面

图 17－45（c）　北京奥林匹克中心游泳馆剖面（上）及平面图（下）

1—休息厅；2—机房；3—灯光，音响控制；4—电化教室；5—风道

1995 年建成，由华东建筑设计院负责设计的上海东方明珠电视塔（图 17-47）是一次重要尝试，塔在浦东陆家嘴，是大上海景观的交汇处。塔体在功能上不同于昔日，容电视发射、旅游观光、娱乐、购物、旅馆等于一体，总面积达 7 万 m²，地上 38 层，高 468m，为 20 世纪亚洲第一高塔，塔体结合城市景观需求，从结构入手表现技术美，采用带斜撑的多筒体巨型空间框架结构，连接节点以大小共 11 个球体表现，抗风、抗震性能好，总体造型也新颖，建成后成为上海新标志。

上海建筑设计院魏敦山等人设计的上海体育场（图 17-48，1997 年建成）系采用钢管空间结构屋盖、膜覆盖层的新型体育建筑，类似的实例还有天津体育馆（1994 年建成，天津市设计院王士淳等设计）、哈尔滨亚冬会速滑馆（1995 年建成，哈尔滨建筑大学梅季魁等设计）。目前技术美的表达主要局限在体育建筑、交通建筑及若干小品上，在广度和深层文化的表达上还都有待于拓展。由于施工工艺尚有差距及建筑设计还缺少对细部、质感的推敲，若干项目尚嫌粗糙。

4）在结合的层面上开拓

1980~1990 年代，新材料、新技术眼花缭乱地涌入，在社会上升起了一轮新的光环，在这一光环的映照下，建筑的诸多要素被重新检验，新

图 17-46（*a*）　北京机场 3 号航站楼入口

图 17-46（*b*）　北京机场 3 号航站楼内景

图 17-46（*c*）　北京机场 3 号航站楼钢结构支座细部

材料似乎成了建筑等级的身份证。作为发展中的国家，中国的大量性建设项目还未具备普遍采用高技术营造环境的条件，囊中羞涩使得"与国际接轨"与"三十年不落后"的标榜成为新的矫饰。相当一批建筑师认为建筑本来就是建立在一定的物质技术基础上的，技术在历史上本来就是不断进步的，历史上的技术进步并未构成优秀建筑设计的先决条件和充分条件。因而他们在当代的条件下，仍坚持对建筑发展中基本矛盾关系的认识，并结合各自设计队伍的实际情况，选择不同的项目，但都采用适用性技术，而以建筑师的优良素质排比功能，把握尺度，推敲比例，经营空间，将技术与艺术（包括其他造型艺术）相结合，将时代精神

图17－47（*b*）　上海浦东陆家嘴城市天际线

图17－47（*a*）　上海东方明珠电视塔外景
（引自《走向新世纪的中国城市》）

图17－48　上海体育场外景
（引自《建筑学报》1998.1）

与乡土人情相结合，将业主要求与山水人文环境相结合，完成富于艺术精神、富于诗意的一批建筑，齐康、程泰宁、彭一刚、布正伟等即是其中的突出者。

　　齐康及其所在的东南大学建筑研究所所作的探索颇多，以纪念与文化类建筑影响最著。在这一领域耕耘的建筑师不在少数，而齐氏的特点是研究工作积累多，成果多，并较早地取得突破。1985年建成的南京侵华日军大屠杀遇难同胞纪念馆选址就在当年日军枪杀大批中国军民的江东门，骸骨仍历历在目，设计将喧嚣的城市尽量摒除在外，而在院落中以较强的艺术象征手法隐喻了那场灾难对中国人民造成的痛苦，探讨了生与死、善与恶的人性课题。在布局上，它是对30多年来的碑式、塔式等及对称布局的公式化纪念性建筑的较大突破，设计中以尸骨陈列室的方式就地将历史最残酷的一幕凝结保存，在客观上也开始了我国纪念性建筑强调历史真实性的新阶段（图17－49）。福建长乐海滨度

图17－49（*a*）　南京侵华日军大屠杀遇难同胞纪念馆入口

假村是一个较小却被设计得充满了诗意的项目，《海之梦》成为这组建筑的命名，也是建筑所要为人提供的意境（图 17－50）。在以河南博物馆为代表的文化类建筑上则探讨了对地方文化的现代表达，其将覆斗形的宋陵作为原型用在该馆的标志性表达上，然后探讨空间组织与细部做法，经反复锤炼，成为一座具有特色和文化品位的建筑（图17－51）。

图 17－49（*b*）　南京侵华日军大屠杀遇难同胞纪念馆庭院景色

　　以杭州为基地的程泰宁的一系列作品是在挑战与苛求中完成的，如浙江省联谊中心（图 17－52）。该建筑选址在杭州西湖和闹市的毗邻部的北端，程氏出于对保护西湖环境，又照顾开发者最大利益的双重考虑承担了该项设计。他在草图中即已设想，四层以下满铺基地，而将五层、六层做成斜顶式并收进，又运用擅长的格栅等细部处理手法，化大为小，化粗为精。他的黄龙饭店也与此类似（图 17－53），绞尽脑汁，降低建筑高度，化整为零，缩小体量又满足

图 17－50　长乐海滨度假村——海之梦
（引自《齐康作品集》）

图 17－51（*a*）　河南省博物馆外景
（引自《建筑学报》No 9901）

图 17－51（*b*）　河南省博物馆夜景
（引自《建筑学报》No 9901）

图 17－52　浙江省联谊中心
（引自《当代中国建筑师·程泰宁》）

图17-53（a）　杭州火车站

图17-53（b）　程泰宁设计草图——杭州火车站
（引自《当代中国建筑师·程泰宁》）

业主需求，保护了西湖畔保俶山的环境。他主持设计的杭州铁路新客站（图17-54）、解放路百货商场、联合国小水电中心、元华广场等都体现了一种符合中国国情的既保护环境又寸土必争，既体现江南水乡文化情趣又洋溢时代技术美的一种新的雅致的建筑。多年对《文心雕龙》的研读是他创作的重要底蕴。

锲而不舍地在结合国情、结合实践、结合传统的道路上寻求理论的上升也是彭一刚的历程。威海的甲午海战纪念馆系其代表作品（图17-55），设计满足了现代陈列馆的众多要求，并结合地形，直接以建筑体量的高低左右的形象穿插、与海战的海域的贴近融合体现明确的场所精神，用隐喻与合理的造型语言表达对那场浴血奋

图17-54　杭州黄龙饭店
（引自《当代中国建筑师·程泰宁》）

战的悲壮海战的纪念。在天津大学建筑系馆中同样体现了寓创造性于合理性中的追求。彭氏所完成的福建漳浦西湖公园的规划与设计（图17-56），是对此前他在山东的类似作品的超越与突破，但仍显示了他一贯坚持的反对模仿、复古，同时又继承、发展传统的思想轨迹。设计与建造过程中不断了解建起后的反馈，并以之检验自己的创作取向，显示了建筑师与价值主体间的正确关系。

布正伟的作品南北遍布，北方稍多。盖了房子又自己立说且成论的，布氏为

第一人，但布氏之自在生成论绝对是中国文化的产物，是实践理性的成果，从他的烟台莱山机场航站楼（图17－57）及独一居到东营市检察院（图17－58）等一系列作品及若干论述来看，其自在生成论并非先验之论，而是对环境体验后的"自然生成"，因其自然，故能自在，他剖析历史主义与现代主义何以不能回答当代问题，故取第三条道路，虽然他也是在具体地寻找到地域的特殊体验后才将体验转化为他那种奔放的空间形态语言的诠释的。

5）新古典风韵的创造

古典情结是中国文化的必然取向之一，但新古典风韵与1980年代后现代主义思潮及国外新建筑理论与作品传入有更多的联系，它们不同于此前的历史主义，有较强的理论思考与创新追求。实例甚多，较突出的有富园贸易市场、震元堂、丰泽园饮食服务楼等。

富园贸易市场（图17－59），地点在安徽马鞍山，设计人项秉仁。此案例不妨看作是新古典主义的第一个作品，设计是在受西方符号学、语义学等观念影响下进行的。设计者将江南传统建筑语汇提炼，符号化再转换，裂变、重组，如入口牌坊有意将部分按反传统方法放置，山墙有意扭转等。作品之所以不同于历史主义是因为作者有意对既往作品按系统的理论原则突破。

图17－55　威海甲午海战纪念馆

（引自《中国建筑50年》）

图17－56　福建漳浦西湖公园建筑群

（引自《建筑学报》2000/2）

图17－57　烟台莱山机场航站楼外景

（引自《当代中国建筑师·布正伟》）

图17－58　东营市检察院和法院建筑

（引自《当代中国建筑师·布正伟》）

图 17−59(a)　马鞍山富园贸易市场入口

图 17−59（b）　马鞍山富园贸易市场

　　绍兴震元堂（图 17−60），戴复东设计的绍兴震元堂药店也具有明确的新古典主义的理念。设计者从挖掘震元二字的文化内涵入手，取出震的卦象。元则归结为本源，元始，以圆象征之，从而将店设计成圆柱形，店内地面置六十四卦图，外墙以汉画像石风格的新浮雕表现中药制作史及震元堂历史，也体现了传统医学中"医、药、易"一体的精神。气氛之所以恰当，应该归于设计者研究了建筑所处的十字路口的环境，妥善地以圆形的建筑体形适应了周围对它的视觉要求，建筑从外到内，从体形到屋顶到灯具等细部皆颇为费心，从而创造了这座"古而新"的建筑。戴氏在同济大学建筑系馆室内设计中遵循了同样的原则，强调对传统的观念部分的生命力的肯定与新传统的创造。

图 17−60（a）　绍兴震元堂外景

图 17−60（b）　绍兴震元堂临街部分

（引自《中国现代美术全集·建筑艺术》卷4）

北京丰泽园饮食服务楼（图 17 – 61）（1994 年建成，建设部建筑设计院崔恺等设计）。主要设计者是第五代建筑师，他们比前人对古典的理解更宽泛、更从容。这除了当时能更多地从国外优秀建筑资料中受到熏陶之外，贝聿铭的香山饭店则给了他们更直接的启示。该建筑为一综合服务楼，设计利用了交通要求，通过入口的安排在平、立面上都作出了虚实关系，大量的正方形及由之演变的菱形构图使建筑蕴含了一种古典的气质，加上局部的盔顶，终于在满足功能要求的同时，回答了对传统的新诠释。

6) 地域文化的表达

此为一大潮流，不妨简称之为新地方主义。新地方主义也注意挖掘传统文化遗产，但强调体现场所的空间文化定位，反映地方的文化特色，而不停留于对一般古典神韵的追求，因而新地方主义常常具有可以识别、可以感受到的地域标志，以至于地域的宗教特色。它是在地球村时空缩小建筑趋同的大形势下，对地域文化日趋珍视的一大潮流，也是我国开放时期地域文化品质获得挖掘与提升的反映，作品甚多（图 17 – 62 ～ 图 17 – 66）。

敦煌航站楼（图 17 – 63），这是一座受到普遍好评的作品，由甘肃省建筑设计研究院刘纯翰设计，该站距

图 17 – 60（c） 绍兴震元堂大厅地面

图 17 – 61 北京丰泽园饮食服务楼
（引自《中国现代美术全集·建筑艺术》卷4）

莫高窟 12km，设计借鉴了河西土堡院落的空间形式，出入港皆绕内天井布置，外墙封闭、窗少且小，又作不规则布局，与石窟有异曲同工之妙，外围护结构把防日晒、防热耗放在首位，旅客大厅 30m×30m，且沉入地下，以降低建筑高度，并减少外墙暴露面积，以免阻风积沙，该航站楼有效地适应了戈壁滩上的暴戾的气候，也用适用性的材料、技术满足了小型机场的需求，在空间与设计手法上有较大的突破。

新疆新地方主义建筑群，由新疆建筑设计院王小东、孙国城、黄仲宾、韩希琛、刘胥等人在 1980 年代以后创作的，这一批新建筑在地方文化的继承与弘扬上取得了多方面的成就。如果说他们 1985 年完成的新疆人民会堂、新疆人大常

图 17 – 62　武夷山九曲宾馆
（引自《齐康作品集》）

图 17 – 63　敦煌机场航站楼
（引自《中国现代美术全集·建筑艺术》卷4）

委会办公楼还停留在将合理的功能平面与伊斯兰的尖券与穹窿顶通过拱廊与空间构图组织起来的话，那么在 1985 年开始设计的新宾馆接待楼中已经在寻找更多的变异，在 1993 年建成的吐鲁番宾馆新楼（图 17 – 64）与库车县龟兹宾馆（图 17 – 65）则显示了新疆地域文化的更深层次的挖掘与驾驭，在吐鲁番宾馆新楼中，汲取维吾尔族民居"阿以旺"的精华，在三度空间的组合上作了创新，以顶部自然采光的大厅为中心组织客房，既解决了大进深时照度的不匀、不足的弊病，又节省了建筑面积和能耗，逐层错级拱窗处理等与维吾尔族拱窗及吐鲁番柏孜克里克等石窟有似与不似之间的联系，也关照了吐鲁番地区大量历史遗迹所呈

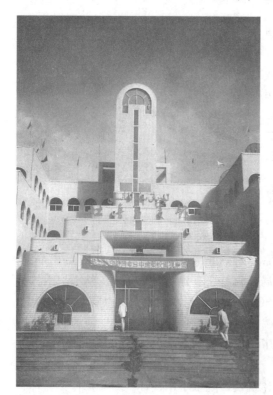

图 17 – 64　吐鲁番宾馆新楼

图 17 – 65　库车县龟兹宾馆
（引自《中国现代美术全集·建筑艺术》卷4）

图 17 – 66　阿坝九寨沟宾馆
（引自《20世纪中国建筑》）

现的残缺美的形态。库车县龟兹宾馆是一个包括100个床位的设施齐全的旅游旅馆，设计者王小东娴熟地将表现伊斯兰特色的阳台方格、石窟梯子，"阿以旺"的通风天窗和维吾尔族喜爱的蓝绿色等都融在心中，通过有针对性的重新改造与组织又融在设计中，尤其是设计以低造价和适用性技术及庭院式天井实施完成，经济合理又处处弥漫着已经进步了的时代气息。

上海华东电力大厦（图17-68），如果说西北、西南有强烈的民族特色供建筑师挖掘地方文化的营养的话，那么黄浦江边的上海的作品确属得来不易。如果说1982年华东建筑设计院张耀曾的龙柏饭店长期被人看作是尊重建筑所在特定环境的文脉作品（图17-67），那么1988年建成由上海华东建筑设计院设计的华东电力大厦可算是一大突破。当历史的血腥为岁月的流逝洗去，一切人类文化遗产的光彩也显露出来。1980年代的改革开放，惊醒了上海建筑师，原本以为无文化之根的上海滩原来是一片宝藏，欧洲古典复兴与折中主义建筑显示的正是近代上海容纳域外文化的历程，上海建筑师把到了上海近代文化的脉搏，思路清晰了，遂有电力大厦的诞生。该建筑顶部一方面退台与老摩登取得呼应，也符合上海市关于建筑物对天空遮挡问题的条例规定要求，将上面四层靠南京路的两面做成斜面，也与沙逊大厦的孟莎式屋顶取得对话关系。其外墙的深褐色面层也沉稳、古旧，与往事有着内在的感应，在外滩大片贵族气息的建筑家庭中，毫不寒伧地摆起了自己的门庭。与上海华东电力大厦相似，哈尔滨的省人大常委会办公楼、杭州西湖艺苑新楼及潘天寿纪念馆等也是在对近代文脉的反复吟咏中创出的新曲（图17-69）。

图17-67 上海龙柏饭店

图17-69 哈尔滨黑龙江省人大常委会办公楼

图17-68 上海华东电力大厦

苏州同里湖度假村（1990 年建成，正阳卿设计），以钟训正为首的东南大学正阳卿小组成员在 1960 年代参加无锡建筑师之家的创作过程时就参与了向民间建筑学习的历程。1980 年代他们创作的无锡太湖饭店再次着意于江南民居的情趣——依山傍水，高低起伏，自由舒展，成为太湖之滨景观的有机组成。1990 年代的同里湖度假村则是在造价、设施的标准大大提高、功能更加复杂的条件下尝试用新一代的材料与技术完成的作品，它的清新的格调、淡雅的色彩、精巧的细部正是江南建筑文化的新一轮结晶（图 17－70）。

广州岭南画派纪念馆（图 17－71），莫伯治、何镜堂设计的岭南画派纪念馆可说是新地方主义的一件杰作。岭南画派是绘画界的一大流派，岭南画家看重的是特异性与独创性，一般文化人也看重这一点，因为它是岭南文化与其他文化差异的表征。这样，岭南画馆就不仅作为一个"凿户牖以为室"用以承担画家的第一个期待——为体现岭南画风而提供场所，同时又要以建筑本身直接承担所有文化人士的第二个期待——体现岭南文化的特点。岭南文化自然是有着自己的特点的，不少文化人士以至建筑人士都已将之捕捉、归纳与提炼，如它的自由与创造性，它的对域外文化的吸纳性以及它的深层的古老与悠久。困难在于，如何将这些虚的、宏观的、抽象的性质用空间形态语言表达，"梦里寻她千百度"的尝试者当不在少数，莫、何二位建筑师的贡献和成功在于完成了这种转换。自然这是在彼时彼地彼馆的转换，他们看到岭南画派与欧洲 19 世纪末的新艺术运动间的内在联系——反古典主义的改革性，贴近民间、自由性等，从而借用新艺术运动中的流畅曲线、铁花饰等为纪念馆定了位，结合馆址的水池与庭园环境等则是为这道新粤菜再添加上传统的广府作料，于是色香味俱全的顶级佳肴呈现在我们面前。

图 17－70　昆山同里湖度假村
（引自《建筑学报》1996.4）

图 17－71　广州岭南画派艺术馆
（引自《莫伯治集》）

17.2.3　"欧陆"风

"欧陆"风在本章不是指那些出于旅游需要的欧陆风情园、度假村，也不是那些特定的城市文脉中的新古典主义建筑，而是城中的普通公共建筑和居住建筑中的不顾环境的一种建筑风格，是中国 1990 年代房地产业运作时不断出现的一个字眼、一种潮流，虽然建筑专业圈中使用时含着一种贬义，而房地产商们则觉得这一字眼既说明了他们心中计划向社会推出的形象目标，也包含了并非不给设计者余地，并非允许建筑师不顾造价一板一眼搞欧洲古典主义的另一层意思。建筑师的职责是为社会服务，为社会的环境建设需求服务，建筑师作品创作的出发点和终点都是为了满足社会主体的需求。自然，这也包含了建筑师高于业主们的眼光与理想，终极关怀式的建筑师的追求。因而当建筑活动已经违背了社会主体需求的基本目标，违背社会多数人的根本利益，威胁着社会的安全与人民生命财产而建筑师无力回天之时，建筑师当然可以如柳宗元在《梓人传》中所述"卷其术、默其智、悠尔而去，不屈吾道，是诚良梓人耳"。然而，如果仅仅是对形式的好恶不同而不影响社会整体环境素质的改善，建筑师是可以以批判的眼光介入与改造，优化这一社会变化过程，是可以有较大的回旋余地的。欧陆风反映了长期封闭状态结束后的社会不同层面的复杂追求，既有经济翻身者认识体验与拥抱全世界的渴望，也有资本积累过程中对财富与权势的炫耀，也有对政绩、对告别昨日走向世界的自以为是的标榜，还有纯粹是生意需要，即为上述三种需求的主体提供服务场所。欧陆风建筑也包含着从高贵典雅、异国情调猎奇、东施效颦到粘贴化妆等等不同层次的作品。

随着新世纪的到来，随着中国整体上进入向中等发达国家迈进的第三个历史时期，中国建筑需要在深层而不是表层上汲取国外优秀建筑文化，需要在深层而不是表层上弘扬民族优秀建筑传统，并融合成多元的空间形态语言表达，民族文化的个性将是新世纪的期待，过去的 50 年建筑历史，数代建筑师的辛勤劳作已经为此奠定了基础。

17.2.4　建筑遗产保护

中国近代的建筑遗产保护运动可以追溯到 19 世纪末 20 世纪初对敦煌藏经洞的保护和 20 世纪 30 年代文化名人发起的保护苏州保圣寺罗汉像的活动。新中国成立后，正式设立了主管考古发掘和地面、地下文物保护工作的国家文物局，自 1960 年代至 1990 年代先后分四批公布全国重点文物保护单位 750 处，其中大部分为建筑遗产。1950 年代国家开始了隋代安济桥的维修加固工程。1960 年代结合五年计划建设中的三门峡水利枢纽工程完成了元代建筑群永乐宫的迁建保护，其中壁画的迁移成功具有世界意义。同时文物普查中发现的唐代遗构南禅寺正殿获得了复原式维修。1950 年代还完成了仰韶文化遗址——西安半坡遗址的覆盖式建筑保护——半坡博物馆（图 17-72）。1970 年代末建成临潼秦始皇陵兵马俑一号坑保护棚，1980 年代和 1990 年代又完成其中的 2 号坑和 3 号坑的覆盖性保护建筑，形成兵马俑博物馆（图 17-73、图 17-74）。1970 年代和 1980 年代还完成了麦积山石窟崖体的加固（图 17-75）和云冈石窟山岩的修复式加固。1980 年代后，建筑师更多地参与了保护工程，并赋予保护工程以历史文化和美的形象，1980 年代中在临潼发现了当年唐高宗与杨贵妃使用的海棠汤等唐代温泉遗址，决定覆盖保护，西北建筑设计院张锦秋，姜恩凯设计的御汤博物馆，既提供了保护设施，也再现了唐代帝王御用温泉雍容华贵的气氛（图 17-76）。1989~1993 年完成的广州西汉南越王墓博物馆是由建筑师莫伯治率领的设计小组完成的，使保护性建筑在建筑艺术和文化品位上获得了提升（图 17-77）。中国加入了 ICOMOS 等国际建筑遗产保护组织，至 2000 年，中国已有泰山、故宫等 27 处项目列入世界自然与文化遗产名录（见附录 4）。在我国的经济发达地区及旅游业兴旺的地区，建筑遗产资源不再被看成是沉重的负担，而是所在地区的文化资源和对世界和中国文明的贡献，看成是所在地区的个性与历史由来的表征。我国在这一领域的工作离规范化还有一段差距。随着可持续发展成为中国政府接受并承诺执行的原则，建筑遗产保护工作将成为建筑师的重要工作领域。

图 17 - 72（*a*）　西安半坡遗址博物馆
（引自《陕西省十大博物馆》）

图 17 - 72(*b*)　保护建筑覆盖下的部分遗址
（引处《中国大百科全书》哲学卷）

图 17 - 73　临潼始皇陵兵马俑 1 号坑内景

图 17 - 74　临潼始皇陵兵马俑 3 号坑保护
建筑外景

图 17 - 75　天水麦积山石窟加固后的外景

图 17 - 76　临潼华清池唐代御汤博物馆外景
（引自《20 世纪中国建筑》）

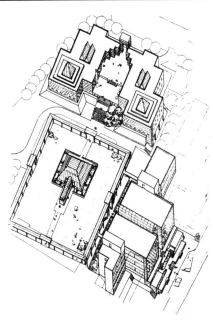

图 17 –77（a）　广州西汉南越王墓博物馆外景
（引自《莫伯治集》）

图 17 –77（b）　南越王墓博物馆
建筑群轴测图

第18章 建筑教育与学术发展

18.1 建筑教育

18.1.1 1950~1970年代的建筑教育

1952年根据苏联的强化专业训练的教育模式，结合中国加强对教育领导的需求，中国高等学校进行了一次全国规模的大调整，中国新的建筑教育格局由此形成。同济大学和重庆建筑工程学院成为土建类的高等工业院校，其余在理工科大学：清华大学、天津大学、南京工学院（由原中央大学改名的南京大学分出）、华南工学院、哈尔滨工业大学中设建筑学专业。1953年原武汉大学、湖南大学、广西大学、南昌大学的土木系合并在湖南大学。1956年，东北工学院、青岛工学院、苏南工业专科学校、西北工学院等校土建专业合并成立归属冶金部领导的西安冶金建筑工程学院。1959年，在哈尔滨工业大学土木系的基础上成立了哈尔滨建筑工程学院。此外，在1958年大跃进时还由各省办过一些地方院校的建筑系或建筑学专业。在1960年代经济困难和实施调整方针时期，大量院校的建筑学专业取消。文化革命前的1965年，全国建筑学招生为289人。文化革命的1966~1976十年间，除1972年后招收少量工农兵学员外，基本停顿。

院系调整后，实行高等学校按理工、文史、医农分类，全国统一考试，高等学校按重要程度分为一、二、三类。在保证符合当时对考生的政治标准要求的前提下，按分数分类分段录取。生源也有全国、区域及省内的差异，1980年代以前，全部教育经费由国家按部或省拨付，因学校等级而有差别。1960年代，建筑学专业学制多为5年，清华则为6年。学生毕业后由国家统一分配，地区招生的学校分配范围与招生范围相同，而全国招生的学校则依国家政策变化，每年分配的地区和部门侧重点不同。分配的部门以设计院为主，高校、研究机构和学术机构管理部门为次。

1950~1980年代的教育方针是教育为无产阶级政治服务，教育与生产劳动相结合，1958~1960年间和1964~1966年间政治运动较多，包括下乡、下厂、下工地，也包括四清、社会主义教育等政治运动，1961~1963年间因经济困难，休整较多，制定了高等教育管理方面的制度"高教60条"，在此前后，也制定了教学要求和各门课的教学大纲，至文化革命，全面停课。

这个时期的教学骨干力量是以第一、第二代建筑师及建筑教育家为核心，以在1950年代后成长起来的第三代教师为骨干和基本力量来开展的，其学术渊源各校多可追溯到学院派（除同济外），但这个时期的教育不宜以学院派称之，因为从1930年代和1940年代开始，归国的建筑学留学生已经面对当时中国的实际需求及国外潮流的变化，在实践中对自己的观念和知识体系作了调整和充实，他们虽然在体系的源头上属于欧美的折中主义或是现代主义，但经多年与国情的磨合，到了 1950 年代和 1960 年代，已经成为一种复合型的、有强烈的实践理性精神的折中主义。他们在实际上倾向于将建筑看成是技术与艺术的综合。在 1950 年代至 1970 年代的建筑教育上，多数建筑系显示出以下一些特点：

（1）以批判的眼光审视西方建筑；包括审视现代主义作品，虽有关心的兴趣，但总体上与国际发展潮流脱节；

（2）强调功能性，强调类型性，强调综合解决设计问题的能力；

（3）强调切合国情，注意低标准，注重从实际出发，缺少对趋势性、前沿性内容的学习与思考；

（4）强调表现技能的基本训练，注意设计中对方法的运用而缺少对形式规律、空间理论等理性问题的系统教育与讨论。

总体来看，在这个时期的总的方针的影响下，学生对实际、对国情较为了解，对实践较为重视，又有艰苦奋斗精神和技巧性训练，基本功扎实，而对稍与政治禁忌相关的事物或知识的学习皆噤若寒蝉。在建筑哲学与原创性思维的培养上，存有缺憾。后来这些学生作为第四代的建筑师成为改革开放后的各级骨干力量。

18.1.2　1980 ~1990 年代的建筑教育状况

1977 年开始恢复高考，招生人数当年达到 327 人，1978 年恢复研究生招生，随着大规模建设对人才的需求，原已停办建筑学专业的学校迅速恢复专业及恢复招生，同时，许多未办过建筑学专业的高校也纷纷开设专业以至开办建筑系。1980 年代中期至 1990 年代初，建筑学人才炙手可热，民间学校也利用地域优势和分配优势跟上。同时，随着室内装潢的兴旺，环境设计人才需求量大增，几乎所有的美术院校和艺术系都办起了环境艺术或室内设计专业。至 1996 年，全国（不含港、澳、台地区）至少有 80 所院校开设建筑学专业，开设环境艺术与室内设计专业的学校也在 20 个以上，每年建筑学类本科毕业生超过 2000 人，每年建筑学类研究生毕业生超过 300 人。

学制方面，1980 年代除清华、同济为 5 年外其他学校为 4 年，1980 年代末为取得国际认可的资质，多数学校又恢复到 5 年制。1980 年代开始，推行学分制及学位制，建筑学的合格本科毕业生的学位为工学士，合格的硕士研究生毕业生为工学硕士。（1997 年实行注册建筑师制度后，部分学校的建筑设计专业研究生毕业生经评估为建筑学硕士。）由于教育经费的不足，各校自 1990 年代开始实行缴费及奖学金制度，实施将学习成绩与奖学金相联系的管理办法。1990 年代初建立建筑学评估制度，制定了建筑学专业教育评估标准，1992 年开始对本科生及 1996 年开始对研究生教学实行评估，凡评估合格者，发给证书。至 2008 年已有 38 所学校通过评估。

1980 年代开始成立建筑学专业指导委员会，负责对全国建筑教育给予指导和组织相关活动，最重要的活动是组织大学生的设计竞赛，大大推动了各校的教学热情和竞争精神。同时制定了建筑学专业本科教育（五年制和四年制）的培养目标和基本要求（讨论稿）。

1990年代初，我国开始制定国际通行又结合国情的注册建筑师制度，并于1996年开始实行，毕业生必须经过一定年限的实践和经过申请并通过有关考核才能取得执业资格，考试大纲对设计实践及相关规范、相关专业以至工作程序与管理的基本知识提出了要求，立即对建筑学等专业的教学方向与内容产生了影响。

1980年代，中国建筑教育面临的形势与工作状况与前一个时期是非常不同的。由于对左的思潮的批判，招生条件中终于取消了执行几十年的关于阶级成分的规定，以满足国内的大规模建设极需的大批建筑学类专业人才。长期封闭的国门打开后，国家鼓励并有计划派遣合格的毕业生出国深造，学生既面临艰巨的学习任务，也获得了空前多样的选择机会。各校建筑系的办学条件亟待改善，而教育经费长期严重不足，而图书售价却在市场调节下上涨6～10倍，计算机等硬件条件也处于艰难起步的阶段。但是由于外部环境大大改善，同时邓小平关于教育要面向未来、面向世界、面向社会主义建设的新的方针为新时期的教育发展指明了方向，改革开放的政策使各校具有通过学校自身的努力获得经济收入的可能，改善了教学的条件，因而教学的规模和水平都获得了巨大的提高。在教育思想上，1980年代的重要变化是关于教育观和建筑观的调整，教育不再作为谋得终生职业技能的手段，终生教育和继续教育的思想逐渐普及。在迅速发展的世界中，学校任何墨守成规的封闭教育都已落后于社会的需求，能力的培养重于知识的教授。作为基本的技能，计算机辅助设计在1980年代中期以后开始在国内普及，在1990年代中期以后已与国际接轨。外语的学习水平通过出国等社会需求的刺激迅速提高，国家制定的等级考试制度使外语学习层次稳定了下来。由于后工业文明的出现，文化人类学刺激了发达国家对人类文明的重新认识，国内兴起的文化热也波及建筑，建筑不再被简单地看作技术与艺术的综合，而是以一个统一了物质层面与精神层面、却又高一个层次的文化观念出现，影响到建筑教育，使其不再满足于对具象的空间形态的研究，而拓展到观念形态及建筑遗产背后的精神现象的研究。

1980年代以后建筑教育的另一种景象是加强了对外交流，大量学校接待来华访问的国外教授、学生和学者，不少学校聘请外籍教授短期任教，共同指导研究生，不少学校与域外学校有较为固定的教学交流计划。同时若干学校也接纳了相当数量的外国留学生、研究生和访问学者。为了与欧美的学校交流，结合重新变专业大学为综合大学的体制改革，不少院校在校系之间设建筑学院或建筑、城规学院，并在此后的不断调整中，改进校—院—系—室的关系，向发达国家的教授岗位制逐渐靠拢。

1990年代的经济振兴阶段使建筑教育置身于同市场经济的更密切的联系中，经济因素对教学体制给予了更大的影响，基本建设的潮涨潮落也使学校的教学秩序产生一次次的震荡。双向选择逐渐成为学生面向市场时的分配方式，求职成为左右学生学习的杠杆，教师与学生的价值观与昔日相比已同隔世，社会对建筑学毕业生提出了两种虽有联系但却十分不同的要求：一种是要求学生尽快适应设计实践的需求，向职业建筑师迅速靠拢，承担大量施工图任务，从而要求学校教学加强操作层面的训练；另一种是要求毕业生具有较强的方案能力，以在投标的竞争中获胜，从而要求学校教学加强创造性思维的训练。另一方面，社会转型的产业变换及经济刺激使得相当一部分学生不再从事设计或规划工作，而投身到管理、房地产、开发策划以至于商业和企业等领域中，1990 年代建筑教育在教育思想上所作的最大调整，是针对数十年来中学的应试教育所造成的高分低能状况在加强能力培养的同时开展素质教育，提高学生今后的职业应变能力。

1990 年代与上述要求相关联，却又是针对建筑学教育的一件大事是，由清华大学吴良镛教授提出的广义建筑学的观念。吴良镛是在目睹社会变化之快，建筑诸因素变化之快，传统建筑设计思路难以应对，从而提出开阔视野开拓广义建筑学的。他呼吁建筑学再不要沉醉于"手法"、"式样"、"主义"之中，而应介入社会及其经济、技术、环境、艺术等问题，介入城市变化的过程中，从追求绝对的秩序转化为寻找相对的整体秩序，以城市设计为核心将建筑与规划，也与景观园林环境的艺术融会贯通，以有机与整体的思维、系统论的方法，探讨新的建筑科学与建筑艺术。这种观念要求建筑教育更加开放，注重全方位教育，多学科整合和参与社会变革，更加强调原创性思维的培养，正在对课程、考核标准等产生影响。与广义建筑学的思路相一致，主管我国建筑教育的建筑学专业指导委员会及其成员针对八九十年代以后的变化，也通过其年会及其他活动强调，建筑设计不是建筑绘图，更不是一张渲染图，建筑学教育要培养学生面对中国实际综合解决各种矛盾问题的能力和培养创造性思维能力。因而各校在加强理论教学和技术基础教学，加强经济知识、法规知识等方面较 1980 年代前有所进展。

18.2　建筑学术活动

18.2.1　建筑学会及其活动

1954 年 10 月中国召开了中国建筑学会成立大会，时任建工部副部长的周荣鑫任理事长，梁思成、杨廷宝任副理事长，连同候补理事共 34 人，第二届理事会于 1957 年 2 月召开，连候补理事增至 92 人。

文化革命之前，建筑学会还召开过两次代表大会，明显地受到当时政治背景的影响。一次是 1961 年 12 月，时值贯彻"调整、巩固、充实、提高"八字方针，知识分子政策和文艺政策等开始纠正以往的左的错误，会议在广东的湛江召开，讨论了住宅设计等问题。一次是 1966 年 3 月，时值大抓阶级斗争，思想革命化，会议在延安召开，总结设计革命，检讨忽视政治、忽视阶级斗争及"干打垒"等问题。时隔 14 年，第五次代表大会在 1980 年代才得以召开。从此学会的活动才恢复正常。此时理事为 223 人，1993 年第七届理事会后各分会包括工业建筑分会、住宅分会、园林分会、建筑历史分会等才逐渐健全。

学会在 1954 年成立后就立即开展了有关学术活动，申请参加了国际建筑师协会，并参加了 1955 年 7 月在荷兰海牙召开的国际建协第四届大会，1957 年又参加了在莫斯科举行的第五届大会，会后杨廷宝当选为国际建协副主席。学会组织参加 1959 年莫斯科西南区的规划与设计的国际竞赛和 1963 年的古巴吉隆滩纪念碑设计竞赛等活动。在国内主持了南京长江大桥桥头堡设计方案的征集与评选工作，类似的工作在文化革命中才被迫中断。

五六十年代，建筑科学研究院和一些高校、设计院在对应用性较强的专项性建筑作过研究并出版标准图集外，还对民居、园林等建筑遗产作过调研，部分成果已问世，大部未及出版的成果在 1960 年代横遭批判，直到文革结束才重新受到关注，成果陆续出版。我国第一部系统总结中国建筑发展历史的著作——刘敦桢主编的《中国古代建筑史》汇集了众多学者的成果，是 20 世纪中国古代建筑研究工作的里程碑。以梁思成为首的学者们的成果《营造法式注释》和以刘敦桢为首的学者们的成果《苏州古典园林》也是 20 世纪中国建筑科学研究的巨著。

1980 年代以后，建筑学会及其各分会的活动频繁，各分会的年会还结合共同面临的实践问题及某些城市的特殊问题开展活动，不仅在学术上获得了提高，也为八九十年代各地的建设作了贡献。各学会成员协助建设部在 1980 年代完成的一项重大工作是重编、改编及新编了我国在新形势下的有关建筑设计的大量规范，为我国建筑提高到一个更适用、更安全，且与国外发达国家标准可以对话的新水平奠下了基础。

1999 年在北京召开的世界建筑师协会第 20 届大会是中国也是世界建筑界的重大事件。中国建筑师作为会议东道主和主要组织者为会议作出了贡献。会议通过的《北京宪章》回首百年，展望新世纪，面对复杂挑战，号召建筑师回归基本问题，从传统建筑学走向广义建筑学，扩大职业责任，努力建立一个更加美好、公平的人居环境，宪章力图从人类社会发展及其面临的危机这样一种宏大的视野中审视建筑学新的定位，也促成建筑学者将自己的工作推进到广阔的社会中，以适应人类发展的新需求。会议的影响是深远的。

由于土地的公有制及其他国情特点，我国大量的规划与建设工作必须以政府行为实施。中国政府在 1990 年代的机构改革中取消了大量的部、委之后仍然保留了建设部。这个在 1953 年成立的部在半个世纪中数易其名，其主要职责是研究拟定城市规划、城镇建设和建筑业、房地产业、市政公用事业等行业的发展战略及方针、政策和法规，指导实施及进行行业管理。对规划、设计、施工、教育等领域仍然负责着全面的管理责任。它是建筑学会等相关专业学会的挂靠单位和管理部门，并推动学会进行了大量的全国性与国际性的学术活动，1960 年代组织全国重点设计院编写了我国第一套建筑设计资料集，1980 年代以后，开展了众多的国内与国外的技术交流和会议，以 1999 年 6 月在北京召开的世界建协第 20 届代表大会为高潮。原建设部 1980～1990 年代除了完成对现有技术规范的修订工作外，还完成了《城市规划规范》、《风景区规划规范》等的制定，并促成了《城市规范法》、《土地管理法》、《环境保护法》、《建筑法》等法律和法规的制定和颁布，奠定了我国在建设领域中向法治转变的工作基础。1996 年后制定的注册建筑师、注册工程师、注册规划师条例则为我国建筑工程技术人员的资质管理确立了依据。

建筑学会成立后即成立了建筑学报编委会，梁思成任主任委员，编辑出版《建筑学报》，发刊辞中声明，学报是一个关于城市建设、建筑艺术和技术的学术性刊物。读者是建筑工作者，而以建筑师为主要对象。学报当时为季刊，定价依纸张不同为1.5或2.5元。两期以后，反对浪费运动开始，学报因发表梁思成等人的文章而停刊半年。半年后复刊，批判复古主义，批评浪费现象。到文化革命的1966年7月停刊之前还两次因政治原因停刊。1973年复刊为季刊，后改双月刊，至改革开放才又改为月刊。

建筑学会下还办了其他杂志，面向不同的读者群。同时各地大设计院，各高校也纷纷主办刊物，全国性的刊物如雨后春笋。1990年代后，大量有关建筑的报纸出现，除由建设部办的《中国建设报》外还有《建筑时报》、《市容报》、《建筑报》等，反映了空前活跃的中国建筑市场对信息、理论与交流的需求。

由于我国在1980~1990年代大规模地解决困扰中国多年的居住问题，改善了城乡人民的居住环境，以原建设部部长为首，中国在1990年代获得过8项联合国人居奖，包括唐山、深圳、沈阳、成都、大连等城市的环境工程受到国际上的赞扬。在国内推行国家性的中国建筑工程鲁班奖（国家优质工程），1987年后500多项重要工程获奖。相应地，对建筑设计的质量及标准开展了评奖，评选各级优秀设计的活动空前高涨。在这些评奖活动中，几十年中默默无闻的设计者的创作活动开始受到重视，1990年代我国授予一批建筑设计师以设计大师的称号。1992年，中国建筑界的5名成员被评为中国科学院院士。1994年，中国工程院成立，建筑界的第一批院士有3人，此后两院院士逐届增补。1986年2月，中国国家自然科学基金会成立，国家设立这项基金用以资助主要从事基础科学与应用基础科学的研究，是我国自然科学研究资助中的最高等级，建筑学被纳入材料工程学部，各个重点建筑学院承担了这项基金中的人居环境工程、城镇化、可持续发展等重点项目的研究。各地建筑界人士还参加了国家的星火计划、社会发展科技计划等科学项目和各省各市的应用性研究项目。

1980和1990年代，建筑专业圈外，各界人士对建筑的关心，无论在理论层面还是在社会影响的层面上都作出了贡献，并推动了建筑学的发展。

系统工程学的奠基人，中国科学院院士钱学森关于山水城市及建筑科学定位的论述是颇能启发人的学术见解。与钱学森提问相映成趣的是文化界，特别是文学界对建筑的厚爱，1990年代召开的建筑文化系列讨论会曾有1996年的建筑与文学专门讨论，作家与建筑人士共话建筑文化，并结集出版。不少作家都有专文论建筑，其读者群远远大于建筑圈。又有记者和作家专门研究建筑师和建筑现象，成果亦蔚然大观。旅游业对建筑的推崇，影视业对场景的深入，美术界与建筑的联姻，在1980~1990年代给建筑圈内外人士一个又一个的惊喜和一声又一声的棒喝。1990年代，城市市民更多地介入城市建筑文化，从建议、撰文到针砭尖锐的民谣再到民意测验的投票，形成了与开发商、上层路线活动判若水火的另一股洪流。1998年国家大剧院的设计竞赛成果在北京历史博物馆展示，每天数千名观众蜂拥而至，对方案表达了自己的见解，显示了人们对自己的生存环境，包括对自己的文化环境的关注。价值主体的形象与作用渐渐开始凸现。

18.2.2　注册建筑师制度与工作机制

在 1950 年代完成对建筑设计机构的国营化以后，中国的建筑师就是在各级设计院中开展自己的工作的。原解放区的供给制在 1950 年代改为工资制，适应以城市为中心的经济建设形势的需要。设计人员的工资是国家事业管理费拨款中的一部分，与建设单位切断直接关系，免除了设计人员由于经济原因屈从业主的弊端，又鉴于广大知识分子对社会公正、安定、国家蒸蒸日上的欢欣，工作是有效的。业主对设计人员的需求主要通过行政渠道和诉诸于政治因素来达到目的。设计单位领导及其上级主管部门就是提供这种渠道、化解有关矛盾的扮演者。随着长期的左的政策的影响及低福利的工作机制，特别是文化革命后期及以后一段时期，政治热情已被亵渎，这种组织机制滋长了本应是服务机构的设计单位的衙门作风，加之 1957 年后对建筑师树碑立传思想批判产生的负面作用，设计领导部门抑制设计人的作用，设计人亦不愿为此而承担风险和责任，强化了已经存在的无创造性的工作机制。

面对 1980 年代如火如荼的建设任务与开明、开放的政治局面，各设计院都开始了企业化的步伐，通过承担设计任务获得设计费来改善自己的工作与生活环境。设计人员的作用与设计机构的效益相连，建筑师的地位也逐渐提高。结合中国开放建筑市场迎接加入世贸组织等一系列活动，与国际接轨，建立中国的注册建筑师制度则为必然。1996 年，在考察了美、欧、日等地区的注册建筑师制度并研究了中国的设计院制度后，制定并推广了注册建筑师考试制度，1997 年以文化革命前毕业的第三、四代建筑师为基本力量，第一批注册建筑师约 1600 人正式获得注册资格。1998 年起通过考试，每年约 800 余人获得一级注册建筑师资格，1200 余人获得二级注册建筑师资格。同时原建设部又开始酝酿推行注册规划师和注册风景园林师的考试制度。

中国注册建筑师制度考虑了向国际规范靠拢的发展趋势，强调一定等级的建筑要由一定等级的注册建筑师担任设计负责人和项目负责人，并承担相应的技术责任和法律责任，同时为向项目经理制度过渡作了技术与法规上的考虑。由于在近期仍是以设计院这种形式为主要工作方式，中国的注册建筑师制度又具有目前这个时期的中国特色。它要求注册建筑师的注册章必须有所在设计院的编号，规定建筑师仅以个人的身份不具备承接正式工程设计的法定资格。随着市场经济对中国建筑设计市场的冲击和体制改革的深入，中国注册建筑师制度还面临着社会发展中的再协调任务。

第 19 章　台湾、香港、澳门的建筑

19.1　现代台湾的建筑

19.1.1　台湾的环境和历史

台湾史称岛夷、夷洲，是中国领土的一部分，它西隔台湾海峡与福建省相望，东临太平洋，北部隔海接琉球群岛，南部隔海邻菲律宾群岛。海岛型环境及由此产生的近代地缘政治变化使近现代台湾的发展，包括建筑的发展，呈现出与其他各省不同的特殊路径。

台湾居民以少量高山族等少数民族和大量从福建、广东迁来的汉族居民构成。传统的社会经济结构原本与大陆无异，文化上属于闽南文化的分支。清代的建筑有民居、寺庙、衙署等。

17 世纪荷兰人和西班牙人先后登陆，并盘踞台湾，1661 年郑成功收复台湾，1683 年清政府取代郑氏治理台湾长达 200 余年，凭借优越的港口及气候条件，台湾渐渐开发。1895 年中日甲午战争，清廷战败，割台湾、澎湖予日本。在此后的 50 年中，日本占领者在实施政治压迫的同时，为了便于经济上的掠夺，进行过一定规模的基础建设，包括铁路、银行、矿山、学校、医院和市政设施，并为此制定了相应的法规，在客观上为台湾社会的转型及战后的发展作了若干铺垫。1945 年台湾光复，最初几年作为边远省份缓慢地发展。

19.1.2　台湾 50 年来的建筑发展轨迹

1949 年国民党政权败退台湾，携去资财与人才，相当一批工程技术人员也于此时移居台湾，为台湾注入了发展的有力的新的因素，台湾由此出现了异于昔日的发展格局。1950 年代的朝鲜战争和 1960 年代的越南战争促使台湾的战略地位上升，美国也向台湾提供经济援助，为战争生产军需物资，使台湾获利甚丰。国民党政府在实行戒严令以加强军事与政治控制的同时，也渐渐将经济列入议程，台湾社会逐渐由 1940 年代的农业经济为主向以工业经济为主的形态转化，至 1980 年代，终于成为亚洲经济四小龙之一。1990 年代，由于良好的外部投资环境与信息等新产业的发展而向技术密集型经济过渡。与这种经济发展过程相随，台湾 50 年来的城市与建筑发展经历了三个不同的阶段：萌动期、升腾期与拓展期。

1）萌动期

这个时期大约为整个 1950 年代和 1960 年代前期。此时经济落后，工商业也不发达。大陆涌入的大量人员缺少栖居之地，只能从简建设，新建筑层数低矮。规划与建设主要沿袭日据时代的法规，直到 1957 年才制定违章建筑处理办法。

1953～1960 年的两期四年计划获得成功后，社会向工业形态转轨，就业需求增加，乡村人口涌入城市，城市开始扩张。替代传统民居、代表新的都市生活的公寓式住宅应运而生。每户建筑面积 27～50m² 不等，且重量不重质，这种使用公共垂直交通空间、有上下水与浴厕的住宅被称为"集合住宅"。1961 年，《台湾省鼓励投资兴建国民住宅办法》公布，推动住宅建设，1963 年台北"光武新村"和 1964 年南机场公寓成功售出，为上层人士兴建的"花园新城"也于 1964 年完成。

初期商业仍沿袭旧法，是连栋式的店铺，1961 年经规划建成台北中华商场，内容包罗万象，在 1990 年代被拆除前长期作为台北的商业中心。学校、医院、办公楼建筑也是在 1960 年代有较多发展。由于经济初兴，加上政治的制约，建筑创作基本是延续 1949 年前大陆各大城市建筑设计的思路，无论是古典主义还是现代主义，变化不算太大。然而海岛文化的乐于吸纳的特点，美国与日本的新旧影响，美国大兵在岛上直接消费的需求，外国资本的直接介入和外围建筑师的直接参与，都使国际风尚成为岛上时尚，因而台湾这一阶段的建筑发展已经呈现了既不同于大陆，也不同于昔日的发展趋势。

2）升腾期

这个时期大约从 1960 年代中期到 1970 年代中后期。1961 年台湾陆续制定与推出各项经济改革与鼓励外来投资的条例，1965 年通过《加工出口区设置管理条例》，1966 年 12 月，高雄加工出口区正式诞生，台湾经济日渐繁荣，外汇盈余，1965 年美援停而经济发展速度不减，建筑业也进入升腾期。1970 年代，政府推行十大建设项目，营建高速公路，建筑业空前踊跃，城市开始膨胀，乡镇亦在发展，地价上涨，房地产业兴旺。1968 年台北人口逾百万，改为直辖市。因原有法规无力约束，1960 年修改建筑法；1964 年又增修建筑技术规则，1964 年修改都市计划法。这些法规针对台湾多台风、多地震及航空限高等多种要求，对大城市各类建筑的高度作了规定，在制约了开发商无限攀高的同时，也使城市商业街区如台北的南京东路那样，出现了一律 12 层、高 35m 的单调与封闭的景象。结构体系在这一阶段也弃砖混而全面采用钢筋混凝土。

1970 年代后住宅大发展，仍以集合住宅为主，每户面积增大，层数增至 5 层，房地产建设公司崛起，住宅商品化与商业文化对居住建筑的渗入成为主流。公共建筑类型拓展，电视等新型传媒使电视台、报社业的建筑兴旺起来，商业化出租的办公楼建筑大量兴建，第一个自助式大型超市在台北忠孝东路开业，开始了台湾购物形态改变的进程。1968 年《九年国民教育实施条例》促进了中学的兴建，高等学校建筑也有所发展。

这一阶段由于经济发展，建筑师创作的舞台变得十分宽阔，与前一时期音讯封闭相比，此时对现代主义的认识已从形的认知模仿到理念的把握与调整，若干从美国回台的建筑师如王大闳等因在美国对现代主义的耳听面授而颇有修养与见地。在古典主义手法上也不再局限于老套路而作了乡土主义和哲学等方面的更多的探讨，如李祖原的创作即是。然而，本质上说，台湾本土文化依然是定位于实践理性主义品格的中华文化的一支，民众也不会因留学人员对现代主义的推崇就立即转变他们的建筑观。因此，古典与现代两种思潮在同台湾的设计市场汇合时，必然都会发生调整。即使拓展期的到来，这种调整也势难避免。

3）拓展期

这段时期可以从1970年代后期算起延续到1990年代末。1976年台湾制定了六年经济建设计划，经济从劳动密集型向技术密集型转化。1980年正式建立新竹科学园。台湾经济逐渐与一体化的世界经济紧密对接，而两岸关系的缓和则提供了台湾资本的新流向，台湾经济不再是孤岛上的经济。在建设方面，1976年针对前一阶段土地开发中的弊病公布了《都市计划法省市施行细则》，1979年已公布《区域计划法》，规定都市土地与非都市土地的不同用途，并将风景优美，天然资源丰富区域划为国家公园，限制建设的内容与规模。台北市则于1983年公布《台北市土地使用规则》，开始了以容积率而不是以建筑密度和高度来控制房地产开发。1983年还公布了《山坡地开发建筑管理规则》，限制山地的不适当开发。这些法规显示了对已经日趋严重的环保、生态、城市特色等危机的应对。

这一时期的住宅渐渐两极化，都市因地价昂贵而建高层住宅，如大安国宅、兴安国宅即是，而在郊区则自1980年代起，独院式住宅获得新的发展与变化，将室外绿地适当集中，共同使用，丰富景观的同时加强管理，如台中唐庄，台北家天下。

在升腾期已经崭露头角的民间企业集团因财富的积累及商业形象的需求大建公司总部办公楼，形成了足以与官方建筑比美的城市新景观和新标志。其材料、技术皆迅速靠拢国际标准，其风格亦为国际跨国公司通常的形式，现代和后现代及各种有广告意义的手法在建筑中皆有尝试。

经济发展与生活水准的提高，对教育、医疗的需求亦提高，中学生升入高等学校人数已占25%，大量学校因而在拓展期兴办，尤其是高等学校，如高雄中山大学，嘉义中正大学等，中小学的建设及环境改造亦不断进行。

19.1.3 台湾的建筑创作

1950年只有成功大学有建筑系，毕业生成为台湾建筑界的中坚。1960年代后东海、文化、中原、淡江与逢甲大学也办起建筑系。1970年代，留美、留日的建筑师返台开业，成为当代台湾建筑界的主流。并把留学国的建筑理念与手法带回。以下为台湾半个世纪的代表性作品：

（1）台湾大学傅园（图19-1），1951年建，傅斯年原为北大校长，1949年到台湾后按北大模式建台湾大学。傅园是在他去世后为纪念他而建的，使用了标准的多立克柱式和埃及方尖碑，西洋古典的傅园反映出部分刚刚抵台的中国知识分子的理想与对学术的认识。

（2）台湾高雄银行（图19-2），1950年陈聿波设计，反映了1950年代初影响台湾建筑的因素，既有作为主流的官方文化的引导，也保存着战前台湾流行的日本式现代主义。

（3）台北南海学园科学馆（图19-3），1959年建，卢毓骏设计，下部为折中主义的3层办公楼作为基座，上部为类似天坛的会堂。卢毓骏1930年代参与过西洋古典的中央大学礼堂建设，此时又以中国古典的形式完成南海学园科学馆的设计，既表现了大陆赴台的一批老建筑师兼学中西的修养，也显示了此时台湾传统的复兴仍在延续1930年代复古主义与折中主义等的基本思路。

（4）台湾大学农学馆（图19-4），1963年虞日镇设计，平面布局简洁，师承现代主义手法，外墙包嵌陶土空心管，形成通风花格，既适应了台湾气候的通风、遮阳要求，又显示了建筑构件的新韵。

（5）台北八里圣心女中（图19-5），1962年，教会学校圣心女中在国外募款后邀请刚刚完成代代木体育馆设计的丹下健三承接校园设计任务。丹下强调师生之间的多种方式接触，校园因而为学生和他们的交往提供众多的室内与室外有变化的小空间，立面、剖面处理皆具匠心，亦为台湾建筑师提供了新的启示。

图 19-1 台湾大学傅园
（引自《台湾建筑百年》）

图 19-2 台湾高雄银行
（引自《台湾建筑百年》）

图 19-4 台湾大学农学馆
（引自《台湾建筑百年》）

图 19-3 台北南海学园科学馆
（引自《台湾建筑百年》）

（6）台中东海大学路思义教堂（图19-6），1960年代建起。东海大学系私立学校，众多的建筑师为东大校园及各系馆的设计作出了贡献。校园摒弃复古主义手法，而以现代精神汲取雅文化传统。美国人路思义捐款在校园内建教堂，最终委托贝聿铭设计，台湾建筑师张肇康与陈其宽亦参与设计与施工过程，1963年建成。教堂由四片双曲面混凝土大薄壳构成，展现出"亦柱、亦梁、亦墙、亦顶"的建筑构思，结构之美与宗教的形式表现高度统一，是台湾现代主义的典型范例。

（7）台北医学院形态学大楼（图19-7），1965年建，吴明修设计。钢筋混凝土框架，底层架空，面层清水混凝土，不加饰面，而着意于构件的韵律与室内经营，作品有日本现代主义的显著影响。

（8）台北嘉新大楼（图19-8），1968年建，沈祖海、甘洛与张肇康合作设计。设计遵循现代主义原则，推敲比例，经营空间，删除附加之物，形式浑厚而不失精致，造型庄重，入口明确。此建筑及接着由沈氏设计的再保大楼系台湾办公大楼高层化开始的里程碑。

（9）台北孙中山纪念堂（图19-9），1972年建，王大闳设计。王氏毕业于哈佛，受现代主义大师格罗皮乌斯思想系统熏陶，但面对台湾业主的怀旧情结，亦无法搬用欧美技法而不得不另辟思路，终于以较大的突破完成，设计没有拘泥于琉璃瓦和红柱子，而以曲面、曲线和色调取胜，在当时

图19-5 台北八里圣心女中
（引自《台湾建筑百年》）

图19-6 台中东海大学路思义教堂
（引自《世界建筑》1998.3）

图19-7 台北医学院形态学大楼
（引自《台湾建筑百年》）

看来走得较远，而在已近国际化的后人看来又属于复古潮流，王氏竟能成功，其坚持现代理念又能得传统思想精髓是其主观原因，纪念馆周围优美的空间环境及金色的曲面屋顶的使用则是其客观条件与直接原因。王氏的另一作品，台湾当局的"外交部"大楼则是模仿南京外交部大楼的台湾新版，显示了初去台湾的国民

党人士对原居地的念念不忘，就王氏本人而言，则缺少了较大突破的机会。

（10）台北圆山大饭店二期工程（图 19 - 10），1971 年建，杨卓成设计。饭店为一高档旅馆，平面及结构与通常旅馆无大不同，但以复古主义手法包装，红柱身，金黄色重檐瓦顶，重檐的大门廊，地势高爽，环境优美，建成后即成为台北的标志性建筑之一，饭店的豪华包装与其说是设计的成果，不如说是业主怀旧与显示权贵地位的愿望的物化。杨氏的另一作品是 1977 年完工的"中正文化中心"（图 19 - 11），是更具官方背景的一组作品，其音乐厅与戏剧院较台湾其他复古主义建筑更为准确地反映了清官式建筑的细部做法，屋顶的变化也显示了建筑师的职业技巧。但建筑的时空转化，岁月流逝与审美主体的换代，使这一作品可能将成为对"正统"文化追索的最后一波，作为潮流，终于为 1980 年代追求台湾乡土情调的新风所取代。

（11）台北善导寺慈恩楼（图 19 - 12），1984 年建，这是一幢宗教建筑，宗教在现代社会并不消亡已为人们认识，但宗教建筑所营造的神圣空间是否仍要依循旧法却是新问题。现代城市中地价的昂贵使昔日习惯沿地平面舒展延伸的庙宇建筑群不得不缩

图 19 - 8　台北嘉新大楼
（引自《台湾建筑百年》）

图 19 - 9　台北孙中山纪念堂外景
（引自《台北画刊》1997.11）

图 19 - 10　台北圆山饭店二期工程外景
（引自《台北画刊》1997.11）

图 19 - 11　台北中正文化广场鸟瞰
（引自《台北画刊》1997.11）

成一团，台湾城市中不少小庙不得不与办公用房等世俗功能栖居一楼，却仍坚守着原来定型了的大屋顶就是这一问题的尖锐化表现。善导寺慈恩大楼是中国建筑师第一次有机会按照新的技术逻辑营建神圣空间，并以新法对传统风韵有所体现的一个案例。随着主体即信徒的观念的变化，使用这种更为合理、自然的营建方式的机会当会继续增加。

（12）台北市立美术馆（图 19-13），1983 年高尔潘设计，建筑以雕塑语言诉说其艺术使命，具有视觉冲动，或者与中国传统的结构逻辑相吻，但其原型仍属引进。

（13）澎湖青年活动中心（图 19-14），1984 年，汉宝德设计。1980 年代是后现代主义在世界兴起的时代，作为全面接受现代主义原则的建筑师，汉宝德一如王大闳那样，在台湾的建筑市场中不断磨合与调整，汉氏对传统文化造诣甚高，此建筑是他汲取后现代主义的一些理念，研究了澎湖乡土建筑后的作品，低层墙体使用澎湖海边的地方石材作贴面，屋顶、窗户等也都可找到与民居的联系。汉氏后发表《我的大乘的建筑观》，表示对大众文化的理解。与此建筑相似且更为强化传统的，还有朱祖明设计的剑潭青年活动中心和李祖原的大安国宅，李氏将闽南民居的形式语言抽取后用在高层公寓，使原本无特色的公寓有了特色（图 19-15）。

（14）台北宏国大厦（图 19-16），1984 年，李祖原设计。李祖原是汲取后现代技法完成对中国文化再创造的台湾建筑师中最有影响力的一位，其作品视觉冲击力甚大。宏国大厦是他在完成若干作品后尽兴挥洒的一处杰作。木结构的趣味与石雕楼的趣味集于一身，雄伟端庄，气质不凡。李氏此后的作品似乎沿此路

图 19-13　台北市立美术馆
（引自《台湾建筑百年》）

图 19-12　台北善导寺慈恩楼
（引自《台湾建筑百年》）

图 19-14　澎湖青年活动中心
（引自《台湾建筑百年》）

一发而不可收，夸张的手法有增无减，使若干建筑如中正大学等附丽了过多的赘物，使已经混乱的世界更加混乱。

（15）屏东垦丁凯撒大饭店（图19-17），1986年，施丽月设计，是新乡土建筑的成功范例。该饭店是一座五星级休闲宾馆，建筑结合周围优美的自然环境，在一小小山坡上平缓展开，造型是从当地民居的白墙、黑瓦、坡顶的形式语言中提炼、抽象而出。屋顶用木瓦，外墙贴石材，阳台用木扶手，较好地体现了通过研究环境与生态来从事建筑创作的思路。

图19-15　台北大安国宅
（引自《台湾的住宅建筑》）

图19-16　台北宏国大厦外景
（引自《台北画刊》1997.11）

图19-17（a）　屏东垦丁凯撒大饭店外景
（引自《台湾的商业建筑》）

图19-17（b）　屏东垦丁凯撒大饭店入口

（16）台北世界贸易中心（图19-18），1986年建，沈祖海事务所设计。该建筑群系包括展览、会议、办公、住宿的庞大建筑综合体。仅展览大楼就占地8000m²，体量庞大，建筑设计中将之化整为零，通过变化有致的阶梯状体块组合，成功地消解了体量的庞大感，并形成丰富壮观的天际线。

（17）台北新公园2.28纪念碑（图19-19），1993年建，系一竞赛优胜方案，王俊雄、邹自财、陈振丰与张安清合作设计。2.28 事件是 1947 年国民党政府对台湾人民的一次镇压活动，3 万余人被害。40 多年后终于甄别平反，并在台北新公园建碑纪念。设计以几何构成的手法，创造了集优美与崇高的审美感于一体的造型，设计通过虚与实、高与低、精与粗、刚与柔的对比及良好的小环境，为悼念者提供了一个肃穆的场所。

（18）台北新光大楼（图 19 - 20），1993 年，郭茂林与 KMG 事务所设计，高 51 层，为 1990 年代台北第一高楼，底层为百货商场，中部办公楼，顶部有观光餐厅。外墙采用铝墙板及玻璃带形窗，它是 1990 年代国际合作的产物。

图 19 - 18（a）　台北世界贸易中心
（引自《台湾的商业建筑》）

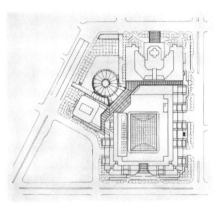

图 19 - 18(b)　台北世界贸易中心总平面

图 19 - 19　台北新公园 2.28 纪念碑
（引自《台湾建筑百年》）

图 19 - 20　台北新光大楼
（引自《台湾建筑百年》）

（19）台北市政府（图19－21），该建筑历时10余年，1993年建成，为吴增荣、陈碧潭、李俊仁建筑事务所设计。平面采用双十字形，以喻辛亥革命纪念日，虽为现代主义建筑，却不可避免地带有中国文化中对有意味的形式的追求，且摆脱不了中国官方建筑威仪型的传统。

（20）台北华视大楼（图19－22），1994年，丁达民设计，是紧步国际高技派后尘的作品，借法规对建筑后退的要求，创造斜向墙体，并将金属骨架外置，顶部设停机坪，因系电视大楼，设施先进，属智能化建筑。

（21）台北富邦金融中心（图19－23），1995年建，姚仁喜与SOM的LA事务所合作设计，地下6层，地上24层，幕墙亦使用铝膜板与玻璃，且做成曲面，施工精致优雅，是国际化的SOM风格。

图19－21　台北市政府大厦外景
（引自《台北画刊》1997.11）

图19－22　台北华视大楼
（引自《台湾建筑百年》）

图19－23　台北富邦金融中心
（引自《台湾建筑百年》）

19.2　现代香港建筑

19.2.1　香港的环境和历史

香港位于珠江口东侧，范围包括九龙半岛、香港岛、新界及被称为离岛的大屿山及其他岛屿，陆地总面积为1092km²。考古发现证明，新石器时代的中期，这里已开始有人居住。捕鱼、采珠、煮盐是古代香港的主要产业。明代以后香港逐渐成为外国商船到广州贸易时的泊口，具有经济和军事价值（图 19-24）。鸦片战争前的香港，在新界等地还有大型的围村和繁荣的墟市。建筑类型以居住建筑为主，另有庙宇、祠堂及店面等。它们在形式上属于珠江三角洲地区的院落式建筑，不少留存至今，如邓氏吉庆围、新田文氏大夫第、上水廖氏万石堂等。

图 19-24　鸦片战争后 1857 年的香港
（引自《Hong Kong Architecture》）

1842 年鸦片战争后，英军侵占香港，随后又逐渐蚕食九龙半岛和新界，实行了长达 150 余年的殖民统治，直到 1997 年 7 月，中国政府正式恢复对香港行使主权。在这 150 年中，英国在香港设立军事基地，设立总督府，并宣布香港为自由港，经过一百多年的实践，这种自由港的特征是：①经商、办企业、进出口、外汇兑换高度自由开放；②以金融为主导的多元化经济结构；③市场经济高度国际化。由于香港的地理位置及鸦片战争后新的地位，也由于自由港政策，为众多的经济门类的发展提供了机会，还由于香港各界人士的艰苦奋斗与牺牲，及与这种奋斗相随的港英政府政策法令的调整，香港经济一步步地发展起来，香港从 1842 年时一万余居民的小岛发展成 20 世纪 90 年代的 600 万人口的国际都市。

19.2.2　香港的城市设施

香港本是一个多山、多岛、少平地的地区，平地只占总面积的 16%，80% 以上的土地为倾角达 30°~40° 的山坡地，又无大河大川，城市用地和能提供的人居环境非常有限，然而优良的深水港注定了它成为转口贸易的商埠，注定了可通过人工环境来拓展。早在 19 世纪 50 年代就开始了填海工程，1980 年代开始了为时 15 年的 3km 长从屈地街到中环的填海工程。由于人口增加迅速，商贸发展，因而虽然填海工程艰巨，投资浩大，香港政府仍然在一百多年中累计填海 40 余平方公里，占建成区的 1/5，中环商业区、湾仔、维多利亚公园、启德机场等皆因填海而成。20 世纪 70 年代以后进一步加大填海规模，沙田新市镇、大埔工业区的一部分及赤鱲角新机场皆为填海而成。由于历史的原因，香港政府拥有香港地区的土地所有权，通过法律又规定，政府可以从发展商的填海计划中无偿获得 30%~50% 的新建土地，地产商则可将新土地用于发展或转卖，但免税期届满后则要纳土地税，通过这一系列政策，香港政府不仅获得土地，也通过高价拍卖获得巨额收入。

作为转口贸易的港口，香港每天有 530 艘以上远洋船舶进出港。每天至少有 5000 艘本地船只在港内作业，维多利亚港是优良深水港，原有码头满足不了航运的发展需要，因而在港区内设有大量供远洋轮船寄碇的系泊浮筒，借助驳船往来穿梭接发货，这使得香港成为世界上最繁忙也是效率最高的港口，这一趋势还将持续下去。

香港与外界的航空联系在 1998 年以前是通过 20 年代兴建、1930 年代启用的九龙启德机场完成的，经过不断地扩建与改善管理，该机场承担了 20 世纪后半叶的大量客运与货运任务，成为世界上最繁忙的机场。1997 年后，赤鱲角新机场建成，可接纳年过境旅客 3500 万人，年货物吞吐量达 1320 万吨，成为世界上最大的机场。

香港与内地的联系除了船运及近年的公路运输外，陆路由 1910 年建成的广九铁路承担，1980 年代初期铺设双轨，并推行电气化计划，日载客量达到 50 万人次。香港岛与九龙半岛的联系过去依靠驳船，1970 年代开始建设海底隧道，1980 年代又加建东区海底隧道。港区内的公共交通，自 1970 年代开始实施了地铁计划，1980 年代下半叶完成，每 2.5 ~ 3 分钟一班车，日载客量达 210 万人次。

香港本身无大河，淡水资源与数百万人的用水需求相距遥远。为了让山地溪流的雨水不流入大海，香港的 1/3 的地区已建成为蓄水塘，以便截留淡水。1964 年起又同广东省达成由东江经深圳调水入香港的协议，至 1980 年代末年供水量已达 8.2 亿 m^3。同时从 1950 年代开始，香港使用海水冲洗马桶，是世界上最早建成的海水系统。此外香港还建有世界上最大的海水淡化工厂，因成本过高，备而不用。

香港的电力由香港的几家火力发电厂供应，1980 年代电量有剩余，1980 年代开始兴建的广东省大亚湾核电站建成后，提供 1990 年代后香港增加的用电量。

通过这一系列的公共设施，香港逐渐形成一处条件优越、成本颇高的人工生存环境，依靠这种便利的环境，更依靠强有力的经济刺激，香港的城市和建筑发展起来。

19.2.3　香港建筑的发展轨迹

早在二战以前，香港已经形成以维多利亚港两岸为中心向外辐射的城市地带，二战中，日本侵略者占领香港，城市人口外流，经济凋敝，战后的 1947 年香港人口迅速回升达 180 万人，1947 年至 1950 年，依靠转口货易再次发展。1950 年代以后，香港的建筑业与其经济发展亦步亦趋，大致可以划分为三个阶段：

1）转型期

1950 ~ 1970 年初，为转型期。它既包括了香港经济大调整的转轨时期 (1950 ~ 1960 年) 也包括加工业的成形期 (1960 ~ 1970 年)，就香港建筑而言，它完成了自身与世界的连接，完成了建筑业的准现代化，完成了为香港多数人居者有其屋的任务。

1949 年前后，数十万人涌入香港，香港这弹丸之地最尖锐的问题本来就是居住问题，而此时人口增至 210 万人，大量新居民栖居街道，郊区和船上，大量新居民占用公共土地建木屋，1953 年圣诞夜的一场大火，使 53000 人无家可归，这促使了香港政府全面介入大规模和有效解决居住问题的行动。1935 年时，香港曾规定居住建筑不得超过 4 层，1935 年后又允许 5 层，每个成人的居住面积标准为3.25m²，此时决定全面修改建筑法规，为了安置灾民住宅可达6~7层以至于十几层，使用共用卫生设施、人均2.23m²（图19－25）。这一阶段，街区公共设施严重不足，缺少停车场，小学校都建在房顶上，直到1968年，才又恢复3.25m²的指标（图19－26）。至1957年，约120万人迁入低标准的新居。

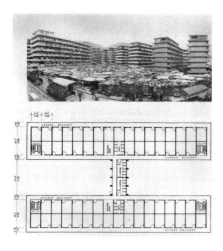

图19－25 香港1950年代的住宅

（引自《Hong Kong Architecture》）

图19－26 香港1960年代的住宅

（引自《Hong Kong Architecture》）

另一方面，朝鲜战争期间，对中国施行的贸易禁运政策严重损害了香港的转口贸易，香港经济向用地少、劳动密集型的小型加工业转轨，这也促成了工业楼宇的发展，无论是工业楼宇还是低标准住宅，受经济困窘的制约，且需短期建成，因而只能采取工业化的方法，现代主义的设计原则自然最先、也最广泛被采用。此时，香港法规松动，土地利用率提高，房屋间距与高度的比例急剧减小。由于香港地处低纬度亚热带，日照角高，又濒临海洋、海风多，因而间距的减小在突破原有受宗主国影响的法规后，并没有使居住者达到危及健康与无法忍受的地步，倒是使风水学说得以进入现代择居探讨的领地。在这个时期，房地产业迅速成为香港经济中的一大重要产业。

2）拓展期

1970~1984年，约15年前后，这是建筑业的拓展期。这个时期，香港的工业开始向资本密集与技术密集阶段转变，制造业中，制衣、电子、玩具、钟表先后进入世界前列，这种高速度的进展自然为工业楼宇和货仓的建设提供了动力，工业建筑的发展因而就与香港制品的出口表现呈同步发展关系。另一方面，香港的城市设施在第一个阶段积累资金的基础上进入大规模拓展阶段，地铁、海底隧道、电气化铁路等都为建筑的技术更新与现代化提供了驰骋的疆场。在城市中心与居住建筑方面，香港政府制定《香港发展策略》，规划期限定为2000年，决定以海港为中心发展5个次区域，规划中对各区土地用途、运输和环境皆制定了全面而长远的发展纲要，并为此制定相应的法规。1972年港督宣布了大规模建设公共房屋改善港人居住环境的"十年建屋计划"，计划到1983年兴建72个公共屋村，解决 180 万人的居住问题，后来虽然由于石油危机的影响调低了目标，但仍取得很大的进展。荃湾、沙田、屯门、元朗等新市镇逐渐成形，此时香港的住宅设计已经不再是第一个阶段的低标准住屋，而是形成了布局紧凑、密度极高、有较好卫生设施的塔式高层住宅设计模式，它为 1990 年代内地南方大城市的高密度高层住宅的设计提供了借鉴。以财富的积累和市场的需求为目标，香港的娱乐建筑、度假村、公共建筑也取得了众多的成就。

3）成型与大发展时期

第三个时期 1985～2000 年，大约 15 年时间，这是香港经济的成型期，也是香港建筑在总体上成型与大发展时期。

1980 年代，中国政府"一国两制"的构想与中英之间关于香港前途的谈判，奠定了这个时期香港发展的基础，1989 年中英关于香港问题的联合声明在北京草签，为香港人带来了信心和前途。其后有波折，但发展势头不减，由于改革后的内地经济需求极大地刺激了香港的转口贸易，劳动力市场的开放使香港全部的劳动密集型和部分技术密集型的工业将生产基地移至珠江三角洲，香港产业获得了质的飞跃，电子业跃居制造业首位，金融业成为全部产业的龙头，第三产业迅速发展。1984 年香港各业的总产值达 248 亿港元。1991 年攀升至 633 亿港元。在这种形势下，工业楼宇需求增幅减小，而写字楼和其他第三产业建筑供不应求，企业总部大楼出现了争相攀高的趋势。在居住建筑方面，港府于 1988 年推出长远房屋策略，将工作重点从政府建公屋转向以提供贷款帮助居民购买私人楼宇的形式，又批准成立"土地发展公司"，统筹香港的"都会计划"，开始加大力度改造港口两岸的老市区。巨大的财力后盾和良好的前途，不断刺激房地产业，优厚的条件为国际和香港的一流设计在这寸土寸金的土地上显示技巧提供新的机会。

19.2.4　香港的建筑文化与建筑师制度

香港的特殊环境及半个世纪以来的新发展造就了今日香港的建筑文化。早在 19 世纪，香港居民的 90% 以上都是华人，以后涌入香港谋生者仍以华人为绝大多数，因而中国文化始终是香港文化的主要成分。然而，从英国侵占香港开始，英国的文化就成为香港的强势文化、贵族文化和统治性文化，香港的法律、法规、教育、贸易无不以英国的规范文化为蓝本，以英语作为香港的官方语言，直到 20 世纪 90 年代才出现双语的要求。而英语又是一种国际商用语言，在一切以投资的回报率为天平的香港，教育、文化亦如此，20 世纪 30 年代经英国教育家呼吁及政治上的考虑，港督在香港大学开设中文系，1960 年代组建中文大学，但英语始终是香港的教学语言。华人家庭出于在国际自由港的生存考虑，无不要求后代将通晓英语作为奋斗目标。二战后美国的影响使美式英语在商业、娱乐等圈子内成为时尚。然而，香港的转口贸易中毕竟与内地贸易是大宗，以 1991 年为例，占港转口贸易的 26%，远高于它处。对中国规范文化的熟悉，正是港人的优势，商业运作中港人又始终汲取东方式的亲缘关系作为企业组织整合的要素，带有强烈的传统文化烙印。香港的现实决定了香港文化是中国文化与欧美文化尤其是盎格鲁撒克逊文化的交汇产物，特别是 1970 年代以后，崛起的新生代的港人逐渐在自由竞争的各条战线上取代英人，以富有现代气息与香港商业实用主义形象出现后，其相应的流行文化逐渐以此背景登上世界舞台，冲击着中国大陆和东方。其特色是淡化政治，重在实利，技术求精，却缺少终极目标，然而也绝不缺乏具有活力与洞察力的前沿性思索。在这种态势下发展的建筑亦如此，建筑设计长期以英国规范作为设计规范。与民间的中国式的俗文化成对比，前期大量建筑流溢着贵族气息。对国际流行的技术，以追赶时尚为目标，信手拈来为已服务。1970 年代后，华人在商界地位升攀，俗文化以风水学说的形式与国外时代潮流汇合，一如福斯特的汇丰银行，虽然按照高技派的原则设计，却按着风水先生的"指点"，将自动扶梯扭转了一个角度。

　　开埠之初，香港没有独立的建筑师事务所，重要设计主要由公用事业局的英国建筑师承担。1868 年，由英国组建了香港本地第一个建筑事务所——巴马丹拿事务所（Parm & Turner Architects，过去译为公和洋行），随后其他 8 所英国事务所相继成立。香港的建筑资质实行"认可人制度"，1903 年规定，只有在政府注册的"认可人士"才具有法律认可的出图签字资格，此制度带有贵族文化的强烈印记，且一直沿用了下去。二战后，范文照、徐敬直等一批著名大陆建筑师来港，1950 年香港大学建筑系成立，其系主任布朗（Goden Brown）为现代主义潮流涌入香港身体力行，在香港建筑师中发挥了领头羊的作用，并开始了对本地建筑师的培养。1956 年香港建筑师协会成立，1972 年改名为学会，同年该学会设立了建筑师专业考试制度，考试合格可得英国皇家建筑师学会认可。直到 1996 年修改的建筑条例才将注册制度与认可人士制度一并考虑。规定只有通过考试取得注册资格的建筑师，才有资格向政府委认的"认可人士注册委员会"申请作为认可人士，向公正、公平竞争跨入一大步。

19.2.5　现代香港的建筑实例

　　（1）香港中国银行大厦（旧楼），1950 年，陆谦受设计（图 19-27）。建筑在香港中环皇后大道，毗邻汇丰银行，造型与风格与 1935 年建成的汇丰银行相近，显示了一种和谐的关系。属于现代主义前期作品，陆氏 1930 年代即曾与公和洋行合作，对同样风格的上海中国银行大厦作折中主义的改造，他 1940 年代末来到香港再次与公和合作，完成了这一作品，与老汇丰一样，借用美国 1930 年代摩天楼的形象，再加上些中国的装饰。然而 1980 年代汇丰银行拆旧楼建新楼，新汇丰银行以时代明星出现，剩下的老中国银行成了怀旧的对象。1990 年代中银大厦新楼在新址落成，此楼改为分行使用。

　　（2）香港新市政厅，1962 年建成，费雅伦（Allanm Fitch）设计（图 19-28）。建筑包括音乐厅、剧院、展览厅、图书馆和酒楼等设施，布局分高层、低层、纪念花园和回廊等。高层外形采用包豪斯风格，暴露结构，以玻璃作为围护墙，低层的圆柱廊采用柯布西埃式的架空层和横向条窗，整个建筑典雅大方。新市政厅被公认为是香港第一座真正的现代建筑，在香港建筑史上占重要地位。

　　（3）香港艺术中心，1977 年，何弢设计（图 19-29）。建筑师在 30m×30m 的狭小基地上，安排了剧院、电影院、餐厅、书店、咖啡馆、办公室、教室多种用房，在造型上，整个建筑物以三角形为母题，在外墙与顶棚上反复运用，产生了活泼的韵律。其内部由入口大堂至四楼挖空作天井，并在楼梯环绕的天井中央悬挂裸露的黄色风管，在视觉上带来一种升腾的感觉，并突破了狭窄空间的压迫感，何氏艺术修养甚高，后来是香港特别行政区入选的区徽方案设计者。

图 19－27　香港中国银行旧楼（左）和
汇丰银行新楼（右）
（引自《Hong Kong Architecture》）

图 19－28　香港新市政厅
（引自《20世纪中国建筑》）

图 19－29（a）　香港艺术中心外景
（引自《建筑与城市》No9106）

图 19－29（b）　香港艺术中心内景
（引自《建筑与城市》No9106）

（4）香港体育馆，1982年建成，香港建筑署建筑设计处设计（图19-30）。该选址在九龙火车站南部上方，与车站同时兴建，该体育馆显示了香港珍惜土地向空中拓展的特点。结构系四个断面达8.2m×8.2m的筒形支柱将屋顶1200t重、高5.5m的网架担起挑出。看台由176根悬挑的预应力梁通过环形梁连接在屋顶下，形成斗状的造型，体育馆可有12500座，可容纳篮球、羽毛球、乒乓球等赛事，调整地面还可用作滑冰、舞蹈、展览等活动。

图19-30（a） 香港体育馆外景 | 图19-30（b） 香港体育馆内景
（引自《Hong Kong Architecture》） | （引自《Hong Kong Architecture》）

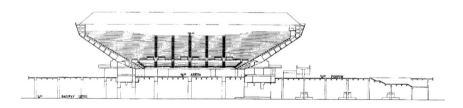

图19-30（c） 香港体育馆剖面图
（引自《Hong Kong Architecture》）

（5）汇丰银行总部大楼，1986年建成，福斯特设计（图19-27、图19-31）。汇丰银行始建于1886年，长期以香港为总部，第二代的汇丰总部是1935年建成的。第三代的汇丰银行由高技派大师福斯特受命完成。这位获得过9次大奖，并在15次以上国际竞赛中获胜的大师果然身手不凡，在香港这个国际建筑竞技舞台上创作了卓尔不群的汇丰形象，该大楼总面积98000m²。高41层。福

斯特按不同的功能创造了公共性、半公共性和私密性的不同空间，从内到外处处
浸润着一种典雅的技术成就。

（6）力宝中心（原名奔达中心），1988 年建成，美国建筑师鲁道夫（Paul
Marvin Rudolph）设计（图 19 - 32），合作人有王欧阳（香港）有限公司。设计
师曾就学于哈佛，受教于格罗皮乌斯，又曾任美国耶鲁大学建筑学院院长，在美
国已有多处作品。力宝中心显然着意于摆脱早期现代主义的冷漠外表和简单立方
体造型，以玻璃幕墙的凸凹将写字楼做出雕塑感来。下部裙楼为 4 层，上部分别
为 42 层和 46 层。这幢建筑完全符合企业集团要别人记住它的形象的要求。

图 19 - 31　汇丰银行大楼内景
（引自《Hong Kong Architecture》）

图 19 - 32　香港力宝中心外景
（引自《Hong Kong Architecture》）

（7）影湾园，1989 年，由关吴黄建筑工程师事务所设计（图 19 - 33）。其
最大特色是在建筑立面中央挖开一个大洞，这和巴黎的德方斯新标志有些相似，
不仅富于变化，且增加了趣味，但影湾园是公寓大楼，是香港 1973 年实施 10 年
建屋计划、房地产业日趋兴旺时的作品。

（8）中国银行大厦——1980 年代中国银行新一代总部大楼，1990 年建成，
贝聿铭设计（图 19 - 34）。基址选在离福斯特设计的汇丰银行总部不远的一处复
杂的道路环绕地段，这是一处敏感而又棘手的地段。福斯特的汇丰设计在前，贝
聿铭的中银设计在后，这颇使这位大师费了不少斟酌，这位不甘人后的大师终于
以三角形棱锥体组合的结构形式完成了这耗资 10 亿港元的豪华建筑，楼高 70
层，具有甚好的抗台风性能。楼被人们比作生长的竹节，也确实与竹节在结构上
异曲同工。贝氏在处理建筑与城市的连接部分也颇多匠心，将入口设在北部，而

在东部等处布置花园。贝氏的出色设计及建筑的高度使中银大厦一建成就成为香港地区的标志物。然而就垂直交通而言，矩形平面被切割成三束三棱柱，却增加了上下联系的复杂性。

（9）香港文化中心，1990 年建成，香港建筑署设计处设计（图 19－35）。这幢建筑坐落在九龙尖沙咀，当年广九铁路的终端站，1975 年广九铁路终端站移红磡湾，这使得港府决定在此修建一处补充港府市政厅设施不足，又为公众服务的建筑，此即香港文化中心。设计者有意保留了原有的钟塔，并将之组织在建筑前面的自身景观丰富又可观海景

图 19－34 香港中国银行大厦
（引自《建筑与城市》1990.4）

图 19－33 香港影湾园
（引自《中国现代美术全集·现代艺术》卷5）

的广场中，向世人诉说着香港的沧桑史话，并由此创造出一种静谧的环境，以服务于建筑内的各种演出活动。建筑包括观众厅及相关设施，造型奇特，人们说它像半截飞镖，又像一片树叶飘落在港湾旁，该建筑的完成使香港具有举行世界级会议与演出活动的场所。

（10）香港公园，1991 年建成，王董建筑事务所设计（图 19－36）。在香港这个把每一寸土地都要变成高楼，变成黄金的地区，人们最缺少的是绿地，随着香港经济的发展，香港居民的这一梦想在 1980 年代开始实现，这就是位于市中心地带的香港公园。这里原是英国驻军使用的一片 10hm^2 的土地，1984 年着手设计，1991 年建成。公园考虑了在节假日大量人流蜂拥而至的需求，充分利用原来良好的绿化来组织空间与道路，在其上布置了人工湖、瀑布、儿童游乐场、热带雨林、温室、小鸟乐园等，并改造原有营房成为一处视觉艺术中心，在山顶还布置了一处宁静的太极园和塔楼。

（11）香港理工大学，1992 年Ⅰ、Ⅱ期工程完工，关善明事务所等设计（图 19－37）。香港理工大学也是利用原英军的一处营地建起的，它是为适应香港经

图 19 – 35（*a*）　香港文化中心外景
（引自《建筑与城市》1989.4）

图 19 – 35（*b*）　香港文化
中心鸟瞰
（引自《建筑与城市》1989.4）

济发展对科技人才的需求而建立的校园，建筑群分三期，占地 57.8hm^2，三期工程完工后，可容纳 1 万名学生。整个建筑群呈放射状，以半圆形广场为中心，教学楼、图书馆、管理用房集中布置在山顶，学生宿舍及运动场、教工宿舍则散布在周围。功能合理、设施现代化，设计者对每一处建筑都赋予个性，半圆、方形和三角形则作为基本母题反复出现，所有建筑皆以浅灰色面砖贴面，而在重点部位则施以鲜亮的红色。在局部人们也会不难发现与中国传统相近的若干细部。

（12）中环广场（Central Plaza）1992 年，刘荣广、伍振民建筑事务所设计（图 19 – 38）。选址在湾仔海旁的中环广场，楼 78 层，高 309.4m，上装有 60m 高的避雷针。面积达 17.3 万 m^2，直到 1997 年仍是香港最高的商业大厦，也是全球最高的混凝土大厦及当时美洲以外的最高建筑。平面为抹角的三角形，全楼分上、中、下三段，有 58 层用于办公空间，还有 5 层用作机械动力部分，顶部为三棱锥形，用作观光。每当夜幕降临，中环广场大厦金色玻璃折射着夕阳的余晖，用它来作为香港这个金钱世界的标志自然贴切。

（13）香港凌霄阁，1996 年建成，法莱尔事务所（Terry Farrell Company）设计（图 19 – 39）。这是一个景观性建筑，也是山顶区域的再开发计划的核心部分。英国建筑师法莱尔的设计在竞赛中获胜。场地位于太平山顶一处凹地上，是登山缆车的登顶站，设计任务书要求该建筑要成为香港的标志性建筑，如巴黎埃菲尔铁塔、伦敦塔和悉尼歌剧院之于它们的城市。由于香港高楼林立，此消彼长标志甚多，这一要求未免过分，但场地的有利条件是位于山顶，居高临下，立于城市天际线上。建筑群分两大部分，下部为缆车站和具商业功能的三层的旅游设施以及观景的看台，上部则为两边翘起并悬出具有屋顶效果的观赏厅兼餐厅，每逢 4～6 月香港多雾，虽然海景看不清，但建筑却给人一种飘浮在云霄上的意境，另是一番情趣。这个设计在一定程度上回答了任务书中的挑战。

（14）香港会议展览中心二期工程，1997 年建成，王欧阳有限公司和美国 SOM 事务所设计。选址在会展中心一期工程北侧维多利亚港上填海而成的一块基

图 19-36（a）　香港公园鸟瞰

（引自《Hong Kong Architecture》）

图 19-36（b）　香港公园总平面

（引自《Hong Kong Architecture》）

地上，占地 6.5hm²，包括三个大展厅，一个会议厅和一个演讲厅。功能复杂，气势恢宏，因位置重要，设计通过国际招标后再委托反复修改而成，建成后的会展中心使用大面积玻璃幕墙，整个建筑通透晶莹，屋盖为多波的曲面，如凌空展翅，技术水平及设施皆为一流，1997 年香港回归的典礼即是在此处进行（图 19-40）。

（15）赤鱲角新机场，1998 年，福斯特等事务所设计（图 19-41），新机场及其航站楼地处大屿山旁赤鱲角，这原本是一座面积为 300km² 的小岛，场地经改造与填海后长 6km，宽 3.5km，占地 1248hm²，机场是取代 1970 年服役的启德

图 19 -37（a）　香港理工大学鸟瞰
（引自《Hong Kong Architecture》）

图 19 -37（b）　香港理工大学
学生楼

图 19 -38（a）　香港中环广场鸟瞰
（引自《Hong Kong Architecture》）

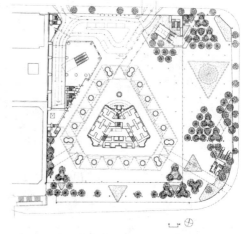

图 19 -38（b）　香港中环广场平面图

机场且面向新世纪的超大型国际机场。机场包括 2 条 3800m 长、60m 宽的全天候跑道，26000m 的滑行道路系统，可供 27 架大型飞机停泊的停机坪及一座 52 万 m² 的客运大楼，一座旅客运输中心、商务中心，一座 500 客房的四星级酒店，供 3000 辆汽车使用的停车场，一座空运货站。新机场的建成不仅完成了香港的空港换代，而且为九龙东南区再开发提供了机会。

图 19 – 39 （*b*）　香港凌霄阁近景

图 19 – 40　香港会展中心

（引自《中国建筑50年》）

图 19 – 39 （*a*）　香港凌霄阁夜景

（引自《世界建筑导报》1998.6）

图 19 – 41 （*a*）　香港赤鱲角新机场

（引自《Hong Kong Architecture》）

图 19 – 41 （*b*）　香港赤鱲角新机场剖面图

（引自《Hong Kong Architecture》）

19.3　现代澳门建筑

19.3.1　澳门的地理与历史概况

澳门位于我国大陆东南沿海，珠江口西岸，与香港、广州鼎足分立于珠江三角洲外缘。其行政区包括半岛及南面的氹仔岛和路环岛。由于不断填海拓地，其总面积由最初的不到 10km² 增至近 23km²。

1553 年，葡萄牙人踏入澳门，将此处作为葡人在华唯一居留地。明清政府即已视澳门为特别地区。1974 年葡萄牙革命，宣布非殖民政策，澳门成为属中国的领土而由葡国管理的特殊地区。1987 年中葡签署联合声明，1999 年 12 月 20日中国恢复对澳门行使主权。

16 世纪以后，澳门成为海上丝绸之路的出发港，成为远东最早的基督教传教基地，明末耶稣会传教士利马窦等就是在葡萄牙政府的支持下由澳门进入中国大陆传教的，传教士经澳门带进西方的天文、地理、数学等科学和玉米、花生、卷心菜等物产的同时，也带出儒、佛、中医、中药、瓷器等东方的精神与物质文化，东方的第一所西式大学也是 400 年前在澳门开办的。18 世纪前的150 年是天主教文化发展的鼎盛期。18 世纪后，因清政府的禁教政策及耶稣会因抗拒改革在欧洲被抵制，葡萄牙政府禁止它在澳门活动，使澳门教会活动衰败。鸦片战争后，一方面葡萄牙当局乘机扩张，扩大管辖区，另一方面华人由50% 增至 92% 以上，形成华文文化影响扩大，多种文化兼容并存的局面，虽然耶稣会在 19 世纪恢复活动，但到 20 世纪 20 年代后，华人文化已成为主流文化，葡萄牙的拉丁文化在保持官方地位的同时，也面对着沦为特色文化的境遇。

19.3.2　澳门建筑的发展历程

澳门建筑的历史文化积存十分丰厚。建于明弘治元年（公元 1488 年）的妈阁庙，距今已有 500 多年历史，是一组依山而建，多重进深的中式庙宇，至今香火犹盛。圣保罗教堂建于 1602 年，历 30 年建成，为当时远东最大的天主教堂，1835 年毁于大火，只剩下门前 68 级台阶和巴洛克式的花岗岩前壁，成为澳门最具特色的名胜"大三巴牌坊"。

鸦片战争后，随着香港经济的崛起，澳门地位式微，在很短的时期内由一个历史悠久的国际商埠，蜕变为一个依靠特种行业为生的污垢之地。但由于鸦片和苦力贸易给澳门带来高额的收入，澳门开始了大量的建设，涌现了大量新古典主义和折中主义的建筑。这一时期的建筑分欧、华两种式样，映射出中葡文化经历300 年交流后的融合。一种是以葡萄牙人为代表的欧洲殖民式建筑。如岗顶剧院（1863），澳门总督府（1864）、邮政总局（1929）。另一种是华人的中式建筑，代表作品布镜湖医院（1873），卢谦若花园（1904 年）。20 世纪 30～40 年代，在世界现代建筑运动的影响下，澳门出现了早期的现代建筑。建于 1936 年的红街市，是澳门较大的市场，其简洁的立体主义外表，抛弃了多余的装饰，显示了现代建筑的特色。中葡何东中学也是早期现代建筑的代表。现代建筑思潮对澳门的影响并不大，澳门建筑的主流依旧是中西混合的折中主义，注重装饰，这形成了典型的澳门风格，成为其城市的基本特征。

二战前后，国际政治经济局势风云变幻，深刻地影响着现代的澳门建筑的发展，这期间大致可分为三个阶段：

1930~1960年代停滞期。这个阶段，世界政局动荡，对外依赖较强的澳门经济一蹶不振，建筑业也处于相对停滞阶段，建筑形式的发展也受到了限制。

1970~1980年代加速期。1961年葡萄牙政府颁布法令，指定澳门地区为旅游区，将赌博合法化，以博彩业为龙头的旅游业带动了澳门经济的腾飞，由于经济的发展，建筑业、金融业也有长足的进展。1974年澳凼大桥建成，澳门与凼仔相连，标志着大型建筑计划启动，兴建了大量住宅及公共建筑。这一时期的建设在探讨如何解决地少人多的压力，提高土地商业价值方面是卓有成效的，但是这种大规模的房地产开发运作，忽视了建筑形象和环境质量，损害了文物古迹，也影响了城市面貌。

1980年代以来，澳门建筑进入了稳升与反省期，澳门政府委托美国梦健士顾问公司拟定未来澳门发展方向与方法的研究报告，推动了各界人士对未来发展的思考。1987年《中葡联合声明》签署以后，澳门经济向多元化发展，形成了以旅游博彩业、房地产建筑业、金融业、出口加工业为支柱的全面的现代型经济。1988年九澳深水港工程奠基，形成澳门发展的中心项目。大型公共建筑大量兴建，建筑类型更加丰富。1992年动工的南湾海湾整治工程是亚洲最大规模的土地开发计划。1994年正式启用的友谊大桥是连接澳门半岛和凼仔岛的第二座跨海大桥。广东省继1960年代为澳门兴建供水工程之后，于1980年代再建南屏河抽水站、白石涌抽水站，以保证澳门用水，又建北区变电站，向澳门北区供电。澳门自建凼仔变电站，向西岛区供电，1980年代末开始澳门机场建设。1982年设立文化司署，开始以行政手段对文物古迹实施保护，1980年通过土地法，1985年通过都市建筑总章程，澳门建筑进入了平稳发展的时期。然而在回归完成、21世纪到来之后，澳门如何克服地少人稠的弱势，适应中国改革开放后南方各地的竞争性，如何保存与延续其文化特色，发展成为可以与周边竞争的国际性城市，不仅是定位问题，也是一项巨大的系统工程，必将多方面地影响下一阶段建筑的发展。

19.3.3　澳门的建筑文化特点

澳门面积不足香港的1/45，人口不足香港的1/20，但却极富特色。它是中国历史上最早的开放地区，曾多次作为受宗教迫害和政治迫害的难民的栖息地，并由此产生了世所罕见的种族混杂现象。早期以葡萄牙的天主教文化为主并融入中国文化和日本、印度及东南亚文化，19世纪后期以后，逐渐成为以中国的岭南文化为主体，保持葡萄牙天主教文化的地区。与香港相比除有重商性外，在文化上有更大的开放性，更宽容的兼容性和欧洲大陆文化特色。由于其独特的历史背景及地域环境，造成了它独特的融贯东西，聚汇古今的城市风貌。澳门的城市建设结合古迹建筑的保护和利用，在旧的城市网络中谨慎地植入现代建筑，较好地维护了澳门的城市风貌，澳门以它那折中、包容的传统，将各种流派都化解成一种澳门式的表达，给人一种保守的印象，使得澳门在建筑流派纷呈的年代显得平静。和活力澎湃的近邻香港相比，澳门缺乏一些世界级的大师作品来点缀城市，但从另一方面看，正是如此，才能够在现代化步伐过快的今天给人们留下一个可供怀旧的城市。

19.3.4　建筑作品实例

（1）澳门圣保罗教堂遗址博物馆与澳门博物馆。圣保罗教堂遗址博物馆于1996 年建成，韦先礼（Manuel Vicente）设计。圣保罗教堂遗址（又称大三巴牌坊）是澳门最具代表性的标志之一，1990 年代，澳门政府决定对"废墟"进行整修，并在此建遗址博物馆。整修方案中，建筑师在原教堂立面后方搭建了一个钢结构支架，可供游客登临。钢架向北即是博物馆，除入口部分外，博物馆大部隐藏于地下，较好地保存了"废墟"的完整性（图19－42）。距圣保罗教堂遗址不远即为始建于 1617 年的大炮台，1994 年澳门政府决定采纳建筑师马锦文（C. Moreno）的建议，在此修建一处展示澳门百年历史的博物馆，并委托马氏设计，至 1998 年建成。此即澳门博物馆，该博物馆建筑面积 2800m²，地下 2 层，地上 1 层，参观完毕恰抵达大炮台顶上眺望澳门（图19－43）。

（2）圣保罗街传统商住楼改建，1980 年代末完成，卡尔斯·马锐斯（Carlos Marreiros）设计。这是一座具有典型澳门殖民式风格的建筑，为了保护整个街区的历史风貌，建筑师运用相似的层高、色彩、材料及装饰细部改建并扩大，同时采用了一些现代处理手法。包括一组 30cm × 30cm 及其倍数的立方体几何构件，与底层商店的两开间距离相符合，并装饰以 30cm 长的铁箍，创造了一种传统设计意义的简单

图 19－42（a）　澳门圣保罗教堂遗址
（大三巴牌坊）

图 19－42（b）　圣保罗教堂遗址博物馆院落鸟瞰

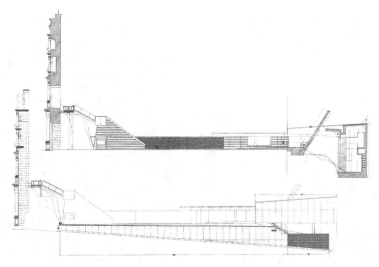

图19-42（c） 圣保罗教堂遗址博物馆剖面图
（引自《世界建筑》1999.12）

手法。新建部分的体量隐藏在沿街立面之后，只有偶然登上附近的高楼才会发现其新扩建的部分。这种传统与现代结合的手法十分巧妙（图19-44）。

（3）澳门中国银行大楼，1991年建成，巴马丹拿建筑工程有限公司设计，高163m，是目前澳门最高的建筑。设计师有意识地在色彩与形式上与周围建筑协调，其平面形式打破

图19-43（a） 澳门博物馆地上部分

了城市街坊的格局，以一种和谐、融洽的方式与城市广场及对面的赌场共生（图19-45）。

（4）葡京大酒店，坐落在友谊大马路上澳氹大桥桥首，与中银大厦遥相对峙。葡京是澳门最大的五星级酒店，始建于1961年，曾多次扩建。它也是澳门最大的赌场。建筑外形呈鸟笼状，大门似张开的虎口，有典型的象征意义（图19-46）。

（5）澳门国际机场，1995年建成。澳门国际机场是填海造地的一个巨大工程。整个工程由客运大楼、配餐大楼、航管大楼、设备维修楼、机库及办公大楼组成。建在填海土地上的机场跑道全长3360m，可作双向起降，并由两条滑行道连接至停机坪。澳门国际机场的兴建结束了澳门作为国际自由港而无航空港的历史，新机场的修建将给澳门的经济发展提供新的契机（图19-47）。

（6）新轮渡客运中心，1989年动工修建的新轮渡客运中心占地6万m²，年接待旅客能力为30万人次，1993年竣工，建筑师是里昂那·加内罗（Leonor Janeiro）。轮渡中心建在伸出海面的大平台上。立面上有韵律地装饰着不锈钢风帆，形象特殊（图19-48）。

图 19 -43（b） 大炮台遗址

图 19 -44（a） 澳门圣保罗街
商住楼改建工程

（引自《Macaensis Momentum》）

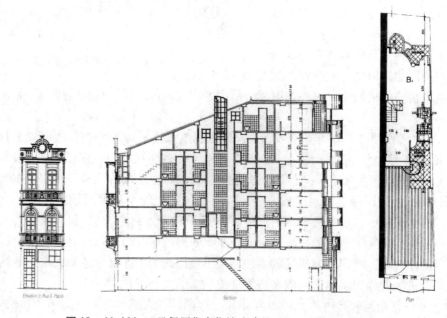

图 19 -44（b） 圣保罗街商住楼改建的平面、剖面和立面图

图 19 – 45　澳门中国银行大楼，右为葡京大酒店

图 19 – 46　澳门葡京大酒店

（7）固体垃圾焚化及发电中心，由葡萄牙和德国的专家设计，位于凼仔岛，垃圾焚化炉从 1992 年开始第一阶段的运行。该建筑基本解决了澳门垃圾污染严重的问题，年发电量 570 万千瓦，相当于年用电量的 7%，10 年左右预计增加发电量 750 万千瓦。该垃圾焚化站的垃圾处理能力可满足澳门将来 20 年的需求（图 19 – 49）。

图 19 – 47　澳门国际机场设计鸟瞰图
（引自《Macaensis Momentum》）

图 19 – 48　澳门新轮渡客运中心（设计图）
（引自《Macaensis Momentum》）

图 19 – 49　澳门固体垃圾焚化及发电中心

（引自《Macaensis Momentum》）

附　录

Appendix

附录1 古建筑名词解释

必须说明的是，本篇并不是一个完整的古建筑名词解释汇编，而只是把教材前几章中出现的一些相关名词收录进来，以便读者在遇到这些生疏的术语时不致造成阅读上的障碍。至于第8章、第9章中的大量古建筑名词，由于其内容就是叙述古建筑的结构和详部做法，并配有许多图样，所以在阅读上是不会产生困难的。

下面以笔画多少为序，列出名词解释。词目右下角的数字表示此词所在的章。

- 二画

丁头栱(3) 位于梁下的半截栱。原由串枋出头部分作成，见图8-9。后成为梁头下的装饰。

八架椽(5) 宋代房屋进深以椽数呼之，如"四架椽"即四椽之深，"八架椽"即八椽之深。清代则以檩数称呼，如"五檩"即宋之四架椽，"九檩"即宋之八架椽。

九脊屋顶(5) 即歇山顶。用于殿阁则称九脊殿，用于亭榭、厅堂则称厦两头造。

九踩斗栱(5) 清式斗栱按出跳数称呼。里外出一跳称为三踩斗栱，出二跳称为五踩斗栱，出三跳称为七踩斗栱，出四跳称为九踩斗栱。牌坊斗栱可多至十一踩。

- 三画

叉手(3) 脊桁两侧的斜杆，用以固持脊槫，其形状犹如侍者叉手而立，故名。多见于唐、宋、元、明的建筑上，见图8-9。

上昂(5) 昂有两种：上昂和下昂。上昂用于室内支承天花或用于平坐下，因昂首向上而得名。下昂用于外檐承挑檐，因昂尖向下而得名。

门屋(3) 指宫殿、庙宇、邸宅中单独成栋的屋宇，有一间、三间、五间……明清北京故宫太和门为九间，等级最高。

山花蕉叶(5) 用于佛塔、佛龛、经柜等顶部的叶状或如意头状装饰纹样，见图1-46。

三朝五门(4) 东汉郑玄注《礼记·玉藻》曰"天子诸侯皆三朝"。又注《礼记·明堂位》曰"天子五门，皋、库、雉、应、路"、"诸侯三门"。这就是"三朝五门"的由来。三朝的称谓随时代而变，古称"外朝、治朝、燕朝"，唐称"大朝、常参、入阁"，宋称"大朝、常参、六参及朔望参（每五日及朔、望一参）"。即：大规模礼仪性朝会；日常议政朝会；定期朝会三种。但是一些疏于朝政的皇帝，往往不定期举行朝会，也就无所谓"三朝"之制了。

● 四画

斗子蜀柱(5,8)　即在短柱上加一斗。唐宋时常作为一种简洁的支撑体用于木、石栏板上或木构架的补间铺作位置上，见图8-6斗栱右图及图8-7栏杆。唐时还常用人字形撑木，上加一斗作补间，今人称之为人字栱，见图8-6斗栱右图。

五土五谷(4)　五土指东、西、南、北、中五方之土；五谷指稻、黍、稷、麦、菽五种谷物。

分心槽(5)　是分心斗底槽的简称，宋代殿阁内部四种空间划分方式之一，即以一列中柱及柱上斗栱将殿身划分为前后相同的两个空间。一般用作殿门，如图5-8独乐寺观音阁山门（参见"槽"、"金箱斗底槽"条）。

月牙城(4)　明清帝陵宝城和方城之间有一小院称月牙城，俗称"哑巴院"。正对方城所筑之墙称为月牙墙（据《刘敦桢文集》二"易县清西陵"）。或称小院为"哑吧院"，而正对方城之墙为"月牙城"（据王其亨《明代陵墓建筑》）。

五音姓利(4)　唐宋间流行的一种风水术。将天下所有姓氏归属宫、商、角、徵、羽五音，行事凶吉，都依其所定之法为据。如宫、角二姓的墓葬宜用艮冢丙穴之类。明清此说已不行。

方城明楼(4)　明清帝陵坟丘前的城楼式建筑，下为方形城台，上为明楼，楼中立庙谥碑。此式始于安徽凤阳明皇陵。皇陵有内外三重陵墙，中间一道陵墙四门如城楼，分别称南、北、东、西明楼，及至南京明孝陵，仅有一座明楼。以后明清各帝陵均大致沿袭孝陵方城明楼形制。

月梁(5)　天花下面的明栿。为取得柔美的效果，将梁的两端加工成下弯的曲线。汉代称为虹梁，宋称月梁。明代以后南方建筑中尚保留此法，而北方已不用，见图8-3、图8-6梁架下。

天宫楼阁(5)　用小比例尺制作宫殿楼阁木模型，置于藻井、经柜（转轮藏、壁藏）及佛龛（佛道帐）之上，以象征神佛之居，多见于宋、辽、金、明的佛殿中。

勾阑(5)　即木制、石制的栏杆，宋称勾阑，见图8-2、图8-8。

乌头门(3)　两门柱上架一横木，设双开门，门扇上部安直棂，可透视门内外。柱顶套瓦筒，墨染，故称乌头门。横木上常安日月板。此门用于官邸及祠庙、陵墓之前。

● 五画

石几筵(4)　明清帝王陵墓内明楼前所列石刻香炉一、花瓶二、烛台二共五件，立于石台之上，称为石五供，象征对死者祭奠崇敬之情。

冬瓜梁(3)　断面为圆形的梁和额枋两端圆混，立面如冬瓜状者，多见于赣皖一带。

平坐(4)　高台或楼层用斗栱、枋子、铺板等挑出，以利登临眺望，此结构层称为平坐，见图8-6、图5-10等。

四阿屋顶(5)　即四面坡的庑殿顶，宋代称四阿顶，或称五脊殿。

正贴、边贴(3)　"贴"是指一榀木架，含柱、枋、梁等构件，是《营造法原》及江南一带术语。正贴为明间木架，边贴为山面木架。

平梁(5)　　宋式建筑位于脊槫下的梁，长二椽，见图8－9。

生起(4,5)　　屋宇檐柱的角柱比当心间的两柱高2～12寸，其余檐柱也依势逐柱升高。因而宋代建筑的屋檐仅当心间为直线段，其余全由曲线组成。屋脊也因此而用生头木将脊槫的两端垫高，形成曲线，使之与檐口相呼应。其他各槫的生头木则使屋面形成双曲面。清代建筑无角柱升起。

平棊(5)　　唐宋时使用的大方格天花，格内贴络木雕花饰，并绘彩画。

平闇(5)　　唐宋间使用的一种小方格天花，规格较大方格平棊稍低，一般不作华丽的彩画，见图5－4及图8－7天花、藻井左图。

四铺、四铺作(3,5)　　宋代斗栱出一跳称为四铺作。从下而上，依次有栌斗、华栱（插昂）、耍头、衬方头，共四层，故称四铺作，见图8－12。五铺作则多一层下昂或华栱，共五层，出二跳。六铺作、七铺作、八铺作依此类推（参见"铺作"条）。

瓜楞柱(5)　　采用拼邦法加粗柱子，柱身成瓜楞状，近人呼之为瓜楞柱，宋《营造法式》称"蒜瓣柱"。一般用八根小圆木拼于中间圆木上，成八楞形。石柱也有枋木柱作瓜楞形者，如江苏苏州罗汉院大殿石柱。

● 六画

当心间(5)　　"心"即中心。"当心间"、"心间"即建筑物的中间一间。

羊马城(5)　　城墙与城濠之间所筑的小墙（又称羊马垣），高5尺，厚6尺，上立雉堞，去城墙约6丈，是城墙的外围防卫设施（《通典·兵典》）。五代后唐时成都罗城外曾筑羊马城。

讹角斗(5)　　即方斗，四角内凹成海棠纹状。

华栱(5)　　宋式斗栱上外跳之栱，见图8－3之6、图9－8下。

托脚(5)　　宋代建筑上各槫均用斜杆支撑固持。其中支撑脊槫的斜杆称为叉手，其余称为托脚，见图8－3之32、图8－9。

● 七画

间(绪)　　中国古代木架建筑把相邻两榀屋架之间的空间称为"间"，房屋的进深则以"架"数或椽数来表述。例如唐代规定官员与庶人的屋舍："三品，堂五间九架，门三间五架……六品、七品，堂三间五架，庶人四架，门皆一间两下。"（《册府元龟》）。这里的"架"数指的是檩（又称桁）数。宋《营造法式》则以椽数计进深，如"四架椽屋"即五檩之屋。这种用"几间几架"来表述建筑规模的方式一直沿用到明清。梁思成《清式营造则例》称："凡在四柱之中的面积都称为间"，则是对"间"的概念作了另一种诠释。

抄(5)　　宋代斗栱出一跳华栱称为"一抄"，或"出一卷头"。出二跳华栱称为两抄，或出两卷头。"抄"或写作"杪"（音秒），是因《营造法式》传抄版本不同所致。"杪"的含义与华栱形象较接近，似较可信。

两厦(3)　　即两坡的悬山顶，宋时称两厦或"两下"、"不厦两头造"。

灵寝门(4)　　明代帝陵明楼之下有灵寝门（《明会典》二○三），是陵区寝宫之门；或谓区划陵殿（嘉靖时改称祾恩殿）与方城明楼间的内红门，即灵寝门。似以前说为是。

卤簿(4)　以大盾为前导之兵器旗杖队伍，始于秦汉。历代天子、后妃、王公大臣均有不同规格的卤簿。

● 八画

刹(5)　佛塔顶上所立之柱及相轮、宝盖等附属物，统称为刹。原为佛祖墓顶之伞盖，示尊崇之意，至中国则安于塔顶。佛寺、佛塔也可称为刹。

衬方头(5)　宋式斗栱最上一层出跳之木，在耍头之上，用以拉固橑檐枋及平棋枋。清式称为撑头木，上承桁椀（图8－12、图9－7）。

卷杀(5)　宋代栱、梁、柱等构件端部作弧形（其轮廓由折线组成），形成柔美而有弹性的外观，称为卷杀。"卷"有圆弧之意，"杀"有砍削之意（图8－9、图8－10及图9－8）。

明栿(5)　与草栿相对而言，指天花以下的梁。宋代明栿常作月梁式，以增加美感。

乳栿(5)　两步架的梁，宋称乳栿，清称双步梁。

驼峰(5)　梁上垫木，用之承托上面的梁头，其状如驼峰，见图8－3之25、图8－6梁架下右及图8－9。

明堂(1,4)　古代帝王所建最隆重的建筑物，用作朝会诸侯、发布政令、秋季大享祭天，并配祀祖宗。

侧脚(5)　把建筑物的一圈檐柱柱脚向外抛出，柱头向内收进，其目的是借助于屋顶重量产生水平推力，增加木构架的内聚力，以防散架或倾侧。由于此法给施工带来许多麻烦，所以明代以后逐渐减弱最后废弃不用，代之以增加穿枋和改进榫卯等办法来保持木构架的稳定性。

抱厦(5)　即在主建筑之一侧突出1间（或3间），见图5－6。

庙谥石碑(4)　今通称明楼碑或圣号碑，即明代帝陵中方城上的明楼中置一石碑、仅刻所葬皇帝死后谥号，并无其他碑文。

驻跸处(4)　古制天子出入警跸清道，禁人通行，故其留止之地称为驻跸处。

金箱斗底槽(5)　宋代殿阁内部四种空间划分方式之一。其特点是殿身内有一圈柱列与斗栱，将殿身空间划分为内外两层空间组成，外层环包内层，见图5－2、图5－3（参见"槽"，"分心槽"条）。

转轮藏(5)　庋藏佛教经书于八角形经柜中，柜中心有轴，上支于梁架，下承于地面，推之可转动。佛教徒认为转动此柜可获得和念经同样的功德。经柜装修华美，顶上常饰以天宫楼阁，并专建一殿，以容此经柜，称为转轮藏殿。

● 九画

栌斗(5)　一组斗栱最下面的构件，或称大斗、坐斗。

神主(4)　木制牌位，上书死者或神祇名号，供于庙堂内。

耍头(5)　斗栱衬方头下所用出跳木料，称为耍头木。清式称蚂蚱头。见图8－12、图9－5之9及图9－8。

柱头枋(5)　檐柱或内柱中心线上，用于连接各朵斗栱的枋料，称为柱头枋，见图8－3之10。清式称正心枋。在里跳或外跳栱上的联系枋料则称罗汉枋。见图8－3之9。

　　顺栿串(5)　宋代建筑中沿横断面方向之串枋，与梁栿方向上下相合，故称，见图8-9。

　　草栿(5)　在天花板上面的梁，做法较自由，加工较粗糙，故称草栿，是和天花下的明栿相对而言的，见图8-3。

　　穿插枋（挑尖随梁）(5)　明清建筑在檐柱与老檐柱之间，用枋料加以串联，提高了木构架的稳定性，见图9-1之7。又在内柱之间用枋料加以连接，则称之为随梁枋，见图9-1之16。

　　神厨神库(4)　即坛庙陵墓等祭祀时用作宰牲及准备祭品的场所。

　　●**十画**

　　鸱尾(3)　汉至宋宫殿屋脊两端之饰物。汉时方士称，天上有鱼尾星，以其形置于屋上可防火灾，逐有鱼尾形脊饰。或称鸱是"蚩"之转讹，蚩是海兽，其尾能却火灾，故以之为脊饰。唐时鸱尾无首，宋时有首有吻，明清时鱼尾形仅在南方建筑中存在，官式建筑则用兽吻。

　　●**十一画**

　　副阶周匝(4)　塔身、殿身周围包绕一圈外廊，称为副阶周匝，见图0-4、5-26、5-27。

　　黄肠题凑(4)　汉代帝王墓用短方木（方约30cm，长约90cm）叠成椁墙，墙内置棺椁，短方木端部均指向棺椁。此法耗费木材数量巨大，东汉以后已不再使用。

　　廊院(3)　用廊子连成的院落。六朝至唐，宫殿、庙宗、邸宅常在主屋与门屋间的两侧用廊子连成廊院。园林中则常见不规则的廊院。

　　廊屋(3)　主屋前两侧通长的东西两庑带有前廊，宋代称为廊屋。宋、明常用廊屋围成封闭院落，而唐则多用走廊形成廊院。

　　梭柱(3)　柱子上下两端（或仅上端）收小，如梭形，六朝至宋官式建筑上见之，明代仍见于江南民间建筑，见图8-10。

　　绰幕枋(5)　位于大檐额下串联角柱与檐柱的枋料。因大檐额仅阁置于柱头上，故需用绰幕枋把檐柱连接起来，以增加其稳定性。绰幕枋向内止于心间的补间铺作下，出头作成蝉肚形或楷头形，以后演变为明、清的雀替形式。

　　●**十二画**

　　堞(5)　城墙上向外一侧所设墙垛。战时可抵挡敌人矢石攻击，从孔隙中则可向敌人射箭发炮。城墙向内一侧则设矮墙，防止人马下坠。

　　插栱(3)　插入柱中之半栱，一般位于檐柱上，用以承托出檐。

　　戟门(4)　天子宫殿、太庙、诸州府官署、文庙、武庙大门内均可列棨戟，以示威仪，但戟数多寡有差，如宋代宫门、太庙门为24，开封府、大都督府为14。凡列戟之门均可称为戟门。

　　铺作(1,5)　狭义说是指斗栱；广义说是指斗栱所在的结构层。唐、宋建筑斗栱所在的铺作结构层对木构架的稳定性起着重要作用，见图5-3、图5-4、图5-10（参见"四铺、四铺作"条）。

　　厦两头(8)　宋代歇山建筑有两种称谓：在殿阁称"九脊殿"，非殿阁称厦两头造（如厅堂、亭榭）（参见"九脊屋顶"条）。

普拍枋(5) 宋代建筑阑额与柱顶上四周交圈的一种木构件，犹如一道腰箍梁介于柱子与斗栱之间，既起拉结木构架作用，又可与阑额共同承载补间铺作。明、清称为平板枋。见图9-1之9、图9-7。

阑额(5) 联络檐柱（或副阶柱），上承补间铺作之枋料。清代称为额枋。如位于室内柱头上，则称内额，若于阑额下，再加一层枋料，则称由额。如不穿入柱头而在柱顶上放一根通长达整个建筑物立面的硕大枋料，则称为檐额，檐额下用绰幕枋承托（参见"绰幕枋"条）。

栌(5) 木柱之下用扁圆形横纹木料作垫块，以阻隔地面水份上升，称之为"栌"。最早之栌见于五代华林寺大殿，宋、明普遍用之。依栌之形式而用石料雕成者，称之为礩。

● **十三画**

缝(5) 凡中心线均称缝，如柱列的中心线称为柱缝，槫（檩条）断面的垂直方向中心线称为槫缝，转角铺作上的斜栱斜昂称之为"斜出跳一缝"等。

阙(4) 宫殿、陵墓、官衙大门前两侧各立一座建筑，形如门楼而中缺门扇，故称阙（缺）。天子用三出阙（即每侧由三层阙体组成），诸侯大臣用二出阙，见图1-34、图1-35。

叠瓦脊(5) 宋代屋脊用瓦层层压叠而成，顶部覆一筒瓦，与元代以后用分段烧制的空心通脊不同。建筑物高大，脊也相应提高，用的脊瓦层数也多。此法不仅重量大，且不稳定，故明、清官式建筑中已废止不用。

殿身(4) 宋代建筑中重檐建筑的概念是由殿身外面包一圈外廊（称为"副阶周匝"）。殿身是相对于副阶而言，指上檐所盖的那一部分空间。假如殿身7间，加副阶周匝，古代文献记录有时称此殿为9间，有时称7间，应注意鉴别。

溜金斗栱(8) 由外檐有昂而室内无天花的斗栱发展而来，有很强的装饰效果。盛行于明、清两代不用天花的殿宇内，见图9-7。

错银兆域图(4) 在铜版上用镀银法画的陵区平面图。

叠涩(5) 以砖石层层向外出跳之法，用于砖石建筑的出檐，或须弥座束腰上下枋的出跳。

腰檐(5) 塔与楼阁平坐下之屋檐，称为腰檐。

● **十四画**

槏柱(5) 窗旁的柱，或用于分隔板壁、墙面的柱，属小木作，不承重。宋式名称。

● **十五画及以上**

槽(5) 宋代殿阁类建筑的术语，指殿身内由一系列柱子与斗栱划分空间的方式，也指该柱列与斗栱所在的轴线。《营造法式》载有殿阁分槽平面图4种：金厢斗底槽、分心斗底槽、单槽、双槽（参见金箱斗底槽，分心槽条）。

橑檐枋(5) 宋代斗栱外端用以承托屋檐之枋料，见图8-3之3。此枋荷载大，故断面高度为其他枋之1倍。如用圆料，则称撩风槫，其下以小枋料或替木托之，此法多见于北方之唐、辽建筑，见图5-4、图5-10。

附录 2　课程参考书目

1. 范文澜，蔡美彪等. 中国通史（1~10 册）[M]. 北京：人民出版社，1994.

2. 刘敦桢. 中国古代建筑史 [M]. 2 版. 北京：中国建筑工业出版社，1984.

3. 梁思成. 中国建筑史 [M]. 天津：百花文艺出版社，1998.

4. 东南大学，清华大学等. 中国古代建筑史（1~5 卷）[M]. 北京：中国建筑工业出版社，1999~2003.

5. 中国科学院自然科学史研究所. 中国古代建筑技术史 [M]. 北京：科学出版社，1985.

6. 中国大百科全书·建筑、园林、城市规划. 有关部分 [M]. 北京：中国大百科全书出版社，1988.

7. 同济大学城市规划教研室. 中国城市建设史 [M]. 北京：中国建筑工业出版社，1982.

8. 郭湖生. 中华古都 [M]. 台湾空间出版社，1997.

9. 刘致平. 中国居住建筑简史——城市、住宅、园林 [M]. 北京：中国建筑工业出版社，1990.

10. 汪之力，张祖刚. 中国传统民居建筑 [M]. 济南：山东科学技术出版社，1994.

11. 陆元鼎，杨谷生. 中国美术全集·民居建筑 [M]. 北京：中国建筑工业出版社，1988.

12. 东南大学建筑系，歙县文管所等. 徽州古建筑丛书. 棠樾，瞻淇，渔梁，豸峰等 [M]. 南京：东南大学出版社，1993~1999.

13. 张胜仪. 新疆传统建筑艺术. 第三篇——新疆维吾尔、哈萨克等民族的居住建筑 [M]. 乌鲁木齐：新疆科技卫生出版社，1999. 严大椿. 新疆民居. 北京：中国建筑工业出版社，1995.

14. 张驭寰. 吉林民居 [M]. 北京：中国建筑工业出版社，1985.

15. 云南省设计院. 云南民居 [M]. 北京：中国建筑工业出版社，1986.

16. 陆元鼎，魏彦钧. 广东民居 [M]. 北京：中国建筑工业出版社，1990.

17. 叶启燊. 四川藏族民居 [M]. 成都：四川民族出版社，1992.

18. 中国建筑技术发展中心建筑历史研究所. 浙江民居 [M]. 北京：中国建筑工业出版社，1984.

19. 侯继尧等. 窑洞民居 [M]. 北京：中国建筑工业出版社，1989.

20. 于倬云，楼庆西. 中国美术全集·宫殿建筑 [M]. 北京：中国建筑工业出版社，1988.

21. 白佐民，邵俊仪. 中国美术全集·坛庙建筑 [M]. 北京：中国建筑工业出版社，1988.

22. 潘谷西等. 曲阜孔庙建筑［M］. 北京：中国建筑工业出版社，1987.

23. 刘敦桢. 明长陵，易县清西陵，刘敦桢文集（卷1、卷2）［M］. 北京：中国建筑工业出版社，1982～1984.（或《中国营造学社汇刊》4卷2期、5卷3期）

24. 王其亨. 中国建筑艺术全集·明代陵墓建筑［M］. 北京：中国建筑工业出版社，2000.

25. （清）顾炎武. 中国历代陵寝备考.

26. 孙大章，喻维国. 中国美术全集·宗教建筑［M］. 北京：中国建筑工业出版社，1988.

27. 丁承补. 中国建筑艺术全集·佛教建筑（南方）［M］. 北京：中国建筑工业出版社，1999.

28. 张胜仪. 新疆传统建筑艺术. 佛教建筑与伊斯兰建筑部分［M］. 乌鲁木齐：新疆科技卫生出版社，1999.

29. （明）计成. 园冶［M］. 北京：中国建筑工业出版社，1988.

30. 童寯. 江南园林志［M］. 北京：中国建筑工业出版社，1984.

31. 刘敦桢. 苏州古典园林［M］. 北京：中国建筑工业出版社，1979.

32. 陈植. 中国历代名园记选注［M］. 合肥：安徽科学技术出版社，1983.

33. 清华大学建筑学院. 颐和园［M］. 台北：台湾台北市建筑师学会出版社，1990.

34. 周维权. 中国古典园林史［M］. 北京：清华大学出版社，1990.

35. 天津大学. 承德古建筑. 避暑山庄部分［M］. 北京：中国建筑工业出版社，1982.

36. 陈从周. 扬州园林［M］. 上海：上海科技出版社，1983.

37. 潘谷西. 中国美术全集·园林建筑［M］. 北京：中国建筑工业出版社，1988.

38. 潘谷西. 江南理景艺术［M］. 南京：东南大学出版社，2001.

39. 李泽厚. 美学三书［M］. 合肥：安徽文艺出版社，1999.

40. 李允鉌. 华夏意匠［M］. 台北：六合出版社，1978.

41. 侯幼彬. 中国建筑美学［M］. 哈尔滨：黑龙江科学出版社，1997.

42. （宋）李诫. 营造法式［M］. 北京：中国建筑工业出版社，1983.

43. 梁思成. 清式营造则例［M］. 北京：中国建筑工业出版社，1983.

44. 王璞子. 工程做法注释［M］. 北京：中国建筑工业出版社，1995.

45. 姚承祖，张至刚. 营造法原［M］，北京：中国建筑工业出版社，1986.
（注：对古代建筑的进一步学习和研究，可参考《梁思成文集》《刘敦桢文集》、期刊《文物》《古建园林技术》等）

46. 汪坦主编. 中国近代建筑总览. 各篇［M］. 北京：中国建筑工业出版社，1992～1997.

47. 罗小未主编. 上海建筑指南［M］. 上海：上海人民美术出版社，1996.

48. 杨秉德主编. 中国近代城市与建筑 ［M］. 北京：中国建筑工业出版社，1993.

49. 杨永生. 20 世纪中国建筑 ［M］. 天津：天津科技出版社，1999.

50. 中国现代美术集全集. 建筑艺术（1~5 卷）［M］. 北京：中国建筑工业出版社，1998.

51. 李泽厚. 中国近代思想史论 ［M］. 北京：人民出版社，1979.

52. 龚德顺，邹德侬. 中国现代建筑史纲 ［M］. 天津：天津科技出版社，1989.

53. 陈志华. 中国现代建筑史大纲.《城市与建筑》杂志. 香港：1988~1989.

附录3　中国历史简表

公元	时期	建都地（括号内为今地名）
	新石器时代	
−2000 −1900 −1800 −1700	夏（前2070～前1600）	安　邑　　（山西夏县） 斟　鄩　　（河南偃师）
−1600 −1500 −1400 −1300 −1200 −1100	商（前1600～前1046）	亳　　　（河南商丘） 隞　　　（河南郑州） 殷　　　（河南安阳）
−1000 −900	西周（前1046～前771）	西周　丰（陕西西安）　镐（陕西西安） 东周　洛邑（河南洛阳） 春秋： 鲁　曲阜（山东曲阜）　越　会稽（浙江绍兴）
−800 −700 −600 −500 −400 −300	周　东周（前770～前256）　春秋（前770～前476）　战国（前475～前221）	营丘（山东临淄）　楚　郢（湖北江陵） 宋　商邱（河南商丘）　卫　朝歌（河南淇县） 郑　新郑（河南新郑）　晋　唐（山西太原） 吴　吴（江苏苏州）　　　绛（山西翼城） 秦　雍（陕西凤翔）　　　新田（山西曲沃） 战国： 秦　咸阳（陕西咸阳）　韩　阳翟（河南禹县） 赵　邯郸（河北邯郸）　楚　郢（湖北江陵） 齐　临淄（山东临淄）　　寿春（安徽寿县） 魏　大梁（河南开封）　燕　蓟（北京） 　　　　　　　　　　　　下都（河北易县）
−200 −100 0	秦（前221～前206） 汉　西汉（前206～8）	秦　　咸阳（陕西咸阳） 西汉　长安（陕西西安）

551

公元	时期	建都地（括号内为今地名）
100	└ 新（9~25）——淮阳（23~25） 东汉（25~220）	新　长安（陕西西安） 淮阳　长安（陕西西安） 东汉　洛阳（河南洛阳）
200		
300	魏（220~265）｜蜀（221~263）｜吴（222~280） 西晋（265~316）	魏　洛阳（河南洛阳）　　北魏　平城（山西大同） 蜀　成都（四川成都）　　　　　洛阳（河南洛阳） 吴　建业（江苏南京）　东魏　邺（河北临漳）
400	晋｜东晋（317~420）　十六国（304~439）	武昌（湖北武昌）　西魏　长安（陕西西安） 西晋　洛阳（河南洛阳）　北周　长安（陕西西安）
500	宋（420~479）　　北魏（386~534） 齐（479~502） 梁（502~557）｜东魏（534~550）｜西魏（535~557） 陈（557~589）｜北齐（550~577）｜北周（557~581）	东晋、宋、齐、梁、陈　北齐　晋阳（山西太原） 建康（江苏南京）　　　　　邺（河北临漳）
600	└ 隋（581~618）	
700	唐（618~907）　　武周（684~704）	隋　大兴（陕西西安） 东都（河南洛阳） 唐　长安（陕西西安）
800		东都（河南洛阳）
900		
1000	五代（907~960）　十国（891~979）　契丹（907~947）	五代：　　十国： 梁 东都（河南开封）南唐 金陵（江苏南京）南平 江陵（湖北江陵） 唐 洛阳（河南洛阳）吴越 杭州（浙江杭州）北汉 太原（山西太原）
1100	北宋（960~1127）　辽（947~1125）	晋 汴梁（河南开封）南汉 兴王（广东广州）吴 扬州（江苏扬州） 汉 汴梁（河南开封）前蜀 成都（四川成都）楚 潭州（湖南长沙） 周 汴梁（河南开封）后蜀 成都（四川成都）闽 福州（福建福州）
1200	宋｜南宋（1127~1279）｜金（1115~1234）｜西辽（1124~1211）｜西夏（1032~1227） 蒙古（1206~1271）	北宋 东京（河南开封）　　西京（河南洛阳）南宋 临安（浙江杭州） 辽 上京（内蒙古巴林左旗）　南京（北京）西夏 兴庆（宁夏银川）
1300	元（1271~1368）	金 上京（黑龙江阿城）　　中都（北京） 元 上都（内蒙古多伦）　　大都（北京）
1400		
1500	明（1368~1644）	南京（江苏南京） 北京（北京）
1600		
1700	南明（1644~1661） 后金（1616~1636） 清（1636~1911）　太平天国（1851~1864）	清　盛京（辽宁沈阳） 北京（北京）
1800		太平天国　天京（江苏南京）
1900		
	中华民国（1912~1949）	南京
2000	中华人民共和国（1949以后）	北京

注：夏、商、周三代起始纪年据2000年11月9日公布《夏商周年表》。

附录4 中国的世界自然与文化遗产

（至 2000 年为 27 处）

世界遗产包括文化遗产和自然遗产两类。文化遗产是指具有历史、美学、考古、科学、文化人类学或者人类学价值的古迹、建筑群和遗址；自然遗产是指突出的自然、生态和地理结构，濒危动植物品种的生态环境，以及具有科学、保存或美学价值的地区。

世界遗产由联合国教科文组织下属的世界遗产委员会负责评定。

类　型	名　录	列入时间
自然遗产	武陵源风景名胜区	1992
	九寨沟风景名胜区	1992
	黄龙风景名胜区	1992
文化遗产	长城	1987
	明清故宫	1987
	莫高窟	1987
	周口店"北京人"遗址	1987
	秦始皇陵	1987
	拉萨布达拉宫和大昭寺	1994
	承德避暑山庄和周围寺庙	1994
	曲阜孔庙、孔林、孔府	1994
	武当山古建筑群	1994
	庐山国家公园	1996
	丽江古城	1997
	平遥古城	1997
	苏州古典园林	1997
	颐和园	1998
	天坛	1998
	皖南古村落——西递、宏村	1999
	大足石刻	1999
	青城山与都江堰	2000
	明清皇陵（明显陵、清东陵、清西陵）	2000
	龙门石窟	2000
文化与自然遗产	泰山	1987
	黄山	1990
	峨眉山和乐山大佛	1996
	武夷山	1999

自 2001 年至 2014 年又新增世界遗产 20 处：

类　型	名　　录	列入时间
自然遗产	三江并流	2003
	四川大熊猫栖息地	2006
	中国喀斯特	2007
	三清山	2008
	中国丹霞	2010
	澄江化石遗址	2012
	新疆天山	2013
文化遗产	云冈石窟	2001
	高句丽王城、王陵与贵族墓葬	2004
	澳门历史城区	2005
	河南殷墟	2007
	开平碉楼与村落	2007
	福建土楼	2008
	五台山	2009
	河南登封"天地之中"历史建筑群	2010
	杭州西湖	2011
	元上都遗址	2012
	红河哈尼梯田	2013
	中国大运河	2014
	丝绸之路	2014
另有 9 处遗产作为扩展项目被批准纳入原世界遗产名单，它们是： 1. 2000 年拉萨大昭寺作为布达拉宫扩展项目； 2. 2000 年苏州艺圃、耦园、沧浪亭、狮子林和退思园作为苏州古典园林扩展项目； 3. 2001 年拉萨罗布林卡作为布达拉宫扩展项目； 4. 2002 年辽宁九门口长城作为长城扩展项目； 5. 2003 年北京十三陵和南京明孝陵作为明清皇陵扩展项目； 6. 2004 年沈阳故宫作为明清皇宫扩展项目； 7. 2004 年盛京三陵作为明清皇陵扩展项目； 8. 2014 年重庆金佛山、贵州施秉、广西桂林、环江作为中国喀斯特扩展项目。		

附录5 中国历史文化名城

国务院 1982 年、1986 年、1994 年分 3 批公布了 99 座历史文化名城。

第 1 批国家历史文化名城（1982 年）（24 座）

承德	北京	大同	南京	泉州	景德镇	曲阜	洛阳
开封	扬州	杭州	绍兴	江陵	长沙	广州	桂林
成都	遵义	昆明	大理	拉萨	西安	延安	苏州

第 2 批国家历史文化名城（1986 年）（38 座）

天津	保定	丽江	日喀则	韩城	榆林	张掖	敦煌
银川	喀什	武威	呼和浩特	上海	徐州	平遥	沈阳
镇江	常熟	淮安	宁波	歙县	寿县	亳州	福州
漳州	南昌	济南	安阳	南阳	商丘	武汉	襄樊
潮州	重庆	阆中	宜宾	自贡	镇远		

第 3 批国家历史文化名城（1994 年）（37 座）

正定	邯郸	琼山	乐山	都江堰	泸州	建水	巍山
江孜	咸阳	汉中	天水	同仁	新绛	代县	祁县
吉林	哈尔滨	集安	衢州	临海	长汀	赣州	青岛
聊城	邹城	淄博	郑州	浚县	随州	钟祥	岳阳
肇庆	佛山	梅州	雷州	柳州			

以上资料为国家文物局网站 2007 年公布。

自 2001 年至 2013 年底，又有 25 座城市先后被批准进入国家历史文化名城名单，按照批准时间的顺序，它们是：

山海关	凤凰	濮阳	安庆	泰安	海口	金华	绩溪
吐鲁番	特克斯	无锡	南通	北海	宜兴	嘉兴	中山
太原	蓬莱	会理	库车	伊宁	泰州	会泽	烟台
青州							

（据中国经济网、中国知识网等资料整理）